U0188051

科学出版社“十四五”普通高等教育本科规划教材

量纲分析理论与应用

Dimensional Ananlysis: Theories and Applications

高光发　著

科 学 出 版 社

北　京

内 容 简 介

“量纲分析理论与应用”是一门重要的力学专业基础课程，更是爆炸与冲击动力学相关专业的核心专业基础课程。本书力求建立相对完备的量纲分析基础概念、性质与定理体系，结合力学特别是爆炸与冲击动力学相关问题的经典实例，对量纲分析的内涵与性质进行阐述，提出量纲分析的基本步骤与应用原则，讨论如何有机结合理论、试验、仿真与量纲分析方法解决问题。本书虽然是专业基础课程教材，但其中诸多方法、思路和结论能够直接应用于相关实际工程问题或给相关研究提供参考。

本书可以作为力学、兵器科学与技术等专业的本科生与研究生教材，也可以作为爆炸与冲击动力学、兵器科学与技术、防护工程等涉及爆炸和高速冲击问题的相关领域的研究人员以及国防科研院所中相关领域如装备、弹药、人防等技术人员的专业参考书。

图书在版编目(CIP)数据

量纲分析理论与应用/高光发著. —北京：科学出版社, 2021.12
科学出版社“十四五”普通高等教育本科规划教材
ISBN 978-7-03-070911-0

Ⅰ. ①量…　Ⅱ. ①高…　Ⅲ. ①量纲分析-高等学校-教材　Ⅳ. ①O303

中国版本图书馆 CIP 数据核字(2021) 第 262272 号

责任编辑：李涪汁　曾佳佳 / 责任校对：杨聪敏
责任印制：吴兆东 / 封面设计：许　瑞

科学出版社出版
北京东黄城根北街 16 号
邮政编码：100717
http://www.sciencep.com
北京中科印刷有限公司印刷
科学出版社发行　各地新华书店经销
*
2021 年 12 月第　一　版　开本：787×1092　1/16
2025 年　2　月第三次印刷　印张：30 1/2
字数：720 000

定价：129.00 元

(如有印装质量问题，我社负责调换)

前 言

在对物理问题的精确认识过程中，我们离不开对物理量的度量，就像 1883 年 Lord Kelvin 在演讲中提到，当我们能衡量自己在说什么，并能用数字表达时，说明我们对此有所了解；但是当我们无法测量时，就无法用数字来表达，这似乎表示，我们的认识几乎还没有进入科学的阶段。而物理量的度量总是相对的，简单来讲，没有参考就无法确切地描述并度量任何自然物理量，例如没有“短”的物品就无法形容另一个物品的“长”。随着社会与科学的发展，这种度量总是从模糊发展到精确，对应的参考量也从散乱发展到逐渐统一。当前各类科学问题如物理问题基本都建立了国际参考单位，这种参考量的统一极大程度上推动了社会的交流和科学的发展。同时参考度量越准确，对物理量的定量描述就越准确。从古至今，特别是近代的国际标准度量精度越来越高，以长度的国际标准度量单位“米”为例，从 1790 年到 1983 年，经过 5 次重要的定义与修改，参考度量从自然实物基准到当前的基本物理常数，其精度提高到现在的 10^{-10} 以上 (误差小于 10^{-10})，极大地提高了对物理量精准测量的精度上限；2018 年后，国际标准度量单位皆由自然实物升级为基本物理常数。事实上，任何有度量单位的物理量的定量描述与其度量单位密切相关，如某人的身高为 1.80m，也可以描述为 180cm，还可以描述为 1800mm；也就是说，同一个物理量度量单位不同，其对应的量也不同。同时，很多物理量类别并不相同，如某人的身高、两个城市之间的距离、海洋的深度等，但它们皆可以采用相同的度量单位来定量标定；这些物理量虽然类别不同或者具有不同度量单位，但皆具有相同的属性——长度，我们称这些物理量的属性为量纲，即身高、距离、深度的量纲皆为长度。量纲与度量单位在本质上是不同的，但又存在必然对应关系：前者表征物理量的属性，后者为物理量度量的参考度量单位。自然界中的物理量数不胜数，如距离、时间、身高、速度、电压、压强、密度等，相应地其度量单位和量纲也极多，但这些物理量的量纲并不都是相互独立的，甚至绝大部分是相互关联的。基于当前物理学构架可知，物理量的国际标准基本单位只有 7 个：米、千克、秒、开尔文、安培、坎德拉和摩尔。对应的基本量纲也只有 7 个：长度、质量、时间、热力学温度、电流、发光强度和物质的量。所有物理量皆可以利用这 7 个国际基本标准单位或其组合来度量，同理，所有物理量的量纲皆可以表示为这 7 个基本量纲或其组合。

物理问题的分析与研究过程，即为准确地认识与度量该物理问题涉及的物理量，寻找并建立这些物理量之间的内在联系和定量的函数关系；从某种意义上讲，对物理量或物理规律的认识最关键的一步就是对物理量或物理量之间的内在联系进行定量的描述。无论物理问题形式如何，其必须满足量纲一致性法则，即只有量纲相同的物理量或物理量组合才能进行对比或加减运算，因此对于任何一个物理问题或规律，其函数关系中等式两端的量纲应该完全一致；也就是说，姑且不论等式两端数值是否相等，但其量纲必定相同。换一个角度看，我们即使不知道函数中物理量的具体数值，纯粹从量纲上进行运算和转换也可对该物理问题或规律进行初步分析；反之，我们也可以根据量纲的一致性对所给出的函数关系的正确性进行预判。这种多个物理量量纲之间的运算包含基础衍生量纲的展开、导出独立量纲向基本量纲的转换及其基本量纲之间的运算，这种分析过程即为量纲分析。当前物理问题涉及的量纲有很多，如不考虑无量纲物理量，物理量量纲整体可以分为三类：基本量纲 (7 个)、导出独立量纲 (20 个) 和衍生量纲。衍生量纲与基本量纲之间的联系是通过衍生量纲对应的物理量定义来建立的，如加速度量纲展开为长度量纲与时间量纲的平方之商，就利用到加速度的定义；导出独立量纲与基本量纲之间的联系则是通过应用某个物理定律来建立的，如力的量纲转换为质量量纲与加速度量纲的乘积，就应用了牛顿运动定律。因此，量纲分析的过程也是一系列物理量定义与定律的使用及运算过程，从某种程度上讲，这是量纲分析的一个物理本质。当前，度量单位特别是国际标准度量单位的出现，极大程度地促进了科技交流和发展，但有时也使得物理规律分析更为复杂，因为这相当于在复杂的物理问题中引入了外部基准量；对于特定物理问题而言，如果我们不采用这些基准量，而直接采用物理问题所包含的某个物理量或某几个物理量组合为度量单位，则可在一定程度上简化物理问题的分析过程。因此，量纲分析也是排除外部基准度量单位而利用物理问题或规律涉及的物理量或物理量的组合为度量单位的一个过程，这是量纲分析的另一个物理本质。在此，需要说明的是，量纲分析的方法是不断发展的，随着新物理量的定义和新物理规律的发现，量纲之间的关系与演化过程会更新发展。

量纲分析理论和方法无论对于科学研究还是工程问题分析皆具有极其重要的作用，特别是对于流体力学、爆炸力学、冲击动力学及其相关学科的科学研究和工程问题分析，其重要性是不可替代的。第一，量纲分析能够很大程度上简化问题。以单摆周期为例，利用量纲一致性法则初步判断就能够排除小球质量这一影响因素，进一步量纲分析则可将此多变量函数问题简化为一个常数方程问题。第二，量纲分析能够极大程度上减少试验量、优化试验设计。由于通过量纲分析能够减少自变量的数量，从而成量级地减少试验量并提高试验准确率；同时，通过量纲分析给出无量纲相似准数，能够在一定程度上挖掘出问题中自变量之间的内在联系，所设计的试验更加合理可行。以管流问题为例，通过量纲分析可以给出关键的相似准数 Reynolds 数，从而更加方便科学地设计试验，进而给出极其接近理论的函数关系与形式；可以设想，如果没有进行量纲分析，我们很难将其中看起来完全无关的自变量进行科学组合，不仅试验量成量级地增加，而且根据试验结果我们也无法给出此类形式的函数关系。第三，量纲分析能够帮助我们建立科学准确的相似模型。对于强非线性问题如流体力学、流体动力学、爆炸与冲击动力学等，很难从理论出发给出解析解，还是需要以试验为主给出相关准确可行的结论。然而，很多时候我们无法或者很难利用原型来开展大量的试验，此时则需要设计科学准确的缩比模型来实现，就像钱学森先生所言：“由于爆炸力学要处理的问题远比经典的固体力学或流体力学要复杂，似乎不宜一下子想从力学基本原理出发，构筑爆炸力学理论。近期还是靠小尺寸模型实验，但要用比较严格的无量纲分析，从实验结果总结出经验规律。这也是过去半个多世纪行之有效的力学研究方法”。对于其他行业的非线性问题，这种说法也是科学适用的。第四，利用量纲分析对试验数据进行整理，能够给出更加准确科学的规律性结论，也能够极大降低数据处理的难度。以本书中的爆炸冲击波传播为例，如果不进行量纲分析，试验数据非常混乱且并没有明显的规律性，若利用传统的曲线拟合方法如最小二乘法等，所给出的结论复杂且一般不满足量纲一致性法则，适用性和推广性不足，结论的物理意义不明显；而利用量纲分析对数据进行整理后，规律性非常明显，很容易就获得非常接近理论的定量规律，而且结论必然满足量纲一致性法则。第五，结合部分理论分析，利用量纲分析能够给出非常有用且相对准确的结论，如 Taylor 等结合理论分析，仅根据照片就相对准确地预测到核爆当量。第六，利用量纲分析，能够对某些满足自相似特征问题的复杂偏微分方程进行转换，从而给出常微分方程，或者简单快速地初步判断理论推导结论的准确性。

以上六点只是量纲分析的一部分功能，但也足以说明量纲分析理论的重要及强大。利用量纲分析解决复杂问题是“性价比”最高的科学方法之一，虽然其分析过程并不难，但其作用和效率有时候却十分惊人。当前各行业流传广、影响大的很多经验公式都有量纲分析的影子在内，利用量纲分析给出的物理问题相似律在试验研究方面更是普遍存在，甚至是不可或缺的；严格来讲，量纲分析并不只是某一个特定专业或学科的专业课程，还是许多工科专业、学科甚至不少理科相关专业研究人员或工程人员不可缺少的基础课程。

当前国内外力学或工程行业，特别是爆炸与冲击动力学领域系统讲解量纲分析知识与应用的著作很少，国内爆炸力学领域较早的代表性教材之一应该是谈庆明老师所撰写的《量纲分析》，该书是将谈老师在不同高校授课的讲稿整理而成的，是一个简明教程；国际上代表性的著作有 Baker 等编著的 *Similarity Methods in Engineering Dynamics: Theory and Practice of Scale Modeling*、Gibbings 等编著的 *Dimensional Analysis*、Szirtes 等编著的 *Applied Dimensional Analysis and Modeling* 和 Simon 等编著的 *Dimensional Analysis for Engineers* 等。这些著作极大地推动了量纲分析在不同领域的应用，提供了大量的实例供读者参考，本书也参考引用了这些著作中的大量实例。然而，这些著作主要是实例教程，各自的分析方法和思路也不尽相同，对具备一定量纲分析理论基础的读者具有重要的参考价值，也是非常好的授课教程，而对于初学者却有一定的不足之处：首先，当前量纲分析理论与应用中主要定理只有 Π 定理，缺少配套的理论体系，而且量纲分析基本思路相对简单，这使得初学者容易忽视量纲分析的本质而误用量纲分析，这个问题在不少学术论文或毕业论文、学术报告或项目报告中大量出现，其中很多量纲分析初看是利用 Π 定理并参考实例进行分析，但实际上分析方法、思路和结论存在不少问题；出现这些问题主要是由于当前缺少系统的概念与理论体系，从而使得在量纲分析的实际使用过程中缺少足够的支撑与限制。其次，缺少系统的量纲分析方法与标准思路的讲解，读者在分析那些与实例相差较大的复杂的新问题，特别是主要影响因素并不明显且相互耦合关系复杂的情况时，会有不知从哪里下手的感觉，容易得出错误的结论。最后，量纲分析实际上与理论、试验等密切相关，在实际应用的过程中我们应该将它们有机结合起来，很多情况下，相同问题的量纲分析结果会得到不同结论，如本书中几种不同条件的绕流问题，需要从理论出发进行优选；而且，理论上选取不同组合的参考物理量所给出的无量纲结论应该统一或者能够相互转换，而当前的量

纲分析方法缺少 Π 定理基础上更深一步的量纲组合和演化的理论与方法，使得当前不少科研工作者研究给出的无量纲结论只停留在“半路上”，深度不够，还需要进一步分析。针对这些问题，本书力求在 Π 定理的基础上，基于量纲分析的本质与内涵，建立一系列相对完备的概念、性质、定理与推论体系，给出量纲分析相对标准的分析思路与方法，并探讨如何利用量纲分析结合理论、试验或数值仿真有机深入地分析复杂问题，特别是爆炸与冲击动力学问题。

本书分为 6 章对量纲分析的理论与应用进行阐述。

第 1 章为单位与量纲，主要讲述度量单位的起源与发展，以及当前国际标准的度量单位体系及其基本定义；介绍量纲的概念与内涵、量纲的类别及其运算法则，并证明量纲的幂次表示性质。

第 2 章为量纲分析与 Π 理论，主要讲授量纲分析的概念与内涵、量纲分析的基本原理与量纲一致性法则；讲述 Π 定理、基本量纲确定的基本方法与原则、参考物理量的选取基本方法与原则，证明矩阵分析法的普适性并提出其应用方法；给出量纲分析的基本思路及其对应分析方法与分析原则，包括如何确定物理问题中的主要因素，如何分析自变量的独立性与耦合性，如何对无量纲函数表达式进一步演化。

第 3 章为量纲分析与相似律，讲述物理问题几何相似、材料相似与物理相似的概念与内涵；阐述相似律的概念与相似准数、相似律的性质与量纲分析以及相似律的内涵与特征；分析探讨几何相似律、相似律与几何相似律之间的联系与区别，以及几何相似律的概念、内涵、性质与特征。

第 4 章为量纲分析与试验分析，主要讲授如何利用量纲分析理论与方法设计试验，如何利用量纲分析方法对试验数据进行整理总结；讲述量纲分析方法对试验设计的简化方式、相似缩比模型的设计、几何相似与尺寸效应的内涵；结合实例进行爆炸波传播问题中的相似律与试验结果分析、岩土介质中爆炸冲击问题的相似律与试验结果分析、撞击侵彻问题的相似律与试验结果分析，讲述量纲分析理论对爆炸与冲击问题相似模型设计的指导、量纲分析方法在其试验结果分析总结中的重要作用。

第 5 章为量纲分析与理论推导，主要讲述如何利用量纲分析简化理论分析步骤、提高分析效率与准确性，并对几种典型的满足自相似问题的偏微分方程或偏微分方程组进行量纲分析；介绍如何利用量纲分析方法对偏微分方程进行常微分化。

第 6 章为量纲分析与理论/试验/数值仿真综合应用，主要以 SHPB 试验中的整形片问题为例，阐述量纲分析理论与方法、试验研究、理论分析与数值仿真之间如何有机融合以对问题进行分析，介绍它们之间的综合分析方法。

本书参考了谈庆明、Baker、Gibbings 和 Simon 等著作中的大量实例，本人也从这些著作中受到启发并升华了自身的量纲分析知识，在此对他们表示衷心的感谢！本人在 2020 年出版的《量纲分析基础》可以视为本书的一个简明实例教程。经过近两年基本无间断的写作，每句话、每个公式表格和每条曲线都是本人亲自斟酌、书写或绘制，工作量较大，这期间还有繁重的科研与教学任务，若没有家人的支持，根本无法按期交稿，在此向我的家人表示由衷的感激和深深的歉意。同时，本书的写作得到南京理工大学副校长何勇教授和机械工程学院杜忠华研究员的鼎力支持，在此亦表示衷心的感谢。本书篇幅较长、专业性强，修改与审核任务势必非常困难和艰巨，在此向科学出版社编辑的支持与帮助表示诚挚的谢意！

最后，感谢国家自然科学基金项目 (11772160，11472008，11202206) 和国防科技创新特区项目的支持。

由于水平限制，本书不足之处在所难免，望各位读者指正。希望本书能够给国防科技工作者和相关专业的学生提供所需的理论参考，为提高我国国防科技中兵器科学与防护工程等相关领域的原创性研究水平提供助力！

高光发

2021 年 6 月

目　录

第 1 章　单位与量纲

对物理问题的认识与分析，离不开对物理量以及物理量之间内在联系的认识；事实上，自然界中的物理量数不胜数，如距离、时间、身高、速度、电压、压强、密度等，在很多问题中，这些物理量中两个或多个量之间总存在某种内在联系，它们相互影响、相互关联。以物理运动的惯性效应为例，从定性角度上看，容易发现：当物体所承受的外力相同时，质量越大的物体加速度就越小；当物理质量相同时，物体所承受的外力越大加速度就越大。这些物理规律在日常生活中容易被人们发现，然而，如果需要深入研究这些物理问题，必须对其进行定量的分析，此时我们始终离不开对物理量的度量，就像 1883 年 Kelvin 在演讲中提到，当我们能衡量自己在说什么，并能用数字表达时，说明我们对此有所了解；但是当我们无法测量时，就无法用数字来表达，这似乎表示，我们的认识几乎还没有进入科学的阶段。

我们对绝大多数物理量的定量描述，离不开参考度量。从古至今，对普通生活影响最大也最常用的参考度量即度量衡。其中，计量物体长短用的器具称为度，测定计算物体容积的器皿称为量，测量物体轻重的工具称为衡；度量衡的出现对人类社会的交流发展起着不可估量的作用。从本质上讲，度量衡即当前的长度、体积和质量单位。一般而言，任何物理量均可以表示为

$$\text{物理量} = \text{数量}\ [\text{参考单位}]$$

当然，任何测量都不可避免地存在误差，在此不做考虑，其对本书讨论的内容也没有任何影响。例如，

$$\text{我的身高} = 1.80\ \text{米}$$

其中“1.80”表示物理量对应的数量，而“米”表示其数量对应的参考单位，其物理内涵是指身高是“1 米”这个参考度量的 1.80 倍；可以看出，量和度量单位是相互耦合不可分割的。从物理上讲，“我的身高”可以描述为 1.80 米，也可以描述为 180 厘米，它们的物理内涵是完全一致的，其数值不同是因为参考度量的单位不同。因此，相同物理量可能对应很多个参考单位，反之，很多个物理量也可能具有相同的参考单位。物理量与参考单位之间具有必然联系，也存在本质区别。

1.1　单位与单位体系

《现代汉语词典》对“单位”的解释是“计量事物的标准量的名称”。在测量中，以同类量的某定量为基准量，测定已知量相当于基准量的多少倍，该基准量称为参考度量单位，简称单位。对于绝大多数物理量 $\Re$ 而言，其定量的表示形式一般为

$$\Re = r\mathbb{R} \tag{1.1}$$

式中，$\mathbb{R}$ 表示参考度量单位；r 表示数量。上式的定量意义非常明确，即表示物理量 $\mathfrak{R}$ 是参考度量 $1\mathbb{R}$ 的 r 倍，其中 r 可以是整数，也可以是小数。例如，某个房间的宽度 W 为 4 米，即可以表示为

$$W = 4米 = 4 \times 1米 \tag{1.2}$$

亦即如果用边长 1 米的瓷砖铺设本房间，宽度方向上铺设 4 块正好满足条件。

1.1.1　传统基本物理量单位体系及转换

物理学中人们最早研究的分支是力学；在力学范畴内，首先建立了以长度、质量和时间为基本物理量的单位制，就是人们所熟悉的厘米 · 克 · 秒 (CGS) 制；为了国际上贸易、工业以及科学技术交往的需要，1875 年 17 个国家代表在巴黎制定了米制公约，形成了米 · 千克 · 秒制。

1) 长度单位体系及转换

米是常用的长度单位，然而，如果我们测量一本书的厚度、一根头发的直径等，此时利用 1 米这个参考长度来度量，所给出的结果就不甚准确；所谓“度长短者，不失毫厘”，即测量时应该具有更高精度的意思，因此，还需要更小的长度参考度量单位。如果我们需要度量两个城市之间的距离、两个星球之间的距离等，利用 1 米这个参考长度来度量，也非常不方便，这时就需要更大的长度参考度量单位。这些不同量级的度量单位就构成一个单位体系。

在中国古代，经过《汉书 · 律历志》的整理，保留了之前寸、尺、丈三个长度度量单位，并在寸位以下加一“分”位，丈位以上加一“引”位，且都是十进制，即十分为一寸、十寸为一尺、十尺为一丈、十丈为一引，这就是所谓五度；之后，又发展出更小的单位“纤、微、忽、丝、毫、厘”(亦为十进制) 及更大的单位“里”，构成中国古代的长度单位体系，其转换如表 1.1 所示。

表 1.1　中国市制长度单位换算关系

单位	里	引	丈	尺	寸	分	厘	毫	丝	忽	微	纤
数量	1/15	1	10	10^2	10^3	10^4	10^5	10^6	10^7	10^8	10^9	10^{10}

在英国等少数欧美国家，其传统的长度度量单位为英制单位，同样，根据不同量级的长度，其参考度量单位也不同，分别有英寸、英尺、码、英里等，这些单位也构成英制国家的长度单位体系，其转换如表 1.2 所示。

表 1.2　英制长度单位换算关系

单位	英里 (mile)	码 (yd)	英尺 (ft)	英寸 (in)
英里 (mile)	1	1760	5280	63360
码 (yd)	1/1760	1	3	36
英尺 (ft)	1/5280	1/3	1	12
英寸 (in)	1/63360	1/36	1/12	1

当然，历史上还有许多国家和地区采用其他类似的长度度量单位体系。根据式 (1.1) 可知，任何长度的定量描述离不开长度参考度量，对于任意长度物理量而言，其数值可

以通过下式求解:

$$r = \frac{\Re}{\mathbb{R}} \tag{1.3}$$

上式表明，任何物理量的定量描述离不开参考度量，相同的物理量采用不同度量单位进行描述得到的数量也必然不同。

因此，统一参考度量对于科学和社会生活中问题的定量标定具有重要的意义。为此，18 世纪末科学家经过合作与努力，建立起一套科学的标准单位体系，常称为“公制”或“米制”，并最早被法国于大革命时期的 1799 年定为度量单位；此后，1948 年第 9 届国际计量大会根据决议，责成国际计量委员会 (CIPM)“研究并制定一整套计量单位规则”，力图建立一种科学实用的计量单位制；1960 年第 11 届国际计量大会基于公制建立了国际单位制，以 SI 作为国际单位制通用的缩写符号。当前，国际单位制是世界上最普遍采用的标准度量衡单位系统，采用十进制进位系统；其长度的基本单位为米 (m)，并由此建立了国际标准长度单位体系，其换算关系如表 1.3 所示。

表 1.3 国际标准长度单位换算关系

单位	千米 (km)	米 (m)	分米 (dm)	厘米 (cm)	毫米 (mm)	微米 (μm)	纳米 (nm)
数量	10^{-3}	1	10	10^2	10^3	10^6	10^9

中国市制长度单位和英制长度单位与国际标准长度单位之间的转换关系如表 1.4 所示。

表 1.4 国际标准长度单位与中国市制、英制长度单位换算关系

单位	里	丈	尺	英里	码	英尺
米	500	3.33	0.333	1609.344	0.9144	0.3048

利用表 1.1 ~ 表 1.4，我们可以将所有市制长度单位和英制长度单位转换为国际标准长度单位。

2) 质量单位体系及转换

质量单位是三大基本单位之一。中国汉代以前对质量单位的说法并不一致，基准质量参考度量单位并不统一，如《孙子算经》“称之所起，起于黍，十黍为一絫，十絫为一铢，二十四铢为一两”，《后汉书》李贤注引《说苑》“十粟重一圭，十圭重一铢”，《说文解字 · 金部》“锱，六铢也”，《淮南子 · 诠言训》高诱注“六两曰锱”，《玉篇 · 金部》“镒，二十两”，《宋本广韵》引《国语》“二十四两为镒”，等等。这些说法显示，不仅基本质量参考度量不一致，而且单位体系中的进制也不尽相同。汉代以来我们把铢、两、斤、钧、石这五个单位命名为五权，且直至唐代都没有改变；也就是说，汉唐时期的质量度量单位体系为铢、两、斤、钧、石，其进制并非十进制，而为二十四铢为两，十六两为斤，三十斤为钧，四钧为石；后来废除了单位“铢”，且发展出钱、分、厘、毫、丝、忽等更小的质量度量单位。这些中国传统的质量单位体系及其换算关系见表 1.5。

表 1.5 中国传统质量单位换算关系

单位	石	钧	斤	两	钱	分	厘	毫	丝	忽
数量	1/120	1/30	1	10	10^2	10^3	10^4	10^5	10^6	10^7

表 1.5 中的单位“两”是新制下的单位，旧制中的单位“1 两”为“0.0625 斤”。在英国等少数欧美国家，其传统的质量度量单位为英制单位，同样，根据不同量级的质量，其参考度量单位不同，分别有英石、磅、盎司、打兰和格令，这些单位也构成英制国家的质量单位体系；其转换关系如表 1.6 所示。

表 1.6　英制质量单位换算关系

单位	英石 (st)	磅 (lb)	盎司 (oz)	打兰 (dr)	格令 (gr)
数量	1	14	224	3584	98000

英制中更大的质量单位有“吨”和“担”，但英式和美式对应的单位代表的参考度量并不相同；为区别两种参考度量单位，英式的分别称为“长吨”和“长担 (英担)”，对应有“1 长吨 =20 长担，1 长担 =8 英石 =112 磅”；美式的分别称为“短吨”和“短担 (美担)”，对应有“1 短吨 =20 短担，1 短担 =100 磅”。

1960 年第 11 届国际计量大会基于公制建立了国际单位制，定义质量的基本单位为千克 (kg)，并由此建立了国际标准质量单位体系，其单位之间换算为十进制，换算关系见表 1.7。

表 1.7　国际标准质量单位换算关系

单位	吨 (t)	公担	千克 (kg)	克 (g)	毫克 (mg)	微克 (μg)	纳克 (ng)
数量	10^{-3}	10^{-2}	1	10^{3}	10^{6}	10^{9}	10^{12}

中国市制质量单位和英制质量单位与国际标准质量单位之间的转换关系见表 1.8。

表 1.8　国际标准质量单位与中国市制、英制质量单位换算关系

单位	斤	两	钱	磅 (lb)	盎司 (oz)	克拉 (ct)
千克	2	20	200	2.205	35.274	5000

同理，利用表 1.5~表 1.8，我们可以将所有市制质量单位和英制质量单位转换为国际标准质量单位。

3) 时间单位体系及转换

时间也是一种核心基础度量单位。现在我们知道每昼夜为 24 时，在中国古时则为 12 时，这是因为中国和西方对时间的参考度量不同，我们一般称西方的“时”为“小时”，而中国古代的“时”为“大时”。当然，这只是其中一个时间度量单位，传统的时间度量单位比较复杂，例如，每日 12 个时辰，但并不是按照 1、2、3、4…… 来计数，而是按照子、丑、寅、卯 …… 来排列；而且由于时间的计算与度量涉及天象等，因此体系中度量单位的换算并不准确统一，大致换算关系见表 1.9。

表 1.9　中国古代传统时间单位换算关系

单位	季	月	旬	候	日	时辰	更	点	刻	字
数量	~1/120	~1/30	1/10	1/5	1	12	12	60	~100	~300

在古代海外，不同地域有不同的时间度量单位，如印度《僧祇律》载“二十念名一瞬顷，二十瞬名一弹指，二十弹指名一罗豫，二十罗豫名一须臾，一日一夜为三十须臾。”即其时间度量单位体系为：刹那、念、瞬、弹指、罗豫、须臾，其换算关系见表 1.10。

表 1.10 印度古代传统时间单位换算关系

单位	日	须臾	罗豫	弹指	瞬	念
数量	1	30	600	12000	2.4×10^5	4.8×10^6

1960 年第 11 届国际计量大会定义时间的基本单位为秒 (s)，并由此建立了国际标准时间单位体系，其换算关系如表 1.11 所示。

表 1.11 国际标准时间单位换算关系

单位	年 (year)	周 (week)	日 (d)	时 (h)	分 (min)	秒 (s)	毫秒 (ms)	微秒 (μs)	纳秒 (ns)
数量	1/365	1/7	1	24	1440	8.64×10^4	8.64×10^7	8.64×10^{10}	8.64×10^{13}

在此基础上，又发展出更小的时间单位皮秒 (微微秒，ps，10^{-12}s)、飞秒 (fs，10^{-15}s)、阿秒 (as，10^{-18}s)、仄秒 (zs，10^{-21}s)、幺秒 (ys，10^{-24}s)、普朗克时间 (10^{-43}s)。

中国古代时间单位和印度古代时间单位与国际标准时间单位之间的转换关系如表 1.12 所示。

表 1.12 国际标准时间单位与古代时间单位换算关系

单位	时辰	更	点	刻	字	弹指	瞬	念
秒	7200	7200	1440	864	300	7.2	0.36	0.018

同理，利用表 1.9~表 1.12，我们可以将所有中国古代和印度古代时间单位转换为国际标准时间单位。

1.1.2 基本量和基本单位

随着物理学的发展，三个基本量已不足以满足社会和科学发展。1948 年第 9 届国际计量大会根据决议，责成国际计量委员会 (CIPM)“研究并制定一整套计量单位规则”，力图建立一种科学实用的计量单位制；1954 年第 10 届国际计量大会决议，决定采用长度、质量、时间、电流、热力学温度和发光强度 6 个量作为实用计量单位制的基本量；1960 年第 11 届国际计量大会决议，把这种实用计量单位制定名为国际单位制，以 SI 作为国际单位制通用的缩写符号；之后，1971 年第 14 届国际计量大会决议，决定在前面 6 个量的基础上，增加“物质的量”作为国际单位制的第七个基本量，并通过了以它们的相应单位作为国际单位制的基本单位。

也就是说，自 1971 年以来，物理学中基本量有 7 个，分别为长度、质量、时间、电流、热力学温度、发光强度和物质的量。这 7 个基本量皆有其对应的单位体系，每个基本量对应的国际单位体系内单位的进制是确定的，即只需要确定一个基准单位，就能唯一地确定单位体系中其他度量单位，我们一般称这种基准单位为基本单位。当前国际单位制中 7 个基本量对应的基本单位如表 1.13 所示。

表 1.13　国际单位制中基本量与基本单位

基本量	长度	质量	时间	电流	热力学温度	发光强度	物质的量
基本单位	米 m	千克 kg	秒 s	安培 A	开尔文 K	坎德拉 cd	摩尔 mol

从式 (1.3) 容易发现，参考度量的准确性和精确性直接影响所标定物理量的准确性和最大可能精度；换言之，基本单位对应的参考度量直接决定了度量某个物理量的数值精度。因此，自形成基本量和基本单位以来，对基本单位对应的参考度量标准的研究从未间断，而且一直在改进。

7 个基本单位之一的米 (m) 对应的参考度量 (1 米) 的定义自 1790 年初次确定以来，由于社会的进步和科学的发展对参考度量精度的要求越来越高，经历过多次升级修改，如表 1.14 所示。

表 1.14　1 米的定义变更

时间	组织	定义	备注或精度
1790 年	法国科学家组成的特别委员会	通过巴黎的地球子午线全长的四千万分之一	国际铂金基准米尺
1889 年	第 1 届国际计量大会	国际米原器在冰融点温度时的长度	
1927 年	第 7 届国际计量大会	国际计量局所保存的铂铱尺上所刻的两条中间刻线的轴线在 0°C 时的距离	1.1×10^{-7}
1960 年	第 11 届国际计量大会	氪-86 原子的 $2p^{10}$ 和 $5d^{5}$ 能级之间跃迁的辐射在真空中波长的 1650763.73 倍	$\pm4\times10^{-9}$
1983 年	第 17 届国际计量大会	1/299792458 秒的时间间隔内光在真空中行程的长度	~0

1790 年产生了第一代 1 米的精确定义，1799 年用铂金制成横截面为 25.3mm×4.05mm 的矩形端面基准米尺，米尺两端面间的距离即为 1 米，此即为“档案米尺”；直到 1960 年这 170 年内，1 米的标准定义一直没有改变，只是分别在 1889 年第 1 届国际计量大会和 1927 年第 7 届国际计量大会进行了完善校正。

第一代 1 米的参考度量为自然实物基准，其携带不方便且易损坏；同时，由于科学技术的发展，它也逐渐不能满足计量学和其他精密测量的需要。于是科学家们发展出第二代 1 米的定义，它是以稳定的激光波长为基准进行定义的，如表 1.14 所示，1960 年第 11 届国际计量大会采用的激光以氪-86 基准谱线波长为基准；之后，1973 年和 1979 年两次米定义咨询委员会会议又先后推荐了 4 种稳定激光的波长值，同氪-86 的波长并列使用，它们具有同等的准确度。

1983 年发展出了更加准确的 1 米的定义，如表 1.14 所示；自此，长度基准完成了由自然基准向以基本物理常数定义的基本单位的过渡。

质量也是 7 个基本量之一，我们常称之为“重量”，但从科学上讲，两个物理意义并不相同，是两个独立的物理量。为了避免“重量”一词在通常使用中意义发生混淆，1901 年第 3 届国际计量大会中规定：千克 (kg) 是质量而非重量的单位，它等于国际千克原器的质量。千克是 7 个基本单位中唯一一个有词头的国际标准单位，事实上，质量的基本单位原应为“克 (g)”，但受当时工艺和测量技术所限，故制作了质量是克的 1000 倍的标准器，即千克标准原器，于是之后国际单位制中质量基本单位变成千克而不是克。

1 千克的定义随着社会和科学的发展，经历了多次修改升级，如表 1.15 所示。

表 1.15 1 千克的定义变更

时间	组织	定义
1791 年		1 升的纯水在 4°C 的质量
1889 年	第 1 届国际计量大会	铂铱合金制成的国际千克原器的质量
2018 年	第 26 届国际计量大会	对应普朗克常数为 $6.62607015\times10^{-34}\text{kg}\cdot\text{m}^2/\text{s}$ 时的质量

最新的 1 千克的定义原理是：将移动质量 1 千克物体所需机械力换算成可用普朗克常数表达的电磁力，再通过质能转换公式算出质量。自此，质量基准完成了由自然基准向以基本物理常数定义的基本单位的过渡。

时间是 7 个基本量中最“玄奥”的一个量，其基本单位参考度量的准确定义一直是个难题，而且与长度、质量等基本量不同，时间的基本单位“秒 (s)”很难通过自然实物直观定义。国际标准时间的定义也经历过漫长的发展，如表 1.16 所示。

表 1.16 1 秒的定义变更

时间	组织	定义
1960 年前	国际计量大会	平均太阳日的 1/86400
1960 年	第 11 届国际计量大会	历书时 1900 年 1 月 0 日 12 时起算的回归年的 1/31556925.9747
1967 年	第 13 届国际计量大会	铯-133 原子基态的两个超精细能级之间跃迁的辐射周期的 9192631770 倍的持续时间

相对于以上 3 个基本量和基本单位，电流强度和安培 (A) 出现得相对较晚。电流的所谓“国际”电学单位，是 1893 年在芝加哥召开的国际电学大会上所引用的；而“国际”安培的定义，则是 1908 年伦敦国际代表会议所批准的。电流强度参考度量单位“1 安培”的定义经历了如表 1.17 所示的三个发展历程。

表 1.17 1 安培的定义变更

时间	组织	定义
1933 年	第 8 届国际计量大会	要求采用所谓“绝对”单位来代替这些“国际”单位
1948 年	第 9 届国际计量大会	在真空中相距 1m 的两无限长而圆截面可忽略的平行直导线内通过一恒定电流，若这恒定电流使得这两条导线之间每米长度上产生的力等于 2×10^{-7}N(牛顿，Newton)，则这个恒定电流的电流强度就是 1A(安培)
2018 年	第 26 届国际计量大会	1s 内通过 $1/1.602176634\times10^{19}$ 个电子电荷所对应的电流

热力学温度 (T) 及其单位开尔文 (K) 是 20 世纪才确定的国际标准基本量和基本单位，其发展历程相对简单，如表 1.18 所示。

在 1967 年第 13 届国际计量大会中，决定用单位开尔文及其符号 K 表示温度间隔或温差；同时在会上，也定义摄氏温度 (t) 为

$$t = T - T_0 \tag{1.4}$$

式中

$$T_0 = 273.15\text{K} \tag{1.5}$$

为水的冰点的热力学温度，它同水的三相点的热力学温度相差 0.01K。摄氏温度的单位是摄氏度 (℃)；“1 摄氏度” 等于 “1 开尔文”，摄氏温度间隔或温差用摄氏度表示。特别需要注意的是，水的三相点不是冰点，冰点与气压和水中的溶质有关 (比如空气)，三相点只与水本身的性质有关。由此推算出的 1K 的大小与 1℃ 相等，且水在 101.325kPa 下的熔点约为 273.15K。

表 1.18　1 开尔文的定义变更

时间	组织	定义
1954 年	第 10 届国际计量大会	定义水的三相点对应温度为 273.16K
1967 年	第 13 届国际计量大会	单位以 “开尔文” 代替 “开氏度”，符号不变皆为 K；定义 1K 为水三相点热力学温度的 1/273.16
1968 年	国际计量委员会	通过了新的国际实用温标 (IPTS—68)：首先，有 11 个可以复现的固定点，在 13.81K 到 1337.58K 范围内规定用气体温度计测定固定点的温度值；其次，规定用标准仪器 (13.81K 到 903.89K 为铂电阻温度计，903.89K 到 1337.58K 为铂铑热电偶，1337.58K 以上用光谱高温计和常数 c_2=0.014338m·K)，根据规定的固定点进行分度
2018 年	第 26 届国际计量大会	对应玻尔兹曼常数为 $1.380649\times10^{-23}\mathrm{kg\cdot m^2/(s^2\cdot K)}$ 时的热力学温度

自此，热力学温度基准也完成了由自然基准向以基本物理常数定义的基本单位的过渡。

相对于以上 5 个国际标准基本量和基本单位，发光强度及其基本单位坎德拉 (cd) 相对较新且陌生一些。1937 年以前，国际照明委员会和国际计量委员会决定将各国所用的以火焰或白炽灯丝基准为根据的发光强度单位改为 “新烛光”，之后进行了多次修改完善，如表 1.19 所示。

表 1.19　1 坎德拉的定义变更

时间	组织	定义
1948 年	第 9 届国际计量大会	定义发光强度单位为 “坎德拉”
1967 年	第 13 届国际计量大会	在 $101325\mathrm{N/m^2}$ 压力下处于铂凝固温度的黑体的 $1/60000\mathrm{m^2}$ 表面在垂直方向上的发光强度
1979 年	第 16 届国际计量大会	一光源在给定方向上发出频率为 540×10^{12}Hz 的单色辐射，且在此方向上的辐射强度为 $1/683\mathrm{kg\cdot m^2/s^3}$ 时的发光强度

发光强度基本单位定义中的 540×10^{12}Hz(赫兹) 辐射波长约为 555nm，是人眼感觉最灵敏的波长。

物质的量及其基本单位摩尔 (mol) 是一个新生的国际标准基本量和基本单位。最初，“原子量” 是以化学元素 O(氧) 的原子量 (规定为 16) 为标准，但化学家是把天然氧元素即 O(氧) 的同位素 O-16、O-17、O-18 的混合物的数值定为 16；而物理学家则是把其中一种同位素 O-16 的数值定为 16，两者很不一致，之后经历了数次修改与发展直至现在，如表 1.20 所示。

综上所述，自 2018 年第 26 届国际计量大会决议 (2019 年国际计量日 5 月 20 日生效) 以来，当前 7 个国际标准基本量及其最新基本单位定义如表 1.21 所示。

表 1.20 1 摩尔的定义变更

时间	组织	定义
1959～1960 年	国际纯粹与应用物理学联合会和国际纯粹与应用化学联合会	一个“物质的量”单位的 C-12 应有 0.012kg，这样定义的“物质的量”单位为 1 摩尔
1971 年	第 14 届国际计量大会	摩尔是一系统的物质的量，该系统中所包含的基本单元数与 0.012kg C-12 的原子数目相等
2018 年	第 26 届国际计量大会	精确包含阿伏伽德罗常数即 6.02214076×10^{23} 个原子或分子等基本单元的系统的物质的量

表 1.21 7 个国际标准基本量及其单位定义

基本量	符号	基本单位	单位符号	定义
长度	L	米	m	1 米是光在真空中于 1/299792458s 内的行程
质量	m	千克	kg	1 千克是普朗克常量为 $6.62607015\times10^{-34}\mathrm{kg\cdot m^2/s}$ 时的质量
时间	t	秒	s	1 秒是铯-133 原子基态的两个超精细能级之间跃迁的辐射周期的 9192631770 倍的持续时间
电流	I	安培	A	1 安培是 1s 内通过 $1/1.602176634\times10^{19}$ 个电子电荷所对应的电流
热力学温度	T	开尔文	K	1 开尔文是玻尔兹曼常数为 $1.380649\times10^{-23}\mathrm{kg\cdot m^2/(s^2\cdot K)}$ 时的热力学温度
发光强度	$I(I_v)$	坎德拉	cd	1 坎德拉是一光源在给定方向上发出频率为 $540\times10^{12}\mathrm{Hz}$ 的单色辐射，且在此方向上的辐射强度为 $1/683\mathrm{kg\cdot m^2/s^3}$ 时的发光强度
物质的量	n	摩尔	mol	1 摩尔是精确包含阿伏伽德罗常数即 6.02214076×10^{23} 个原子或分子等基本单元的系统的物质的量

1.1.3 衍生单位与导出单位

当然，当前科学问题中物理量极多，涉及的单位也远远不止这 7 个基本单位；不过，当前物理量的单位基本能够通过这 7 个基本单位导出。因此，当前所有单位可以划分为两类：基本单位和导出单位 (包含两个纯几何辅助单位：弧度和球面度)。

根据定义和定理等物理规律，我们可以通过 7 个基本量表达对应的物理量；从而，这些物理量的单位也可以利用基本单位来表示。例如，根据质点速度的定义可知：质点速度 v 是指单位时间内质点的位移，即

$$v=\frac{s}{t} \tag{1.6}$$

式中，s 表示位移，其单位为基本单位米 (m)；t 表示质点运动时间，其单位为基本单位秒 (s)。根据上式，我们也可以导出质点速度的单位为米/秒 (m/s)。

又如，根据牛顿第二定律，我们可以给出力 F 与质量 m、加速度 a 之间的关系：

$$F=ma \tag{1.7}$$

已知力的单位是牛顿 (N)、质量的单位是千克 (kg)、加速度的单位是米/秒 ^{2}(m/s^2)；由此，我们可以给出这三个物理量对应单位之间的关系：

$$1\mathrm{N}=1\mathrm{kg}\cdot1\mathrm{m/s^2} \tag{1.8}$$

式中，kg、m 和 s 皆为基本单位。可以看出，力及其对应的单位牛顿可以通过基本量和基本单位导出。

对比以上两个导出单位 “米/秒” 和 “牛顿” 可以看出，两个单位虽然属于导出单位，但速度的单位是两个基本单位相除得到的，不是独立单位；而力的单位虽然可以由基本单位导出，但其具有自身独立的单位。为了更直观地认识导出单位，我们可以进一步把导出单位分为衍生单位和导出独立单位 (包括两个辅助单位)。为了区分此处定义的导出单位，我们把上文所定义的导出量称为广义导出量，把上文所定义的导出单位称为广义导出单位。

国际标准单位体系中，具有独立名称的导出独立单位共有 22 个，含 2 个辅助单位，其物理量及单位如表 1.22 所示。

表 1.22　具有独立专门单位的国际标准导出单位 (导出独立单位)

序号	导出量	符号	导出单位	导出单位符号	备注
1	频率	f	赫兹	Hz	
2	力/重力	F/G	牛顿	N	
3	压强/应力	p/σ	帕斯卡	Pa	
4	能/功/热量	$E/W/Q$	焦耳	J	
5	功率/辐射能通量	$P/\varPhi$	瓦特	W	
6	电荷量	Q	库仑	C	
7	电势/电压/电动势	$\varphi/U/E$	伏特	V	
8	电容	C	法拉	F	
9	电阻	R	欧姆	Ω	
10	电导	G	西门子	S	
11	电感	L	亨利	H	
12	磁通量	$\varPhi$	韦伯	Wb	
13	磁感应强度/磁通密度	B	特斯拉	T	
14	光通量	$\varPhi$	流明	lm	
15	光照度	I	勒克斯	lx	
16	放射性活度	A	贝可勒尔	Bq	
17	吸收剂量	D	戈瑞	Gy	
18	剂量当量	H	希沃特	Sv	
19	催化活性	z	卡塔尔	kat	
20	摄氏温度	t	摄氏度	℃	
21	平面角	α	弧度	rad	辅助单位
22	立体角	$\varOmega$	球面度	sr	辅助单位

表 1.22 中除 2 个辅助单位外，其他 20 个单位以杰出科学家的名字命名的，如牛顿、帕斯卡、焦耳等，以纪念他们在本学科领域里作出的贡献。这 20 个国际标准导出独立单位的定义以及其与基本单位之间的转换关系如表 1.23 所示。

表 1.23　20 个导出独立单位定义及其与基本单位之间转换关系

序号	导出单位	定义	符号	备注
1	赫兹	周期为 1 秒的周期现象的频率	Hz	$1\text{Hz}=1\text{s}^{-1}$
2	牛顿	使 1 千克质量产生 1 米/秒 ^{2} 加速度的力	N	$1\text{N}=1\text{kg}\cdot\text{m/s}^2$
3	帕斯卡	每平方米面积上 1 牛顿的压力	Pa	$1\text{Pa}=1\text{N/m}^2=1\text{kg/(m}\cdot\text{s}^2)$
4	焦耳	1 牛顿力的作用点在力的方向上移动 1 米距离所做的功	J	$1\text{J}=1\text{N}\cdot\text{m}=1\text{kg}\cdot\text{m}^2/\text{s}^2$
5	瓦特	1 秒内给出 1 焦耳能量的功率	W	$1\text{W}=1\text{J/s}=1\text{kg}\cdot\text{m}^2/\text{s}^3$
6	库仑	1 安培电流在 1 秒内所运送的电量	C	$1\text{C}=1\text{A}\cdot\text{s}$

续表

序号	导出单位	定义	符号	备注
7	伏特	在流过 1 安培恒定电流的导线内，两点之间所消耗的功率若为 1 瓦特，则两点之间的电位差为 1 伏特	V	$1V=1W/A=1kg\cdot m^2/(s^3\cdot A)$
8	法拉	给电容器充 1 库仑电量时，两极板之间出现 1 伏特的电位差，则电容器的电容为 1 法拉	F	$1F=1C/V=1A^2\cdot s^4/(kg\cdot m^2)$
9	欧姆	在导体两点间加上 1 伏特的恒定电位差，若导体内产生 1 安培的恒定电流，且导体内不存在其他电动势，则两点之间的电阻为 1 欧姆	Ω	$1\Omega=1V/A=1kg\cdot m^2/(s^3\cdot A^2)$
10	西门子	欧姆的负一次方	S	$1S=1\Omega^{-1}=1\ A^2\cdot s^3/(kg\cdot m^2)$
11	亨利	让流过一个闭合回路的电流以 1 安培/秒的速率均匀变化，则回路的电感为 1 亨利	H	$1H=1V/A\cdot s=1kg\cdot m^2/(s^2\cdot A^2)$
12	特斯拉	1 平方米内磁通量为 1 韦伯的磁通密度	T	$1T=1N/(A\cdot m)=1kg/(s^2\cdot A)$
13	韦伯	让只有 1 匝的环路中的磁通量在 1 秒内均匀地减小到零，若因此在环路内产生 1 伏特的电动势，则环路中的磁通量为 1 韦伯	Wb	$1Wb=1T\cdot m^2=1kg\cdot m^2/(s^2\cdot A)$
14	流明	发光强度为 1 坎德拉的均匀点光源向单位立体角 (球面度内) 发射出的光通量	lm	$1lm=1cd\cdot sr=1cd\cdot(m^2/m^2)$
15	勒克斯	1 平方米为 1 流明光通量的光照度	lx	$1lx=1lm/m^2=1cd\cdot sr\cdot m^2$
16	贝可勒尔	1 秒内发生 1 次自发核转变或跃迁	Bq	$1Bq=1s^{-1}$
17	戈瑞	授予 1 千克受照物质以 1 焦耳能量的吸收剂量	Gy	$1Gy=1J/kg=1m^2/s^2$
18	希沃特	1 千克人体组织吸收 1 焦耳，为 1 希沃特	Sv	$1Sv=1J/kg=1m^2/s^2$
19	卡塔尔	1 秒能催化 1 摩尔底物转化为产物所需的酶量	kat	1kat=1mol/s
20	摄氏度	1 标准大气压下，纯净的冰水混合物的温度为 0 摄氏度，水的沸点为 100 摄氏度	℃	

从表 1.23 可以看出，这些国际标准导出独立单位虽然具有独立的单位名称，但皆可以通过国际标准基本单位唯一地表示出来。相比之下，上文所定义的衍生单位也具有可以通过基本单位表示这一特征，但并不具备独立的单位名称，而是直接将基本单位或导出单位进行组合给出。这类单位很多，部分单位如表 1.24 所示。

表 1.24 衍生单位及其对应的物理量

序号	导出量	符号	单位名称	单位符号
1	面积	$A(S)$	平方米	m^2
2	体积	V	立方米	m^3
3	速度/速率	v	米每秒	m/s
4	加速度	a	米每秒平方	m/s^2
5	角速度	ω	弧度每秒	rad/s
6	波数	k	每米	m^{-1}
7	密度	ρ	千克每立方米	kg/m^3
8	比体积	v	立方米每千克	m^3/kg
9	物质浓度	c	摩每立方米	mol/m^3
10	摩尔体积	V_m	立方米每摩	m^3/mol
11	比能	h	焦每千克	J/kg
12	能量密度	U	焦每立方米	J/m^3
13	力矩	M	牛顿米	N·m
14	动量	P	千克米每秒	kg·m/s
15	冲量	I	牛顿秒	N·s
16	表面张力	σ	牛每米	N/m
17	熵	S	焦每开	J/K
18	摩尔热容量/摩尔熵	C_m	焦每摩开	J/(mol·K)

续表

序号	导出量	符号	单位名称	单位符号
19	比热容量/比熵	c	焦每千克开	J/(kg·K)
20	摩尔能	$E_{\rm m}$	焦每摩	J/mol
21	热通量密度/辐射照度/功率密度	E	瓦每平方米	W/m^2
22	导热系数	λ	瓦每开米	W/(K·m)
23	动黏度	γ	平方米每秒	m^2/s
24	黏度	μ	帕秒	Pa·s
25	电荷密度	ρ	库每立方米	C/m^3
26	电流密度	J	安每平方米	A/m^2
27	电场强度	E	伏特每米	V/m
28	电导率	κ	西每米	S/m
29	摩尔电导	$\kappa_{\rm m}$	西平方米每摩	S·m^2/mol
30	介电常数/电容率	ε	法每米	F/m
31	电阻率	ρ	欧姆米	Ω·m
32	比热容	c	焦每千克摄氏度	J/(kg·°C)
33	热值	q	焦每千克	J/kg
34	磁导率	μ	亨每米	H/m
35	磁场强度	H	安每米	A/m
36	亮度	L	坎每平方米	cd/m^2
37	照射量 (X 及 γ 射线)	X	库每千克	C/kg
38	吸收剂量率	d	戈每秒	Gy/s

1.2　量纲与量纲体系

物理量是物理问题研究的主要对象，从上节的内容可知，物理量的定量描述离不开参考度量单位；例如，身高 1.80 米与身高 180 厘米虽然看起来其数量并不同，其实描述的物理量是完全一致的；同样，也可以等效为 1800 毫米、1800000 微米、18.0 分米、5.9055118 英尺、1.9685039 码等，这些度量单位不同导致其数量也不同。从本质上讲，所谓单位其实就是一个参考量，如单位“米”就是指“1 米”这个标准长度，也是一个人为定义的参考长度，而 1.80 米即表示 (为了更容易表示和全书统一，后文用英文字母代替汉字来表示单位)：

$$L = 1.80{\rm m} \Rightarrow \frac{L}{1{\rm m}} = 1.80 \tag{1.9}$$

即长度 L 是 1m 这个标准长度的 1.80 倍。

以上说明物理量的度量含义是提供一个参考量，并给出目标物理量与参考量之间的比例关系。当然，物理量的度量必须与参考量之间能够直接对比，否则无法度量。例如，描述长度的量只能直接利用描述长度的参考量来度量，而不能直接利用描述其他物理特性的参考量来度量，如长度 L 如果用参考质量“1kg”来度量，则式 (1.9) 无法给出无单位的数量。也就是说，对于身高这个物理量而言，我们可以使用“m、cm、mm、ft、yd”等通用参考长度单位作为度量单位，也可以利用其他长度参考量来表示；如一群人中最矮者身高为 $L_0 = 0.9{\rm m}$，此时 1.80m 的身高也可以表示为

$$\frac{L}{L_0} = 2 \Leftrightarrow L = 2L_0 \tag{1.10}$$

此时，度量单位即为 L_0，而比例数量为 2，即表示该人身高为 $2L_0$。

1.2.1 量纲的概念与内涵

在物理问题分析过程中，物理量之间的对比以及物理规律的总结必须遵循属性一致性原则，它表示：两个物理量或物理量组合之间进行加减和对比，或者物理方程两端，都必须满足符号两端物理量或物理量的组合的属性完全一致；简单地讲，就是不同属性物理量不能对比和加减。然而，如上所述，广义上讲，采用不同参考度量皆能够定量表示某一个特定物理量；反之，对于一个物理量而言，存在无数个度量单位，如长度的度量单位有 m、cm、mm、ft、yd 等，质量的度量单位有 kg、g、mg、oz、lb 等。因此，虽然任何一个单位对应唯一的物理量，如 cm 对应的只有长度，但一个量并不唯一对应一个单位，如长度对应的单位非常多；也就是说，单位与物理量之间并不满足一一对应关系。因而，不同属性物理量不能进行对比和加减运算，并不代表不同单位的物理量不能进行对比和加减运算，如

$$1.10\text{m} - 10\text{cm} = 100\text{cm} \tag{1.11}$$

或

$$0.10\text{h} > 10\text{s} \tag{1.12}$$

总而言之，利用单位来表征物理量属性存在一些问题：首先，如上所述，在不同的单位制下，各个物理量用单位来表示也会不同，如英里每小时 (mph) 与米每秒 (m/s) 看起来并不相同，但却都是表示速度的单位；虽然存在国际标准单位，但在不同地区和不同行业还是由于种种原因采用一些不同的单位体系，这就造成问题分析过程中的诸多不便。把一个既有的单位拆分成基本单位的组合形式物理上没有任何意义，如功的单位无论如何都不是 “$\text{kg}\cdot\text{m}^2/\text{s}^2$”，因为实际上这个单位根本不存在，它只是与 “J” 恰好相等而已，而且，这样做也会导致一些拆分后相同但实质不同的单位被混淆，如力矩的单位 “N·m” 被拆分后转换为基本单位也为 “$\text{kg}\cdot\text{m}^2/\text{s}^2$”，然而它与功显然是完全不同的。

另外，需要说明的是，上文中所提到的 “物理量”，并不是特指某个 “特定的物理量”，而是指 “特征物理量” 或 “物理量属性”，严格意义上的物理量与广义 “特定的物理量” 之间也不是一一对应关系。例如，身高、地图上两地之间的距离、飞机飞行的高度等这些不同的 “特定物理量” 具有相同的属性特征 “长度”。

综上所述，单位与物理量都不能够与物理量属性一一对应，而物理量属性又是一个抽象的概念，为了将其具体化，我们提出 “量纲” 这个概念，即任意物理量 f 对应的特定属性称为该物理量的 “量纲”，一般记为

$$\dim f = \text{F} \tag{1.13}$$

或

$$[f] = \text{F} \tag{1.14}$$

上两式中，dim 和 [] 是求解量纲的符号，F 表示物理量 f 的量纲。当前 7 个国际标准基本量对应的量纲如表 1.25 所示 [1]，我们称这 7 个基本量对应的量纲为基本量纲。

表 1.25 基本量对应的基本量纲

基本量	国际标准单位	量纲符号
长度	米，m	L
质量	千克，kg	M
时间	秒，s	T
热力学温度	开尔文，K	Θ
电流	安培，A	I
发光强度	坎德拉，cd	J
物质的量	摩尔，mol	N

例如，“某人的身高”这个物理量基本属性为“长度”，即对应的基本量为“长度”；根据表 1.25 容易知道，其量纲应为 L，即有

$$\dim \text{某人的身高} = \mathrm{L} \tag{1.15}$$

或

$$[\text{某人的身高}] = \mathrm{L} \tag{1.16}$$

又如，“某人的体重”这个物理量基本属性为“质量”，即对应的基本量为“质量”；根据表 1.25 也可以得到，其量纲应为 M，因此有

$$\dim \text{某人的体重} = \mathrm{M} \tag{1.17}$$

或

$$[\text{某人的体重}] = \mathrm{M} \tag{1.18}$$

虽然“dim”和“[]”都能够表示量纲的运算，但由于后者相对简单，因此在国际物理学界一般使用“[]”来表示量纲求解。对于任意一个基本量，只有唯一的一个量纲；反之，对于任意一个量纲，只对应唯一一个基本量；因此，量纲与基本量是一一对应关系；同理可知量纲与基本单位也是一一对应关系。历史上最早把物理量的属性看作物理量量纲的是 J. Fourier，他把 dimension 一词的概念，从几何学中的长度、面积和体积的范畴，推广到物理学中的长度、时间、质量、力、能、热等物理量的范畴；这一词不再限于长、宽、高等几何空间的属性，而泛指物理现象中物理量的属性，称之为量纲。

当然，并不是所有的物理量都具有单位。物理学中很多物理量仅仅是一个常数而已，如泊松比 ν、应变 ε，这些物理量并没有对应的量纲，即

$$\begin{cases} [\nu] = 1 \\ [\varepsilon] = 1 \end{cases} \tag{1.19}$$

我们称这类物理量为无量纲量。在物理学中，所有物理量可以划分为两类：有量纲量和无量纲量。从本质上讲，有量纲量是指物理量的大小与选取的参考度量单位密切相关的量，无量纲量是指物理量的大小与选取的参考度量单位无关的量。

1.2.2 量纲的运算法则

量纲性质 1：不同量纲无法进行加减运算

不同属性的物理量无法进行比较，这是物理问题的量纲一致性法则决定的，它表示不同量纲的物理量无法进行比较，也就是说，方程

$$f(x) = g(y) \tag{1.20}$$

成立的必要条件是

$$[f(x)] = [g(y)] \tag{1.21}$$

上式即为物理问题的量纲一致性法则。其中，f 和 g 表示某种函数形式，x 和 y 表示变量。

从上两式可知，

$$f(x) - g(y) = 0 \tag{1.22}$$

上式成立的必要条件也为式 (1.21)，这表明：物理量之间进行加减运算的必要条件是其量纲必须相同。

推论 1：相同量纲的物理量相加或相减，其量纲保持不变，即

$$\left[\sum D_n\right] \equiv [D_n] \tag{1.23}$$

量纲性质 2：对于任意基本量 $D_1, D_2, \cdots, D_n\,(n = 1, 2, 3, \cdots)$，有

$$[D_1 \cdot D_2 \cdot \cdots \cdot D_n] \equiv [D_1] \cdot [D_2] \cdot \cdots \cdot [D_n] \tag{1.24}$$

证明：设基本量 $D_1, D_2, \cdots, D_n$ 的基本单位分别为 $U_1, U_2, \cdots, U_n$，对应的数量值分别为 $d_1, d_2, \cdots, d_n$，即

$$\begin{cases} D_1 = d_1 \cdot U_1 \\ D_2 = d_2 \cdot U_2 \\ \quad\vdots \\ D_n = d_n \cdot U_n \end{cases} \tag{1.25}$$

则有

$$\begin{aligned} [D_1 \cdot D_2 \cdot \cdots \cdot D_n] &= [d_1 \cdot U_1 \cdot d_2 \cdot U_2 \cdot \cdots \cdot d_n \cdot U_n] \\ &= [d_1 \cdot d_2 \cdot \cdots \cdot d_n \cdot U_1 \cdot U_2 \cdot \cdots \cdot U_n] \\ &= [U_1 \cdot U_2 \cdot \cdots \cdot U_n] \\ &\triangleq U_1 \cdot U_2 \cdot \cdots \cdot U_n \end{aligned} \tag{1.26}$$

式中，最后一个符号 “≜” 表示单位的量纲对应的国际标准基本单位，如

$$[\mathrm{m}] \cdot [\mathrm{s}] = \mathrm{M} \cdot \mathrm{T} \triangleq \mathrm{m} \cdot \mathrm{s} \text{ 或 } [\mathrm{mm}] \cdot [\mathrm{min}] = \mathrm{M} \cdot \mathrm{T} \triangleq \mathrm{m} \cdot \mathrm{s} \tag{1.27}$$

同理，

$$
\begin{aligned}
[D_1]\cdot[D_2]\cdot\cdots\cdot[D_n] &= [d_1\cdot U_1]\cdot[d_2\cdot U_2]\cdot\cdots\cdot[d_n\cdot U_n] \\
&= [U_1]\cdot[U_2]\cdot\cdots\cdot[U_n] \\
&\triangleq U_1\cdot U_2\cdot\cdots\cdot U_n
\end{aligned} \tag{1.28}
$$

对比式 (1.26) 和式 (1.28)，结合上文所述"国际标准基本单位与量纲一一对应"这个结论，可以得到

$$[D_1\cdot D_2\cdot\cdots\cdot D_n]\equiv[D_1]\cdot[D_2]\cdot\cdots\cdot[D_n] \tag{1.29}$$

根据量纲性质 2 及其证明过程，我们也可以得到以下推论。

推论 2：乘法交换律

$$[D_1]\cdot[D_2]\cdot[D_3]=[D_1]\cdot[D_3]\cdot[D_2]=[D_2]\cdot[D_3]\cdot[D_1]=[D_2]\cdot[D_1]\cdot[D_3]=\cdots \tag{1.30}$$

推论 3：乘法结合律

$$[D_1]\cdot[D_2]\cdot[D_3]=([D_1]\cdot[D_2])\cdot[D_3]=[D_1]\cdot([D_2]\cdot[D_3])=\cdots \tag{1.31}$$

量纲性质 3：对于任意基本量 D_1,D_2，有

$$\left[\frac{D_1}{D_2}\right]\equiv\frac{[D_1]}{[D_2]} \tag{1.32}$$

证明：参考量纲性质 2 证明，有

$$\left[\frac{D_1}{D_2}\right]=\left[\frac{d_1\cdot U_1}{d_2\cdot U_2}\right]=\left[\frac{d_1}{d_2}\cdot\frac{U_1}{U_2}\right]=\left[\frac{U_1}{U_2}\right]\triangleq\frac{U_1}{U_2} \tag{1.33}$$

同时，由于

$$\frac{[D_1]}{[D_2]}=\frac{[d_1\cdot U_1]}{[d_2\cdot U_2]}=\frac{[U_1]}{[U_2]}\triangleq\frac{U_1}{U_2} \tag{1.34}$$

类似地，我们可以得到

$$\left[\frac{D_1}{D_2}\right]\equiv\frac{[D_1]}{[D_2]} \tag{1.35}$$

结合量纲性质 2 和量纲性质 3，我们可以进一步得到

$$[D^n]\equiv[D]^n \tag{1.36}$$

式中，n 为整数，包含正整数、负整数和零。

根据量纲性质 2 和量纲性质 3 我们可以进一步给出以下推论。

推论 4：指数律

$$\left[D_1^l D_2^m\cdots D_n^k\right]\equiv[D_1]^l\,[D_2]^m\cdots[D_n]^k \tag{1.37}$$

式中，指数 l、m 和 k 为整数。利用量纲性质 2 可以给出：当 n 为正整数时，推论 4 成立。利用量纲性质 3 可以给出：当 n 为负整数时，推论 4 也成立。当 n 为零时，推论 4 即表示常数的量纲为 1。事实上，类似量纲性质 2 和量纲性质 3 的证明，我们可以继续推导，也可证明式 (1.37) 中三个指数为非整数时也是成立的，读者可试证之；也就是说，上式中指数 l、m 和 k 的取值范围为实数。

例 1.1 速度与加速度的量纲

根据定义可知，速度 v 与距离 s、时间 t 之间的关系为

$$v = \frac{s}{t} \tag{1.38}$$

已知距离 s 和时间 t 的量纲皆为基本量纲：

$$\begin{cases} [s] = \mathrm{L} \\ [t] = \mathrm{T} \end{cases} \tag{1.39}$$

于是，速度的量纲应为

$$[v] = \left[\frac{s}{t}\right] = \frac{[s]}{[t]} = \mathrm{LT^{-1}} \tag{1.40}$$

同理，也可以给出加速度 a 的量纲为

$$[a] = \left[\frac{v}{t}\right] = \frac{[v]}{[t]} = \mathrm{LT^{-2}} \tag{1.41}$$

例 1.2 面积与体积的量纲

根据定义，可知面积 A 与边长 l 之间的关系为

$$A = \sum l^2 \tag{1.42}$$

因此，其量纲为

$$[A] = \left[\sum l^2\right] = \left[l^2\right] = [l]^2 = \mathrm{L}^2 \tag{1.43}$$

同理，也可以给出体积 V 的量纲为

$$[V] = \left[\sum l^3\right] = \left[l^3\right] = [l]^3 = \mathrm{L}^3 \tag{1.44}$$

例 1.3 应变与应变率的量纲

根据定义，可知应变 ε 与变形 $\mathrm{d}l$、瞬时长度 l 之间的关系为

$$\varepsilon = \frac{\mathrm{d}l}{l} \tag{1.45}$$

因此，其量纲为

$$[\varepsilon]=\left[\frac{\mathrm{d}l}{l}\right]=\frac{[\mathrm{d}l]}{[l]}=\frac{\mathrm{L}}{\mathrm{L}}=1 \tag{1.46}$$

所以，应变是一个无量纲量。同理，也可以求出应变率的量纲：

$$[\dot{\varepsilon}]=\left[\frac{\varepsilon}{t}\right]=\frac{[\varepsilon]}{[t]}=\frac{1}{\mathrm{T}}=\mathrm{T}^{-1} \tag{1.47}$$

类似地，我们可以推出几个常用物理量的量纲，如表 1.26 所示。

表 1.26 几个常用物理量的量纲

物理量	量纲	量纲符号
速度	[长度]/[时间]	LT^{-1}
加速度	[长度]/[时间]^2	LT^{-2}
密度	[质量]/[长度]^3	ML^{-3}
面积	[长度]^2	L^2
体积	[长度]^3	L^3
应变率	[时间]$^{-1}$	T^{-1}
热容量	[热量]/[温度]	$\mathrm{Q}\Theta^{-1}$
比热容	[热量]/([质量][温度])	$\mathrm{QM}^{-1}\Theta^{-1}$
导热系数	[热量]/([时间][长度][温度])	$\mathrm{QT}^{-1}\mathrm{L}^{-1}\Theta^{-1}$

1.2.3 导出量纲

量纲与单位虽然并不具备一一对应性，但国际标准基本量的量纲与其基本单位却是一一对应的。这些基本量对应的量纲是物理学最核心且最基础的量纲，我们称这 7 个国际标准基本量对应的 7 个量纲为基本量纲。利用相应的定义、定理或定律和 1.2.2 节中量纲的运算法则，我们可以通过这 7 个基本量纲推导出当前其他物理量的量纲；这些可以利用基本量纲导出的物理量量纲称为导出量纲。因此当前有量纲量可以分为两类：基本量纲和导出量纲。

与 1.1 节中导出单位类似，当前常用物理量中有 22 个具有专门单位的导出量，由于其中两个辅助单位 (平面角和立体角) 是无量纲量，因此，当前具有专门单位的常用有量纲物理量有 20 个。理论上，可认为这些物理量也具有独立的量纲；然而，根据摄氏度与开尔文温度之间的换算关系

$$t=T-273.15\mathrm{K} \tag{1.48}$$

可知

$$[摄氏度]=[热力学温度]=\Theta \tag{1.49}$$

因此实际上具有独立量纲的导出量与具有独立单位的基本量在数量上并不一定一致。而其他物理量并不具备独立量纲，类似地，我们称这些物理量的量纲为衍生量纲。因此，导出量纲也可以分为两类：衍生量纲和导出独立量纲。部分常用的导出独立量纲如表 1.27 所示。

表 1.27 常用的导出独立量纲及其物理量

序号	物理量	导出独立量纲符号
1	力/重力	F
2	压强/应力	P
3	能/功/热量	Q
4	功率	W
5	电荷量	C
6	电势/电压/电动势	U
7	电阻	Ω
8	磁通量	Φ
9	磁感应强度或磁通密度	B

参考衍生单位的定义，我们定义直接利用基本量纲和导出独立量纲组合而成的量纲为衍生量纲。当前大部分物理量的量纲皆是衍生量纲，除表 1.26 所示衍生量纲之外，一些常用的衍生量纲如表 1.28 所示。

表 1.28 常用的衍生量纲及其物理量

序号	物理量	衍生量纲符号
1	力矩	FL
2	黏度	PT
3	运动黏度	L^2T^{-1}
4	比容	$M^{-1}L^3$
5	比热容	$QM^{-1}\Theta^{-1}$
6	转动惯量	ML^2
7	惯性矩	L^4
8	冲量	FT
9	比熵	$QM^{-1}\Theta^{-1}$

导出独立量纲与基本量纲不同，前者虽然有专门的量纲符号和单位，但其量纲可以由基本量纲的组合来表达，如力 F 的量纲为 F，根据牛顿第二定律

$$F = ma \tag{1.50}$$

结合表 1.26 中加速度 a 的量纲和质量对应的基本量纲，可以给出力量纲对应的基本量纲的组合形式：

$$\mathrm{F} = \mathrm{MLT}^{-2} \tag{1.51}$$

又如应力 σ 的量纲是 P，根据应力的定义：

$$\sigma = \frac{F}{S} \tag{1.52}$$

根据式 (1.51) 所示力 F 的量纲表达形式和表 1.26 中面积 S 的量纲，也可以给出应力量纲对应的基本量纲的组合形式：

$$\mathrm{P} = \mathrm{ML}^{-1}\mathrm{T}^{-2} \tag{1.53}$$

事实上，衍生量纲和导出独立量纲的区分是相对的，如果我们利用基本量纲的组合来表达导出独立量纲，此时导出独立量纲也是衍生量纲。

1.3 量纲的幂次形式

从本章以上两节可知，当前物理学中只有 7 个基本量 (长度、质量、时间、电流、热力学温度、发光强度和物质的量)，对应 7 个基本量纲 (L、M、T、I、Θ、J 和 N) 和 7 个国际标准单位 (m、kg、s、A、K、cd 和 mol)，而其他任意物理量对应的单位 U 和量纲 D 皆可以通过这 7 个单位和量纲导出，即

$$\begin{cases} U = f\left(\mathrm{m}, \mathrm{kg}, \mathrm{s}, \mathrm{A}, \mathrm{K}, \mathrm{cd}, \mathrm{mol}\right) \\ \mathrm{D} = g\left(\mathrm{L},\mathrm{M},\mathrm{T},\mathrm{I},\Theta,\mathrm{J},\mathrm{N}\right) \end{cases} \tag{1.54}$$

式中，$f()$ 和 $g()$ 表示两种函数形式。根据量纲与国际标准单位的一一对应性，上式中函数 $f()$ 和 $g()$ 的形式应该完全相同，即

$$\begin{cases} U = f\left(\mathrm{m}, \mathrm{kg}, \mathrm{s}, \mathrm{A}, \mathrm{K}, \mathrm{cd}, \mathrm{mol}\right) \\ \mathrm{D} = f\left(\mathrm{L},\mathrm{M},\mathrm{T},\mathrm{I},\Theta,\mathrm{J},\mathrm{N}\right) \end{cases} \tag{1.55}$$

1.3.1 经典力学问题中量纲的幂次表示

Maxwell[2] 认为：对于经典力学问题而言，任一物理量 X 的量纲在长度、质量和时间的 L-M-T 量纲体系中，均可以表示为

$$[X] = \mathrm{L}^{\alpha}\mathrm{M}^{\beta}\mathrm{T}^{\gamma} \tag{1.56}$$

式中，系数 α、β 和 γ 为实数。当这 3 个系数均为 0 时，表示该物理量为无量纲量：

$$[\text{无量纲量}] = \mathrm{L}^0\mathrm{M}^0\mathrm{T}^0 = 1 \tag{1.57}$$

式 (1.56) 意味着：经典力学问题中，在 L-M-T 量纲体系中任一物理量 X 的量纲皆可以表示为这 3 个基本量纲 L、M 和 T 的指数形式的乘积。这里我们参考谈庆明《量纲分析》中的证明过程来证明这一结论 [3,4]。

根据式 (1.55) 可知，在 L-M-T 量纲体系中，任一物理量 X 及其对应的量纲可以表示为

$$\begin{cases} X = f\left(\mathrm{m}, \mathrm{kg}, \mathrm{s}\right) \\ \mathrm{D} = f\left(\mathrm{L}, \mathrm{M}, \mathrm{T}\right) \end{cases} \tag{1.58}$$

上式中单位系为国际标准单位，当然，也可以取其他单位系，即对于任意单位系 u_1-u_2-u_3，物理量皆可表示为

$$X = f\left(u_1, u_2, u_3\right) \tag{1.59}$$

假设其一般形式为

$$X = x_1 \cdot f_1\left(u_1, u_2, u_3\right) + x_2 \cdot f_2\left(u_1, u_2, u_3\right) + \cdots + x_n \cdot f_n\left(u_1, u_2, u_3\right) \tag{1.60}$$

式中，$x_1, x_2, \cdots, x_n$ 表示纯数；$f_1(), f_2(), \cdots, f_n()$ 表示其对应的单位。根据某特定单位体系与量纲的一一对应性和量纲性质 1 (不同量纲无法进行加减运算) 可知，上式中，恒有

$$f_1(u_1, u_2, u_3) \equiv f_2(u_1, u_2, u_3) \equiv \cdots \equiv f_n(u_1, u_2, u_3) \tag{1.61}$$

因此，式 (1.60) 必可进一步写为

$$X = x \cdot U(u_1, u_2, u_3) \tag{1.62}$$

式中，$U()$ 表示单位的组合函数；x 表示在此单位体系下物理量的数量大小。

当然，我们可以取 3 个完全不同的单位系来标定物理量 X，即

$$\begin{cases} X = x \cdot U(u_1, u_2, u_3) \\ X = x' \cdot U(u_1', u_2', u_3') \\ X = x'' \cdot U(u_1'', u_2'', u_3'') \end{cases} \tag{1.63}$$

设

$$\begin{cases} \dfrac{u_1'}{u_1} = \tau_1' \\ \dfrac{u_2'}{u_2} = \tau_2' \\ \dfrac{u_3'}{u_3} = \tau_3' \end{cases} \quad 和 \quad \begin{cases} \dfrac{u_1''}{u_1} = \tau_1'' \\ \dfrac{u_2''}{u_2} = \tau_2'' \\ \dfrac{u_3''}{u_3} = \tau_3'' \end{cases} \tag{1.64}$$

同时，根据上式也可以得到

$$\begin{cases} \dfrac{u_1'}{u_1''} = \dfrac{\tau_1'}{\tau_1''} \\ \dfrac{u_2'}{u_2''} = \dfrac{\tau_2'}{\tau_2''} \\ \dfrac{u_3'}{u_3''} = \dfrac{\tau_3'}{\tau_3''} \end{cases} \tag{1.65}$$

此时，根据量纲性质 1 和式 (1.63)，有

$$\begin{cases} \dfrac{x}{x'} = \dfrac{U(u_1', u_2', u_3')}{U(u_1, u_2, u_3)} = U(\tau_1', \tau_2', \tau_3') \\ \dfrac{x}{x''} = \dfrac{U(u_1'', u_2'', u_3'')}{U(u_1, u_2, u_3)} = U(\tau_1'', \tau_2'', \tau_3'') \\ \dfrac{x''}{x'} = \dfrac{U(u_1', u_2', u_3')}{U(u_1'', u_2'', u_3'')} = U\left(\dfrac{\tau_1'}{\tau_1''}, \dfrac{\tau_2'}{\tau_2''}, \dfrac{\tau_3'}{\tau_3''}\right) \end{cases} \tag{1.66}$$

由上式可以得到

$$U\left(\frac{\tau_1'}{\tau_1''}, \frac{\tau_2'}{\tau_2''}, \frac{\tau_3'}{\tau_3''}\right) = \frac{U(\tau_1', \tau_2', \tau_3')}{U(\tau_1'', \tau_2'', \tau_3'')} \tag{1.67}$$

上式两端对第一个变量求偏导，即有

$$\frac{\partial U}{\partial \tau_1'} = \frac{U\left(\tau_1'', \tau_2'', \tau_3''\right)}{\tau_1''} \cdot \frac{\partial U}{\partial \left(\dfrac{\tau_1'}{\tau_1''}\right)} \tag{1.68}$$

特别地，上式在点

$$\left\{\begin{array}{l} \tau_1' = \tau_1'' \\ \tau_2' = \tau_2'' \\ \tau_3' = \tau_3'' \end{array}\right. \tag{1.69}$$

处，有

$$\frac{\partial U}{\partial \left(\dfrac{\tau_1'}{\tau_1''}\right)} \equiv \alpha \tag{1.70}$$

式中，α 为某特定常数。

此时，式 (1.68) 即可以进一步写为

$$\frac{\tau_1'}{U} \frac{\partial U}{\partial \tau_1'} = \alpha \tag{1.71}$$

同理，我们可以将式 (1.67) 分别对第二、第三个变量求偏导，也有

$$\left\{\begin{array}{l} \dfrac{\tau_2'}{U} \dfrac{\partial U}{\partial \tau_2'} = \beta \\ \dfrac{\tau_3'}{U} \dfrac{\partial U}{\partial \tau_3'} = \gamma \end{array}\right. \tag{1.72}$$

式中，β 和 γ 皆为某特定常数。

上两式积分后，即可以得到

$$U\left(\tau_1', \tau_2', \tau_3'\right) = \tau_1'^{\alpha} \cdot \tau_2'^{\beta} \cdot \tau_3'^{\gamma} \tag{1.73}$$

上式意味着，L-M-T 量纲体系中物理量 X 的单位可以写为

$$U\left(u_1, u_2, u_3\right) = u_1^{\alpha} \cdot u_2^{\beta} \cdot u_3^{\gamma} \tag{1.74}$$

对应的量纲即可写为

$$[X] = \mathrm{L}^{\alpha}\mathrm{M}^{\beta}\mathrm{T}^{\gamma} \tag{1.75}$$

根据以上证明和分析，我们即可以给出量纲的第四个性质。

量纲性质 4-1：对于一般经典力学问题，一般只涉及基本量纲 L、M 和 T，其所涉及的物理量量纲皆可以表示为

$$[X] = \mathrm{L}^{\alpha}\mathrm{M}^{\beta}\mathrm{T}^{\gamma} \tag{1.76}$$

该性质即量纲的一个核心基本性质：量纲的幂次表示特征。在 L-M-T 量纲体系中常用物理量 X 的量纲的幂次表示如表 1.29 所示。

表 1.29 L-M-T 量纲体系中常用物理量量纲的幂次表示

序号	物理量	衍生量纲符号
1	力/重力	$\mathrm{MLT^{-2}}$
2	应力/压强/弹性模量	$\mathrm{ML^{-1}T^{-2}}$
3	力矩	$\mathrm{ML^{2}T^{-2}}$
4	动力黏度	$\mathrm{ML^{-1}T^{-1}}$
5	运动黏度	$\mathrm{L^{2}T^{-1}}$
6	功	$\mathrm{ML^{2}T^{-2}}$
7	速度	$\mathrm{LT^{-1}}$
8	加速度	$\mathrm{LT^{-2}}$
9	密度	$\mathrm{ML^{-3}}$
10	动量	$\mathrm{MLT^{-1}}$
11	冲量	$\mathrm{MLT^{-1}}$
12	应变率	$\mathrm{T^{-1}}$

式 (1.73) 也说明，对于同一物理量采用不同单位系时，其单位之间的换算关系为

$$\frac{U\left(u_1',u_2',u_3'\right)}{U\left(u_1,u_2,u_3\right)}=\left(\frac{u_1'}{u_1}\right)^{\alpha}\cdot\left(\frac{u_2'}{u_2}\right)^{\beta}\cdot\left(\frac{u_3'}{u_3}\right)^{\gamma} \tag{1.77}$$

根据上式和式 (1.63) 可知，对于同一个物理量，不同单位系对应的数量大小之比应为

$$\frac{x'}{x}=\frac{U\left(u_1,u_2,u_3\right)}{U\left(u_1',u_2',u_3'\right)}=\left(\frac{u_1'}{u_1}\right)^{-\alpha}\cdot\left(\frac{u_2'}{u_2}\right)^{-\beta}\cdot\left(\frac{u_3'}{u_3}\right)^{-\gamma} \tag{1.78}$$

以应力这个物理量为例，如表 1.29 所示，其单位之间的换算关系为

$$\frac{U\left(u_1',u_2',u_3'\right)}{U\left(u_1,u_2,u_3\right)}=\left(\frac{u_1'}{u_1}\right)^{1}\cdot\left(\frac{u_2'}{u_2}\right)^{-1}\cdot\left(\frac{u_3'}{u_3}\right)^{-2} \tag{1.79}$$

取国际标准单位系和 g-cm-μs 两个单位系对比，根据上式有

$$\frac{U(\mathrm{kg,m,s})}{U(\mathrm{g,cm,\mu s})}=\left(\frac{\mathrm{kg}}{\mathrm{g}}\right)^{1}\cdot\left(\frac{\mathrm{m}}{\mathrm{cm}}\right)^{-1}\cdot\left(\frac{\mathrm{s}}{\mathrm{\mu s}}\right)^{-2}=10^{-11} \tag{1.80}$$

因此，同一应力 g-cm-μs 单位系对应的数量大小与国际标准单位系对应的数量大小之比为

$$\frac{x'}{x}=\frac{U(\mathrm{g,cm,\mu s})}{U(\mathrm{kg,m,s})}=10^{11} \tag{1.81}$$

事实上，这个结论在很多时候都能够用到，如在商业非线性软件 ABAQUS 和 LS-DYNA 中，其基本量纲对应的单位体系需要用户自行定义，因此我们必须掌握其单位转换关系才能够给出准确的数值。如在冲击动力学分析过程中常用的单位系为 g-cm-μs 和 g-mm-ms，其与国际标准单位的转换关系如表 1.30 所示。

表 1.30 冲击动力学计算中常用单位转换关系

单位系	长度	速度	应变率	密度	应力
kg-m-s	1	1	1	1	1
g-cm-μs	10^2	10^{-4}	10^{-6}	10^{-3}	10^{-11}
g-mm-ms	10^3	1	10^{-3}	10^{-6}	10^{-6}

1.3.2 一般量纲的幂次表示

类似地，参考 1.3.1 节中的分析，我们可以得到当前物理学中的物理量皆可以表达为

$$X = x \cdot \left(u_1^{\alpha} u_2^{\beta} u_3^{\gamma} u_4^{\kappa} u_5^{\lambda} u_6^{\chi} u_7^{\delta}\right) \tag{1.82}$$

式中，u_1、u_2、u_3、u_4、u_5、u_6 和 u_7 分别为 7 个基本量对应的单位，包含国际标准单位或其他对应的单位；α、β、γ、κ、λ、χ 和 δ 为实数，分别对应单位 u_1、u_2、u_3、u_4、u_5、u_6 和 u_7 的指数；x 表示在某特定单位系下该物理量的数量大小。

根据 1.2 节中推论 4，我们进而可以给出该物理量对应的量纲表示：

$$[X] = \left[u_1^{\alpha} u_2^{\beta} u_3^{\gamma} u_4^{\kappa} u_5^{\lambda} u_6^{\chi} u_7^{\delta}\right] = \left[u_1^{\alpha}\right] \left[u_2^{\beta}\right] \left[u_3^{\gamma}\right] \left[u_4^{\kappa}\right] \left[u_5^{\lambda}\right] \left[u_6^{\chi}\right] \left[u_7^{\delta}\right] \tag{1.83}$$

即

$$[X] = [u_1]^{\alpha} [u_2]^{\beta} [u_3]^{\gamma} [u_4]^{\kappa} [u_5]^{\lambda} [u_6]^{\chi} [u_7]^{\delta} = \mathrm{L}^{\alpha}\mathrm{M}^{\beta}\mathrm{T}^{\gamma}\Theta^{\kappa}\mathrm{I}^{\lambda}\mathrm{J}^{\chi}\mathrm{N}^{\delta} \tag{1.84}$$

量纲性质 4-2 (量纲的幂次表达法则)：当前物理量的量纲皆可以表达为 7 个基本量纲幂次形式或其幂次形式的乘积，即

$$[X] = \mathrm{L}^{\alpha}\mathrm{M}^{\beta}\mathrm{T}^{\gamma}\Theta^{\kappa}\mathrm{I}^{\lambda}\mathrm{J}^{\chi}\mathrm{N}^{\delta} \tag{1.85}$$

式中，指数 α、β、γ、κ、λ、χ 和 δ 为实数。

由于经典力学问题一般只涉及基本量纲 L、M 和 T，因此，

$$\begin{cases} \kappa \equiv 0 \\ \lambda \equiv 0 \\ \chi \equiv 0 \\ \delta \equiv 0 \end{cases} \tag{1.86}$$

因此，式 (1.85) 即简化为式 (1.76)，即量纲性质 4-1 只是量纲性质 4-2 的特例而已。

由于基本量纲最多只有 7 个，而且是固定的，为了更直观地认识和引入矩阵计算工具，在很多时候我们以类似矩阵的形式将幂次指数列成表格，如表 1.31 所示。

表 1.31 几个典型物理量量纲的幂次指数

幂次指数	比热容	功率	导热系数	传热系数	扩散系数	磁通量
α/M	0	1	1	1	0	1
β/L	2	2	1	0	2	2
γ/T	−2	−3	−3	−3	−1	−2
κ/Θ	−1	0	−1	−1	0	0
λ/I	0	0	0	0	0	−1
χ/J	0	0	0	0	0	0
δ/N	0	0	0	0	0	0

以表 1.31 中功率为例，“列”表示功率量纲幂次形式对应基本量纲的指数分别为 1、2、−3、0、0、0 和 0；“行”表示指数对应的基本量纲，如“2”对应的基本量纲为长度“L”，即“L”的指数为 2，因此，根据表 1.31，功率的量纲即可利用幂次指数表示为

$$[W] = M^1L^2T^{-3}\Theta^0I^0J^0N^0 = ML^2T^{-3} \tag{1.87}$$

因而，利用表 1.31 能够较直观地将一个物理问题中涉及的所有物理量量纲以幂次形式表达出来。

第 2 章　量纲分析与 Π 定理

从第 1 章内容可知，当前物理学中通常所涉及的物理量皆可以利用 7 个基本参考度量单位来度量；相应地，物理学中物理量的量纲也皆可利用 7 个基本量纲的幂次形式或组合来表示。特别地，对于经典力学问题，常用的物理量一般皆可用 3 个基本参考度量单位来度量，其量纲也可以利用 L-M-T 这 3 个基本量纲的幂次形式或组合来表示。

2.1　量纲分析的概念与内涵

从第 1 章知识可知，我们也可以利用其他对应的单位系和量纲系来表示物理量，以 L-M-T 系中的经典力学为例，力 F、重力加速度 g 和速度 v 的量纲可以表示为

$$\begin{cases} [F] = \mathrm{MLT}^{-2} \\ [g] = \mathrm{LT}^{-2} \\ [v] = \mathrm{LT}^{-1} \end{cases} \tag{2.1}$$

根据上式，我们可以得到

$$\begin{cases} \mathrm{M} = \dfrac{[F]}{[g]} = [F]\,[g]^{-1} \\ \mathrm{L} = \dfrac{[v]^2}{[g]} = [v]^2\,[g]^{-1} \\ \mathrm{T} = \dfrac{[v]}{[g]} = [v]\,[g]^{-1} \end{cases} \tag{2.2}$$

上式表明，我们利用 $[F]$、$[v]$ 和 $[g]$ 这 3 个量纲能够给出 L、M 和 T 这 3 个基本量纲，而且 L-M-T 量纲体系中所有其他物理量的量纲也都可表示为

$$[X] = [F]^{\beta}\,[v]^{2\alpha+\gamma}\,[g]^{-(\alpha+\beta+\gamma)} \tag{2.3}$$

即如果以 $[F]$、$[v]$ 和 $[g]$ 为参考量纲，也能够表示经典力学问题中任何物理量的量纲，也满足量纲的幂次表示性质。

我们选取其他 3 个量纲不相同的物理量的量纲也能够实现，如选取应力 σ、密度 ρ 和重力加速度 g，这 3 个物理量的量纲利用基本量纲表示，有

$$\begin{cases} [\sigma] = \mathrm{ML}^{-1}\mathrm{T}^{-2} \\ [\rho] = \mathrm{ML}^{-3} \\ [g] = \mathrm{LT}^{-2} \end{cases} \tag{2.4}$$

根据上式，我们可以得到

$$\begin{cases} \mathrm{M} = \dfrac{[\sigma]^3}{[\rho]^2 [g]^3} = [\sigma]^3 [\rho]^{-2} [g]^{-3} \\ \mathrm{L} = \dfrac{[\sigma]}{[\rho] [g]} = [\sigma] [\rho]^{-1} [g]^{-1} \\ \mathrm{T} = \sqrt{\dfrac{[\sigma]}{[\rho] [g]^2}} = [\sigma]^{1/2} [\rho]^{-1/2} [g]^{-1} \end{cases} \tag{2.5}$$

因此，利用应力 σ、密度 ρ 和重力加速度 g 这 3 个物理量的量纲作为参考量纲也能够表示 L-M-T 量纲系中所有物理量的量纲。

综上分析，在 L-M-T 量纲系中，不仅利用 3 个基本量纲可以表示所有物理量的量纲，从中选取合适的 3 个物理量的量纲作为参考量纲，也能够表示所有物理量的量纲 (包含基本物理量量纲)。然而，并不是任意选取 3 个物理量皆可实现这一点，例如选取应力 σ、密度 ρ 和速度 v，这 3 个物理量的量纲利用基本量纲表示，有

$$\begin{cases} [\sigma] = \mathrm{ML^{-1}T^{-2}} \\ [\rho] = \mathrm{ML^{-3}} \\ [v] = \mathrm{LT^{-1}} \end{cases} \tag{2.6}$$

容易发现，上式中 3 个物理量的量纲满足关系：

$$[\sigma] = [\rho] [v]^2 \tag{2.7}$$

因而，我们无法利用这 3 个物理量的量纲来表达 3 个基本量纲，进而也无法利用它们来表达其他物理量的量纲。

综上所述，L-M-T 量纲系中，我们也可以选取任意 3 个相互独立的物理量作为参考量纲，但这 3 个物理量的量纲必须是解耦的，即任意物理量的量纲不能由其他两个物理量的量纲来表示。

2.1.1 量纲分析的概念

事实上，式 (2.1)、式 (2.4) 和式 (2.6) 就是 3 个方程组，L、M 和 T 就是对应的变量；对于 3 个变量而言，3 个线性无关的方程组即能给出其唯一解，而如果这 3 个方程组并不线性无关，如式 (2.6)，就不可能给出唯一解。

例 2.1 炮弹的飞行距离问题

假设一个炮弹以仰角 α 向前方发射，炮弹的出膛初速度为 V_0，不考虑炮弹在飞行过程中的空气阻力，设发射点与目标点的高差为 h，炮弹的质量为 m，如图 2.1 所示。如不考虑空气的阻力和浮力，试分析炮弹的水平飞行距离 D。

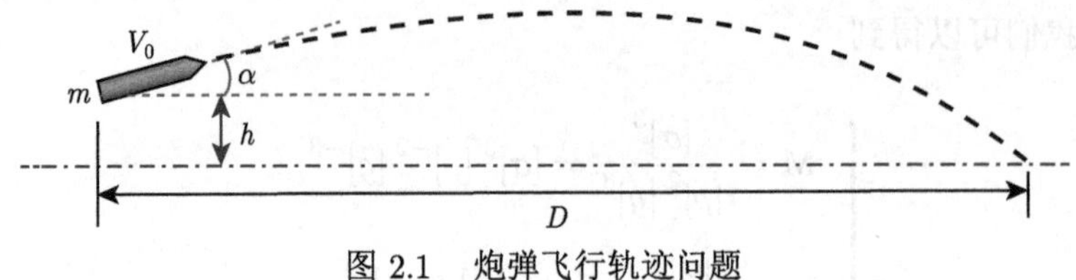

图 2.1 炮弹飞行轨迹问题

第一步：主要影响因素

从问题的叙述中，我们可以明显看出，炮弹飞行的水平距离 D 可能与炮弹的初速度 V_0、质量 m、发射的仰角 α、高差 h 相关；而且，初步物理分析可知，炮弹会落下是由重力作用引起的。由于与重力加速度 g 相关，因此，如果不考虑空气的阻力和浮力等因素，则炮弹飞行的水平距离 D 应满足函数关系：

$$D = f\left(m, \alpha, h, V_0, g\right) \tag{2.8}$$

第二步：物理量量纲的幂次形式

该问题中有 6 个物理量，同时该问题是一个典型经典力学问题，其基本量纲只有长度 L、质量 M 和时间 T 这 3 个；利用物理量量纲的幂次形式表示方法，我们可以给出该问题中 6 个物理量量纲的幂次指数，如表 2.1 所示。

表 2.1 炮弹飞行水平距离问题中物理量量纲幂次指数

物理量	D	m	α	h	V_0	g
M	0	1	0	0	0	0
L	1	0	0	1	1	1
T	0	0	0	0	−1	−2

表 2.1 中，仰角 α 的量纲：

$$[\alpha] = \mathrm{L}^0\mathrm{M}^0\mathrm{T}^0 = 1 \tag{2.9}$$

表示该数是一个无量纲的纯数。因此，该问题中有量纲的物理量只有 5 个，根据本节中上文的分析结果，我们可以从中选取 3 个相互无关的量来与基本量纲一一对应。一般我们选取自变量中的物理量作为参考量纲，这里选取质量 m、初速度 V_0 和重力加速度 g 为参考量纲，利用这 3 个参考量纲，我们可以给出基本量纲的幂次表达形式：

$$\begin{cases} \mathrm{M} = [m] \\ \mathrm{L} = \dfrac{[V_0]^2}{[g]} = [V_0]^2\,[g]^{-1} \\ \mathrm{T} = \dfrac{[V_0]}{[g]} = [V_0]\,[g]^{-1} \end{cases} \tag{2.10}$$

根据第 1 章中量纲性质 2，上式可进一步写为

$$\begin{cases} \mathrm{M} = [m] \\ \mathrm{L} = \left[V_0^2 \cdot g^{-1}\right] \\ \mathrm{T} = \left[V_0 \cdot g^{-1}\right] \end{cases} \tag{2.11}$$

设该问题中 5 个有量纲量可以表示为

$$\begin{cases} 1D = d' \cdot U_{[\mathrm{L}]} \\ 1m = m' \cdot U_{[\mathrm{M}]} \\ 1h = h' \cdot U_{[\mathrm{L}]} \\ 1V_0 = v' \cdot U_{[\mathrm{L/T}]} \\ 1g = g' \cdot U_{[\mathrm{L/T^2}]} \end{cases} \tag{2.12}$$

式中，d'、m'、h'、v' 和 g' 分别表示各物理量在国际基本单位系中的数量大小；$U_{[\mathrm{L}]}$ 表示量纲 [L] 对应的国际标准量 (1m)，其他依次类推。

结合式 (2.11)，可知

$$\begin{cases} 1U_{[\mathrm{M}]} = \dfrac{1}{m'} \cdot U_{[m]} \\ 1U_{[\mathrm{L}]} = \dfrac{1}{v'^2/g'} \cdot U_{\left[V_0^2 \cdot g^{-1}\right]} \\ 1U_{[\mathrm{T}]} = \dfrac{1}{v'/g'} \cdot U_{\left[V_0 \cdot g^{-1}\right]} \end{cases} \tag{2.13}$$

结合上式和第 1 章相关内容，如果以质量 m、初速度 V_0 和重力加速度 g 为参考量纲，以该物理问题中对应的量为参考量，则式 (2.12) 可写为

$$\begin{cases} 1D = \dfrac{d'}{v'^2/g'} \cdot U_{\left[V_0^2 \cdot g^{-1}\right]} \\ 1m = 1 \cdot U_{[m]} \\ 1h = \dfrac{h'}{v'^2/g'} \cdot U_{\left[V_0^2 \cdot g^{-1}\right]} \\ 1V_0 = 1 \cdot U_{\left[V_0^2\right]} \\ 1g = 1 \cdot U_{[g]} \end{cases} \tag{2.14}$$

第三步：函数中参考量纲与单位的转换

利用质量 m、初速度 V_0 和重力加速度 g 为参考量纲，对应的单位为参考单位，则式 (2.8) 可写为

$$\frac{d'}{v'^2/g'} = f\left(1, \alpha, \frac{h'}{v'^2/g'}, 1, 1\right) \tag{2.15}$$

上式也可以简化为

$$\frac{d'}{v'^2/g'} = f'\left(\alpha, \frac{h'}{v'^2/g'}\right) \tag{2.16}$$

上式写为对应的物理量函数形式，即为

$$\frac{D\cdot g}{V_0^2}=f'\left(\alpha,\frac{h\cdot g}{V_0^2}\right) \tag{2.17}$$

上式表明，在地球上重力加速度恒定的情况下，炮弹抛射的水平距离只与炮弹发射出膛初速度 V_0、高差 h 和仰角 α 相关，与炮弹的质量完全无关。特别地，在水平地面上发射时，高差 h 为零，此时上式可进一步写为

$$\frac{D\cdot g}{V_0^2}=f'(\alpha) \tag{2.18}$$

即

$$D=f'(\alpha)\cdot\frac{V_0^2}{g} \tag{2.19}$$

事实上，我们通过理论计算可以给出上式对应条件下解析解为

$$D=\frac{V_0^2\cdot\sin 2\alpha}{g} \tag{2.20}$$

对比以上两式可以看出，通过量纲和对应的单位分析，我们可以给出非常接近理论解析解的形式，很大程度上降低问题的分析难度。

量纲分析的概念：结合物理问题的本质分析，基于物理量量纲的基本性质和量纲演化的基本法则，利用量纲分析理论和方法，仅从量纲层面上对问题进行分析，从而对物理问题进行简化，我们把这个分析方法和过程称为量纲分析。

在本例中，通过量纲分析，我们将炮弹发射问题中涉及的 6 个物理变量 (包含 5 个自变量和 1 个因变量) 减少到 3 个物理变量，在很大程度上简化了问题的分析过程。

在本例的量纲分析过程中，有三点需要特别说明：

(1) 一般物理问题的量纲分析过程中，我们选择参考量纲对应的物理量 (简称参考物理量) 时，一般在自变量中选取；不是特别情况，不选取因变量作为参考物理量。

(2) 该问题中基本量纲只有 L、M 和 T 这 3 个，因此我们可以选取最多 3 个物理量作为参考物理量，并取其量纲为参考量纲；但并不是任意 3 个物理量组合都适合作为参考物理量，如本例中选取质量 m、高差 h 和初速度 V_0 为参考物理量就无法实现对基本量纲的幂次表示。所选取的参考物理量必须满足两个条件：首先，参考量纲的基本量纲幂次表示形式中必须涵盖该问题涉及的所有基本量纲；其次，这些参考量纲中任何一个量纲无法利用其他量纲或其他量纲的组合表示。

类似地，如果基本量纲为 4 个、5 个、6 个或 7 个，也是如此。也就是说，量纲分析过程具备以下基本性质：

量纲分析性质 1：在当前物理问题中，如果涉及的基本量纲有 n 个 ($n\leqslant 7$)，必可找到 n 个物理量组成的量纲系来代替基本量纲系，成为量纲分析过程中的参考量纲系。

(3) 本例中自变量有 5 个，其中有量纲量 4 个，我们选取质量 m、初速度 V_0 和重力加速度 g 为参考物理量，而没有选取 h 作为参考物理量，其主要原因是：如果选取

高差 h 为参考物理量，则在无量纲因变量组合和无量纲自变量组合中皆有可能存在高差 h 这一项，而考虑到高差 h 可能为 0，此时会导致等式两边皆为零或某一组合量分母为零等特殊情况。当然，并不是不能选取高差 h 作为参考物理量，只是在特殊情况下需要对所给出的无量纲量进一步分析，具体方法见本书后续章节内容。

从上例中的量纲分析过程可以看出，利用物理问题中涉及的物理量量纲代替基本量纲，或是说，利用物理量为参考度量来代替基本量纲或基本单位，能够有效地减少自变量数量。事实上，就像第 1 章所述，度量单位其实就是一个参考基本量，国际标准单位的发展给物理量的国际化标定提供了重要的参考标准，在很大程度上加速了科学的国际化交流并推动了国际科学与社会的发展；然而，对于某一特定的物理问题而言，如果我们用国际标准单位进行分析，势必额外引入这些标准参考量，使得问题分析复杂化 [5]。例如，一个班上有 3 个人：李 1、王 2、张 3，我们需要比较他们的身高，通常的方法是：首先，找一个标准刻度尺，测量他们每个人的身高；然后，根据身高数据大小来确定他们的高矮。此种解决方法引入了一个外部变量——米尺，即引入了“米”这个国际参考单位，该问题中自变量有 3 个：

$$\text{李 1 的身高} = a \text{ 米}$$

$$\text{王 2 的身高} = b \text{ 米}$$

$$\text{张 3 的身高} = c \text{ 米}$$

我们也可以采用更简单一点的方法。首先，对比李 1 与王 2，得出：

$$\text{王 2 的身高} = d \text{ 李 1 的身高}$$

这里，引入“李 1 的身高”作为身高的参考度量单位，d 表示以“李 1 的身高”为参考度量单位对应的数量大小。然后，对比李 1 与张 3 的身高，得出：

$$\text{张 3 的身高} = e \text{ 李 1 的身高}$$

式中，e 表示以“李 1 的身高”为参考度量单位对应的数量大小。此时该问题的自变量就只有 2 个：d 李 1、e 李 1。

对比以上两种方法，容易看到后者明显更简单，主要不同之处在于后者排除了外部参考量，而直接采用问题内部的物理量“李 1 的身高”作为参考度量单位，使问题得到简化。

量纲分析内涵 1：利用所需解决的物理问题所包含的物理量中若干量或若干量的组合代替外部参考量，以这些参考量的单位或量纲作为参考单位或参考量纲，可以在量纲层面上最大限度地减少问题中自变量的数量，从而简化问题的分析过程。

事实上，量纲分析对物理问题进行简化并不是一种“神秘”的科学，也不能够将问题进行无限的简化。从以上量纲分析的内涵可以看出，量纲分析之所以能够简化问题，其实是因为我们在利用国际基本单位或基本量纲对物理量进行标定时，“无意中”引入了这些“编外”的基本物理量，使得自变量数量有所增加，从而导致物理问题更加复杂。量纲分析简单来讲就是在不影响物理问题的定量规律的同时，将这些“编外”的基本物理量排除。

从上例可以看出，我们可以在某特定物理问题所涉及的量纲系中选取 n 个物理量作为参考量、选其对应的 n 个量纲为参考量纲，来替换基本量和基本量纲。由于排除了问题之外的参考单位，因此量纲分析后的物理规律与参考单位系无关，从而使所得到的物理规律适用于参考单位系，更接近问题本质。可以看出，量纲分析理论是建立在物理问题度量单位无关性法则之上的。

量纲分析内涵 2：物理规律的量纲无关性法则，任何物理规律不应随着人为度量单位的改变而变化，即无论采用何种参考度量单位系，物理规律应是客观存在的。

2.1.2 量纲一致性法则

根据第 1 章中“量纲的运算法则”的量纲性质 1 可知，对于任意一个物理问题所建立的方程：

$$f\left(X_1, X_2, \cdots, X_n\right) = g\left(Y_1, Y_2, \cdots, Y_n\right) \tag{2.21}$$

皆必有

$$\left[f\left(X_1, X_2, \cdots, X_n\right)\right] = \left[g\left(Y_1, Y_2, \cdots, Y_n\right)\right] \tag{2.22}$$

式 (2.22) 是式 (2.21) 成立的必要条件，也就是说，如果

$$\left[f\left(X_1, X_2, \cdots, X_n\right)\right] \neq \left[g\left(Y_1, Y_2, \cdots, Y_n\right)\right] \tag{2.23}$$

则必有

$$f\left(X_1, X_2, \cdots, X_n\right) \neq g\left(Y_1, Y_2, \cdots, Y_n\right) \tag{2.24}$$

这种物理方程量纲的一致性必要条件即为物理问题中量纲运算和分析的基本前提之一。

量纲分析内涵 3：量纲一致性法则，物理问题对应的表达式比较符号两端的物理量或物理量组合对应的量纲必定一致。

量纲一致性法则对于检查物理问题推导过程是否合理和结论是否正确而言是一个非常有效的工具。需要说明的是，推导过程与结论满足量纲一致性法则并不代表其一定是正确的，但如果不满足量纲一致性法则必然是错误的。

例 2.2 质量块的水平周期运动问题

如图 2.2 所示，在光滑水平地面上有一个质量为 m 的质量块，其与固定竖直平面之间由一水平放置的弹簧连接；弹簧的弹性系数为 k，自然松弛状态下长度为 l_0，不考虑弹簧的质量和空气阻力；设在初始 $t = 0$ 时刻，将质量块向右拉伸 $\Delta l(\Delta l \ll l_0)$ 距离后瞬间松开，弹簧会围绕原始位置做水平往复运动。假设质量块运动过程中，弹簧始终处于弹性变形阶段，求质量块往复运动的周期 T。

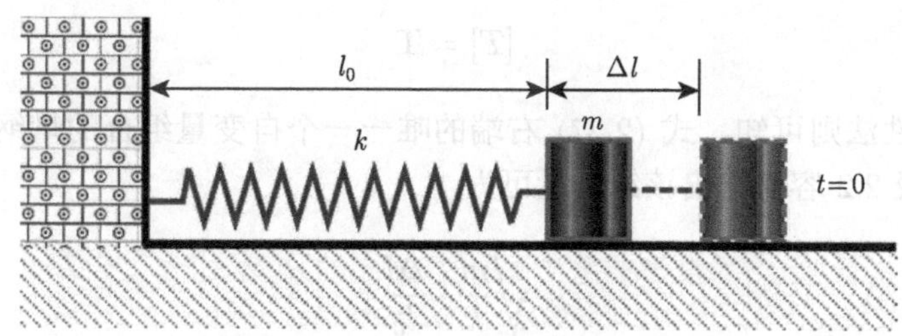

图 2.2 质量块的水平周期运动问题

这是一个简单的简谐振动问题，由牛顿第二定律容易给出其任意时刻运动方程，该方程是一个常微分方程，在高中阶段我们已经给出其理论解析解为

$$T = 2\pi\sqrt{\frac{m}{k}} \tag{2.25}$$

现在假设我们不具备微分方程相关知识，无法给出对应的解析解，利用量纲分析方法对该问题进行初步分析，主要步骤如下所述。

第一步：主要影响因素

根据问题中已知条件可知，质量块的质量 m、弹簧弹性系数 k、弹簧的初始长度 l_0 和弹簧的初始拉伸长度 Δl 是 4 个已知的影响因素。由于地面光滑，所以不需要考虑摩擦阻力，因此，质量块的重力对问题的影响可以忽略，即重力加速度 g 可以不予考虑；另外，弹簧的质量和空气阻力不予考虑，因此，影响质量块振动周期 T 的主要因素有 4 个，即表明

$$T = f(m, k, l_0, \Delta l) \tag{2.26}$$

第二步：量纲一致性分析

式 (2.26) 中物理量有 5 个，其中自变量 4 个、因变量 1 个，其幂次指数如表 2.2 所示。

表 2.2 质量块水平周期运动问题中物理量量纲幂次指数

物理量	T	m	k	l_0	Δl
M	0	1	1	0	0
L	0	0	0	1	1
T	1	0	−2	0	0

从表 2.2 可以看到，本问题中 5 个变量覆盖 3 个基本量纲，根据 2.1.1 节中的分析及量纲分析的基本内涵 1 容易知道，我们能够在自变量中找到 3 个参考物理量，可以用其组合来表示 3 个基本量纲。而且，表 2.2 显示，物理量 l_0 和物理量 Δl 具有完全相同的量纲，此 2 个物理量中只能选择 1 个作为参考物理量。由于自变量为 4 个，参考物理量有 3 个，因此，无论选取物理量 l_0 和物理量 Δl 中的哪一个为参考物理量之一，量纲分析的结论基本类似，即只有一个物理量组合；这里我们选取质量 m、弹簧弹性系数 k 和弹簧初始长度 l_0 为参考物理量。

由于方程 (2.26) 左端自变量的量纲：

$$[T] = \mathrm{T} \tag{2.27}$$

根据量纲一致性法则可知，式 (2.27) 右端的唯一一个自变量组合的量纲也必然是时间 T，此时根据表 2.2 容易给出该组合量可为

$$\sqrt{\frac{m}{k}} \cdot \frac{\Delta l}{l_0} \tag{2.28}$$

此时式 (2.26) 即可简化为

$$T = g\left(\sqrt{\frac{m}{k}} \cdot \frac{\Delta l}{l_0}\right) \tag{2.29}$$

第三步：量纲分析结果的进一步分析

结合第 1 章中的量纲性质 1，式 (2.29) 可进一步具体写为

$$T = h\left(\frac{\Delta l}{l_0}\right) \cdot \sqrt{\frac{m}{k}} \tag{2.30}$$

按照问题中的初始条件 $\Delta l \ll l_0$，即

$$\frac{\Delta l}{l_0} \to 0 \tag{2.31}$$

根据 Taylor 公式，对函数进行展开即有

$$h\left(\frac{\Delta l}{l_0}\right) = h(0) + h'(0) \cdot \frac{\Delta l}{l_0} + \cdots \approx h(0) \tag{2.32}$$

将上式代入式 (2.30)，即可得到

$$T \approx h(0) \cdot \sqrt{\frac{m}{k}} \tag{2.33}$$

对比上式和理论解析解 (2.25)，不难发现，只经过量纲分析给出的解与理论解析解非常接近。

从上例的分析过程和结果，我们可以发现，利用量纲的基本性质、量纲分析的内涵与基本法则，我们可以在很大程度上简化问题的分析过程，减少自变量数量。

2.1.3 量纲分析的基本原理

从本章前面内容中的分析可知，量纲分析最基础的理论依据是物理规律的参考度量单位无关性法则。事实上，在任何物理问题中，物理量可选取不同参考度量单位系进行标定，但物理规律应保持不变；反之，如果对于某一特定的物理规律，我们选取的参考度量单位系发生改变，其规律随之变化，则表明该物理规律不是科学严谨的。如图 2.3 所示，图中“空心星形”点是 54 式 ϕ12.7mm 穿燃弹垂直侵彻 60mm 厚 45# 钢靶时的最终侵彻深度试验结果。

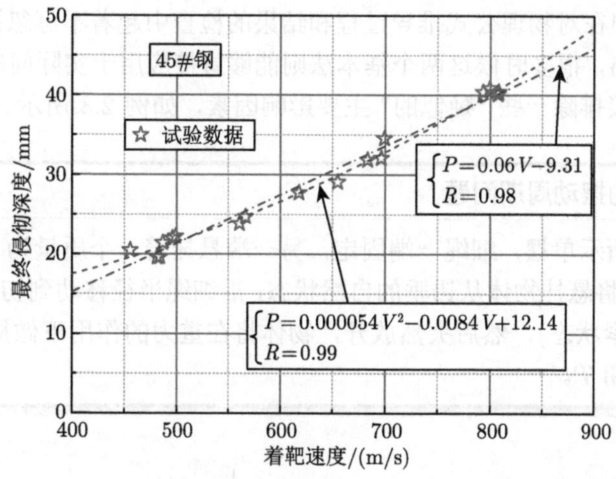

图 2.3 54 式 ϕ12.7mm 穿燃弹垂直侵彻 60mm 厚 45# 钢靶时的侵彻深度

利用最小二乘法对试验结果分别进行线性拟合和二次函数拟合，可以给出最终侵彻深度 P 与着靶速度 V 之间的关系分别为

$$P = 0.06V - 9.31 \tag{2.34}$$

和

$$P = 0.000054V^2 - 0.0084V + 12.14 \tag{2.35}$$

式中，P 的单位为 mm，V 的单位为 m/s 或 mm/ms。容易看出，上两式中单位系为 mm-ms，等号两端物理量或物理量组合量纲并不一致，当我们改变单位系为 m-s 时，上两式就改变为

$$P = 0.00006V - 0.00931 \tag{2.36}$$

和

$$P = 0.000000054V^2 - 0.0000084V + 0.01214 \tag{2.37}$$

或当我们将单位系改为 mm-s 时，上两式又可以改为

$$P = 0.00006V - 9.31 \tag{2.38}$$

和

$$P = 0.000000000054V^2 - 0.0000084V + 12.14 \tag{2.39}$$

也就是说，改变参考度量单位后，所谓的“物理规律”随着人为的度量单位改变而变化，因此，其并不是严格意义上的一个物理规律，只是针对某一特定条件下的工程规律而已，没有涉及更深的科学性的“物理规律”，其适用范围有限。然而，在当前很多工程研究领域内，这种直接利用最小二乘法之类的数据处理方法对试验结果进行拟合而不考虑量纲一致性问题的做法在试验结果分析中极其常见。

事实上，物理规律的参考单位无关性与量纲的一致性在本质上是相通的；一般情况下，满足两者之一必然满足另一个条件；这两个基本法则是量纲分析的基础与前提，其原理虽然简单，但在对物理公式推导过程和结果的检查中起着不可忽视的作用；而且从例 2.2 也可以看出，很多时候这两个基本法则能够直接应用于实际问题的简化分析。有时其甚至能够直接排除一些“疑似的”主要影响因素，如例 2.3 所示。

例 2.3　小球的摆动周期问题

如图 2.4 所示单摆，细绳一端固定，另一端悬挂着一个质量为 m 的小块物体，细绳长度为 l，将悬挂物体从铅垂的自然状态，沿细绳半径移动到初始方位角 α (细绳一直处于拉紧状态)，然后突然放开，物体将在重力的作用下做周期性振荡，求单摆的振荡周期 T。

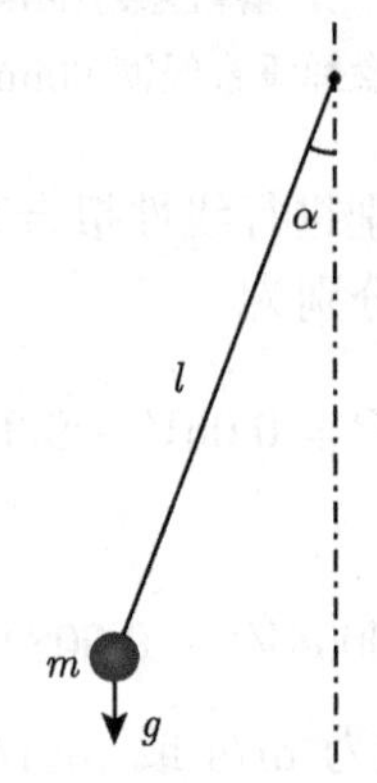

图 2.4　单摆的摆动周期问题

这个问题在中学时代就推导过，基于牛顿第二定律和简谐运动方程可以推导出单摆周期的解析解为

$$T = 2\pi\sqrt{l/g} \tag{2.40}$$

在此，我们不直接用相关物理定律进行推导，将之视为一个不能用理论直接推导的物理问题，只能通过试验来获取该问题的相对科学准确的解。

从此问题的条件我们可以看出，该问题所有初始条件有 6 个：细绳的尺寸、细绳的质量、悬挂物体的质量、悬挂物体的尺寸、重力加速度、初始方位角。对于单摆问题，容易知道细绳的直径并不是主要影响因素，因为我们假设细绳直径足够小，即从该物理问题中排除了这一影响因素；同样，只要细绳的长度足够大，对于悬挂物体的尺寸在此我们也是不需要考虑的。因此，影响振荡周期 T 的主要影响因素有 4 个：重力加速度 g、悬挂物体的质量 m、细绳的长度 l 和初始方位角 α，即有

$$T = f(g, m, l, \alpha) \tag{2.41}$$

式中，$f()$ 表示某种待定的函数形式。

该物理问题中有 5 个主要物理量，其中自变量 4 个、因变量 1 个，其幂次指数如表 2.3 所示。

表 2.3 单摆运动问题中物理量量纲幂次指数 I

物理量	T	g	m	l	α
M	0	0	1	0	0
L	0	1	0	1	0
T	1	−2	0	0	0

从表 2.3 可以看到，本问题中 5 个变量覆盖 3 个基本量纲，根据 2.1.1 节中的分析及量纲分析的基本内涵 1 容易知道，我们能够在自变量中找到 3 个参考物理量，可以用其组合来表示 3 个基本量纲。根据上文量纲分析的基本步骤与分析结果可知，一般参考物理量选取相互独立且为自变量的物理量；从式 (2.41) 看出，该问题 4 个自变量中，初始方位角 α 为无量纲量，该物理量不能作为参考物理量。因此，参考物理量只可能为重力加速度 g、悬挂物体的质量 m、细绳的长度 l 这 3 个自变量。

结合表 2.3 可知，表达式 (2.41) 等号左端物理量的量纲应为

$$[T] = \mathrm{T} \tag{2.42}$$

根据量纲一致性法则，右端函数的整体量纲也应为时间 T，即

$$[f(g, m, l, \alpha)] = \mathrm{T} \tag{2.43}$$

上式中的 T 表示时间量纲，而不是式 (2.41) 中周期这个物理量。

然而，由表 2.3 可以发现，如果式 (2.41) 右端函数包含悬挂物体的质量 m，则量纲

$$[f(g, m, l, \alpha)] = \mathrm{L}^{\theta}\mathrm{M}^{\beta}\mathrm{T}^{\gamma} \tag{2.44}$$

中指数 β 必不为零，即此时必不满足式 (2.43)，因此，必有

$$\beta = 0 \tag{2.45}$$

即式 (2.41) 右端函数必定不包含悬挂物体的质量 m，也就是说摆动周期与悬挂物体的质量 m 无关，故式 (2.41) 可以简化为

$$T = f(g, l, \alpha) \tag{2.46}$$

需要说明的是，虽然摆动周期与悬挂物体的质量 m 无关，但并不代表物体质量 m 没有限制。首先，从题目可知，我们假设悬挂细绳的质量忽略不计，因此要求悬挂物体的质量 m 较大，足以忽略细绳的质量；其次，考虑到细绳的承重能力，在单摆问题中，细绳必须处于弹性变形状态，因此要求悬挂物体的质量 m 足够小。

上式中 4 个物理量包含 3 个有量纲量和 1 个无量纲量，从表 2.3 也容易看到这 3 个有量纲量中只有 2 个基本量纲，因此，可以找到 2 个独立的参考物理量。表 2.3 也可以简化为表 2.4。

表 2.4 单摆运动问题中物理量量纲幂次指数 II

物理量	T	g	l	α
M	0	0	0	0
L	0	1	1	0
T	1	−2	0	0

利用量纲一致性法则，若需要满足式 (2.43)，必须消除基本量纲 L，结合表 2.4 和量纲的幂次表示性质可知，重力加速度 g 与细绳的长度 l 只可能以

$$\left(\frac{l}{g}\right)^{\delta} \tag{2.47}$$

的形式出现。式中，δ 为一个待定整数。结合式 (2.43)，式 (2.46) 可具体写为

$$T = h(\alpha) \cdot \sqrt{\frac{l}{g}} \tag{2.48}$$

式中，$h()$ 表示某特定函数形式。

从以上量纲分析结果可以看出：

(1) 振荡周期 T 正比于绳长 l 的 1/2 次方，反比于重力加速度 g 的 1/2 次方；

(2) 振荡周期 T 与悬挂物体的质量 m 无关；

(3) 振荡周期 T 是初始方位角 α 的函数。

假设初始方位角 α 是个极小量，则上式可以进一步简化 [3]。容易从该物理问题中看出，从左边 α 处松开悬挂物体和从右边 α 处松开悬挂物体，单摆的周期应该是相同的，即

$$h(\alpha) = h(-\alpha) \tag{2.49}$$

即 $h(\alpha)$ 是一个偶函数，因此，我们将其在 $\alpha = 0$ 处进行 Taylor 展开，可以得到

$$h(\alpha) = h(0) + h''(0)\frac{\alpha^2}{2} + h^{(4)}(0)\frac{\alpha^4}{4!} + \cdots \approx h(0) \tag{2.50}$$

式 (2.48) 即可以进一步简化为

$$T = h(0) \cdot \sqrt{\frac{l}{g}} = H \cdot \sqrt{\frac{l}{g}} \tag{2.51}$$

式中，H 为某特定常数。对比上式和理论解析解式 (2.40) 可知，量纲分析给出的结果与理论解析解非常接近，上式中常数应为

$$H = 2\pi \tag{2.52}$$

如我们希望通过试验给出单摆摆动周期 T 的定量函数关系，假设每个参数开展 10 次试验才能给出相对准确的曲线，考虑到该物理问题中自变量数量为 4 个，则需要开展 10×10×10×10=10000 次试验才能实现；而仅仅进行简单的量纲分析后给出式 (2.51)，由于 H 是常数，因此只需要 1 次试验即可，如考虑其准确性可以进行 5 次试验，其试验数量是量纲分析前试验数量的 5/10000 或 0.05%；而且从误差分析可以看出，这 5 次试验的误差远远小于 10000 次试验的误差。

姑且不论实验工作量，只从结果的科学性和准确性上看，若未做量纲分析，利用大量的实验数据进行拟合，如采用常用的最小二乘法等方法进行拟合，很难给出理论推导的式 (2.51) 所示形式，其拟合结果的科学性和适用性就远远不足了。

从以上例子可以看出，通过量纲分析能够做到减少自变量的数量，从而极大地减少试验数量，提高结论的准确性和科学性。如同 2.1.1 节中的阐述，之所以量纲分析能够减少物理问题中自变量的数量，是由于当前物理问题的分析过程中人为加入了某些参考度量，这些参考度量使得单个物理量的定量标定更加通用准确，却使得物理量之间内在联系的表征变得有些复杂。如图 2.5 所示，我们利用国际标准单位标定两个竖杆 1 和 2 的长度 L_1 和 L_2，得到其长度分别为 3m 和 1.5m，即

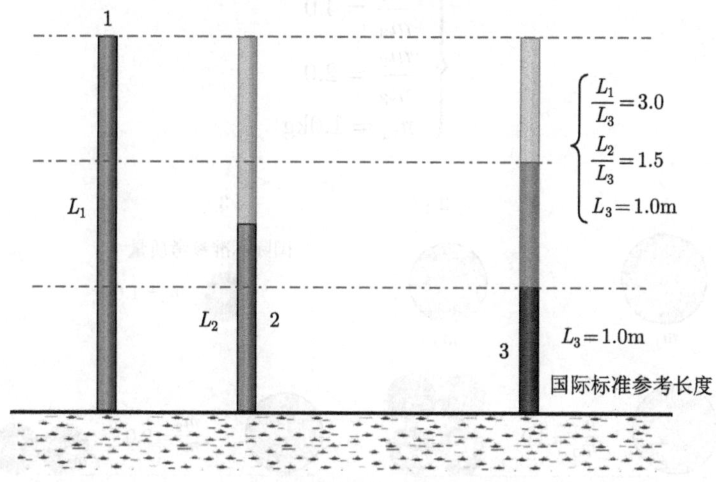

图 2.5 两竖杆长度对比问题

$$\begin{cases} L_1 = 3.0\text{m} \\ L_2 = 1.5\text{m} \end{cases} \tag{2.53}$$

上式的物理意义是，我们利用国际标准参考长度度量竖杆 1 和竖杆 2，两个竖杆分别是参考度量的 3.0 倍和 1.5 倍 (这里不考虑度量误差，本书下文如无特别说明也不考虑度量误差问题)，即有

$$\begin{cases} \dfrac{L_1}{L_3} = 3.0 \\ \dfrac{L_2}{L_3} = 1.5 \\ L_3 = 1.0\text{m} \end{cases} \tag{2.54}$$

该问题若写为函数形式，即为

$$L_2 = f\left(L_1, L_3\right) \tag{2.55}$$

事实上，对于此特定物理问题，我们完全可以不用参考度量 L_3，只利用问题中所涉及的物理量 L_1 或 L_2 中的任何一个量为参考度量进行分析，如图 2.5 所示，此时物

理问题即简化为

$$L_2 = f(L_1) \tag{2.56}$$

甚至更进一步为

$$\frac{L_2}{L_1} = K \tag{2.57}$$

式中，K 表示某特定的常量。

类似地，我们求解两个球 1 和 2 的质量之间的关系，一般思路如图 2.6 所示，先基于国际标准参考质量度量单位 m_3 称出两个球的质量 m_1 和 m_2，即

$$\begin{cases} \dfrac{m_1}{m_3} = 4.0 \\ \dfrac{m_2}{m_3} = 2.0 \\ m_3 = 1.0\text{kg} \end{cases} \tag{2.58}$$

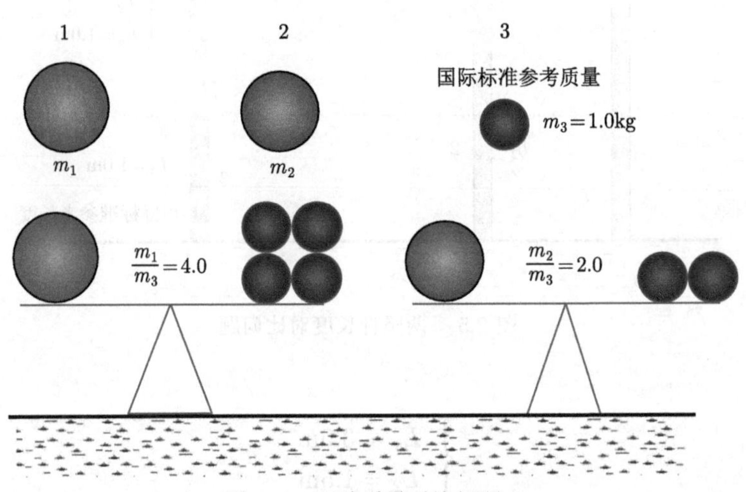

图 2.6　两球质量对比问题 I

从图 2.6 可以看出，由于引进了参考度量，故该问题所涉及的物理量有 3 个，即

$$m_2 = f(m_1, m_3) \tag{2.59}$$

然而，对于此具体物理问题而言，我们完全可以不引入基本参考物理量，而直接利用该问题中两个主要参考量，如图 2.7 所示。可以看出，利用此种方法对该问题进行分析，所涉及的物理量只有 2 个，即

$$m_2 = f(m_1) \tag{2.60}$$

根据量纲一致性法则，上式可以进一步写为

$$\frac{m_2}{m_1} = K \tag{2.61}$$

式中，K 为某特定常数。

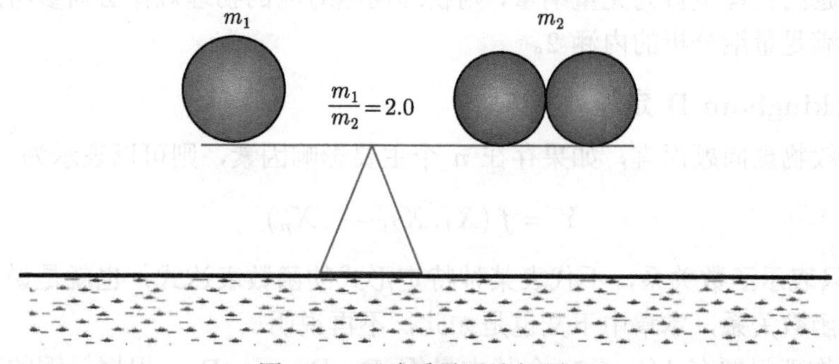

图 2.7 两球质量对比问题 Ⅱ

从以上分析可以看出，**量纲分析之所以能够减少自变量的数量从而简化问题的分析，主要是因为其在量纲一致性法则基础上对问题中的“第三方”参考度量进行“剥离”，以该物理问题内部物理量为参考度量，从而减少了自变量的数量。**

因此，对于任意物理问题：

$$Y = f\left(X_1, X_2, \cdots, X_n\right) \tag{2.62}$$

或

$$f\left(X_1, X_2, \cdots, X_n; Y\right) = 0 \tag{2.63}$$

即问题中有 n 个自变量，若该问题涉及的基本量纲有 m 个 ($1 \leqslant m \leqslant 7$，对一般经典力学问题，$m=3$)，则量纲分析后函数内自变量的数量为 $n-m$ 个 ($n-m>0$)，即

$$Y = f\left(X_1', X_2', \cdots, X_{n-m}'\right) \tag{2.64}$$

或

$$f\left(X_1', X_2', \cdots, X_{n-m}'; Y'\right) = 0 \tag{2.65}$$

当 $n-m \leqslant 0$ 时，量纲分析后必有

$$Y = K \cdot X'^{\kappa} \tag{2.66}$$

或

$$K \cdot X'^{\kappa} - Y = 0 \tag{2.67}$$

式中，K 为某特定常数；指数 κ 为某特定实数。

2.2 量纲分析基本原则与 Π 定理

从 2.1.1 节中可以看出，量纲分析的推导过程可以视为在量纲一致性法则的基础上利用物理问题中的主要自变量替代参考度量单位系的过程；从例 2.1 分析结果可以看出，量纲分析使得物理问题函数两端的物理量转换为无量纲组合量。事实上，如果表达

式两端皆为无量纲量或无量纲量的函数，则必然满足量纲一致性法则；而且，容易知道，如果物理问题的物理量皆为无量纲量，则物理问题对应的物理规律必与参考度量单位无关，就必然满足量纲分析的内涵 2。

2.2.1 Buckingham Π 定理

对于一般物理问题而言，如果存在 n 个主要影响因素，则可以表示为

$$Y = f\left(X_1, X_2, \cdots, X_n\right) \tag{2.68}$$

式中，$f()$ 只表示函数关系，不代表某种特定形式的函数表达式，也就是说它可以代表不同形式的函数关系，本章中下文也是如此，不再说明。

假设该物理问题有 $k(k \leqslant 7)$ 个基本量纲 $D_1, D_2, \cdots, D_k$，根据量纲的幂次表示性质，自变量和因变量的量纲皆可以表示为如下幂次形式：

$$\left\{\begin{array}{l} [Y] = [D_1]^{\kappa_1} [D_2]^{\kappa_2} \cdots [D_k]^{\kappa_k} \\ [X_1] = [D_1]^{\kappa_{11}} [D_2]^{\kappa_{12}} \cdots [D_k]^{\kappa_{1k}} \\ [X_2] = [D_1]^{\kappa_{21}} [D_2]^{\kappa_{22}} \cdots [D_k]^{\kappa_{2k}} \\ \qquad \vdots \\ [X_n] = [D_1]^{\kappa_{n1}} [D_2]^{\kappa_{n2}} \cdots [D_k]^{\kappa_{nk}} \end{array}\right. \tag{2.69}$$

根据上一章的分析，我们可以对应找出 k 个独立的参考物理量，不妨将这 k 个参考物理量放在式 (2.68) 中右端前 k 项，即

$$Y = f\left(X_1, X_2, \cdots, X_k; X_{k+1}, \cdots, X_n\right) \tag{2.70}$$

同样，参考物理量的量纲与基本量纲之间的关系为

$$\left\{\begin{array}{l} [X_1] = [D_1]^{\kappa_{11}} [D_2]^{\kappa_{12}} \cdots [D_k]^{\kappa_{1k}} \\ [X_2] = [D_1]^{\kappa_{21}} [D_2]^{\kappa_{22}} \cdots [D_k]^{\kappa_{2k}} \\ \qquad \vdots \\ [X_k] = [D_1]^{\kappa_{k1}} [D_2]^{\kappa_{k2}} \cdots [D_k]^{\kappa_{kk}} \end{array}\right. \tag{2.71}$$

对上式中所有方程两端分别取对数，即可以得到

$$\left\{\begin{array}{l} \ln [X_1] = \kappa_{11} \ln [D_1] + \kappa_{12} \ln [D_2] + \cdots + \kappa_{1k} \ln [D_k] \\ \ln [X_2] = \kappa_{21} \ln [D_1] + \kappa_{22} \ln [D_2] + \cdots + \kappa_{2k} \ln [D_k] \\ \qquad \vdots \\ \ln [X_k] = \kappa_{k1} \ln [D_1] + \kappa_{k2} \ln [D_2] + \cdots + \kappa_{kk} \ln [D_k] \end{array}\right. \tag{2.72}$$

将上式写为矩阵形式，有

$$\left[\begin{array}{c} \ln [X_1] \\ \ln [X_2] \\ \vdots \\ \ln [X_k] \end{array}\right] = \left[\begin{array}{cccc} \kappa_{11} & \kappa_{12} & \cdots & \kappa_{1k} \\ \kappa_{21} & \kappa_{22} & \cdots & \kappa_{2k} \\ \vdots & \vdots & & \vdots \\ \kappa_{k1} & \kappa_{k2} & \cdots & \kappa_{kk} \end{array}\right] \left[\begin{array}{c} \ln [D_1] \\ \ln [D_2] \\ \vdots \\ \ln [D_k] \end{array}\right] \tag{2.73}$$

由于物理量 $X_1, X_2, \cdots, X_k$ 是相互独立的，其对应量纲的对数 $\ln[X_1], \ln[X_2], \cdots, \ln[X_k]$ 也必定相互独立，即式 (2.72) 中 k 个方程线性无关；根据高等代数知识可知，此时式 (2.73) 中 k 阶系数方阵必为满秩矩阵，即

$$\begin{vmatrix} \kappa_{11} & \kappa_{12} & \cdots & \kappa_{1k} \\ \kappa_{21} & \kappa_{22} & \cdots & \kappa_{2k} \\ \vdots & \vdots & & \vdots \\ \kappa_{k1} & \kappa_{k2} & \cdots & \kappa_{kk} \end{vmatrix} \neq 0 \tag{2.74}$$

即式 (2.73) 中 k 阶系数方阵为非奇异矩阵，必定存在逆矩阵，即有

$$\begin{bmatrix} \ln[D_1] \\ \ln[D_2] \\ \vdots \\ \ln[D_k] \end{bmatrix} = \begin{bmatrix} \kappa_{11} & \kappa_{12} & \cdots & \kappa_{1k} \\ \kappa_{21} & \kappa_{22} & \cdots & \kappa_{2k} \\ \vdots & \vdots & & \vdots \\ \kappa_{k1} & \kappa_{k2} & \cdots & \kappa_{kk} \end{bmatrix}^{-1} \begin{bmatrix} \ln[X_1] \\ \ln[X_2] \\ \vdots \\ \ln[X_k] \end{bmatrix} \tag{2.75}$$

根据矩阵理论，我们可以求出

$$\begin{bmatrix} \kappa_{11} & \kappa_{12} & \cdots & \kappa_{1k} \\ \kappa_{21} & \kappa_{22} & \cdots & \kappa_{2k} \\ \vdots & \vdots & & \vdots \\ \kappa_{k1} & \kappa_{k2} & \cdots & \kappa_{kk} \end{bmatrix}^{-1} = \begin{bmatrix} \kappa'_{11} & \kappa'_{12} & \cdots & \kappa'_{1k} \\ \kappa'_{21} & \kappa'_{22} & \cdots & \kappa'_{2k} \\ \vdots & \vdots & & \vdots \\ \kappa'_{k1} & \kappa'_{k2} & \cdots & \kappa'_{kk} \end{bmatrix} \tag{2.76}$$

此时，式 (2.75) 即可以写为

$$\begin{bmatrix} \ln[D_1] \\ \ln[D_2] \\ \vdots \\ \ln[D_k] \end{bmatrix} = \begin{bmatrix} \kappa'_{11} & \kappa'_{12} & \cdots & \kappa'_{1k} \\ \kappa'_{21} & \kappa'_{22} & \cdots & \kappa'_{2k} \\ \vdots & \vdots & & \vdots \\ \kappa'_{k1} & \kappa'_{k2} & \cdots & \kappa'_{kk} \end{bmatrix} \begin{bmatrix} \ln[X_1] \\ \ln[X_2] \\ \vdots \\ \ln[X_k] \end{bmatrix} \tag{2.77}$$

即

$$\begin{cases} \ln[D_1] = \kappa'_{11}\ln[X_1] + \kappa'_{12}\ln[X_2] + \cdots + \kappa'_{1k}\ln[X_k] \\ \ln[D_2] = \kappa'_{21}\ln[X_1] + \kappa'_{22}\ln[X_2] + \cdots + \kappa'_{2k}\ln[X_k] \\ \qquad\vdots \\ \ln[D_k] = \kappa'_{k1}\ln[X_1] + \kappa'_{k2}\ln[X_2] + \cdots + \kappa'_{kk}\ln[X_k] \end{cases} \tag{2.78}$$

上式也可以写为

$$\begin{cases} [D_1] = [X_1]^{\kappa'_{11}}[X_2]^{\kappa'_{12}}\cdots[X_k]^{\kappa'_{1k}} \\ [D_2] = [X_1]^{\kappa'_{21}}[X_2]^{\kappa'_{22}}\cdots[X_k]^{\kappa'_{2k}} \\ \qquad\vdots \\ [D_k] = [X_1]^{\kappa'_{k1}}[X_2]^{\kappa'_{k2}}\cdots[X_k]^{\kappa'_{kk}} \end{cases} \tag{2.79}$$

上式表明，这 k 个基本量纲也可以利用 k 个独立的参考物理量的量纲来唯一地表达，这个结论其实在上一章中已经得到应用。将式 (2.77) 代入式 (2.73)，即可以得到

$$\begin{bmatrix} \ln[X_1] \\ \ln[X_2] \\ \vdots \\ \ln[X_k] \end{bmatrix} = \begin{bmatrix} 1 & 0 & \cdots & 0 \\ 0 & 1 & \cdots & 0 \\ \vdots & \vdots & & \vdots \\ 0 & 0 & \cdots & 1 \end{bmatrix} \begin{bmatrix} \ln[X_1] \\ \ln[X_2] \\ \vdots \\ \ln[X_k] \end{bmatrix} \tag{2.80}$$

即

$$\begin{cases} [X_1] = [X_1]^1 [X_2]^0 \cdots [X_k]^0 \\ [X_2] = [X_1]^0 [X_2]^1 \cdots [X_k]^0 \\ \qquad \vdots \\ [X_k] = [X_1]^0 [X_2]^0 \cdots [X_k]^1 \end{cases} \tag{2.81}$$

类似地，因变量 Y 的量纲也可以相应地写为

$$[Y] = [X_1]^{\kappa_1''} [X_2]^{\kappa_2''} \cdots [X_k]^{\kappa_k''} \tag{2.82}$$

式中

$$\begin{bmatrix} \kappa_1'' & \kappa_2'' & \cdots & \kappa_k'' \end{bmatrix} = \begin{bmatrix} \kappa_1 & \kappa_2 & \cdots & \kappa_k \end{bmatrix} \begin{bmatrix} \kappa_{11}' & \kappa_{12}' & \cdots & \kappa_{1k}' \\ \kappa_{21}' & \kappa_{22}' & \cdots & \kappa_{2k}' \\ \vdots & \vdots & & \vdots \\ \kappa_{k1}' & \kappa_{k2}' & \cdots & \kappa_{kk}' \end{bmatrix} \tag{2.83}$$

根据式 (2.69)，可以得到

$$\begin{cases} \ln[X_{k+1}] = \kappa_{(k+1)1} \ln[D_1] + \kappa_{(k+1)2} \ln[D_2] + \cdots + \kappa_{(k+1)k} \ln[D_k] \\ \ln[X_{k+2}] = \kappa_{(k+2)1} \ln[D_1] + \kappa_{(k+2)2} \ln[D_2] + \cdots + \kappa_{(k+2)k} \ln[D_k] \\ \qquad \vdots \\ \ln[X_n] = \kappa_{n1} \ln[D_1] + \kappa_{n2} \ln[D_2] + \cdots + \kappa_{nk} \ln[D_k] \end{cases} \tag{2.84}$$

即

$$\begin{bmatrix} \ln[X_{k+1}] \\ \ln[X_{k+2}] \\ \vdots \\ \ln[X_n] \end{bmatrix} = \begin{bmatrix} \kappa_{(k+1)1} & \kappa_{(k+1)2} & \cdots & \kappa_{(k+1)k} \\ \kappa_{(k+2)1} & \kappa_{(k+2)2} & \cdots & \kappa_{(k+2)k} \\ \vdots & \vdots & & \vdots \\ \kappa_{n1} & \kappa_{n2} & \cdots & \kappa_{nk} \end{bmatrix} \begin{bmatrix} \ln[D_1] \\ \ln[D_2] \\ \vdots \\ \ln[D_k] \end{bmatrix} \tag{2.85}$$

将式 (2.77) 代入上式，即可以得到

$$\begin{bmatrix}\ln[X_{k+1}]\\ \ln[X_{k+2}]\\ \vdots\\ \ln[X_n]\end{bmatrix}=\begin{bmatrix}\kappa_{(k+1)1} & \kappa_{(k+1)2} & \cdots & \kappa_{(k+1)k}\\ \kappa_{(k+2)1} & \kappa_{(k+2)2} & \cdots & \kappa_{(k+2)k}\\ \vdots & \vdots & & \vdots\\ \kappa_{n1} & \kappa_{n2} & \cdots & \kappa_{nk}\end{bmatrix}\begin{bmatrix}\kappa'_{11} & \kappa'_{12} & \cdots & \kappa'_{1k}\\ \kappa'_{21} & \kappa'_{22} & \cdots & \kappa'_{2k}\\ \vdots & \vdots & & \vdots\\ \kappa'_{k1} & \kappa'_{k2} & \cdots & \kappa'_{kk}\end{bmatrix}\begin{bmatrix}\ln[X_1]\\ \ln[X_2]\\ \vdots\\ \ln[X_k]\end{bmatrix} \tag{2.86}$$

即

$$\begin{cases}[X_{k+1}]=[X_1]^{\kappa''_{(k+1)1}}[X_2]^{\kappa''_{(k+1)2}}\cdots[X_k]^{\kappa''_{(k+1)k}}\\ [X_{k+2}]=[X_1]^{\kappa''_{(k+2)1}}[X_2]^{\kappa''_{(k+2)2}}\cdots[X_k]^{\kappa''_{(k+2)k}}\\ \qquad\vdots\\ [X_n]=[X_1]^{\kappa''_{n1}}[X_2]^{\kappa''_{n2}}\cdots[X_k]^{\kappa''_{nk}}\end{cases} \tag{2.87}$$

式中

$$\begin{bmatrix}\kappa''_{(k+1)1} & \kappa''_{(k+1)2} & \cdots & \kappa''_{(k+1)k}\\ \kappa''_{(k+2)1} & \kappa''_{(k+2)2} & \cdots & \kappa''_{(k+2)k}\\ \vdots & \vdots & & \vdots\\ \kappa''_{n1} & \kappa''_{n2} & \cdots & \kappa''_{nk}\end{bmatrix}=\begin{bmatrix}\kappa_{(k+1)1} & \kappa_{(k+1)2} & \cdots & \kappa_{(k+1)k}\\ \kappa_{(k+2)1} & \kappa_{(k+2)2} & \cdots & \kappa_{(k+2)k}\\ \vdots & \vdots & & \vdots\\ \kappa_{n1} & \kappa_{n2} & \cdots & \kappa_{nk}\end{bmatrix}\begin{bmatrix}\kappa'_{11} & \kappa'_{12} & \cdots & \kappa'_{1k}\\ \kappa'_{21} & \kappa'_{22} & \cdots & \kappa'_{2k}\\ \vdots & \vdots & & \vdots\\ \kappa'_{k1} & \kappa'_{k2} & \cdots & \kappa'_{kk}\end{bmatrix} \tag{2.88}$$

因此，基于量纲一致性法则，根据 1.3 节中物理量量纲的幂次表达法则，参考 2.1.1 节中例 2.1，此时物理问题对应的表达式 (2.68) 可以写为以下的无量纲形式：

$$\frac{Y}{X_1^{\kappa''_1}X_2^{\kappa''_2}\cdots X_k^{\kappa''_k}}=f\left(1,1,\cdots,1;\frac{X_{k+1}}{X_1^{\kappa''_{(k+1)1}}X_2^{\kappa''_{(k+1)2}}\cdots X_k^{\kappa''_{(k+1)k}}},\cdots,\frac{X_n}{X_1^{\kappa''_{n1}}X_2^{\kappa''_{n2}}\cdots X_k^{\kappa''_{nk}}}\right) \tag{2.89}$$

简化后，有

$$\frac{Y}{X_1^{\kappa''_1}X_2^{\kappa''_2}\cdots X_k^{\kappa''_k}}=f\left(\frac{X_{k+1}}{X_1^{\kappa''_{(k+1)1}}X_2^{\kappa''_{(k+1)2}}\cdots X_k^{\kappa''_{(k+1)k}}},\cdots,\frac{X_n}{X_1^{\kappa''_{n1}}X_2^{\kappa''_{n2}}\cdots X_k^{\kappa''_{nk}}}\right) \tag{2.90}$$

容易看出，此时自变量数量由 n 个减少为 $(n-k)$ 个，如令

$$\begin{cases} \Pi_1 = \dfrac{X_{k+1}}{X_1^{\kappa''_{(k+1)1}} X_2^{\kappa''_{(k+1)2}} \cdots X_k^{\kappa''_{(k+1)k}}} \\ \Pi_2 = \dfrac{X_{k+2}}{X_1^{\kappa''_{(k+2)1}} X_2^{\kappa''_{(k+2)2}} \cdots X_k^{\kappa''_{(k+2)k}}} \\ \quad\vdots \\ \Pi_{n-k} = \dfrac{X_n}{X_1^{\kappa''_{n1}} X_2^{\kappa''_{n2}} \cdots X_k^{\kappa''_{nk}}} \\ \Pi = \dfrac{Y}{X_1^{\kappa''_1} X_2^{\kappa''_2} \cdots X_k^{\kappa''_k}} \end{cases} \tag{2.91}$$

则式 (2.68) 可简写为

$$\Pi = f\left(\Pi_1, \Pi_2, \cdots, \Pi_{n-k}\right) \tag{2.92}$$

或

$$f\left(\Pi_1, \Pi_2, \cdots, \Pi_{n-k}; \Pi\right) = 0 \tag{2.93}$$

以上结论就是著名的 Buckingham Π 定理。20 世纪初期，O. Reynolds 和 Rayleigh 应用量纲的概念屡屡取得成功；Reynolds 首先将其用于检验方程各项的齐次性，Rayleigh 则用于克服求解问题中遇到的数学困难。1914 年，E. Buckingham 认为“每一个物理问题都可以用几个无量纲幂次的量来表示”，由于 Buckingham 将这些无量纲量标记为“π”，因此 1922 年将以上结论称为 Buckingham π 定理或 Buckingham Π 定理，通常也简称为 π 定理或 Π 定理。

例 2.4　行星的公转问题

设有一个行星围绕太阳旋转，如图 2.8 所示。设行星的质量为 m，太阳的质量为 M，轨道为椭圆形且长半轴长度为 l，星体之间的万有引力为 F，求行星围绕太阳的公转周期。

第一步：确定主要影响因素

在此问题中，由经典力学知识可知，影响公转周期的主要因素应有行星与太阳的质量、两者之间的距离和向心力 (即万有引力)。由此，我们可以给出行星的公转周期的函数表达式：

$$T = f\left(F, l, m, M\right) \tag{2.94}$$

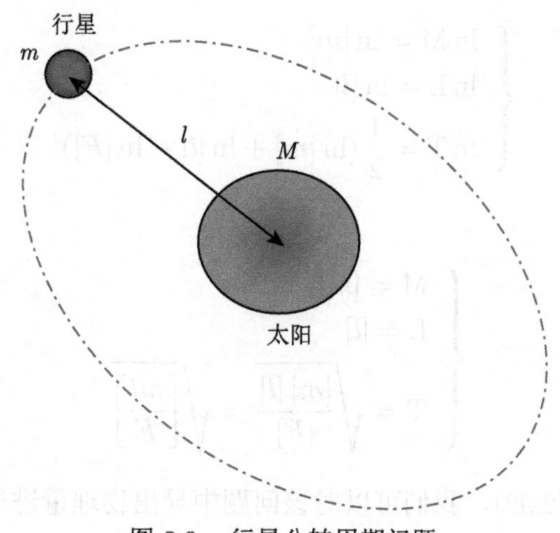

图 2.8 行星公转周期问题

第二步：确定参考物理量

该问题中有 5 个物理量，其量纲的幂次指数如表 2.5 所示。

表 2.5 行星公转周期问题中变量的量纲幂次指数

物理量	T	F	l	m	M
M	0	1	0	1	1
L	0	1	1	0	0
T	1	−2	0	0	0

该问题是一个典型的经典力学问题，其基本量纲有 3 个；按照 2.1 中量纲分析知识可知，必定可以在自变量中找到 3 个独立参考物理量。从表 2.5 可以看出，万有引力 F 和星球距离 l 必定为 2 个参考物理量，另外 1 个参考物理量可以选取行星质量 m 和太阳质量 M 之一。这里选取行星的质量 m、长半轴长度 l 和万有引力 F 为参考物理量，这 3 个参考物理量的量纲为

$$\begin{cases} [m] = \mathrm{M}^1\mathrm{L}^0\mathrm{T}^0 \\ [l] = \mathrm{M}^0\mathrm{L}^1\mathrm{T}^0 \\ [F] = \mathrm{M}^1\mathrm{L}^1\mathrm{T}^{-2} \end{cases} \tag{2.95}$$

第三步：物理量的无量纲化

式 (2.95) 可写为

$$\begin{cases} \ln[m] = \ln\mathrm{M} \\ \ln[l] = \ln\mathrm{L} \\ \ln[F] = \ln\mathrm{M} + \ln\mathrm{L} - 2\ln\mathrm{T} \end{cases} \tag{2.96}$$

解上述线性方程组，可以得到

$$\begin{cases} \ln \mathrm{M} = \ln [m] \\ \ln \mathrm{L} = \ln [l] \\ \ln \mathrm{T} = \dfrac{1}{2}(\ln [m] + \ln [l] - \ln [F]) \end{cases} \tag{2.97}$$

即

$$\begin{cases} \mathrm{M} = [m] \\ \mathrm{L} = [l] \\ \mathrm{T} = \sqrt{\dfrac{[m]\,[l]}{[F]}} = \sqrt{\left[\dfrac{ml}{F}\right]} \end{cases} \tag{2.98}$$

结合表 2.5 和式 (2.98)，我们可以对该问题中导出物理量进行无量纲化，得到

$$\begin{cases} \Pi = \dfrac{T}{\sqrt{\dfrac{ml}{F}}} \\ \Pi_1 = \dfrac{M}{m} \end{cases} \tag{2.99}$$

第四步：Π 定理的应用

根据 Π 定理，该问题的表达式可写为以下无量纲形式：

$$\frac{T}{\sqrt{\dfrac{ml}{F}}} = f\left(\frac{M}{m}\right) \tag{2.100}$$

或

$$T = \sqrt{\frac{ml}{F}} \cdot f\left(\frac{M}{m}\right) \tag{2.101}$$

如果我们只考虑太阳系中行星的公转周期，此时太阳的质量 M 应为常量，即式 (2.94) 中无自变量 M，参考以上量纲分析过程，容易给出：

$$T = K\sqrt{\frac{ml}{F}} \tag{2.102}$$

式中，K 为某特定常数。

第五步：无量纲函数的进一步分析

由牛顿万有引力定律可知，行星与太阳之间的作用力应满足

$$F = G\frac{Mm}{l^2} \tag{2.103}$$

式中，G 为引力常数。

因此，式 (2.102) 可以进一步写为

$$T = K'\sqrt{\frac{l^3}{M}} \tag{2.104}$$

式中

$$K' = \frac{K}{\sqrt{G}} \tag{2.105}$$

式 (2.104) 即著名的 Kepler 第三定律，该定律显示：绕以太阳为焦点的椭圆轨道运行的所有行星，其各自椭圆轨道长半轴的立方与周期的平方之比是一个常量。

讨论与分析：

例 2.4 给出利用 Π 定理进行量纲分析的最基本的五个步骤，可以看到：

(1) 基于牛顿第二定律 (引力 F 的量纲转换利用到牛顿第二定律) 和牛顿万有引力公式，利用量纲分析方法，即可以得到 Kepler 第三定律 [6]。

(2) 量纲分析能够减少物理问题中的自变量，从而很大程度上降低问题分析的难度。从上文的分析可知，量纲分析极大地减少了试验量；然而，这并不是量纲分析的唯一优势，从上文的几个实例可以看出，量纲分析减少了物理问题中的自变量，这种简化并不是删除某个或某些自变量，而是根据量纲分析理论将某些自变量进行组合，这个组合过程是在量纲分析理论基础上完成的，因此，这种组合形式最接近理论结果，其功能并不是通过大量试验就能够准确实现的。例如，在单摆周期量纲分析的过程中，我们给出的无量纲组合为

$$\sqrt{\frac{l}{g}} \tag{2.106}$$

而如果不通过量纲分析，仅仅通过 10000 次试验，然后运用最小二乘法进行拟合，也不一定能给出以上形式。**因此，量纲分析的另一个功能是在排除“第三方”参考度量的同时，最大程度上给出自变量之间的耦合关系，进而将之组合，给出最接近理论解的形式。**

(3) 本例中第五步我们根据量纲分析结果，结合牛顿万有引力定律，很容易地得出了 Kepler 第三定律；事实上，根据牛顿第二定律，结合 Kepler 第三定律：

$$\frac{T^2}{l^3} = K \tag{2.107}$$

式中，K 为某特定常数。将上式代入式 (2.102) 即可以得到

$$F = \frac{m}{Kl^2} = K'\frac{m}{l^2} \tag{2.108}$$

式中，K' 为常数。上式说明，行星与太阳之间的引力与距离的平方成反比，与行星的质量成正比。上式是基于太阳的质量恒定这一假设下的结果，考虑到星球之间引力的对称性，不难给出：

$$F = G\frac{mM}{l^2} \tag{2.109}$$

式中，G 为某特定常数。上式与牛顿所推导出的万有引力定律基本一致，其推导过程相对简单得多，也就是说，如果已知牛顿第二定律，直接利用量纲分析理论即可很容易地给出万有引力公式的函数形式 [6]，由此可以进一步看出量纲分析的“优势”。

2.2.2 基本量纲确定的基本方法与原则

从第 1 章知识可知，当前物理问题中基本量纲有 7 个，详见表 1.25，因此当前所有物理问题中最多只能选取 7 个独立的物理量作为参考物理量，即应用 Π 定理后，函数中自变量的数量最多减少 7 个，因此，量纲分析也不可能无限地简化问题。对于经典力学问题，由于一般只涉及长度 L、质量 M 和时间 T 这 3 个基本量纲，在常规物理问题的绝对空间内 (即不考虑相对论中时间与空间的耦合性)，因而在经典力学问题中基本量纲的确定相对容易得多；然而，在一些相对复杂的物理问题中，基本量纲的确定涉及物理量的本质问题。我们在这里参考 Rayleigh 与 Riabouchinsky 关于低速绕流换热问题的争论的案例来阐述这一点，该案例是量纲分析方法论上一个非常著名的案例，该争论的起因在于 Rayleigh 于 1915 年在 *Nature* 上发表了一篇关于低速无黏性流体绕过不变形固体的流动与热交换问题的讨论。

例 2.5 无黏流低速绕流换热问题

如图 2.9 所示，在一均匀流场中，流体以较低速度 v 遇到不变形固体，假设流体的黏性很小可以忽略不计，其密度为 ρ、比热容为 c、导热系数为 λ，固体的特征尺寸为 d，流体与固体的温差为 ΔT，需要求解单位时间内流体给予固体的热量 H 值。

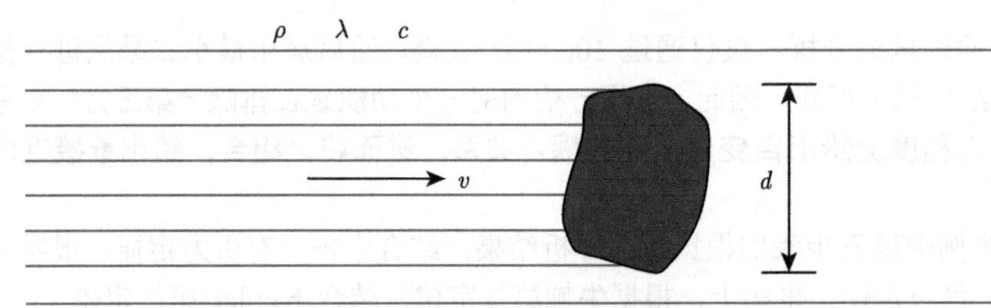

图 2.9 无黏流低速绕流换热问题

首先，该物理问题中，流体的重力原则上不影响问题的本质，因此，重力加速度 g 可以不予考虑；其次，该问题的前提假设是不考虑流体的黏性，因此，黏性系数 μ 可以不予考虑；该问题中针对的对象是低速流体，因此流体流动产生的压力较小，可以将整个物理过程中的流体视为不可压缩流体，其密度与流速等是解耦的，也就是说流体的密度是一个独立的物理量。

综上所述，影响单位时间内流体对固体的传热量即传热速率 H 的主要因素有 6 个：流体的密度 ρ、流动速度 v、比热容 c、导热系数 λ、固体的特征尺寸 d 和流体与固体的温度差 ΔT。故有

$$H = f(\rho, v, c, \lambda; d; \Delta T) \tag{2.110}$$

Rayleigh 认为本问题中，这 6 个自变量和 1 个因变量的量纲除了传统力学问题中的 M、L 和 T 3 个基本量纲外，还涉及热力学温度 Θ 和热量 Q，因此基本量纲有 5 个：质量 M、长度 L、时间 T、热力学温度 Θ 和热量 Q。该物理问题中各物理量的量纲幂次指数如表 2.6 所示。

表 2.6 无黏流低速绕流换热问题中变量的量纲幂次指数 I

物理量	H	ρ	v	c	λ	d	ΔT
M	0	1	0	−1	0	0	0
L	0	−3	1	0	−1	1	0
T	−1	0	−1	0	−1	0	0
Θ	0	0	0	−1	−1	0	1
Q	1	0	0	1	1	0	0

我们可以在式 (2.110) 的自变量中选取 5 个独立的参考物理量，如流体的密度 ρ、流动速度 v、导热系数 λ，固体的特征尺寸 d 和流体与固体的温度差 ΔT；根据表 2.6，其对应量纲的幂次表达式为

$$\begin{cases}[\rho]=\mathrm{ML^{-3}}\\ [v]=\mathrm{LT^{-1}}\\ [\lambda]=\mathrm{L^{-1}T^{-1}\Theta^{-1}Q}\\ [d]=\mathrm{L}\\ [\Delta T]=\Theta\end{cases}\tag{2.111}$$

即

$$\begin{cases}\ln[\rho]=\ln\mathrm{M}-3\ln\mathrm{L}\\ \ln[v]=\ln\mathrm{L}-\ln\mathrm{T}\\ \ln[\lambda]=\ln\mathrm{Q}-\ln\mathrm{L}-\ln\mathrm{T}-\ln\Theta\\ \ln[d]=\ln\mathrm{L}\\ \ln[\Delta T]=\ln\Theta\end{cases}\tag{2.112}$$

容易给出以上线性方程组的解为

$$\begin{cases}\ln\mathrm{M}=\ln[\rho]+3\ln[d]\\ \ln\mathrm{T}=\ln[d]-\ln[v]\\ \ln\mathrm{Q}=\ln[\lambda]+2\ln[d]-\ln[v]+\ln[\Delta T]\\ \ln\mathrm{L}=\ln[d]\\ \ln\Theta=\ln[\Delta T]\end{cases}\tag{2.113}$$

即

$$
\begin{cases}
\mathrm{L} = [d] \\
\mathrm{M} = [\rho]\,[d]^3 = \left[\rho d^3\right] \\
\mathrm{T} = \dfrac{[d]}{[v]} = \left[\dfrac{d}{v}\right] \\
\Theta = [\Delta T] \\
\mathrm{Q} = \dfrac{[\lambda]\,[d]^2\,[\Delta T]}{[v]} = \left[\dfrac{\lambda d^2 \Delta T}{v}\right]
\end{cases}
\tag{2.114}
$$

根据 Π 定理和表 2.6，我们可以给出另一个自变量和因变量的无量纲形式：

$$
\begin{cases}
\Pi_1 = \dfrac{\rho v c d}{\lambda} \\
\Pi = \dfrac{H}{\lambda d \Delta T}
\end{cases}
\tag{2.115}
$$

即有

$$
\frac{H}{\lambda d \Delta T} = f\left(\frac{\rho v c d}{\lambda}\right) \tag{2.116}
$$

或

$$
H = \lambda d \Delta T \cdot f\left(\frac{\rho v c d}{\lambda}\right) \tag{2.117}
$$

容易看出，上式函数中的 $\rho v d$ 项代表垂直于纸面方向上单位厚度流体在单位时间内流经固体的流体质量，因此，$\rho v d \cdot c$ 项应该表示垂直于纸面方向上单位厚度流体在单位时间内流经固体的流体热容量。

Rayleigh 根据以上的分析认为：

(1) 无黏流低速绕流换热问题中，流体与固体的热交换速率与两者的温差呈线性正比关系；

(2) 流体比热容、密度、流速、导热系数和固体的特征尺寸并不独立地影响热交换速率，而是以式 (2.117) 所示的组合关系来影响其热交换速率。

在 Rayleigh 将该成果发表的同年，Riabouchinsky 亦发表评论文章，认为该成果存在基本量纲选择不够深入的缺陷。他认为热量和温度并不是基本量纲，而是基本量纲 M、L 和 T 的导出量纲，因此基本量纲只有 3 个；同时根据能量方程中流体密度 ρ 总是与比热容 c 以乘积形式 ρc 出现这一特征，可知此时的自变量只有 5 个，式 (2.110) 可写为

$$
H = f\left(\rho c, v, \lambda; d; \Delta T\right) \tag{2.118}
$$

此时物理问题的对应的 6 个物理量量纲幂次形式即为表 2.7 所示形式。

表 2.7　无黏流低速绕流换热问题中变量的量纲幂次指数 II

物理量	H	ρc	v	λ	d	ΔT
M	1	0	0	0	0	1
L	2	−3	1	−1	1	2
T	−3	0	−1	−1	0	−2

对应地，可以选取导热系数 λ、固体的特征尺寸 d 和流体与固体的温度差 ΔT 这 3 个自变量为参考物理量，其对应的量纲幂次表达式为

$$\begin{cases} [\lambda] = \mathrm{L}^{-1}\mathrm{T}^{-1} \\ [d] = \mathrm{L} \\ [\Delta T] = \mathrm{ML}^2\mathrm{T}^{-2} \end{cases} \tag{2.119}$$

即

$$\begin{cases} \ln[\lambda] = -\ln \mathrm{L} - \ln \mathrm{T} \\ \ln[d] = \ln \mathrm{L} \\ \ln[\Delta T] = \ln \mathrm{M} + 2\ln \mathrm{L} - 2\ln \mathrm{T} \end{cases} \tag{2.120}$$

由上式可解得

$$\begin{cases} \ln \mathrm{L} = \ln[d] \\ \ln \mathrm{M} = \ln[\Delta T] - 2\ln[\lambda] - 4\ln[d] \\ \ln \mathrm{T} = -\ln[d] - \ln[\lambda] \end{cases} \tag{2.121}$$

即

$$\begin{cases} \mathrm{L} = [d] \\ \mathrm{M} = \dfrac{[\Delta T]}{[\lambda]^2 [d]^4} = \left[\dfrac{\Delta T}{\lambda^2 d^4}\right] \\ \mathrm{T} = \dfrac{1}{[d][\lambda]} = \left[\dfrac{1}{d\lambda}\right] \end{cases} \tag{2.122}$$

根据 Π 定理和表 2.7，可以给出另 2 个自变量和因变量的无量纲形式：

$$\begin{cases} \Pi_1 = \rho c d^3 \\ \Pi_2 = \dfrac{v}{\lambda d^2} \\ \Pi = \dfrac{H}{\lambda d \Delta T} \end{cases} \tag{2.123}$$

即有

$$\frac{H}{\lambda d \Delta T} = f\left(\rho c d^3, \frac{v}{\lambda d^2}\right) \tag{2.124}$$

或

$$H = \lambda d \Delta T \cdot f\left(\rho c d^3, \frac{v}{\lambda d^2}\right) \tag{2.125}$$

Riabouchinsky 根据以上推导结论认为：

(1) 该物理问题中流体与固体的换热速率确实与两者的温差呈正比关系；

(2) 主要无量纲因素并不是一个而是两个，且流速与流体的比热容之间并不耦合地影响换热速率。

针对这一评论，Rayleigh 提出了反对意见，认为 Riabouchinsky 的分析过程有误，式 (2.117) 所示结论才是该物理问题的正确无量纲形式，其主要原因有两个：

(1) 本物理问题的研究是从 Fourier 导热方程出发的，其中的热量和温度被认为是独立的量纲；

(2) 在该物理问题中，由于不考虑流体的黏性且流速较小，因此并不会由于黏性剪切做功和体积变化做功而产生热效应，所以该物理问题中力学物理量并没有与热量产生本质上的联系，此时基本量纲 M、L 和 T 并不存在与热量和温度的本质联系。

因此，综上分析，此时热量和温度是独立的量纲。

在以上的物理问题争论过程中，Riabouchinsky 对问题推导的偏差在于其对基本量纲的选取判断失误。事实上，在 2.1 节量纲分析的内涵中即已指出，量纲之间的转换其实就是物理定律的应用，如果所研究的物理问题中并不存在该物理转换规律，则热量和温度之间的转换就不应存在；而物理问题中基本量纲与导出量纲的区别是该物理问题中是否存在由基本量纲向导出量纲的转换所蕴含的物理规律。因此，我们可以给出量纲分析的一个基本性质。

量纲分析性质 2：量纲是否是独立量纲或导出量纲，并不是直接看量纲之间是否存在可能的联系，而是看在所研究的物理问题中是否存在该联系。

就如上文的分析所述，如果本物理问题中流体与固体之间并不存在温差，所有的热量传递源自流体运动或摩擦，即温差和热量的来源是机械做功，那么 Riabouchinsky 的推导就是合理准确的。从以上例子我们可以看出，基本量纲和导出量纲之间的区分是相对的，选取基本量纲并不是“傻瓜式”的参考应用，而是需要我们对物理本质及其内在转换机制有着清晰的认识。

事实上，个人认为，虽然在最终结果上 Rayleigh 的分析是准确的，但从量纲分析方法论上来看，其分析过程也存在一定的问题，Riabouchinsky 的分析过程也有其合理之处。从第 1 章的分析可以看出，当前物理问题中只存在 7 个基本量纲，其他量纲皆为导出量纲；而本例中，热量 Q 并不是基本量纲，其单位为 J(焦耳)，即

$$[Q] = \mathrm{ML^2T^{-2}} \tag{2.126}$$

根据热传导公式知，热量与比热容 c、质量 m 和温差 ΔT 之间满足关系：

$$Q = cm \cdot \Delta T \tag{2.127}$$

然而，根据上文的分析，温度并不是由机械做功转化的，在该物理问题中其量纲应该是独立的。因此本问题中基本量纲并不是 Rayleigh 所给出的 5 个，也不是 Riabouchinsky 所给出的 3 个，而是 4 个：长度 L、质量 M、时间 T 和热力学温度 Θ。如 Riabouchinsky 所述，能量方程中流体密度 ρ 总是与比热容 c 以乘积形式 ρc 出现，因此，该问题的表达式可写为

$$H = f\left(\rho c, v, \lambda; d; \Delta T\right) \tag{2.128}$$

基于此 4 个基本量纲，我们可以给出这 6 个物理量 (物理量组合) 的量纲幂次指数，如表 2.8 所示。

表 2.8　无黏流低速绕流换热问题中变量的量纲幂次指数 III

物理量	H	ρc	v	λ	d	ΔT
M	1	1	0	1	0	0
L	2	−1	1	1	1	0
T	−3	−2	−1	−3	0	0
Θ	0	−1	0	−1	0	1

因此，我们可以从式 (2.128) 中选取 4 个独立的物理量作为参考物理量，这里不妨取流体的流动速度 v、导热系数 λ、固体的特征尺寸 d 和流体与固体的温度差 ΔT 为参考物理量，对应的基本量纲幂次表达式为

$$\begin{cases}[v]=\mathrm{LT}^{-1}\\ [\lambda]=\mathrm{MLT}^{-3}\Theta^{-1}\\ [d]=\mathrm{L}\\ [\Delta T]=\Theta\end{cases}\tag{2.129}$$

即

$$\begin{cases}\ln[v]=\ln\mathrm{L}-\ln\mathrm{T}\\ \ln[\lambda]=\ln\mathrm{M}+\ln\mathrm{L}-3\ln\mathrm{T}-\ln\Theta\\ \ln[d]=\ln\mathrm{L}\\ \ln[\Delta T]=\ln\Theta\end{cases}\tag{2.130}$$

解上式线性方程组，即可以得到

$$\begin{cases}\ln\mathrm{L}=\ln[d]\\ \ln\mathrm{M}=\ln[\lambda]+2\ln[d]-3\ln[v]+\ln[\Delta T]\\ \ln\mathrm{T}=\ln[d]-\ln[v]\\ \ln\Theta=\ln[\Delta T]\end{cases}\tag{2.131}$$

即

$$\begin{cases}\mathrm{L}=[d]\\ \mathrm{M}=\dfrac{[\lambda][d]^2[\Delta T]}{[v]^3}=\left[\dfrac{\lambda d^2\cdot\Delta T}{v^3}\right]\\ \mathrm{T}=\dfrac{[d]}{[v]}=\left[\dfrac{d}{v}\right]\\ \Theta=[\Delta T]\end{cases}\tag{2.132}$$

根据 Π 定理和表 2.8，我们可以给出另一个自变量和因变量的无量纲形式：

$$\begin{cases}\Pi_1=\dfrac{\rho vcd}{\lambda}\\ \Pi=\dfrac{H}{\lambda d\Delta T}\end{cases}\tag{2.133}$$

即有

$$\frac{H}{\lambda d\Delta T}=f\left(\frac{\rho vcd}{\lambda}\right) \tag{2.134}$$

或

$$H=\lambda d\Delta T\cdot f\left(\frac{\rho vcd}{\lambda}\right) \tag{2.135}$$

上两式与 Rayleigh 所分析得到的结果完全一致。

2.2.3　参考物理量的选取基本方法与原则

由 Π 定理和上文的分析可知，对于任一物理问题而言，如存在 k 个基本量纲，则在自变量中必能够找到 k 个参考物理量；最简单的情况即是问题中自变量数量正好与基本量纲的数量相等。

例 2.6　星体的振动频率问题

一般来讲，星体也具有其固有的振动模式。设某星体的质量为 m、密度为 ρ、半径为 R，同时受万有引力常数 G 的影响，求其振动频率 ω。可以给出该问题的函数表达式：

$$\omega=f\left(G,\rho,R\right) \tag{2.136}$$

该问题中有 4 个物理量，其中自变量有 3 个，对应的量纲幂次指数如表 2.9 所示。

表 2.9　星体的振动频率问题中变量的量纲幂次指数

物理量	ω	G	ρ	R
M	0	−1	1	0
L	0	3	−3	1
T	−1	−2	0	0

该问题也属于一个经典力学问题，其基本量纲有 3 个；由于自变量只有 3 个，因此我们可以直接选取 3 个自变量为参考物理量：万有引力常数 G、星体的密度 ρ 和星体的半径 R。根据表 2.9 可以给出其基本量纲的幂次表达式：

$$\begin{cases}[G]=\mathrm{M^{-1}L^{3}T^{-2}}\\ [\rho]=\mathrm{ML^{-3}}\\ [R]=\mathrm{L}\end{cases} \tag{2.137}$$

即

$$\begin{cases}\ln[G]=-\ln\mathrm{M}+3\ln\mathrm{L}-2\ln\mathrm{T}\\ \ln[\rho]=\ln\mathrm{M}-3\ln\mathrm{L}\\ \ln[R]=\ln\mathrm{L}\end{cases} \tag{2.138}$$

解上式所示线性方程组，可以得到

$$\begin{cases}\ln \mathrm{L} = \ln [R] \\ \ln \mathrm{M} = \ln [\rho] + 3\ln [R] \\ \ln \mathrm{T} = \dfrac{-\ln [\rho] - \ln [G]}{2}\end{cases} \tag{2.139}$$

即

$$\begin{cases}\mathrm{L} = [R] \\ \mathrm{M} = [\rho]\,[R]^3 = \left[\rho R^3\right] \\ \mathrm{T} = \sqrt{\dfrac{1}{[\rho]\,[G]}} = \left[\sqrt{\dfrac{1}{\rho G}}\right]\end{cases} \tag{2.140}$$

根据 Π 定理我们对上式进行无量纲化，由于无量纲自变量的数量为 $3-3=0$，因此即有

$$\frac{\omega}{\sqrt{G\rho}} = K \tag{2.141}$$

式中，K 为某待定常数。上式表明，星体的振动频率与万有引力常数和密度相关，与星体的尺寸无关。事实上，万有引力常数 G 是一个常数，与星体的形态、尺寸等无关，因此上式意味着，星体的振动频率只与其密度的开方呈线性正比关系；该结论与理论分析结果基本一致。

若物理问题中自变量数量小于基本量纲的数量，此时 Π 定理中无量纲自变量数量等于自变量数量 n 减去基本量纲数量 k 就不再适用。

例 2.7 一维线弹性杆中的纵波声速问题

对于线弹性材料而言，影响其纵波传播速度的主要因素为材料的杨氏模量 E、密度 ρ 和泊松比 ν；而对于一维杆而言，由于假设应力波传播中物理量只是杆中拉格朗日坐标的函数，不考虑横向效应，因此泊松比 ν 可以不予考虑。因而，我们可以给出一维线弹性杆中纵波声速 C 的函数表达式：

$$C = f(E, \rho) \tag{2.142}$$

该问题中 3 个变量的量纲幂次指数如表 2.10 所示，其涉及的基本量纲也有 3 个。

表 2.10 一维线弹性杆中的纵波声速问题中变量的量纲幂次指数

物理量	C	E	ρ
M	0	1	1
L	1	−1	−3
T	−1	−2	0

由于自变量数量小于基本量纲的数量，因此该问题中 2 个自变量皆被选取为参考

物理量，即

$$\begin{cases} [E] = \mathrm{ML^{-1}T^{-2}} \\ [\rho] = \mathrm{ML^{-3}} \end{cases} \tag{2.143}$$

即

$$\begin{cases} \ln[E] = \ln \mathrm{M} - \ln \mathrm{L} - 2\ln \mathrm{T} \\ \ln[\rho] = \ln \mathrm{M} - 3\ln \mathrm{L} \end{cases} \tag{2.144}$$

上式中有 3 个变量但却只有 2 个方程，因此无法给出具体解，此时需要参考因变量的量纲幂次表达式

$$\ln[C] = \ln \mathrm{L} - \ln \mathrm{T} \tag{2.145}$$

由式 (2.144) 可以得到

$$\ln \mathrm{L} - \ln \mathrm{T} = \frac{\ln[E] - \ln[\rho]}{2} \tag{2.146}$$

即

$$\ln[C] = \frac{\ln[E] - \ln[\rho]}{2} \tag{2.147}$$

因此，我们根据 Π 定理可以直接给出该问题中唯一一个无量纲物理量的表达式：

$$\Pi = \frac{C}{\sqrt{E/\rho}} \tag{2.148}$$

即一维线弹性杆中纵波声速的无量纲形式为

$$\frac{C}{\sqrt{E/\rho}} = K \tag{2.149}$$

或

$$C = K\sqrt{\frac{E}{\rho}} \tag{2.150}$$

式中，K 为某待定常数。事实上，根据应力波理论容易解出，一维线弹性杆中纵波声速为

$$C = \sqrt{\frac{E}{\rho}} \tag{2.151}$$

对比以上两式容易看出，量纲分析的结论已经非常接近理论解析解了 [7]。

从例 2.6 和例 2.7 可以看出，当物理问题中自变量数量等于或小于其涉及的基本量纲的数量时，利用 Π 定理进行无量纲化处理后皆会给出如下形式：

$$\Pi = K \tag{2.152}$$

式中，K 表示某特定常数。

然而，以上两个实例中，自变量皆为有量纲量；若存在无量纲自变量时，其结果并非如此。

例 2.8 线弹性介质中的纵波声速

基于例 2.7，我们考虑一般线弹性材料中纵波的传播速度，此时材料的泊松比 ν 也是纵波声速的一个主要因素，即有

$$C = f(E, \rho, \nu) \tag{2.153}$$

上式中，除无量纲量泊松比 ν 之外，其他物理量的量纲幂次指数如表 2.10 所示；问题所涉及的基本量纲有 3 个，自变量也有 3 个，因此我们选取杨氏模量 E、密度 ρ 和泊松比 ν 为参考物理量，其对应的量纲幂次表达式为

$$\begin{cases} [E] = \mathrm{ML^{-1}T^{-2}} \\ [\rho] = \mathrm{ML^{-3}} \\ [\nu] = 1 \end{cases}$$

即

$$\begin{cases} \ln[E] = \ln\mathrm{M} - \ln\mathrm{L} - 2\ln\mathrm{T} \\ \ln[\rho] = \ln\mathrm{M} - 3\ln\mathrm{L} \\ \ln[\nu] = 0 \end{cases} \tag{2.154}$$

同例 2.7，我们也无法完全解出上式，只能参考因变量给出式 (2.147) 和式 (2.148)；然而，该问题与例 2.7 的不同之处在于，该问题进行量纲分析后还是存在 2 个无量纲自变量：

$$\Pi = \frac{C}{\sqrt{E/\rho}} \quad 和 \quad \nu \tag{2.155}$$

因此，该问题的无量纲表达式应为

$$\frac{C}{\sqrt{E/\rho}} = f(\nu) \tag{2.156}$$

即

$$C = f(\nu) \cdot \sqrt{\frac{E}{\rho}} \tag{2.157}$$

上式所示结果与理论解析解非常接近，如一维应变状态下纵波声速为 [7]

$$C = \sqrt{\frac{1-\nu}{(1+\nu)(1-2\nu)}} \cdot \sqrt{\frac{E}{\rho}} \tag{2.158}$$

对比以上两式，不难发现量纲分析的结果是科学且相对准确的。

从上例可以看出，虽然物理问题中自变量的数量有 3 个，与基本量纲数量相同，但由于并不全是有量纲量，因此并不满足式 (2.152) 所示规律。根据以上三个实例，结合上文分析和 Π 定理，我们可以给出量纲分析的另一个性质。

量纲分析性质 3：量纲分析过程中，若物理问题对应函数表达式中有量纲自变量的数量 n 不多于其涉及的基本量纲的数量 k，即

$$n \leqslant k \tag{2.159}$$

则量纲分析后物理问题对应的无量纲函数表达式必为

$$\Pi = K \tag{2.160}$$

式中，Π 为无量纲因变量；K 为某特定常数。

例 2.9　理想气体的状态方程问题

我们知道，容器内气体压力的本质是气体分子的运动撞击器壁而产生的力，因此我们可以认为容器内理想气体的压力 p 由气体分子的质量 m、分子的平均速度 v 和单位体积气体分子的数量 n 所决定。因此，气体压力 p 可以表达为

$$p = f(m, v, n) \tag{2.161}$$

该问题中所涉及的基本量纲有 3 个，物理量有 4 个，其对应的量纲幂次指数如表 2.11 所示。

表 2.11　理想气体的状态方程问题中变量的量纲幂次指数

物理量	p	m	v	n
M	1	1	0	0
L	−1	0	1	−3
T	−2	0	−1	0

从表 2.11 可以看出，该问题中 3 个自变量皆为有量纲量，因此根据量纲分析性质 3 可知必为

$$\Pi = K \tag{2.162}$$

式中，K 为某特定常数。

结合表 2.11 可以给出这 3 个自变量的幂次表达式为

$$\begin{cases} [m] = \mathrm{M} \\ [v] = \mathrm{LT}^{-1} \\ [n] = \mathrm{L}^{-3} \end{cases} \tag{2.163}$$

即

$$\begin{cases} \ln[m] = \ln \mathrm{M} \\ \ln[v] = \ln \mathrm{L} - \ln \mathrm{T} \\ \ln[n] = -3\ln \mathrm{L} \end{cases} \tag{2.164}$$

根据上式，容易解得

$$\begin{cases}\ln \mathrm{L} = -\dfrac{\ln [n]}{3} \\ \ln \mathrm{M} = \ln [m] \\ \ln \mathrm{T} = -\dfrac{\ln [n]}{3} - \ln [v]\end{cases} \tag{2.165}$$

即

$$\begin{cases}\mathrm{L} = \dfrac{1}{[n]^{1/3}} = \left[\dfrac{1}{n^{1/3}}\right] \\ \mathrm{M} = [m] \\ \mathrm{T} = \dfrac{1}{[n]^{1/3}[v]} = \left[\dfrac{1}{n^{1/3}v}\right]\end{cases} \tag{2.166}$$

因此，结合表 2.11，容易给出因变量的无量纲形式为

$$\Pi = \frac{p}{mnv^2} \tag{2.167}$$

结合上式和式 (2.162)，可以得到

$$\frac{p}{mnv^2} = K \tag{2.168}$$

该问题也可以进一步分析。一般而言，理想气体的密度 ρ 满足：

$$\frac{\rho}{mn} = K' \tag{2.169}$$

式中，K' 为某特定常数。将上式代入式 (2.168)，即有

$$\frac{p}{\rho v^2} = \frac{K}{K'} \tag{2.170}$$

而且，根据理想气体的动力学理论，可知气体的温度 T 与其分子的平均动能呈正比关系 [8]：

$$\frac{Tk_{\mathrm{B}}}{mv^2/2} = K'' \tag{2.171}$$

式中，k_{B} 为 Boltzmann 常数；K'' 为某特定常数。

将上式代入式 (2.170)，可以得到

$$\frac{pm}{\rho T} = \frac{2K \cdot k_{\mathrm{B}}}{K' \cdot K''} \tag{2.172}$$

再考虑到分子的质量 m 与其摩尔质量 M 呈正比关系，即 $m = K'''M$，因此上式可以进一步写为

$$\frac{pM}{\rho T} = R \tag{2.173}$$

或

$$p = \frac{\rho RT}{M} \tag{2.174}$$

式中，常数 R 为

$$R = \frac{2K \cdot k_{\mathrm{B}}}{K' \cdot K'' \cdot K'''} \tag{2.175}$$

式 (2.173) 和式 (2.174) 即为我们常见的理想气体状态方程；对于一般气体而言，常数 R 为 8.314J/(mol·K)。

上例中的量纲分析也进一步说明了量纲分析性质 3 的正确性；该性质是针对物理问题中自变量均为有量纲量而言，而若自变量中存在无量纲量 (如例 2.8) 则无法直接使用。

例 2.10　气体中的声速问题

声音在气体中的传播一般可以视为一个绝热过程，理论上容易知道，影响声速 c 的主要因素有气体的压力 p、密度 ρ 和绝热系数 γ，即

$$c = f(p, \rho, \gamma) \tag{2.176}$$

该问题的量纲特征与例 2.8 中类似，所涉及的基本量纲也有 3 个，物理量有 4 个，其中自变量有 3 个；物理量对应的量纲幂次指数如表 2.12 所示。

表 2.12　气体中的声速问题中变量的量纲幂次指数

物理量	c	p	ρ	γ
M	0	1	1	0
L	1	−1	−3	0
T	−1	−2	0	0

我们选取压力 p、密度 ρ 和绝热系数 γ 为参考物理量，这 3 个物理量的量纲幂次表达式为

$$\begin{cases} [p] = \mathrm{ML}^{-1}\mathrm{T}^{-2} \\ [\rho] = \mathrm{ML}^{-3} \\ [\gamma] = 1 \end{cases} \tag{2.177}$$

即

$$\begin{cases} \ln[p] = \ln\mathrm{M} - \ln\mathrm{L} - 2\ln\mathrm{T} \\ \ln[\rho] = \ln\mathrm{M} - 3\ln\mathrm{L} \\ \ln[\gamma] = 0 \end{cases} \tag{2.178}$$

类似地，我们无法通过以上方程组给出确切的解，只能对比因变量的量纲给出：

$$\ln[c] = \frac{\ln[p] - \ln[\rho]}{2} \tag{2.179}$$

进而根据 Π 定理给出对应的无量纲量：

$$\Pi = \frac{c}{\sqrt{p/\rho}} \tag{2.180}$$

因此该问题的无量纲表达式即为

$$\frac{c}{\sqrt{p/\rho}} = f(\gamma) \tag{2.181}$$

或

$$c = f(\gamma) \cdot \sqrt{\frac{p}{\rho}} \tag{2.182}$$

事实上，根据理论我们可以给出其解析解为

$$c = \sqrt{\frac{\gamma p}{\rho}} \tag{2.183}$$

对比以上两式可以发现，量纲分析结果非常接近精确的理论解析解。

从例 2.8 和例 2.10 可以发现，自变量中无量纲量对于求解如式 (2.178) 所示量纲指数方程组没有任何帮助，在具体量纲的分析过程中可以忽略，因为该自变量本身就是一个无量纲量，可以不参与物理量量纲的无量纲化过程；因此，我们可以给出量纲分析的又一个性质。

量纲分析性质 4：对于任何物理问题

$$Y = f(X_1, X_2, \cdots, X_n) \tag{2.184}$$

若所涉及的基本量纲有 k 个，自变量中无量纲量有 m 个；不妨将 k 个独立的参考物理量放在函数中自变量的前部，无量纲量放在后部，即

$$Y = f\left(\overbrace{\underbrace{X_1, \cdots, X_k}_{k}; X_{k+1}, \cdots, X_{n-m}; \underbrace{X_{n-m+1}, \cdots, X_n}_{m}}^{n}\right) \tag{2.185}$$

则根据 Π 定理进行无量纲化后必有

$$\Pi = f\left(\overbrace{\underbrace{\Pi_1, \Pi_2, \cdots, \Pi_{n-m-k}}_{n-m-k}; \underbrace{X_{n-m+1}, \cdots, X_n}_{m}}^{n-k}\right) \tag{2.186}$$

即无量纲物理量并不参与量纲分析中的无量纲化过程。

结合量纲分析性质 3 和性质 4 我们可以给出：

量纲分析性质 3 推论：量纲分析过程中，若物理问题对应函数表达式中存在无量纲自变量 $(X_1, X_2, \cdots, X_m)$ 且有量纲自变量的数量 n 不多于其涉及的基本量纲的数量 k，则量纲分析后物理问题对应的无量纲函数表达式必为

$$\Pi = f(X_1, X_2, \cdots, X_m) \tag{2.187}$$

式中，Π 为无量纲因变量。

以上物理问题中自变量的数量较少，分析过程相对较简单；而对于当前很多物理问题而言，其有量纲自变量数量多于其所涉及的基本量纲数量；此时，参考物理量可能有多个组合，理论上其量纲分析后所给出的无量纲函数关系也不一定相同。

例 2.11 流体的绕流问题——垂直固定圆盘

如图 2.10 所示，一均匀稳定流场中，具有牛顿流体特征的流体在匀速流动过程中碰上一个垂直放置的刚性薄圆盘，圆盘的法线方向与流速方向一致。一致均匀场中流体的流速为 v、密度为 ρ、黏性系数为 μ，薄圆盘的直径为 d，求流体冲击薄圆盘时，薄圆盘上的受力 F。

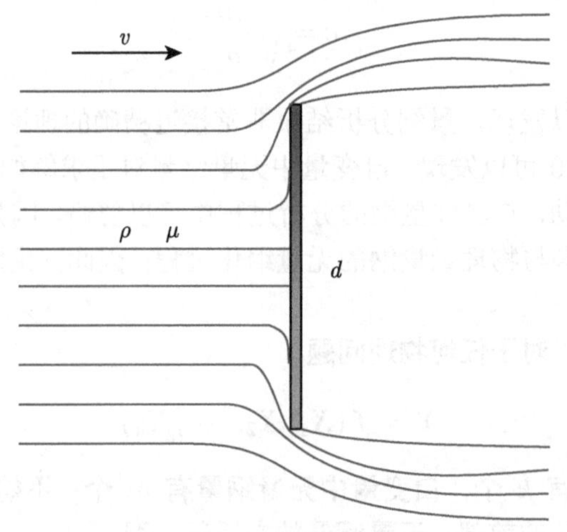

图 2.10 牛顿流体对固定圆盘绕流问题

从该物理问题中可以看出，对于固定的薄圆盘而言，其厚度对薄板的受力并没有明显影响，可以不予考虑；而且，对于此水平流动问题，重力加速度 g 也可忽略不计。因此，影响薄圆盘受力的主要因素有 4 个：流体的密度 ρ，流体的黏性系数 μ，流速 v 和薄圆盘的直径 d。故有

$$F = f(\rho, \mu, v, d) \tag{2.188}$$

该问题中有 5 个物理量，其中自变量 4 个，因变量 1 个，且皆为有量纲量；同时此问题是一个经典力学问题，基本量纲有 3 个，因此无法直接利用量纲分析性质 3 来简化量纲分析过程。这 5 个物理量的量纲幂次指数如表 2.13 所示。

表 2.13 牛顿流体对固定圆盘绕流问题中变量的量纲幂次指数

物理量	F	ρ	μ	v	d
M	1	1	1	0	0
L	1	−3	−1	1	1
T	−2	0	−1	−1	0

由于 4 个自变量皆为有量纲量，且从表 2.13 也可以发现，任意选取其中的 3 个自变量，皆覆盖 3 个基本量纲，即从 4 个自变量中任意选取 3 个物理量皆可以作为参考物理量。这是一个简单的组合问题，我们可以给出 4 种这样的参考物理量组合：

(1) 流体的密度 ρ、流速 v 和薄圆盘的直径 d；

(2) 流体的黏性系数 μ、流速 v 和薄圆盘的直径 d；

(3) 流体的密度 ρ、流体的黏性系数 μ 和薄圆盘的直径 d；

(4) 流体的密度 ρ、流体的黏性系数 μ 和流速 v。

(1) 这里我们先针对第一种情况，即选取流体的密度 ρ、流速 v 和薄圆盘的直径 d 这 3 个物理量为参考物理量进行分析，其量纲的幂次表达式为

$$\left\{\begin{array}{l}[\rho]=\mathrm{ML}^{-3}\\ [v]=\mathrm{LT}^{-1}\\ [d]=\mathrm{L}\end{array}\right. \tag{2.189}$$

即

$$\left\{\begin{array}{l}\ln[\rho]=\ln\mathrm{M}-3\ln\mathrm{L}\\ \ln[v]=\ln\mathrm{L}-\ln\mathrm{T}\\ \ln[d]=\ln\mathrm{L}\end{array}\right. \tag{2.190}$$

解以上线性方程组，可以得到

$$\left\{\begin{array}{l}\ln\mathrm{L}=\ln[d]\\ \ln\mathrm{M}=\ln[\rho]+3\ln[d]\\ \ln\mathrm{T}=\ln[d]-\ln[v]\end{array}\right. \tag{2.191}$$

即

$$\left\{\begin{array}{l}\mathrm{L}=[d]\\ \mathrm{M}=[\rho]\,[d]^3=\left[\rho d^3\right]\\ \mathrm{T}=\dfrac{[d]}{[v]}=\left[\dfrac{d}{v}\right]\end{array}\right. \tag{2.192}$$

根据 Π 定理，我们可以给出一个无量纲自变量和一个无量纲因变量：

$$\left\{\begin{array}{l}\Pi_1=\dfrac{\mu}{\rho v d}\\ \Pi=\dfrac{F}{\rho v^2 d^2}\end{array}\right. \tag{2.193}$$

式 (2.188) 即可以写为以下无量纲函数关系：

$$\frac{F}{\rho v^2 d^2}=f\left(\frac{\mu}{\rho v d}\right) \tag{2.194}$$

或

$$F = \rho v^2 d^2 \cdot f\left(\frac{\mu}{\rho v d}\right) \tag{2.195}$$

诸多物理实验也表明，均匀场中匀速流动的流体正面撞击上平板时，其冲击力满足：

$$F \propto \rho v^2 d^2 \tag{2.196}$$

对比式 (2.195) 和式 (2.196) 可以发现，量纲分析结论与理论分析结论基本一致。

我们假设一个理想情况，流体内不考虑剪切力，即假设 $\mu \equiv 0$，根据量纲分析性质 3，结合本例以上的量纲分析，我们可以直接给出量纲分析结果：

$$\frac{F}{\rho v^2 d^2} = K \tag{2.197}$$

或

$$F = K \cdot \rho v^2 d^2 \tag{2.198}$$

式中，K 表示某特定常数。上式如果改为以下形式，则可以更直观地看出规律：

$$F \cdot t = \frac{4K}{\pi}\left[\rho \cdot \frac{\pi d^2}{4} \cdot (vt)\right](v - 0) \tag{2.199}$$

式中，t 表示时间。上式左端表示冲量，右端项

$$\left[\rho \cdot \frac{\pi d^2}{4} \cdot (vt)\right] \to m \tag{2.200}$$

对应为质量，项

$$(v - 0) \to \Delta v \tag{2.201}$$

表示速度变化量。因此，此时如果右端第一项常数为 1，则式 (2.199) 即表示动量守恒方程，也可知此时 $K = \pi/4$。

(2) 同理，我们也可以选取流体的黏性系数 μ、流速 v 和薄圆盘的直径 d 这 3 个物理量为参考物理量，其对应的量纲幂次表达式为

$$\begin{cases} [\mu] = \mathrm{ML^{-1}T^{-1}} \\ [v] = \mathrm{LT^{-1}} \\ [d] = \mathrm{L} \end{cases} \tag{2.202}$$

即

$$\begin{cases} \ln[\mu] = \ln \mathrm{M} - \ln \mathrm{L} - \ln \mathrm{T} \\ \ln[v] = \ln \mathrm{L} - \ln \mathrm{T} \\ \ln[d] = \ln \mathrm{L} \end{cases} \tag{2.203}$$

解以上线性方程组，可得

$$\begin{cases} \ln \mathrm{L} = \ln [d] \\ \ln \mathrm{M} = \ln [\mu] + 2\ln [d] - \ln [v] \\ \ln \mathrm{T} = \ln [d] - \ln [v] \end{cases} \tag{2.204}$$

或

$$\begin{cases} \mathrm{L} = [d] \\ \mathrm{M} = \dfrac{[\mu]\,[d]^2}{[v]} = \left[\dfrac{\mu d^2}{v}\right] \\ \mathrm{T} = \dfrac{[d]}{[v]} = \left[\dfrac{d}{v}\right] \end{cases} \tag{2.205}$$

根据 Π 定理，我们可以给出一个无量纲自变量和一个无量纲因变量：

$$\begin{cases} \Pi_1 = \dfrac{\rho v d}{\mu} \\ \Pi = \dfrac{F}{\mu v d} \end{cases} \tag{2.206}$$

式 (2.188) 即可以写为以下无量纲函数关系：

$$\frac{F}{\mu v d} = f\left(\frac{\rho v d}{\mu}\right) \tag{2.207}$$

或

$$F = \mu v d \cdot f\left(\frac{\rho v d}{\mu}\right) \tag{2.208}$$

(3) 如果选取流体的密度 ρ、流体的黏性系数 μ 和薄圆盘的直径 d 这 3 个物理量为参考物理量，其对应的量纲幂次表达式为

$$\begin{cases} [\rho] = \mathrm{ML^{-3}} \\ [\mu] = \mathrm{ML^{-1}T^{-1}} \\ [d] = \mathrm{L} \end{cases} \tag{2.209}$$

即

$$\begin{cases} \ln [\rho] = \ln \mathrm{M} - 3\ln \mathrm{L} \\ \ln [\mu] = \ln \mathrm{M} - \ln \mathrm{L} - \ln \mathrm{T} \\ \ln [d] = \ln \mathrm{L} \end{cases} \tag{2.210}$$

解以上线性方程组，可得

$$\begin{cases} \ln \mathrm{L} = \ln [d] \\ \ln \mathrm{M} = \ln [\rho] + 3\ln [d] \\ \ln \mathrm{T} = \ln [\rho] + 2\ln [d] - \ln [\mu] \end{cases} \tag{2.211}$$

或

$$\begin{cases} \mathrm{L} = [d] \\ \mathrm{M} = [\rho]\,[d]^3 = \left[\rho d^3\right] \\ \mathrm{T} = \dfrac{[\rho]\,[d]^2}{[\mu]} = \left[\dfrac{\rho d^2}{\mu}\right] \end{cases} \tag{2.212}$$

根据 Π 定理，我们可以给出一个无量纲自变量和一个无量纲因变量：

$$\begin{cases} \Pi_1 = \dfrac{\rho v d}{\mu} \\ \Pi = \dfrac{F\rho}{\mu^2} \end{cases} \tag{2.213}$$

式 (2.188) 即可以写为以下无量纲函数关系：

$$\frac{F\rho}{\mu^2} = f\left(\frac{\rho v d}{\mu}\right) \tag{2.214}$$

或

$$F = \frac{\mu^2}{\rho} \cdot f\left(\frac{\rho v d}{\mu}\right) \tag{2.215}$$

(4) 如果选取流体的密度 ρ、流体的黏性系数 μ 和流速 v 这 3 个物理量为参考物理量，其对应的量纲幂次表达式为

$$\begin{cases} [\rho] = \mathrm{ML^{-3}} \\ [\mu] = \mathrm{ML^{-1}T^{-1}} \\ [v] = \mathrm{LT^{-1}} \end{cases} \tag{2.216}$$

即

$$\begin{cases} \ln[\rho] = \ln \mathrm{M} - 3\ln \mathrm{L} \\ \ln[\mu] = \ln \mathrm{M} - \ln \mathrm{L} - \ln \mathrm{T} \\ \ln[v] = \ln \mathrm{L} - \ln \mathrm{T} \end{cases} \tag{2.217}$$

解以上线性方程组，可得

$$\begin{cases} \ln \mathrm{L} = \ln[\mu] - \ln[\rho] - \ln[v] \\ \ln \mathrm{M} = 3\ln[\mu] - 2\ln[\rho] - 3\ln[v] \\ \ln \mathrm{T} = \ln[\mu] - \ln[\rho] - 2\ln[v] \end{cases} \tag{2.218}$$

或

$$\begin{cases} \mathrm{L} = \dfrac{[\mu]}{[\rho]\,[v]} = \left[\dfrac{\mu}{\rho v}\right] \\ \mathrm{M} = \dfrac{[\mu]^3}{[\rho]^2\,[v]^3} = \left[\dfrac{\mu^3}{\rho^2 v^3}\right] \\ \mathrm{T} = \dfrac{[\mu]}{[\rho]\,[v]^2} = \left[\dfrac{\mu}{\rho v^2}\right] \end{cases} \tag{2.219}$$

根据 Π 定理，我们可以给出一个无量纲自变量和一个无量纲因变量：

$$\begin{cases} \Pi_1 = \dfrac{\rho v d}{\mu} \\ \Pi = \dfrac{F\rho}{\mu^2} \end{cases} \tag{2.220}$$

式 (2.188) 即可以写为以下无量纲函数关系：

$$\frac{F\rho}{\mu^2} = f\left(\frac{\rho v d}{\mu}\right) \tag{2.221}$$

或

$$F = \frac{\mu^2}{\rho} \cdot f\left(\frac{\rho v d}{\mu}\right) \tag{2.222}$$

以上四种情况针对同一个物理表达式，选用不同参考物理量组合，给出的量纲分析结论并不完全相同。

$$\begin{cases} F = \rho v^2 d^2 \cdot f\left(\dfrac{\mu}{\rho v d}\right) \to (\rho, v, d) \\ F = \mu v d \cdot f\left(\dfrac{\rho v d}{\mu}\right) \to (\mu, v, d) \\ F = \dfrac{\mu^2}{\rho} \cdot f\left(\dfrac{\rho v d}{\mu}\right) \to (\rho, \mu, d) \\ F = \dfrac{\mu^2}{\rho} \cdot f\left(\dfrac{\rho v d}{\mu}\right) \to (\rho, \mu, v) \end{cases} \tag{2.223}$$

从上式中可以发现，此 4 个表达式中后 2 个表达式完全一致，这说明，采用不同的参考物理量进行量纲分析后，其无量纲形式可能完全相同，也可能不同；对式 (2.188) 采用不同的参考物理量组合进行无量纲化处理后，唯一的一个无量纲自变量有两种形式：

$$\Pi_1 = \frac{\mu}{\rho v d} \quad 和 \quad \Pi_1' = \frac{\rho v d}{\mu} \tag{2.224}$$

容易看出，这两个无量纲组合满足：

$$\Pi_1 = \frac{1}{\Pi_1'} \tag{2.225}$$

因此，我们可以得到

$$f(\Pi_1) = f\left(\frac{1}{\Pi_1'}\right) = g(\Pi_1') \tag{2.226}$$

由于 $f()$ 只代表存在某种函数关系，而不对应特定的函数表达式，因此，上式也可以写为

$$f(\Pi_1) = f(\Pi_1') \tag{2.227}$$

因此，式 (2.223) 可写为

$$\begin{cases} F = \rho v^2 d^2 \cdot f\left(\dfrac{\rho v d}{\mu}\right) \to (\rho, v, d) \\ F = \mu v d \cdot f\left(\dfrac{\rho v d}{\mu}\right) \to (\mu, v, d) \\ F = \dfrac{\mu^2}{\rho} \cdot f\left(\dfrac{\rho v d}{\mu}\right) \to (\rho, \mu, d), (\rho, \mu, v) \end{cases} \tag{2.228}$$

上式中无量纲自变量完全相同，这说明对于同一个物理问题而言，即使采用不同的参考物理量组合，其主要影响因素应该相近或相同。上式中无量纲自变量

$$\Pi_1 = \frac{\rho v d}{\mu} \tag{2.229}$$

是流体力学中一个表征流体流动情况的著名无量纲量，由英国人 O. Reynolds (雷诺) 于 1883 年观察到并提出，因此常称为 Reynolds 数 (雷诺数)，简写为 Re，即

$$Re = \frac{\rho v d}{\mu} \tag{2.230}$$

式 (2.228) 可相应地简写为

$$\begin{cases} F = \rho v^2 d^2 \cdot f(Re) \to (\rho, v, d) \\ F = \mu v d \cdot f(Re) \to (\mu, v, d) \\ F = \dfrac{\mu^2}{\rho} \cdot f(Re) \to (\rho, \mu, d), (\rho, \mu, v) \end{cases} \tag{2.231}$$

上式中三种表达式物理意义并不相同。在相同 Reynolds 数前提下，第一式表示流体对障碍物的力 F 与流体的密度 ρ、流体速度 v 的平方和障碍物直径 d 的平方成正比，第二式表示流体对障碍物的力 F 与流体的黏性系数 μ、流体速度 v 和障碍物直径 d 成正比，第三式表示流体对障碍物的力 F 与流体的黏性系数 μ 的平方成正比，与流体的密度 ρ 成反比。

现在的主要问题有两个：其一，相同的函数表达式，进行量纲分析后给出不同的无量纲形式，为什么会出现这种情况？是否量纲分析存在不确定性？其二，对于特定的物理问题而言，哪一个形式是正确的？

本例中上文的分析表明，如果不考虑流体的黏性系数 μ，则量纲分析结果为

$$F = K \cdot \rho v^2 d^2 \tag{2.232}$$

由于对于薄圆盘而言，直径 d 远大于其厚度，黏性系数的影响相对较小；容易知道，对于此种情况，即使流体的黏性系数为零，也不可能使得薄圆盘不受力；而且研究也表明，对于此种情况，流体的动能起着关键影响作用，即式 (2.231) 中第一式是合理准确的：

$$F = \rho v^2 d^2 \cdot f(Re) \tag{2.233}$$

然而，这并不能说明另外两式所示量纲分析结果不正确。我们考虑另一种绕流情况，如例 2.12 所示。

例 2.12 流体的绕流问题——固定光滑圆球

将例 2.11 中的薄圆盘换成光滑圆球，球的直径为 d，其他条件相同，如图 2.11 所示，求流体对圆球的作用力。

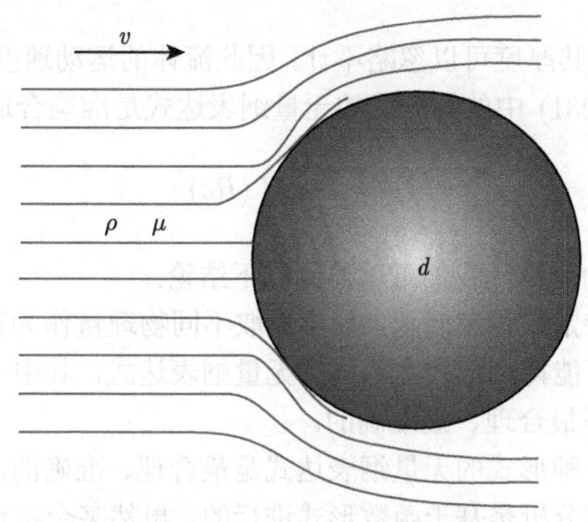

图 2.11 牛顿流体绕流问题 (圆球)

从题目中可以发现，该问题中物理量与例 2.11 中完全一致，即该物理问题的对应方程也为

$$F = f(\rho, \mu, v, d) \tag{2.234}$$

诸多实验研究表明，对于此种情况，有

$$F \propto \mu v d \tag{2.235}$$

即对于此问题而言，式 (2.231) 中的第二式的无量纲表达式是准确合适的，即此时有

$$F = \mu v d \cdot f(Re) \tag{2.236}$$

例 2.13 流体的绕流问题——水平固定圆盘

将例 2.11 中薄圆盘由垂直于流动方向换成平行于流动方向，圆盘的直径为 d，其他条件相同，如图 2.12 所示，求流体对水平薄圆盘的作用力。

从题目中可以发现，该问题中物理量与例 2.11、例 2.12 中完全一致，即该物理问题的对应方程也同样为

$$F = f(\rho, \mu, v, d) \tag{2.237}$$

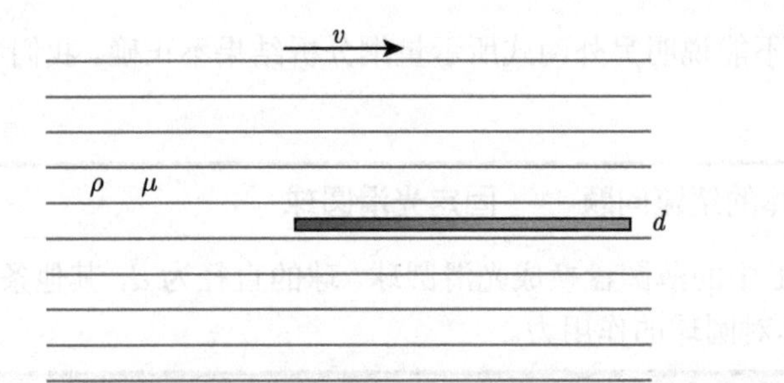

图 2.12　牛顿流体绕流问题 (水平薄圆盘)

由于圆盘无限薄，其厚度可以忽略不计，因此流体的运动速度对圆盘理论上无影响，对于此种情况，式 (2.231) 中的第三式的无量纲表达式是准确合适的，即此时有

$$F=\frac{\mu^2}{\rho}\cdot f\left(Re\right) \tag{2.238}$$

从上面三个实例的分析，我们可以得到以下结论：

首先，对于某个特定的物理问题，如果选取不同物理量作为基本参考物理量，则经过量纲分析后，我们可能得到形式上不同的无量纲表达式，其中一般只有一种形式对所研究的物理问题而言是最合理、最准确的。

其次，虽然只有一种形式的无量纲表达式是最合理、准确的，但这也不表明其他形式是错误的。因为量纲分析是基于函数形式进行的，虽然某个特定物理问题一般对应特定的函数形式，但不是说此函数形式只是针对此特定物理问题；很多情况下，多个物理问题所给出的函数形式具有量纲对应相同的自变量，即具有同一个广义的函数形式。

事实上，对于以上三种无量纲形式：

$$\begin{cases}\Pi=f\left(\Pi_1\right)\\ \Pi'=f\left(\Pi_1\right)\\ \Pi''=f\left(\Pi_1\right)\end{cases} \tag{2.239}$$

式中

$$\begin{cases}\Pi=\dfrac{F}{\rho v^2 d^2}\\ \Pi'=\dfrac{F}{\mu v d}\\ \Pi''=\dfrac{F}{\mu^2/\rho}\\ \Pi_1=\dfrac{\rho v d}{\mu}\end{cases} \tag{2.240}$$

不难发现，式 (2.239) 中 3 个无量纲因变量存在以下关系：

$$\begin{cases}\Pi'=\dfrac{F}{\rho v^2 d^2}\cdot\dfrac{\rho v d}{\mu}=\Pi\cdot\Pi_1\\ \Pi''=\dfrac{F}{\rho v^2 d^2}\cdot\left(\dfrac{\rho v d}{\mu}\right)^2=\Pi\cdot\Pi_1^2\end{cases} \tag{2.241}$$

将上式中第一式代入式 (2.239) 中第二式，可以得到

$$\Pi' = \Pi \cdot \Pi_1 = f(\Pi_1) \Rightarrow \Pi = \frac{f(\Pi_1)}{\Pi_1} = g(\Pi_1) \tag{2.242}$$

考虑到 $f()$ 和 $g()$ 只是表示函数关系，与其函数具体表达式并不对应，因此，上式也可以写为

$$\Pi = f(\Pi_1) \tag{2.243}$$

同理，将式 (2.241) 中第二式代入式 (2.239) 中第三式，也可以得到上式。也就是说，我们可以通过式 (2.241) 中的任意一个无量纲关系得到其他无量纲关系，即从量纲分析结论所给出的无量纲关系角度上讲，式 (2.239) 是可以相互转换的；式 (2.239) 中三个无量纲表达式从量纲分析的本质上讲是相同的，这说明通过量纲分析得到不同的函数关系并不是量纲分析理论和方法的问题，而是特定物理问题与问题对应的函数表达式并不是一一对应关系而引起的。

量纲分析性质 5：若某物理问题的无量纲表达式为

$$\Pi = f(\Pi_1, \Pi_2, \cdots, \Pi_n) \tag{2.244}$$

则无量纲表达式

$$\Pi \cdot \left(K \cdot \Pi_1^{i_1} \cdot \Pi_2^{i_2} \cdot \cdots \cdot \Pi_n^{i_n}\right) = f\left(K_1 \cdot \Pi_1^{j_1}, K_2 \cdot \Pi_2^{j_2}, \cdots, K_n \cdot \Pi_n^{j_n}\right) \tag{2.245}$$

也必然成立；式中 $i_1, i_2, \cdots, j_1, j_2, \cdots$ 皆为实数，$K, K_1, K_2, \cdots$ 为常数。

以上量纲分析性质 5 表明，当有量纲自变量数量大于所涉及的基本量纲数量时，根据量纲分析方法所给出的无量纲形式虽然可能有多种不同形式，但从量纲分析的本质来看，它们是可以相互转换的，即本质上是一种形式。然而，对于具体的物理问题而言，不同的无量纲形式代表的物理意义也不尽相同，因此需要结合对应物理问题的理论分析或实验结果分析进一步确定具体无量纲形式。

2.2.4 无量纲量求解的矩阵分析法

本节以上实例中，我们在选取参考物理量 X_1，X_2，$\cdots$，X_k 之后，先给出其量纲的幂次表达式：

$$\begin{cases} [X_1] = [D_1]^{\kappa_{11}} [D_2]^{\kappa_{12}} \cdots [D_k]^{\kappa_{1k}} \\ [X_2] = [D_1]^{\kappa_{21}} [D_2]^{\kappa_{22}} \cdots [D_k]^{\kappa_{2k}} \\ \qquad \vdots \\ [X_k] = [D_1]^{\kappa_{k1}} [D_2]^{\kappa_{k2}} \cdots [D_k]^{\kappa_{kk}} \end{cases} \tag{2.246}$$

然后，对以上方程组各个方程两端取对数，即有

$$\begin{cases} \ln[X_1] = \kappa_{11} \ln[D_1] + \kappa_{12} \ln[D_2] + \cdots + \kappa_{1k} \ln[D_k] \\ \ln[X_2] = \kappa_{21} \ln[D_1] + \kappa_{22} \ln[D_2] + \cdots + \kappa_{2k} \ln[D_k] \\ \qquad \vdots \\ \ln[X_k] = \kappa_{k1} \ln[D_1] + \kappa_{k2} \ln[D_2] + \cdots + \kappa_{kk} \ln[D_k] \end{cases} \tag{2.247}$$

上式是一个典型的线性方程组，解以上方程组，才能给出其他无量纲自变量和无量纲因变量。对于简单物理问题而言，以上方程组很容易给出其解；但对复杂物理问题来说，其自变量较多，以上方程组稍显复杂，在很大程度上增加了量纲分析的难度。

事实上，从 2.2.1 节 Π 定理的推导过程中容易看出，由于已知指数矩阵：

$$\begin{bmatrix} \kappa_1 & \kappa_2 & \cdots & \kappa_k \end{bmatrix} \tag{2.248}$$

和

$$\begin{bmatrix} \kappa_{11} & \kappa_{12} & \cdots & \kappa_{1k} \\ \kappa_{21} & \kappa_{22} & \cdots & \kappa_{2k} \\ \vdots & \vdots & & \vdots \\ \kappa_{k1} & \kappa_{k2} & \cdots & \kappa_{kk} \end{bmatrix} \tag{2.249}$$

若能够求出矩阵

$$\begin{bmatrix} \kappa'_{11} & \kappa'_{12} & \cdots & \kappa'_{1k} \\ \kappa'_{21} & \kappa'_{22} & \cdots & \kappa'_{2k} \\ \vdots & \vdots & & \vdots \\ \kappa'_{k1} & \kappa'_{k2} & \cdots & \kappa'_{kk} \end{bmatrix} \tag{2.250}$$

则根据

$$\begin{aligned} &\begin{bmatrix} \kappa''_1 & \kappa''_2 & \cdots & \kappa''_k \\ 1 & 0 & \cdots & 0 \\ 0 & 1 & \cdots & 0 \\ \vdots & \vdots & & \vdots \\ 0 & 0 & \cdots & 1 \\ \kappa''_{(k+1)1} & \kappa''_{(k+1)2} & \cdots & \kappa''_{(k+1)k} \\ \kappa''_{(k+2)1} & \kappa''_{(k+2)2} & \cdots & \kappa''_{(k+2)k} \\ \vdots & \vdots & & \vdots \\ \kappa''_{n1} & \kappa''_{n2} & \cdots & \kappa''_{nk} \end{bmatrix} \\ &= \begin{bmatrix} \kappa_1 & \kappa_2 & \cdots & \kappa_k \\ \kappa_{11} & \kappa_{12} & \cdots & \kappa_{1k} \\ \kappa_{21} & \kappa_{22} & \cdots & \kappa_{2k} \\ \vdots & \vdots & & \vdots \\ \kappa_{k1} & \kappa_{k2} & \cdots & \kappa_{kk} \\ \kappa_{(k+1)1} & \kappa_{(k+1)2} & \cdots & \kappa_{(k+1)k} \\ \kappa_{(k+2)1} & \kappa_{(k+2)2} & \cdots & \kappa_{(k+2)k} \\ \vdots & \vdots & & \vdots \\ \kappa_{n1} & \kappa_{n2} & \cdots & \kappa_{nk} \end{bmatrix} \begin{bmatrix} \kappa'_{11} & \kappa'_{12} & \cdots & \kappa'_{1k} \\ \kappa'_{21} & \kappa'_{22} & \cdots & \kappa'_{2k} \\ \vdots & \vdots & & \vdots \\ \kappa'_{k1} & \kappa'_{k2} & \cdots & \kappa'_{kk} \end{bmatrix} \end{aligned} \tag{2.251}$$

我们能够求出矩阵

$$\begin{bmatrix} \kappa''_1 & \kappa''_2 & \cdots & \kappa''_k \\ \kappa''_{(k+1)1} & \kappa''_{(k+1)2} & \cdots & \kappa''_{(k+1)k} \\ \kappa''_{(k+2)1} & \kappa''_{(k+2)2} & \cdots & \kappa''_{(k+2)k} \\ \vdots & \vdots & & \vdots \\ \kappa''_{n1} & \kappa''_{n2} & \cdots & \kappa''_{nk} \end{bmatrix} \tag{2.252}$$

从而可以给出对应的无量纲量

$$\begin{cases} \Pi_1 = \dfrac{X_{k+1}}{X_1^{\kappa''_{(k+1)1}} X_2^{\kappa''_{(k+1)2}} \cdots X_k^{\kappa''_{(k+1)k}}} \\ \Pi_2 = \dfrac{X_{k+2}}{X_1^{\kappa''_{(k+2)1}} X_2^{\kappa''_{(k+2)2}} \cdots X_k^{\kappa''_{(k+2)k}}} \\ \qquad \vdots \\ \Pi_{n-k} = \dfrac{X_n}{X_1^{\kappa''_{n1}} X_2^{\kappa''_{n2}} \cdots X_k^{\kappa''_{nk}}} \\ \Pi = \dfrac{Y}{X_1^{\kappa''_1} X_2^{\kappa''_2} \cdots X_k^{\kappa''_k}} \end{cases} \tag{2.253}$$

根据 2.2.1 节中 Π 定理的推导过程可知：

$$\begin{bmatrix} \kappa'_{11} & \kappa'_{12} & \cdots & \kappa'_{1k} \\ \kappa'_{21} & \kappa'_{22} & \cdots & \kappa'_{2k} \\ \vdots & \vdots & & \vdots \\ \kappa'_{k1} & \kappa'_{k2} & \cdots & \kappa'_{kk} \end{bmatrix} = \begin{bmatrix} \kappa_{11} & \kappa_{12} & \cdots & \kappa_{1k} \\ \kappa_{21} & \kappa_{22} & \cdots & \kappa_{2k} \\ \vdots & \vdots & & \vdots \\ \kappa_{k1} & \kappa_{k2} & \cdots & \kappa_{kk} \end{bmatrix}^{-1} \tag{2.254}$$

因此，式 (2.251) 可写为

$$\begin{bmatrix} 1 & 0 & \cdots & 0 \\ 0 & 1 & \cdots & 0 \\ \vdots & \vdots & & \vdots \\ 0 & 0 & \cdots & 1 \\ \kappa''_{(k+1)1} & \kappa''_{(k+1)2} & \cdots & \kappa''_{(k+1)k} \\ \kappa''_{(k+2)1} & \kappa''_{(k+2)2} & \cdots & \kappa''_{(k+2)k} \\ \vdots & \vdots & & \vdots \\ \kappa''_{n1} & \kappa''_{n2} & \cdots & \kappa''_{nk} \\ \kappa''_1 & \kappa''_2 & \cdots & \kappa''_k \end{bmatrix}$$

$$
= \begin{bmatrix} \kappa_{11} & \kappa_{12} & \cdots & \kappa_{1k} \\ \kappa_{21} & \kappa_{22} & \cdots & \kappa_{2k} \\ \vdots & \vdots & & \vdots \\ \kappa_{k1} & \kappa_{k2} & \cdots & \kappa_{kk} \\ \kappa_{(k+1)1} & \kappa_{(k+1)2} & \cdots & \kappa_{(k+1)k} \\ \kappa_{(k+2)1} & \kappa_{(k+2)2} & \cdots & \kappa_{(k+2)k} \\ \vdots & \vdots & & \vdots \\ \kappa_{n1} & \kappa_{n2} & \cdots & \kappa_{nk} \\ \kappa_1 & \kappa_2 & \cdots & \kappa_k \end{bmatrix} \begin{bmatrix} \kappa_{11} & \kappa_{12} & \cdots & \kappa_{1k} \\ \kappa_{21} & \kappa_{22} & \cdots & \kappa_{2k} \\ \vdots & \vdots & & \vdots \\ \kappa_{k1} & \kappa_{k2} & \cdots & \kappa_{kk} \end{bmatrix}^{-1} \tag{2.255}
$$

上式转置后可写为

$$
\begin{bmatrix} 1 & 0 & \cdots & 0 & \kappa''_{(k+1)1} & \kappa''_{(k+2)1} & \cdots & \kappa''_{n1} & \kappa''_1 \\ 0 & 1 & \cdots & 0 & \kappa''_{(k+1)2} & \kappa''_{(k+2)2} & \cdots & \kappa''_{n2} & \kappa''_2 \\ \vdots & \vdots & & \vdots & \vdots & \vdots & & \vdots & \vdots \\ 0 & 0 & \cdots & 1 & \kappa''_{(k+1)k} & \kappa''_{(k+2)k} & \cdots & \kappa''_{nk} & \kappa''_k \end{bmatrix}
$$

$$
= \begin{bmatrix} \kappa_{11} & \kappa_{21} & \cdots & \kappa_{k1} \\ \kappa_{12} & \kappa_{22} & \cdots & \kappa_{k2} \\ \vdots & \vdots & & \vdots \\ \kappa_{1k} & \kappa_{2k} & \cdots & \kappa_{kk} \end{bmatrix}^{-1} \begin{bmatrix} \kappa_{11} & \kappa_{21} & \cdots & \kappa_{k1} & \kappa_{(k+1)1} & \kappa_{(k+2)1} & \cdots & \kappa_{n1} & \kappa_1 \\ \kappa_{12} & \kappa_{22} & \cdots & \kappa_{k2} & \kappa_{(k+1)2} & \kappa_{(k+2)2} & \cdots & \kappa_{n2} & \kappa_2 \\ \vdots & \vdots & & \vdots & \vdots & \vdots & & \vdots & \vdots \\ \kappa_{1k} & \kappa_{2k} & \cdots & \kappa_{kk} & \kappa_{(k+1)k} & \kappa_{(k+2)k} & \cdots & \kappa_{nk} & \kappa_k \end{bmatrix} \tag{2.256}
$$

根据矩阵的性质可知，对于任一 $m \times n$ 矩阵而言，左边乘以一个 m 阶矩阵相当于该矩阵进行若干行变换。也就是说，对矩阵

$$
\begin{bmatrix} \kappa_{11} & \kappa_{21} & \cdots & \kappa_{k1} & \kappa_{(k+1)1} & \kappa_{(k+2)1} & \cdots & \kappa_{n1} & \kappa_1 \\ \kappa_{12} & \kappa_{22} & \cdots & \kappa_{k2} & \kappa_{(k+1)2} & \kappa_{(k+2)2} & \cdots & \kappa_{n2} & \kappa_2 \\ \vdots & \vdots & & \vdots & \vdots & \vdots & & \vdots & \vdots \\ \kappa_{1k} & \kappa_{2k} & \cdots & \kappa_{kk} & \kappa_{(k+1)k} & \kappa_{(k+2)k} & \cdots & \kappa_{nk} & \kappa_k \end{bmatrix} \tag{2.257}
$$

进行行变换，如果能够使得该矩阵前 k 列转换为

$$
\begin{bmatrix} 1 & 0 & \cdots & 0 \\ 0 & 1 & \cdots & 0 \\ \vdots & \vdots & & \vdots \\ 0 & 0 & \cdots & 1 \end{bmatrix} \tag{2.258}
$$

则式 (2.257) 中矩阵的后 $n-k+1$ 列必转换为

$$\begin{bmatrix} \kappa''_{(k+1)1} & \kappa''_{(k+2)1} & \cdots & \kappa''_{n1} & \kappa''_1 \\ \kappa''_{(k+1)2} & \kappa''_{(k+2)2} & \cdots & \kappa''_{n2} & \kappa''_2 \\ \vdots & \vdots & & \vdots & \vdots \\ \kappa''_{(k+1)k} & \kappa''_{(k+2)k} & \cdots & \kappa''_{nk} & \kappa''_k \end{bmatrix} \tag{2.259}$$

进而能根据式 (2.253) 给出无量纲量的表达式。

因此，在量纲分析过程中，如本章以上实例先列出物理量的幂次指数矩阵，将 k 个参考物理量放置在前 k 列，将因变量放置在最后一列，即

$$\begin{matrix} \\ [D_1] \\ [D_2] \\ \vdots \\ [D_k] \end{matrix} \begin{bmatrix} X_1 & X_2 & \cdots & X_k & X_{k+1} & X_{k+2} & \cdots & X_n & Y \\ \kappa_{11} & \kappa_{21} & \cdots & \kappa_{k1} & \kappa_{(k+1)1} & \kappa_{(k+2)1} & \cdots & \kappa_{n1} & \kappa_1 \\ \kappa_{12} & \kappa_{22} & \cdots & \kappa_{k2} & \kappa_{(k+1)2} & \kappa_{(k+2)2} & \cdots & \kappa_{n2} & \kappa_2 \\ \vdots & \vdots & & \vdots & \vdots & \vdots & & \vdots & \vdots \\ \kappa_{1k} & \kappa_{2k} & \cdots & \kappa_{kk} & \kappa_{(k+1)k} & \kappa_{(k+2)k} & \cdots & \kappa_{nk} & \kappa_k \end{bmatrix} \tag{2.260}$$

一般情况下，为了更直观地进行量纲转换，我们可以将以上矩阵写为表格形式，如表 2.14 所示。

表 2.14 量纲幂次指数矩阵等效表格

物理量	X_1	X_2	$\cdots$	X_k	X_{k+1}	X_{k+2}	$\cdots$	X_n	Y
$[D_1]$	κ_{11}	κ_{21}	$\cdots$	κ_{k1}	$\kappa_{(k+1)1}$	$\kappa_{(k+2)1}$	$\cdots$	κ_{n1}	κ_1
$[D_2]$	κ_{12}	κ_{22}	$\cdots$	κ_{k2}	$\kappa_{(k+1)2}$	$\kappa_{(k+2)2}$	$\cdots$	κ_{n2}	κ_2
$\vdots$	$\vdots$	$\vdots$		$\vdots$	$\vdots$	$\vdots$		$\vdots$	$\vdots$
$[D_k]$	κ_{1k}	κ_{2k}	$\cdots$	κ_{kk}	$\kappa_{(k+1)k}$	$\kappa_{(k+2)k}$	$\cdots$	κ_{nk}	κ_k

对表 2.14 中的幂次指数对应的矩阵进行行变换，即可得到表 2.15 所示结果。

表 2.15 量纲幂次指数矩阵等效表格行变换

物理量	X_1	X_2	$\cdots$	X_k	X_{k+1}	X_{k+2}	$\cdots$	X_n	Y
$[D_1]$	1	0	$\cdots$	0	$\kappa''_{(k+1)1}$	$\kappa''_{(k+2)1}$	$\cdots$	κ''_{n1}	κ''_1
$[D_2]$	0	1	$\cdots$	0	$\kappa''_{(k+1)2}$	$\kappa''_{(k+2)2}$	$\cdots$	κ''_{n2}	κ''_2
$\vdots$	$\vdots$	$\vdots$		$\vdots$	$\vdots$	$\vdots$		$\vdots$	$\vdots$
$[D_k]$	0	0	$\cdots$	1	$\kappa''_{(k+1)k}$	$\kappa''_{(k+2)k}$	$\cdots$	κ''_{nk}	κ''_k

最后，结合表 2.15 中指数值和式 (2.253) 即可以给出对应的无量纲量。

量纲分析性质 6：如物理问题中的有量纲自变量数量大于所涉及基本量纲数量，将所有物理量按照参考物理量在前、因变量在最后的顺序，使这些物理量的量纲幂次指数形成如表 2.14 所示形式，对表中幂次指数进行行变换，必能给出表 2.15 形式，从而可以给出无量纲物理量的组合形式。

例 2.14　流体在管中的流动问题 (管流问题)

管流问题是一个非常经典的物理问题，是量纲分析发展史上一个里程碑式的案例。1883 年英国科学家 O. Reynolds 首次将量纲分析用于实际实验数据的整理和分析，并得出著名的管流判据，开创了量纲分析在实验方法学中应用的先例，极大地推动了量纲分析的发展。

管流的物理问题如下：如图 2.13 所示，在一个直径为 d、内壁光滑的圆截面管中，充满平均流速为 v 且密度为 ρ 的流体，流体的黏性系数为 μ，求单位长度管中流体受到的阻力 h。容易看出，影响单位长度管体上流体所受阻力的主要因素有 4 个：流体的密度 ρ，流体的黏性系数 μ，流速 v 和圆管的直径 d。故有

$$h = f(\rho, \mu, v, d) \tag{2.261}$$

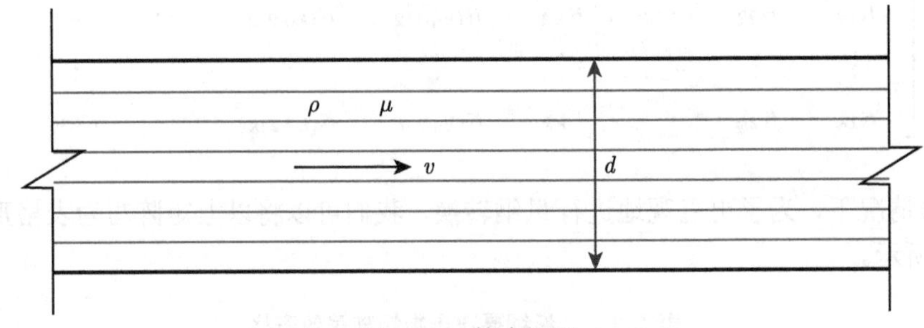

图 2.13　管流问题

该问题中有 5 个物理量：4 个自变量和 1 个因变量，皆为有量纲量；而且该问题也是一个经典力学问题，其所涉及的基本量纲为 3 个。这 5 个物理量的量纲幂次指数如表 2.16 所示。

表 2.16　管流问题中变量的量纲幂次指数

物理量	h	ρ	μ	v	d
M	1	1	1	0	0
L	−2	−3	−1	1	1
T	−2	0	−1	−1	0

从表 2.16 容易看出，该问题中 4 个自变量皆为有量纲量，而且任意 3 个自变量组合皆能够覆盖 3 个基本量纲，因此选取任意 3 个自变量作为参考物理量皆可；这里我们选取流体的黏性系数 μ、流速 v 和圆管的直径 d 这 3 个自变量为参考物理量。按照量纲分析性质 6，将此 3 个物理量放在前 3 列、因变量放在最后一列，即可得到表 2.17。

表 2.17　管流问题中变量的量纲幂次指数 (排序后)

物理量	μ	v	d	ρ	h
M	1	0	0	1	1
L	−1	1	1	−3	−2
T	−1	−1	0	0	−2

对表 2.17 所代表的矩阵进行若干步行变换，可以得到表 2.18。

表 2.18 管流问题中变量的量纲幂次指数 (行变换后)

物理量	μ	v	d	ρ	h
μ	1	0	0	1	1
v	0	1	0	−1	1
d	0	0	1	−1	−2

利用 Π 定理，结合式 (2.253) 和表 2.18，即可得到该问题的两个无量纲量：

$$\begin{cases}\Pi_1=\dfrac{\rho v d}{\mu}\\ \Pi=\dfrac{hd^2}{\mu v}\end{cases}\tag{2.262}$$

即式 (2.261) 对应的无量纲函数形式为

$$\frac{hd^2}{\mu v}=f\left(\frac{\rho v d}{\mu}\right)\tag{2.263}$$

或

$$h=\frac{\mu v}{d^2}\cdot f\left(\frac{\rho v d}{\mu}\right)\tag{2.264}$$

据此，Reynolds 对实验数据进行整理与分析，并得出结论：管中流体的流动形态 (层流或紊流) 并不能独立地依赖流速 v，而是依赖一个无量纲数 $\rho vd/\mu$；该无量纲物理量在流体中非常重要，我们一般称其为 Reynolds 数：

$$Re=\frac{\rho v d}{\mu}\tag{2.265}$$

它表征流体的惯性与黏度的比值。

对比例 2.14 和例 2.1 ~ 例 2.11 等 11 个实例可以发现，利用矩阵行变换法求无量纲量中各参考物理量的指数更为简单容易，且思路更清晰；而且，对于一般经典力学问题而言，由于基本量纲只有 3 个，因此对应的矩阵或表格内容也只有 3 行，行变换相当简单；同时行变换的步骤与列数无关，也就是说，对于更加复杂的问题而言，该方法更显优势。

2.3 量纲分析的基本方法与思路

本章 2.2 节中 Π 定理及相关分析方法是量纲分析的核心步骤，上文给出了利用 Π 定理分析物理问题的基本步骤，如图 2.14 所示。

但量纲分析所涉及的内容和方法远不只 Π 定理。事实上，量纲分析包含物理问题研究对象的确定、主要影响因素的分析、自变量之间的独立性分析、自变量的简化、基本量纲的确定、物理量的量纲幂次表示、参考物理量的选取与优化、幂次指数矩阵的变换、无量纲因变量与无量纲自变量的确定、无量纲函数关系的进一步完善与优化、物理问题的进一步讨论分析等，也就是说，量纲分析实际上贯穿整个物理问题的分析；其中，每个分析过程与步骤都不可忽视，都会影响最终无量纲函数的准确性与科学性。这些步骤中，基本量纲的确定、物理量的量纲幂次表示、参考物理量的选取与优化、幂次指数矩阵的变换和无量纲因变量与无量纲自变量的确定等环节在 2.2 节中已经初步分析，在本节中不再展开。

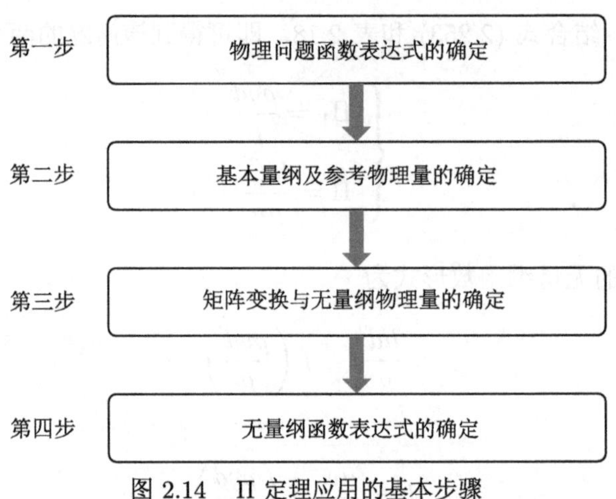

图 2.14 Π 定理应用的基本步骤

2.3.1 物理问题及其主要因素的选取与确定

在量纲分析中，物理问题与物理现象并不完全相同；物理问题必须有明确的研究对象，就是函数的因变量必须确定；同一个物理现象研究对象不同，对应的物理问题也不相同，其对应的量纲分析的结果也不一定相同，如例 2.15 所示。

例 2.15 风车的旋转发电问题

风力发电是当前一种重要的绿色能源获取方式；风轮叶片通常由复合材料制造而成，而且一般大型风电机的风轮转动相当慢。当前风力发电机按照叶片的转速情况分为两种：固定速度风电机和可变速风电机。前者通常采用两个不同的速度：弱风下用低速，强风下用高速；后者利用可变速操作，风轮的空气动力效率可以得到改善，从而获取更多的能量，而且在弱风情况下噪声更低。

(1) 现在考虑一个风力发电机中风车叶片旋转产生轴功率的问题。假设风车的转速为 w、直径为 d，空气的密度为 ρ、黏性系数为 μ，风速为 v；求风车叶片旋转产生的轴功率 P。

由风力发电的特征和题目可知，该问题的函数表达式为

$$P = f(\rho, \mu, v; w, d) \tag{2.266}$$

该问题是一个经典力学问题，所涉及的基本量纲有 3 个；本问题中物理量有 6 个：因变量 1 个和自变量 5 个；其量纲幂次指数如表 2.19 所示。

表 2.19 风车功率问题中变量的量纲幂次指数

物理量	P	ρ	μ	v	w	d
M	1	1	1	0	0	0
L	−1	−3	−1	1	0	1
T	−2	0	−1	−1	−1	0

这里我们可以选取空气的密度 ρ、风车的转速 w 和风车的直径 d 这 3 个自变量为参考物理量，按照 2.2.4 节中物理量量纲指数矩阵的排序，可以得到排序后的矩阵表格形式，如表 2.20 所示。

表 2.20 风车功率问题中变量的量纲幂次指数 (排序后)

物理量	ρ	d	w	μ	v	P
M	1	0	0	1	0	1
L	−3	1	0	−1	1	−1
T	0	0	−1	−1	−1	−2

利用量纲分析性质 6 对表 2.20 进行行变换，可以得到表 2.21。

表 2.21 风车功率问题中变量的量纲幂次指数 (行变换后)

物理量	ρ	d	w	μ	v	P
ρ	1	0	0	1	0	1
d	0	1	0	2	1	2
w	0	0	1	1	1	2

根据量纲分析性质 6 和 Π 定理，可以给出 3 个无量纲量：

$$\left\{\begin{aligned} &\Pi_1=\frac{\mu}{\rho d^2 w}\\ &\Pi_2=\frac{v}{wd}\\ &\Pi=\frac{P}{\rho d^2 w^2}\end{aligned}\right. \tag{2.267}$$

因此，式 (2.266) 可写为以下无量纲函数形式：

$$\frac{P}{\rho d^2 w^2}=f\left(\frac{\mu}{\rho d^2 w},\frac{v}{wd}\right) \tag{2.268}$$

或

$$P=\rho d^2 w^2\cdot f\left(\frac{\mu}{\rho d^2 w},\frac{v}{wd}\right) \tag{2.269}$$

(2) 同样针对风力发电问题，所涉及的物理量同上，现在考虑如果需要达到某个特定的轴功率 P，求风车的转速 w，此时，该问题的表达式可写为

$$w=f\left(\rho,\mu,v;P,d\right) \tag{2.270}$$

这 6 个物理量的量纲幂次指数如表 2.19 所示，选取空气的密度 ρ、风车的轴功率 P 和风车的直径 d 这 3 个自变量为参考物理量，根据量纲分析性质 6 对该表进行排列，可以得到表 2.22。

表 2.22　风车转速问题中变量的量纲幂次指数 (排序后)

物理量	ρ	d	P	μ	v	w
M	1	0	1	1	0	0
L	−3	1	−1	−1	1	0
T	0	0	−2	−1	−1	−1

利用量纲分析性质 6 对表 2.22 进行行变换，可以得到表 2.23。

表 2.23　风车转速问题中变量的量纲幂次指数 (行变换后)

物理量	ρ	d	P	μ	v	w
ρ	1	0	0	1/2	−1/2	−1/2
d	0	1	0	1	0	−1
P	0	0	1	1/2	1/2	1/2

根据量纲分析性质 6 和 Π 定理，可以给出 3 个无量纲量：

$$\begin{cases} \Pi_1 = \dfrac{\mu}{d\sqrt{\rho P}} \\ \Pi_2 = \dfrac{v}{\sqrt{P/\rho}} \\ \Pi = \dfrac{wd}{\sqrt{P/\rho}} \end{cases} \tag{2.271}$$

因此，式 (2.270) 可写为以下无量纲函数形式：

$$\frac{wd}{\sqrt{P/\rho}} = f\left(\frac{\mu}{d\sqrt{\rho P}}, \frac{v}{\sqrt{P/\rho}}\right) \tag{2.272}$$

或

$$w = \frac{\sqrt{P/\rho}}{d} \cdot f\left(\frac{\mu}{d\sqrt{\rho P}}, \frac{v}{\sqrt{P/\rho}}\right) \tag{2.273}$$

对比以上两式和式 (2.268)、式 (2.269) 不难发现，对于同一个物理现象，选择的研究对象不同则因变量不同，其无量纲自变量和无量纲因变量均不相同，最终无量纲函数形式也不同；因此，所谓无量纲量并不是针对某个物理现象，而是针对其中具体问题而言的，量纲分析的第一步就是必须确定具体拟解决的问题，即物理表达式中的因变量。

在确定所分析问题的因变量后，紧接着关键一步即是主要影响因素即自变量的确定。这一步看起来是很简单的，一般就是列出所有可能的影响因素而已，然而，它也是决定量纲分析结论是否科学和准确的最关键步骤之一。主要原因有以下两点。

其一，如果在物理问题对应的函数表达式中缺少应有的主要影响因素，则无法给出科学正确的无量纲函数表达式，或所给出的无量纲函数表达式及其无量纲量是不正确的。我们必须对所研究的物理问题从定性角度上有着较深的认识才能给出正确的函数表达式；从某种意义上讲，量纲分析中 2.2 节 Π 定理及相关量纲分析的性质只是一种工具与方法手段，它不可能从错误的物理问题函数关系出发分析得到正确的无量纲函数关系，影响量纲分析结论正确性的首要因素就是所给出的物理表达式是否科学正确。如例 2.3 单摆周期问题的分析过程中，如我们只从题目上看，会得到

$$T = f(m, l, \alpha) \tag{2.274}$$

容易从上式 4 个物理量的量纲中看出，无论怎样进行分析，其表达式等号两端的量纲不可能一致，即无法进行进一步量纲分析；进一步对问题进行分析可知，此问题中初始静止的小球之所以运动是因为重力的影响，而重力包含质量 m 和重力加速度 g，因此容易看出，上式中遗漏了重力加速度的影响。

例 2.16 质量块的周期运动问题

如图 2.15 所示，一个质量为 m 的刚性质量块垂直悬挂在弹簧下端，弹簧的初始长度为 L，其上端与固壁相连，假设系统放置于完美的真空中而不考虑运动过程中的空气阻力问题；已知弹簧的弹性系数为 k。将质量块从平衡位置拉伸 Δl 后瞬间释放，之后质量块会进行上下周期运动；设质量块运动过程中，弹簧始终处于弹性变形范围内；求质量块的振动周期 T。

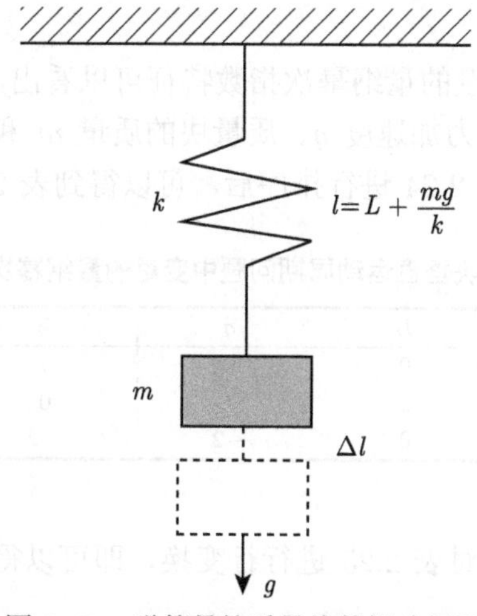

图 2.15 弹簧悬挂质量块的振动问题

设此问题中，弹簧的质量、质量块的尺寸等皆不影响该问题的分析过程与结论，可以不予考虑。如仅从题目中所给出的物理量来看，本物理问题对应的函数表达式应为

$$T = f(m, L, k, \Delta l) \tag{2.275}$$

对比上式和例 2.2 中表达式，可以看出，两种情况基本一致，因此量纲分析后给出的无

量纲函数表达式即为

$$\frac{T}{\sqrt{m/k}}=f\left(\frac{\Delta l}{L}\right) \tag{2.276}$$

然而，对比该问题与例 2.2 对应的问题，容易看出，该问题中存在质量块，因此系统处于初始平衡状态时，弹簧也存在一定的伸长量，其原因主要是质量块的重力 mg 的影响，因此，当质量块的质量并没有被指定可忽略时，其重力不应被忽视；也就是说，重力加速度 g 也是该问题中的一个主要影响因素，即该问题的主要因素有 5 个：重力加速度 g、悬挂物体质量 m、弹簧的初始长度 L、弹簧弹性系数 k 和初始拉伸长度 Δl；因而，该物理问题对应正确的函数表达式应为

$$T=f\left(g,m,L,k,\Delta l\right) \tag{2.277}$$

该问题所涉及的基本量纲也只有 3 个；物理量有 6 个，包含 1 个因变量和 5 个自变量，其量纲幂次指数如表 2.24 所示。

表 2.24　质量块垂直运动周期问题中变量的量纲幂次指数

物理量	T	g	m	L	k	Δl
M	0	0	1	0	1	0
L	0	1	0	1	0	1
T	1	−2	0	0	−2	0

从表 2.24 中 5 个自变量的量纲幂次指数特征可以看出，可以选取多个组合作为参考物理量。本例我们选取重力加速度 g、质量块的质量 m 和弹簧的初始长度 L 这 3 个自变量为参考物理量，对表 2.24 进行排序后，可以得到表 2.25。

表 2.25　质量块垂直运动周期问题中变量的量纲幂次指数 (排序后)

物理量	m	L	g	k	Δl	T
M	1	0	0	1	0	0
L	0	1	1	0	1	0
T	0	0	−2	−2	0	1

根据量纲分析性质 6，对表 2.25 进行行变换，即可以得到表 2.26。

表 2.26　质量块垂直运动周期问题中变量的量纲幂次指数 (行变换后)

物理量	m	L	g	k	Δl	T
m	1	0	0	1	0	0
L	0	1	0	−1	1	1/2
g	0	0	1	1	0	−1/2

根据量纲分析性质 6 和 Π 定理，可以给出 3 个无量纲量：

$$\begin{cases} \Pi_1 = \dfrac{kL}{mg} \\ \Pi_2 = \dfrac{\Delta l}{L} \\ \Pi = \dfrac{T}{\sqrt{L/g}} \end{cases} \tag{2.278}$$

因此，式 (2.277) 可写为以下无量纲函数形式：

$$\frac{T}{\sqrt{L/g}} = f\left(\frac{kL}{mg}, \frac{\Delta l}{L}\right) \tag{2.279}$$

或

$$T = \sqrt{\frac{L}{g}} \cdot f\left(\frac{kL}{mg}, \frac{\Delta l}{L}\right) \tag{2.280}$$

当变形量 Δl 远小于弹簧的初始长度 L 时，即

$$\frac{\Delta l}{L} \to 0 \tag{2.281}$$

式 (2.280) 可以进一步简化为

$$T = \sqrt{\frac{L}{g}} \cdot f\left(\frac{kL}{mg}\right) \tag{2.282}$$

若质量块的质量足够小，使得其重力可以忽略不计，此时重力加速度可以忽略不计，但从上式直接删除重力加速度是不合理的，需要对上式进行变换。利用量纲分析性质 5，上式可进一步转换为

$$T = \frac{\sqrt{L/g}}{\sqrt{kL/mg}} \cdot f\left(\frac{mg}{kL}\right) = \sqrt{\frac{m}{k}} \cdot f\left(\frac{mg}{kL}\right) \tag{2.283}$$

在上式的基础上忽略重力加速度的影响，即有

$$T = K \cdot \sqrt{\frac{m}{k}} \tag{2.284}$$

对比上式和例 2.2 中的分析结论，可以看出两者完全一致；这进一步论证了量纲分析的科学性和准确性。

从上例可以看出，选择物理问题的自变量时必须对物理问题有着较深入的认识和理解。简单地讲，针对任何物理问题我们必须选取足够多的自变量，使得分析过程中所有可能涉及的主要因素都包含在内。

其二，从量纲分析的内涵和性质可以看出，当前所有物理问题所涉及的基本量纲数量最多为 7 个，且绝大多数情况基本量纲数量少于 7 个；特别地，对于经典力学问题，

其所涉及的基本量纲一般只有 3 个。由量纲分析的内涵与性质可知，最多只可能选取 3 个参考物理量；但如果自变量数量过多，则参考物理量组合也非常多。从上文相关分析可知，选择不同的参考物理量组合所得到的无量纲函数表达式也不尽相同，得到的无量纲量也可能存在较大差别，虽然我们可以利用量纲分析性质 5 进行转换，但如果无量纲量数量过多，转换过程和结果也极其复杂，很难给出理想且准确的量纲分析结果；另一方面，如果自变量过多，量纲分析后给出的无量纲函数表达式中无量纲自变量数量也非常多，使得量纲分析对问题的简化效果大打折扣。还是以单摆周期问题为例，如果我们还考虑细绳的质量 m'、质量球的直径 d，则单摆周期表达式即写为

$$T = f\left(g, m, m', l, d, \alpha\right) \tag{2.285}$$

容易判断，上式经过量纲分析后无量纲自变量数量应为 $6-3=3$ 个，其无量纲表达式即为

$$T = \sqrt{\frac{l}{g}} \cdot f\left(\frac{m'}{m}, \frac{d}{l}, \alpha\right) \tag{2.286}$$

事实上，如果已知

$$\begin{cases} \dfrac{m'}{m} \to 0 \\ \dfrac{d}{l} \to 0 \end{cases} \tag{2.287}$$

式 (2.286) 也可以简化为

$$T = \sqrt{\frac{l}{g}} \cdot f\left(\alpha\right) \tag{2.288}$$

但这无疑增加了量纲分析的工作量和难度，也降低了其准确性。对于式 (2.285)，我们也可以选取质量球的质量 m、质量球直径 d 和重力加速度 g 这 3 个量为参考物理量，则可以给出最终的无量纲函数表达式为

$$T = \sqrt{\frac{d}{g}} \cdot f\left(\frac{m'}{m}, \frac{l}{d}, \alpha\right) \tag{2.289}$$

这个分析结果与理论分析结果偏差就较大，虽然可以利用量纲分析性质 5 将上式转换为式 (2.286)，但对于复杂问题而言，我们根本不清楚哪个形式最接近理论结果。因此，增加不必要或不重要的自变量，不仅加大了量纲分析的难度，而且会干扰量纲分析结果的准确性与科学性。

例 2.17　简单溢流问题

如图 2.16 所示，有一个库容足够大的流体库，通过溢洪道流过铅垂挡墙，溢洪道断面形状为倒等腰三角形，其顶角为 α，流体的水头为 h (即水平面与三角形

溢洪道顶点的高差为 h)，水平面对应溢洪道处底边宽 w；求解单位时间内通过溢洪道的流体质量流量 Q。

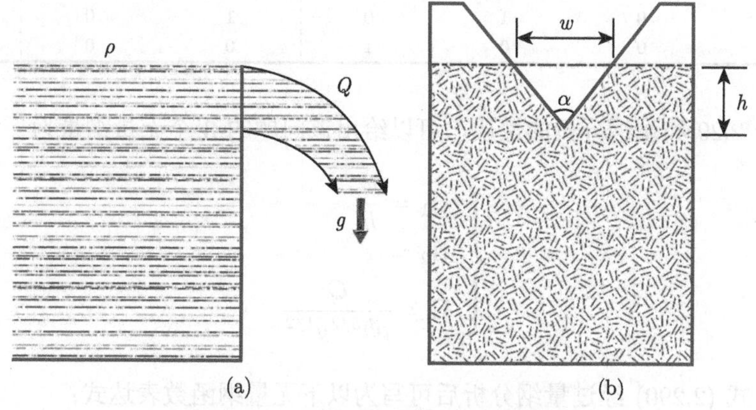

图 2.16 溢流问题 (等腰三角形断面)

容易判断，当流体库容足够大时，短时间内水平面的高度下降量可以忽略不计，也就是说在流体的流动过程中，流体的水头 h 可以认为是一个与时间无关的恒值，且宽度 w 也应与时间无关，即单位时间内流体的质量流量 Q 与时间无关；而且，对质量流量而言，除了体积之外，还应有密度 ρ。另外，容易理解，如果没有重力，则流体并不一定会流出，因此重力加速度 g 也必是主要因素之一。因此，此物理问题可以表达为

$$Q=f(\rho,g,h,w,\alpha) \tag{2.290}$$

此物理问题中包含 6 个物理量：1 个因变量和 5 个自变量，其对应的量纲幂次指数如表 2.27 所示。

表 2.27 溢流问题中变量的量纲幂次指数

物理量	Q	ρ	g	h	w	α
M	1	1	0	0	0	0
L	0	−3	1	1	1	0
T	−1	0	−2	0	0	0

这是一个典型的经典力学问题，涉及 3 个独立的参考物理量，从表 2.27 容易看出，5 个自变量中流体的密度 ρ、重力加速度 g 必定是参考物理量，水头高度 h 和宽度 w 这 2 个自变量任意一个均可以作为第三个参考物理量，这里我们不妨取水头高度 h 为参考自变量；对表 2.27 进行排序可以得到表 2.28。

表 2.28 溢流问题中变量的量纲幂次指数 (排序后)

物理量	ρ	h	g	w	α	Q
M	1	0	0	0	0	1
L	−3	1	1	1	0	0
T	0	0	−2	0	0	−1

利用量纲分析的性质对表 2.28 进行行变换，可以得到表 2.29。

表 2.29　溢流问题中变量的量纲幂次指数 (行变换后)

物理量	ρ	h	g	w	α	Q
ρ	1	0	0	0	0	1
h	0	1	0	1	0	5/2
g	0	0	1	0	0	1/2

根据表 2.29 和量纲分析的性质，可以给出该问题的 3 个无量纲量为

$$\begin{cases} \Pi_1 = \dfrac{w}{h} \\ \Pi_2 = \alpha \\ \Pi = \dfrac{Q}{\rho h^{5/2} g^{1/2}} \end{cases} \tag{2.291}$$

因此，式 (2.290) 经过量纲分析后可写为以下无量纲函数表达式：

$$\frac{Q}{\rho h^{5/2} g^{1/2}} = f\left(\frac{w}{h}, \alpha\right) \tag{2.292}$$

或

$$Q = \rho h^{5/2} g^{1/2} \cdot f\left(\frac{w}{h}, \alpha\right) \tag{2.293}$$

于是，该问题的自变量由 5 个减少为 2 个。然而，从图 2.16 中可以看出：

$$\frac{w}{h} = 2\tan\alpha \tag{2.294}$$

也就是说，三角形顶角 α、水头 h 和宽度 w 之间至少有一个物理量是冗余的量；而水头 h 具有重要的物理意义，因此，三角形顶角 α 和宽度 w 至少有一个物理量是冗余的，两者之中只有一个是主要影响因素。实际上，在问题的分析前，从图 2.16 中容易排除宽度 w 因素，此时式 (2.290) 即可简化为

$$Q = f(\rho, g, h, \alpha) \tag{2.295}$$

容易看出，此时自变量中只有 3 个有量纲自变量，涉及 3 个基本量纲；根据量纲分析性质 3 和性质 4 即可给出

$$Q = \rho h^{5/2} g^{1/2} \cdot f(\alpha) \tag{2.296}$$

上式写为下列形式物理意义更加明确：

$$Q = \rho \cdot \left[h^2 f(\alpha)\right] \sqrt{gh} \tag{2.297}$$

式中，右端 [] 号内代表面积项；[] 后的根号项代表速度项。事实上，理论研究也表明此种情况下流体的质量流量 Q 与 $\rho h^{5/2} g^{1/2}$ 项呈线性正比关系。

上例也表明，在进行具体量纲分析之前，简化物理问题中的自变量非常重要，无论是对于简化量纲分析过程还是提高量纲分析的科学性与准确性而言，皆是如此。从量纲分析过程的复杂程度和准确性或精确性方面来讲，我们要求自变量尽可能少，最理想的情况莫过于自变量中有且仅有主要影响因素。

量纲分析性质 7：量纲分析本身并无法从物理本质上判断物理问题中是否缺少主要影响因素，也无法主动排除次要或无明显影响的因素 (最多仅能够从量纲层面上排除少量量纲无关量)；决定量纲分析是否正确或准确的最关键基础因素即为物理问题函数表达式的准确性和精确性。

从上例量纲幂次指数矩阵的排序与行变换过程可以发现，在整个分析过程中，无量纲量的幂次指数并没有变化，其原因是无量纲量的幂指数皆为 0，任何行变换都不可能改变这一量；因此，结合量纲分析性质 4 可知，物理量量纲幂指数分析过程可以不考虑无量纲量。

综上所述，在对物理问题进行具体量纲分析之前，我们必须确认因变量，找出该物理问题中因变量的影响因素，对问题进行深入分析以进一步给出其中主要因素，这是通过量纲分析给出正确或精确无量纲函数表达式的前提，也是最大程度上发挥量纲分析效能的最关键的第一步。要实现这一点，必须对所研究的问题有较深入的认识，因此，在具体量纲分析和确定因变量之前需要做到以下几点：

(1) 对物理问题及其影响因素进行初步调研，结合理论知识确定所有可能的影响因素。

(2) 查阅相关书籍、教材等文献，初步熟悉该物理问题或类似物理问题的影响因素，进一步查缺补漏，找出所有主要影响因素，并对能够确认无明显影响的自变量进行初步排除。

(3) 查找相关学术论文等文献，对自变量中相关物理量进行影响效果分析，进一步确定主要影响因素，减少无影响或无明显影响而可以忽略的因素，且可以再进一步查缺补漏。

(4) 经过以上 3 步给出的物理量相对精简，除了一些明确的主要因素外，也会存在少量不能确认的影响因素；若物理问题对应的函数表达式中自变量较少，也可以直接开展量纲分析。但如果自变量数量还是较多则需要进一步精简，此时需要进行初步定性或半定量的理论分析，排除无明显影响的自变量；同时，在有条件时需要开展相应的试验或数值仿真分析，进一步确认主要因素而排除冗余因素。

2.3.2 物理问题中自变量物理独立性和耦合性分析与确定

根据 Π 定理可知，若物理问题所涉及的基本量纲有 k 个，自变量有 n 个，则无量纲化后函数自变量的数量减少为 $n-k$ 个；也就是说，当基本量纲的数量不变时，决定最终无量纲函数中无量纲自变量数量的是原函数中自变量数量。因此，在不改变所描述的物理问题的前提下，最大可能减少函数中自变量的数量是简化问题和简化量纲分析工程的一个重要任务。通过 2.3.1 节中物理问题主要影响因素的分析，我们能够给出相对精简的函数表达式，最理想情况下，表达式中自变量皆为主要影响因素；然而，这并不代表此表达式一定是最简形式，在很多时候其还能够进一步简化。事实上，从上文中单摆周期问题的分析容易看出，减少一个自变量不仅能够成量级地提高试验验证效率，而且能够很大程度地提高分析结果的准确性。

例 2.18 星球间万有引力问题进一步分析

参考例 2.4，我们给出了万有引力的函数表达式为

$$F = f(T, l, m, M) \tag{2.298}$$

上式中有 5 个物理量，包含 1 个因变量和 4 个自变量，其量纲的幂次指数如表 2.5 所示。该问题涉及的基本量纲为 3 个，从表中可以看出，4 个自变量中行星质量 m 与太阳的质量 M 量纲相同，皆为 M，因此，参考物理量必须包含公转周期 T 和星球距离 l，可以选行星质量 m 作为另一个参考物理量。据此，对表 2.5 进行排序，可以得到表 2.30。

表 2.30 星球万有引力问题中变量的量纲幂次指数

物理量	m	l	T	M	F
M	1	0	0	1	1
L	0	1	0	0	1
T	0	0	1	0	−2

容易看出，表 2.30 不需要进行行变换，参考物理量即为单位矩阵形式，根据 Π 定理，我们可以给出该问题中的两个无量纲量：

$$\begin{cases} \Pi_1 = \dfrac{M}{m} \\ \Pi = \dfrac{FT^2}{ml} \end{cases} \tag{2.299}$$

因此，式 (2.298) 可写为如下无量纲函数表达式：

$$\frac{FT^2}{ml} = f\left(\frac{M}{m}\right) \tag{2.300}$$

事实上，该问题可以进一步简化。在太阳系中，太阳的质量可以视为常量，因此，式 (2.298) 可以进一步简化，即

$$F = f(T, l, m) \tag{2.301}$$

类似地，上式经过量纲分析可以得到

$$\frac{FT^2}{ml} = K \tag{2.302}$$

或

$$F = K \cdot \frac{ml}{T^2} \tag{2.303}$$

根据 Kepler 第三定律：

$$T^2 = K' \cdot l^3 \tag{2.304}$$

将上式代入式 (2.303)，即可以得到

$$F = K \cdot \frac{ml}{K' \cdot l^3} = K'' \cdot \frac{m}{l^2} \tag{2.305}$$

式中，常量

$$K'' = \frac{K}{K'} \tag{2.306}$$

事实上，式 (2.305) 可以进一步分析。根据星球间万有引力之间的对称特征，即如果将行星的质量 m 设为固定，则应该可以得到

$$F = K''' \cdot \frac{M}{l^2} \tag{2.307}$$

式中，K''' 为常量。因此根据质量的对称性，我们可以给出万有引力的公式为

$$F = G \cdot \frac{Mm}{l^2} \tag{2.308}$$

式中，G 为常量。

以上量纲分析整体思路是合理的，然而，从量纲分析角度上看还是存在不足之处：虽然式中 4 个自变量确实是主要影响因素，然而，根据 Kepler 第三定律可知，行星公转周期与星球之间的距离满足某种函数关系，即式 (2.298) 中周期 T 与距离 l 并不是相互独立的量。我们应该在具体量纲分析之前利用 Kepler 第三定律，此时即有

$$F = f(K, l, m, M) \tag{2.309}$$

对比上式和式 (2.298) 可以看出，两者自变量数量相同，但上式中 K 为常量，自变量中变量只有 3 个，理论上还是减少了一个变量；而且，利用上式进行量纲分析后所给出的结果与理论值更加接近。需要说明的是，上式中 K 为常量但并不是纯数，而是有量纲量，因此不能忽略；不难发现，如果忽略这个常量，则上式等号两端的量纲不可能一致。上式中我们选取常量 K、星球距离 l 和行星质量 m 为参考量纲，对这 5 个物理量的量纲幂次指数矩阵进行排序，可以得到表 2.31。

表 2.31 星球万有引力问题中变量的量纲幂次指数 (排序后)

物理量	m	l	K	M	F
M	1	0	0	1	1
L	0	1	−3	0	1
T	0	0	2	0	−2

对表 2.31 进行行变换，可以得到表 2.32。

表 2.32　星球万有引力问题中变量的量纲幂次指数 (行变换后)

物理量	m	l	K	M	F
m	1	0	0	1	1
l	0	1	0	0	−2
K	0	0	1	0	−1

根据 Π 定理，我们可以给出该问题的 2 个无量纲量：

$$\begin{cases} \Pi_1 = \dfrac{M}{m} \\ \Pi = K \cdot \dfrac{Fl^2}{m} \end{cases} \tag{2.310}$$

因此，式 (2.309) 可以进一步写为

$$K \cdot \frac{Fl^2}{m} = f\left(\frac{M}{m}\right) \tag{2.311}$$

或

$$F = \frac{m}{Kl^2} \cdot f\left(\frac{M}{m}\right) \tag{2.312}$$

同理，若将太阳的质量视为常量，则上式简化为

$$F = K' \cdot \frac{m}{l^2} \tag{2.313}$$

式中，K' 表示某常量。

同上，考虑星球之间万有引力的对称性，我们也可以给出万有引力公式：

$$F = G \cdot \frac{mM}{l^2} \tag{2.314}$$

从本例的分析中可以发现，如同本人在所编著的《量纲分析基础》一书所述，如果 Kepler 能够利用以上量纲分析工具，结合其所提出的第三定律，即可给出著名的万有引力公式。当然这只是“玩笑之语”，因为“力”这个概念是牛顿提出的，其量纲也是通过牛顿第二定律给出的，所以，Kepler 不可能利用以上量纲分析步骤推导出万有引力公式的；反而，牛顿可以利用量纲分析方法更简单地给出万有引力公式。不过这也说明量纲分析的另一个性质。

量纲分析性质 8：量纲分析并不是固定的，而是不断发展不断更新的；新的理论体系和定律的出现、新的量纲或量纲之间关系的出现，都能够改变量纲分析的基本方法并升级量纲分析的理论与性质；但现有量纲的基本性质、量纲分析的内涵、法则始终是科学且适用的。

例 2.19 行星公转周期问题的进一步讨论

参考例 2.18，结合牛顿万有引力定律，行星与太阳之间的作用力应满足：

$$F = G\frac{Mm}{l^2} \tag{2.315}$$

式中，G 为引力常数。

行星公转周期问题的函数表达式可进一步写为

$$T = f(G, l, m, M) \tag{2.316}$$

上式中 5 个物理量的量纲幂次指数如表 2.33 所示，这里参考上例，选取常量 G、星球距离 l 和行星质量 m 为参考物理量，对量纲幂次指数矩阵进行排序。

表 2.33 行星公转周期问题中变量的量纲幂次指数 (排序后)

物理量	m	l	G	M	T
M	1	0	−1	1	0
L	0	1	3	0	0
T	0	0	−2	0	1

对表 2.33 进行行变换，可以得到表 2.34。

表 2.34 行星公转周期问题中变量的量纲幂次指数 (行变换后)

物理量	m	l	G	M	T
m	1	0	0	1	−1/2
l	0	1	0	0	3/2
G	0	0	1	0	−1/2

根据表 2.34 和 Π 定理，我们可以给出该问题的 2 个无量纲量：

$$\begin{cases} \Pi_1 = \dfrac{M}{m} \\ \Pi = T\cdot\sqrt{\dfrac{mG}{l^3}} \end{cases} \tag{2.317}$$

因此，式 (2.316) 可以进一步写为

$$T\cdot\sqrt{\frac{mG}{l^3}} = f\left(\frac{M}{m}\right) \tag{2.318}$$

或

$$T = \sqrt{\frac{l^3}{mG}}\cdot f\left(\frac{M}{m}\right) \tag{2.319}$$

若只考虑太阳系中行星的公转周期问题，此时太阳的质量 M 为常量，上式即可简化为

$$T = \sqrt{\frac{l^3}{mG}} \tag{2.320}$$

上式与 Kepler 第三定律非常相近，皆表示行星的公转周期的平方与距离的立方呈正比关系；然而，对比第三定律可以看出，行星的公转周期应与行星质量无关，而此量纲分析的结果却明显表示其与行星的质量密切相关。这是否说明量纲分析的方法不正确？事实上，根据量纲分析性质 7，我们利用万有引力公式对自变量进行进一步解耦处理，从而给出式 (2.316)，该思路与方法是合理科学的；然而，仔细研究我们可以发现，牛顿推导万有引力公式也是基于 Kepler 第三定律完成的，因此我们引用万有引力公式就相当于认可 Kepler 第三定律；也就是我们先知道公转周期与几个自变量之间的关系后才推导出万有引力公式，现在又用万有引力公式来推导周期与几个自变量的关系，这就出现了逻辑紊乱。

从以上两例可以看出，利用相关理论和试验结果对物理问题的函数表达式进行简化或深入分析，对于简化量纲分析过程、提高量纲分析结论的准确性非常重要，但我们引入理论和试验结果之前，务必对该理论和试验的分析过程或基本前提有较深入的理解，否则就会出现逻辑紊乱，从而给出错误的结论。

例 2.20　线弹性介质中的纵波声速

对于线弹性介质而言，影响其纵波声速的只可能是其基本弹性常量和密度 ρ 等物理量；而线弹性固体介质弹性常量主要有杨氏模量 E、泊松比 ν、剪切模量 G、体积模量 K 等，因此，纵波声速 C 可写为如下函数表达式：

$$C = f(\rho, E, G, \nu, K) \tag{2.321}$$

如此一来，该问题的自变量即为 5 个，所涉及的基本量纲有 3 个，因此进行量纲分析后无量纲自变量有 2 个。然而，根据弹性力学知识可知：

$$\begin{cases} K = f(E, G) \\ G = g(E, \nu) \end{cases} \tag{2.322}$$

即弹性常量之间并不是完全独立的，任意两个弹性常量都能够给出其他弹性常量，因此，式 (2.321) 可以简化为

$$C = f(\rho, E, \nu) \tag{2.323}$$

同理，我们也可以得到横波的表达式。上式中自变量只有 3 个，其中有量纲量只有 2 个，因此，利用以上量纲分析的性质容易直接给出纵波和横波的表达式。而且，从量纲分析性质 3、性质 3 推论和性质 4 可知，如果多个自变量之间存在函数关系，我们应尽量选取含有无量纲量的物理量作为自变量，这样能进一步简化问题的分析过程。

上例进一步表明，利用理论对自变量之间的独立性进行分析，如它们之间存在函数关系，我们可以对问题进一步简化，从而给出更加准确的无量纲表达式。根据本小节以上实例，我们可以给出量纲分析的另一性质。

量纲分析性质 9：物理问题中若干主要影响因素之间如果存在函数关系，我们应首先判断该函数关系在该问题中是否适用；如适用则需要对物理问题对应的函数表达式进一步简化，给出更加科学具体或简单的自变量组合；而且，在这些互存函数关系的自变量中选择独立自变量组合时，原则上选择含有无量纲量数量最多的组合。

如果经过本节以上步骤能够给出物理问题对应的理想函数表达式，即表达式中只包含所有主要影响因素，而且这些主要影响因素相互独立，原则上我们就可以开展具体量纲分析了；然而，我们还可以在具体量纲分析之前，利用理论基础对物理问题进一步简化。如例 2.5 无黏流低速绕流换热问题的分析过程中，根据分析已知，影响单位时间内流体给予固体的热量 H 的主要因素有流体密度 ρ、比热容 c、流动速度 v、导热系数 λ、固体的特征尺寸 d 和流体与固体的温度差 ΔT 这 6 个自变量，即有

$$H = f(\rho, c, v, \lambda; d; \Delta T) \tag{2.324}$$

该物理问题中有 7 个物理量，包含 1 个因变量和 6 个自变量，其量纲的幂次指数如表 2.35 所示。

表 2.35　无黏流低速绕流换热问题中变量的量纲幂次指数

物理量	H	ρ	c	v	λ	d	ΔT
M	1	1	0	0	1	0	0
L	2	−3	2	1	1	1	0
T	−3	0	−2	−1	−3	0	0
Θ	0	0	−1	0	−1	0	1

该问题所涉及的基本量纲有 4 个：长度 L、质量 M、时间 T 和热力学温度 Θ；这里我们选取流动速度 v、导热系数 λ、固体的特征尺寸 d 和流体与固体的温度差 ΔT 为参考物理量，对表 2.35 进行排序后可以得到表 2.36。

表 2.36　无黏流低速绕流换热问题中变量的量纲幂次指数 (排序后)

物理量	λ	d	v	ΔT	ρ	c	H
M	1	0	0	0	1	0	1
L	1	1	1	0	−3	2	2
T	−3	0	−1	0	0	−2	−3
Θ	−1	0	0	1	0	−1	0

对表 2.36 进行行变换，即可以得到表 2.37。

表 2.37　无黏流低速绕流换热问题中变量的量纲幂次指数 (行变换后)

物理量	λ	d	v	ΔT	ρ	c	H
λ	1	0	0	0	1	0	1
d	0	1	0	0	−1	0	1
v	0	0	1	0	−3	2	0
ΔT	0	0	0	1	1	−1	1

利用 Π 定理，我们可以给出该问题的 3 个无量纲量：

$$\begin{cases}\Pi_1 = \dfrac{\rho d v^3}{\lambda \cdot \Delta T} \\ \Pi_2 = \dfrac{c \cdot \Delta T}{v^2} \\ \Pi = \dfrac{H}{\lambda d \cdot \Delta T}\end{cases} \tag{2.325}$$

因此，式 (2.324) 可以进一步写为

$$\frac{H}{\lambda d \cdot \Delta T} = f\left(\frac{\rho d v^3}{\lambda \cdot \Delta T}, \frac{c \cdot \Delta T}{v^2}\right) \tag{2.326}$$

或

$$H = \lambda d \cdot \Delta T \cdot f\left(\frac{\rho d v^3}{\lambda \cdot \Delta T}, \frac{c \cdot \Delta T}{v^2}\right) \tag{2.327}$$

从上式可以看出，量纲分析后给出的无量纲表达式中有 2 个无量纲自变量。而 Riabouchinsky 结合理论，发现能量方程中流体密度 ρ 总是与比热容 c 以乘积形式 ρc 出现，将该问题的自变量由 6 个缩减为 5 个，从而给出物理问题的函数表达式：

$$H = f(\rho c, v, \lambda; d; \Delta T) \tag{2.328}$$

从而利用以上量纲分析方法给出表达式：

$$H = \lambda d \Delta T \cdot f\left(\frac{\rho v c d}{\lambda}\right) \tag{2.329}$$

上式在式 (2.327) 基础上减少了 1 个自变量而给出更加精简的形式，从而大幅度减小了试验量。

从上例可以看出，虽然式 (2.324) 中 6 个自变量皆为该问题的主要影响因素，但还可以结合理论对自变量的数量进一步精简，从而给出更加准确且精确的无量纲表达式。

例 2.21　一端固支悬臂梁受力弯曲问题

如图 2.17 所示，长度为 l 的水平梁一端固定 (不含嵌入固定边界内部的长度)，另一端受到垂直向下的集中力 F 而产生弹性变形，梁的惯性矩为 I，梁材料的杨氏模量为 E，梁截面积为 S；在不考虑重力影响条件下求解梁受力端的挠度 δ。

容易看出，在不考虑重力 (质量和重力加速度) 时，假设弹性弯曲变形较小、截面仍保持近似平面，也可不考虑材料的泊松比；此时，影响受力端挠度 δ 的主要因素有 5 个：梁的长度 l、截面积 S、梁截面的惯性矩 I、梁材料的杨氏模量 E 和受力 F，即挠度 δ 的函数可以写为

$$\delta = f(S, l, I, E, F) \tag{2.330}$$

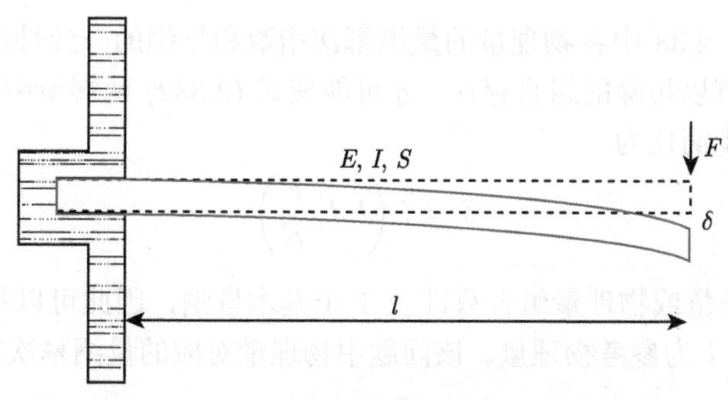

图 2.17 一端固支悬臂梁端面受力挠曲问题

根据材料力学可知，惯性矩 I 与截面积 S 满足函数关系，即

$$S = g(I) \tag{2.331}$$

即式 (2.330) 可进一步简化为

$$\delta = f(l, I, E, F) \tag{2.332}$$

因此影响挠度 δ 的主要因素有 4 个，且皆为有量纲物理量；该问题为经典力学问题，涉及的基本量纲为 3 个，根据 Π 定理可知，对上式进行量纲分析后无量纲自变量只有 1 个。该问题中 5 个物理量的量纲幂次指数如表 2.38 所示。

表 2.38 一端固支悬臂梁端面受力挠曲问题中变量的量纲幂次指数

物理量	l	I	E	F	δ
M	0	0	1	1	0
L	1	4	−1	1	1
T	0	0	−2	−2	0

我们选取长度 l、杨氏模量 E 和受力 F 为参考物理量，将表 2.38 进行排序，可得到表 2.39。

表 2.39 一端固支悬臂梁端面受力挠曲问题中变量的量纲幂次指数 (排序后) I

物理量	E	l	F	I	δ
M	1	0	1	0	0
L	−1	1	1	4	1
T	−2	0	−2	0	0

对表 2.39 进行行变换，即可得到表 2.40。

表 2.40 一端固支悬臂梁端面受力挠曲问题中变量的量纲幂次指数 (行变换后)

物理量	E	l	F	I	δ
E	1	0	1	0	0
l	0	1	2	4	1
F	0	0	0	0	0

表 2.40 意味着该物理问题中 3 个参考物理量并不相互线性无关，独立的参考物理量只有 2 个；事实上，在此问题中无论选取哪 3 个自变量组合作为参考物理量，其结

果都是如此。由表 2.38 中各物理量的量纲幂次指数和量纲的一致性法则可知，受力 F 与杨氏模量 E 只有以相除的组合存在，才可能使式 (2.332) 两端量纲保持一致，因此式 (2.332) 可以进一步简化为

$$\delta = f\left(l, I, \frac{F}{E}\right) \tag{2.333}$$

上式 4 个物理量或物理量组合只涉及 1 个基本量纲，因此可以找到 1 个参考物理量，这里选取长度 l 为参考物理量。该问题中物理量对应的量纲幂次指数排序后可以得到表 2.41。

表 2.41　一端固支悬臂梁端面受力挠曲问题中变量的量纲幂次指数 (排序后) II

物理量	l	F/E	I	δ
L	1	2	4	1

根据表 2.41 和 Π 定理，我们可以得到 3 个无量纲量：

$$\begin{cases} \Pi_1 = \dfrac{F}{El^2} \\ \Pi_2 = \dfrac{I}{l^4} \\ \Pi = \dfrac{\delta}{l} \end{cases} \tag{2.334}$$

因此，式 (2.333) 可写为以下无量纲形式：

$$\frac{\delta}{l} = f\left(\frac{F}{El^2}, \frac{I}{l^4}\right) \tag{2.335}$$

或

$$\delta = l \cdot f\left(\frac{F}{El^2}, \frac{I}{l^4}\right) \tag{2.336}$$

根据材料力学平衡方程可知，杨氏模量 E 和惯性矩 I 之间总是以乘积 EI 的形式出现，考虑这个理论事实，式 (2.333) 可进一步简化为

$$\delta = f\left(l, \frac{F}{EI}\right) \tag{2.337}$$

类似地，上式经过量纲分析可以得到

$$\frac{\delta}{l} = f\left(\frac{Fl^2}{EI}\right) \tag{2.338}$$

或

$$\delta = l \cdot f\left(\frac{Fl^2}{EI}\right) \tag{2.339}$$

进一步分析可知，对于弹性小变形而言，挠度与集中力呈正比关系，即

$$\delta = K \cdot \frac{Fl^3}{EI} \tag{2.340}$$

上式非常接近悬臂梁挠度的解析解。以上我们只是利用量纲分析并结合初步理论就给出了式 (2.340)；这说明，量纲分析工具的使用也需要结合理论分析，在初步理论分析的基础上进行量纲分析能够简化分析步骤且同时能够提高结论的科学性。如上例中，两个因素总是以乘积的形式出现，我们完全可以将之视为一个等效物理量，从而减少一个无量纲量，使得结论更加深入和简单。

量纲分析性质 10：在对物理问题进行具体量纲分析之前，我们需要对主要影响因素之间的耦合关系进行分析；针对所分析的物理问题，进行初步的理论分析，找出在问题中是否存在两个或多个物理量总是以某种组合形式对因变量进行影响，如果存在，我们可以将这两个或多个物理量组合视为一个主要自变量，然后进行量纲分析。

2.3.3 无量纲函数表达式的物理意义与进一步分析

经过物理问题研究对象的确定、主要因素的确定与耦合分析和具体量纲分析之后，我们可以给出物理问题的无量纲函数表达式。然而，从量纲分析性质 5 可以发现，除了少数简单物理问题通过量纲分析直接可以得到

$$\Pi = K \tag{2.341}$$

之外，物理问题的无量纲表达式皆可进一步组合。也就是说，对于大部分问题而言，量纲分析所给出的无量纲函数表达式并不是唯一的，特别是复杂物理问题所对应的无量纲函数表达式有很多种形式；然而，对于特定的物理问题而言，其最终理论结果必然非常具体，而不可能随机变化，因此我们还需要对无量纲函数表达式作进一步分析与讨论。

以例 2.16 质量块的周期运动为例，在该例中我们经过量纲分析后可以给出运动周期的无量纲函数表达式：

$$T = \sqrt{\frac{L}{g}} \cdot f\left(\frac{kL}{mg}, \frac{\Delta l}{L}\right) \tag{2.342}$$

从上式初步观察，可以发现右端第一项表示质量块运动周期 T 与弹簧的初始长度 L 成正比，与重力加速度 g 成反比；然而，这与实际情况并不一致，参考例 2.2 可知，如不考虑质量块的重力，上式应等效为

$$T = \sqrt{\frac{m}{k}} \cdot f\left(\frac{\Delta l}{l_0}\right) \tag{2.343}$$

而从式 (2.342) 中很难直观给出这样的特殊解，也就是说，该无量纲结果在某种程度上会起到一定的误导效果。结合理想情况下的解：

$$T = K \cdot \sqrt{\frac{m}{k}} \tag{2.344}$$

可知，我们有必要对例 2.16 中的量纲分析结论即式 (2.280) 进一步修正。利用量纲分析性质 5，式 (2.342) 可进一步转换为

$$T=\sqrt{\frac{L}{g}}\cdot\sqrt{\frac{mg}{kL}}\cdot f\left(\frac{kL}{mg},\frac{\Delta l}{L}\right)=\sqrt{\frac{m}{k}}\cdot f\left(\frac{kL}{mg},\frac{\Delta l}{L}\right) \tag{2.345}$$

而且，当质量块的质量极小而可以忽视重力时，上式可以简化为 (2.343)，即

$$mg\to 0 \tag{2.346}$$

时，有

$$f\left(\frac{kL}{mg},\frac{\Delta l}{L}\right)\to f\left(\frac{\Delta l}{L}\right) \tag{2.347}$$

因此，若将第一个无量纲自变量改为其倒数，则物理意义更加明确，即式 (2.345) 可进行第二次修正，即为

$$T=\sqrt{\frac{m}{k}}\cdot f\left(\frac{mg}{kL},\frac{\Delta l}{L}\right) \tag{2.348}$$

上式中，第二个无量纲自变量物理意义很明确，即为工程应变或单位长度弹簧的伸长量

$$\varepsilon=\frac{\Delta l}{L} \tag{2.349}$$

而第一个无量纲量分子表示质量块的重量，分母则意义不明确；我们如果利用量纲分析性质 5 对式 (2.348) 作第三次修正，可以得到

$$T=\sqrt{\frac{m}{k}}\cdot f\left(\frac{mg}{kL}\Big/\frac{\Delta l}{L},\frac{\Delta l}{L}\right)=\sqrt{\frac{m}{k}}\cdot f\left(\frac{mg}{k\cdot\Delta l},\frac{\Delta l}{L}\right) \tag{2.350}$$

式中，第一个无量纲自变量中分母表示初始拉伸量为 Δl 时弹簧中的轴向力，此时物理意义就相对明显得多；而且此时第一个无量纲自变量表示质量块的重力与周期运动过程中弹簧最大轴向力之比，可以称为质量块的相对重量。当质量块的重力远小于周期运动过程中弹簧最大轴向力时，上式即可简化为

$$T=\sqrt{\frac{m}{k}}\cdot f\left(\frac{\Delta l}{L}\right) \tag{2.351}$$

进一步假设，在周期运动过程中弹簧的工程应变极小时，上式即可进一步简化为

$$T=K\cdot\sqrt{\frac{m}{k}} \tag{2.352}$$

式中，K 为某特定常数。

从以上分析可以看出，利用理论对量纲分析所给出的无量纲函数表达式进行修正，所给出的函数表达式更加科学合理，更容易理解，也更具有指导价值。

例 2.22 弹性杆的垂直变形问题

如图 2.18 所示，一个竖直放置的线弹性直杆放置在刚性水平光滑地面上，直杆顶部受到垂直方向的作用力 F。设直杆材料的杨氏模量为 E，截面积为 S，密度为 ρ，直杆的初始长度为 l，若不考虑直杆的屈曲变形效应，求解直杆顶端的变形量 δ。

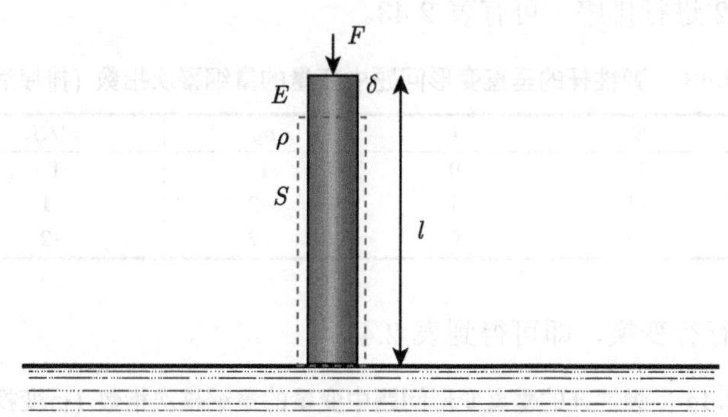

图 2.18 弹性杆的垂直变形问题

该问题是一个经典力学问题，因此其基本量纲最多有 3 个；从问题所给出的条件可知，影响直杆变形量 δ 的因素有杨氏模量 E、截面积 S、密度 ρ、直杆的初始长度 l；若需要考虑直杆自身的重力作用，应该还有一个影响因素即重力加速度。初步分析可知，这 6 个自变量皆为直杆变形量 δ 的主要影响因素；因此，我们可以给出该物理问题的函数表达式为

$$\delta = f\left(F, E, S, l, \rho, g\right) \tag{2.353}$$

首先，对上式中自变量之间的函数关系进行分析可知，这 6 个自变量相互独立，并不存在函数关系；其次，我们对物理问题进行初步定性的理论分析可知，线弹性材料轴向应变与轴向作用应力呈正比关系，即上式中作用力 F 与截面积 S 对直杆变形量 δ 的影响总是以 F/S 的形式出现。因此，上式可简化为

$$\delta = f\left(\frac{F}{S}, E, l, \rho, g\right) \tag{2.354}$$

而且，对于准静态问题，不存在应力波等物理量的影响，密度 ρ 并不会与杨氏模量 E 等对问题产生耦合影响，而只会和重力加速度 g 以组合的形式代表重力量对直杆变形产生影响。因此，上式可进一步简化为

$$\delta = f\left(\frac{F}{S}, E, l, \rho g\right) \tag{2.355}$$

上式中 5 个物理量或物理量组合的量纲幂次指数如表 2.42 所示。

表 2.42 弹性杆的垂直变形问题中变量的量纲幂次指数 I

物理量	δ	F/S	E	l	ρg
M	0	1	1	0	1
L	1	−1	−1	1	−2
T	0	−2	−2	0	−2

从表 2.42 可以发现，F/S 与杨氏模量 E 的量纲相同，作为参考物理量两者只能选其一；这里我们选取杨氏模量 E、直杆初始长度 l 和重力组合 ρg 这 3 个自变量为参考物理量，对表 2.42 进行排序，可有表 2.43。

表 2.43 弹性杆的垂直变形问题中变量的量纲幂次指数 (排序后) I

物理量	E	l	ρg	F/S	δ
M	1	0	1	1	0
L	−1	1	−2	−1	1
T	−2	0	−2	−2	0

对表 2.43 进行行变换，即可得到表 2.44。

表 2.44 弹性杆的垂直变形问题中变量的量纲幂次指数 (行变换后)

物理量	E	l	ρg	F/S	δ
E	1	0	1	1	0
l	0	1	−1	0	1
ρg	0	0	0	0	0

从表 2.44 可以发现，虽然本问题涉及 3 个基本量纲，但从量纲的一致性法则来看，自变量中 3 个物理量或物理量组合杨氏模量 E、重力组合 ρg 和应力组合 F/S 必然以两两相除的形式出现在自变量中，即式 (2.355) 可写为

$$\delta = f\left(\frac{F}{SE}, \frac{E}{\rho g}, l, \frac{\rho g S}{F}\right) \tag{2.356}$$

可以看出，上式中 4 个自变量中第一、第二和第四个自变量并不相互独立，而是

$$\frac{\rho g S}{F} = 1\bigg/\left(\frac{F}{SE} \cdot \frac{E}{\rho g}\right) \tag{2.357}$$

因此，式 (2.356) 可以精简为

$$\delta = f\left(\frac{F}{SE}, \frac{E}{\rho g}, l\right) \tag{2.358}$$

上式中 4 个物理量或物理量组合的量纲幂次指数如表 2.45 所示。

表 2.45 弹性杆的垂直变形问题中变量的量纲幂次指数 II

物理量	δ	$F/(SE)$	$E/(\rho g)$	l
M	0	0	0	0
L	1	0	1	1
T	0	0	0	0

表 2.45 显示，式 (2.358) 只涉及 1 个基本量纲，且 $F/(SE)$ 组合是一个无量纲量；我们选取初始长度 l 为参考物理量，并利用量纲分析的性质将无量纲量暂时排除，即可以得到表 2.46。

表 2.46 弹性杆的垂直变形问题中变量的量纲幂次指数 (排序后) II

物理量	l	$E/(\rho g)$	δ
M	0	0	0
L	1	1	1
T	0	0	0

根据 Π 定理，可以给出该问题的 2 个无量纲量：

$$\begin{cases} \Pi_1 = \dfrac{E}{\rho g l} \\ \Pi = \dfrac{\delta}{l} \end{cases} \tag{2.359}$$

因此，式 (2.358) 对应的无量纲形式即为

$$\frac{\delta}{l} = f\left(\frac{F}{\rho g l S}, \frac{F}{SE}\right) \tag{2.360}$$

或

$$\delta = l \cdot f\left(\frac{F}{\rho g l S}, \frac{F}{SE}\right) \tag{2.361}$$

根据材料力学基础知识可知，式 (2.360) 中因变量即为直杆的轴向工程应变 ε：

$$\varepsilon = \frac{\delta}{l} \tag{2.362}$$

自变量中 F/S 组合即为直杆的轴向工程应力 σ：

$$\sigma = \frac{F}{S} \tag{2.363}$$

而式 (2.361) 中第二个自变量

$$\frac{F}{SE} = \frac{\sigma}{E} = \varepsilon_1 \tag{2.364}$$

的物理意义即为直杆顶端作用力使得直杆产生的工程应变 ε_1。

式 (2.361) 第一个自变量中分母为直杆的重力，初步分析可知，若直杆的重力远小于杆端的作用力 F，则式 (2.360) 可简化为

$$\varepsilon = f(\varepsilon_1) \tag{2.365}$$

因此，式 (2.360) 写为

$$\frac{\delta}{l} = f\left(\frac{F}{SE}, \frac{\rho g l S}{F}\right) \tag{2.366}$$

更为科学合理。

当重力远小于所施加的外力时，结合式 (2.362)，上式可以简化为

$$\varepsilon = f\left(\frac{\sigma}{E}\right) \tag{2.367}$$

根据弹性 Hooke 定律，有

$$\varepsilon = \frac{\sigma}{E} \tag{2.368}$$

对比以上两式不难发现，量纲分析结果与理论解析解非常接近。当直杆并不受外力 F 作用，即

$$F \equiv 0 \tag{2.369}$$

时，式 (2.366) 中第一个无量纲量为 0，第二个无量纲量无意义，此时该式需要进一步修正：

$$\frac{\delta}{l} = f\left(\frac{F}{SE}, \frac{\rho g l S}{F} \cdot \frac{F}{SE}\right) = f\left(\frac{F}{SE}, \frac{\rho g l}{E}\right) \tag{2.370}$$

上式不考虑外力时，即有

$$\varepsilon = \frac{\delta}{l} = f\left(\frac{\rho g l}{E}\right) \tag{2.371}$$

以上分析表明，利用量纲分析方法对物理问题进行无量纲化处理后，给出的无量纲函数表达式并不一定是合理或者准确的，需要根据理论对其进行进一步的讨论分析。

事实上，对物理问题进行量纲分析后所给出的无量纲函数表达式可能有多种，如同上文分析，每种函数形式可能对应某种具体情况；然而，很多情况下，同一个问题在不同特殊条件下其形式可能也有多种，也就是说，同一个物理问题所对应的无量纲函数表达式在不同条件下是动态转换的。

例 2.23　液体自由表面波传播问题

在一个完全平静的水面上施加一个小扰动，使得水面某处质点偏离平衡位置而产生运动。在运动过程中，一方面，质点受到的重力作用使其趋向于恢复到原始平衡位置；另一方面，质点的惯性使得其保持原有方向运动；因此，质点在平衡位置附近呈振动形式运动，并向相邻的质点传递。依次类推，质点振动的传递使得水面上形成波纹，即水波传播。如图 2.19 所示，已知水波的波长为 λ、波幅为 a，水的密度为 ρ，求解水波的传播速度 c[8,9]。

对波长较短的水波而言，其表面张力 T 也是使水面恢复平衡状态的不可忽视的因素；其次，水深 H 也是影响因素之一；作为一个重力水波，重力加速度 g 也是不可缺少的因素。因此，该物理问题可以描述为

$$c = f(\lambda, a, H, \rho, g, T) \tag{2.372}$$

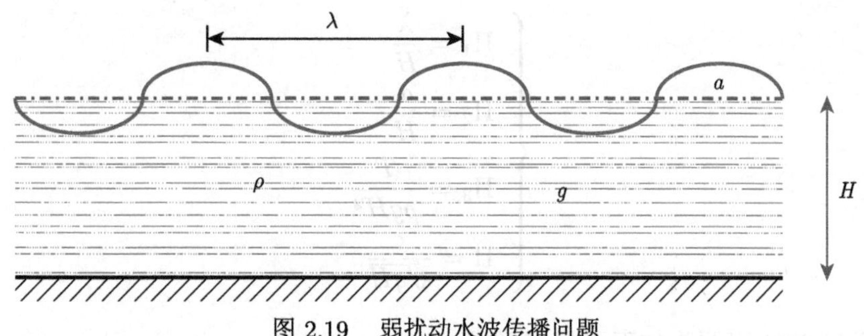

图 2.19 弱扰动水波传播问题

此物理问题同样是一个经典力学问题，所涉及的基本量纲也只有 3 个。上式 7 个物理量包含 1 个因变量和 6 个自变量，其量纲幂次指数如表 2.47 所示。

表 2.47 弱扰动水波传播问题中变量的量纲幂次指数

物理量	c	λ	a	H	ρ	g	T
M	0	0	0	0	1	0	1
L	1	1	1	1	−3	1	0
T	−1	0	0	0	0	−2	−2

从 Π 定理可知，该物理问题可以选取 3 个独立的参考物理量；从表 2.47 可以看出，水波的波长 λ、波幅 a 和水深 H 这 3 个自变量只能选 1 个作为参考物理量，另外 3 个自变量中可选取任意 2 个作为参考物理量，这里我们选取密度 ρ、水深 H 和重力加速度 g 这 3 个自变量为参考物理量。按照量纲分析的性质对表 2.47 进行排序，可以得到表 2.48。

表 2.48 弱扰动水波传播问题中变量的量纲幂次指数 (排序后)

物理量	ρ	H	g	λ	a	T	c
M	1	0	0	0	0	1	0
L	−3	1	1	1	1	0	1
T	0	0	−2	0	0	−2	−1

对表 2.48 进行行变换，即可得到表 2.49。

表 2.49 弱扰动水波传播问题中变量的量纲幂次指数 (行变换后)

物理量	ρ	H	g	λ	a	T	c
ρ	1	0	0	0	0	1	0
H	0	1	0	1	1	2	1/2
g	0	0	1	0	0	1	1/2

根据 Π 定理和表 2.49，我们可以给出该问题中的 4 个无量纲量：

$$\begin{cases} \Pi_1 = \dfrac{\lambda}{H} \\ \Pi_2 = \dfrac{a}{H} \\ \Pi_3 = \dfrac{T}{\rho g H^2} \\ \Pi = \dfrac{c}{\sqrt{gH}} \end{cases} \tag{2.373}$$

因此，式 (2.372) 可写为如下无量纲形式

$$\frac{c}{\sqrt{gH}} = f\left(\frac{\lambda}{H}, \frac{a}{H}, \frac{T}{\rho g H^2}\right) \tag{2.374}$$

或

$$c = \sqrt{gH} \cdot f\left(\frac{\lambda}{H}, \frac{a}{H}, \frac{T}{\rho g H^2}\right) \tag{2.375}$$

上式中第一个和第二个无量纲自变量为无量纲几何物理量，分别表示相对波长和相对波幅。第三个无量纲自变量为重力与表面张力耦合物理量，具有重要的物理意义；然而，该物理量分母物理意义并不明确，特别是水深的平方与水的密度之间的耦合与本问题明显没有必然联系，因此该项需要转换；根据量纲分析性质 5 可知，上式中第三个无量纲自变量的可能形式有

$$\frac{T}{\rho g H^2}\bigg/\left(\frac{\lambda}{H}\right)^2 = \frac{T}{\rho g \lambda^2}, \frac{T}{\rho g H^2}\bigg/\left(\frac{a}{H}\right)^2 = \frac{T}{\rho g a^2}, \frac{T}{\rho g H^2}\bigg/\left(\frac{\lambda}{H}\cdot\frac{a}{H}\right) = \frac{T}{\rho g \lambda a} \tag{2.376}$$

这三种组合皆有一定的物理意义，但对于波的形态而言，独立地使用波长 λ 和波幅 a 皆显片面，也就是说上式中前 2 个无量纲形式皆不甚准确；第三个无量纲形式相对合理，但水波并不是方形而是弧形，因此，用 λa 表征面积虽然合理但不甚精确。对于弧形水波，利用波的曲率半径 r 更为科学合理。容易计算出曲率半径为 [8]

$$r = \frac{1}{2}\left(\frac{\lambda^2}{16a} + a\right) \tag{2.377}$$

一般情况下，由于 $a < \lambda/4$，因此，曲率半径 r 随着波幅 a 的增加而减小。由上式容易看出，曲率半径 r 的量纲与波长的量纲完全相同，因此，式 (2.375) 中第三个无量纲自变量可转换为

$$\Pi_3 = \frac{T}{\rho g r^2} \tag{2.378}$$

上式代表的物理意义与流体力学中著名的无量纲量 Bond 数 (简称为 Bo 数) 基本一致，它的物理意义是重力与表面张力的比值。因此，我们可以参考 Bond 数，根据量纲分析性质 5，将上式无量纲量写为

$$\Pi_3 = \frac{\rho g r^2}{T} \tag{2.379}$$

因此，式 (2.375) 可以修正为

$$c = \sqrt{gH} \cdot f\left(\frac{\lambda}{H}, \frac{a}{H}, \frac{T}{\rho g r^2}\right) \tag{2.380}$$

或

$$c = \sqrt{gH} \cdot f\left(\frac{\lambda}{H}, \frac{a}{H}, \frac{\rho g r^2}{T}\right) \tag{2.381}$$

上式中第一个无量纲自变量表示波长与水深之比，第二个无量纲自变量表示波幅与水深之比，均具有一定的物理意义；但两个无量纲量都以水深 H 为分母，而对水波的波形缺少描述，因此，我们将第二个无量纲自变量修正为

$$\Pi_2 = \frac{a}{H} \bigg/ \frac{\lambda}{H} = \frac{a}{\lambda} \tag{2.382}$$

更为合适，其表示水波波形的陡峭程度。因此，式 (2.375) 可以进一步修正为

$$c = \sqrt{gH} \cdot f\left(\frac{\lambda}{H}, \frac{a}{\lambda}, \frac{\rho g r^2}{T}\right) \tag{2.383}$$

对于水而言，其表面张力值为 0.074N/m，此时

$$\frac{T}{\rho g r^2} = \frac{7.55 \times 10^{-6}\mathrm{m}^2}{r^2} \tag{2.384}$$

当 r 约为 2.75mm 时，上式的值约等于 1。

对于一般液体而言，曲率半径一般远大于 2.75mm，当曲率半径 r 较大时，有

$$\frac{T}{\rho g r^2} \to 0 \tag{2.385}$$

而且，大曲率半径表面波对应的波幅 a 一般远小于其波长 λ，即

$$\lambda \gg a \quad 或 \quad \frac{a}{\lambda} \to 0 \tag{2.386}$$

因此，对于一般液体表面传播的表面波而言，我们可以不考虑表面张力，这类表面波一般称为重力波。此时式 (2.383) 可简化为

$$c = \sqrt{gH} \cdot f\left(\frac{\lambda}{H}\right) \tag{2.387}$$

从上式容易看出，对于液体表面重力波而言，其波速与密度 ρ 无关，因此实际主要影响因素除了重力加速度 g 外，还有水深 H、波长 λ。

此时，根据水深又可以分为两种情况 [8]。

1) 深水重力波：水深远大于波长，$H \gg \lambda$

由于水深相对过大，可以不予考虑，即水深 H 的变化对自由表面波传播速度的影响可以忽略不计，因而将水深 H 作为参考物理量不再准确，根据量纲分析性质 5，式 (2.387) 可以转换为

$$c = \sqrt{gH} \cdot \sqrt{\frac{\lambda}{H}} \cdot f\left(\frac{\lambda}{H}\right) = \sqrt{g\lambda} \cdot f\left(\frac{\lambda}{H}\right) \tag{2.388}$$

又由于 $H \gg \lambda$，上式可以进一步简化为

$$c = K \cdot \sqrt{g\lambda} \tag{2.389}$$

式中，K 为某特定常数。

上式说明在深水中，水波的传播速度与波长相关，波速随着波长的变化而变化，属于一种色散波。事实上，根据水波理论，我们可以推导出

$$c = \frac{1}{\sqrt{2\pi}} \cdot \sqrt{g\lambda} \Leftrightarrow c = \sqrt{\frac{g\lambda}{2\pi}} \tag{2.390}$$

对比以上两式，我们可以看出利用量纲分析并根据条件进行必要的假设，可以给出与理论解非常接近的结论。

2) 浅水重力波：波长远大于水深，$\lambda \gg H$

式 (2.387) 也可以写为

$$c = \sqrt{gH} \cdot f\left(\frac{H}{\lambda}\right) \tag{2.391}$$

当水深远小于波长时，即对于浅水中水波的传播情况，上式可简化为

$$c = K \cdot \sqrt{gH} \tag{2.392}$$

式中，K 为某特定常数。根据水波理论，我们也可以推导出，理论上该常数为 1，即

$$c = \sqrt{gH} \tag{2.393}$$

上式意味着对于浅水微幅水波的传播而言，其波速只是水深的函数，其传播过程并不出现色散现象。

式 (2.392) 和式 (2.393) 显示，对于浅水波而言，其波速与水深的平方根呈线性正比关系，此时水波波峰点的波速 c_{crest} 与波谷点的波速 c_{base} 之比为

$$\frac{c_{\text{crest}}}{c_{\text{base}}} = \frac{\sqrt{gH_{\text{crest}}}}{\sqrt{gH_{\text{base}}}} = \sqrt{\frac{\bar{H}+a}{\bar{H}-a}} > 1 \tag{2.394}$$

式中，$\bar{H}$ 表示平均水深。

上式说明，对于浅水波而言，波峰上的传播速度高于波谷。这可以定性地解释海浪冲击海滩的现象。

当波长 λ 极短，且

$$\sqrt{\frac{T}{\rho g}} \gg \lambda \quad 或 \quad \sqrt{\frac{T}{\rho g}} \gg r \tag{2.395}$$

时，即波动过程中自由面的曲率半径较小、曲率较大，此时表面张力 T 很大，远大于重力的影响。由于重力的影响可以忽略，因此不适于将重力加速度 g 作为参考物理量；而且由于波长 λ 极短，即水深相对极大，因此，水深 H 也不适合用来作为参考物理量。根据量纲分析性质 5，式 (2.383) 可以转换为

$$c = \sqrt{\frac{\lambda}{H}} \cdot \sqrt{gH} \Bigg/ \sqrt{\frac{\rho g r^2}{T}} \cdot f\left(\frac{\lambda}{H}, \frac{a}{\lambda}, \frac{\rho g r^2}{T}\right) = \sqrt{\frac{\lambda T}{\rho r^2}} \cdot f\left(\frac{\lambda}{H}, \frac{a}{\lambda}, \frac{\rho g r^2}{T}\right) \tag{2.396}$$

由于表面张力很大，波长很短，即有

$$\begin{cases} \dfrac{\rho g r^2}{T} \to 0 \\ \dfrac{\lambda}{H} \to 0 \\ \dfrac{\lambda}{a} \to 0 \end{cases} \tag{2.397}$$

此时，式 (2.396) 即可简化为

$$c = K \cdot \sqrt{\frac{\lambda T}{\rho r^2}} \tag{2.398}$$

式中，K 为某特定常数。上式中，当曲率半径和波长皆较小时，也可进一步简化为

$$c = K \cdot \sqrt{\frac{T}{\rho \lambda}} \tag{2.399}$$

这种液体自由表面波一般称为毛细波或涟波，此时波速也与波长相关，是一种色散波。然而，与重力波中深水波传播色散现象不同的是，毛细波的传播速度与波长的平方根呈线性反比关系。

以上实例表明，对于量纲分析而言，不仅需要在分析之前进行初步的理论分析和调研以确定合理的自变量，还需要在分析过程和分析结果中根据实际情况进行简化分析，以便给出更加合理科学且准确的结果。

综上分析表明，广义上的量纲分析并不仅仅包含图 2.14 所示步骤，还应包括无量纲函数表达式的确定和无量纲函数表达式的修正和精简。简单来讲，量纲分析有如图 2.20 所示的三大步骤。

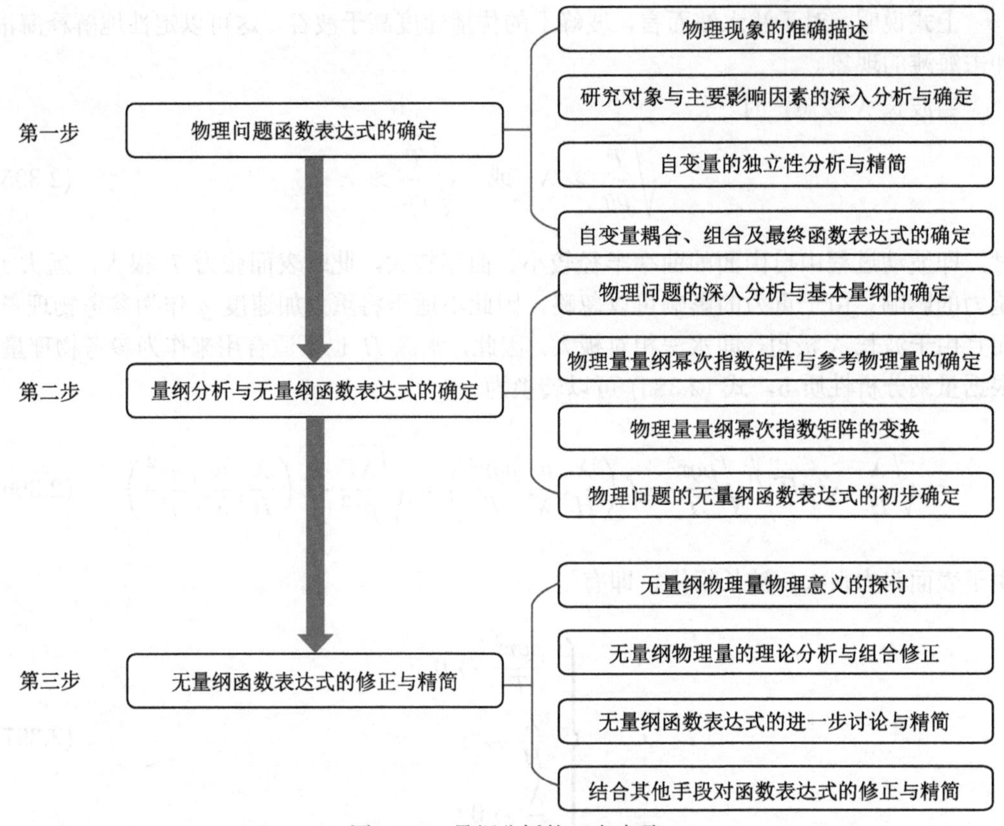

图 2.20　量纲分析的三大步骤

当然，量纲分析与理论分析、试验研究和数值仿真研究并不是完全独立的，反而，它们之间是相互影响、相互促进的，因此以上量纲分析的方法与步骤只是量纲分析的初步应用，具体深入的分析与讨论见后面章节。

第 3 章　量纲分析与相似律

上文我们对量纲和量纲分析的内涵及其本质进行了分析，并利用实例对量纲分析的性质及其应用的基本思路进行了初步介绍。可以看到，量纲分析能够在很大程度上简化物理问题的分析过程，以极小的分析成本给出更简单、更接近理论解的无量纲函数形式。然而，量纲分析作为自然科学的重要理论工具之一，其作用和功能远不只如此。例如，我们可以利用对物理问题进行量纲分析后所给出的无量纲函数形式设计缩比或放大模型，通过对这些模型进行试验研究来定量地给出原型中对应的规律与结论。因此，量纲分析很多时候也称为相似理论，但两者从字面上来看还是有一定的区别：前者更侧重于利用量纲和量纲分析的内涵与性质对物理问题进行分析或简化；后者更侧重于利用量纲分析相关理论研究物理问题之间的相似规律，从而构建相似模型以解决复杂问题。传统的量纲分析与相似理论的基本理论体系非常相近，因此我们常常并不严格区分，可以认为两者只是不同行业或不同地域对同一个概念的不同称谓而已。

所谓 “相似”，就是两个或多个对象具有类似的特征；例如，图 3.1 中的两个三角形对应的顶角皆相等或对应的边长之比皆相等，我们称这样的两个三角形为相似三角形。这个定义是数学中所直接给出的，这里我们也可以将之视为一个物理问题进行分析。设图中两个三角形的各边长分别为 a、b、c 和 a'、b'、c'，定义一对虚拟的无量纲量 Ω 和 Ω'，用它来表征三角形的形状特征。

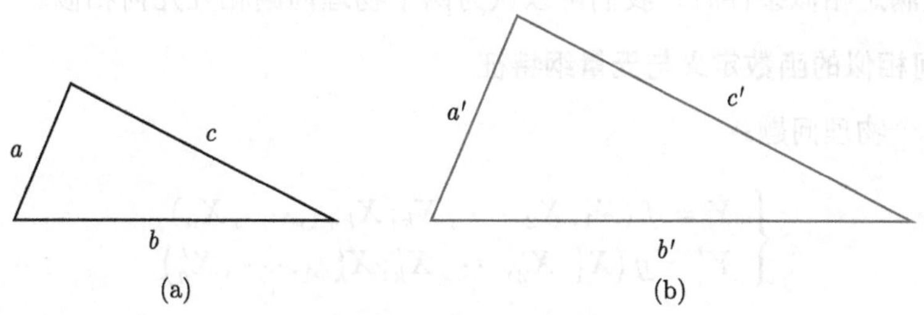

图 3.1　三角形相似问题

该问题可描述为

$$\begin{cases} \Omega = f\left(a,b,c\right) \\ \Omega' = g\left(a',b',c'\right) \end{cases} \tag{3.1}$$

容易看出，该问题中基本量纲只有一个 L，我们选取其中一条边长作为基本参考量纲，即可以得到其无量纲形式：

$$\begin{cases} \Omega = f\left(\dfrac{a}{c},\dfrac{b}{c}\right) \\ \Omega' = g\left(\dfrac{a'}{c'},\dfrac{b'}{c'}\right) \end{cases} \tag{3.2}$$

根据中学时学习的几何知识可知，当

$$\begin{cases} \dfrac{a}{b} = \dfrac{a'}{b'} \\ \dfrac{c}{b} = \dfrac{c'}{b'} \end{cases} \tag{3.3}$$

时，两个三角形的几何特征相同，即

$$\Omega = \Omega' \tag{3.4}$$

此时，我们定义两个三角形为相似三角形；它表明，只要三角形两边长之比不变，无论怎样放大或缩小这个三角形，其形状与原三角形相似。当然，相似不表示相同，但相同肯定会相似；可以将相同视为相似的一个特例。

事实上，不仅仅在几何学中，在科学或日常生活的方方面面，我们都可以发现一些相似的东西，甚至是一些抽象的对象，如两个人的性格相似等。在物理问题的分析中我们更是可以发现数不胜数的相似问题，这些相互满足相似特征的物理问题皆具有某个或若干个相同的量，进而使得我们可以利用相对容易解决的某个物理问题来分析讨论与之相似但很难解决或实现的物理问题；这就是利用量纲分析理论进行物理问题相似性分析的基本出发点之一。

3.1 几何相似、材料相似与物理相似

以上所示两个三角形之间的相似即典型的几何相似；简单地讲，当两个物理问题中的几何参数满足相似条件时，我们可以认为两个物理问题相互几何相似。

3.1.1 几何相似的函数定义与无量纲特征

对于两个物理问题：

$$\begin{cases} Y = f\left(X_1, X_2, \cdots, X_k; X_{k+1}, \cdots, X_n\right) \\ Y' = g\left(X_1', X_2', \cdots, X_k'; X_{k+1}', \cdots, X_n'\right) \end{cases} \tag{3.5}$$

设函数表达式中前 k 个自变量皆为特征几何物理量，且下标相同的几何物理量表征两个物理问题中相应的特征几何尺寸。

若两个物理问题满足几何全等，则必有

$$\begin{cases} X_1 = X_1' \\ X_2 = X_2' \\ \quad\vdots \\ X_k = X_k' \end{cases} \tag{3.6}$$

反之则不然，即若式 (3.6) 成立，则并不代表这两个物理问题必然满足几何全等。例如，图 3.2 所示的 3 个四边形，其对应位置的 4 条边分别相等，即有

$$
\begin{cases}
a_1 = a_2 = a_3 \\
b_1 = b_2 = b_3 \\
c_1 = c_2 = c_3 \\
d_1 = d_2 = d_3
\end{cases}
\tag{3.7}
$$

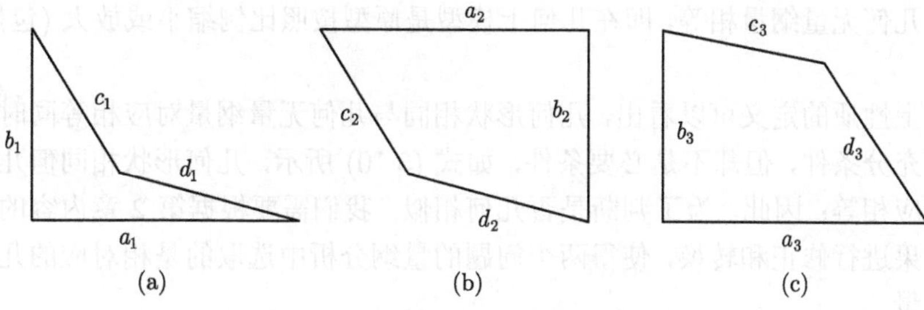

图 3.2　三个边长对应相等的四边形

然而，从图 3.2 容易发现这 3 个四边形明显并不全等，甚至并不相似。因此，两个物理问题中对应几何尺寸相等并不是其几何全等的充分条件；也就是说，两个物理问题中对应几何尺寸相等只是其几何全等的必要条件而不是充要条件。进一步分析可知，两个几何图形特别是三维图形全等的充要条件应该是对应几何尺寸相等和几何形状相同同时成立。

根据式 (3.5) 进行量纲分析，可以得到

$$
\begin{cases}
\Pi = f\left(\Pi_1, \Pi_2, \cdots, \Pi_k; \Pi_{k+1}, \cdots, \Pi_n\right) \\
\Pi' = g\left(\Pi'_1, \Pi'_2, \cdots, \Pi'_k; \Pi'_{k+1}, \cdots, \Pi'_n\right)
\end{cases}
\tag{3.8}
$$

然而，即使两个物理问题中几何形状相同且对应几何尺寸相等，即式 (3.6) 成立，但对应的几何无量纲量却不一定相等，即

$$
\begin{cases}
\Pi_1 = \Pi'_1 \\
\Pi_2 = \Pi'_2 \\
\quad\vdots \\
\Pi_k = \Pi'_k
\end{cases}
\tag{3.9}
$$

不一定成立。以式 (3.1) 为例，根据量纲分析，如果两个函数表达式选择不同的参考物理量，该式也可以写为以下无量纲函数表达式：

$$
\begin{cases}
\Omega = f\left(\dfrac{a}{c}, \dfrac{b}{c}\right) \\
\Omega' = g\left(\dfrac{a'}{b'}, \dfrac{c'}{b'}\right)
\end{cases}
\tag{3.10}
$$

容易看出，上式中两个函数表达式对应的无量纲量并不相等。反之，若两个物理问题中几何形状完全相同，且对应的几何无量纲量也相等，即式 (3.9) 也成立，则这两个物理问题必然满足相似特征。

几何相似的定义：对于某个特定物理问题的两个不同模型而言，若所涉及的几何形状相同，且无量纲函数表达式中对应的几何无量纲量一一对应相等，则我们称这两个模型满足几何相似条件；若定义其中一个为原型，则另一个为模型，对于与原型满足几何相似的模型称为缩比模型。

需要说明的是，所谓缩比模型并不是模型与原型相比尺寸缩小了，它只是表示模型和原型中几何无量纲量相等，即在几何上模型是原型按照比例缩小或放大 (包括同尺寸) 的结果。

从以上性质的定义可以看出，几何形状相同与几何无量纲量对应相等同时成立是几何相似的充分条件，但却不是必要条件，如式 (3.10) 所示，几何形状相同但几何无量纲量并不对应相等；因此，为了判断是否几何相似，我们需要根据第 2 章内容的结论对量纲分析结果进行修正和转换，使得两个问题的量纲分析中选取的是相对应的几何量作为参考物理量。

例 3.1　悬臂梁自重弹性变形问题

我们现在考虑一个悬臂梁自重弹性变形问题。如图 3.3 所示，设悬臂梁的初始长度为 L，截面积为 S，梁的材料密度为 ρ，质量为 m，杨氏模量为 E。设在自重作用下，悬臂梁呈弹性变形，求其自由端的变形挠度 δ。

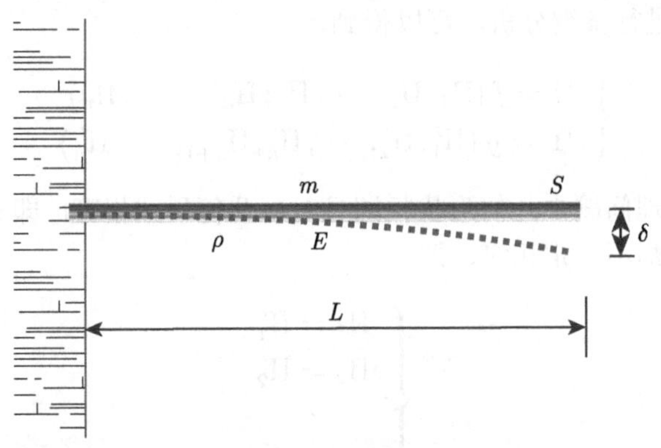

图 3.3　悬臂梁自重弹性变形问题

由于考虑梁在自重下的变形，因此重力加速度 g 一定是主要影响因素。因此，变形挠度可表达为

$$\delta = f(E, S, \rho, g, L, m) \tag{3.11}$$

该问题中物理量有 7 个，包含 1 个因变量和 6 个自变量。然而，上式中 6 个自变量并不相互独立，有

$$m = \rho L S \tag{3.12}$$

而且，对于梁的弯曲行为而言，抗弯刚度 EI(I 为惯性矩) 是其中一个主要因素；且根据基本方程，该问题中，杨氏模量 E 总是与惯性矩 I 以乘积的形式出现。另外，由惯

性矩的定义和特征可知

$$I \propto S^2 \tag{3.13}$$

因此，式 (3.11) 可以写为

$$\delta = f\left(ES^2, \rho, g, L\right) \tag{3.14}$$

式中，自变量由 6 个减少为 4 个，而且这 4 个自变量相互独立。同时，该问题是一个经典力学问题，其基本量纲只有 3 个；这 5 个物理量的量纲幂次指数如表 3.1 所示。

表 3.1　悬臂梁自重弹性变形问题中变量的量纲幂次指数

物理量	δ	ES^2	ρ	g	L
M	0	1	1	0	0
L	1	3	−3	1	1
T	0	−2	0	−2	0

从表 3.1 可以看出，我们可以取 4 个自变量中的任意 3 个作为参考物理量。这里我们取材料密度 ρ、梁的长度 L 和重力加速度 g 这 3 个量为参考物理量，可以得到表 3.2。

表 3.2　悬臂梁自重弹性变形问题中变量的量纲幂次指数 (排序后)

物理量	ρ	L	g	ES^2	δ
M	1	0	0	1	0
L	−3	1	1	3	1
T	0	0	−2	−2	0

对表 3.2 进行行变换，可以得到表 3.3。

表 3.3　悬臂梁自重弹性变形问题中变量的量纲幂次指数 (行变换后)

物理量	ρ	L	g	ES^2	δ
ρ	1	0	0	1	0
L	0	1	0	5	1
g	0	0	1	1	0

根据 Π 定理和量纲分析的性质，可以给出 2 个无量纲量：

$$\begin{cases} \Pi_1 = \dfrac{ES^2}{\rho g L^5} \\ \Pi = \dfrac{\delta}{L} \end{cases} \tag{3.15}$$

因此，式 (3.11) 即可以写为如下无量纲形式：

$$\frac{\delta}{L} = f\left(\frac{ES^2}{\rho g L^5}\right) \tag{3.16}$$

上式中左端物理意义比较明显，即表示单位长度梁的变形挠度；右端函数内只有一个无量纲自变量，该无量纲量分母表示重力、分子表示抗弯刚度，物理意义也比较明显。不过，容易判断变形挠度应该与重力成正比且与梁的抗弯刚度成反比，因此，上式写为以下形式更为直观：

$$\frac{\delta}{L}=f\left(\frac{\rho gL^5}{ES^2}\right) \tag{3.17}$$

从上式可以看出，若该问题存在两个不同尺寸的模型即原型与缩比模型，即使两个模型并不满足几何相似，只需要保证

$$\left(\frac{\rho gL^5}{ES^2}\right)_m=\left(\frac{\rho gL^5}{ES^2}\right)_p \tag{3.18}$$

即有

$$\left(\frac{\delta}{L}\right)_m=\left(\frac{\delta}{L}\right)_p \tag{3.19}$$

以上问题自变量中涉及的几何尺寸的组合为

$$\frac{L^5}{S^2} \tag{3.20}$$

它不是一个独立的无量纲自变量，因此，式 (3.18) 的成立并不要求

$$\left(\frac{L^5}{S^2}\right)_m=\left(\frac{L^5}{S^2}\right)_p \tag{3.21}$$

一定成立。

几何相似概念的补充：对于某个特定物理问题的两个不同模型而言，缩比模型与原型满足几何相似的判断依据是无量纲函数表达式中对应的纯由几何参数组合形成的无量纲量，而不是同时包含几何参数和其他性质参数的无量纲量。

3.1.2 材料相似的概念与特征

我们对比两个物理问题是否相似，几何相似仅仅是最基础的一个条件；例如一根钢做的圆杆和木头做的圆杆，即使它们尺寸完全一致，如果考虑其抗压缩性能这个物理问题，这两根杆对应的强度完全不同，相差甚多。因此，在物理问题的相似性分析中，材料的性能是否相似也是一个重要的关键条件。

第 2 章中例 2.22 给出弹性杆轴向压力的无量纲表达形式：

$$\varepsilon=f\left(\frac{\sigma}{E}\right) \tag{3.22}$$

如果该物理问题中有两个尺寸不一定相同的直杆，在忽略重力作用下上式皆成立，若原型和缩比模型满足：

$$\left(\frac{\sigma}{E}\right)_p=\left(\frac{\sigma}{E}\right)_m \tag{3.23}$$

我们可以称这两个模型满足材料相似，对于同一个物理问题，式 (3.22) 具有同一个函数形式，因此必有

$$(\varepsilon)_p = (\varepsilon)_m \tag{3.24}$$

事实上，在很多固体介质相关的力学问题的量纲分析过程中，经常涉及固体材料力学性能相关参数，如

$$F = f(\sigma, E, \cdots) \tag{3.25}$$

进行量纲分析后，一般得到

$$\overline{F} = \frac{F}{F_0} = f\left(\frac{\sigma}{E}, \cdots\right) \tag{3.26}$$

根据定义容易知道，如果该问题对应的不同模型中材料对应相同，则必然满足材料相似，也就是说，材料相同是材料相似的特例，即若

$$\begin{cases} (\sigma)_m = (\sigma)_p \\ (E)_m = (E)_p \end{cases} \tag{3.27}$$

则必然有

$$\left(\frac{\sigma}{E}\right)_m = \left(\frac{\sigma}{E}\right)_p \tag{3.28}$$

然而，在一些情况下，我们在缩比模型研究中较难找到与原型基本相同的材料，或获取原材料过于昂贵、过于困难等，因此可能需要寻找对应的替代材料。在大多数情况下，缩比模型中的替代材料与原型中的材料对应的力学性能参数并不相等，即

$$\begin{cases} (\sigma)_m \neq (\sigma)_p \\ (E)_m \neq (E)_p \end{cases} \tag{3.29}$$

但如果此时仍满足式 (3.28) 所示材料相似条件，对于如例 2.22 一类问题来讲，缩比模型与原型中无量纲因变量也会相等。这两个模型中的相似材料严格来讲可以称为“本构相似”材料。

以例 2.22 为例，Baker 等 [10–14] 将软铜和软铝的应力应变曲线进行归一化分析后，得到图 3.4 所示曲线。从图 3.4 可以看出，虽然这两种材料力学性能并不相同，但经无量纲处理后，其无量纲应力应变曲线基本相似，即

$$\begin{cases} (\sigma)_m \neq (\sigma)_p \\ (E)_m \neq (E)_p \\ \left(\dfrac{\sigma}{E}\right)_m = \left(\dfrac{\sigma}{E}\right)_p \end{cases} \tag{3.30}$$

因此，对于该问题而言，如果缩比模型和原型分别采用此两种材料作为直杆的材料，必然有

$$(\varepsilon)_m = (\varepsilon)_p \tag{3.31}$$

即我们可以认为此两种材料对于该问题而言，存在某种相似性。

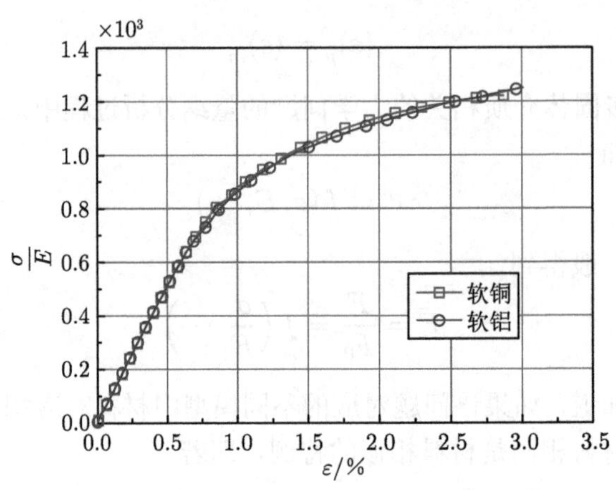

图 3.4　软铜与软铝的材料相似性 [9,11,12]

例 3.2　有限直径细长杆中弹性波的传播声速问题

第 2 章中我们分析了一维杆和无限介质中线弹性波的传播声速问题，这些问题皆是线弹性波传播在理想条件下的解；事实上，在细长杆的传播过程中也存在弥散效应，而且与杆径、入射波长有着直接的联系。如图 3.5 所示，设圆杆直径为 D，入射谐波波长为 λ；杆材料为线弹性材料，其杨氏模量为 E，密度为 ρ，泊松比为 ν。

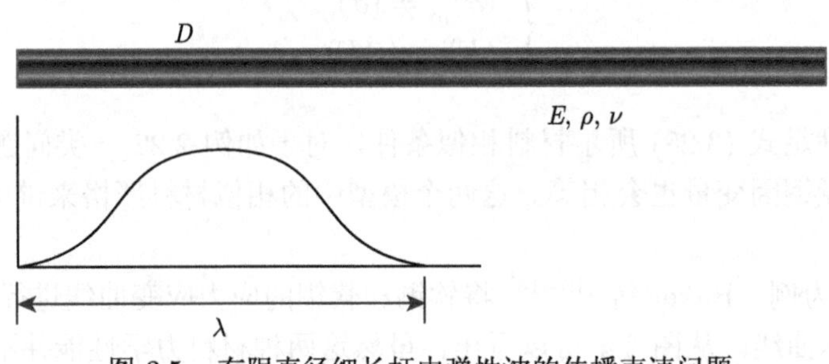

图 3.5　有限直径细长杆中弹性波的传播声速问题

从理论容易判断，杆中的声速与杆长应无关；因此，我们可以给出杆中沿轴向方向上的声速为

$$c = f(D, \lambda; E, \rho, \nu) \tag{3.32}$$

该问题中有 6 个物理量，其中自变量 5 个，因变量 1 个；而且物理量中泊松比 ν 为无量纲量，根据第 2 章中相关知识可知，此量在具体的量纲分析过程中可以不予考虑。该问题是一个典型的力学问题，其基本量纲只有 3 个；这 6 个物理量的量纲幂次指数如表 3.4 所示。

表 3.4 有限直径细长杆中弹性波的传播声速问题中变量的量纲幂次指数

物理量	c	D	λ	E	ρ
M	0	0	0	1	1
L	1	1	1	−1	−3
T	−1	0	0	−2	0

从表 3.4 容易看出，该问题中参考物理量必须包含杨氏模量 E 和密度 ρ，另一个参考物理量为圆杆直径 D 和波长 λ 中任意一个。这里我们取材料密度 ρ、圆杆直径 D 和杨氏模量 E 这 3 个量为参考物理量，可以得到表 3.5。

表 3.5 有限直径细长杆中弹性波的传播声速问题中变量的量纲幂次指数 (排序后)

物理量	ρ	D	E	λ	c
M	1	0	1	0	0
L	−3	1	−1	1	1
T	0	0	−2	0	−1

对表 3.5 进行行变换，可以得到表 3.6。

表 3.6 有限直径细长杆中弹性波的传播声速问题中变量的量纲幂次指数 (行变换后)

物理量	ρ	D	E	λ	c
ρ	1	0	0	0	−1/2
D	0	1	0	1	0
E	0	0	1	0	1/2

根据 Π 定理和量纲分析的性质，可以给出 3 个无量纲量：

$$\begin{cases} \Pi_1 = \dfrac{\lambda}{D} \\ \Pi_2 = \nu \\ \Pi = \dfrac{c}{\sqrt{E/\rho}} \end{cases} \tag{3.33}$$

因此，式 (3.32) 即可以写为无量纲形式：

$$\frac{c}{\sqrt{E/\rho}} = f\left(\frac{\lambda}{D};\nu\right) \tag{3.34}$$

或

$$c = \sqrt{\frac{E}{\rho}} \cdot f\left(\frac{\lambda}{D};\nu\right) \tag{3.35}$$

以上两式的函数中，第一个无量纲自变量表示无量纲尺寸，第二个无量纲量表示泊松比；由 3.1.1 节中的分析可知，对于该问题，若存在一个缩比模型，其满足：

$$\left(\frac{\lambda}{D}\right)_m = \left(\frac{\lambda}{D}\right)_p \tag{3.36}$$

则表示其与原型满足几何相似条件；若缩比模型中材料的泊松比 ν 与原型中相同，即

$$(\nu)_m = (\nu)_p \tag{3.37}$$

则表示两个模型满足材料相似条件。

事实上，根据应力波理论可知，其理论解析解为

$$\frac{c}{\sqrt{E/\rho}} = 1 - \pi^2\nu^2\left(\frac{D}{\lambda}\right)^2 \tag{3.38}$$

从该式也可以看出，影响无量纲因变量的材料参数只有泊松比。

从上面的分析可知，对于同一个问题的两个不同模型而言，如果其涉及的材料物理力学性能参数的无量纲量对应相等，则表示这两个模型满足材料相似条件。需要说明的是，材料相似不是绝对的，而是对于某个特定问题而言的；如本节上文中分析，对于直杆轴向压力问题而言，其材料相似条件为

$$\left(\frac{\sigma}{E}\right)_m = \left(\frac{\sigma}{E}\right)_p \tag{3.39}$$

也就是说，两个模型中材料只需要满足以上条件即可，其他参数如密度、泊松比等都不影响两个模型的材料相似性。而对于圆杆中的弹性波传播而言，只需要两个模型中材料的泊松比相等即可，即使不满足上式也不影响材料相似。也就是说，不同的问题对应的相似条件并不相同；两种材料在某一个物理问题的两个模型中满足材料相似条件，并不代表其在另一个物理问题中也满足材料相似条件；因此，材料相似条件是对特定问题而言的。当然，若不同模型中材料完全相同，则对于任何问题而言，皆是满足材料相似的。

材料相似的定义：对于某一特定问题的不同模型而言，若其无量纲函数表达式中涉及材料物理力学性能的无量纲量对应相等，则我们可以认为此两个模型满足材料相似条件。

例 3.3　弹性杆的自然频率

自然频率是弹性体的一个重要物理参数，以一根弹性圆杆为例，其杨氏模量为 E、密度为 ρ、杆长为 L、直径为 D；其自然频率 n 可以表达为

$$n = f(E, L, \rho, D) \tag{3.40}$$

该问题中物理量有 5 个，包含 4 个自变量和 1 个因变量；其中基本量纲有 3 个。物理量对应的量纲幂次指数如表 3.7 所示。

表 3.7　弹性杆自然频率问题中变量的量纲幂次指数

物理量	n	E	L	ρ	D
M	0	1	0	1	0
L	0	−1	1	−3	1
T	−1	−2	0	0	0

从表 3.7 容易看出，该问题中参考物理量必须包含密度 ρ 和杨氏模量 E，另一个参考物理量为长度 L 和圆杆直径 D 中任意一个。这里我们取材料密度 ρ、圆杆长度 L 和杨氏模量 E 这 3 个量为参考物理量，可以得到表 3.8。

表 3.8　弹性杆自然频率问题中变量的量纲幂次指数 (排序后)

物理量	ρ	L	E	D	n
M	1	0	1	0	0
L	−3	1	−1	1	0
T	0	0	−2	0	−1

对表 3.8 进行行变换，可以得到表 3.9。

表 3.9　弹性杆自然频率问题中变量的量纲幂次指数 (行变换后)

物理量	ρ	L	E	D	n
ρ	1	0	0	0	−1/2
L	0	1	0	1	−1
E	0	0	1	0	1/2

根据 Π 定理和量纲分析的性质，可以给出 2 个无量纲量：

$$\begin{cases} \Pi_1 = \dfrac{D}{L} \\ \Pi = \dfrac{nL}{\sqrt{E/\rho}} \end{cases} \tag{3.41}$$

式中，不妨将第一个无量纲量写为

$$\Pi_1 = \frac{L}{D} \tag{3.42}$$

表示杆的长径比。第二个无量纲量中分母表示一维线弹性杆中的声速，因此物理量

$$\frac{L}{\sqrt{E/\rho}} = \frac{L}{C} = t \tag{3.43}$$

表示一维弹性波在杆中沿轴向方向从一端到另一端所花费的时间；式中，C 表示弹性声速。

因此，该问题的无量纲函数表达式即为

$$\frac{nL}{\sqrt{E/\rho}} = f\left(\frac{L}{D}\right) \tag{3.44}$$

或

$$n = \frac{\sqrt{E/\rho}}{L} \cdot f\left(\frac{L}{D}\right) \tag{3.45}$$

式 (3.44) 中右端函数中的量为无量纲几何量，对于该问题而言，缩比模型与原型中只要该无量纲量保持不变即满足几何相似条件，则对应的无量纲因变量必然相等。式中，虽然无量纲因变量中包含材料物理力学性能参数组合：

$$\sqrt{\frac{E}{\rho}} \tag{3.46}$$

但并不是独立的无量纲量，因此对于该问题而言，缩比模型与原型无量纲因变量满足

$$\left(\frac{nL}{\sqrt{E/\rho}}\right)_p = \left(\frac{nL}{\sqrt{E/\rho}}\right)_m \tag{3.47}$$

并不要求

$$\left(\sqrt{\frac{E}{\rho}}\right)_p = \left(\sqrt{\frac{E}{\rho}}\right)_m \tag{3.48}$$

必然成立。

材料相似概念的补充：对于某个特定物理问题的两个不同模型而言，缩比模型与原型满足材料相似的判断依据是无量纲函数表达式中对应的纯由材料物理力学性能参数组合形成的无量纲量，而不是同时包含材料物理力学性能参数和其他性质参数的无量纲量。

例 3.4　瞬态脉冲加载作用下悬臂梁的变形问题

以瞬态脉冲加载作用下的金属梁变形为例，如图 3.6 所示。设金属梁的密度为 ρ，初始长度为 L、截面特征尺寸为 $l_i(i=1,2,3,\cdots)$。设入射脉冲的冲量为 J，假设金属材料应力应变关系可以近似为双线性模型，其杨氏模量为 E、屈服强度为 Y、塑性模量为 $E_{\rm p}$；求冲击作用下梁的变形挠度 δ。

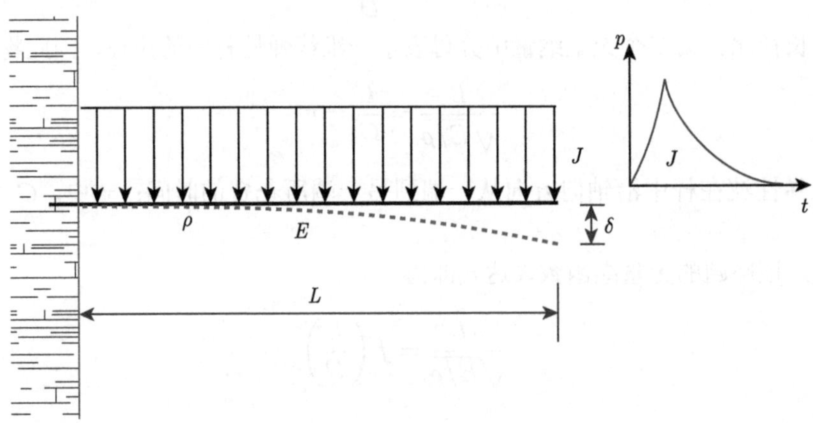

图 3.6　瞬态脉冲加载作用下悬臂梁的变形问题

从以上问题的描述我们可以看出，如果不考虑梁的重力，则金属梁最大变形挠度 δ 的函数表达式可以写为

$$\delta = f\left(J; L, l_i; \rho, E, E_{\rm p}, Y\right) \tag{3.49}$$

需要说明的是，式 (3.49) 中物理量 l_i 并不是一个量，而是一个物理量的组合，其表示梁截面的特征尺寸组合。这里主要是阐述材料相似问题，为简化问题的分析过程，设梁的截面为圆形，此时该物理量组合即简化为一个特征尺寸量——直径 D。此时上式可以写为

$$\delta = f\left(J; L, D; \rho, E, E_{\mathrm{p}}, Y\right) \tag{3.50}$$

上式显示该问题中有 8 个物理量，包含 1 个因变量和 7 个自变量。该问题为典型的力学问题，因此也只有 3 个基本量纲，其对应的量纲幂次指数如表 3.10 所示。

表 3.10 冲击荷载下金属梁变形问题中变量的量纲幂次指数

物理量	δ	J	L	D	ρ	E	E_{p}	Y
M	0	1	0	0	1	1	1	1
L	1	−1	1	1	−3	−1	−1	−1
T	0	−1	0	0	0	−2	−2	−2

该问题对应独立的参考物理量有 3 个；这里我们分别取金属梁材料密度 ρ、初始长度 L 和加载冲量 J 这 3 个量为参考物理量，对表 3.10 进行排序，可以得到表 3.11。

表 3.11 冲击荷载下金属梁变形问题中变量的量纲幂次指数 (排序后)

物理量	ρ	L	J	D	E	E_{p}	Y	δ
M	1	0	1	0	1	1	1	0
L	−3	1	−1	1	−1	−1	−1	1
T	0	0	−1	0	−2	−2	−2	0

将表 3.11 进行行变换，可以得到表 3.12。

表 3.12 冲击荷载下金属梁变形问题中变量的量纲幂次指数 (行变换后)

物理量	ρ	L	J	D	E	E_{p}	Y	δ
ρ	1	0	0	0	−1	−1	−1	0
L	0	1	0	1	−2	−2	−2	1
J	0	0	1	0	2	2	2	0

根据 Π 定理和量纲分析的性质，可以给出 5 个无量纲量：

$$\left\{\begin{array}{l}\Pi_1 = \dfrac{D}{L} \\ \Pi_2 = \dfrac{E\rho L^2}{J^2} \\ \Pi_3 = \dfrac{E_{\mathrm{p}}\rho L^2}{J^2} \\ \Pi_4 = \dfrac{Y\rho L^2}{J^2} \\ \Pi = \dfrac{\delta}{L}\end{array}\right. \tag{3.51}$$

因此，式 (3.50) 可简化为以下无量纲函数表达式：

$$\frac{\delta}{L}=f\left(\frac{D}{L},\frac{E\rho L^2}{J^2},\frac{E_{\rm p}\rho L^2}{J^2},\frac{Y\rho L^2}{J^2}\right) \tag{3.52}$$

式中，左端无量纲因变量物理意义很明显，即表示单位长度梁的变形挠度。右端函数中第一个无量纲自变量表示径长比，是几何无量纲量；根据 3.1.1 节中的知识可以知道，两个模型如果满足长径比相等，则它们互为几何相似模型。根据惯例，我们定义圆截面梁的长度与截面直径尺寸比为长径比，因此上式可以写为

$$\frac{\delta}{L}=f\left(\frac{L}{D};\frac{E\rho L^2}{J^2},\frac{E_{\rm p}\rho L^2}{J^2},\frac{Y\rho L^2}{J^2}\right) \tag{3.53}$$

上式中右端函数中后 3 个无量纲自变量均包含材料的物理力学性能和加载条件，物理意义不甚明显，因此需要根据第 2 章中相关知识对其进行分析和修正。

首先，尽可能将加载条件与材料物理力学参数解耦，简化形式；从上式中可以看出，完全可以通过对无量纲量进行组合来实现这一目标。根据量纲分析的性质，可以令

$$\begin{cases}\Pi_3'=\dfrac{\Pi_3}{\Pi_2}=\dfrac{E_{\rm p}}{E}\\ \Pi_4'=\dfrac{\Pi_4}{\Pi_2}=\dfrac{Y}{E}\end{cases} \tag{3.54}$$

此时，式 (3.53) 即可以简化为

$$\frac{\delta}{L}=f\left(\frac{L}{D};\frac{E\rho L^2}{J^2},\frac{E_{\rm p}}{E},\frac{Y}{E}\right) \tag{3.55}$$

上式右端函数中第 4 项的物理意义也非常明显，即表示梁材料的屈服应变

$$\varepsilon_Y=\frac{Y}{E} \tag{3.56}$$

其定义如图 3.7 所示。

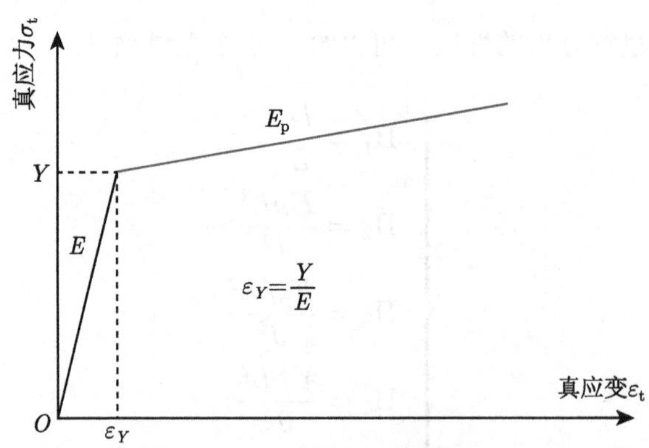

图 3.7　双线性材料模型中屈服应变的定义

对于悬臂梁的弯曲问题而言，根据理论力学知识即可知，杨氏模量 E 总是与截面惯性矩 I 以乘积的形式出现，其代表梁的抗弯刚度，是弯曲变形问题的主要因素之一；而且根据截面惯性矩的定义可知

$$I \propto D^4 \tag{3.57}$$

因此，根据量纲分析的性质，第二个无量纲量可转换为

$$\Pi_2' = \Pi_2 \cdot \Pi_1^4 = \frac{(ED^4)\,\rho}{J^2 L^2} \tag{3.58}$$

而且，对于该问题中的垂直脉冲载荷行为而言，弯曲波的传播也是一个重要影响因素，根据简单弯曲波波动的表达式可知，其波速

$$C \propto \frac{RC_0}{\varLambda} \tag{3.59}$$

式中，$\varLambda$ 表示波长；C_0 表示一维弹性纵波波速；R 表示截面对中性轴的回转半径；即

$$\begin{cases} C_0 = \sqrt{\dfrac{E}{\rho}} \\ R = \sqrt{\dfrac{I}{A}} \end{cases} \tag{3.60}$$

式中，A 表示截面面积，应有

$$A \propto D^2 \tag{3.61}$$

根据式 (3.59) ~ 式 (3.61)，可以得到

$$C \propto \sqrt{\frac{EI}{\rho D^2}} \bigg/ \varLambda \tag{3.62}$$

结合上式和式 (3.58)，则第二个无量纲量即可进一步写为

$$\Pi_2'' = \sqrt{\frac{\Pi_2'}{\Pi_1^2}} = \sqrt{\frac{(ED^4)\,\rho}{J^2 D^2}} = \sqrt{\frac{ED^4}{\rho D^2}} \cdot \frac{\rho}{J} \tag{3.63}$$

考虑到该问题中变形挠度应与抗弯刚度成反比，上式可以进一步写为

$$\Pi_2''' = \frac{1}{\Pi_2''} = \sqrt{\frac{\rho D^2}{ED^4}} \cdot \frac{J}{\rho} \tag{3.64}$$

上式对应的物理意义相对较明显：首先，根号项代表特定波长下的弯曲波速；其次，结合动量定理即冲量与动能之间的关系可知，冲量与密度之比包含惯性和波长等特征。上式可进一步变换为

$$\Pi_2''' = \sqrt{\frac{\rho D^2}{ED^4}} \cdot \frac{J}{\rho} \propto \frac{J}{\rho C \varLambda} \propto \frac{Ft}{\rho C \varLambda} \propto \frac{F}{\rho C v} \tag{3.65}$$

式中，ρC 可以视为材料弯曲波阻抗，其与某种特征速度 v 的组合从应力波理论上分析可知代表一种作用力。此时上式的物理意义更加明显，上式可简写为

$$\Pi_2''' = \sqrt{\frac{\rho D^2}{ED^4}} \cdot \frac{J}{\rho} = \frac{J}{D\sqrt{E\rho}} \tag{3.66}$$

因此，该问题无量纲表达式 (3.55) 可以写为

$$\frac{\delta}{L} = f\left(\frac{L}{D}; \frac{E_{\mathrm{p}}}{E}, \varepsilon_Y; \frac{J}{D\sqrt{E\rho}}\right) \tag{3.67}$$

Baker 等 [9,11,12] 利用某种镍铬铁合金 Inconel X 作为缩比模型中的本构相似材料模拟原型试验中的铝 6061-T6 金属材料，分析矩形截面悬臂梁在脉冲荷载下的最大弯曲应变 $\varepsilon_{\max}$。由于此时截面为矩形而非圆形，因此其几何尺寸量有长 D_1 和宽 D_2 两个参数，故式可写为

$$\delta = f\left(J; L, D_1, D_2; \rho, E, E_{\mathrm{p}}, Y\right) \tag{3.68}$$

类似地，我们可以给出上式对应无量纲表达式为

$$\frac{\delta}{L} = f\left(\frac{L}{D_1}, \frac{L}{D_2}; \frac{E_{\mathrm{p}}}{E}, \varepsilon_Y; \frac{J}{L\sqrt{E\rho}}\right) \tag{3.69}$$

上式中右端函数内前两个无量纲量为纯几何无量纲量，第三个和第四个无量纲量为纯材料物理力学性能无量纲量，最后一个无量纲量包含几何参数、材料物理力学性能参数和加载条件。根据 3.1.1 节和本节中以上内容可知，对于此问题，若缩比模型与原型满足：

$$\begin{cases} \left(\dfrac{L}{D_1}\right)_p = \left(\dfrac{L}{D_1}\right)_m \\ \left(\dfrac{L}{D_2}\right)_p = \left(\dfrac{L}{D_2}\right)_m \end{cases} \tag{3.70}$$

则表示缩比模型与原型满足几何相似条件；若

$$\begin{cases} \left(\dfrac{E_{\mathrm{p}}}{E}\right)_p = \left(\dfrac{E_{\mathrm{p}}}{E}\right)_m \\ \left(\varepsilon_Y\right)_p = \left(\varepsilon_Y\right)_m \end{cases} \tag{3.71}$$

则表示缩比模型与原型满足材料相似条件。

缩比模型与原型试验中两种材料的准静态力学性能相差较大，如表 3.13 所示；缩比模型中材料的杨氏模量是原型中材料的 3 倍左右，其密度也是原型材料的 3 倍以上，屈服强度也是如此。然而，从两种材料的无量纲应力应变关系 (图 3.8) 可以看出，这两种材料对于该问题而言近似满足相似条件，上式对应的两个物理力学性能无量纲量有少许差别。

表 3.13 Inconel X 合金和铝 6061-T6 材料的材料弹性常数和力学性能 [9,11,12]

	材料	杨氏模量 E/GPa	密度 ρ/(g/cm^3)	屈服强度 Y/MPa
原型	铝 6061-T6	68.9	2.7	289.6
缩比模型	Inconel X 合金	210.3	8.5	841.2

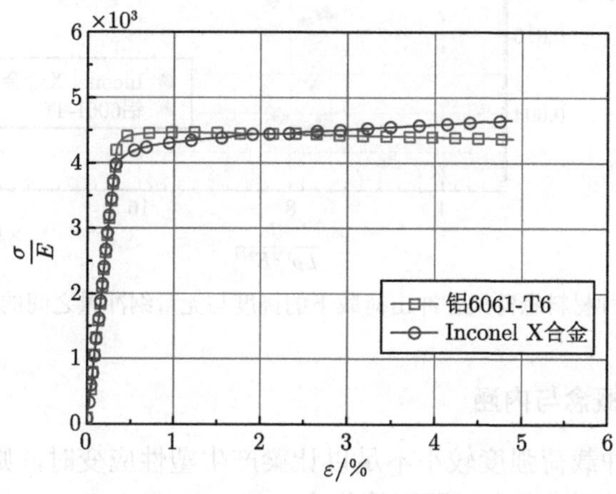

图 3.8 Inconel X 合金和铝 6061-T6 材料的无量纲应力应变曲线 [9,11,12]

根据式 (3.69) 可以给出缩比模型与原型中悬臂梁自由端无量纲最终塑性变形之比为

$$\frac{\left(\dfrac{\delta}{L}\right)_m}{\left(\dfrac{\delta}{L}\right)_p}=\frac{\left[f\left(\dfrac{L}{D_1},\dfrac{L}{D_2};\dfrac{E_{\mathrm{p}}}{E},\varepsilon_Y;\dfrac{J}{L\sqrt{E\rho}}\right)\right]_m}{\left[f\left(\dfrac{L}{D_1},\dfrac{L}{D_2};\dfrac{E_{\mathrm{p}}}{E},\varepsilon_Y;\dfrac{J}{L\sqrt{E\rho}}\right)\right]_p} \tag{3.72}$$

考虑到两个模型满足几何相似条件和近似材料相似条件，上式即可简化为

$$\frac{\left(\dfrac{\delta}{L}\right)_m}{\left(\dfrac{\delta}{L}\right)_p}=\frac{\left[f\left(\dfrac{J}{L\sqrt{E\rho}}\right)\right]_m}{\left[f\left(\dfrac{J}{L\sqrt{E\rho}}\right)\right]_p} \tag{3.73}$$

也就是说，当

$$\left(\frac{J}{L\sqrt{E\rho}}\right)_p\approx\left(\frac{J}{L\sqrt{E\rho}}\right)_m \tag{3.74}$$

时，则应有

$$\left(\frac{\delta}{L}\right)_p\approx\left(\frac{\delta}{L}\right)_m \tag{3.75}$$

利用此两种材料，Baker 等开展相关试验，得到悬臂梁在脉冲冲击荷载下的塑性变形挠度与无量纲冲量之间的关系如图 3.9 所示。可以看出，两种材料的悬臂梁在冲击荷载作用下其挠度与无量纲冲量之间满足近似的函数关系，即近似满足式 (3.75)。

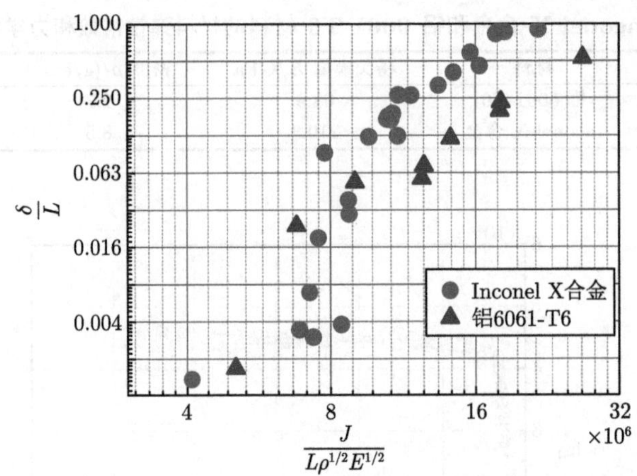

图 3.9　两种材料悬臂梁在冲击荷载下的挠度与无量纲冲量之间的关系 [9,11,12]

3.1.3　物理相似的概念与内涵

例 3.4 中若脉冲载荷强度较小不足以让梁产生塑性应变时，则式 (3.69) 中屈服应变与塑性模量皆可以不予考虑，即可简化为

$$\frac{\delta}{L}=f\left(\frac{L}{D_1},\frac{L}{D_2};\frac{J}{L\sqrt{E\rho}}\right) \tag{3.76}$$

容易知道，矩形悬臂梁上部的最大弯曲应变：

$$\varepsilon_{\max}\propto\frac{\delta}{L} \tag{3.77}$$

因此，我们可以给出最大弯曲应变的无量纲函数表达式：

$$\varepsilon_{\max}=f\left(\frac{L}{D_1},\frac{L}{D_2};\frac{J}{L\sqrt{E\rho}}\right) \tag{3.78}$$

易知，若缩比模型与原型满足几何相似条件，则该问题中

$$(\varepsilon_{\max})_p=(\varepsilon_{\max})_m \tag{3.79}$$

的必要条件只剩下

$$\left(\frac{J}{L\sqrt{E\rho}}\right)_p=\left(\frac{J}{L\sqrt{E\rho}}\right)_m \tag{3.80}$$

也就是说两个模型中该无量纲量必须满足相等的条件。从上式中该无量纲量可以看到：该量不仅包含几何参数和材料物理力学性能参数，还包括加载参数；因此，从几何相似条件和材料相似条件的定理来看，该无量纲量皆不满足；我们把这种无量纲量称为物理无量纲量。若缩比模型与原型中物理无量纲量满足对应相等的条件，我们可以称该问题中此两种模型满足物理相似条件。

同上例，利用某种镍铬铁合金 Inconel X 作为缩比模型中的本构相似材料模拟原型试验中的铝 6061-T6 金属材料，此两种材料的材料弹性常数如表 3.14 所示。

表 3.14 Inconel X 合金和铝 6061-T6 材料的材料弹性常数 [9,11,12]

	材料	杨氏模量 E/(GPa)	密度 ρ/(g/cm^3)
原型	铝 6061-T6	68.9	2.7
缩比模型	Inconel X 合金	210.3	8.5

从表 3.14 可以计算出，原型中梁材料铝 6061-T6 与缩比模型中 Inconel X 合金的 $(E\rho)^{1/2}$ 值分别为 13.6×10^6kg/(m^2·s) 和 42.3×10^6kg/(m^2·s)，即

$$\left(\sqrt{E\rho}\right)_p < \left(\sqrt{E\rho}\right)_m \tag{3.81}$$

若

$$\frac{(J/L)_m}{(J/L)_p} = \frac{\left(\sqrt{E\rho}\right)_m}{\left(\sqrt{E\rho}\right)_p} \tag{3.82}$$

则式 (3.80) 必然成立。此时，式 (3.79) 也应该成立。Baker 等的缩比试验研究结果也验证了这一点，如图 3.10 所示。

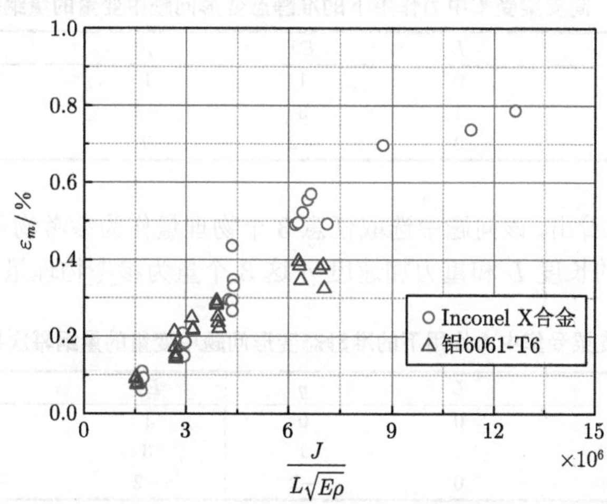

图 3.10 两种材料悬臂梁最大弹性弯曲应变与无量纲冲量之间的关系 [9,11,12]

图 3.10 显示，物理无量纲量相同时对应的最大弹性弯曲应变相近。

例 3.5 简支梁的加载变形问题

以简支梁的弯曲变形为例，如图 3.11 所示，设梁在放置于支架之前是等截面且平直的，其材料密度为 ρ、杨氏模量为 E，梁截面的惯性矩为 I、长度为 L，在梁的中点处受到一个垂直向下的集中力 F。求梁中点处的最大垂直变形挠度 δ。

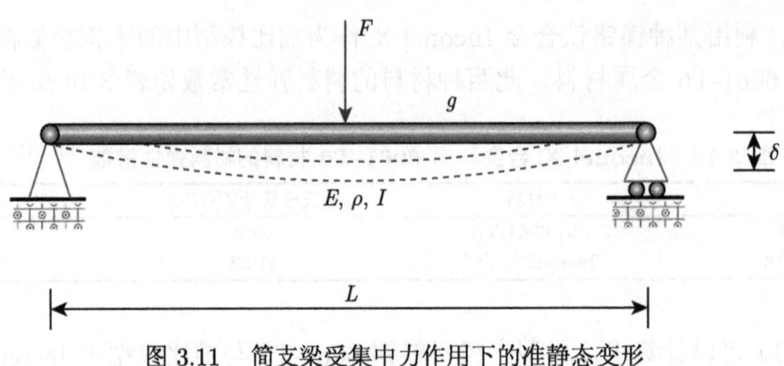

图 3.11　简支梁受集中力作用下的准静态变形

对于梁的弯曲变形而言，杨氏模量 E 总是与截面惯性矩 I 以乘积 EI 即抗弯刚度的形式出现在自变量中；而且如果考虑重力的影响，必须考虑重力加速度 g。因此，我们可以给出最大垂直变形挠度的函数表达式：

$$\delta = f(L; EI, \rho; F, g) \tag{3.83}$$

上式中共有 6 个物理量或物理量组合，其中自变量 5 个，因变量 1 个。该问题也是一个经典力学问题，其基本量纲有 3 个。上式中物理量或物理量组合的量纲幂次指数如表 3.15 所示。

表 3.15　简支梁受集中力作用下的准静态变形问题中变量的量纲幂次指数

物理量	δ	L	EI	ρ	F	g
M	0	0	1	1	1	0
L	1	1	3	−3	1	1
T	0	0	−2	0	−2	−2

从表 3.15 容易看出，该问题中选取任意 3 个物理量作为参考物理量皆可。这里我们取材料密度 ρ、梁的长度 L 和重力加速度 g 这 3 个量为参考物理量，可以得到表 3.16。

表 3.16　简支梁受集中力作用下的准静态变形问题中变量的量纲幂次指数 (排序后)

物理量	ρ	L	g	EI	F	δ
M	1	0	0	1	1	0
L	−3	1	1	3	1	1
T	0	0	−2	−2	−2	0

对表 3.16 进行行变换，可以得到表 3.17。

表 3.17　简支梁受集中力作用下的准静态变形问题中变量的量纲幂次指数 (行变换后)

物理量	ρ	L	g	EI	F	δ
ρ	1	0	0	1	1	0
L	0	1	0	5	3	1
g	0	0	1	1	1	0

根据 Π 定理和量纲分析的性质，可以给出 3 个无量纲量：

$$\begin{cases} \Pi_1 = \dfrac{EI}{\rho L^5 g} \\ \Pi_2 = \dfrac{F}{\rho L^3 g} \\ \Pi = \dfrac{\delta}{L} \end{cases} \tag{3.84}$$

即式 (3.83) 可以写为无量纲形式：

$$\frac{\delta}{L} = f\left(\frac{EI}{\rho L^5 g}, \frac{F}{\rho L^3 g}\right) \tag{3.85}$$

上式中无量纲因变量物理意义比较明显，表示单位长度的变形挠度；根据理论可以定性地判断变形挠度 δ 应与集中力 F 成正比、与抗弯刚度成反比，因此上式可写为

$$\frac{\delta}{L} = f\left(\frac{\rho L^5 g}{EI}, \frac{F}{\rho L^3 g}\right) \tag{3.86}$$

式中，右端函数内第二个无量纲自变量分子表示集中力 F，分母中密度 ρ 乘以长度 L 的立方其实表示：

$$\rho L^3 \to \rho LS \to \rho V \to m \tag{3.87}$$

式中，S 表示截面面积；V 表示体积；m 表示质量。因此式 (3.86) 中右端函数内第二个无量纲自变量分母表示梁的重力 mg。函数内第一个无量纲自变量分子也对应地表示重力 mg 与长度 L 的平方的乘积，即该式可进一步写为

$$\frac{\delta}{L} = f\left(\frac{mgL^2}{EI}, \frac{F}{mg}\right) \tag{3.88}$$

若简支梁并没有受外力作用，只考虑自身重力作用下其最大变形挠度，则上式可简化为

$$\frac{\delta}{L} = f\left(\frac{mgL^2}{EI}\right) \tag{3.89}$$

上式中只有一个无量纲自变量，无纯几何无量纲量和纯材料物理力学性能无量纲量，这说明对应该问题，如果存在一个缩比模型，则并不要求其与原型满足几何相似和材料相似，只需要物理无量纲量对应相等即可，即满足物理相似条件即可。

若简支梁所受外力 F 足够大，使得

$$F \gg mg \tag{3.90}$$

则式 (3.88) 可以简化为

$$\frac{\delta}{L} = f\left(\frac{mgL^2}{EI} \cdot \frac{F}{mg}\right) = f\left(\frac{FL^2}{EI}\right) \tag{3.91}$$

上式也表明此时缩比模型与原型亦只需要考虑物理相似条件即可。

物理相似的定义：对于某一特定问题的不同模型而言，若其无量纲函数表达式中除了纯几何无量纲量和纯材料物理力学性能无量纲量之外的无量纲自变量对应相等，则我们可以认为这两个模型满足物理相似条件。

从定义中可以看出，物理相似条件的必要条件即为缩比模型与原型中物理无量纲量对应相等；而物理无量纲量是除几何无量纲量和材料无量纲量外其他无量纲自变量的统称，也就是说，它可以包含几何参数或材料物理力学性能参数，又或同时包含这两类参数；因此，物理相似是一个非常大的概念，根据性质还可以分为动力相似、运动相似等。如式 (3.89) 所示物理无量纲自变量包含材料物理力学性能参数、几何参数和重力加速度常数；式 (3.91) 所示物理无量纲自变量包含几何参数、材料物理力学性能参数和外部加载条件。

将例 3.5 中加载条件更改为均匀分布力 p (表示单位长度上的作用力为 p)，如图 3.12 所示。

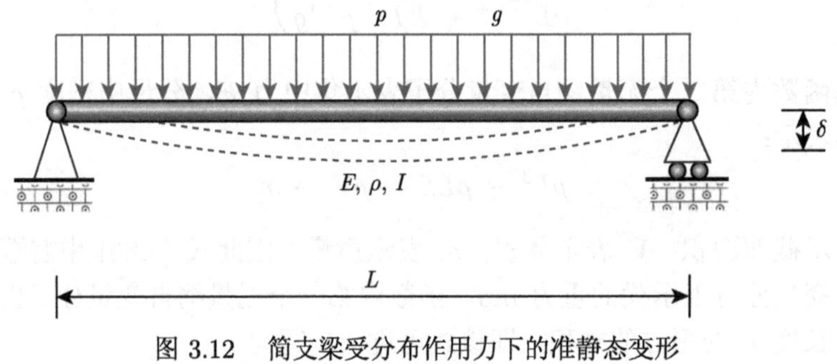

图 3.12　简支梁受分布作用力下的准静态变形

此时，简支梁的最大变形挠度表达式可写为

$$\delta = f\left(L; EI, \rho; p, g\right) \tag{3.92}$$

同例 3.5 我们可以给出排序后的物理量量纲幂次指数，如表 3.18 所示。

表 3.18　简支梁受分布作用力下的准静态变形问题中变量的量纲幂次指数 (排序后)

物理量	ρ	L	g	EI	p	δ
M	1	0	0	1	1	0
L	−3	1	1	3	0	1
T	0	0	−2	−2	−2	0

对表 3.18 进行行变换，可以得到表 3.19。

表 3.19　简支梁受分布作用力下的准静态变形问题中变量的量纲幂次指数 (行变换后)

物理量	ρ	L	g	EI	p	δ
ρ	1	0	0	1	1	0
L	0	1	0	5	2	1
g	0	0	1	1	1	0

根据 Π 定理和量纲分析的性质，可以给出 3 个无量纲量：

$$\left\{\begin{aligned}&\Pi_1=\frac{\rho L^5 g}{EI}\\&\Pi_2=\frac{p}{\rho L^2 g}\\&\Pi=\frac{\delta}{L}\end{aligned}\right.\tag{3.93}$$

即式 (3.92) 可以表达为

$$\frac{\delta}{L}=f\left(\frac{\rho L^5 g}{EI},\frac{p}{\rho L^2 g}\right)\tag{3.94}$$

或

$$\frac{\delta}{L}=f\left(\frac{mgL^2}{EI},\frac{pL}{mg}\right)\tag{3.95}$$

以上皆是简支梁的弹性小变形问题；当外部荷载较大时，简支梁也会出现塑性变形。若考虑一个冲量为 J 的外部载荷，其中

$$J=p(t)\tag{3.96}$$

如图 3.13 所示。设梁的截面为矩形，其宽度和高度分别为 D_1 和 D_2，梁的长度为 L，材料密度为 ρ；假设金属材料应力应变关系可以近似为双线性模型，其杨氏模量为 E、屈服强度为 Y、塑性模量为 E_{p}；设入射脉冲的冲量为 J，求冲击作用下梁中心的塑性变形挠度 δ。

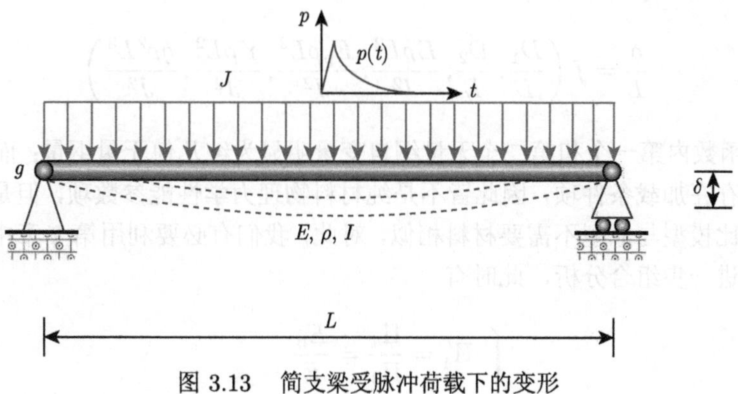

图 3.13　简支梁受脉冲荷载下的变形

简支梁最大塑性变形挠度 δ 的函数表达式可以写为

$$\delta=f\left(J;L,D_1,D_2;\rho,E,E_{\mathrm{p}},Y;g\right)\tag{3.97}$$

上式显示该问题中有 10 个物理量，包含 1 个因变量和 9 个自变量，有 3 个基本量纲。选取材料密度 ρ、长度 L 和加载冲量 J 这 3 个量为参考物理量，可以给出这 10 个物理量量纲幂次指数排序后的情况，如表 3.20 所示。

表 3.20 脉冲荷载下简支梁梁变形问题中变量的量纲幂次指数 (排序后)

物理量	ρ	L	J	D_1	D_2	E	E_p	Y	g	δ
M	1	0	1	0	0	1	1	1	0	0
L	−3	1	−1	1	1	−1	−1	−1	1	1
T	0	0	−1	0	0	−2	−2	−2	−2	0

将表 3.20 进行行变换，可以得到表 3.21。

表 3.21 脉冲荷载下金属梁变形问题中变量的量纲幂次指数 (行变换后)

物理量	ρ	L	J	D_1	D_2	E	E_p	Y	g	δ
ρ	1	0	0	0	0	−1	−1	−1	−2	0
L	0	1	0	1	1	−2	−2	−2	−3	1
J	0	0	1	0	0	2	2	2	2	0

根据 Π 定理和量纲分析的性质，可以给出 7 个无量纲量：

$$\left\{\begin{array}{l}\Pi_1=\dfrac{D_1}{L}\\ \Pi_2=\dfrac{D_2}{L}\end{array}\right.,\quad \left\{\begin{array}{l}\Pi_3=\dfrac{E\rho L^2}{J^2}\\ \Pi_4=\dfrac{E_p\rho L^2}{J^2}\\ \Pi_5=\dfrac{Y\rho L^2}{J^2}\\ \Pi_6=\dfrac{g\rho^2 L^3}{J^2}\end{array}\right.,\quad \Pi=\frac{\delta}{L} \tag{3.98}$$

由此，可以给出式 (3.97) 对应的无量纲表达式：

$$\frac{\delta}{L}=f\left(\frac{D_1}{L},\frac{D_2}{L};\frac{E\rho L^2}{J^2},\frac{E_p\rho L^2}{J^2},\frac{Y\rho L^2}{J^2},\frac{g\rho^2 L^3}{J^2}\right) \tag{3.99}$$

式中，右端函数内第一个和第二个无量纲自变量明显为纯几何无量纲量；而其他 5 个无量纲变量均存在加载条件项，因此皆不是纯材料物理力学性能参数项，但是这并不代表该问题中缩比模型与原型不需要材料相似，对此，我们有必要利用第 2 章中量纲分析的性质对上式进一步组合分析，此时有

$$\left\{\begin{array}{l}\Pi_4'=\dfrac{\Pi_4}{\Pi_3}=\dfrac{E_p}{E}\\ \Pi_5'=\dfrac{\Pi_5}{\Pi_3}=\dfrac{Y}{E}=\varepsilon_Y\\ \Pi_6'=\dfrac{\Pi_6}{\Pi_3}=\dfrac{\rho g L}{E}\end{array}\right. \tag{3.100}$$

式中，ε_Y 表示屈服应变。因此，参考例 3.4，式 (3.99) 经适当调整后可以进一步写为

$$\frac{\delta}{L}=f\left(\frac{L}{D_1},\frac{D_2}{D_1};\frac{E_p}{E},\varepsilon_Y,\frac{\rho g L}{E};\frac{J}{L\sqrt{E\rho}}\right) \tag{3.101}$$

式中，右端函数内第一项类似地表示杆的长径比；第二项表示矩形的性质；第三项、第四项和第六项的物理意义同例 3.4 中对应无量纲量；第五项可以转换为

$$\frac{\rho g L}{E} \to \frac{\rho g D_1 D_2 L}{E D_1 D_2} \to \frac{mg}{E D_1 D_2} \to \frac{mg}{ES} \tag{3.102}$$

式中，m 表示梁的质量；S 表示梁的截面积。根据梁的抗弯刚度的定义和截面惯性矩 I 的特征可知：

$$I \propto S^2 \tag{3.103}$$

因此，式 (3.102) 可进一步写为

$$\frac{\rho g L}{E} \to \frac{mgL^2}{EI} \tag{3.104}$$

上式的物理意义就比较明显，表示重力引起的变形。

当冲击脉冲荷载远大于梁自身的重力时，上式对应的无量纲量可以忽略，即式 (3.101) 可简化为

$$\frac{\delta}{L} = f\left(\frac{L}{D_1}, \frac{D_2}{D_1}; \frac{E_{\mathrm{p}}}{E}, \varepsilon_Y; \frac{J}{L\sqrt{E\rho}}\right) \tag{3.105}$$

式中，右端的函数第一项和第二项表示纯几何参数无量纲量；第三项和第四项表示纯材料物理力学性能参数无量纲量。对缩比模型而言，若前两项无量纲自变量与原型中对应相等，则表示缩比模型与原型满足几何相似条件；若第三项和第四项无量纲自变量与原型中对应相等，则表示缩比模型与原型满足材料相似条件；若最后一项无量纲自变量与原型中对应相等，则表示缩比模型与原型满足物理相似条件。

Baker 等 [9,11,12] 也对脉冲冲击荷载下简支梁中点处的塑性变形开展了一系列几何相似试验研究，需要说明的是，简支梁的长度为 $2L$。试验中原型梁材料为钢 1018、缩比模型梁材料为铝 5052-H32，这两种材料的无量纲应力应变曲线如图 3.14 所示。

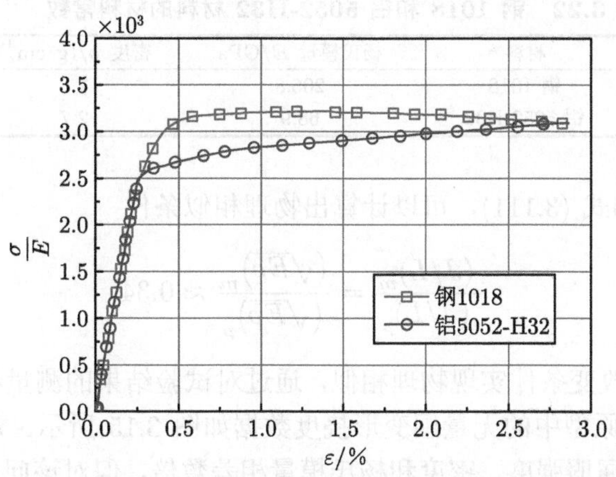

图 3.14 钢 1018 和铝 5052-H32 材料的无量纲应力应变曲线 [9,11,12]

从图 3.14 可以看出，原型中材料与缩比模型中材料的屈服应变近似相等，即

$$(\varepsilon_Y)_p \approx (\varepsilon_Y)_m \tag{3.106}$$

而且，均有

$$
\begin{cases}
\left(\dfrac{E_{\mathrm{p}}}{E}\right)_p \ll 1 \\
\left(\dfrac{E_{\mathrm{p}}}{E}\right)_m \ll 1
\end{cases}
\tag{3.107}
$$

因此，我们可以认为缩比模型近似满足材料相似条件。试验中缩比模型亦满足几何相似条件，即

$$
\begin{cases}
\left(\dfrac{L}{D_1}\right)_p = \left(\dfrac{L}{D_1}\right)_m \\
\left(\dfrac{D_2}{D_1}\right)_p = \left(\dfrac{D_2}{D_1}\right)_m
\end{cases}
\tag{3.108}
$$

因此，由式 (3.105) 可知，在此基础上缩比模型与原型满足

$$
\left(\frac{\delta}{L}\right)_p = \left(\frac{\delta}{L}\right)_m \tag{3.109}
$$

的最后一个必要条件即为物理相似条件，即缩比模型与原型中无量纲冲量相等：

$$
\left(\frac{J}{L\sqrt{E\rho}}\right)_p = \left(\frac{J}{L\sqrt{E\rho}}\right)_m \tag{3.110}
$$

即

$$
\frac{(\sqrt{E\rho})_m}{(\sqrt{E\rho})_p} = \frac{(J/L)_m}{(J/L)_p} \tag{3.111}
$$

试验中两种材料的材料常数如表 3.22 所示。

表 3.22　钢 1018 和铝 5052-H32 材料的材料常数 [9,11,12]

	材料	杨氏模量 E/GPa	密度 $\rho/(\mathrm{g/cm^3})$	屈服强度 Y/MPa
原型	钢 1018	206.8	7.8	620.5
缩比模型	铝 5052-H32	68.9	2.7	181.3

根据表 3.22 和式 (3.111)，可以计算出物理相似条件

$$
\frac{(J/L)_m}{(J/L)_p} = \frac{(\sqrt{E\rho})_m}{(\sqrt{E\rho})_p} \approx 0.34 \tag{3.112}
$$

Baker 等通过改变条件实现物理相似，通过对试验结果的测量给出无量纲塑性变形挠度，缩比模型与原型中的无量纲变形挠度数据如图 3.15 所示。从图中可以看出，虽然两个模型中材料屈服强度、密度和杨氏模量相差数倍，但对该问题而言，经过几何相似缩比和加载条件变化，两个模型中对应的无量纲因变量基本接近。

同样，针对此问题，Baker 等选取另一组材料分别进行对比试验研究。原型仍采用钢 1018 材料，而缩比模型中采用一种铅与树脂混合物作为梁材料，两种材料的物理力学性能参数如表 3.23 所示。

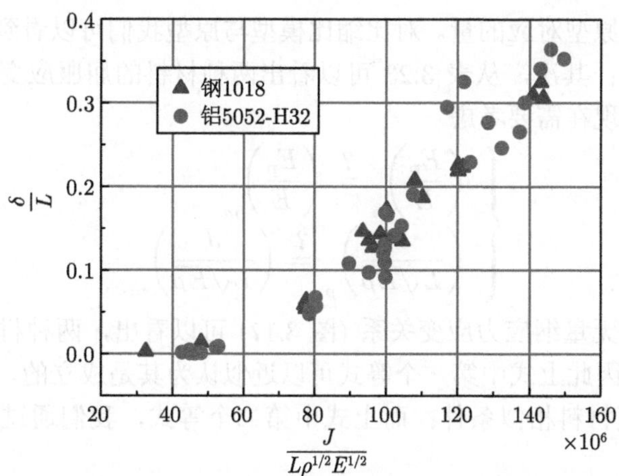

图 3.15 钢 1018 和铝 5052-H32 简支梁变形挠度与无量纲冲量之间的关系 [9,11,12]

表 3.23 钢 1018 和铅复合材料的材料常数 [9,11,12]

	材料	杨氏模量 E/GPa	密度 ρ/(g/cm^3)	屈服强度 Y/MPa
原型	钢 1018	206.8	7.8	620.5
缩比模型	铅复合材料	4.9	8.0	13.3

同上一组材料的试验，该组试验中缩比模型与原型满足几何相似条件，且从表 3.23 可以看出

$$(\varepsilon_Y)_p \approx (\varepsilon_Y)_m \tag{3.113}$$

类似地，我们忽略另外一个无量纲物理量，因此也可近似认为缩比模型与原型满足材料相似条件。在此基础上 Baker 等结合式 (3.110) 所示物理相似条件设计缩比试验，试验结果整理后如图 3.16 所示。

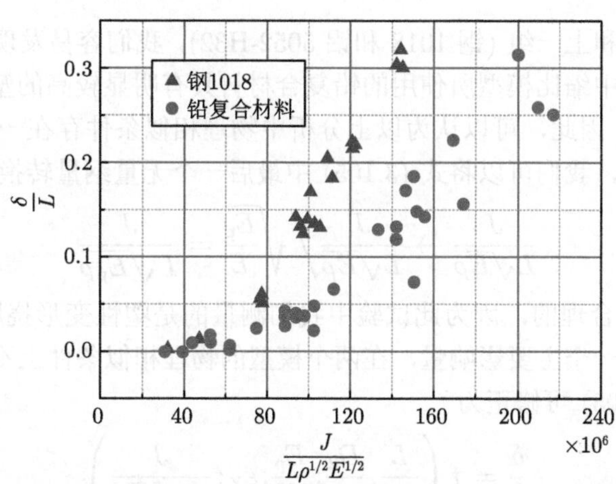

图 3.16 钢 1018 和铅复合材料简支梁变形挠度与无量纲冲量之间的关系 [9,11,12]

从图中可以看出，虽然缩比模型和原型满足几何相似条件、近似满足材料相似条件，同时也满足式 (3.110) 所示物理相似条件，但相同无量纲冲量条件下，缩比模型中塑性

变形挠度明显小于原型对应的量。对比缩比模型与原型我们可以看到：首先，两个模型满足几何相似条件；其次，从表 3.23 可以看出两种材料的屈服应变接近，可以近似认为两者相等。因此现在需要考虑

$$\begin{cases} \left(\dfrac{E_{\mathrm{p}}}{E}\right)_p \overset{?}{=} \left(\dfrac{E_{\mathrm{p}}}{E}\right)_m \\ \left(\dfrac{J}{L\sqrt{E\rho}}\right)_p \overset{?}{=} \left(\dfrac{J}{L\sqrt{E\rho}}\right)_m \end{cases} \tag{3.114}$$

从两种材料的无量纲应力应变关系 (图 3.17) 可以看出，两种材料的塑性模量均远小于其杨氏模量，因此上式中第一个等式可以近似认为其是成立的，即该组试验中缩比模型与原型也满足材料相似条件；而上式中第二个等式，我们通过试验设计使其近似成立。

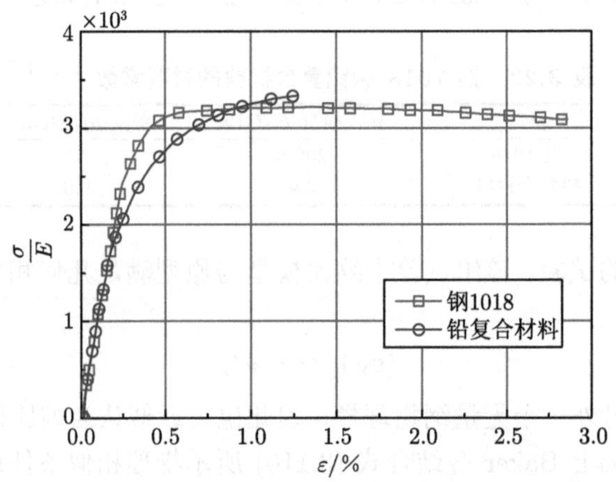

图 3.17　钢 1018 和铅复合材料无量纲应力应变关系 [9,11,12]

对比本组材料和上一组 (钢 1018 和铝 5052-H32)，我们容易发现，两组材料不同之处在于，本组材料中缩比模型所使用的铅复合材料具有明显较高的塑性模量 (虽然仍远小于其杨氏模量)。因此，可以认为以上分析中物理相似条件存在一定的不足之处。根据量纲分析的性质，我们可以将式 (3.105) 中最后一个无量纲量转换为

$$\frac{J}{L\sqrt{E\rho}} \to \frac{J}{L\sqrt{E\rho}} \bigg/ \sqrt{\frac{E_{\mathrm{p}}}{E}} = \frac{J}{L\sqrt{E_{\mathrm{p}}\rho}} \tag{3.115}$$

上式初步分析也是合理的，因为此试验中我们测量的是塑性变形挠度，忽略弹性变形，因此塑性模量应是一个主要影响量，在两个模型的物理相似条件上不可忽视。

此时，式 (3.105) 可修正为

$$\frac{\delta}{L} = f\left(\frac{L}{D_1}, \frac{D_2}{D_1}; \frac{E_{\mathrm{p}}}{E}, \varepsilon_Y; \frac{J}{L\sqrt{E_{\mathrm{p}}\rho}}\right) \tag{3.116}$$

当设计试验过程中，若使得

$$\left(\frac{J}{L\sqrt{E\rho}}\right)_p \approx \left(\frac{J}{L\sqrt{E\rho}}\right)_m \tag{3.117}$$

即

$$\frac{(J/L)_m}{(J/L)_p} \approx \frac{\left(\sqrt{E\rho}\right)_m}{\left(\sqrt{E\rho}\right)_p} \tag{3.118}$$

则必有

$$\frac{\left(\dfrac{J}{L\sqrt{E_{\mathrm{p}}\rho}}\right)_m}{\left(\dfrac{J}{L\sqrt{E_{\mathrm{p}}\rho}}\right)_p} = \frac{(J/L)_m}{(J/L)_{\mathrm{p}}} \cdot \frac{\left(\sqrt{E_{\mathrm{p}}\rho}\right)_p}{\left(\sqrt{E_{\mathrm{p}}\rho}\right)_m} \approx \frac{\left(\sqrt{E\rho}\right)_m}{\left(\sqrt{E\rho}\right)_p} \cdot \frac{\left(\sqrt{E_{\mathrm{p}}\rho}\right)_p}{\left(\sqrt{E_{\mathrm{p}}\rho}\right)_m} = \frac{\left(\sqrt{E_{\mathrm{p}}/E}\right)_p}{\left(\sqrt{E_{\mathrm{p}}/E}\right)_m} < 1 \tag{3.119}$$

上式的物理意义是：若希望缩比模型与原型满足物理相似条件，则其他条件不变时，其对应的冲量需要增大；换言之，就是此种情况下，缩比模型与原型无量纲塑性变形挠度相等时，缩比模型中对应的无量纲冲量更大。

因此，Baker 等对其无量纲冲量进行了校正，缩比模型中的无量纲冲量皆乘以 70%，所给出的简支梁最大变形挠度与原型满足非常相近的函数关系，如图 3.18 所示。

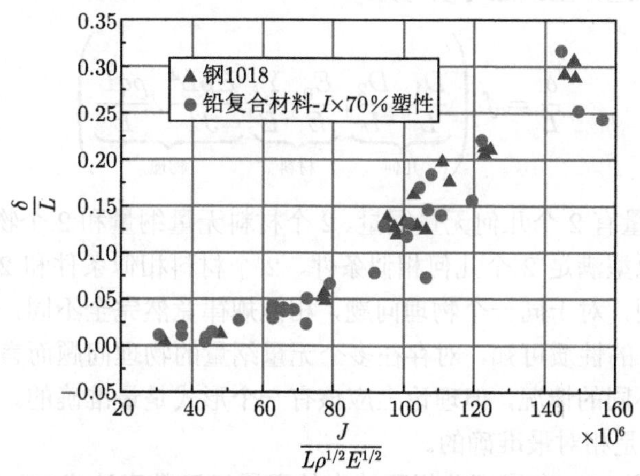

图 3.18 钢 1018 和铅复合材料简支梁变形挠度与无量纲冲量之间的校正关系 [9,11,12]

从图 3.18 中可以看出，修正后缩比模型对应的数据与原型中非常接近，可以近似认为此时

$$\left(\frac{\delta}{L}\right)_p = \left(\frac{\delta}{L}\right)_m \tag{3.120}$$

上例的物理相似条件中无量纲量既包含材料物理力学性能参数，也包含几何参数，还包含加载条件参数，我们可以称之为物理无量纲量。为了避免混淆这三类无量纲物理量的特征，我们分别将几何参数无量纲物理量、材料物理力学性能参数无量纲物理量和其他无量纲物理量简称为几何无量纲量、材料无量纲量和物理无量纲量。

然而，由第 2 章量纲分析的性质和以上实例可知，同一个物理问题，采用不同的参考物理量所给出的无量纲自变量形式也不尽相同，从而使同一个物理问题可能给出的几何无量纲量、材料无量纲量和物理无量纲量的数量皆不相同，这意味着相同问题中缩比模型与原型满足的几何相似条件、材料相似条件并不一定相同。如式 (3.99) 所示无量纲函数：

$$\frac{\delta}{L}=f\left(\underbrace{\frac{D_1}{L},\frac{D_2}{L}}_{\text{几何}};\underbrace{\frac{E\rho L^2}{J^2},\frac{E_{\mathrm{p}}\rho L^2}{J^2},\frac{Y\rho L^2}{J^2},\frac{g\rho^2L^3}{J^2}}_{\text{物理}}\right) \tag{3.121}$$

从上式可以直观地发现，其所涉及的 6 个无量纲量有 2 个几何无量纲量和 4 个物理无量纲量，因此，缩比模型与原型看起来并没有材料相似条件的需求。根据量纲分析的性质，上式也可以写为

$$\frac{\delta}{L}=f\left(\underbrace{\frac{\sqrt{E\rho}D_1}{J},\frac{\sqrt{E\rho}D_2}{J},\frac{E\rho L^2}{J^2},\frac{E_{\mathrm{p}}\rho L^2}{J^2},\frac{Y\rho L^2}{J^2},\frac{g\rho^2L^3}{J^2}}_{\text{物理}}\right) \tag{3.122}$$

式中，6 个无量纲量皆为物理无量纲量，因此直观上看缩比模型与原型也没有几何相似条件的需求。类似地，上式还可以写为

$$\frac{\delta}{L}=f\left(\underbrace{\frac{D_1}{L},\frac{D_2}{L}}_{\text{几何}};\underbrace{\frac{E_{\mathrm{p}}}{E},\frac{Y}{E}}_{\text{材料}};\underbrace{\frac{E\rho L^2}{J^2},\frac{\rho gL}{E}}_{\text{物理}}\right) \tag{3.123}$$

式中，6 个无量纲量有 2 个几何无量纲量、2 个材料无量纲量和 2 个物理无量纲量，其表示缩比模型应与原型满足 2 个几何相似条件、2 个材料相似条件和 2 个物理相似条件。

以上三式表明，对于同一个物理问题，相似规律竟然完全不同，这是不科学的；事实上，由量纲分析的性质可知，对存在多个无量纲量的物理问题而言，必然存在以上同一问题相似条件不同的情况，但理论上应该有一个形式是最准确的。从上例的分析可以看出，式 (3.123) 是相对最准确的。

量纲分析性质 11：在量纲分析所给出的无量纲函数表达式中，若存在两个或两个以上无量纲自变量，首先需要利用量纲分析的性质最大限度地提炼出纯几何无量纲量，其次同理最大限度地提炼出纯材料无量纲量，然后再进行无量纲自变量的物理意义分析与转换。

一般建议如式 (3.123) 所示，将几何无量纲量放在自变量的最前端，相互之间用逗号隔开；将材料无量纲量放在几何无量纲量的后方，相互之间也用逗号隔开；物理无量纲量放在最后。也建议用分号将几何无量纲量、材料无量纲量与物理无量纲量隔开，这样更方便阅读和理解。

例 3.6 雨滴落地的最终速度问题

如图 3.19 所示，不考虑空气运动导致的雨滴横向运动，设雨滴从高为 H 的云层竖直落下，且雨滴的形状皆相同，可以用高度 h 和直径 d 来表示，其密度为 ρ；

设在雨滴运动的整个空间内，空气介质的黏性系数为 μ，空气的密度为 ρ'；求雨滴降落在地面瞬间的最终速度 v。

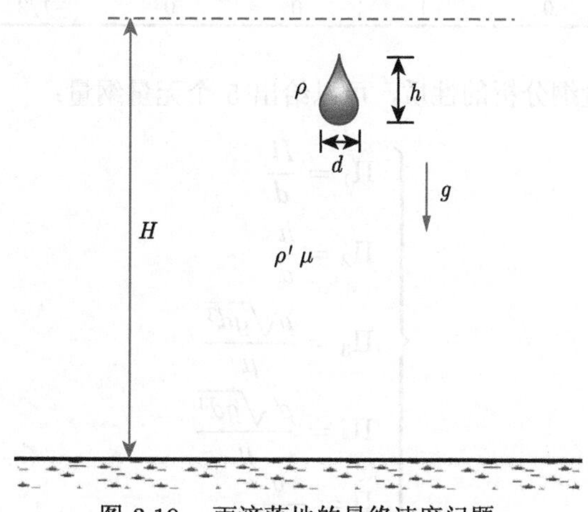

图 3.19 雨滴落地的最终速度问题

容易知道，雨滴下落主要是因为重力的影响，因此重力加速度 g 也必然是主要影响因素之一；由此，可以给出最终速度 v 的函数表达式为

$$v = f\left(H; d, h, \rho; \rho', \mu; g\right) \tag{3.124}$$

上式中共有 8 个物理量或物理量组合，其中自变量 7 个，因变量 1 个。该问题也是一个力学问题，其基本量纲有 3 个。式中物理量或物理量组合的量纲幂次指数如表 3.24 所示。

表 3.24 雨滴落地的最终速度问题中变量的量纲幂次指数

物理量	v	H	d	h	ρ	ρ'	μ	g
M	0	0	0	0	1	1	1	0
L	1	1	1	1	−3	−3	−1	1
T	−1	0	0	0	0	0	−1	−2

这里取空气介质的黏性系数 μ、雨滴的直径 d 和重力加速度 g 这 3 个量为参考物理量，排序后可以得到表 3.25。

表 3.25 雨滴落地的最终速度问题中变量的量纲幂次指数 (排序后)

物理量	μ	d	g	H	h	ρ	ρ'	v
M	1	0	0	0	0	1	1	0
L	−1	1	1	1	1	−3	−3	1
T	−1	0	−2	0	0	0	0	−1

对表 3.25 进行行变换，可以得到表 3.26。

表 3.26 雨滴落地的最终速度问题中变量的量纲幂次指数（行变换后）

物理量	μ	d	g	H	h	ρ	ρ'	v
μ	1	0	0	0	0	1	1	0
d	0	1	0	1	1	−3/2	−3/2	1/2
g	0	0	1	0	0	−1/2	−1/2	1/2

根据 Π 定理和量纲分析的性质，可以给出 5 个无量纲量：

$$\begin{cases}\Pi_1 = \dfrac{H}{d} \\ \Pi_2 = \dfrac{h}{d} \\ \Pi_3 = \dfrac{\rho\sqrt{gd^3}}{\mu} \\ \Pi_4 = \dfrac{\rho'\sqrt{gd^3}}{\mu} \\ \Pi = \dfrac{v}{\sqrt{gd}}\end{cases} \tag{3.125}$$

式中，第一个和第二个无量纲量为几何无量纲量，第三个和第四个皆为物理无量纲量，这 4 个无量纲自变量中没有材料无量纲量，因此我们需要根据量纲分析的性质对两个无量纲量进行转换与修正，看是否能够转换出材料无量纲量。

根据量纲分析的性质，我们可以得到

$$\Pi_4' = \frac{\Pi_4}{\Pi_3} = \frac{\rho'}{\rho} \tag{3.126}$$

然后按照量纲分析性质 11 对无量纲自变量进行重新排序，即有

$$\begin{cases}\Pi_1 = \dfrac{H}{d} \\ \Pi_2 = \dfrac{h}{d} \\ \Pi_3 = \dfrac{\rho'}{\rho} \\ \Pi_4 = \dfrac{\rho\sqrt{gd^3}}{\mu} \\ \Pi = \dfrac{v}{\sqrt{gd}}\end{cases} \tag{3.127}$$

上式 4 个无量纲自变量中，有 2 个几何无量纲量、1 个材料无量纲量和 1 个物理无量纲量；对上式进行分析可知无法再给出更多的材料无量纲量。因此，我们可以给出式 (3.124) 的无量纲函数表达式：

$$\frac{v}{\sqrt{gd}} = f\left(\frac{H}{d}, \frac{h}{d}; \frac{\rho'}{\rho}; \frac{\rho\sqrt{gd^3}}{\mu}\right) \tag{3.128}$$

若我们进一步将雨滴近似等效为球形，此时其特征尺寸只有一个即直径 d，上式即可简化为

$$\frac{v}{\sqrt{gd}}=f\left(\frac{H}{d};\frac{\rho'}{\rho};\frac{\rho\sqrt{gd^3}}{\mu}\right) \tag{3.129}$$

考虑到

$$\rho'\ll\rho \tag{3.130}$$

式 (3.129) 可以进一步简化为

$$\frac{v}{\sqrt{gd}}=f\left(\frac{H}{d};\frac{\rho\sqrt{gd^3}}{\mu}\right) \tag{3.131}$$

根据理论进行定性的初步分析可知，云层的高度足够大，使得雨滴能够加速到足够大的降落速度；而且，由常识可知，这个速度不可能无限增大，否则会像高速飞行的弹丸一样对雨中的人或物体造成致命的物理伤害。一般而言，空气阻力与速度呈正比关系，因此可以假设雨滴加速到一定速度时雨滴的重力 G 等于阻力 F，即

$$F=G=\frac{\pi\rho d^3g}{6} \tag{3.132}$$

也就是说，雨滴下落一定高度后就做匀速下降运动，而云层高度一般而言明显大于此高度，因此，云层高度值对最终速度的影响可以不予考虑；此时，式 (3.131) 可以进一步简化为

$$\frac{v}{\sqrt{gd}}=f\left(\frac{\rho\sqrt{gd^3}}{\mu}\right) \tag{3.133}$$

结合式 (3.132)，上式可以写为

$$\frac{v}{\sqrt{gd}}=f\left(\frac{G}{\mu\sqrt{gd^3}}\right) \tag{3.134}$$

一般而言，空气阻力应只是速度和雨滴尺寸等量的函数，与雨滴的密度或重力加速度无关；结合式 (3.132) 中阻力与重力的相等关系，上式中必定可以消除重力加速度 g，因此，上式应可以写为更加具体的形式：

$$\frac{v}{\sqrt{gd}}=K\cdot\frac{G}{\mu\sqrt{gd^3}}\Rightarrow v=K\cdot\frac{G}{\mu d} \tag{3.135}$$

式中，K 表示某特定常数。

3.2 相似律的概念、内涵与性质

对于一般物理问题而言，其函数表达式皆可通过量纲分析的方法给出其无量纲形

式；在物理问题的无量纲函数表达式中，无量纲自变量一般有几何无量纲量、材料无量纲量和物理无量纲量三种，即

$$\Pi = f\left(\underbrace{\Pi_1, \cdots, \Pi_k}_{\text{几何}}; \underbrace{\Pi_{k+1}, \cdots, \Pi_m}_{\text{材料}}; \underbrace{\Pi_{m+1}, \cdots, \Pi_n}_{\text{物理}}\right) \tag{3.136}$$

当然有时只有其中的一种或两种，甚至有时该无量纲函数只是一个常数，无此三种无量纲量。对同一个物理问题而言，上式的具体函数形式必然是确定的。因此，对于某一个特定问题，如果存在一个缩比模型，其无量纲自变量与原型中对应的无量纲量满足相等的条件：

$$\begin{cases} (\Pi_1)_m = (\Pi_1)_p \\ (\Pi_2)_m = (\Pi_2)_p \\ \quad\vdots \\ (\Pi_n)_m = (\Pi_n)_p \end{cases} \tag{3.137}$$

则其对应的无量纲因变量必然相等：

$$(\Pi)_m = (\Pi)_p \tag{3.138}$$

3.2.1　相似律的概念与相似准数

式 (3.137) 与式 (3.138) 表明，若缩比模型与原型分别满足几何相似条件、材料相似条件和物理相似条件 (若没有几何无量纲量，则无须满足几何相似条件，其他类似)，则其无量纲因变量也必然相等。反之，若需要缩比模型所给出的因变量与原型满足相似 (即无量纲因变量相等)，则要求对应的无量纲自变量相等。这就是缩比模型与原型满足相似条件所遵循的规律，简称相似律或模型律。

例 3.7　低速绕流问题

黏性流体的低速绕流问题是一个常见的物理问题，在很多实际问题中都存在，如潜艇在水中的运动、抛掷物体在空气中的低速运动。所谓低速，是指流体相对于固体的运动速度远小于流体中的声速，从而可以不考虑运动过程中的流体可压缩性，其密度视为一个常量。为了简化问题的分析过程，我们假设固体是固定的 (这个假设不影响问题的本质，即使流体和固体同时运动，我们也可以将其考虑为流体相对于固体运动，将参考系建立在固体上；对于匀速运动的固体而言，其分析结果是相同的)，且利用椭圆表征固体障碍物的外形特征 [3](其他外形特征类似，只是其几何特征参数较多一些而已，问题的本质类似)，其几何参数分别为 l_1 和 l_2，如图 3.20 所示；设固体方位角为 α，流体相对固体的速度为 v；流体的密度和黏性系数分别为 ρ 和 μ；求固体所承受的作用力 F。

对于此低速绕流问题，可以看出其中重力对问题的分析过程与结论没有明显的影响，重力加速度 g 可以不予考虑；因此，该物理问题可以表达为

$$F=f\left(l_1,l_2,\alpha;v;\rho,\mu\right) \tag{3.139}$$

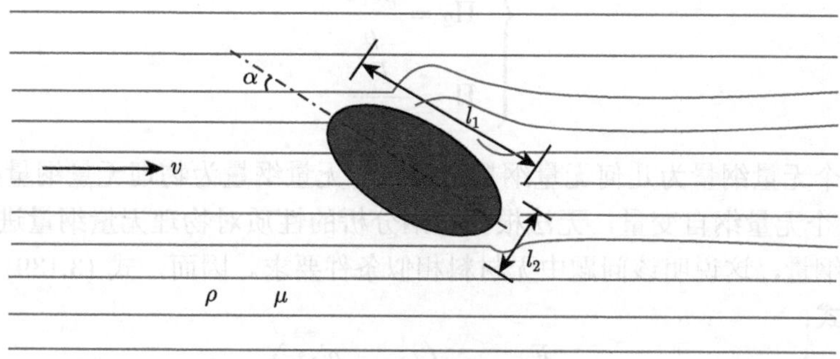

图 3.20 低速绕流问题

该问题中物理量有 7 个，包含 1 个因变量和 6 个自变量，其中基本量纲有 3 个。可以看出，上式中角度 α 是一个无量纲量，因此根据量纲分析的性质，在具体量纲分析过程中其可不予考虑；上式中物理量的量纲幂次指数如表 3.27 所示。

表 3.27 低速绕流问题中变量的量纲幂次指数

物理量	F	l_1	l_2	v	ρ	μ
M	1	0	0	0	1	1
L	1	1	1	1	−3	−1
T	−2	0	0	−1	0	−1

从表 3.27 可以看出，考虑到量纲的独立性，选取的 3 个参考物理量中最少应包含流体的密度 ρ 和黏性系数 μ 中的 1 个，最多再包含特征长度 l_1 和 l_2 中的一个，这里取流体的黏性系数 μ、固体的特征长度 l_1 和流体的速度 v 这 3 个自变量为参考物理量，可以得到排序后的量纲幂次指数，如表 3.28 所示。

表 3.28 低速绕流问题中变量的量纲幂次指数 (排序后)

物理量	μ	l_1	v	l_2	ρ	F
M	1	0	0	0	1	1
L	−1	1	1	1	−3	1
T	−1	0	−1	0	0	−2

对表 3.28 进行行变换，可以得到表 3.29。

表 3.29 低速绕流问题中变量的量纲幂次指数 (行变换后)

物理量	μ	l_1	v	l_2	ρ	F
μ	1	0	0	0	1	1
l_1	0	1	0	1	−1	1
v	0	0	1	0	−1	1

根据 Π 定理和量纲分析的性质，可以给出该问题中的 3 个无量纲量：

$$\begin{cases}\Pi_1 = \dfrac{l_2}{l_1} \\ \Pi_2 = \dfrac{\rho l_1 v}{\mu} \\ \Pi = \dfrac{F}{\mu v l_1}\end{cases} \tag{3.140}$$

上式中第一个无量纲量为几何无量纲量，第二个无量纲量为物理无量纲量；容易看出，由于只有 3 个无量纲自变量，无法根据量纲分析的性质对物理无量纲量进行转换而给出材料无量纲量，这说明该问题中无材料相似条件要求。因而，式 (3.139) 可写为无量纲函数表达式：

$$\frac{F}{\mu v l_1} = f\left(\frac{l_2}{l_1}, \alpha; \frac{\rho l_1 v}{\mu}\right) \tag{3.141}$$

或

$$F = \mu v l_1 \cdot f\left(\frac{l_2}{l_1}, \alpha; \frac{\rho l_1 v}{\mu}\right) \tag{3.142}$$

式中，右端函数内第三个无量纲量物理意义非常明显，即为流体流动的 Reynolds 数：

$$Re = \frac{\rho v l_1}{\mu} \tag{3.143}$$

从式 (3.141) 可以看出，对于此问题而言，如果需要设计缩比模型，并要求缩比模型与原型无量纲因变量相等，即两个模型相似，则缩比模型与原型必须满足几何相似条件和物理相似条件，对材料相似条件并无要求，即

$$\begin{cases}\left(\dfrac{l_2}{l_1}\right)_m = \left(\dfrac{l_2}{l_1}\right)_p \\ (\alpha)_m = (\alpha)_p \\ \left(\dfrac{\rho l_1 v}{\mu}\right)_m = \left(\dfrac{\rho l_1 v}{\mu}\right)_p\end{cases} \tag{3.144}$$

是

$$\left(\frac{F}{\mu v l_1}\right)_m = \left(\frac{F}{\mu v l_1}\right)_p \tag{3.145}$$

成立的充分必要条件。

若我们采用一个缩比模型来定量研究原型中该问题的函数关系，则缩比模型与原型必须满足式 (3.144)。设缩比模型与原型满足几何相似，即

$$\begin{cases}\left(\dfrac{l_2}{l_1}\right)_m = \left(\dfrac{l_2}{l_1}\right)_p \\ (\alpha)_m = (\alpha)_p\end{cases} \tag{3.146}$$

且其几何缩比为

$$\gamma = \frac{(l_1)_m}{(l_1)_p} = \frac{(l_2)_m}{(l_2)_p} \tag{3.147}$$

同时，缩比模型中流体的黏性系数 μ、流体的密度 ρ 和流体的速度 v 的缩比分别为

$$\begin{cases}\gamma_\mu = \dfrac{(\mu)_m}{(\mu)_p} \\ \gamma_\rho = \dfrac{(\rho)_m}{(\rho)_p} \\ \gamma_v = \dfrac{(v)_m}{(v)_p}\end{cases} \tag{3.148}$$

故缩比模型中物理无量纲量与原型中的量之比为

$$\gamma_{Re} = \frac{(\Pi_3)_m}{(\Pi_3)_p} = \frac{(Re)_m}{(Re)_p} = \frac{\gamma \cdot \gamma_\rho \cdot \gamma_v}{\gamma_\mu} \tag{3.149}$$

当缩比模型与原型相似时，三个无量纲自变量必须满足一一相等的关系。由式 (3.144) 可知，物理相似条件要求

$$\gamma_{Re} = 1 \tag{3.150}$$

结合以上两式，可以得到

$$\gamma_v = \frac{\gamma_\mu}{\gamma \cdot \gamma_\rho} = \frac{\gamma_\kappa}{\gamma} \tag{3.151}$$

式中，同前面管流问题，γ_κ 表示运动黏度的缩比系数。

由式 (3.145) 可知，流体对固体作用力 F 的缩比满足

$$\gamma_F = \frac{(F)_m}{(F)_p} = \frac{(\mu v l_1)_m}{(\mu v l_1)_p} = \gamma_\mu \gamma_v \gamma \tag{3.152}$$

将式 (3.151) 代入上式，即可得到

$$\gamma_F = \gamma_\mu \gamma_v \gamma = \frac{\gamma_\mu^2}{\gamma_\rho} \tag{3.153}$$

式 (3.151) 和式 (3.153) 即为此缩比模型需要满足的缩比规律。特别地，当缩比模型中的流体与原型中的流体材料相同时，即

$$\begin{cases}\gamma_\mu = \dfrac{(\mu)_m}{(\mu)_p} = 1 \\ \gamma_\rho = \dfrac{(\rho)_m}{(\rho)_p} = 1\end{cases} \tag{3.154}$$

此时，根据式 (3.151) 和式 (3.153) 可以得到

$$\begin{cases}\gamma_v = \dfrac{1}{\gamma} \\ \gamma_F = 1\end{cases} \tag{3.155}$$

即当把原型缩小到原来的 $1/\gamma$ 时，缩比模型的流速必须扩大到原来的 γ 倍，才能使得两个模型满足物理相似条件。此时，缩比模型中固体所承受的力 F 与原型对应相等。

可以看出，即使固体形状不是简单的椭圆形而是复杂形状，只要缩比模型中的固体形状与原型一致，其推导过程和结论与以上是相同的，读者可以试推导之，在此不作详述。

从上例中的分析结合上文中量纲分析的内涵与性质可知，对某一特定问题的不同模型而言，总能找到某种规律，使得即使改变问题中的几何参数、材料参数和其他物理参数，只要这些改变满足某种规律，则缩比模型与原型所给出的因变量满足对应的相似关系；这种规律我们可以泛称为相似律。从量纲分析的角度看，相似律可以更加明确具体地定义为：

相似律的定义：对于某一特定问题的不同模型而言，在一定范围内无论如何改变问题所涉及的自变量，只要保证无量纲自变量不变，则无量纲因变量也必然保持不变，我们称满足此条件的缩比模型为原型的相似模型，称缩比模型中的无量纲量与原型中的对应相等条件为相似条件，称该问题不同模型满足相似条件应遵循的缩比规律为相似律。相似律也常称为模型律。

从以上的定义可以看出，理论上任何可以表达为特定函数形式的物理问题皆可以找出其相似律，即任何特定的物理问题皆能够找到无数个相似的缩比模型；而且，不少物理问题通过量纲分析后，并不存在无量纲自变量或所得到的无量纲自变量只有 1 个且为常数，若缩比模型与原型皆满足函数表达式成立的前提条件与取值范围，则这类物理问题对应任意缩比模型与原型皆恒满足相似条件。

例 3.8　垂直烟囱中流体的运动问题

管流问题中，随着管道倾斜角度增大，重力的影响也逐渐增大，特别是当管道竖直放置时，其重力的影响在很多情况下不可忽视。设有一个竖直放置的烟囱，如图 3.21 所示，其截面形状为直径为 D 的圆形，高度为 h；烟囱内外气体为理想气体，烟囱外部环境中气体的密度为 ρ_0、温度为 T_0，烟囱内温度为 T，即内外温差为 $\Delta T = T - T_0$；求烟囱中气体的流速 v。

对于理想气体而言，其状态方程可以写为

$$p = \rho\gamma T = \rho\frac{R}{M}T \tag{3.156}$$

式中，R 表示气体比例常数；M 表示气体的摩尔质量；p 表示气体压力。

从上式容易看出，在烟囱内的气体受热而温度增高瞬间，气体压力增大，从而导致体积膨胀和密度减小，因而烟囱内外形成压力差，驱使内外气体出现相对流动；又由于内部密度小于外部，从而气体上浮，底部形成负压区，吸取底部外面的气体，形成稳定流场，这种现象我们常称为“烟囱效应”。对于管径不变的情况，烟囱入口和出口的动压应该相等，因此，其静压差应该等于势压与阻力之和。

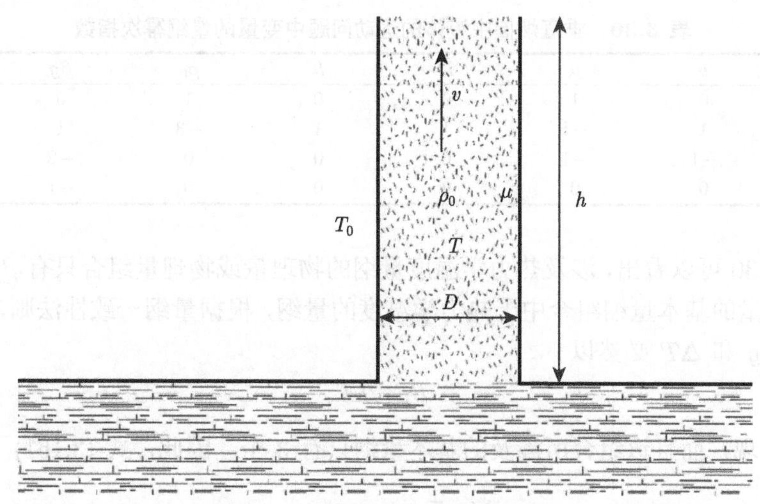

图 3.21 垂直烟囱中流体的运动问题

假设烟囱内外的温度差不是太大，温度升高导致体积膨胀或密度减小视为在等压过程中完成，根据上式可以得到

$$\left.\frac{\mathrm{d}(\rho\gamma\Delta T)}{\mathrm{d}T}\right|_p=0\Rightarrow\left.\left(\frac{\mathrm{d}\rho}{\mathrm{d}T}\gamma\Delta T+\rho\gamma\right)\right|_p=0 \tag{3.157}$$

即可以给出密度减小系数或热膨胀系数

$$\beta=-\frac{1}{\rho}\left.\left(\frac{\mathrm{d}\rho}{\mathrm{d}T}\right)\right|_p=\frac{1}{\Delta T} \tag{3.158}$$

设烟囱中气体的黏性系数为 μ，内壁相对粗糙度为 $\overline{k}$；由此，我们可以给出烟囱内气体的流速函数表达式为

$$v=f\left(\mu,\overline{k},D,h,\rho_0,\beta,\Delta T,g\right) \tag{3.159}$$

从上式可以看出，该问题中物理量有 9 个，包含 1 个因变量和 8 个自变量，且其中相对粗糙度定义为

$$\overline{k}=\frac{k}{D/2} \tag{3.160}$$

它是一个无量纲量 (假设管道内壁存在凸起，并定义平均凸起高度 k 为其粗糙度)。

根据 Bernoulli 方程容易知道，烟囱中的气体温度增高导致密度减小，所产生的浮力用于抵消其重力，其重力加速度 g 总是与热膨胀系数 β 以乘积的形式出现；由此，式 (3.159) 即可以简化为

$$v=f\left(\mu,\overline{k},D,h,\rho_0,\beta g,\Delta T\right) \tag{3.161}$$

该问题涉及温度，是一个典型的热力学问题，因此涉及的基本量纲有 4 个。上式中 7 个有量纲物理量或物理量组合的量纲幂次指数如表 3.30 所示。

表 3.30 垂直烟囱中流体的运动问题中变量的量纲幂次指数

物理量	v	μ	D	h	ρ_0	βg	ΔT
M	0	1	0	0	1	0	0
L	1	−1	1	1	−3	1	0
T	−1	−1	0	0	0	−2	0
Θ	0	0	0	0	0	−1	1

从表 3.30 可以看出，涉及热力学温度量纲的物理量或物理量组合只有 βg 和 ΔT 两个；而因变量的基本量纲组合中无热力学温度的量纲，根据量纲一致性法则，式 (3.161) 中物理量 βg 和 ΔT 必然以

$$\beta g \cdot \Delta T \tag{3.162}$$

组合形式出现，而且该组合所涉及的基本量纲只有 3 个。因此，式 (3.161) 可以简化为

$$v = f\left(\mu, \overline{k}, D, h, \rho_0, \beta g \cdot \Delta T\right) \tag{3.163}$$

上式物理量只涉及 3 个基本量纲，可以选取黏性系数 μ、高度 h 和外部气体的密度 ρ_0 这 3 个自变量为参考物理量。对表 3.30 进行组合和排序可以得到表 3.31。

表 3.31 垂直烟囱中流体的运动问题中变量的量纲幂次指数 (排序后)

物理量	μ	h	ρ_0	D	$\beta g\Delta T$	v
M	1	0	1	0	0	0
L	−1	1	−3	1	1	1
T	−1	0	0	0	−2	−1

对表 3.31 进行行变换，可以得到表 3.32。

表 3.32 垂直烟囱中流体的运动问题中变量的量纲幂次指数 (行变换后)

物理量	μ	h	ρ_0	D	$\beta g\Delta T$	v
μ	1	0	0	0	2	1
h	0	1	0	1	−3	−1
ρ_0	0	0	1	0	−2	−1

根据 Π 定理和量纲分析的性质，可以给出该问题中的 3 个无量纲量：

$$\left\{\begin{aligned} \Pi_1 &= \frac{D}{h} \\ \Pi_2 &= \frac{\beta\rho_0^2 g h^3 \cdot \Delta T}{\mu^2} \\ \Pi &= \frac{\rho_0 v h}{\mu} \end{aligned}\right. \tag{3.164}$$

因此，式 (3.163) 即可以写为无量纲函数表达式：

$$\frac{\rho_0 v h}{\mu} = f\left(\frac{D}{h}, \overline{k}; \frac{\beta\rho_0^2 g h^3 \cdot \Delta T}{\mu^2}\right) \tag{3.165}$$

假设烟囱内部足够光滑，其粗糙度可以不予考虑；此时上式可以简化为

$$\frac{\rho_0 vh}{\mu} = f\left(\frac{D}{h}; \frac{\beta\rho_0^2 gh^3 \cdot \Delta T}{\mu^2}\right) \tag{3.166}$$

一般烟囱流动属于紊流，故我们在此不考虑气体的黏性系数 μ；根据量纲分析的性质，上式可以进一步简化为

$$\frac{v}{\sqrt{\beta gh \cdot \Delta T}} = f\left(\frac{D}{h}\right) \tag{3.167}$$

而对于等截面面积的烟囱，且不考虑流体的阻力系数，根据 Bernoulli 方程可知，此时直径 D 对于流速的影响可以不予考虑，此时有

$$\frac{v}{\sqrt{\beta gh \cdot \Delta T}} = K \tag{3.168}$$

或

$$v = K \cdot \sqrt{\beta gh \cdot \Delta T} \tag{3.169}$$

式中，K 表示某特定常数。上式表明，烟囱中气体的流速与高度的平方根呈线性正比关系，也与烟囱内外温差的平方根呈线性正比关系，但与外部气体的密度无关。

根据相似律的定义可知，对于该问题而言，任意满足假设条件 (即紊流、内部足够光滑等) 的缩比模型恒与原型满足相似条件。

需要说明的是，对于某一特定问题而言，缩比模型与原型满足相似条件并不代表两个模型中函数对应的因变量相等，而是指其无量纲组合对应相等。

例 3.9 水泵流体力学问题

设有一个如图 3.22 所示的水泵，设水流运动过程中压力和速度并不足够大，因此流体运动过程中的压缩性可以忽略不计。设流体的密度为 ρ，黏性系数为 μ；叶片的旋转速度为 w，流体的体积流量为 Q，水泵内径为 d；求叶片旋转给流体所施加的压力 Δp。

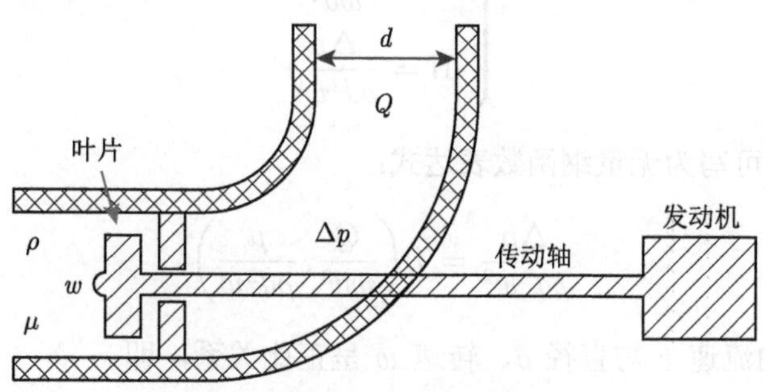

图 3.22 水泵抽取流体问题

本问题中重力的影响可以忽略不计，因此，重力加速度 g 不应是其主要影响因素。根据以上条件，我们可以给出压力 Δp 的函数表达式为 [8]

$$\Delta p = f(\rho, \mu; Q, w; d) \tag{3.170}$$

该问题中物理量有 6 个，其中基本量纲有 3 个；此 5 个自变量和 1 个因变量的量纲幂次指数如表 3.33 所示。

表 3.33 水泵问题中变量的量纲幂次指数

物理量	Δp	ρ	μ	Q	w	d
M	1	1	1	0	0	0
L	−1	−3	−1	3	0	1
T	−2	0	−1	−1	−1	0

分别取流体的密度 ρ、水泵内径 d 和叶片转速 w 为参考物理量，对表 3.33 进行排序，可以得到表 3.34。

表 3.34 水泵问题中变量的量纲幂次指数 (排序后)

物理量	ρ	d	w	μ	Q	Δp
M	1	0	0	1	0	1
L	−3	1	0	−1	3	−1
T	0	0	−1	−1	−1	−2

对表 3.34 进行行变换，可以得到表 3.35。

表 3.35 水泵问题中变量的量纲幂次指数 (行变换后)

物理量	ρ	d	w	μ	Q	Δp
ρ	1	0	0	1	0	1
d	0	1	0	2	3	2
w	0	0	1	1	1	2

根据 Π 定理和量纲分析的性质，可以给出 3 个无量纲量：

$$\begin{cases} \Pi_1 = \dfrac{\mu}{\rho d^2 w} \\ \Pi_2 = \dfrac{Q}{w d^3} \\ \Pi = \dfrac{\Delta p}{\rho d^2 w^2} \end{cases} \tag{3.171}$$

因此，式 (3.171) 可写为无量纲函数表达式：

$$\frac{\Delta p}{\rho d^2 w^2} = f\left(\frac{Q}{w d^3}, \frac{\mu}{\rho d^2 w}\right) \tag{3.172}$$

容易看出，流体的流速 v 与直径 d、转速 w 呈正比关系，即

$$v \propto wd \tag{3.173}$$

此时，式 (3.172) 右端函数内第二个无量纲量可写为

$$\frac{\mu}{\rho d^2 w} \to \frac{\mu}{\rho v d} \to \frac{1}{Re} \tag{3.174}$$

故式 (3.172) 写为以下形式物理意义更加明显：

$$\frac{\Delta p}{\rho d^2 w^2} = f\left(\frac{Q}{wd^3}, \frac{\rho d^2 w}{\mu}\right) \tag{3.175}$$

进一步可简写为

$$\frac{\Delta p}{\rho d^2 w^2} = f\left(\frac{Q}{wd^3}, Re\right) \tag{3.176}$$

而且，该问题中单位时间体积流量 Q 与流速之间满足关系

$$\frac{Q}{d^2} = \frac{\pi}{4} v \tag{3.177}$$

因此式 (3.176) 中右端函数内第一个无量纲自变量即为

$$\frac{Q}{wd^3} = \frac{\pi}{4} \frac{v}{wd} \tag{3.178}$$

进行简单的分析即可知，只要叶片的形状固定，上式即为常数；而且，对于水泵中流体的运动而言，由于其 Reynolds 数足够大，从流体力学中的相关结论可知，对于某种特定的粗糙度而言，Reynolds 数的影响可以不予考虑，此时，式 (3.176) 可以简化为

$$\frac{\Delta p}{\rho d^2 w^2} = f\left(\frac{Q}{wd^3}\right) \tag{3.179}$$

这样该问题就简化为只有一个无量纲自变量，通过简单的试验我们即可以给出具体的函数关系及其曲线。

假设现在有一个缩比模型，其形状与原型一致，即满足几何相似关系，根据式 (3.178) 可知，此时

$$\left(\frac{Q}{wd^3}\right)_m \equiv \left(\frac{Q}{wd^3}\right)_p \tag{3.180}$$

也就是说，根据相似律，缩比模型与原型恒有

$$\left(\frac{\Delta p}{\rho d^2 w^2}\right)_m \equiv \left(\frac{\Delta p}{\rho d^2 w^2}\right)_p \tag{3.181}$$

然而，缩比模型中的无量纲因变量与原型中的量对应相等，并不代表

$$(\Delta p)_m \overset{?}{\equiv} (\Delta p)_p \tag{3.182}$$

成立。设存在一个缩比模型，其叶片几何形状与原型中一致，几何缩比比例：

$$\gamma = \frac{(d)_m}{(d)_p} \tag{3.183}$$

则根据式 (3.183) 可知

$$\gamma_{\Delta p}=\frac{(\Delta p)_m}{(\Delta p)_p}=\frac{(\rho d^2 w^2)_m}{(\rho d^2 w^2)_p}=\gamma_\rho\cdot\gamma^2\cdot\gamma_w^2 \tag{3.184}$$

上式表明，当缩比模型与原型满足几何相似条件，且流体密度相同时，相似模型压差与尺寸比的平方或转速的平方呈正比关系，即缩比模型虽然与原型相似，但其压力并不一定相等，而且一般并不相等。

以上多个实例表明，通过量纲分析，我们可以给出特定物理问题对应的相对最优的无量纲量函数表达式，其中无量纲自变量是特定问题相似律判断的基本元素，我们通常将这些无量纲自变量称为相似准数或相似数。然而，本人认为这种说法还是不甚科学准确的。因为，这些无量纲量可能包含几何无量纲量、材料无量纲量和物理无量纲量；对于不同物理问题，几何无量纲量和材料无量纲量极有可能皆不相同，这些无量纲量的物理意义并不明显，而经过修正后的物理无量纲量具有明确的物理意义，而且很多时候在同一类问题中皆存在相同或类似的物理无量纲量，如以上多个流体流动相关问题中的 Reynolds 数，就是一个典型的共性物理无量纲量；严格来讲，这种无量纲量才是相似准数。

相似准数的定义：根据量纲分析的性质并结合对物理问题的初步分析，通过量纲分析性质 11 的提炼后，可以给出相对准确的物理问题相似律表达式；我们将表达式中有明确物理意义的物理无量纲量称为该相似律的相似准数。

例 3.10　静止流体中小球下坠高度问题

设在静止流体中放置一个小球，如图 3.23 所示，小球的直径为 d、密度为 ρ_b；流体的黏性系数为 μ、密度为 ρ_l；小球由于重力作用会从静止状态开始垂直向下运动，设小球从静止到当前垂直下降速度为 v；求小球从静止点到达当前速度时下降的距离 L。

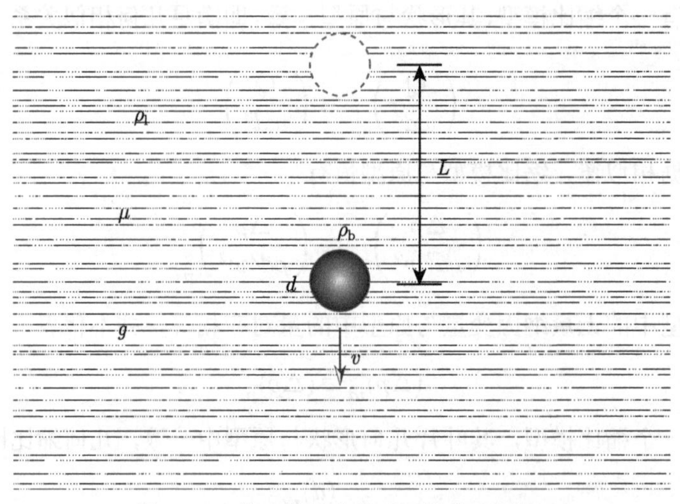

图 3.23　静止流体中小球下坠高度问题

容易知道，小球之所以能够下落是因为重力的作用，因此重力加速度 g 必然是该问题的主要影响因素之一；因此小球的下落高度的函数表达式可以写为

$$L = f(\rho_b, d; \mu, \rho_l; v, g) \tag{3.185}$$

由于小球速度较小，因而在此可以不考虑流体的可压缩性，即认为流体的密度 ρ_l 并不发生变化；其次，本问题中没有考虑热传导和生热问题，故基本量纲也只有 3 个；该问题包含 7 个物理量，其中因变量 1 个、自变量 6 个，且皆为有量纲量，其量纲的幂次指数如表 3.36 所示。

表 3.36　静止流体中小球下坠高度问题中变量的量纲幂次指数

物理量	L	ρ_b	d	μ	ρ_l	v	g
M	0	1	0	1	1	0	0
L	1	−3	1	−1	−3	1	1
T	0	0	0	−1	0	−1	−2

根据量纲的独立性，从表 3.36 可以看出，我们可以选取多个组合作为参考物理量组合，这里选取流体的密度 ρ_l、小球的直径 d 和流体的黏性系数 μ 这 3 个物理量为参考物理量，对表 3.36 进行排序，可以得到表 3.37。

表 3.37　静止流体中小球下坠高度问题中变量的量纲幂次指数 (排序后)

物理量	ρ_l	d	μ	ρ_b	v	g	L
M	1	0	1	1	0	0	0
L	−3	1	−1	−3	1	1	1
T	0	0	−1	0	−1	−2	0

对表 3.37 进行行变换，可以得到表 3.38。

表 3.38　静止流体中小球下坠高度问题中变量的量纲幂次指数 (行变换后)

物理量	ρ_l	d	μ	ρ_b	v	g	L
ρ_l	1	0	0	1	−1	−2	0
d	0	1	0	0	−1	−3	1
μ	0	0	1	0	1	2	0

根据 Π 定理和量纲分析的性质，可以给出 4 个无量纲量：

$$\begin{cases} \Pi_1 = \dfrac{\rho_b}{\rho_l} \\ \Pi_2 = \dfrac{\rho_l v d}{\mu} \\ \Pi_3 = \dfrac{\rho_l^2 d^3 g}{\mu^2} \\ \Pi = \dfrac{L}{d} \end{cases} \tag{3.186}$$

式中，3 个无量纲自变量中第一个为材料无量纲量，第二个和第三个为物理无量纲量，而且这 2 个物理无量纲量无论如何组合都无法形成新的几何无量纲量和材料无量纲量，因此本问题的无量纲自变量中并无几何无量纲量。

此时，式 (3.185) 可以写为无量纲函数表达式：

$$\frac{L}{d}=f\left(\frac{\rho_{\mathrm{b}}}{\rho_{\mathrm{l}}};\frac{\rho_{\mathrm{l}}vd}{\mu},\frac{\rho_{\mathrm{l}}^2d^3g}{\mu^2}\right) \tag{3.187}$$

式中，右端函数内第二个无量纲量是流体运动中常见的一个无量纲量，即 Reynolds 数，其物理意义非常明确。函数内第三个无量纲量形式较复杂，既涉及流体的黏性系数也涉及重力加速度；然而，对比函数内第二个无量纲量，不难发现两者之间有较多共同变量。而如上分析，第二个无量纲量为物理意义非常明显的 Reynolds 数，因此，我们优先考虑将第三个无量纲量进行简化，即有

$$\Pi_3'=\frac{\sqrt{\Pi_3}}{\Pi_2}=\frac{\sqrt{gd}}{v} \tag{3.188}$$

上式的物理意义是流体的重力与惯性力之比，与流体力学中另一个著名的无量纲数 Froude 数 (弗劳德数) 物理意义基本一致，结合 Froude 数的定义，我们可以根据量纲分析的性质将上式写为

$$\Pi_3''=\frac{1}{\Pi_3'}=\frac{v}{\sqrt{gd}} \tag{3.189}$$

上式即为 Froude 数，它是水的惯性力与重力之比，是用来确定水流动态如急流、缓流的一个无量纲相似准数，由英国船舶设计师弗劳德 (W. Froude) 提出，因此称为 Froude 数，简写为 Fr 数。从上式可以看出 Froude 数也是本问题相似律中另一个重要的相似准数。

因此，本问题的无量纲函数表达式可表示为

$$\frac{L}{d}=f\left(\frac{\rho_{\mathrm{b}}}{\rho_{\mathrm{l}}};Re,Fr\right) \tag{3.190}$$

上式表明，该问题的相似律中除了材料密度相似条件之外，还有 2 个相似准数，即 Reynolds 数和 Froude 数。

针对本问题，如我们设计一个缩比模型，其几何缩比为

$$\gamma=\frac{(d)_m}{(d)_p} \tag{3.191}$$

由式 (3.190) 所示相似律可知，缩比模型与原型满足相似条件的充分必要条件有

$$\begin{cases}\left(\dfrac{\rho_{\mathrm{b}}}{\rho_{\mathrm{l}}}\right)_m=\left(\dfrac{\rho_{\mathrm{b}}}{\rho_{\mathrm{l}}}\right)_p\\[2ex]\left(\dfrac{\rho_{\mathrm{l}}vd}{\mu}\right)_m=\left(\dfrac{\rho_{\mathrm{l}}vd}{\mu}\right)_p\\[2ex]\left(\dfrac{v}{\sqrt{gd}}\right)_m=\left(\dfrac{v}{\sqrt{gd}}\right)_p\end{cases} \tag{3.192}$$

设缩比模型与原型中的流体密度比和黏性系数比分别为

$$\begin{cases} \gamma_{\rho_l} = \dfrac{(\rho_l)_m}{(\rho_l)_p} \\ \gamma_\mu = \dfrac{(\mu)_m}{(\mu)_p} \end{cases} \tag{3.193}$$

结合上式和式 (3.192) 有

$$\begin{cases} \gamma_{\rho_b} = \dfrac{(\rho_b)_m}{(\rho_b)_p} = \dfrac{(\rho_l)_m}{(\rho_l)_p} = \gamma_{\rho_l} \\ \gamma_v = \dfrac{(v)_m}{(v)_p} = \dfrac{(\mu)_m}{(\mu)_p} \cdot \dfrac{(\rho_l d)_p}{(\rho_l d)_m} = \dfrac{\gamma_\mu}{\gamma_{\rho_l} \cdot \gamma} \\ \gamma_g = \dfrac{(g)_m}{(g)_p} = \dfrac{(v^2)_m}{(v^2)_p} \cdot \dfrac{(d)_p}{(d)_m} = \dfrac{\gamma_v^2}{\gamma} = \dfrac{\gamma_\mu^2}{\gamma_{\rho_l}^2 \cdot \gamma^3} \end{cases} \tag{3.194}$$

上式表明，若缩比模型中流体材料与原型中相同，则有

$$\begin{cases} \gamma_{\rho_b} = \gamma_{\rho_l} = 1 \\ \gamma_\mu = 1 \\ \gamma_v = \dfrac{1}{\gamma} \\ \gamma_g = \dfrac{1}{\gamma^3} \end{cases} \tag{3.195}$$

即此时缩比模型中的速度缩比与几何缩比成反比，重力加速度缩比与几何缩比的立方成反比；后面一个条件在地球上普通环境中很难实现，除非在符合条件的离心机内开展相关试验才有可能满足上式中的最后一式。

若我们只能在通常的自然环境中实现缩比模型与原型相似，即

$$\gamma_g \equiv 1 \tag{3.196}$$

则根据式 (3.194) 可有

$$\begin{cases} \gamma_{\rho_b} = \gamma_{\rho_l} \\ \gamma_v = \gamma^{1/2} \\ \dfrac{\gamma_\mu}{\gamma_{\rho_l}} = \gamma^{3/2} \end{cases} \tag{3.197}$$

也就是说，我们必须找到满足上式所示的流体材料用于缩比模型中，当然，这也是一件非常困难的事情。

3.2.2　相似律的性质与量纲分析

相似律的本质是“相似”，所谓相似，是指对于某一特定问题而言，缩比模型若与原型中的自变量满足某种比例关系，则因变量也必然满足特定的比例。

例 3.11　柱体的结构失稳问题

在很多桥梁设计中，总是利用承重柱将桥梁支撑起来，如将这些承重部位等效为圆柱体 (事实上，从以下分析可以看出，截面形状对本问题的分析过程与思路并无明显影响；如截面为非圆形，我们也可以将其等效为圆形)，设柱体材料密度为 ρ，杨氏模量为 E；柱体的长度为 L，直径为 D；考虑竖直放置的柱体受到竖直方向向下的压力 p，如图 3.24 所示；求柱体的轴向变形挠度 δ。

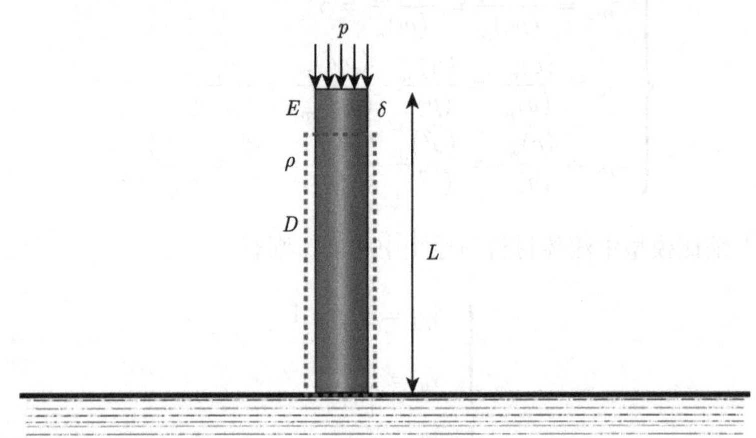

图 3.24　柱体的轴向变形问题

本例与第 2 章中的例 2.22 本质上相同，只是加载条件和面积条件稍有不同，其函数表达式可以写为

$$\delta = f(p, E, D, L, \rho, g) \tag{3.198}$$

参考该例中的量纲分析过程，我们可以给出上式对应的无量纲函数表达式：

$$\frac{\delta}{L} = f\left(\frac{p}{\rho g L}, \frac{p}{E}\right) \tag{3.199}$$

根据材料力学基础知识可知，式 (3.199) 中因变量即为直杆的轴向工程应变

$$\varepsilon = \frac{\delta}{L} \tag{3.200}$$

此时式 (3.199) 可写为

$$\varepsilon = f\left(\frac{p}{\rho g L}, \frac{p}{E}\right) \tag{3.201}$$

上式中 2 个无量纲自变量皆为物理无量纲量，而且利用量纲分析的性质我们无法给出几何无量纲量和材料无量纲量，这说明该问题相似律中无几何无量纲量和材料无量纲量。

若认为这 2 个物理无量纲量为该问题相似律的 2 个相似准数，针对该问题设计一个缩比模型，其几何缩比为

$$\gamma = \frac{(L)_m}{(L)_p} \tag{3.202}$$

由式 (3.201) 可知，缩比模型与原型满足相似条件的充分必要条件为

$$\begin{cases} \left(\dfrac{p}{\rho g L}\right)_m = \left(\dfrac{p}{\rho g L}\right)_p \\ \left(\dfrac{p}{E}\right)_m = \left(\dfrac{p}{E}\right)_p \end{cases} \tag{3.203}$$

设缩比模型中的材料与原型中的加载压力之比为

$$\gamma_p = \frac{(p)_m}{(p)_p} \tag{3.204}$$

材料参数之比为

$$\begin{cases} \gamma_E = \dfrac{(E)_m}{(E)_p} \\ \gamma_\rho = \dfrac{(\rho)_m}{(\rho)_p} \end{cases} \tag{3.205}$$

而且在一般自然条件中，有

$$\gamma_g = \frac{(g)_m}{(g)_p} \equiv 1 \tag{3.206}$$

则根据式 (3.203) 可以得到该问题相似律中以上各比例系数之间的关系：

$$\begin{cases} \gamma_p = \gamma_\rho \gamma_g \gamma = \gamma_\rho \gamma \\ \gamma_E = \gamma_p \end{cases} \tag{3.207}$$

或写为

$$\begin{cases} \gamma_{\sqrt{E/\rho}} = \sqrt{\gamma} \\ \gamma_p = \gamma_E \end{cases} \tag{3.208}$$

根据应力波理论可知，弹性杆的一维应力状态下的声速 C 为

$$C = \sqrt{\frac{E}{\rho}} \tag{3.209}$$

因此，式 (3.208) 中第一式即表示

$$\gamma_C = \sqrt{\gamma} \tag{3.210}$$

即对于缩比模型而言，若几何缩比为 γ，则如果材料力学性能与加载条件满足

$$\begin{cases} \gamma_C = \sqrt{\gamma} \\ \gamma_p = \gamma_E \end{cases} \tag{3.211}$$

则该缩比模型与原型相似，即此种条件下必有

$$(\varepsilon)_m = (\varepsilon)_p \tag{3.212}$$

从式 (3.211) 可以看出，如果缩比模型中材料与原型中相同，则几何缩比和压力缩比必然均为 1，也即是说不可能找到满足相似条件的不同尺寸缩比模型。然而，对于大多数工程而言，压力远大于自身重力，即有

$$\varepsilon = f\left(\frac{p}{E}\right) \tag{3.213}$$

此时缩比模型与原型只需要满足

$$\gamma_p = \gamma_E \tag{3.214}$$

即可。

本例说明，相似律是针对具体问题而言的，缩比模型与原型在很多情况下并不可能完全一致，即使几何形状和材料完全相同也是如此。因此，相似律并不是简单的外观上“相似”，也不是用相同的材料，而是物理内涵的“相似”。而且，在一些情况下，即使缩比模型材料和几何形状与原型完全不同，看起来完全“不相似”，但对于特定问题而言，它们却是“相似”的，这进一步说明相似律是指物理相似的规律。

另外，从本例我们也可以发现，对同一类物理问题而言，相似律也不是确定的，针对不同特定问题与条件，相似律所给出的结论也不尽相同；本例中如我们同时考虑自重和外力，则很难找到相似的缩比模型，而当外力远大于自重或自重远大于外力时，其相似律则简单得多，很容易设计出相似的缩比模型。

相似律的性质 1：相似律是特定问题的两个或多个模型满足相似条件的规律。首先，相似是指缩比模型与原型中的变量满足某种比例而相似，但无量纲自变量和无量纲函数表达式则必须对应相等而不是相似；其次，相似规律是指缩比模型与原型中各自变量缩比必须满足的某些内在联系，这种内在联系对于特定问题而言是确定的；再次，所谓特定问题并不是特定对象，同一研究对象不同因变量对应问题的相似律也不同，同样，即使同一研究对象且因变量相同但适用情况不同，其相似律也有差别。

事实上，一般柱体往往远没有达到轴向极限应变或应力时就失去承载能力，这主要是因为在压缩过程中发生了侧向弯曲变形，这种现象即屈曲失稳现象。该现象无论在工程还是自然界中都极其常见；在自然界中，许多生物结构如人体骨骼、树干等所能够承受的压力极限即等于屈曲临界载荷。如图 3.25 所示，设柱体的材料参数和几何尺寸同上，求临界载荷 p。

如考虑重力的影响，临界载荷的函数表达式可以写为

$$p = f(E, D, L, \rho, g) \tag{3.215}$$

该问题为典型的力学问题，其基本量纲一般有 3 个；上式中共有 6 个物理量，含 1 个因变量和 5 个自变量，其量纲的幂次指数如表 3.39 所示。

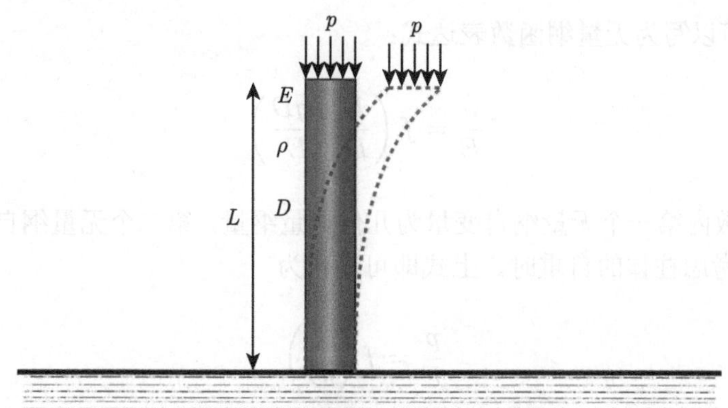

图 3.25 柱体的屈曲失稳问题

表 3.39 柱体的屈曲失稳问题中变量的量纲幂次指数

物理量	p	E	D	L	ρ	g
M	1	1	0	0	1	0
L	−1	−1	1	1	−3	1
T	−2	−2	0	0	0	−2

选取柱体的密度 ρ、直径 D 和杨氏模量 E 这 3 个物理量为参考物理量，对表 3.39 进行排序，可以得到表 3.40。

表 3.40 柱体的屈曲失稳问题中变量的量纲幂次指数 (排序后)

物理量	ρ	D	E	L	g	p
M	1	0	1	0	0	1
L	−3	1	−1	1	1	−1
T	0	0	−2	0	−2	−2

对表 3.40 进行行变换，即得到表 3.41。

表 3.41 柱体的屈曲失稳问题中变量的量纲幂次指数 (行变换后)

物理量	ρ	D	E	L	g	p
ρ	1	0	0	0	−1	0
D	0	1	0	1	−1	0
E	0	0	1	0	1	1

根据 Π 定理和量纲分析的性质，可以给出 3 个无量纲量：

$$\begin{cases} \Pi_1 = \dfrac{L}{D} \\ \Pi_2 = \dfrac{\rho g D}{E} \\ \Pi = \dfrac{p}{E} \end{cases} \tag{3.216}$$

即式 (3.215) 可以写为无量纲函数表达式：

$$\frac{p}{E} = f\left(\frac{L}{D}, \frac{\rho g D}{E}\right) \tag{3.217}$$

式中，右端函数内第一个无量纲自变量为几何无量纲量，第二个无量纲自变量为物理无量纲量。当不考虑柱体的自重时，上式即可简化为

$$\frac{p}{E} = f\left(\frac{L}{D}\right) \tag{3.218}$$

考虑杨氏模量 E 与截面惯性矩 I 总是以组合的形式出现在此类抗弯问题中，且

$$I \propto D^4 \tag{3.219}$$

而且，对于此类纯弯曲问题而言，截面直径 D 也是以截面惯性矩的形式与杨氏模量 E 进行组合，因此，式 (3.217) 可以进一步简化为

$$\frac{pL^4}{ED^4} = K \tag{3.220}$$

式中，K 为某特定常数。

上式无量纲因变量的物理意义不甚明显，考虑压力与力之间的关系，上式写为

$$\frac{pD^2L^2}{ED^4} = K' \tag{3.221}$$

更为合适；K' 为某特定常数。上式可以简化为

$$\frac{pL^2}{ED^2} = K' \tag{3.222}$$

考虑一个足够高的柱体如树，树干顶部截面上受力应等于其上部分树冠的重力；一般情况下，对某一类树而言，根据自然几何相似规律，可以认为树冠的直径 d 与树干的直径 D 成正比，树冠的高度 h 与树干的高度 L 成正比，树冠的等效相对密度 ρ' 也与树干的密度 ρ 成正比，即

$$\begin{cases} d = K_1 D \\ h = K_2 L \\ \rho' = K_3 \rho \end{cases} \tag{3.223}$$

式中，K_1、K_2 和 K_3 表示比例系数。

因此，树冠的重力为

$$G = K_4 K_3 \rho K_2 L K_1^2 D^2 g = K_4 K_1^2 K_2 K_3 \rho L D^2 g \tag{3.224}$$

式中，K_4 表示体积系数。上式可以简写为

$$\begin{cases} G = \Gamma\rho LD^2 g \\ \Gamma = K_4 K_1^2 K_2 K_3 \end{cases} \tag{3.225}$$

因此树干顶部与树冠结合处截面的压力为

$$p = \frac{G}{S} = \Gamma' \cdot \frac{\rho LD^2 g}{D^2} = \Gamma' \cdot \rho g L \tag{3.226}$$

式中，Γ' 为某特定系数，对特定树种而言，该系数应该接近为一个常数，或某个范围内的常数。

此种情况下，式 (3.222) 可以具体地写为

$$\frac{\rho g L^3}{ED^2} = K'' \tag{3.227}$$

式中，K'' 为特征常数。因此，考虑该种树木的缩比模型，其与原型的高度缩比为

$$\gamma_L = \frac{(L)_m}{(L)_p} \tag{3.328}$$

根据以上树冠等参数的假设可知，该问题总是满足相似条件，即树木在成长过程中总是满足相似律，此时必有

$$\left(\frac{\rho g L^3}{ED^2}\right)_m = \left(\frac{\rho g L^3}{ED^2}\right)_p \tag{3.329}$$

若生长过程中材料性能参数不变或同种树木材料性能参数相同，则必有

$$\gamma_D = \frac{(D)_m}{(D)_p} = \frac{\left(L^{3/2}\right)_m}{\left(L^{3/2}\right)_p} = \gamma_L^{3/2} \tag{3.330}$$

上式表明，随着树木的成长，其直径总是比高度增加得快，且满足以上关系。

动物和人类也是如此，对肌肉力学性能参数相近的动物而言，躯体特别是腿部肌肉的直径比与其质量比 γ_m 之间也应满足

$$\gamma_D = \gamma^{3/2} L \Rightarrow \gamma_m = \frac{\left(D^2 L\right)_m}{\left(D^2 L\right)_p} = \gamma_D^{8/3} \tag{3.331}$$

或

$$\gamma_D = \gamma_m^{3/8} \tag{3.332}$$

上式说明，动物尺寸与其质量之间应该满足以上关系，但并不是线性关系，这种关系就是著名的“Kleiber 定律”。

上例表明，同样是柱体抗压临界荷载或临界应变问题，所给出的相似律却并不相同；这说明，任何特定物理问题的相似律都是针对该问题的核心而言的，其性质与量纲分析的性质在某些方面是一致的。

结合上例，根据相似律的定义、性质和量纲分析的定义、内涵与性质，可以知道：相似律的性质与量纲分析的性质在某些方面具有类似的特征，但其本质还是不同的；相似律是某特定问题经过科学合理且准确的量纲分析给出的某个无量纲函数结论。也就是说，相似律表达式是对应特定问题量纲分析的一个结论，量纲分析是一种科学分析过程。

例 3.12　倾斜管道中流体的流动阻力问题

考虑一个倾斜放置的圆截面管，管中充满了流动的流体，如图 3.26 所示。设流体的密度为 ρ，黏性系数为 μ；圆管的直径为 d，长度为 L，内壁粗糙度即平均凸起高度为 k，倾斜角为 α；当流体的流速为 v 时，求圆管壁对流体的阻力 h。

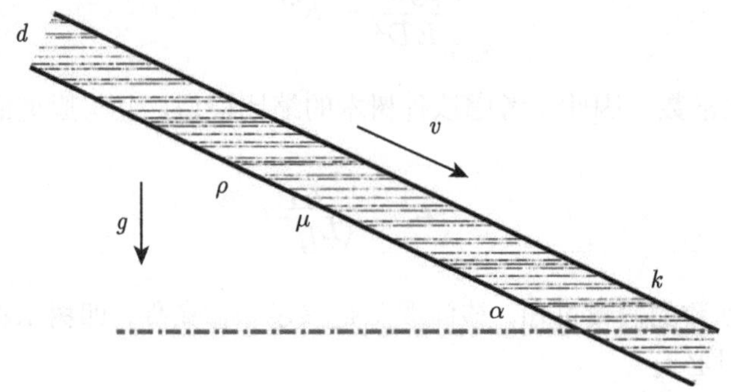

图 3.26　倾斜管道中流体的单位长度流动阻力问题

对倾斜放置的圆管内流体的流动而言，特别是低速流动时，流体的重力不可忽略，因此重力加速度 g 也必然是一个主要影响因素，因此圆管壁对流体阻力的函数表达式可以写为

$$h = f(\rho, \mu; d, L, k, \alpha; v, g) \tag{3.333}$$

该问题中基本量纲有 3 个；上式所涉及的物理量有 9 个，含 1 个因变量和 8 个自变量，其中自变量 α 是无量纲量。因此，可以给出这 8 个物理量的量纲幂次指数，如表 3.42 所示。

表 3.42　倾斜管道中流体的流动阻力问题中变量的量纲幂次指数

物理量	h	ρ	μ	d	L	k	v	g
M	1	1	1	0	0	0	0	0
L	−1	−3	−1	1	1	1	1	1
T	−2	0	−1	0	0	0	−1	−2

从表 3.42 可以看出，参考物理量的组合有多种，但必然至少包含流体的黏性系数 μ 和密度 ρ 中的一个；这里取流体的黏性系数 μ、密度 ρ 和管内壁直径 d 这 3 个自变量为参考物理量，对表 3.42 进行排序，即可得到表 3.43。

表 3.43 倾斜管道中流体的流动阻力问题中变量的量纲幂次指数 (排序后)

物理量	μ	d	ρ	L	k	v	g	h
M	1	0	1	0	0	0	0	1
L	−1	1	−3	1	1	1	1	−1
T	−1	0	0	0	0	−1	−2	−2

对表 3.43 进行行变换，即可得到表 3.44。

表 3.44 倾斜管道中流体的流动阻力问题中变量的量纲幂次指数 (行变换后)

物理量	μ	d	ρ	L	k	v	g	h
μ	1	0	0	0	0	1	2	2
d	0	1	0	1	1	−1	−3	−2
ρ	0	0	1	0	0	−1	−2	−1

根据 Π 定理和量纲分析的性质，可以给出 6 个无量纲量：

$$\begin{cases}\Pi_1 = \alpha \\ \Pi_2 = \dfrac{L}{d} \\ \Pi_3 = \dfrac{k}{d} \\ \Pi_4 = \dfrac{\rho v d}{\mu} \\ \Pi_5 = \dfrac{\rho^2 d^3 g}{\mu^2} \\ \Pi = \dfrac{\rho h d^2}{\mu^2}\end{cases} \tag{3.334}$$

即式 (3.333) 可以写为无量纲函数表达式：

$$\frac{\rho h d^2}{\mu^2} = f\left(\alpha, \frac{L}{d}, \frac{k}{d}, \frac{\rho v d}{\mu}, \frac{\rho^2 d^3 g}{\mu^2}\right) \tag{3.335}$$

上式表明，如缩比模型中无量纲自变量与原型中自变量满足对应相等，即

$$\begin{cases}(\alpha)_m = (\alpha)_p \\ \left(\dfrac{L}{d}\right)_m = \left(\dfrac{L}{d}\right)_p \\ \left(\dfrac{k}{d}\right)_m = \left(\dfrac{k}{d}\right)_p \\ \left(\dfrac{\rho v d}{\mu}\right)_m = \left(\dfrac{\rho v d}{\mu}\right)_p \\ \left(\dfrac{\rho^2 d^3 g}{\mu^2}\right)_m = \left(\dfrac{\rho^2 d^3 g}{\mu^2}\right)_p\end{cases} \tag{3.336}$$

则必然有

$$\left(\frac{\rho hd^2}{\mu^2}\right)_m = \left(\frac{\rho hd^2}{\mu^2}\right)_p \tag{3.337}$$

也就是说，式 (3.336) 中 5 个等式是该问题的相似条件，其中前 3 个无量纲量等式为几何和空间相似条件，后 2 个无量纲量等式为物理相似条件；按照相似准数的定义，该问题的相似准数有 2 个，分别为

$$\frac{\rho vd}{\mu}, \frac{\rho^2 d^3 g}{\mu^2} \tag{3.338}$$

然而，根据量纲分析的性质可知，如采用流体的黏性系数 μ、密度 ρ 和管长度 L 这 3 个自变量为参考物理量，式 (3.335) 也可以写为

$$\frac{\rho hL^2}{\mu^2} = f\left(\alpha, \frac{k}{L}, \frac{d}{L}, \frac{\rho vL}{\mu}, \frac{\rho^2 L^3 g}{\mu^2}\right) \tag{3.339}$$

此时，该问题的相似条件也有 5 个，含 3 个几何相似条件和 2 个物理相似条件；3 个几何相似条件中有一个与上一种情况不同，此时该问题的 2 个相似准数为

$$\frac{\rho vL}{\mu}, \frac{\rho^2 L^3 g}{\mu^2} \tag{3.340}$$

同理，也可以给出：

$$\frac{\rho hL^2}{\mu^2} = f\left(\alpha, \frac{d}{L}, \frac{\rho vk}{\mu}, \frac{\rho vL}{\mu}, \frac{\rho^2 L^3 g}{\mu^2}\right) \tag{3.341}$$

上式中 5 个无量纲自变量中有 2 个几何无量纲量和 3 个物理无量纲量，其相似准数为

$$\frac{\rho vk}{\mu}, \frac{\rho vL}{\mu}, \frac{\rho^2 L^3 g}{\mu^2} \tag{3.342}$$

类似地，根据量纲分析的性质，我们可以给出该问题的不同无量纲函数表达式，其对应的相似准数也不尽相同，相似条件也是如此。根据以上量纲分析的结论可知，缩比模型与原型必须满足倾斜角度相似，即

$$(\alpha)_m = (\alpha)_p \tag{3.343}$$

设缩比模型与原型中管的直径 d 缩比为

$$\gamma = \frac{(d)_m}{(d)_p} \tag{3.344}$$

根据式 (3.335) 所示无量纲函数表达式对应的相似条件，可有

$$\left\{\begin{aligned} &\frac{(k)_m}{(k)_p} = \frac{(d)_m}{(d)_p} = \gamma \\ &\frac{(L)_m}{(L)_p} = \frac{(d)_m}{(d)_p} = \gamma \end{aligned}\right. \tag{3.345}$$

和

$$\left\{\begin{array}{l}\dfrac{\left(\dfrac{\rho v}{\mu}\right)_p}{\left(\dfrac{\rho v}{\mu}\right)_m}=\gamma\\ \dfrac{\left(\dfrac{\rho^2 g}{\mu^2}\right)_p}{\left(\dfrac{\rho^2 g}{\mu^2}\right)_m}=\gamma^3\end{array}\right. \Rightarrow \left\{\begin{array}{l}\dfrac{\gamma_\mu}{\gamma_\rho\gamma_v}=\gamma\\ \dfrac{\gamma_\mu^2}{\gamma_\rho^2\gamma_g}=\gamma^3\end{array}\right. \Rightarrow \left\{\begin{array}{l}\dfrac{\gamma_\mu}{\gamma_\rho\gamma_v}=\gamma\\ \dfrac{\gamma_v^2}{\gamma_g}=\gamma\end{array}\right. \tag{3.346}$$

类似地，我们根据式 (3.339) 和式 (3.341) 皆可以得到

$$\left\{\begin{array}{l}\dfrac{(\alpha)_m}{(\alpha)_p}=1\\ \dfrac{(k)_m}{(k)_p}=\gamma\\ \dfrac{(L)_m}{(L)_p}=\gamma\end{array}\right., \quad \left\{\begin{array}{l}\dfrac{\gamma_\mu}{\gamma_\rho\gamma_v}=\gamma\\ \dfrac{\gamma_v^2}{\gamma_g}=\gamma\end{array}\right. \tag{3.347}$$

从以上分析可以看出，虽然量纲分析所给出的无量纲函数表达式中无量纲自变量不同，但缩比模型与原型满足相似的缩比规律基本一致，也就是说其相似律相同。

相似律的性质 2：相似律是量纲分析结论的一种显示，对于特定问题所给出的量纲分析结论而言，由于量纲分析性质决定了其结论的不唯一性，同一问题对应的无量纲函数表达式可能不同，其所谓的“相似准数”也可能不同，但该问题对应的相似律一般是相同的。

本例中以上只是利用 Π 定理进行了初步分析，我们可以根据 3.1 节中所给出的量纲分析的性质，得知式 (3.341) 并不是最简形式，需要进一步分析，可知无量纲函数表达式中几何无量纲量应有 3 个，而物理无量纲量有 2 个。同时，我们需要根据第 2 章中量纲分析的内涵与性质对本问题无量纲函数形式进行分析讨论，对比式 (3.335) 和式 (3.339) 可以看出：首先，几何无量纲量方面，第一个无量纲量倾斜角度两者皆相同；另外一个几何无量纲量，圆管的长径比本质上也基本相同，只是初步定性分析即可知，流动阻力应与长度成正比，因此，选择 L/d 作为该几何无量纲量更为合理；只有一个几何无量纲量不同，进一步分析可以看出，无量纲量 k/d 可以表征圆管内部的粗糙度，而无量纲量 k/L 的物理意义则并不明显，因此，可以认为前者是更加准确的几何无量纲量；事实上，我们一般定义圆管内部的相对粗糙度为

$$\overline{k}=\frac{k}{d/2} \tag{3.348}$$

因此，仅从量纲分析的性质和方法所给出的结论来看，该问题的最优几何无量纲量应为

$$\alpha, \overline{k}, \frac{L}{d} \tag{3.349}$$

其次，对比该问题所给出的三种无量纲函数表达式中的第四个无量纲量，不难发现该物理无量纲量形式与流体流动中一个重要的无量纲量 Reynolds 数一致，将其与 Reynolds 数对比可知，该物理无量纲量写为

$$Re = \frac{\rho v d}{\mu} \tag{3.350}$$

更为科学准确。

再次，该三种无量纲函数表达式中另一个物理无量纲量

$$\frac{\rho^2 d^3 g}{\mu^2} \quad \text{或} \quad \frac{\rho^2 L^3 g}{\mu^2} \tag{3.351}$$

形式相近，但其中既包含重力加速度 g 也包含流体的黏性系数 μ，而且流体密度 ρ 与管道直径 d 的形式也较复杂，考虑到前一个物理无量纲量也包含黏性系数 μ 且物理意义明确，因此，根据量纲分析的性质，该物理无量纲量可转换为

$$\left\{\begin{array}{l} \dfrac{\rho^2 d^3 g}{\mu^2} \to \sqrt{\dfrac{\rho^2 d^3 g}{\mu^2}} \Big/ \dfrac{\rho v d}{\mu} \to \dfrac{\sqrt{gd}}{v} \\ \dfrac{\rho^2 L^3 g}{\mu^2} \to \sqrt{\dfrac{\rho^2 L^3 g}{\mu^2}} \Big/ \dfrac{\rho v d}{\mu} \to \dfrac{\sqrt{gL}}{v}\dfrac{L}{d} \end{array}\right. \to \frac{\sqrt{gd}}{v} \tag{3.352}$$

上式所给出的最终形式与流体力学中另一个著名的无量纲量 Froude 数本质上一致，参考 Froude 数，我们将此物理无量纲量写为

$$\left\{\begin{array}{l} \dfrac{\rho^2 d^3 g}{\mu^2} \\ \dfrac{\rho^2 L^3 g}{\mu^2} \end{array}\right. \to \frac{v}{\sqrt{gd}} \tag{3.353}$$

因此，该问题的无量纲函数表达式相对最佳形式为

$$\frac{\rho h L^2}{\mu^2} = f\left(\alpha, \bar{k}, \frac{L}{d}; Re, Fr\right) \tag{3.354}$$

同上，容易给出缩比模型与原型的相似规律也为

$$\left\{\begin{array}{l} \gamma_\alpha = 1 \\ \gamma_k = \gamma_L = \gamma \\ \gamma_\rho \gamma_v \gamma = \gamma_\mu \\ \gamma_g \gamma = \gamma_v^2 \end{array}\right. \tag{3.355}$$

从以上分析可以发现，虽然对无量纲函数表达式中无量纲自变量进行了组合或变换，但其对应的相似律确并没有变化。这也表明，在物理问题相似性分析的过程中，Π 定

理给出的只是初步结论，远没有达到量纲分析的“终点”，还需要进一步进行深入分析。首先，由第 2 章和 3.1 节中相关知识可知，利用系统的量纲分析方法给出的式 (3.354) 物理意义比本例中以上三种无量纲函数表达式即式 (3.337)、式 (3.341) 和式 (3.343) 更加明显，更容易让缩比模型的设计者认识问题的本质；其次，事实上根据第 2 章量纲分析相关知识，式 (3.354) 还可以进一步简化，简化后所给出的相似律与本例上文中相似律并不相同。

式 (3.354) 中，无量纲自变量的物理意义比较明确，但因变量的物理意义却不甚确定，根据量纲分析的性质，该无量纲物理量可以转换为

$$\frac{\rho hL^2}{\mu^2} \to \frac{\rho hL^2}{\mu^2} \Bigg/ \left[\left(\frac{\rho vd}{\mu}\cdot\frac{L}{d}\right)^2\right] \to \frac{h}{\rho v^2} \tag{3.356}$$

从上式中可以看出，简化后的无量纲因变量分子为流体的阻力，分母为流体的动压，其物理意义比较明显，因此，式 (3.354) 应写为如下形式：

$$\frac{h}{\rho v^2} = f\left(\alpha, \overline{k}, \frac{L}{d}; Re, Fr\right) \tag{3.357}$$

或

$$h = \rho v^2 \cdot f\left(\alpha, \overline{k}, \frac{L}{d}; Re, Fr\right) \tag{3.358}$$

而根据流体力学理论可知，管流中阻力与圆管的长度是呈线性正比关系的，因此，式 (3.357) 必可简化为

$$\frac{h}{\rho v^2} = \frac{L}{d}\cdot f\left(\alpha, \overline{k}; Re, Fr\right) \tag{3.359}$$

同时，通过初步分析我们可以看出，重力加速度在平行于流体流动方向和垂直于流体流动方向上有 2 个分量，分别为

$$\begin{cases} g_p = g\cdot\sin\alpha \\ g_v = g\cdot\cos\alpha \end{cases} \tag{3.360}$$

而上式中第二个垂直分量 g_v 对流体的流动阻力可以不予考虑，也就是说式 (3.359) 中第一个几何无量纲量即倾角 α 总是与重力加速度以

$$g_p = g\cdot\sin\alpha \tag{3.361}$$

组合形式出现，因此，式 (3.359) 中物理无量纲量 Fr 与倾角 α 应可以组合为一个无量纲量，即

$$Fr' = \frac{v}{\sqrt{g\cdot\sin\alpha\cdot d}} = \frac{v}{\sqrt{gd\cdot\sin\alpha}} \tag{3.362}$$

此时，式 (3.359) 即可进一步简化为

$$\frac{h}{\rho v^2} = \frac{L}{d}\cdot f\left(\overline{k}; Re, Fr'\right) \tag{3.363}$$

或

$$\frac{hd}{\rho v^2 L} = f\left(\overline{k}; Re, Fr'\right) \tag{3.364}$$

通过以上的量纲分析，我们将该问题中的 8 个自变量减少为 3 个自变量，极大程度上简化了问题的分析与求解。上式中 3 个无量纲自变量包含 1 个几何无量纲量和 2 个物理无量纲量，其中几何无量纲量代表圆管内部的相对粗糙度，第一个物理无量纲量代表流体黏性系数对流体阻力的影响，第二个物理无量纲量代表惯性力的影响，两个物理无量纲量的物理意义非常明确且很难进一步简化，因此，我们可以认为这两个物理无量纲量即为该问题中的两个相似准数。

此时，若缩比模型与原型中 3 个对应的无量纲自变量满足相等，即

$$\begin{cases} \left(\overline{k}\right)_m = \left(\overline{k}\right)_p \\ (Re)_m = (Re)_p \\ (Fr')_m = (Fr')_p \end{cases} \tag{3.365}$$

则必有

$$\left(\frac{hd}{\rho v^2 L}\right)_m = \left(\frac{hd}{\rho v^2 L}\right)_p \tag{3.366}$$

设缩比模型与原型中管的直径 d 缩比为

$$\gamma = \frac{(d)_m}{(d)_p} \tag{3.367}$$

根据式 (3.367) 所示无量纲函数表达式对应的相似条件，可有

$$\frac{(k)_m}{(k)_p} = \frac{(d)_m}{(d)_p} = \gamma \tag{3.368}$$

和

$$\begin{cases} \dfrac{\left(\dfrac{\rho v}{\mu}\right)_p}{\left(\dfrac{\rho v}{\mu}\right)_m} = \gamma \\ \dfrac{\left(\dfrac{v}{\sqrt{g\cdot\sin\alpha}}\right)_m}{\left(\dfrac{v}{\sqrt{g\cdot\sin\alpha}}\right)_p} = \sqrt{\gamma} \end{cases} \Rightarrow \begin{cases} \dfrac{\gamma_\mu}{\gamma_\rho\gamma_v} = \gamma \\ \dfrac{\gamma_v^2}{\gamma_g\gamma_{\sin\alpha}} = \gamma \end{cases} \tag{3.369}$$

即相似律条件由以上的 5 个减少为现在的 3 个：

$$\begin{cases} \gamma_k = \gamma \\ \gamma_\mu = \gamma\gamma_\rho\gamma_v \\ \gamma_v^2 = \gamma\gamma_g\gamma_{\sin\alpha} \end{cases} \tag{3.370}$$

从本例的以上分析可以看出如下性质。

相似律的性质 3：相似律与量纲分析的结论虽然不是一一对应的，但却是密切相关的；首先，科学准确的相似准数需要合理深入的量纲分析才能够给出；其次，一般而言，同一个特定问题，若量纲分析所给出的无量纲函数表达式中无量纲自变量数量相同，则即使形式不同但其相似律仍一致；然而，同一特定问题，若减少无量纲函数表达式中的自变量数量，则其相似律条件也会相应地减少。

在该问题中，若式 (3.370) 成立，则有

$$\gamma_h = \frac{\gamma_\rho \gamma_v^2 \gamma_L}{\gamma} \tag{3.371}$$

从以上两式所示该问题的相似律来看，缩比模型并不需要与原型满足完全几何相似条件，即两者中圆管的长径比并不要求相等，唯一的几何相似条件即圆管内部的相对粗糙度须相等。若缩比模型与原型中流体的材料完全相同，即

$$\begin{cases} \gamma_\mu = 1 \\ \gamma_\rho = 1 \end{cases} \tag{3.372}$$

结合上式和式 (3.370) 可以得到，缩比模型与原型的其他相似条件即为

$$\begin{cases} \gamma_v = \dfrac{1}{\gamma} \\ \gamma_g \gamma_{\sin\alpha} = \dfrac{1}{\gamma^3} \end{cases} \tag{3.373}$$

上式表明，此种情况下，缩比模型放大多少倍，则流体的流速需要减小到原来的多少分之一，反之亦然。然而，若在当前自然环境中开展缩比模型设计，此时必有

$$\gamma_g = 1 \tag{3.374}$$

则式 (3.373) 可以给出

$$\begin{cases} \gamma_v = \dfrac{1}{\gamma} \\ \gamma_{\sin\alpha} = \dfrac{1}{\gamma^3} \end{cases} \tag{3.375}$$

若缩比模型和原型中以上条件成立，则

$$\gamma_h = \frac{1}{\gamma^2} \tag{3.376}$$

第二种情况是，若缩比模型与原型满足完全几何相似，其倾角 α 也相同，且皆在自然环境中，即

$$\begin{cases} \gamma_k = \gamma \\ \gamma_g = 1 \\ \gamma_{\sin\alpha} = 1 \end{cases} \tag{3.377}$$

结合上式，根据式 (3.370)，有

$$\begin{cases} \gamma_v = \sqrt{\gamma} \\ \dfrac{\gamma_\mu}{\gamma_\rho} = \gamma^{3/2} \end{cases} \tag{3.378}$$

由流体力学知识可知，流体的运动黏度即为

$$\kappa = \frac{\mu}{\rho} \tag{3.379}$$

因此，式 (3.378) 即可简写为

$$\begin{cases} \gamma_v = \gamma^{1/2} \\ \gamma_\kappa = \gamma^{3/2} \end{cases} \tag{3.380}$$

即此时我们在缩比模型中找到一个运动黏度与原型中流体运动黏度呈以上关系的相似流体材料，流体速度也同时满足上式关系，缩比模型才能与原型满足相似条件。此时

$$\gamma_h = \gamma_\rho \gamma \tag{3.381}$$

若该问题中流体的 Reynolds 数足够小，使得圆管中流体流动呈层流特征，此时圆管内部的相对粗糙度对流体阻力的影响可以忽略不计，此时式 (3.364) 即可进一步简化为

$$\frac{hd}{\rho v^2 L} = f\left(Re, Fr'\right) \tag{3.382}$$

或

$$h = \frac{\rho v^2 L}{d} \cdot f\left(Re, Fr'\right) \tag{3.383}$$

而且，同水平圆管中层流问题中的分析，此时密度应该可以忽略，即其形式应该为

$$h = \frac{\rho v^2 L}{d} \frac{1}{Re} \cdot f\left(Fr'\right) = \frac{\mu v L}{d^2} \cdot f\left(Fr'\right) \tag{3.384}$$

此时该问题的相似准数只有一个，即

$$Fr' = \frac{v}{\sqrt{gd \cdot \sin\alpha}} \tag{3.385}$$

对于缩比模型而言，其相似条件只有一个，为物理相似条件：

$$\gamma_v^2 = \gamma_g \gamma_{\sin\alpha} \gamma \tag{3.386}$$

当缩比相似模型与原型满足相似条件时，必有

$$\gamma_h = \frac{\gamma_\mu \gamma_v \gamma_L}{\gamma^2} = \frac{\gamma_\mu \gamma_L \sqrt{\gamma_g \gamma_{\sin\alpha} \gamma}}{\gamma^2} \tag{3.387}$$

若缩比模型与原型皆处于自然环境中，且圆管的倾角相同，则其相似条件简化为

$$\gamma_v = \sqrt{\gamma} \tag{3.388}$$

此时缩比模型与原型中流体阻力的缩比为

$$\gamma_h = \frac{\gamma_\mu \gamma_L}{\gamma^{3/2}} \tag{3.389}$$

特别地，若缩比模型与原型满足几何相似，且流体材料也相同，上式可简化为

$$\gamma_h = \frac{1}{\sqrt{\gamma}} \tag{3.390}$$

而当管道中流体流动 Reynolds 数足够大时，根据流体力学中管流相关基础知识可知，此时 Reynolds 数可以忽略，即流体的黏性系数可以忽略，此时式 (3.364) 即可简化为

$$\frac{hd}{\rho v^2 L} = f\left(\bar{k}; Fr'\right) \tag{3.391}$$

此时缩比模型与原型相似的充要条件即两个模型中圆管内部的相对粗糙度和 Froude 数对应相等，即

$$\begin{cases} \gamma_k = \gamma \\ \gamma_v^2 = \gamma_g \gamma_{\sin\alpha} \gamma \end{cases} \tag{3.392}$$

若缩比模型与原型满足几何相似和流体相同条件，且皆处于自然条件中，则相似律为

$$\begin{cases} \gamma_k = \gamma \\ \gamma_v = \sqrt{\gamma} \end{cases} \tag{3.393}$$

此时缩比模型与原型中流体阻力之比为

$$\gamma_h = \gamma_v^2 = \gamma \tag{3.394}$$

3.2.3 相似律的内涵与特征

事实上，对于问题

$$Y = f\left(X_1, X_2, \cdots, X_k; X_{k+1}, \cdots, X_n\right) \tag{3.395}$$

而言，不难理解若缩比模型与原型几何参数、材料参数和物理参数皆相等，即

$$\begin{cases} \left(X_1\right)_m = \left(X_1\right)_p \\ \left(X_2\right)_m = \left(X_2\right)_p \\ \qquad \vdots \\ \left(X_n\right)_m = \left(X_n\right)_p \end{cases} \tag{3.396}$$

则必有

$$(Y)_m = (Y)_p \tag{3.397}$$

此时，缩比模型与原型必然满足相似条件。也就是说，若能利用与原型完全相同的模型对特定问题进行研究是最理想的情况；然而，在很多时候，我们无法或者很难利用此类理想模型来开展研究，或者这种研究成本太高，我们不得不利用缩小或放大的模型，又或者采用廉价替代材料来开展研究，希望获取原型中的相关物理信息；因此，我们必须得知缩比模型与原型物理量之间应满足何种特定的联系，从而设计合理科学的缩比模型，进而根据对缩比模型的研究成果反演出原型中的因变量。这种缩比模型与原型之间的特定联系即为相似律。根据量纲分析的性质和方法可知，一般而言，合理准确的量纲分析所给出的无量纲函数表达式中自变量数量小于原自变量数量，因此，这使得原自变量数量大于相似律方程组中方程数量，从而使得改变个别自变量且保证原物理问题的本质近似一致的思路变得可行。

例 3.13　质量块坠落弹性基座最大变形问题

如图 3.27 所示 [13]，一个初始静止质量为 m 的质量块沿着中心导柱垂直坠落，在下落 H 高度后碰上弹性基座，已知基座为弹性系数为 k 的弹簧；设质量块与中心导柱之间摩擦力相对极小，可以不予考虑，弹簧和基座上端圆盘的质量相对于质量块而言极小，可以忽略不计；假设质量块坠落过程中无空气阻力且弹簧变形始终处于线弹性变形阶段。求质量块下坠时弹簧的最大弹性压缩变形 δ。

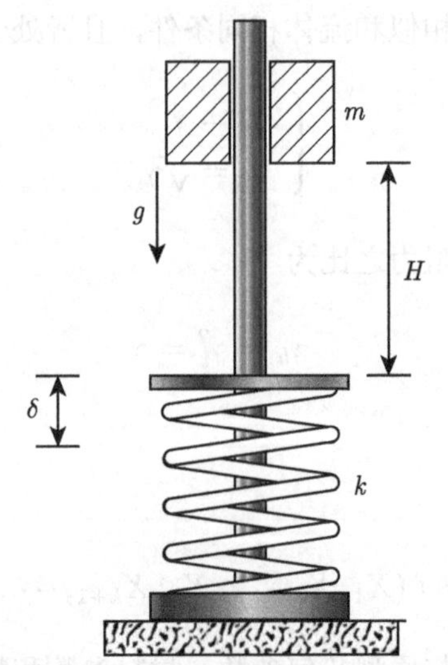

图 3.27　质量块的坠落基座变形问题

容易知道，质量块之所以会坠落是因为重力的作用，因此重力加速度 g 必然是一个主要影响因素；由此，我们可以给出最大弹性变形的函数表达式为

$$\delta = f(H, m, g, k) \tag{3.398}$$

上式所涉及的物理量有 5 个，含 1 个因变量和 4 个自变量，其量纲幂次指数如表 3.45 所示。

表 3.45 质量块的坠落基座最大弹性变形问题中变量的量纲幂次指数

物理量	δ	H	m	g	k
M	0	0	1	0	1
L	1	1	0	1	0
T	0	0	0	−2	−2

从表 3.45 可以看出，该问题中基本量纲有 3 个；仅从物理问题的量纲一致性法则可以判断，质量块的质量 m 与弹簧的弹性系数 k 必然以

$$\frac{m}{k} \quad 或 \quad \frac{k}{m} \tag{3.399}$$

的形式出现，如此才能够使得式 (3.398) 右端函数最终形式不出现质量的量纲；同理，根据量纲一致性法则，我们也可以从表 3.45 知道，重力加速度 g 必然与弹簧的弹性系数 k 以

$$\frac{g}{k} \quad 或 \quad \frac{k}{g} \tag{3.400}$$

的组合形式出现，如此才能消去右端函数的时间量纲。根据经典力学知识可以判断，弹簧的最大变形必定与质量块的质量 m 成正比、与弹簧的弹性系数 k 成反比，再参考上两式，可知式 (3.398) 右端函数中质量 m、重力加速度 g 和弹簧的弹性系数 k 必然以

$$\frac{mg}{k} \tag{3.401}$$

的组合形式出现。因此，该问题的函数表达式即可简化为

$$\delta = f\left(H, \frac{mg}{k}\right) \tag{3.402}$$

以上函数表达式自变量和因变量均只涉及 1 个基本量纲即长度 L，如以高度差 H 为参考物理量，容易给出其无量纲函数表达式为

$$\frac{\delta}{H} = f\left(\frac{mg}{Hk}\right) \tag{3.403}$$

如利用式 (3.398) 开展试验研究，则缩比模型与原型必须满足：

$$\begin{cases} (H)_m = (H)_p \\ (m)_m = (m)_p \\ (g)_m = (g)_p \\ (k)_m = (k)_p \end{cases} \tag{3.404}$$

此时，必有

$$(\delta)_m = (\delta)_p \tag{3.405}$$

容易看出，上两式表示缩比模型与原型需要保持基本一致的条件才行，也就是说，缩比模型与原型是同一个模型。若利用量纲分析后的结果式 (3.403)，则缩比模型与原型只需满足一个条件：

$$\left(\frac{mg}{Hk}\right)_m=\left(\frac{mg}{Hk}\right)_p \tag{3.406}$$

即可以给出

$$\left(\frac{\delta}{H}\right)_m=\left(\frac{\delta}{H}\right)_p \tag{3.407}$$

从上两式也可以看出缩比模型与原型并不要求相同，当然此时式 (3.405) 所示两个模型中的因变量也不相等，但却满足某种规律；因此只能说缩比模型与原型满足相似规律。

设缩比模型与原型的几何缩比为

$$\gamma=\frac{(H)_m}{(H)_p} \tag{3.408}$$

则根据式 (3.406) 可知，对此问题而言，缩比模型与原型满足相似条件的充要条件是其他物理量的缩比须满足：

$$\gamma_k=\frac{\gamma_m\gamma_g}{\gamma} \tag{3.409}$$

此时，缩比模型中的因变量与原型中的因变量缩比则满足：

$$\gamma_\delta=\gamma \tag{3.410}$$

本例以上分析显示，缩比模型与原型的对比研究条件从 4 个减小为 1 个，缩比模型与原型也由相同变为相似；而且，相似方程由 4 个减小为 1 个，而物理量数量还是 4 个，这使得物理量变化的自由度由原有的 0 个 (即缩比模型与原型中物理量必须对应相等，原型中物理量固定后缩比模型中对应物理量不得改变) 增加为 3 个 (即使原型中物理量固定，缩比模型中有 3 个物理量可以改变)，从而使得按照实际条件设计相似缩比模型变得更加容易。

相似律的内涵 1：所谓相似律实际上是量纲分析结果的一种应用，量纲分析使得问题中自变量数量减少，随之导致相似律控制方程数量减少，而自变量中物理量数量并没有变化，即物理量的数量多于控制方程的数量，这使得问题中物理量的取值并不都是唯一确定的，可以在满足控制方程组条件下进行合理变化，这是相似模型设计和相似律分析的基本前提。

例 3.14　流体中小球下坠速度问题

考虑流体中一个球形质量块从静止状态垂直下坠的速度问题 [15]，如图 3.28 所示，类似例 3.10，若流体在高度方向上足够深，使得小球到达匀速下坠时还未触及流体的底部，求小球的最终下坠速度 v。

参考例 3.10，我们可以给出其函数表达式为

$$v=f\left(\rho_{\mathrm{b}},d,\mu,\rho_{\mathrm{l}};g\right) \tag{3.411}$$

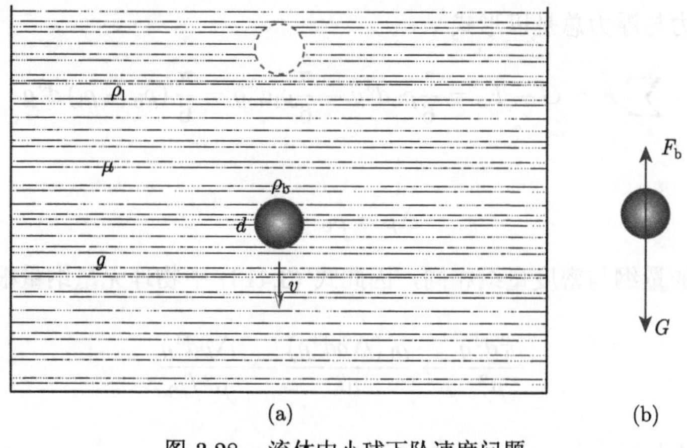

图 3.28 流体中小球下坠速度问题

该问题中 6 个物理量的量纲幂次指数如表 3.36 所示，其基本量纲也只有 3 个。同例 3.10 选取流体的密度 ρ_l、直径 d 和流体的黏性系数 μ 这 3 个物理量为参考物理量；对物理量量纲幂次指数表进行排序并变换后，可以得到表 3.46。

表 3.46 流体中小球下坠速度问题中变量的量纲幂次指数 (行变换后)

物理量	ρ_l	d	μ	ρ_b	g	v
ρ_l	1	0	0	1	−2	−1
d	0	1	0	0	−3	−1
μ	0	0	1	0	2	1

根据 Π 定理和量纲分析的性质，可以给出 3 个无量纲量：

$$\begin{cases} \Pi_1 = \dfrac{\rho_b}{\rho_l} \\ \Pi_2 = \dfrac{\rho_l^2 d^3 g}{\mu^2} \\ \Pi = \dfrac{\rho_l v d}{\mu} \end{cases} \tag{3.412}$$

因此，我们可以给出该问题的无量纲函数表达式：

$$\frac{\rho_l v d}{\mu} = f\left(\frac{\rho_b}{\rho_l}; \frac{\rho_l^2 d^3 g}{\mu^2}\right) \tag{3.413}$$

上式中右端第一项为材料无量纲量；第二项为物理无量纲量，其分子中有重力加速度 g，其物理意义是重力的影响。对该问题进行初步的理论分析可知，涉及重力加速度 g 的物理量只有浮力和重力，其分别为

$$\begin{cases} F_b = \dfrac{\pi}{6}\rho_l d^3 g \\ G = \dfrac{\pi}{6}\rho_b d^3 g \end{cases} \tag{3.414}$$

而本问题中重力与浮力总是以形式

$$\sum F = G - F_{\mathrm{b}} = \frac{\pi}{6}\rho_{\mathrm{b}} d^3 g - \frac{\pi}{6}\rho_{\mathrm{l}} d^3 g = \frac{\pi}{6}\left(\rho_{\mathrm{b}} - \rho_{\mathrm{l}}\right) d^3 g \tag{3.415}$$

出现，若令

$$\Delta\rho = \rho_{\mathrm{b}} - \rho_{\mathrm{l}} \tag{3.416}$$

上式中密度差的量纲与密度量纲相同，因此式 (3.413) 中物理无量纲量根据理论应写为

$$\frac{\rho_{\mathrm{l}}^2 d^3 g}{\mu^2} \to \frac{\rho_{\mathrm{l}}\left(\Delta\rho d^3 g\right)}{\mu^2} \to \frac{\Delta\rho d^3 g}{\mu^2/\rho_{\mathrm{l}}} \tag{3.417}$$

式 (3.413) 可写为

$$\frac{\rho_{\mathrm{l}} v d}{\mu} = f\left(\frac{\rho_{\mathrm{b}}}{\rho_{\mathrm{l}}}; \frac{\Delta\rho d^3 g}{\mu^2/\rho_{\mathrm{l}}}\right) \tag{3.418}$$

或

$$\frac{\rho_{\mathrm{b}} v d}{\mu} = f\left(\frac{\Delta\rho}{\rho_{\mathrm{b}}}; \frac{\Delta\rho d^3 g}{\mu^2/\rho_{\mathrm{b}}}\right) \tag{3.419}$$

设缩比模型与原型中小球的缩比为

$$\gamma = \frac{(d)_m}{(d)_p} \tag{3.420}$$

则缩比模型与原型的相似律的充要条件为

$$\begin{cases} \left(\dfrac{\Delta\rho}{\rho_{\mathrm{b}}}\right)_m = \left(\dfrac{\Delta\rho}{\rho_{\mathrm{b}}}\right)_p \\ \left(\dfrac{\Delta\rho d^3 g}{\mu^2/\rho_{\mathrm{b}}}\right)_m = \left(\dfrac{\Delta\rho d^3 g}{\mu^2/\rho_{\mathrm{b}}}\right)_p \end{cases} \tag{3.421}$$

由上式我们即可以给出该问题的相似律为

$$\begin{cases} \gamma_{\rho_{\mathrm{b}}} = \gamma_{\Delta\rho} \\ \gamma_{\rho_{\mathrm{b}}}\gamma_{\Delta\rho}\gamma\gamma_g = \gamma_\mu^2 \end{cases} \Rightarrow \begin{cases} \gamma_{\Delta\rho} = \gamma_{\rho_{\mathrm{b}}} \\ \left(\dfrac{\gamma_\mu}{\gamma_{\rho_{\mathrm{b}}}}\right)^2 = \gamma\gamma_g \end{cases} \tag{3.422}$$

从上式可以看出，其包含 5 个缩比值但只有 2 个控制方程，因此其中 3 个量可以变化，这使得建立不同条件的相似缩比模型变得可能或更加方便。

从本例和上例可以看出，之所以我们通过量纲分析能将控制方程数量减少，而且还不影响问题的本质及物理量之间的内在定量联系，其根本原因并不是我们额外添加了某些条件或假设，而是在特定的问题中这些物理量并非完全无关，本来就存在耦合关系；量纲分析的作用就是找出了这些耦合关系。

相似律的内涵 2：特定物理问题相似律的意义是能够改变原型中物理量取值却能够保持物理问题的本质不变，而之所以相似律的分析能够实现这一点，其根本原因是该问题中物理量本身就存在相互耦合关系，只是我们通过量纲分析找到这些物理量之间的内在联系并通过物理量组合表达出来而已。

事实上，在本例中容易判断，由于初始时刻小球是静止的，而且流体也是静止的，因此，若

$$\Delta\rho = 0 \tag{3.423}$$

则小球始终保持静止状态，即

$$\frac{\rho_l v d}{\mu} = f\left(\frac{\rho_b}{\rho_l}\right) \overset{\Delta\rho=0}{\equiv} 0 \tag{3.424}$$

而

$$\frac{\rho_b}{\rho_l} \neq 0 \tag{3.425}$$

因此，式 (3.419) 的形式应为

$$\frac{\rho_b v d}{\mu} = \left(\frac{\Delta\rho d^3 g}{\mu^2/\rho_b}\right)^n \cdot f\left(\frac{\Delta\rho}{\rho_b}\right) \tag{3.426}$$

式中，n 表示某特定常数。

一般而言，若流体的深度足够，随着速度的增大，黏性流体中的阻力也逐渐增大，小球受力会逐渐达到平衡，此时小球的惯性应该对问题没有影响，即只要

$$\sum F = \frac{\pi}{6}\Delta\rho d^3 g \tag{3.427}$$

和直径 d 保持不变，小球和流体的密度对本问题就没有明显影响，即式 (3.426) 可进一步写为

$$\frac{\rho_b v d}{\mu} = K\left(\frac{\Delta\rho d^3 g}{\mu^2/\rho_b}\right)^n \Leftrightarrow v = K\frac{\mu}{\rho_b d}\left(\frac{\Delta\rho d^3 g}{\mu^2/\rho_b}\right)^n = K\frac{\mu\left(\Delta\rho d^3 g\right)^n}{\rho_b^{1-n}\mu^{2n} d} \tag{3.428}$$

式中，K 为某特定常数，进而有

$$1 - n = 0 \Rightarrow n = 1 \tag{3.429}$$

因此，该问题中最终平衡速度 v 的表达式可写为

$$v = K\frac{\Delta\rho d^2 g}{\mu} \tag{3.430}$$

事实上，根据理论分析可知，在黏性流体中，小球的运动方程为

$$\frac{\pi}{6}\Delta\rho d^3 g - 3\pi\mu v d = \frac{\pi}{6}\rho_b d^3\frac{\mathrm{d}v}{\mathrm{d}t} \tag{3.431}$$

当加速度为 0 时，上式即可得到

$$v = \frac{\Delta\rho d^2 g}{18\mu} \tag{3.432}$$

3.3 相似律与几何相似律

由前文的分析可知，一般而言，任何特定的物理问题，我们都可以通过量纲分析给出其无量纲函数表达式；除了问题中所有自变量均为无量纲物理量这一极端情况，一般特定的物理问题皆可以通过量纲分析使得无量纲函数表达式中自变量的数量少于问题原自变量的数量，从而使得相似律中控制方程的数量少于自变量的数量，再设计出相似缩比模型。类似于量纲分析所给出的无量纲自变量可以分为三类，相似律中物理量的缩比关系也分为三类：几何缩比相似关系、材料缩比相似关系和物理缩比相似关系。

例 3.15 刚性小球坠落冲击弹性简支梁最大变形挠度问题

如图 3.29 所示，设一个直径为 d、密度为 ρ_b 的小球，从高度为 H 的地方垂直坠落在一个弹性简支梁上，设简支梁材料为线弹性材料，其长度为 L，杨氏模量为 E，惯性矩为 I，密度为 ρ。假设在小球下坠过程中不考虑空气阻力的影响，坠落点正好是梁的中心点，且梁始终处于弹性变形，不考虑小球的变形，求梁中心处最大变形挠度 δ。

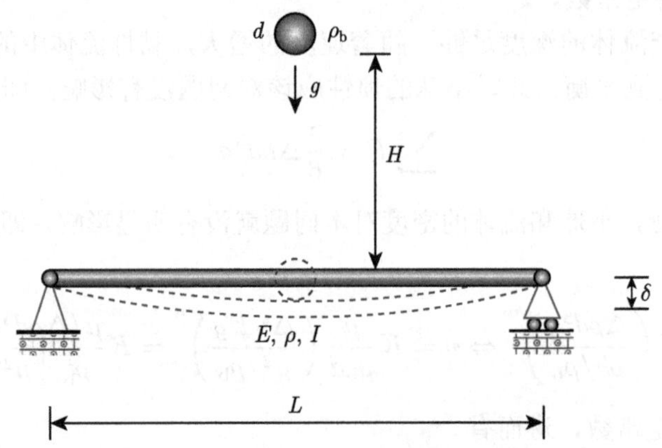

图 3.29 刚性小球坠落冲击弹性简支梁最大变形挠度问题

参考上文中梁的受力变形相关问题可知，影响梁中心的最大变形挠度的主要因素有小球的重力与梁的抗弯刚度、密度等，因此可以给出函数表达式：

$$\delta = f\left(\rho_b, d, g, H; \rho, E, I, L\right) \tag{3.433}$$

对于梁的纯弯曲问题而言，杨氏模量 E 总是与惯性矩 I 以组合 EI 的形式代表刚度出现；而且，当小球的直径 d 远小于梁的长度时，小球的直径 d 总是与其密度 ρ_b 以乘积代表质量 m 的形式组合出现；因此上式可以简化为

$$\delta = f\left(m, g, H; \rho, EI, L\right) \tag{3.434}$$

上式中共有 7 个变量，包含 1 个因变量和 6 个自变量；其变量的量纲幂次指数如表 3.47 所示。

表 3.47 刚性小球坠落冲击弹性简支梁最大变形挠度问题

物理量	δ	m	g	H	ρ	EI	L
M	0	1	0	0	1	1	0
L	1	0	1	1	−3	3	1
T	0	0	−2	0	0	−2	0

该问题涉及的基本量纲有 3 个，可以选取小球的质量 m、下落高度 H 和重力加速度 g 这 3 个物理量为参考物理量，对表 3.47 进行排序，可以得到表 3.48。

表 3.48 刚性小球坠落冲击弹性简支梁最大变形挠度问题 (排序后)

物理量	m	H	g	ρ	EI	L	δ
M	1	0	0	1	1	0	0
L	0	1	1	−3	3	1	1
T	0	0	−2	0	−2	0	0

对表 3.48 进行行变换后，即得到表 3.49。

表 3.49 刚性小球坠落冲击弹性简支梁最大变形挠度问题 (行变换后)

物理量	m	H	g	ρ	EI	L	δ
m	1	0	0	1	1	0	0
H	0	1	0	−3	2	1	1
g	0	0	1	0	1	0	0

根据 Π 定理和量纲分析的性质，可以给出 4 个无量纲量：

$$\begin{cases} \Pi_1 = \dfrac{\rho L^3}{m} \\ \Pi_2 = \dfrac{EI}{mH^2 g} \\ \Pi_3 = \dfrac{L}{H} \\ \Pi = \dfrac{\delta}{H} \end{cases} \tag{3.435}$$

此时，式 (3.434) 即可以写为无量纲函数表达式：

$$\frac{\delta}{H} = f\left(\frac{\rho L^3}{m}, \frac{EI}{mH^2 g}, \frac{L}{H}\right) \tag{3.436}$$

对于该问题而言，由于梁始终处于弹性变形阶段，其变形量较小且变形速度也较小，因此梁的惯性也可以不予考虑，从而梁的密度可以不予考虑，此时上式即可简化为

$$\frac{\delta}{H} = f\left(\frac{EI}{mH^2 g}, \frac{L}{H}\right) \tag{3.437}$$

容易看出，最大变形挠度与小球的质量成正比，与抗弯刚度成反比；再将无量纲自变量按照特征进行重新排列，上式即可优化为

$$\frac{\delta}{H}=f\left(\frac{L}{H};\frac{mgH^2}{EI}\right) \tag{3.438}$$

式中，右端函数内第一个无量纲量为几何无量纲量，第二个无量纲量为物理无量纲量，该问题无量纲函数表达式中无材料无量纲量。若设计一个缩比模型，其梁的长度与原型中对应梁之比为

$$\gamma=\frac{(L)_m}{(L)_p} \tag{3.439}$$

则根据式 (3.438) 可知，缩比模型与原型的相似律的充要条件为

$$\begin{cases}\left(\dfrac{L}{H}\right)_m=\left(\dfrac{L}{H}\right)_p\\ \left(\dfrac{mgH^2}{EI}\right)_m=\left(\dfrac{mgH^2}{EI}\right)_p\end{cases} \tag{3.440}$$

由上式我们即可以给出该问题的相似律为

$$\begin{cases}\gamma_H=\gamma\\ \gamma_m\gamma_g\gamma_H^2=\gamma_E\gamma_I\end{cases}\Rightarrow\begin{cases}\gamma_H=\gamma\\ \gamma_m\gamma_g\gamma^2=\gamma_E\gamma_I\end{cases}\Rightarrow\begin{cases}\gamma_H=\gamma\\ \dfrac{\gamma_{EI}}{\gamma_{mg}}=\gamma^2\end{cases} \tag{3.441}$$

上式方程组中第一式表明，若希望缩比模型与原型保持物理相似关系，首先需要满足几何相似条件，即若缩比模型梁的长度相对于原型放大 γ 倍，则小球的高度也应相应地放大 γ 倍；第二式表明缩比模型中梁的弯曲刚度与小球重力之比也应相应地放大 γ^2 倍。上式的物理意义是：只需要缩比模型与原型中小球高度与梁的长度等比放大或缩小，梁的抗弯刚度与小球质量也按照比例的平方放大或缩小，则缩比模型与原型满足相似条件。上式也显示缩比模型与原型并不要求所有几何条件如小球的直径和梁的截面尺寸按比例放大或缩小，也不要求缩比模型中梁截面形状与原型中对应一致。

若需要考虑小球的尺寸，将本例以上分析中小球的质量分解为密度 ρ_{b} 和直径 d，已知有

$$m=\frac{\pi}{6}\rho_{\mathrm{b}}d^3 \tag{3.442}$$

参考以上分析过程，必可以得到该问题的另一个无量纲函数表达式：

$$\frac{\delta}{H}=f\left(\frac{L}{H},\frac{d}{H};\frac{\rho_{\mathrm{b}}gH^5}{EI}\right) \tag{3.443}$$

此时，相似律即为

$$\begin{cases}\gamma_H=\gamma_d=\gamma\\ \gamma_{\rho_{\mathrm{b}}}\gamma_g\gamma^5=\gamma_E\gamma_I\end{cases} \tag{3.444}$$

缩比模型与原型中梁的截面形状相同，根据惯性矩的定义，有

$$\gamma_I = \gamma^4 \tag{3.445}$$

此时，式 (3.444) 可写为

$$\begin{cases} \gamma_H = \gamma_d = \gamma \\ \dfrac{\gamma_E}{\gamma_{\rho_b}\gamma_g} = \gamma \end{cases} \tag{3.446}$$

上式表明，缩比模型与原型的几何尺寸按照比例缩小或放大后，梁的杨氏模量与小球的密度也需要满足以上关系；也就是说，在自然条件下，重力加速度缩比

$$\gamma_g \equiv 1 \tag{3.447}$$

此时式 (3.446) 即为

$$\begin{cases} \gamma_H = \gamma_d = \gamma \\ \dfrac{\gamma_E}{\gamma_{\rho_b}} = \gamma \end{cases} \tag{3.448}$$

即表明，即使缩比模型与原型中小球和梁的材料对应相同，且小球与梁的几何形状一致、所有尺寸皆按照同一比例放大或缩小，缩比模型与原型也不满足相似条件。

本例说明，特定物理问题对应的相似缩比模型并不是简单地将原型按照尺寸缩小就能够得到的，对应的材料和其他物理量也可能需要进行对应的缩比。

3.3.1 几何相似律的概念与内涵

然而，很多情况下，当缩比模型与原型中对应材料相同、边界条件也相同时，缩比模型与原型形状满足一致性条件且尺寸缩比相同条件下，缩比模型与原型满足物理相似。

例 3.16 金属平板爆炸加工问题

如图 3.30 所示装置，当水中炸药爆炸后，产生的超压瞬间传递到金属板上表面，使得金属板产生变形而达到预期形状。设炸药能量为 W；炸药等效为球形，其半径为 r；水箱高度和截面直径分别为 H 和 D，流体的密度为 ρ_1；加工球面直径为 d，高度为 h；炸药中心到金属盘的距离为 L；加工金属盘的厚度为 δ，密度为 ρ，设金属材料近似为理想塑性材料，其等效屈服强度为 σ。

假设爆炸加工过程中，流体视为不可压缩流体，且爆炸产生的压力远大于流体的重力；根据以上条件可以得到爆炸荷载下平板最终变形量的函数表达式为 [12]

$$h = f\left(H, D, L, r, W, \rho_1; \delta, \sigma, \rho, d\right) \tag{3.449}$$

上式中共有 11 个变量，包含 1 个因变量和 10 个自变量；其量纲幂次指数如表 3.50 所示。

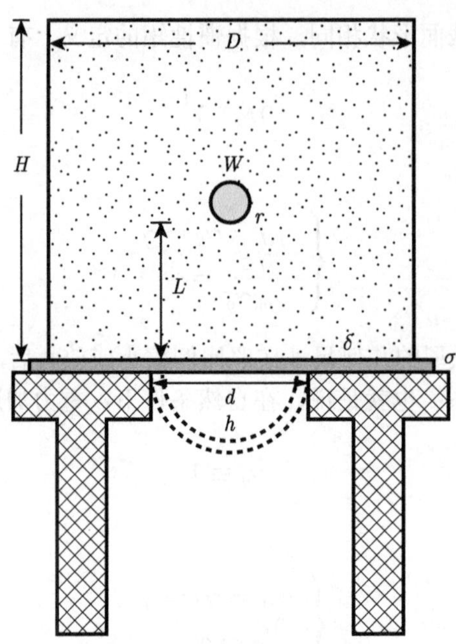

图 3.30　爆炸加工问题

表 3.50　爆炸加工问题中变量的量纲幂次指数

物理量	h	H	D	L	r	W	ρ_1	δ	σ	ρ	d
M	0	0	0	0	0	1	1	0	1	1	0
L	1	1	1	1	1	2	−3	1	−1	−3	1
T	0	0	0	0	0	−2	0	0	−2	0	0

该问题涉及的基本量纲有 3 个；从表 3.50 可以发现只有长度量纲的量有 7 个，具有密度量纲的量有 2 个，还有 2 个物理量皆包含 3 个基本量纲，因此 3 个参考物理量有多种组合；但炸药能量 W 和金属板等效屈服强度 σ 中至少有 1 个必须作为参考物理量，7 个长度量最多有 1 个是参考物理量。考虑到量纲分析过程中的量纲转换过程，参考物理量的量纲形式越简单，则无量纲转换过程越简单，在不影响物理意义的前提下，我们尽可能选取量纲形式简单的自变量为参考物理量。因此，我们选取 1 个长度自变量、1 个密度自变量为其中的 2 个参考物理量。综合考虑该问题的物理意义，金属板材料性能与尺寸是该问题的核心影响因素，因而选取金属板材料密度 ρ、加工球面直径 d 和等效屈服强度 σ 这 3 个自变量为参考物理量，对表 3.50 进行排序，可以得到表 3.51。

表 3.51　爆炸加工问题中变量的量纲幂次指数 (排序后)

物理量	ρ	d	σ	H	D	L	r	W	ρ_1	δ	h
M	1	0	1	0	0	0	0	1	1	0	0
L	−3	1	−1	1	1	1	1	2	−3	1	1
T	0	0	−2	0	0	0	0	−2	0	0	0

对表 3.51 进行行变换，即可得到表 3.52。

表 3.52 爆炸加工问题中变量的量纲幂次指数 (行变换后)

物理量	ρ	d	σ	H	D	L	r	W	ρ_1	δ	h
ρ	1	0	0	0	0	0	0	0	1	0	0
d	0	1	0	1	1	1	1	3	0	1	1
σ	0	0	1	0	0	0	0	1	0	0	0

根据 Π 定理和量纲分析的性质，可以给出 8 个无量纲量：

$$\begin{cases} \Pi_1 = \dfrac{H}{d} \\ \Pi_2 = \dfrac{D}{d} \\ \Pi_3 = \dfrac{L}{d} \\ \Pi_4 = \dfrac{r}{d} \end{cases} \text{和} \begin{cases} \Pi_5 = \dfrac{W}{\sigma d^3} \\ \Pi_6 = \dfrac{\rho_1}{\rho} \\ \Pi_7 = \dfrac{\delta}{d} \\ \Pi = \dfrac{h}{d} \end{cases} \tag{3.450}$$

因此，式 (3.449) 可写为无量纲函数表达式：

$$\frac{h}{d} = f\left(\frac{H}{d}, \frac{D}{d}, \frac{L}{d}, \frac{r}{d}, \frac{W}{\sigma d^3}, \frac{\rho_1}{\rho}, \frac{\delta}{d}\right) \tag{3.451}$$

上式中有 5 个几何无量纲自变量、1 个材料无量纲自变量和 1 个物理无量纲自变量；按照上文所述顺序对其分类并排序，上式即可写为

$$\frac{h}{d} = f\left(\frac{H}{d}, \frac{D}{d}, \frac{L}{d}, \frac{r}{d}, \frac{\delta}{d}; \frac{\rho_1}{\rho}; \frac{W}{\sigma d^3}\right) \tag{3.452}$$

设单位体积炸药释能为 E，即有

$$W = \frac{4}{3} E\pi r^3 \tag{3.453}$$

此时，式 (3.452) 即可进一步写为

$$\frac{h}{d} = f\left(\frac{H}{d}, \frac{D}{d}, \frac{L}{d}, \frac{r}{d}, \frac{\delta}{d}; \frac{\rho_1}{\rho}; \frac{Er^3}{\sigma d^3}\right) \to f\left(\frac{H}{d}, \frac{D}{d}, \frac{L}{d}, \frac{r}{d}, \frac{\delta}{d}; \frac{\rho_1}{\rho}, \frac{E}{\sigma}\right) \tag{3.454}$$

由上式可以看出，该问题无量纲函数表达式中自变量只有几何无量纲量和材料无量纲量，而没有物理无量纲量。

设缩比模型与原型中水箱高度之比为

$$\gamma = \frac{(H)_m}{(H)_p} \tag{3.455}$$

则根据式 (3.454)，缩比模型与原型满足物理相似的充要条件为

$$\left\{\begin{array}{l}(H/d)_m = (H/d)_p \\ (D/d)_m = (D/d)_p \\ (L/d)_m = (L/d)_p \\ (r/d)_m = (r/d)_p \\ (\delta/d)_m = (\delta/d)_p \\ (\rho_1/\rho)_m = (\rho_1/\rho)_p \\ (E/\sigma)_m = (E/\sigma)_p\end{array}\right. \tag{3.456}$$

结合式 (3.455) 可以得到，缩比模型与原型满足相似的相似律为

$$\left\{\begin{array}{l}\dfrac{(d)_m}{(d)_p} = \dfrac{(D)_m}{(D)_p} = \dfrac{(L)_m}{(L)_p} = \dfrac{(r)_m}{(r)_p} = \dfrac{(\delta)_m}{(\delta)_p} = \dfrac{(H)_m}{(H)_p} \\ \dfrac{(\rho_1)_m}{(\rho_1)_p} = \dfrac{(\rho)_m}{(\rho)_p} \\ \dfrac{(E)_m}{(E)_p} = \dfrac{(\sigma)_m}{(\sigma)_p}\end{array}\right. \tag{3.457}$$

即

$$\left\{\begin{array}{l}\gamma_d = \gamma_D = \gamma_L = \gamma_r = \gamma_\delta = \gamma \\ \gamma_{\rho_1} = \gamma_\rho \\ \gamma_E = \gamma_\sigma\end{array}\right. \tag{3.458}$$

若缩比模型中炸药和金属板材料与原型中对应一致，即

$$\left\{\begin{array}{l}\gamma_{\rho_1} = \gamma_\rho \equiv 1 \\ \gamma_E = \gamma_\sigma \equiv 1\end{array}\right. \tag{3.459}$$

则该问题的相似律即简化为

$$\gamma_d = \gamma_D = \gamma_L = \gamma_r = \gamma_\delta = \gamma \tag{3.460}$$

上式的物理意义即为：在不考虑重力的影响前提下，当缩比模型中材料参数与原型中对应相同时，若缩比模型中所有几何尺寸皆是按照原型中对应尺寸以同一比例缩小或放大，则缩比模型与原型即满足相似条件。我们称这类问题中缩比模型与原型满足几何相似律。

几何相似律的概念：对于特定的物理问题而言，在缩比模型与原型中材料参数和物理参数 (如加载条件、边界条件) 等相同的前提下，若所有几何自变量皆按照相同的比例缩小或放大，则缩比模型与原型即满足相似条件，我们称这类相似律为几何相似律，称此类特定问题满足几何相似律或严格几何相似律。

需要说明的是，以上定义中所谓“材料参数和物理参数相同”是指该问题函数表达式中所涉及的材料参数和物理参数；同理，“所有几何自变量”也是指函数表达式中所有涉及几何尺寸的自变量。可以看出，对于满足几何相似律的问题而言，只需要原型其他条件不变，将尺寸按照比例缩小，即可得到相似的缩比模型。几何相似律是一种比较典型且容易理解的相似律，事实上，很多问题皆满足或近似满足几何相似律，因此，我

们可以对一些问题进行同比放大或缩小来研究原型问题，这也是当前缩比实验分析的一个重要途径。

例 3.17 悬臂梁塑性弯曲变形问题

如图 3.31 所示，系统由质量块、金属薄片、加厚金属片、导轨、弹簧和底座构成，当质量块沿着导轨自由下落后，会碰到下端的弹簧，其减速度较大从而使得金属薄片产生塑性弯曲变形。根据机械能守恒定律可知，当质量块高度不同时，其下降到弹簧上方的速度也相应不同，从而导致其减速度也不同，其薄片部分的弯曲变形挠度也相应不同。

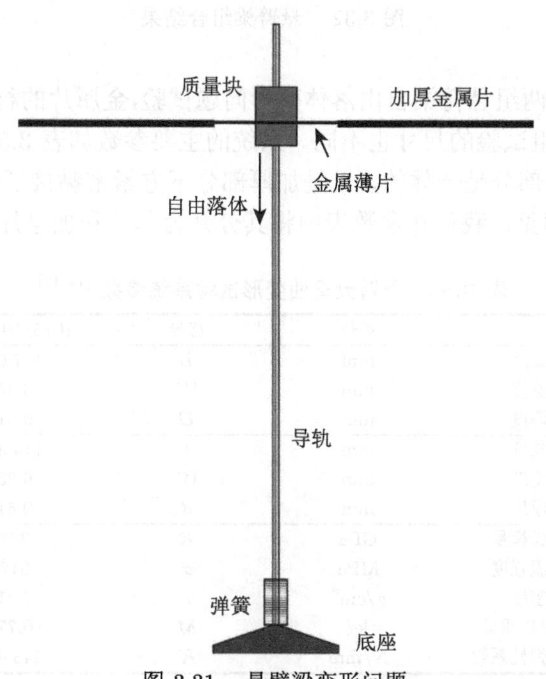

图 3.31 悬臂梁变形问题

设质量块的质量为 M，高度为 H；假设在整个下落加载和反弹过程中，底座上的弹簧始终处于线弹性区间，其弹性系数为 K；忽略质量块和悬臂梁下落过程中与导轨之间的摩擦力，也不考虑空气阻力。悬臂梁为对称结构，取其中一侧进行分析，如图 3.32 所示。悬臂梁由两块不同厚度的金属片组成，截面形状皆为矩形；设金属薄片部分长度为 L，厚度为 D；加厚部分长度为 l，厚度为 d；金属薄片与加厚部分黏接在一起，且最外端对齐；金属薄片与加厚片宽度均为 W。求质量块与悬臂梁自由下落后，悬臂梁自由端的最终变形挠度 δ。

假设不考虑材料的塑性硬化影响，即认为材料为理想弹塑性材料，其杨氏模量为 E，屈服强度为 σ。容易看出，悬臂梁之所以会变形，是由于受到重力的影响，因此重力加速度 g 和悬臂梁材料的密度 ρ 也是主要影响因素。根据以上条件，可以给出悬臂梁自

由端的最大变形挠度 δ 的表达式为

$$\delta = f(M, \rho, g, E, \sigma, H, K, L, l, W, D, d) \tag{3.461}$$

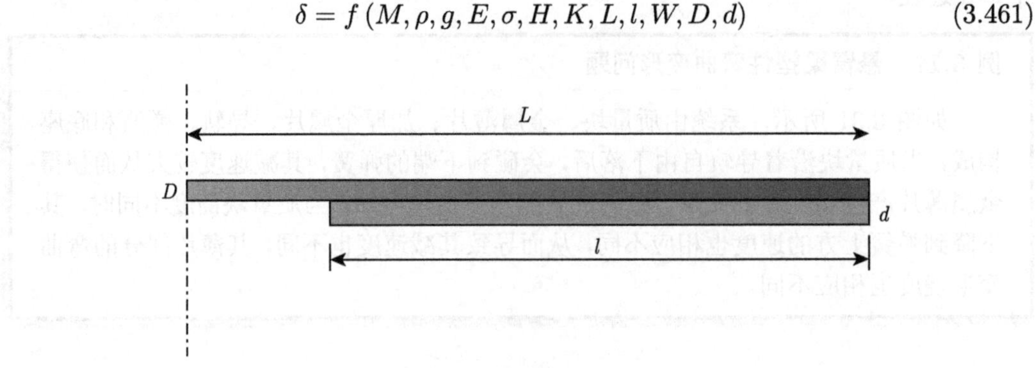

图 3.32 悬臂梁组合结果

Baker 等开展了两组悬臂梁自由落体变形问题试验,金属片的材料分别为 1015/1018 钢和 5052-0 铝,两组试验的尺寸也不同。系统的主要参数如表 3.53 所示。需要说明的是,金属薄片和加厚部分是一体的,只是加厚部分下方紧密黏接了一块同样材料同样宽度的厚片,为方便起见,我们在参数表中将其分开为薄片和加厚片。

表 3.53 悬臂梁弯曲变形试验系统参数 [11,12]

物理量		单位	符号	1015/1018 钢	5052-0 铝
金属薄片部分	长度	mm	L	127.00	254.00
	宽度	mm	W	6.35	12.70
	厚度	mm	D	0.51	1.02
加厚金属片部分	长度	mm	l	114.30	228.60
	宽度	mm	W	6.35	12.70
	厚度	mm	d	0.51	1.02
	杨氏模量	GPa	E	207	69
	屈服强度	MPa	σ	317	90
	密度	g/cm^3	ρ	7.81	2.74
	质量块质量	kg	M	0.77	3.82
	弹簧弹性系数	N/mm	K	243.43	243.43

试验中,通过调节质量块高度 H,得到两组试验中悬臂梁自由端最终变形挠度 δ 随之变化而变化的数据,如图 3.33 所示。从图中可以看出,对于同一组试验而言,自由端最终变形挠度与质量块高度满足良好的正比函数关系,但不同组试验中并未显示明显的联系。

式 (3.461) 中有 13 个变量,包含 1 个因变量和 12 个自变量;其量纲幂次指数如表 3.54 所示。

该问题涉及的基本量纲有 3 个,从表 3.54 能发现可以选取不同组合作为参考物理量。考虑到量纲分析过程中的量纲转换过程,参考物理量的量纲形式越简单,则无量纲转换过程越简单,在不影响物理意义的前提下,我们尽可能选取量纲形式简单的自变量为参考物理量,因此,我们选取质量块的质量 M、质量块高度 H 和重力加速度 g 这 3 个自变量为参考物理量。对表 3.54 进行排序,可以得到表 3.55。

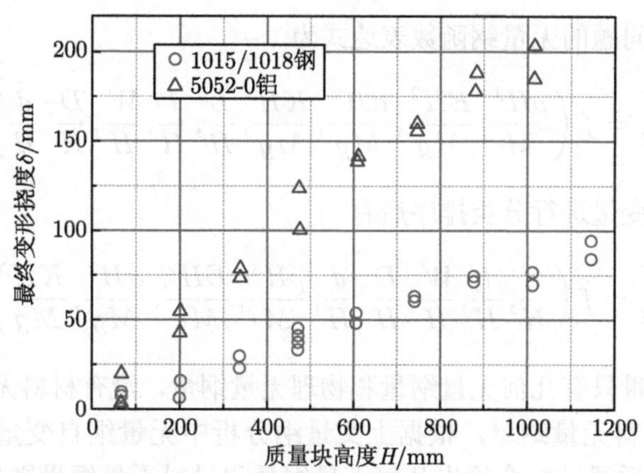

图 3.33 两组试验中不同高度悬臂梁自由端最终变形挠度 [11,12]

表 3.54 悬臂梁塑性弯曲变形问题中变量的量纲幂次指数

物理量	δ	M	ρ	g	E	σ	H	K	L	l	W	D	d
M	0	1	1	0	1	1	0	1	0	0	0	0	0
L	1	0	−3	1	−1	−1	1	0	1	1	1	1	1
T	0	0	0	−2	−2	−2	0	−2	0	0	0	0	0

表 3.55 悬臂梁塑性弯曲变形问题中变量的量纲幂次指数 (排序后)

物理量	M	H	g	ρ	E	σ	K	L	l	W	D	d	δ
M	1	0	0	1	1	1	1	0	0	0	0	0	0
L	0	1	1	−3	−1	−1	0	1	1	1	1	1	1
T	0	0	−2	0	−2	−2	−2	0	0	0	0	0	0

对表 3.55 进行行变换，即可得到表 3.56。

表 3.56 悬臂梁塑性弯曲变形问题中变量的量纲幂次指数 (行变换后)

物理量	M	H	g	ρ	E	σ	K	L	l	W	D	d	δ
M	1	0	0	1	1	1	1	0	0	0	0	0	0
H	0	1	0	−3	−2	−2	−1	1	1	1	1	1	1
g	0	0	1	0	1	1	1	0	0	0	0	0	0

根据 Π 定理和量纲分析的性质，可以给出 10 个无量纲量：

$$\left\{\begin{array}{l}\Pi_1=\dfrac{\rho H^3}{M}\\ \Pi_2=\dfrac{EH^2}{Mg}\\ \Pi_3=\dfrac{\sigma H^2}{Mg}\\ \Pi_4=\dfrac{KH}{Mg}\end{array}\right.,\quad\left\{\begin{array}{l}\Pi_5=\dfrac{L}{H}\\ \Pi_6=\dfrac{l}{H}\\ \Pi_7=\dfrac{W}{H}\\ \Pi_8=\dfrac{D}{H}\\ \Pi_9=\dfrac{d}{H}\end{array}\right.,\quad \Pi=\frac{\delta}{d} \tag{3.462}$$

因此，可以给出该问题的无量纲函数表达式为

$$\frac{\delta}{d}=f\left(\frac{\rho H^3}{M},\frac{EH^2}{Mg},\frac{\sigma H^2}{Mg},\frac{KH}{Mg},\frac{L}{H},\frac{l}{H},\frac{W}{H},\frac{D}{H},\frac{d}{H}\right) \tag{3.463}$$

对上式中无量纲自变量进行分类排序后有

$$\frac{\delta}{d}=f\left(\frac{L}{H},\frac{l}{H},\frac{W}{H},\frac{D}{H},\frac{d}{H};\frac{\rho H^3}{M},\frac{EH^2}{Mg},\frac{\sigma H^2}{Mg},\frac{KH}{Mg}\right) \tag{3.464}$$

上式中无量纲自变量只有几何无量纲量和物理无量纲量，没有材料无量纲量；然而，通过组合可以给出材料无量纲量，根据上文量纲分析中无量纲自变量的优先级 (如能够利用量纲分析的性质通过组合给出几何无量纲量和材料无量纲量则尽可能给出)，可以给出：

$$\frac{EH^2}{Mg}\to\frac{EH^2}{Mg}\bigg/\frac{\sigma H^2}{Mg}=\frac{E}{\sigma} \tag{3.465}$$

其他物理无量纲量无法通过相互之间的组合给出几何无量纲量或材料无量纲量；而且根据物理意义，上式写成以下形式更为科学：

$$\varepsilon_Y=\frac{\sigma}{E} \tag{3.466}$$

即为材料的屈服应变，因此式 (3.464) 应写为

$$\frac{\delta}{d}=f\left(\frac{L}{H},\frac{l}{H},\frac{W}{H},\frac{D}{H},\frac{d}{H};\frac{\sigma}{E};\frac{\rho H^3}{M},\frac{\sigma H^2}{Mg},\frac{KH}{Mg}\right) \tag{3.467}$$

上式中因变量和 5 个几何无量纲量物理意义并不明显，可以利用量纲分析的性质对其进行组合而给出：

$$\frac{\delta}{L}=f\left(\frac{L}{H},\frac{l}{L},\frac{W}{L},\frac{D}{L},\frac{d}{D};\frac{\sigma}{E};\frac{\rho H^3}{M},\frac{\sigma H^2}{Mg},\frac{KH}{Mg}\right) \tag{3.468}$$

进行初步的理论分析可知，对等截面金属薄片和加厚金属片而言，其宽度 W 对最终变形挠度 δ 并无明显影响，即上式可简化为

$$\frac{\delta}{L}=f\left(\frac{L}{H},\frac{l}{L},\frac{D}{L},\frac{d}{D};\frac{\sigma}{E};\frac{\rho H^3}{M},\frac{\sigma H^2}{Mg},\frac{KH}{Mg}\right) \tag{3.469}$$

若再假设金属薄片的厚度 D 与加厚片的厚度 d 相等，上式可进一步简化为

$$\frac{\delta}{L}=f\left(\frac{L}{H},\frac{l}{L},\frac{D}{L};\frac{\sigma}{E};\frac{\rho H^3}{M},\frac{\sigma H^2}{Mg},\frac{KH}{Mg}\right) \tag{3.470}$$

对于大变形问题，若只考虑最终变形挠度，则悬臂梁的弹性变形可以忽略不计，即有

$$\frac{\delta}{L}=f\left(\frac{L}{H},\frac{l}{L},\frac{D}{L};\frac{\rho H^3}{M},\frac{\sigma H^2}{Mg},\frac{KH}{Mg}\right) \tag{3.471}$$

上式 3 个物理无量纲量，第一个物理量中涉及悬臂梁材料的密度 ρ 和质量块的质量 M 之比，其物理意义初步分析应为悬臂梁质量与质量块的质量之比，因此，结合物理意义并根据量纲分析的性质，该物理无量纲量可以转换为

$$\frac{\rho H^3}{M} \rightarrow \frac{\rho H^3}{M}\left(\frac{L}{H}\right)^3 \frac{D}{L}\frac{W}{L} = \frac{\rho LDW}{M} \rightarrow \frac{\rho LD^2}{M} \tag{3.472}$$

上式即表明悬臂梁的质量与质量块的质量之比，此时式 (3.471) 可以写为

$$\frac{\delta}{L} = f\left(\frac{L}{H}, \frac{l}{L}, \frac{D}{L}; \frac{\rho LD^2}{M}, \frac{\sigma H^2}{Mg}, \frac{KH}{Mg}\right) \tag{3.473}$$

上式第二个物理无量纲量中，分子含有材料屈服强度，分母为质量块的重量，两者之间相除物理意义并不明显；对该问题进行初步分析可知，悬臂梁弯曲的直接影响因素是悬臂梁的惯性力和金属薄片材料的屈服强度，而惯性力中速度是由重力势能转化而来，因此，该物理无量纲量可转换为

$$\frac{\sigma H^2}{Mg} \rightarrow \frac{\rho H^3}{M} \bigg/ \frac{\sigma H^2}{Mg} = \frac{\rho g H}{\sigma} \tag{3.474}$$

此时，式 (3.473) 即可进一步写为

$$\frac{\delta}{L} = f\left(\frac{L}{H}, \frac{l}{L}, \frac{D}{L}; \frac{\rho LD^2}{M}, \frac{\rho g H}{\sigma}, \frac{KH}{Mg}\right) \tag{3.475}$$

上式第三个物理无量纲量写为下式意义更加明显：

$$\frac{KH}{Mg} \rightarrow \frac{Mg}{KH} \rightarrow \frac{Mg/K}{H} \tag{3.476}$$

分子表示质量块静止放在弹簧上时弹簧的变形量，因此上式表示相对变形量；故式 (3.475) 最终可写为

$$\frac{\delta}{L} = f\left(\frac{L}{H}, \frac{l}{L}, \frac{D}{L}; \frac{\rho LD^2}{M}, \frac{\rho g H}{\sigma}, \frac{Mg}{KH}\right) \tag{3.477}$$

当悬臂梁的质量远小于质量块的质量时，上式中第一个物理无量纲量即可忽略不计，即可简化为

$$\frac{\delta}{L} = f\left(\frac{L}{H}, \frac{l}{L}, \frac{D}{L}; \frac{\rho g H}{\sigma}, \frac{Mg}{KH}\right) \tag{3.478}$$

在上式基础上，若弹簧的弹性系数相对于质量块的质量而言非常大，其变形量远小于高度，则上式中最后一个物理无量纲量也可忽略，即有

$$\frac{\delta}{L} = f\left(\frac{L}{H}, \frac{l}{L}, \frac{D}{L}; \frac{\rho g H}{\sigma}\right) \tag{3.479}$$

对于本例以上两组试验中任意一组而言，由于悬臂梁的相关尺寸和材料是确定的，因此上式即可简化为

$$\frac{\delta}{L}=f\left(\frac{\rho gH}{\sigma}\right)\rightarrow\delta=f\left(H\right) \tag{3.480}$$

需要说明的是，此两组试验中，质量块高度 H 是变量，应作为初始物理条件来考虑，而不应作为几何形状与尺寸考虑，因此，式 (3.479) 应写为

$$\frac{\delta}{L}=f\left(\frac{l}{L},\frac{D}{L};\frac{\rho gH}{\sigma},\frac{L}{H}\right) \tag{3.481}$$

而且，对比两组试验时，我们关注的是最终变形挠度与高度之间的关系，且由于 H 是一个变量，同时，可以看出上式中最后一个无量纲量中包含的长度 L 和高度 H 在其他无量纲量中皆存在，因此对于函数关系而不是具体高度对应的数据点而言，上式可简化为

$$\frac{\delta}{L}=f\left(\frac{l}{L},\frac{D}{L};\frac{\rho gH}{\sigma}\right) \tag{3.482}$$

根据以上几何相似律的定义可知，对于求取无量纲最终变形挠度与质量块高度之间的函数关系而言，该问题满足几何相似律；也就是说，若缩比模型与原型满足几何相似，其函数关系应一致。利用上式对图 3.33 所示试验结果进行整理，可以得到图 3.34。

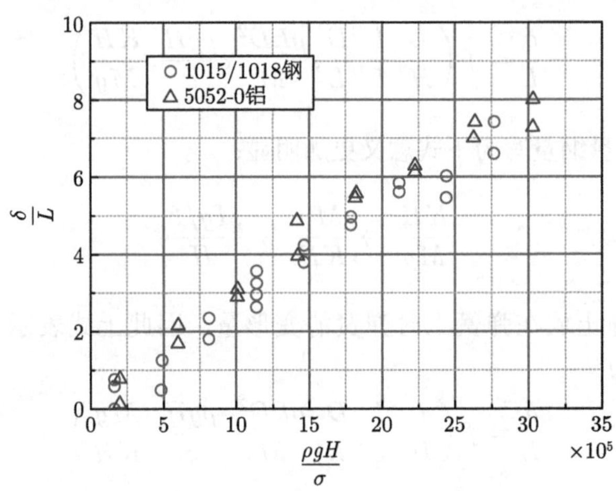

图 3.34 两组试验中不同高度悬臂梁自由端无量纲最终变形挠度 [11,12]

对比图 3.34 和图 3.33 容易看出，两组试验由于满足几何相似条件，其无量纲最终变形挠度与无量纲高度之间的关系满足相似条件。

从本例可以看出，几何相似律并不是只针对某个特定的数据而言，对于此类无量纲函数关系的相似律也是适用的。

例 3.18 水平圆管内给定压力时流体流动速度问题

类似例 2.14，管流问题中涉及的另一个重要的物理问题是，已知单位长度管流两端的压差 Δh，管内壁直径为 d，流体的黏性系数为 μ，流体的密度为 ρ，管内壁粗糙度为 k；求水平圆管中流体的流速 v。

类似地，我们可以给出流速 v 的函数表达式：

$$v = f(\mu, \rho, d, k, \Delta h) \tag{3.483}$$

该问题中 6 个自变量包含 1 个因变量和 5 个自变量，其量纲幂次指数如表 3.57 所示。

表 3.57 管流问题流速中变量的量纲幂次指数

物理量	v	μ	ρ	d	k	Δh
M	0	1	1	0	0	1
L	1	−1	−3	1	1	−2
T	−1	−1	0	0	0	−2

该问题有 3 个基本量纲，可以选取流体的黏性系数 μ、管内壁直径 d 和流体的密度 ρ 这 3 个自变量为参考物理量。对表 3.57 进行排序，可以得到表 3.58。

表 3.58 管流问题流速中变量的量纲幂次指数 (排序后)

物理量	μ	d	ρ	k	Δh	v
M	1	0	1	0	1	0
L	−1	1	−3	1	−2	1
T	−1	0	0	0	−2	−1

对表 3.58 进行行变换，即可得到表 3.59。

表 3.59 管流问题流速中变量的量纲幂次指数 (行变换后)

物理量	μ	d	ρ	k	Δh	v
μ	1	0	0	0	2	1
d	0	1	0	1	−3	−1
ρ	0	0	1	0	−1	−1

利用 Π 定理和量纲分析的性质，即可得到该问题的 3 个无量纲量：

$$\begin{cases} \Pi_1 = \dfrac{k}{d} \\ \Pi_2 = \dfrac{\Delta h \rho d^3}{\mu^2} \\ \Pi = \dfrac{\rho v d}{\mu} \end{cases} \tag{3.484}$$

因此该问题的无量纲函数表达式可写为

$$\frac{\rho v d}{\mu}=f\left(\frac{k}{d},\frac{\Delta h\rho d^3}{\mu^2}\right) \tag{3.485}$$

式中包含 1 个几何无量纲量和 1 个物理无量纲量。容易看出，上式中无量纲因变量即为流体的 Reynolds 数，几何无量纲量即为相对粗糙度。

我们现假设有一个缩比模型，其圆管的直径缩比为

$$\gamma=\frac{(d)_m}{(d)_p} \tag{3.486}$$

则其与原型满足物理相似的充要条件为

$$\begin{cases}\left(\dfrac{k}{d}\right)_m=\left(\dfrac{k}{d}\right)_p\\ \left(\dfrac{\Delta h\rho d^3}{\mu^2}\right)_m=\left(\dfrac{\Delta h\rho d^3}{\mu^2}\right)_p\end{cases} \tag{3.487}$$

即缩比模型与原型满足相似的相似律为

$$\begin{cases}\dfrac{(k)_m}{(k)_p}=\dfrac{(d)_m}{(d)_p}=\gamma\\ \dfrac{(\Delta h\rho d^3)_m}{(\Delta h\rho d^3)_p}=\dfrac{(\mu^2)_m}{(\mu^2)_p}\end{cases}\Rightarrow\begin{cases}\gamma_k=\gamma\\ \gamma_{\Delta h}\gamma_\rho\gamma^3=\gamma_\mu^2\end{cases} \tag{3.488}$$

当缩比模型与原型中流体材料相同时，即

$$\begin{cases}\gamma_{\Delta h}=1\\ \gamma_\rho=1\\ \gamma_\mu=1\end{cases} \tag{3.489}$$

将上式代入式 (3.488)，可以得到此时缩比模型与原型满足的相似律简化为

$$\begin{cases}\gamma_k=\gamma\\ \gamma=1\end{cases} \tag{3.490}$$

上式表明，若缩比模型中材料与原型中材料对应相同时，两者满足相似的条件即尺寸相同；根据几何相似律的定义可知，该问题并不满足几何相似律。

对比本节中该例和以上两例，不难发现：

对特定问题进行量纲分析后给出的无量纲函数表达式中，若只存在几何无量纲自变量或只存在几何无量纲自变量和材料无量纲自变量，而没有物理无量纲自变量，则该问题应满足几何相似律；若存在物理无量纲自变量，但其中并不包含几何量，则该问题也应满足几何相似律；否则，该问题并不满足几何相似律。

3.3.2 几何相似、几何相似律与相似律

对任意一个特定的物理问题而言，我们一般皆可以给出其具体的函数表达式，然后利用量纲分析方法给出无量纲函数表达式，从而给出该问题的相似律；因此，对特定的物理问题而言，皆能够找出其相似律，但该相似律并不一定是几何相似律。理论上讲，几何相似律只是相似律的一个子集，两者之间是包含与被包含的关系。

例 3.19 水平光滑圆管内流体低速流动阻力与摩擦系数问题

根据第 2 章例 2.14 的分析可知，单位长度圆管中流体压差 (单位长度管道内壁对流体的阻力) 的无量纲函数表达式为

$$\frac{hd^2}{\mu v}=f\left(\frac{\rho vd}{\mu}\right) \tag{3.491}$$

根据量纲分析的性质，上式可消去无量纲因变量中的流体黏性系数，写为

$$\frac{hd}{\rho v^2}=f\left(\frac{\rho vd}{\mu}\right) \tag{3.492}$$

式中，因变量的物理意义比较明显，即为管道内壁对流体的阻力与流体动压之比。若定义流体通过管道时单位面积管内壁上的摩擦阻力与其动压之比的 4 倍为管道的摩擦系数 λ，则有

$$\lambda=4\frac{hl\cdot\dfrac{\pi d^2}{4}}{\pi dl}\Bigg/\frac{\rho v^2}{2}=\frac{2hd}{\rho v^2} \tag{3.493}$$

结合式 (3.492)，可以得到

$$\lambda=f\left(Re\right) \tag{3.494}$$

再次说明，上式中 f 只代表函数关系，其形式与式 (3.492) 并不一定相同。式中 Reynolds 数为

$$Re=\frac{\rho vd}{\mu} \tag{3.495}$$

试验结果也表明，管流中管内壁的摩擦系数与 Reynolds 呈函数关系，如图 3.35 所示。

当 Reynolds 数足够小时，管内的流体比较规则，流体质点均沿着管道方向做平行运动，称为平流或层流。此时流体中质点运动方向为一系列的平行直线，管道内壁粗糙度的影响可以忽略不计，即理论上流体的惯性力对其压力下降并没有直接影响；故此时流体的密度 ρ 对于单位长度管流摩擦阻力 h 和摩擦系数 λ 并没有影响，即式 (3.492) 中应不存在流体密度。容易看出，此时必有

$$f\left(\frac{\rho vd}{\mu}\right)=K\cdot\frac{\mu}{\rho vd} \tag{3.496}$$

式中，K 为某特定系数。此时式 (3.492) 和式 (3.494) 即可分别具体写为

$$\begin{cases} h = \dfrac{\rho v^2}{d} \cdot K \cdot \dfrac{\mu}{\rho v d} = K \cdot \dfrac{\mu v}{d^2} \\ \lambda = \dfrac{K}{2Re} \end{cases} \tag{3.497}$$

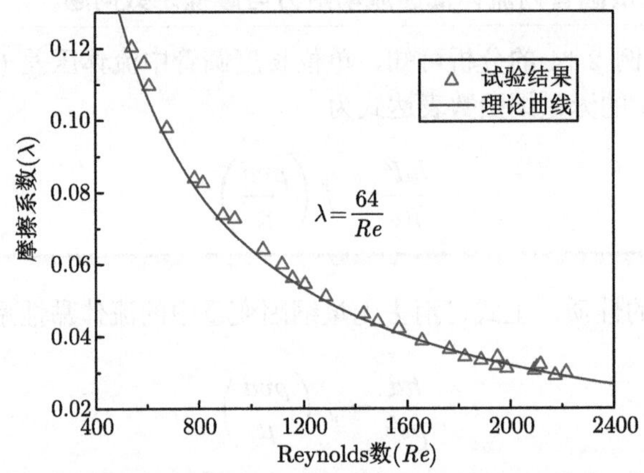

图 3.35 层流状态下管道的摩擦系数与 Reynolds 数之间的关系

对图 3.35 所示试验结果进行转换，即可得到图 3.36。

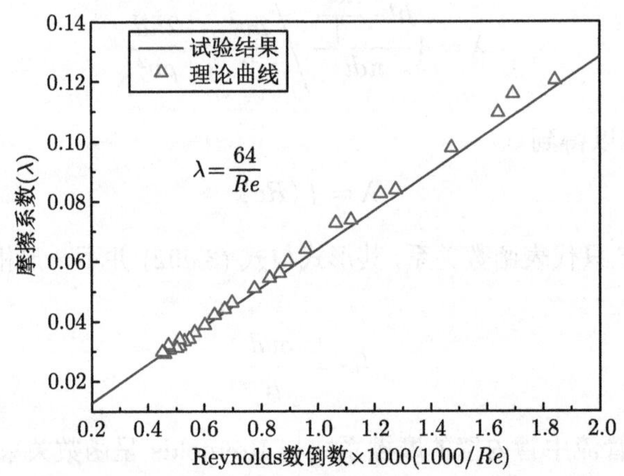

图 3.36 层流状态下管道的摩擦系数与 Reynolds 倒数之间的线性关系

从图 3.36 可以看出，管流摩擦系数与 Reynolds 数的倒数呈良好的线性正比关系，且满足

$$\lambda = \frac{64}{Re} \tag{3.498}$$

上式所示试验拟合结果与量纲分析结果即式 (3.497) 非常吻合。

因此，可以计算出层流状态下长度为 l 的管流压力应为

$$H_l = h \cdot l = K \cdot \frac{\mu v l}{d^2} = Rv \tag{3.499}$$

式中

$$R = \rho_\mu \frac{l}{S} \tag{3.500}$$

其中

$$\begin{cases} \rho_\mu = \dfrac{K}{4}\pi\mu \\ S = \pi d^2/4 \end{cases} \tag{3.501}$$

对比以上三式和电学中的电流、电压和电阻，容易发现电压与阻力之间本质上是类似的，电流和流体速度在本质上也是类似的，式 (3.499) 中 R 相当于电阻对应的流体的“流阻”；从式 (3.500) 更是可以看出，所谓“流阻”与电阻在本质上是一样的，电阻率对应流体的黏性系数。

对于管流问题，根据式 (3.492) 可以看出，该问题缩比模型与原型满足相似的充要条件为

$$(Re)_m = (Re)_p \tag{3.502}$$

即

$$\left(\frac{\rho v d}{\mu}\right)_m = \left(\frac{\rho v d}{\mu}\right)_p \tag{3.503}$$

设缩比模型中圆管的直径与原型中对应值的缩比为

$$\gamma = \frac{(d)_m}{(d)_p} \tag{3.504}$$

则该问题的相似律即为

$$\gamma_\mu = \gamma_\rho \gamma_v \gamma \tag{3.505}$$

或

$$\gamma_v = \frac{\gamma_\mu}{\gamma_\rho \gamma} \tag{3.506}$$

也可进一步简写为

$$\gamma_v = \frac{\gamma_\kappa}{\gamma} \tag{3.507}$$

式中

$$\gamma_\kappa = \frac{\gamma_\mu}{\gamma_\rho} = \gamma_{\mu/\rho} \tag{3.508}$$

表示流体的运动黏度缩比。

从式 (3.503) 所示该问题的相似律可以看出，若缩比模型与原型中的流体相同，则流速缩比与几何缩比必须满足关系

$$\gamma_v = \frac{1}{\gamma} \tag{3.509}$$

也就是说，该问题并不满足几何相似律，但即使不满足几何相似，只要流速缩比与几何缩比满足上式，缩比模型与原型也满足相似条件。

本例说明，**几何相似并非对所有物理问题相似律而言都是必要条件，有的问题中几何相似只是必要条件而非充分条件，有的问题中几何相似既不是必要条件也不是充分条件，有的问题中几何相似既是必要条件也是充分条件；只有最后一种情况才称之为几何相似律。**

例 3.20　水平粗糙圆管内流体较高速流动阻力与摩擦系数问题

当管流中的 Reynolds 数继续增加，且管内壁相对粗糙时，管内的流体不再保持如此稳定均匀的层流流场，此时流体的密度或管内壁的粗糙度不可忽视，流体的运动处于过渡区域。

假设管道内壁存在凸起，并定义其凸起高度 k 为其粗糙度，此时有

$$h = f\left(\rho, \mu, v, d, k\right) \tag{3.510}$$

同样可以得到其无量纲形式：

$$h = \frac{\rho v^2}{d} f\left(Re, \overline{k}\right) \tag{3.511}$$

式中

$$\overline{k} = \frac{k}{d/2} \tag{3.512}$$

为相对粗糙度。同理，也可以得到摩擦系数的无量纲表达式：

$$\lambda = f\left(Re, \overline{k}\right) \tag{3.513}$$

以上三式表明，在此种条件下，摩擦系数 λ 和摩擦阻力 h 是 Reynolds 数和管内壁相对粗糙度的函数。随着 Reynolds 数的增加，管道内流体的运动逐渐从层流向湍流或紊流转变，此时管道内部的相对粗糙度对于摩擦系数有着不可忽视的影响，而且随着相对粗糙度的增加，其影响程度愈加明显，如图 3.37 所示。

从图中可以看出，当 Reynolds 数超过层流区极限值时，摩擦系数 λ 与 Reynolds 数之间的关系突变，进入所谓的过渡阶段；该阶段可以划分为两个小阶段。第一个小阶段中，摩擦系数 λ 仍只是 Reynolds 数的函数，但其值随着 Reynolds 数的继续增大而增大；第二个小阶段中，摩擦系数 λ 符合式 (3.513) 所示函数关系，但从图 3.37 中容易看出，其中起着主要影响因素的却为相对粗糙度；此时相对粗糙度越小的管流中摩擦系数越小，且 Reynolds 数影响的区间越大，即此时影响摩擦系数的两个影响因素之间相互耦合。

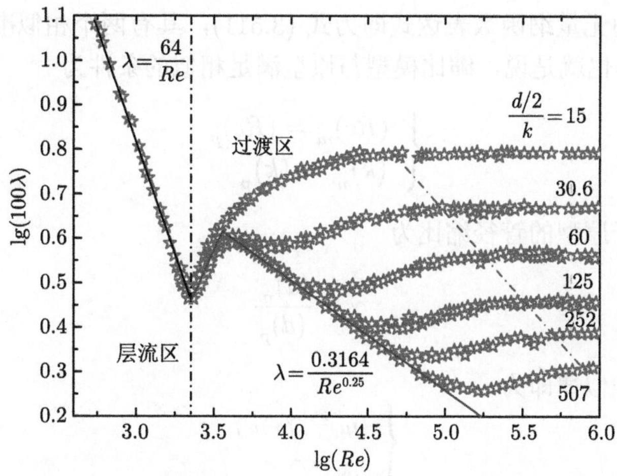

图 3.37 管道的摩擦系数与 Reynolds 数、相对粗糙度之间的关系

随着 Reynolds 数的进一步增加，我们可以发现管流中的摩擦系数 λ 与 Reynolds 数并没有明显的函数关系，其值只是相对粗糙度的函数：

$$\lambda = f\left(\overline{k}\right) \tag{3.514}$$

也就是说，此时单位长度管流所受的阻力可以近似为

$$h = \frac{\rho v^2}{d} f\left(\overline{k}\right) \tag{3.515}$$

我们可以给出长度为 l 的管流中流体所受的阻力 (或压降) 为

$$H_l = h \cdot l = \frac{\rho l v^2}{d} f\left(\overline{k}\right) = \frac{\rho f\left(\overline{k}\right) l}{\left(\dfrac{\pi}{4}\right)^2 d^5} Q^2 = RQ^2 \tag{3.516}$$

式中

$$R = \frac{16\rho l}{\pi^2 d^5} f\left(\overline{k}\right) \tag{3.517}$$

在紊流阶段可以称之为是流体的“流阻”。容易看出，对一个特定的管流问题和流体密度而言，该值也是一个常量，该量对于标定紊流状态下的管流耗能有着重要的价值；例如在煤矿井下通风工程中，表达式 (3.516) 是非常重要的一个基本方程。综合以上分析，我们可以得到以下规律：

$$\begin{cases} H_l = R_1 v = R'Q, & \text{层流} \\ H_l = R_2 Q^2, & \text{紊流} \end{cases} \tag{3.518}$$

以单位长度管流阻力 h 问题为例，从图 3.37 可以看出，对于光滑内壁的管流而言，管流的摩擦阻力和摩擦系数皆只是 Reynolds 数的函数，其分析结果见例 3.19，此时该问题并不满足几何相似律。当 Reynolds 数较大且内壁比较粗糙时，在图 3.37 第二个过

渡阶段，该问题的无量纲函数表达式即为式 (3.511)，其有两个相似准数：Reynolds 数和相对粗糙度 $\overline{k}$。也就是说，缩比模型与原型满足相似的条件为

$$\begin{cases} (Re)_m = (Re)_p \\ \left(\overline{k}\right)_m = \left(\overline{k}\right)_p \end{cases} \tag{3.519}$$

设缩比模型相对于原型的管径缩比为

$$\gamma = \frac{(d)_m}{(d)_p} \tag{3.520}$$

则此时该问题的相似律即为

$$\begin{cases} \gamma_\mu = \gamma_\rho \gamma_v \gamma \\ \gamma_k = \gamma \end{cases} \tag{3.521}$$

即

$$\begin{cases} \gamma_\kappa = \gamma_v \gamma \\ \gamma_{\overline{k}} = 1 \end{cases} \tag{3.522}$$

与例 3.19 相比，该问题不仅需要满足物理相似，还需要满足几何相似。若缩比模型中材料与原型材料对应相同，上式即可简化为

$$\begin{cases} \gamma_v = \dfrac{1}{\gamma} \\ \gamma_{\overline{k}} = 1 \end{cases} \tag{3.523}$$

上式表明，若缩比模型与原型满足材料相同或相似，只需要调整初始流速条件，即可实现几何相似律，即该问题满足有条件的几何相似律，我们可以将之称为广义的几何相似律。

广义几何相似律的概念：对于特定的物理问题而言，在缩比模型与原型中材料参数等相同或相似的前提下，若所有几何自变量皆按照相同的比例缩小或放大，且只需要按照比例放大或缩小初始条件，缩比模型与原型即满足相似条件，则我们称这类相似律为广义的几何相似律，称此类特定问题满足广义的几何相似律。

当所研究的管流问题中 Reynolds 数足够大，管流处于完全紊流 (湍流) 状态时，由以上分析可知，此时单位长度上的阻力只是相对粗糙度的函数，方程组 (3.523) 中第一式并不需要考虑，即此时该问题的相似律为

$$\gamma_{\overline{k}} = 1 \tag{3.524}$$

即满足严格的几何相似律。

3.3.3　几何相似律的性质与特征

从以上两例我们不难发现：首先，对某个特定的物理问题而言，其相似律一般包含几何相似条件、材料相似条件和物理相似条件，但这三种相似条件并不是必须同时具备，甚至有时皆不具备时也能够给出相似的缩比模型，如例 3.19 中的层流问题；其次，若

相似律只包含几何相似条件或同时包含几何相似条件和材料相似条件，则该问题满足严格的几何相似律，若相似律也包含物理相似条件且物理相似条件中并不包含几何参数，则该问题也满足严格的几何相似律；最后，若相似律中包含物理相似条件且其中包含几何参数，同时包含几何参数的物理无量纲量也包含初始条件物理量，且能够实现通过调节初始条件使得其抵消几何参数的变化，则该问题满足广义的几何相似律。

需要说明的是，同一个研究对象，在不同范围和条件下，对应的相似律也不一定相同，如上两例中管流问题在不同范围内其相似律不尽相同。

例 3.21　气体对机翼的高速绕流问题

以例 3.7 针对低速绕流问题进行了量纲分析，而当流体的相对速度较高时，特别是对气体此类低密度流体而言，其密度不再是常量，而是变量；这类问题在空气动力学中比较基础，本例就是针对机翼相对于气体以较高相对速度 (但小于声速) 运动时机翼所承受的阻力开展量纲分析，对机翼承受的力进行初步探讨。为简化分析过程，此处我们不考虑机翼沿着垂直于纸面方向上的形状或尺寸变化，而采用二维模型进行分析。

设机翼与气体的相对速度为 v，此处我们可以假设机翼静止，气体的流速为 v，这种假设并不影响分析过程与结论。设机翼的形状可以用 3 个几何尺寸来标定 [3]：迎面的弧度半径 r_1、上表面的曲率半径 r_2 和下表面的曲率半径 r_3；机翼的迎面角为 α，如图 3.38 所示。

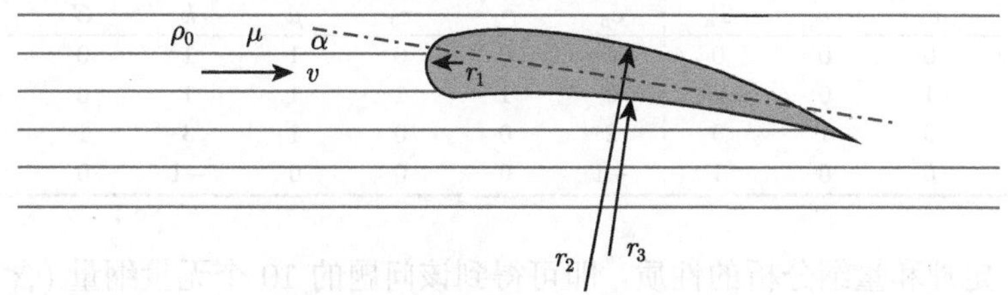

图 3.38　气体对机翼的高速绕流问题

设气体的初始密度为 ρ_0、黏性系数为 μ、热传导系数为 k、比热容为 c_{p}、比热容比为 λ，声速为 C；气体和机翼的温度分别为 T_{a} 和 T_{f}；不考虑气体和机翼的重力，求解空气相对运动对机翼的作用力 F。

根据以上问题的条件可知，对于气体的高速绕流，其表达式为

$$F = f\left(r_1, r_2, r_3, \alpha; \rho_0, \mu, k, c_{\mathrm{p}}, \lambda, C; T_{\mathrm{a}}, T_{\mathrm{f}}; v\right) \tag{3.525}$$

该问题中有 14 个物理量，其中无量纲物理量 2 个，有量纲物理量 12 个：包含几何物理量 3 个、气体特性物理量 5 个、热力学物理量 2 个、速度物理量 1 个和力物理量 1 个。可以看出，该问题是一个典型的热力学问题，含温度量纲，即其基本量纲应该为 4 个；除无量纲自变量 α 和 λ 之外，12 个物理量的量纲幂次指数如表 3.60 所示。

表 3.60 气体对机翼的高速绕流问题中变量的量纲幂次指数

物理量	ρ_0	v	r_1	c_p	r_2	r_3	μ	k	C	T_a	T_f	F
M	1	0	0	0	0	0	1	1	0	0	0	1
L	−3	1	1	2	1	1	−1	1	1	0	0	1
T	0	−1	0	−2	0	0	−1	−3	−1	0	0	−2
Θ	0	0	0	−1	0	0	0	−1	0	1	1	0

从表 3.60 可以看出，含质量量纲 M 的自变量有 3 个，含长度量纲 L 的自变量有 9 个，含时间量纲 T 的自变量有 5 个，含热力学温度量纲 Θ 的自变量有 4 个，因此该问题的参考物理量组合有多种。考虑到量纲分析过程中行变换的特点，我们尽可能选取量纲比较简单但能够覆盖该问题所涉及的所有基本量纲的自变量作为参考物理量，这里取空气的密度 ρ_0、机翼的特征尺寸 r_1、相对速度 v 和气体的温度 T_a 这 4 个物理量为参考物理量。对表 3.60 进行排序，可以得到表 3.61。

表 3.61 气体对机翼的高速绕流问题中变量的量纲幂次指数 (排序后)

物理量	ρ_0	r_1	v	T_a	c_p	r_2	r_3	μ	k	C	T_f	F
M	1	0	0	0	0	0	0	1	1	0	0	1
L	−3	1	1	0	2	1	1	−1	1	1	0	1
T	0	0	−1	0	−2	0	0	−1	−3	−1	0	−2
Θ	0	0	0	1	−1	0	0	0	−1	0	1	0

对表 3.61 进行行变换，可以得到表 3.62。

表 3.62 气体对机翼的高速绕流问题中变量的量纲幂次指数 (行变换后)

物理量	ρ_0	r_1	v	T_a	c_p	r_2	r_3	μ	k	C	T_f	F
ρ_0	1	0	0	0	0	0	0	1	1	0	0	1
r_1	0	1	0	0	0	1	1	1	1	0	0	2
v	0	0	1	0	2	0	0	1	3	1	0	2
T_a	0	0	0	1	−1	0	0	0	−1	0	1	0

利用 Π 定理和量纲分析的性质，即可得到该问题的 10 个无量纲量 (含 2 个无量纲物理量)：

$$\left\{\begin{array}{l}\Pi_1=\dfrac{c_pT_a}{v^2}\\\Pi_2=\dfrac{r_2}{r_1}\\\Pi_3=\dfrac{r_3}{r_1}\\\Pi_4=\dfrac{\mu}{\rho_0r_1v}\\\Pi_5=\dfrac{kT_a}{\rho_0r_1v^3}\end{array}\right.,\quad\left\{\begin{array}{l}\Pi_6=\dfrac{C}{v}\\\Pi_7=\dfrac{T_f}{T_a}\\\Pi_8=\alpha\\\Pi_9=\lambda\\\Pi=\dfrac{F}{\rho_0r_1^2v^2}\end{array}\right. \tag{3.526}$$

因此该问题的无量纲函数表达式可写为

$$\frac{F}{\rho_0r_1^2v^2}=f\left(\frac{c_pT_a}{v^2},\frac{r_2}{r_1},\frac{r_3}{r_1},\frac{\mu}{\rho_0r_1v},\frac{kT_a}{\rho_0r_1v^3},\frac{C}{v},\frac{T_f}{T_a},\alpha,\lambda\right) \tag{3.527}$$

将上式的无量纲自变量按照几何量、材料量和物理量的顺序进行整理，可以得到

$$\frac{F}{\rho_0 r_1^2 v^2} = f\left(\frac{r_2}{r_1}, \frac{r_3}{r_1}, \alpha; \lambda; \frac{c_\mathrm{p} T_\mathrm{a}}{v^2}, \frac{\mu}{\rho_0 r_1 v}, \frac{k T_\mathrm{a}}{\rho_0 r_1 v^3}, \frac{C}{v}, \frac{T_\mathrm{f}}{T_\mathrm{a}}\right) \tag{3.528}$$

可以发现，上式中 9 个无量纲自变量有 3 个几何无量纲量、1 个材料无量纲量和 5 个物理无量纲量；根据量纲分析的性质和上文中量纲分析的原则，我们需要对物理无量纲量进行组合，给出尽可能多的几何无量纲量和材料无量纲量。利用量纲分析的性质，上式中第一个物理无量纲量可以转换为

$$\frac{c_\mathrm{p} T_\mathrm{a}}{v^2} \to \frac{c_\mathrm{p} T_\mathrm{a}}{v^2} \cdot \frac{\mu}{\rho_0 r_1 v} \Big/ \frac{k T_\mathrm{a}}{\rho_0 r_1 v^3} = \frac{\mu c_\mathrm{p}}{k} \tag{3.529}$$

上式即为流体力学中一个著名的无量纲准数 Prandtl 数，常简写为 Pr，即

$$Pr = \frac{\mu c_\mathrm{p}}{k} \tag{3.530}$$

它反映了流体中能量和动量迁移过程的相互影响特性，表明温度边界层和流动边界层的关系，在热力计算中具有重要的作用。式 (3.528) 中第二个物理无量纲量写为下式物理意义更加明显：

$$\frac{\mu}{\rho_0 r_1 v} \to \frac{\rho_0 r_1 v}{\mu} \tag{3.531}$$

上式即流体流动过程中的 Reynolds 数。式 (3.528) 中第三个物理无量纲量物理意义并不明显，而且与第二个物理无量纲量有多个参数重复，因此可以利用量纲分析的性质对其进行简化，即有

$$\frac{k T_\mathrm{a}}{\rho_0 r_1 v^3} \to \frac{k T_\mathrm{a}}{\rho_0 r_1 v^3} \Big/ \frac{\mu}{\rho_0 r_1 v} = \frac{k T_\mathrm{a}}{\mu v^2} \tag{3.532}$$

对该问题进行初步定性的分析可知，力 F 应与速度呈正比关系，因此上式可进一步转换为

$$\frac{k T_\mathrm{a}}{\rho_0 r_1 v^3} \to \frac{k T_\mathrm{a}}{\mu v^2} \to \frac{\mu v^2}{k T_\mathrm{a}} \tag{3.533}$$

式 (3.528) 中第四个物理无量纲量写为下式物理意义更加明显：

$$\frac{C}{v} \to \frac{v}{C} \tag{3.534}$$

上式即空气动力学中一个著名的无量纲准数 Mach 数，常简写为 Ma。式 (3.528) 中最后一个物理无量纲量和因变量物理意义比较明显。因此，该问题的无量纲函数表达式最终可写为

$$\frac{F}{\rho_0 r_1^2 v^2} = f\left(\frac{r_2}{r_1}, \frac{r_3}{r_1}, \alpha; \lambda, Pr; Re, \frac{\mu v^2}{k T_\mathrm{a}}, Ma, \frac{T_\mathrm{f}}{T_\mathrm{a}}\right) \tag{3.535}$$

上式表明，该问题中有 3 个几何无量纲自变量、2 个材料无量纲自变量和 4 个物理无量纲自变量。

如设计一个缩比模型，该模型中的机翼形状与原型相近，其中一个几何尺寸缩比为

$$\gamma = \frac{(r_1)_m}{(r_1)_p} \tag{3.536}$$

则该问题中缩比模型与原型相似的充要条件为

$$\left\{\begin{array}{l} \left(\dfrac{r_2}{r_1}\right)_m = \left(\dfrac{r_2}{r_1}\right)_p \\ \left(\dfrac{r_3}{r_1}\right)_m = \left(\dfrac{r_3}{r_1}\right)_p \end{array}\right., \quad \left\{\begin{array}{l} (\alpha)_m = (\alpha)_p \\ (\lambda)_m = (\lambda)_p \\ (Re)_m = (Re)_p \\ (Ma)_m = (Ma)_p \end{array}\right., \quad \left\{\begin{array}{l} \left(\dfrac{\mu v^2}{kT_{\rm a}}\right)_m = \left(\dfrac{\mu v^2}{kT_{\rm a}}\right)_p \\ \left(\dfrac{T_{\rm f}}{T_{\rm a}}\right)_m = \left(\dfrac{T_{\rm f}}{T_{\rm a}}\right)_p \end{array}\right. \tag{3.537}$$

即该问题的相似律为

$$\left\{\begin{array}{l} \gamma_{r_2/r_1} = 1 \\ \gamma_{r_3/r_1} = 1 \\ \gamma_\alpha = 1 \\ \gamma_{Re} = 1 \\ \gamma_{Ma} = 1 \end{array}\right. \quad 和 \quad \left\{\begin{array}{l} \gamma_\lambda = 1 \\ \gamma_{\mu v^2/(kT_{\rm a})} = 1 \\ \gamma_{T_{\rm f}/T_{\rm a}} = 1 \end{array}\right. \tag{3.538}$$

即

$$\left\{\begin{array}{l} \gamma_{r_2} = \gamma \\ \gamma_{r_3} = \gamma \\ \gamma_\alpha = 1 \end{array}\right., \quad \left\{\begin{array}{l} \gamma_\lambda = 1 \\ \gamma_\mu \gamma_{c_{\rm p}} = \gamma_k \end{array}\right., \quad \left\{\begin{array}{l} \gamma_{\rho_0}\gamma_{r_1}\gamma_v = \gamma_\mu \\ \gamma_\mu \gamma_v^2 = \gamma_k \gamma_{T_{\rm a}} \\ \gamma_v = \gamma_C \\ \gamma_{T_{\rm f}} = \gamma_{T_{\rm a}} \end{array}\right. \tag{3.539}$$

当我们假设缩比模型与原型满足几何相似条件，且气体材料相同时，上式可简化为

$$\left\{\begin{array}{l} \gamma = 1 \\ \gamma_{T_{\rm a}} = 1 \\ \gamma_v = 1 \\ \gamma_{T_{\rm f}} = 1 \end{array}\right. \tag{3.540}$$

上式表明，此时若缩比模型与原型相似则必须满足初始条件和几何尺寸对应相等的条件，这意味着缩比模型与原型全等，也就是说，该问题并不能找到满足材料相同但尺寸不同的相似模型。然而，从理论上，根据式 (3.539)，我们可以找到满足物理与材料相似条件但材料和尺寸不同的缩比模型。

几何相似律的性质 1：所谓相似律是相对的，是针对特定问题和特定物理函数表达式而言的，缩比模型与原型相似也是相对的，理论上各方面都相似的缩比模型与原型只可能其所有参数皆相同，即缩比模型与原型全等。因此，建立相似律是基于物理模型而言，即根据对特定问题进行分析，得先舍去次要因素抓住主要因素，通过量纲分析建立仅含主要影响因素的无量纲函数表达式，从而给出其对应的相似律。

试验表明，对于超声速飞行即机翼与气体的相对速度大于声速时，式 (3.535) 自变量中 λ、第二个和最后一个物理无量纲自变量比较重要，需要在分析过程中考虑进去；但对本例中亚声速条件而言，此 3 个无量纲自变量可以忽略。因此，对该问题而言，无量纲函数表达式可以简化为

$$\frac{F}{\rho_0 r_1^2 v^2} = f\left(\frac{r_2}{r_1}, \frac{r_3}{r_1}, \alpha; Pr; Re, Ma\right) \tag{3.541}$$

而且，对于通常气体而言，Prandtl 数基本相同，因此，以上方程可以进一步简化为

$$\frac{F}{\rho_0 r_1^2 v^2} = f\left(\frac{r_2}{r_1}, \frac{r_3}{r_1}, \alpha; Re, Ma\right) \tag{3.542}$$

此时，缩比模型与原型满足相似的条件就简化为

$$\begin{cases} \gamma_{r_2} = \gamma \\ \gamma_{r_3} = \gamma \\ \gamma_\alpha = 1 \end{cases} \quad 和 \quad \begin{cases} \gamma_{\rho_0}\gamma_{r_1}\gamma_v = \gamma_\mu \\ \gamma_v = \gamma_C \end{cases} \tag{3.543}$$

上式表明，几何相似是该问题中缩比模型与原型满足相似的一个必要条件。假设在满足几何相似条件的基础上，缩比模型与原型中气体材料相同，从上式即可得到

$$\begin{cases} \gamma = 1 \\ \gamma_v = 1 \end{cases} \tag{3.544}$$

上式也表明，此种条件下该问题也没有不同尺寸的缩比模型，也就是说，此时该问题并不满足几何相似律。

然而，可以看到，式 (3.542) 中并没有材料无量纲量，即材料相似并不是该问题中缩比模型与原型满足相似的必要条件，因此，缩比模型与原型在满足几何相似条件的基础上，还需要满足：

$$\begin{cases} \dfrac{\gamma_\mu}{\gamma_{\rho_0}\gamma_C} = \gamma \\ \gamma_v = \gamma_C \end{cases} \tag{3.545}$$

上式中第一式表示缩比模型与原型中材料需要满足的缩比关系，第二式表示速度需要满足的缩比关系。从以上分析可以看出，该问题可以设计出不同尺寸的相似缩比模型，但这些相似模型中的气体材料基本皆不相同。

当该物理问题原型中相对速度 Mach 数小于 0.3，此时我们可以不考虑空气在高速绕流过程中的压缩行为，假设其为不可压缩流体，此时相似准数 Mach 数可以不予考虑，式 (3.542) 可以进一步简化为

$$\frac{F}{\rho_0 r_1^2 v^2} = f\left(\frac{r_2}{r_1}, \frac{r_3}{r_1}, \alpha; Re\right) \tag{3.546}$$

此时该问题的自变量中只包含 3 个几何无量纲量和 1 个物理无量纲量，而没有材料无量纲量，相似律可进一步简化为

$$\begin{cases}\gamma_{r_2} = \gamma \\ \gamma_{r_3} = \gamma \\ \gamma_\alpha = 1 \\ \dfrac{\gamma_\mu}{\gamma_{\rho_0}\gamma_v} = \gamma\end{cases} \tag{3.547}$$

上式也表明，此时该问题也不满足严格的几何相似律，但满足广义的几何相似律；即缩比模型若与原型材料相同或相似，只需要按照尺寸缩比依反比关系对应进行速度缩比。

当气体的相对速度 v 较高时，此时 Reynolds 数也足够大，从管流中相关分析可知，此时 Reynolds 数对流体的流动形状和阻力影响较小；但 Mach 数不可忽视，因此，式 (3.542) 可以简化为

$$\frac{F}{\rho_0 v^2 r_1^2} = f\left(\frac{r_2}{r_1}, \frac{r_3}{r_1}, \alpha; Ma\right) \tag{3.548}$$

此时，该问题的相似律即可以写为

$$\begin{cases}\gamma_{r_2} = \gamma \\ \gamma_{r_3} = \gamma \\ \gamma_\alpha = 1 \\ \gamma_v = \gamma_C\end{cases} \tag{3.549}$$

上式表明，当缩比模型与原型中相对速度和材料对应相同时，两者几何相似是它们满足相似的充要条件，即该问题满足严格的几何相似律。

在以上基础上，如果流体的 Reynolds 数足够大，但 Mach 数小于 0.3，此时式 (3.546) 可以进一步简化为

$$\frac{F}{\rho_0 r_1^2 v^2} = f\left(\frac{r_2}{r_1}, \frac{r_3}{r_1}, \alpha\right) \tag{3.550}$$

上式表明，此时该问题满足严格的几何相似律；而且，该问题缩比模型与原型满足相似并不需要其对应的材料相同或相似。

本例中以上分析表明：对应同一个问题，在不同初始条件或工作条件时，其相似律的特征也不尽相同。

式 (3.550) 中前两个相似准数是机翼的形状系数，对于特定的机翼而言，其值是常数值，此时上式可给出：

$$\frac{F}{\rho_0 r_1^2 v^2} = f(\alpha) \tag{3.551}$$

如果考虑三维情况，无量纲因变量也可以写为

$$\frac{F}{\rho_0 v^2 S} = f(\alpha) \tag{3.552}$$

式中，S 表示机翼的面积。容易知道，上两式对应的物理问题是一致的，其变换不影响对物理问题的分析过程与结论。同时，我们也知道作用力 F 在垂直与水平两个方向分量，对应的是机翼的升力和阻力

$$\begin{cases} F_{\mathrm{L}} = F \cdot g_1(\alpha) \\ F_{\mathrm{D}} = F \cdot g_2(\alpha) \end{cases} \tag{3.553}$$

将上式代入式 (3.552) 可以得到

$$\begin{cases} \dfrac{F_{\mathrm{L}}}{\rho_0 v^2 S} = g_1(\alpha) \cdot f(\alpha) = f_1(\alpha) \\ \dfrac{F_{\mathrm{D}}}{\rho_0 v^2 S} = g_2(\alpha) \cdot f(\alpha) = f_2(\alpha) \end{cases} \tag{3.554}$$

容易看出，上述方程组中第一式正是升力系数 C_{L}，第二式为阻力系数 C_{D}，也就是说两个系数皆是方位角 α 的函数；而且，我们可以通过缩比模型给出机翼的升力系数和阻力系数，如图 3.39 所示。

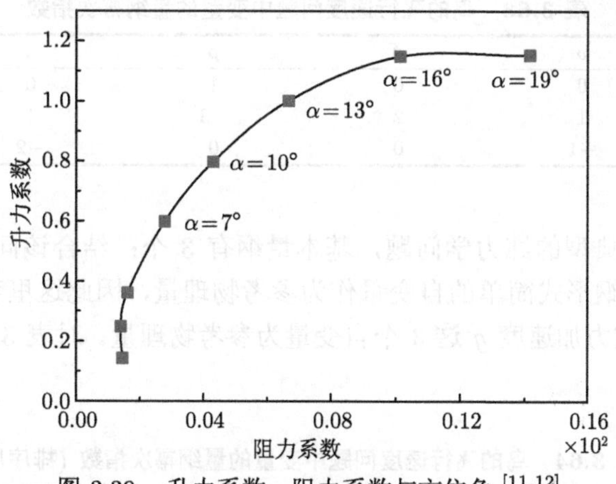

图 3.39 升力系数、阻力系数与方位角 [11,12]

从图 3.39 可以看出：一般而言，当方位角较小时，升力系数与方位角呈近似线性关系；随着方位角的增大，升力系数和阻力系数逐渐增大，但两者之比逐渐减小；当方位角大于约 16° 时，升力系数随着方位角的增大逐渐减小。

从本例的分析可以看出，物理问题的相似律并不是固定不变的，即使对相同的研究对象和同一个物理问题而言也是如此。

几何相似律的性质 2：与量纲分析类似，相似律是针对特定问题而言的；即使是同一个研究对象，因变量不同其相似律及相似准数也不一定相同；而且，即使研究对象与因变量等因素相同，但问题中的初始条件、边界条件等不同，其最终相似律特征也不尽相同。

然而，即使缩比模型与原型满足几何相似律，缩比模型中的因变量与原型中的因变量也不一定按照几何缩比进行放大或缩小。

例 3.22　鸟的飞行速度问题

以生物力学中鸟的飞行问题为例，已知鸟的翅膀形状与飞机的机翼相似，根据以上空气对机翼的绕流分析结论，在通常鸟的飞行速度范围内，影响鸟翅膀的升力和阻力的影响因子中，Reynolds 数、Mach 数和 Prandtl 数皆可以忽略，此时升力和阻力的主要影响因素仅有翅膀的形状系数 ζ、尺寸 A (这里以翅膀面积来表征) 和迎面角 α；对鸟的飞行问题而言，容易知道，空气的密度 ρ、重力加速度 g 和鸟的质量 m 也是其飞行速度的几个主要影响因素。因此，我们可以给出鸟飞行速度 v 的函数表达式：

$$v = f(\zeta, A, \alpha; \rho, g, m) \tag{3.555}$$

该问题中有 7 个物理量，包含 1 个因变量和 6 个自变量；自变量中包含 2 个无量纲量和 4 个有量纲量。除了 2 个无量纲量外，该问题中 5 个物理量的量纲幂次指数如表 3.63 所示。

表 3.63　鸟的飞行速度问题中变量的量纲幂次指数

物理量	v	A	ρ	g	m
M	0	0	1	0	1
L	1	2	−3	1	0
T	−1	0	0	−2	0

该问题是一个典型的纯力学问题，基本量纲有 3 个；结合该问题中变量的物理意义，原则上选取量纲形式简单的自变量作为参考物理量，因此这里我们取鸟的质量 m、翅膀的面积 A 和重力加速度 g 这 3 个自变量为参考物理量。对表 3.63 进行排序，即可得到表 3.64。

表 3.64　鸟的飞行速度问题中变量的量纲幂次指数 (排序后)

物理量	m	A	g	ρ	v
M	1	0	0	1	0
L	0	2	1	−3	1
T	0	0	−2	0	−1

对表 3.64 进行行变换，可以得到表 3.65。

表 3.65　鸟的飞行速度问题中变量的量纲幂次指数 (行变换后)

物理量	m	A	g	ρ	v
m	1	0	0	1	0
A	0	1	0	−3/2	1/4
g	0	0	1	0	1/2

根据 Π 定理和量纲分析的性质，可以给出 4 个无量纲量：

$$\begin{cases} \Pi_1 = \zeta \\ \Pi_2 = \alpha \\ \Pi_3 = \dfrac{\rho A^{3/2}}{m} \\ \Pi = \dfrac{v}{A^{1/4} g^{1/2}} \end{cases} \tag{3.556}$$

因此，式 (3.555) 可写为无量纲函数表达式：

$$\frac{v}{A^{1/4} g^{1/2}} = f\left(\zeta, \alpha, \frac{\rho A^{3/2}}{m}\right) \tag{3.557}$$

上式也可以写为

$$\frac{v^2}{g\sqrt{A}} = f\left(\zeta, \alpha, \frac{\rho A^{3/2}}{m}\right) \tag{3.558}$$

根据上式可知，该问题不同尺寸模型满足相似的充要条件为

$$\begin{cases} (\zeta)_m = (\zeta)_p \\ (\alpha)_m = (\alpha)_p \\ \left(\dfrac{\rho A^{3/2}}{m}\right)_m = \left(\dfrac{\rho A^{3/2}}{m}\right)_p \end{cases} \tag{3.559}$$

设缩比模型与原型几何尺寸缩比为 γ，则该问题的相似律为

$$\begin{cases} \gamma_\zeta = 1 \\ \gamma_\alpha = 1 \\ \gamma_\rho \gamma_A^{3/2} = \gamma_m \end{cases} \tag{3.560}$$

上式表明，缩比模型与原型满足相似的两个必要条件就是其位置角度和形状系数对应相等。设翅膀的特征尺寸为 $L_1, L_2, \cdots, L_n$，则翅膀的形状系数 ζ 可以利用这些特征尺寸来代替，即该问题的无量纲表达式也可以写为

$$\frac{v^2}{g\sqrt{A}} = f\left(\frac{L_1}{A^{1/2}}, \frac{L_2}{L_1}, \cdots, \frac{L_n}{L_1}, \alpha; \frac{\rho A^{3/2}}{m}\right) \tag{3.561}$$

若缩比模型与原型满足几何相似，则必有

$$\begin{cases} \gamma_{L_1/A^{1/2}} = 1 \\ \gamma_{L_2/L_1} = 1 \\ \quad\vdots \\ \gamma_{L_n/L_1} = 1 \\ \gamma_\alpha = 1 \end{cases} \tag{3.562}$$

反之亦然；而且，当上式成立时，必有

$$\begin{cases} A \propto L_1^2 \\ m = \rho_{\mathrm{b}} V \propto \rho_{\mathrm{b}} L_1^3 \end{cases} \tag{3.563}$$

式中，ρ_{b} 为翅膀的平均密度。此时，式 (3.561) 即可写为

$$\frac{v^2}{gL_1} = f\left(\frac{L_2}{L_1}, \cdots, \frac{L_n}{L_1}, \alpha; \frac{\rho}{\rho_{\mathrm{b}}}\right) \tag{3.564}$$

上式表明，若翅膀材料和空气的密度之比保持不变，即对于同一种鸟类且均在自然空气中飞行，则该问题满足严格的几何相似律。此时，缩比模型与原型中的因变量必定相等，两个相似模型中的无量纲因变量也应相等：

$$\left(\frac{v^2}{gL_1}\right)_m = \left(\frac{v^2}{gL_1}\right)_p \tag{3.565}$$

即

$$\gamma_v = \sqrt{\gamma_g \cdot \gamma} \tag{3.566}$$

一般情况下，当缩比模型与原型处于同一环境时，上式可写为

$$\lambda_v = \lambda^{1/2} = \lambda_m^{1/6} \tag{3.567}$$

上式表明，即使两只鸟的体形完全一致，即满足几何相似关系，大鸟的飞行速度还是比小鸟的快，其速度比是体形尺寸比的平方根；即因变量 v 并不是按照尺寸缩比缩小或放大，而是按照尺寸缩比的平方根缩比来缩小或放大。

事实上，上文也已说明，一般而言，对特定的物理问题，总能够给出其相似律，该相似律可能为严格几何相似律、广义的几何相似律，或者其他种类的相似律；但理论上大多数问题都能够找到相似的不同尺寸的缩比模型。然而，实际条件下如不满足严格的几何相似律或广义的几何相似律，很多时候很难设计相似缩比模型。

例 3.23　低速行驶船体阻力问题

当固体在近水面或半水下半水面上相对运动时，水面波浪的耗能不可忽视。这里我们以船舶在水面行驶为例，分析近水面固体相对运动所受的阻力问题。假设有一艘截面为近似矩形 (即将船舶简化为长方体) 的船舶以速度 v 在静止水面上匀速行驶 [3]，如图 3.40 所示。

设船舶的宽度为 l_1，吃水深度为 l_2；流体的密度为 ρ，由于流体相对于船舶的速度远小于流体声速，我们可以认为流体是不可压缩的，其密度在整个运动过程中是常量；流体的黏性系数为 μ；由于在水面行驶时所产生的水面波浪耗能在此不可忽视，而其与重力相关，因此重力加速度 g 也是一个重要的影响因素。由此我们可以给出船舶所受阻力 F 的函数表达式：

$$F = f\left(l_1, l_2; v; \rho, \mu, g\right) \tag{3.568}$$

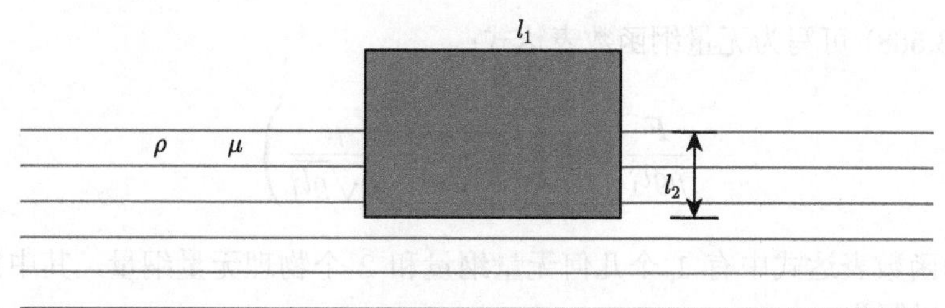

图 3.40 船舶运动阻力问题

该问题中有 7 个物理量，包含 1 个因变量和 6 个自变量，其量纲幂次指数如表 3.66 所示。

表 3.66 船舶运动阻力问题中变量的量纲幂次指数

物理量	F	l_1	l_2	v	ρ	μ	g
M	1	0	0	0	1	1	0
L	1	1	1	1	−3	−1	1
T	−2	0	0	−1	0	−1	−2

该问题并没有涉及热力学问题，是一个传统的流体力学问题，其基本量纲有 3 个。从表 3.66 可以看出，该问题的参考物理量有多个组合，考虑这 6 个自变量的量纲幂次形式及其基本量纲的覆盖程度，我们可以选取流体密度 ρ、船舶宽度 l_1 和重力加速度 g 这 3 个自变量为参考物理量。对表 3.66 进行排序，可以得到表 3.67。

表 3.67 船舶运动阻力问题中变量的量纲幂次指数 (排序后)

物理量	ρ	l_1	g	l_2	v	μ	F
M	1	0	0	0	0	1	1
L	−3	1	1	1	1	−1	1
T	0	0	−2	0	−1	−1	−2

对表 3.67 进行行变换，可以得到表 3.68。

表 3.68 船舶运动阻力问题中变量的量纲幂次指数 (行变换后)

物理量	ρ	l_1	g	l_2	v	μ	F
ρ	1	0	0	0	0	1	1
l_1	0	1	0	1	1/2	3/2	3
g	0	0	1	0	1/2	1/2	1

根据 Π 定理和量纲分析的性质，可以给出 4 个无量纲量：

$$\begin{cases} \Pi_1 = \dfrac{l_2}{l_1} \\ \Pi_2 = \dfrac{v}{\sqrt{gl_1}} \\ \Pi_3 = \dfrac{\mu}{\rho\sqrt{gl_1^3}} \\ \Pi = \dfrac{F}{\rho g l_1^3} \end{cases} \tag{3.569}$$

因此，式 (3.568) 可写为无量纲函数表达式：

$$\frac{F}{\rho g l_1^3}=f\left(\frac{l_2}{l_1};\frac{v}{\sqrt{g l_1}},\frac{\mu}{\rho\sqrt{g l_1^3}}\right) \tag{3.570}$$

上式无量纲函数表达式中有 1 个几何无量纲量和 2 个物理无量纲量，其中第一个物理无量纲量可以写为

$$\frac{v}{\sqrt{g l_1}}\to\frac{v^2}{g l_1} \tag{3.571}$$

上式即为流体力学中著名的无量纲准数 Froude 数；第二个物理无量纲量物理意义不明确且形式复杂，与第一个物理无量纲量有多个参数重合，可以根据量纲分析的性质进行转换：

$$\frac{\mu}{\rho\sqrt{g l_1^3}}\to\frac{\mu}{\rho\sqrt{g l_1^3}}\bigg/\frac{v}{\sqrt{g l_1}}=\frac{\mu}{\rho v l_1}\to\frac{\rho v l_1}{\mu} \tag{3.572}$$

上式即为流体流动的 Reynolds 数；因变量也可以进行类似转换：

$$\frac{F}{\rho g l_1^3}\to\frac{F}{\rho g l_1^3}\bigg/\left(\frac{\mu}{\rho\sqrt{g l_1^3}}\right)^2=\frac{F}{\mu^2/\rho} \tag{3.573}$$

因此，式 (3.570) 可以写为

$$\frac{F}{\mu^2/\rho}=f\left(\frac{l_2}{l_1};Fr,Re\right) \tag{3.574}$$

考虑一个缩比模型，其船体形状与原型中类似，宽度尺寸缩比为

$$\gamma=\frac{(l_1)_m}{(l_1)_p} \tag{3.575}$$

则该问题的相似律为

$$\begin{cases}\gamma_{l_2}=\gamma\\ \gamma_v=\gamma_{\sqrt{g l_1}}=\sqrt{\gamma_g\gamma}\\ \gamma_\rho\gamma_v\gamma=\gamma_\mu\end{cases} \tag{3.576}$$

因此，该问题中几何相似条件是缩比模型与原型相似的必要条件。事实上，即使船舶不是简单的矩形，而是更加复杂的三维形状，几何相似条件也是其必要条件；另外，当船舶外表面并不满足理想光滑条件时，我们还要考虑外表面的相对粗糙度；具体分析与以上基本类似，只是几何相似方程由一个变成多个而已。

当缩比模型与原型满足几何相似条件且流体相同时，上式即可简化为

$$\begin{cases}\gamma_v=\sqrt{\gamma_g\gamma}\\ \gamma_v\gamma=1\end{cases}\Rightarrow\begin{cases}\gamma_g=\dfrac{1}{\gamma^3}\\ \gamma_v=\dfrac{1}{\gamma}\end{cases} \tag{3.577}$$

上式表明，只要将重力加速度 g 和运动速度 v 按照上式进行对应的缩小或放大，即可使得缩比模型与原型满足相似，则该问题满足广义的几何相似律，但不满足严格的几何相似律。

然而，在地球上的一般自然环境中，重力加速度是近似恒定的，即一般环境中，恒有

$$\gamma_g = 1 \Rightarrow \gamma = 1 \tag{3.578}$$

即表明此时无法找到不同尺寸的相似缩比模型。当然，我们可以通过离心机实现重力加速度的改变，但这种方法成本较高，且模型的尺寸和其他限制条件较多。

若我们只假设缩比模型与原型满足几何相似条件，则式 (3.576) 即可简化为

$$\begin{cases} \gamma_v = \sqrt{\gamma_g \gamma} \\ \gamma_\rho \gamma_v \gamma = \gamma_\mu \end{cases} \tag{3.579}$$

若缩比模型也在常规自然条件下设计，则必有

$$\gamma_g \equiv 1 \tag{3.580}$$

式 (3.579) 可进一步简化为

$$\begin{cases} \gamma_v = \gamma^{1/2} \\ \dfrac{\gamma_\mu}{\gamma_\rho} = \gamma^{3/2} \end{cases} \tag{3.581}$$

此时船体的速度和流体的运动黏度满足上式所示缩比系数，缩比模型才与原型满足相似关系。

然而，自然界中流体的性质很难改变，也就是说，很难在缩比模型中找到满足缩比条件的相似流体材料，这也会导致很难给出对应的相似缩比模型。

几何相似律的性质 3：对于特定问题而言，若其无量纲函数表达式中物理无量纲量包含重力加速度 g，则如果该问题并不满足严格的几何相似律，即使满足广义的几何相似律，也很难在自然环境中设计不同尺寸的相似缩比模型。

对于此类问题，一般利用缩比模型进行原型中规律性问题的研究的唯一方法就是通过近似和校正来实现，即将船舶阻力假设为摩擦阻力与水波耗能阻力的代数和；摩擦阻力从上文分析结论可知满足严格的几何相似律，而水波耗能阻力由于与重力加速度相关，因此需要进行试验校正。

第 4 章　量纲分析与试验分析

对于特定的物理问题而言，最理想的莫过于通过建模对问题进行理论分析与推导，从而给出准确的解析解；然而，在实际工程或科研中的许多问题，我们无法给出其定量的解析解，特别是流体力学或爆炸力学等非线性问题，一般只能基于相关理论进行定性分析，而定量表达式通常是通过大量的试验研究得到的。

从前面章节中可知，量纲分析对于试验分析具有非常重要的作用：首先，通过量纲分析可以减少物理问题中函数自变量的数量，从而成量级地减少试验数量，同时也极大地减小了试验结果分析的误差；其次，利用量纲分析给出的相似律，我们可以设计尺寸不同的相似模型，或设计材料不同的相似模型等，极大地减小试验成本和难度。事实上，除了以上这两点优势外，量纲分析对于试验结果的分析也起着极其重要的作用。

4.1　量纲分析与试验设计

对于经典力学问题而言，其涉及的基本量纲一般只有 3 个，因此一般也可以在函数表达式的自变量中相应地找到 3 个参考物理量，由量纲分析的性质可知，一般情况下该问题的无量纲函数表达式中自变量数量会相应地减少 3 个，这极大程度上减少了试验量，数值拟合造成的误差也相应减小了。

4.1.1　量纲分析对试验设计的简化

以第 2 章中例 2.3 为例，在进行初步假设提取其主要因素后，可以给出单摆周期 T 的表达式为

$$T = f\left(g, m, l, \alpha\right) \tag{4.1}$$

理论上，通过变化上式中的 4 个物理量，对试验结果进行数值分析与拟合即可以给出其工程经验表达式；设每个变量需要 10 个不同的数据点，则需要开展 10^4 次试验，同时每次试验都较准确，才能保证整体上误差可控。然而，实际上这种方法是不可行或极难实现的，主要原因有：

首先，上式 4 个自变量中重力加速度 g 很难变化，理论上可以利用离心机改变该量，但试验成本较高且误差也相对较大。因此，在试验中，我们可以视该量为常量，即上式可以简化为

$$T = f\left(m, l, \alpha\right) \tag{4.2}$$

其次，改变上式中小球的质量 m，根据例 2.3 中分析结果可知，理论上此时单摆的周期 T 应保持不变，然而，除非是在真空开展试验才能不存在空气阻力，在自然环境中开展试验必然存在空气阻力，这时大质量小球可能得到的周期稍小，特别是采用不同密度尺寸相近的不同质量的小球来开展试验时，这种现象更加明显些。如直接对试验结

果进行拟合，有可能给出周期与小球成某种反比函数的表达式；当然，如对试验结果进行适当的初步定性分析也能得到"周期与小球质量无关"这一结论。改变上式中角度 α 开展试验也有类似问题。因此，考虑非常理想的情况，通过对改变小球质量 m 和角度 α 后得到的数据进行分析，我们可以给出函数：

$$T = f(l) \tag{4.3}$$

最后，从例 2.3 中的分析可以看出，周期 T 与长度 l 之间满足关系：

$$T \propto \sqrt{l} \tag{4.4}$$

即周期与长度并不满足线性关系，无法直观给出函数形式，此时我们需要先给出函数形式，可能是以上形式，可能是多项式形式，也可能是对数形式等。

综上分析，很多情况下，很难仅通过试验手段和数值分析方法直接得到准确具体的函数表达式，例如该问题中，理想情况下，我们可以得到经验表达式：

$$T = Kf(l) \tag{4.5}$$

式中，K 为某待定常数；函数形式可能为多项式，也可能是其他形式，在以上理想试验条件所给出的准确试验结果基础上，最理想的数值拟合结果是得到函数表达式：

$$T = K\sqrt{l} \tag{4.6}$$

然而，由于在自然条件下我们没有考虑不同重力加速度 g 时的试验结果，因此此时不可能得到接近理论的表达式：

$$T = E\sqrt{l/g} \tag{4.7}$$

式中，E 为待定常数。

因此，对于含有重力加速度 g 的物理问题而言，若在自然环境中设计试验来获得具体的函数表达式形式，必须进行量纲分析，将重力加速度与其他容易改变的自变量进行耦合，从而形成一个容易通过试验条件改变的组合自变量，才能够给出接近理论解且含有重力加速度 g 的经验表达式。

以第 2 章中例 2.14 管流阻力问题为例，单位长度管流的阻力函数表达式为

$$h = f(\rho, \mu, v, d) \tag{4.8}$$

同上，理论上我们也可以通过控制变量法开展试验研究，从而给出相对准确的经验表达式；然而，对流体而言，密度 ρ 和黏性系数 μ 并不是独立的，我们很难控制密度不变只调节黏性系数，反之亦然。因此，如果只通过试验我们无法给出包含密度和黏性系数的函数表达式，一般只是给出针对特定流体的函数表达式，此时流体的黏性系数和密度可以视为常量，即上式可以简化为

$$h = f(v, d) \tag{4.9}$$

因此，对于含有多个材料参数的物理问题而言，由于材料参数之间的关联性，我们很难甚至无法完全通过试验研究给出准确的包含材料参数的经验表达式，此时必须进行量纲分析，将材料参数进行组合或将材料参数与其他物理参数之间进行组合，形成一个可以改变的组合量，才能够根据试验结果给出含有材料参数的经验表达式。

例 4.1　颗粒流磨蚀率问题的简化

设单位流体中含有均匀分布的粒子数量为 N，且其强度和硬度相对于管壁和其中的构架材料而言足够大，以至于我们可以认为其为刚体；设被冲击磨蚀材料的屈服强度为 Y，被磨蚀面面积为 A；假设流体中的颗粒近似为球形且粒径皆为 d，其密度为 $\rho_{\rm p}$，水平方向上的运动速度为 $v_{\rm p}$，求质量磨蚀率 $\dot{m}$。

容易看出，该问题中自变量主要有 6 个：颗粒的速度 $v_{\rm p}$、颗粒的直径 d、颗粒的密度$\rho_{\rm p}$、材料的屈服强度 Y、磨蚀面面积 A 和颗粒均匀分布浓度 N。因此，其表达式可写为 [6]

$$\dot{m} = f\left(v_{\rm p}, d, \rho_{\rm p}, Y, A, N\right) \tag{4.10}$$

上式中 7 个物理量包含 1 个因变量和 6 个自变量，其量纲幂次指数如表 4.1 所示。

表 4.1　颗粒流磨蚀率问题中变量的量纲幂次指数

物理量	$\dot{m}$	$v_{\rm p}$	d	$\rho_{\rm p}$	Y	A	N
M	1	0	0	1	1	0	0
L	0	1	1	−3	−1	2	−3
T	−1	−1	0	0	−2	0	0

此问题是一个典型的纯力学问题，基本量纲有 3 个；我们选择包含所有基本量纲且量纲形式最简单的物理量组合为参考物理量，这里取颗粒的密度$\rho_{\rm p}$、颗粒的直径 d 和颗粒的速度 $v_{\rm p}$ 这 3 个物理量为参考物理量。对表 4.1 进行排序，即可得到表 4.2。

表 4.2　颗粒流磨蚀率问题中变量的量纲幂次指数 (排序后)

物理量	$\rho_{\rm p}$	d	$v_{\rm p}$	Y	A	N	$\dot{m}$
M	1	0	0	1	0	0	1
L	−3	1	1	−1	2	−3	0
T	0	0	−1	−2	0	0	−1

对表 4.2 进行行变换，可以得到表 4.3。

表 4.3　颗粒流磨蚀率问题中变量的量纲幂次指数 (行变换后)

物理量	$\rho_{\rm p}$	d	$v_{\rm p}$	Y	A	N	$\dot{m}$
$\rho_{\rm p}$	1	0	0	1	0	0	1
d	0	1	0	0	2	−3	2
$v_{\rm p}$	0	0	1	2	0	0	1

利用 Π 定理和量纲分析的性质，即可得到该问题的 4 个无量纲量：

$$\begin{cases} \Pi_1 = \dfrac{Y}{\rho_{\mathrm{p}} v_{\mathrm{p}}^2} \\ \Pi_2 = \dfrac{A}{d^2} \\ \Pi_3 = N d^3 \\ \Pi = \dfrac{\dot{m}}{\rho_{\mathrm{p}} v_{\mathrm{p}} d^2} \end{cases} \tag{4.11}$$

因此该问题的无量纲函数表达式可写为

$$\frac{\dot{m}}{\rho_{\mathrm{p}} v_{\mathrm{p}} d^2} = f\left(\frac{Y}{\rho_{\mathrm{p}} v_{\mathrm{p}}^2}, \frac{A}{d^2}, N d^3\right) \tag{4.12}$$

对上式进行整理，有

$$\frac{\dot{m}}{\rho_{\mathrm{p}} v_{\mathrm{p}} d^2} = f\left(\frac{A}{d^2}, N d^3; \frac{Y}{\rho_{\mathrm{p}} v_{\mathrm{p}}^2}\right) \tag{4.13}$$

如假设在磨蚀面范围内，颗粒均匀分布，即磨蚀率与面积呈线性关系，此时，上式可以简化为

$$\frac{\dot{m}}{\rho_{\mathrm{p}} v_{\mathrm{p}} d^2} = \frac{A}{d^2} f\left(\frac{Y}{\rho_{\mathrm{p}} v_{\mathrm{p}}^2}, N d^3\right) \tag{4.14}$$

即

$$\frac{\dot{m}}{\rho_{\mathrm{p}} v_{\mathrm{p}} A} = f\left(\frac{Y}{\rho_{\mathrm{p}} v_{\mathrm{p}}^2}, N d^3\right) \tag{4.15}$$

如果不考虑多个颗粒对表面的耦合磨蚀作用，认为各个颗粒独立作用，此时上式可以写为

$$\frac{\dot{m}}{\rho_{\mathrm{p}} v_{\mathrm{p}} A} = N d^3 f\left(\frac{Y}{\rho_{\mathrm{p}} v_{\mathrm{p}}^2}\right) \tag{4.16}$$

即

$$\frac{\dot{m}}{\rho_{\mathrm{p}} d^3 v_{\mathrm{p}} A N} = f\left(\frac{Y}{\rho_{\mathrm{p}} v_{\mathrm{p}}^2}\right) \tag{4.17}$$

上式我们可以写为

$$\frac{\dot{m}}{N \cdot \left(\rho_{\mathrm{p}} \dfrac{4\pi}{3} d^3\right) v_{\mathrm{p}} A} = f\left(\frac{Y}{\dfrac{1}{2} \rho_{\mathrm{p}} v_{\mathrm{p}}^2}\right) \tag{4.18}$$

上式的物理意义较明显：左端分母表示单位面积上均匀分布颗粒动量和，右端函数中自变量表示材料屈服强度与颗粒的动压之比。对该问题进行初步定性的分析可知，质量磨

蚀率应与屈服强度呈广义的反比关系，即上式写为下述形式更加清晰：

$$\frac{\dot{m}}{N \cdot \left(\rho_{\mathrm{p}} \frac{4\pi}{3} d^3\right) v_{\mathrm{p}} A} = f\left(\frac{\frac{1}{2}\rho_{\mathrm{p}} v_{\mathrm{p}}^2}{Y}\right) \tag{4.19}$$

上式写为简化形式，即有

$$\frac{\dot{m}}{N\rho_{\mathrm{p}} d^3 v_{\mathrm{p}} A} = f\left(\frac{\rho_{\mathrm{p}} v_{\mathrm{p}}^2}{Y}\right) \tag{4.20}$$

从上式可以看出，缩比模型与原型满足相似的充要条件并不包含材料相似和几何相似，也就是说，只需要满足

$$\left(\frac{\rho_{\mathrm{p}} v_{\mathrm{p}}^2}{Y}\right)_m = \left(\frac{\rho_{\mathrm{p}} v_{\mathrm{p}}^2}{Y}\right)_p \tag{4.21}$$

即

$$\gamma_{v_{\mathrm{p}}} = \sqrt{\frac{\gamma_Y}{\gamma_{\rho_{\mathrm{p}}}}} \tag{4.22}$$

即使缩比模型与原型并不满足几何相似或材料相似，两个模型之间也满足相似条件。对比式 (4.10) 和式 (4.20)，容易发现，通过量纲分析并结合初步理论分析，将原有的自变量由 6 个减小为 1 个，试验工作量减少了数个量级。而且，基于式 (4.20) 进行试验分析，对材料的选取要求不高，甚至我们在试验过程中只需要改变速度即可，材料可以不变，这也极大程度上降低了试验成本。

基于式 (4.20) 开展不同速度下的试验，容易给出拟合方程：

$$\frac{\dot{m}}{N\rho_{\mathrm{p}} d^3 v_{\mathrm{p}} A} = K \cdot \frac{\rho_{\mathrm{p}} v_{\mathrm{p}}^2}{Y} \tag{4.23}$$

式中，K 表示某一待定常数。因为线性关系是最容易发现和拟合的一种关系，因此，上式相对较容易给出。研究也表明了上式的准确性。

上式可以写为

$$\dot{m} = K \frac{\rho_{\mathrm{p}}^2 d^3 v_{\mathrm{p}}^3 A N}{Y} \tag{4.24}$$

上式表明，磨蚀率与颗粒直径的立方呈线性正比关系，与颗粒密度的平方、速度的立方均呈线性正比关系。

4.1.2 量纲分析与相似缩比模型的分析

在例 3.16 中，我们根据量纲分析给出其无量纲函数表达式为

$$\frac{h}{d} = f\left(\frac{H}{d}, \frac{D}{d}, \frac{L}{d}, \frac{r}{d}, \frac{\delta}{d}; \frac{\rho_1}{\rho}; \frac{W}{\sigma d^3}\right) \tag{4.25}$$

或

$$\frac{h}{d}=f\left(\frac{H}{d},\frac{D}{d},\frac{L}{d},\frac{r}{d},\frac{\delta}{d};\frac{\rho_1}{\rho},\frac{E}{\sigma}\right) \tag{4.26}$$

上式表明，如不考虑水的重力作用，该爆炸加工问题满足几何相似律。由于炸药的尺寸 r 远远小于直径 d，金属平板的厚度 δ 也是如此，对比上两式可知，其与材料强度应以组合

$$\frac{Er^3}{\sigma d^3} \tag{4.27}$$

的形式出现，因此，该问题的无量纲函数表达式可简化为

$$\frac{h}{d}=f\left(\frac{H}{d},\frac{D}{d},\frac{L}{d};\frac{\rho_1}{\rho};\frac{W}{\sigma\delta^3}\right) \tag{4.28}$$

或

$$\frac{h}{d}=f\left(\frac{H}{d},\frac{D}{d},\frac{L}{d};\frac{\rho_1}{\rho};\frac{Er^3}{\sigma\delta^3}\right) \tag{4.29}$$

事实上，在不考虑重力作用的情况下，水箱中水的密度或其他流体的密度对金属薄盘变形挠度并没有影响，当水箱尺寸相对于球面直径和炸药与金属薄盘的距离明显较大时，水箱的尺寸可以不予考虑，即

$$\frac{h}{d}=f\left(\frac{L}{d},\frac{W}{\sigma\delta^3}\right) \tag{4.30}$$

理论上讲，金属薄板变形吸能

$$\Gamma\propto\sigma\delta d^2 \tag{4.31}$$

因此，式 (4.30) 写为以下形式更符合理论分析结果：

$$\frac{h}{d}=f\left(\frac{d}{L},\frac{W}{\sigma\delta d^2}\right) \tag{4.32}$$

上式形式相对于式 (4.30) 较复杂，在试验分析中姑且利用式 (4.30) 进行分析，由于金属薄板的厚度 δ 与直径 d 之比恒定，因此，式 (4.30) 和式 (4.32) 本质上一致。

式 (4.28) 中当其他条件如炸药种类与装药密度、水箱形状与整体装置结构形式等完全相同，且不同模型与原型满足几何相似时，我们可视式 (4.28) 和式 (4.29) 中右端函数内前 4 个无量纲自变量为常量，此时即有

$$\frac{h}{d}=f\left(\frac{W}{\sigma\delta^3}\right) \tag{4.33}$$

Ezra 等针对不同铝板 (Al 2014-0、Al 2014-T4 和 Al 2014-T6) 在不同当量炸药爆炸条件下的加工问题开展的研究，得到 3 种尺寸缩比模型与原型中不同无量纲炸药能量条件下金属平板最终变形挠度数据，如图 4.1 所示。

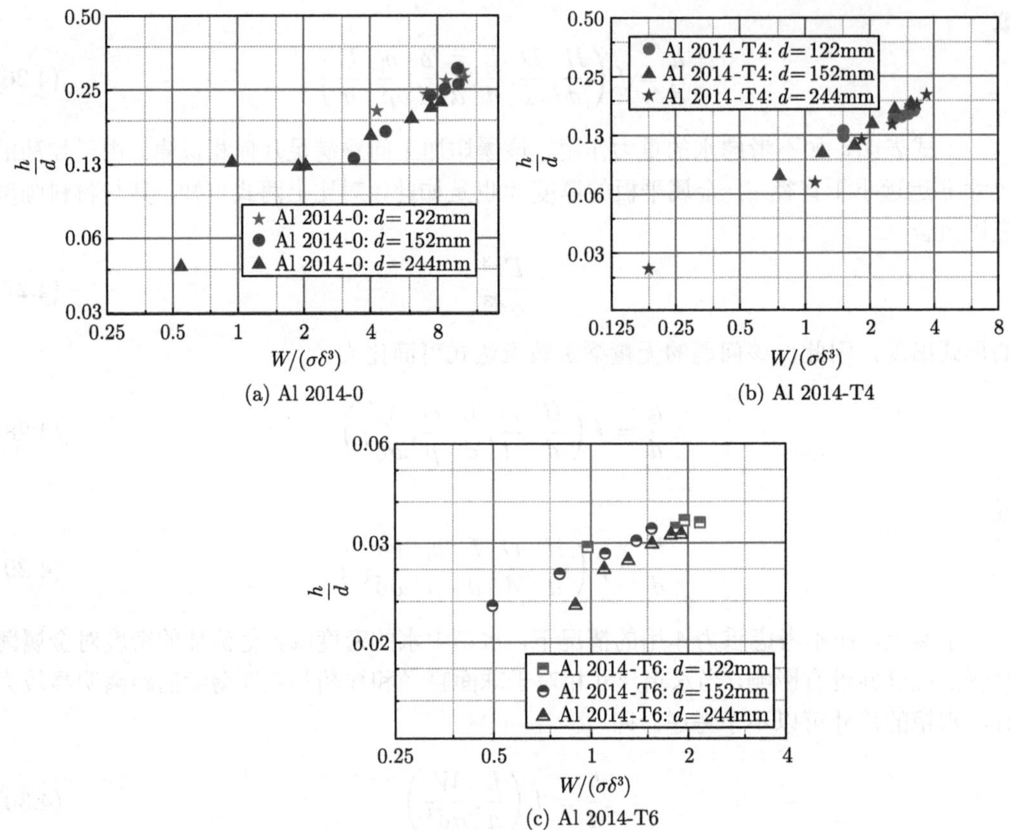

图 4.1　爆炸加工铝板变形无量纲挠度与无量纲爆炸能量之间的关系 (重力作用)[16,17]

从图 4.1 可以看出，对于此三种材料而言，在满足几何相似条件下，材料相同时不同尺寸模型金属平板最终变形挠度与无量纲炸药能量之间满足近似相同的定量关系。结合上图中数据规律与式 (4.30)，我们可以给出具体的定量函数形式：

$$\ln\frac{h}{d}=K\ln\frac{W}{\sigma\delta^3}+K' \tag{4.34}$$

式中，K 和 K' 表示某待定常数，其取值与金属平板材料等因素相关。上式也可以写为

$$\frac{h}{d}=\kappa'\left(\frac{W}{\sigma\delta^3}\right)^{\kappa} \tag{4.35}$$

式中，κ 和 κ' 表示某特定常数，其值可以通过式 (4.34) 中的 K 和 K' 计算得到。

以上试验装置中水箱与平台之间为自由接触，两者依靠水箱的重力作用而紧密接触。若将水箱与平台利用螺栓进行连接，其量纲分析结果也同式 (4.28)~ 式 (4.30)，此时不同无量纲装药能量条件下铝板的无量纲最终变形挠度数据如图 4.2 所示。

从图 4.2 也可以看出，在同种材料且几何相似条件下，该问题也近似满足式 (4.34) 或式 (4.35)。因此，从以上两个问题的分析结论可知，完全重力接触和螺栓固定接触两个问题皆近似满足几何相似律，我们可以利用放大或缩小的模型来定量地研究原型，从而给出定量的函数表达式。

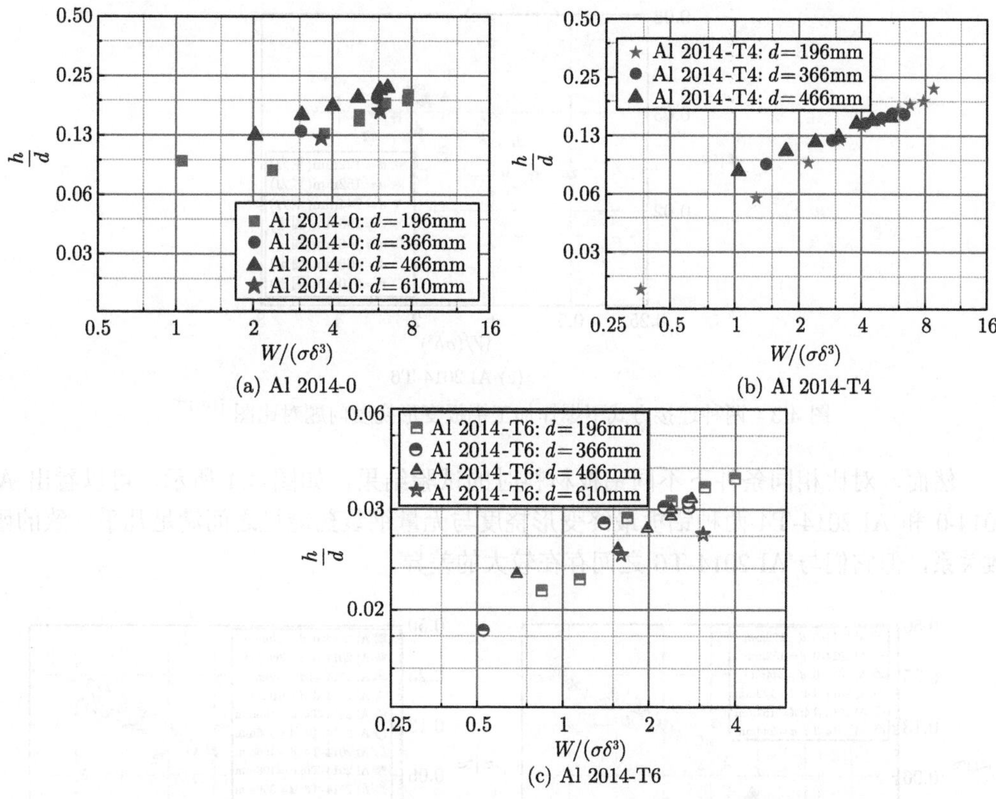

(a) Al 2014-0 (b) Al 2014-T4

(c) Al 2014-T6

图 4.2 爆炸加工铝板变形无量纲挠度与无量纲爆炸能量之间的关系 (螺栓固定)[16,17]

然而，对比重力接触和螺栓固定两种情况下的爆炸加工情况，如图 4.3 所示，可以看出，对相同的铝板材料而言，水箱与平台不同的连接方式下铝板无量纲变形挠度与无量纲爆炸能量之间的关系存在明显差别。

因此，相同无量纲函数表达式并不代表物理问题相同；而且，函数表达式中自变量毕竟只是主要影响因素但不是所有影响因素，我们在进行缩比试验设计过程中，不仅需要保持几何形状相同、几何尺寸相似，而且重要的边界条件和接触条件也应相应地满足相似条件。

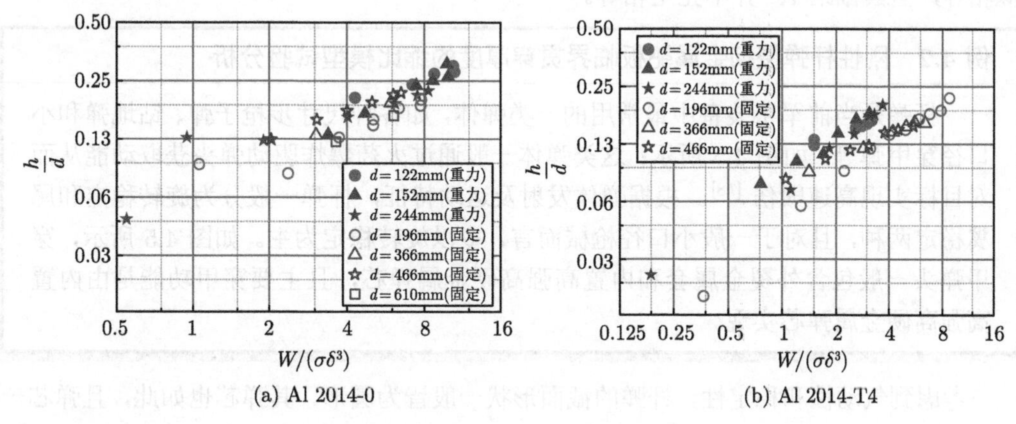

(a) Al 2014-0 (b) Al 2014-T4

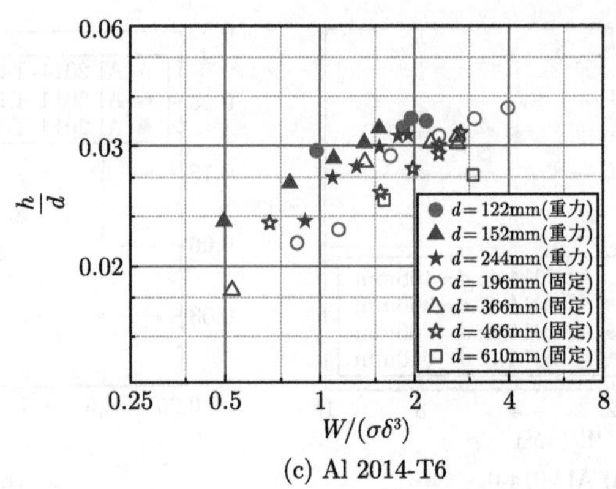

(c) Al 2014-T6

图 4.3 两种连接方式下爆炸加工铝板变形挠度问题对比图 [16,17]

然而，对比相同条件下不同铝板材料时的试验结果，如图 4.4 所示，可以看出 Al 2014-0 和 Al 2014-T4 两种铝板最终变形挠度与无量纲装药能量之间满足几乎一致的函数关系，但它们与 Al 2014-T6 之间存在较大的差异。

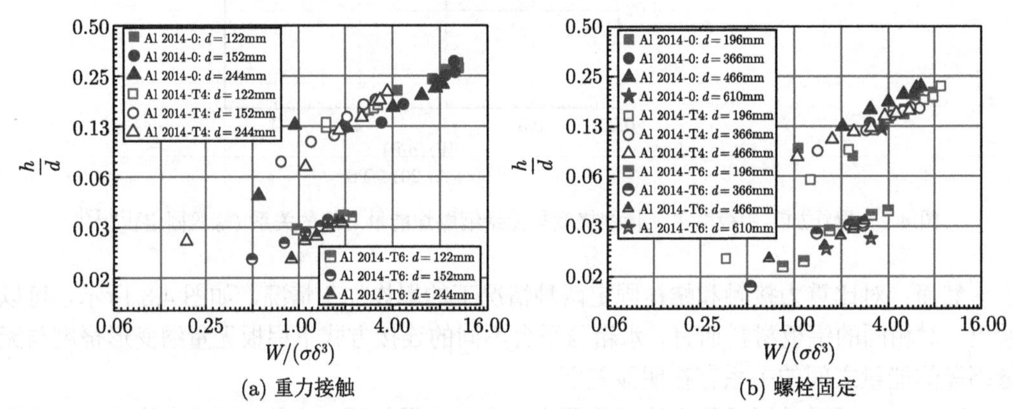

(a) 重力接触　　(b) 螺栓固定

图 4.4 两种连接方式下不同铝板材料爆炸加工最终变形挠度问题对比图 [16,17]

从图 4.4 可以看出，虽然它们之间存在差异，但无量纲挠度与无量纲爆炸能量之间近似线性关系的斜率近似相等，结合式 (4.34) 可看出，三种铝板材料对应的斜率 K 近似相等，但其截距 K' 并不完全相等。

例 4.2 刚性杆弹侵彻金属靶板临界贯穿厚度的缩比模型试验分析

杆弹是当前军事装备中最常用的一类弹体，如各种尺寸步枪子弹、钻地弹和小口径穿甲弹等，如图 4.5 所示；这类弹体一般通过火药爆炸驱动弹头获取动能从而对目标实现高速毁伤 [18]。根据弹体发射及运动特征，杆弹一般分为旋转稳定和尾翼稳定两种，且对于一般小口径枪械而言，多以旋转稳定为主。如图 4.5 所示，穿甲弹头一般包含外覆金属套和内置高强高硬金属弹芯，且主要穿甲功能是由内置高强高硬金属弹芯实现。

考虑到气动性和稳定性，杆弹的截面形状一般皆为圆形，其弹芯也如此，且弹芯一般为卵形或圆锥形，如图 4.6 所示。

图 4.5 几种典型步枪子弹与弹丸

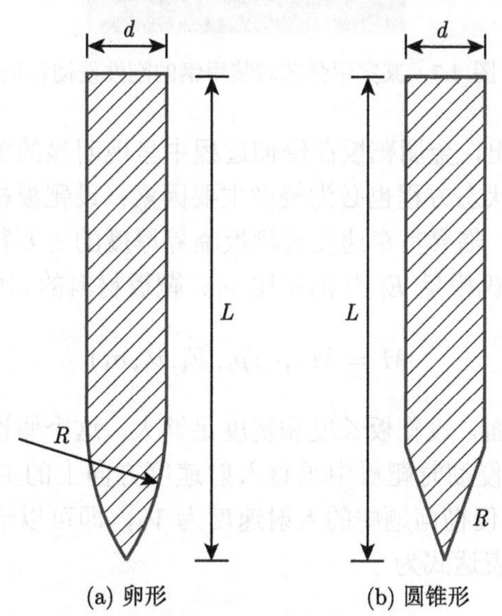

图 4.6 杆弹侵彻弹芯形状示意图

设杆弹的直径为 d，长度为 L，卵形曲率半径或圆锥形长度为 R，因此杆弹弹芯的几何特征可以利用以下函数唯一地标定 [19]：

$$\Psi = \Psi(L, d, R, \psi) \tag{4.36}$$

式中，ψ 表示弹芯头部形状，其取不同值分别代表卵形或圆锥形。

一般小口径穿甲弹丸中弹芯皆为高强高硬的金属材料，其侵彻特征为明显的刚性侵彻行为，图 4.7 所示为某口径穿甲弹丸侵彻某型厚装甲钢靶板的最终形态剖面图。由于这类弹丸侵彻速度有限，其与金属靶板的撞击压力不足以使其产生塑性变形或断裂破碎，因此我们可以视这类杆弹侵彻金属靶板行为为刚性侵彻行为；此时弹头材料的力学性能参数如杨氏模量 E 和屈服强度等对其最终侵彻深度、临界贯穿速度或靶板临界厚度并没有明显的影响，因此在刚性杆弹侵彻行为中，弹头材料参数只需要考虑其材料密度ρ_{p}。

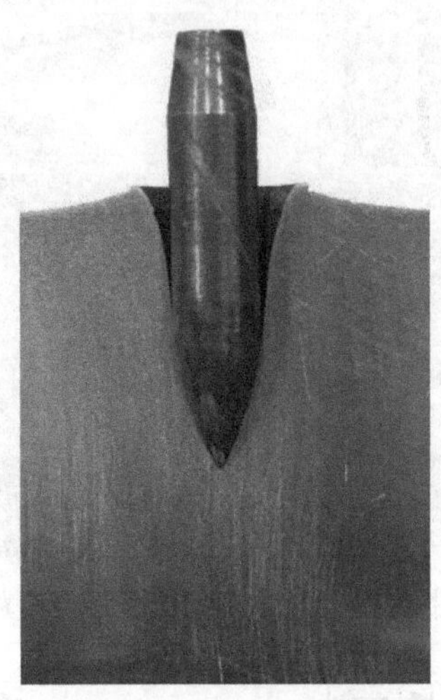

图 4.7　某穿甲弹芯对装甲钢的刚性侵彻特征

从图 4.7 也可以看出，金属靶板在侵彻过程中呈现明显的塑性流体特征，其屈服面特征与塑性屈服强度、状态方程也必为侵彻主要因素；设靶板材料为各向同性材料，因此，影响最终侵彻深度、临界贯穿速度或靶板临界厚度的主要靶板材料参数有：靶板材料密度 ρ_{t}、靶板材料杨氏模量 E_{t} 与泊松比 ν_{t}、靶板材料的屈服应力 σ_{t}，即

$$M = M\left(\rho_{\mathrm{p}}; \rho_{\mathrm{t}}, E_{\mathrm{t}}, \nu_{\mathrm{t}}, \sigma_{\mathrm{t}}\right) \tag{4.37}$$

靶板的几何参数方面，设靶板长度和宽度足够大，这个假设是合理科学的，一般而言，杆弹对金属靶板正侵彻时靶板中垂直入射速度方向上的主要影响区域约在弹径的 10 倍以内。设杆弹垂直侵彻问题中的入射速度为 V_0，即可以给出刚性杆弹垂直侵彻金属靶板的临界厚度函数表达式为

$$D = f\left(L, d, R, \psi; \rho_{\mathrm{p}}, \rho_{\mathrm{t}}, E_{\mathrm{t}}, \nu_{\mathrm{t}}, \sigma_{\mathrm{t}}; V_0\right) \tag{4.38}$$

上式中 11 个变量，包含 1 个因变量和 10 个自变量；自变量中弹芯头部形状系数 ψ 和靶板材料的泊松比 ν_{t} 为无量纲量，其他 9 个变量的量纲幂次指数如表 4.4 所示。

表 4.4　刚性杆弹垂直侵彻金属靶板临界贯穿速度问题中变量的量纲幂次指数

物理量	D	L	d	R	ρ_{p}	ρ_{t}	E_{t}	σ_{t}	V_0
M	0	0	0	0	1	1	1	1	0
L	1	1	1	1	−3	−3	−1	−1	1
T	0	0	0	0	0	0	−2	−2	−1

该问题涉及的基本量纲有 3 个；从表 4.4 容易看出，其参考量纲的组合有多种，考虑到量纲分析过程中，参考物理量的量纲形式越简单则无量纲转换过程越简单，在不影响物理意义的前提下，我们尽可能选取量纲形式简单的自变量为参考物理量，因此，我们选取杆弹密度ρ_p、杆弹直径 d 和初始入射速度 V_0 这 3 个自变量为参考物理量；对表 4.4 进行排序，可以得到表 4.5。

表 4.5 刚性杆弹垂直侵彻金属靶板临界贯穿速度问题中变量的量纲幂次指数 (排序后)

物理量	ρ_p	d	V_0	L	R	ρ_t	E_t	σ_t	D
M	1	0	0	0	0	1	1	1	0
L	−3	1	1	1	1	−3	−1	−1	1
T	0	0	−1	0	0	0	−2	−2	0

对表 4.5 进行行变换，即可得到表 4.6。

表 4.6 刚性杆弹垂直侵彻金属靶板临界贯穿速度问题中变量的量纲幂次指数 (行变换后)

物理量	ρ_p	d	V_0	L	R	ρ_t	E_t	σ_t	D
ρ_p	1	0	0	0	0	1	1	1	0
d	0	1	0	1	1	0	0	0	1
V_0	0	0	1	0	0	0	2	2	0

根据 Π 定理和量纲分析的性质，可以给出 8 个无量纲量：

$$\left\{\begin{array}{l}\Pi_1=\dfrac{d}{L}\\[2mm]\Pi_2=\dfrac{R}{L}\\[2mm]\Pi_3=\psi\end{array}\right.,\quad\left\{\begin{array}{l}\Pi_4=\dfrac{\rho_t}{\rho_p}\\[2mm]\Pi_5=\dfrac{E_t}{\rho_p V_0^2}\\[2mm]\Pi_6=\dfrac{\sigma_t}{\rho_p V_0^2}\\[2mm]\Pi_7=\nu_t\end{array}\right.,\quad\Pi=\frac{D}{d}\tag{4.39}$$

因此，式 (4.38) 可写为无量纲函数表达式：

$$\frac{D}{d}=f\left(\frac{d}{L},\frac{R}{L},\psi;\frac{\rho_t}{\rho_p},\frac{E_t}{\rho_p V_0^2},\frac{\sigma_t}{\rho_p V_0^2},\nu_t\right)\tag{4.40}$$

对于深侵彻行为而言，靶板的塑性变形远大于其弹性变形，而且刚性杆弹侵彻问题中入射速度一般远小于靶板材料的声速，因此，此类问题中靶板的杨氏模量 E_t 可以忽略；而且，根据弹性力学理论可知，通过研究剪切模量对侵彻行为的影响来间接研究材料泊松比对侵彻行为的影响，而且可能更具理论意义。Rosenberg 等研究了弹体材料的其他力学参数不变时不同剪切模量对长杆弹最大侵彻深度的影响。研究表明，虽然当减小弹体材料的剪切模量时，侵彻深度也具有逐渐减小的趋势，然而，当剪切模量分别增加 44%(对应的屈服强度为 0.96GPa) 和 15.2%(对应的屈服强度为 1.90GPa) 时，其相应的侵彻深度增加比例仅分别为 2.7%和 1.6%。因而，弹体材料的剪切模量对最大侵彻深度的影响相对较小。也就是说，材料的泊松比对最大侵彻深度的影响也较小，鉴于当前数值计算和实验测量仪器等精度限制，一般情况下，泊松比对侵彻行为的影响在工程上可以忽略而不予考虑。此时，上式即可简化为

$$\frac{D}{d}=f\left(\frac{d}{L},\frac{R}{L},\psi;\frac{\rho_{\mathrm{t}}}{\rho_{\mathrm{p}}};\frac{\sigma_{\mathrm{t}}}{\rho_{\mathrm{p}}V_0^2}\right) \tag{4.41}$$

上式中右端函数内前 3 个无量纲自变量为几何无量纲量，根据弹道终点效应学中对弹头几何尺寸描述的惯例，结合量纲分析的性质，上式可写为

$$\frac{D}{d}=f\left(\frac{L}{d},\frac{R}{d},\psi;\frac{\rho_{\mathrm{t}}}{\rho_{\mathrm{p}}};\frac{\sigma_{\mathrm{t}}}{\rho_{\mathrm{p}}V_0^2}\right) \tag{4.42}$$

式中，第一个几何无量纲自变量即为杆弹的长径比，该无量纲量是杆弹侵彻行为中的一个重要影响因素；第二个和第三个几何无量纲自变量为弹芯头部形状系数。

上式中函数内第四个无量纲自变量为材料无量纲量，由理论初步分析可知，其他条件相同时，弹体的侵彻深度与弹体材料密度成正比而与靶板材料密度成反比，因此，上式写为以下形式更为直观：

$$\frac{D}{d}=f\left(\frac{L}{d},\frac{R}{d},\psi;\frac{\rho_{\mathrm{p}}}{\rho_{\mathrm{t}}};\frac{\sigma_{\mathrm{t}}}{\rho_{\mathrm{p}}V_0^2}\right) \tag{4.43}$$

上式中函数内第 5 个自变量为物理无量纲量，其分母表征弹体的入射动能、分子为靶板材料的屈服应力；上式可写为以下形式：

$$\frac{D}{d}=f\left(\frac{L}{d},\frac{R}{d},\psi;\frac{\rho_{\mathrm{p}}}{\rho_{\mathrm{t}}};\frac{\rho_{\mathrm{p}}V_0^2}{\sigma_{\mathrm{t}}}\right) \tag{4.44}$$

若假设靶板材料本构模型为理想弹塑性模型，且不考虑其应变率强化和温度软化效应，即对于特定的靶板材料，有

$$\sigma_{\mathrm{t}}=Y_{\mathrm{t}}=\mathrm{const} \tag{4.45}$$

此时该问题即可简化为

$$\frac{D}{d}=f\left(\frac{L}{d},\frac{R}{d},\psi;\frac{\rho_{\mathrm{p}}}{\rho_{\mathrm{t}}};\frac{\rho_{\mathrm{p}}V_0^2}{Y_{\mathrm{t}}}\right) \tag{4.46}$$

设缩比模型与原型中杆弹的直径之比为

$$\gamma=\frac{(d)_m}{(d)_p} \tag{4.47}$$

则对于该问题而言，若满足

$$\begin{cases}\left(\dfrac{L}{d}\right)_m=\left(\dfrac{L}{d}\right)_p\\ \left(\dfrac{R}{d}\right)_m=\left(\dfrac{R}{d}\right)_p\\ (\psi)_m=(\psi)_p\\ \left(\dfrac{\rho_{\mathrm{p}}}{\rho_{\mathrm{t}}}\right)_m=\left(\dfrac{\rho_{\mathrm{p}}}{\rho_{\mathrm{t}}}\right)_p\\ \left(\dfrac{\rho_{\mathrm{p}}V_0^2}{Y_{\mathrm{t}}}\right)_m=\left(\dfrac{\rho_{\mathrm{p}}V_0^2}{Y_{\mathrm{t}}}\right)_p\end{cases}\tag{4.48}$$

则必有

$$\left(\frac{D}{d}\right)_m=\left(\frac{D}{d}\right)_p\tag{4.49}$$

即该问题的相似律为

$$\begin{cases}\gamma_L=\gamma\\ \gamma_R=\gamma\\ \gamma_\psi=1\\ \gamma_{\rho_{\mathrm{p}}}=\gamma_{\rho_t}\\ \gamma_{\rho_{\mathrm{p}}}\gamma_{V_0}^2=\gamma_{Y_t}\end{cases}\tag{4.50}$$

若缩比模型与原型中弹靶材料相同或相似，则有

$$\begin{cases}\gamma_{\rho_{\mathrm{p}}}=1=\gamma_{\rho_{\mathrm{t}}}\\ \gamma_{Y_{\mathrm{t}}}=1\end{cases}\tag{4.51}$$

此时缩比模型与原型满足相似的相似律简化为

$$\begin{cases}\gamma_L=\gamma\\ \gamma_R=\gamma\\ \gamma_\psi=1\\ \gamma_{V_0}=1\end{cases}\tag{4.52}$$

当缩比模型与原型中的弹体入射速度对应相等，上式即简化为几何相似律：

$$\begin{cases}\gamma_L=\gamma\\ \gamma_R=\gamma\\ \gamma_\psi=1\end{cases}\tag{4.53}$$

上式表明，当缩比模型与原型中弹体入射速度对应相等且弹靶材料相同或相似时，若缩比模型中杆弹的弹芯长径比、头部形状与原型中杆弹对应一致，则缩比模型与原型满足相似条件。因此，该问题满足严格的几何相似律。

对该问题而言，若不同尺寸模型或原型中弹体的长径比、头部形状对应一致，则式 (4.46) 中右端函数内前 3 个几何无量纲自变量可以视为是特定的，即视为常数；此时该式即可简写为

$$\frac{D}{d}=f\left(\frac{\rho_{\mathrm{p}}}{\rho_{\mathrm{t}}};\frac{\rho_{\mathrm{p}}V_0^2}{Y_{\mathrm{t}}}\right) \tag{4.54}$$

同时，若弹靶材料均为钢，其密度比近似均为 1，则上式可以进一步简化为

$$\frac{D}{d}=f\left(\frac{\rho_{\mathrm{p}}V_0^2}{Y_{\mathrm{t}}}\right) \tag{4.55}$$

上式中无量纲自变量分子表示单位体积的杆弹动能、分母为靶板材料屈服强度，因此该无量纲量可以定义为无量纲入射动能。

Curtis[20] 在报告中给出了 7 种形状近似一致、尺寸不同的刚性杆弹垂直侵彻钢靶板的试验结果，经过换算和整理后可以得到图 4.8。试验中靶板的硬度为 BHN 244-273，弹体和靶板材料均为钢。

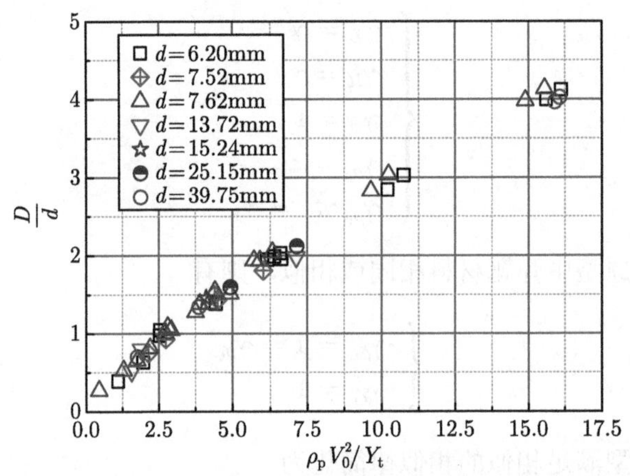

图 4.8　不同尺寸刚性杆弹垂直侵彻钢靶板临界厚度 [20]

从图 4.8 可以看出，不同弹体尺寸时弹体的无量纲入射动能与靶板无量纲临界厚度之间的函数关系基本一致。对图 4.8 中试验数据进行拟合，可以给出以下方程：

$$\frac{D}{d}=0.445\left(\frac{\rho_{\mathrm{p}}V_0^2}{Y_{\mathrm{t}}}\right)^{0.802} \tag{4.56}$$

从图 4.9 可以看出，式 (4.56) 对应的拟合曲线与试验结果符合性相对准确，其方差大于 0.99。

由以上分析和试验结果对比可知，该问题满足几何相似律；也就是说，刚性杆弹垂直侵彻金属靶板的临界贯穿厚度问题满足严格的几何相似律，我们可以利用几何缩比试验来标定大口径杆弹侵彻行为，这将在很大程度上减小试验难度和降低试验成本。事实上，当前的大口径刚性杆弹侵彻试验大多使用缩比模型来代替，进而给出定量的函数关系。

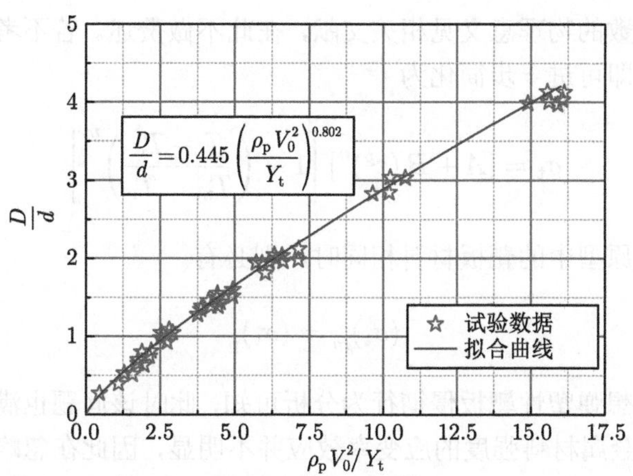

图 4.9 不同尺寸刚性杆弹垂直侵彻钢靶板临界厚度函数关系

需要说明的是，该问题的前提是弹体在侵彻过程中呈现刚性侵彻特征、靶板是延性金属靶板，因此进行缩小和放大弹体尺寸必须保证这两个条件的成立。

式 (4.46) 中假设靶板材料为理想弹塑性材料，类似地，若假设靶板材料为线性强化材料，其塑性强化模量为 E'，则该问题的无量纲函数表达式可写为

$$\frac{D}{d}=f\left(\frac{L}{d},\frac{R}{d},\psi;\frac{\rho_p}{\rho_t};\frac{\rho_p V_0^2}{\sigma_t},\frac{\rho_p V_0^2}{E'}\right) \tag{4.57}$$

或

$$\frac{D}{d}=f\left(\frac{L}{d},\frac{R}{d},\psi;\frac{\rho_p}{\rho_t},\frac{\sigma_t}{E'};\frac{\rho_p V_0^2}{\sigma_t}\right) \tag{4.58}$$

类似可以证明此时该问题也满足严格的几何相似律。事实上，式 (4.44) 中靶板材料的屈服应力一般而言并不是一个常数，对金属材料而言，由本构理论 [21] 可知：

$$\sigma_t=S_t+p \tag{4.59}$$

式中，S_t 表示偏应力或等效屈服应力；p 表示静水压力。在刚性弹侵彻过程中，由于入射速度有限 (入射速度过大时一般很难做到刚性侵彻，因为撞击瞬间压力与入射速度成正比，具体参考《波动力学基础》中相关知识)，因此我们假设金属靶板在侵彻过程中静水不可压，即不考虑状态方程的影响；此时靶板的屈服应力只由其本构方程来决定。

对典型金属材料而言，其屈服应力是塑性应变、塑性应变率、温度的函数，而温度软化的主要影响因素有金属材料的熔化温度和比热，即

$$\sigma_t=\sigma_t\left(\varepsilon^p,\dot{\varepsilon}^p,T_m,c\right) \tag{4.60}$$

以常用的金属材料本构模型 Johnson-Cook 本构为例：

$$\sigma_t=\left[A+B\left(\varepsilon^p\right)^n\right]\left(1+C\ln\dot{\varepsilon}^{p^*}\right)\left[1-\left(\frac{T-T_r}{T_m-T_r}\right)^m\right] \tag{4.61}$$

上式中本构参数的物理意义见相关文献，在此不做赘述。若不考虑靶板材料强度的应变率效应，上式即可进一步简化为

$$\sigma_{\mathrm{t}}=[A+B(\varepsilon^{p})^{n}]\left[1-\left(\frac{T-T_{r}}{T_{m}-T_{r}}\right)^{m}\right]\tag{4.62}$$

当缩比模型与原型中的靶板材料相同时，则必有

$$(\sigma_{\mathrm{t}})_{m}=(\sigma_{\mathrm{t}})_{p}\tag{4.63}$$

结合本例中理想弹塑性靶板侵彻行为分析可知，此时该问题也满足严格的几何相似律。事实上，一般金属材料强度的应变率效应并不明显，因此在忽略靶板材料强度的应变率效应的前提下，刚性杆弹对金属靶板的临界贯穿厚度问题满足严格的几何相似律；因此，当前利用缩比杆弹代替原型大尺寸杆弹进行刚性侵彻试验，从而给出定量的临界贯穿厚度与入射动能之间的内在函数关系，这种思路和方法是合理科学且相对准确的。

若考虑靶板材料的应变率，我们则可以设

$$\sigma_{\mathrm{t}}'=[A+B(\varepsilon^{p})^{n}]\left[1-\left(\frac{T-T_{r}}{T_{m}-T_{r}}\right)^{m}\right]\tag{4.64}$$

根据式 (4.61)，有

$$\sigma_{\mathrm{t}}=\sigma_{\mathrm{t}}'\left(1+C\ln\dot{\varepsilon}^{p^{*}}\right)\to\sigma_{\mathrm{t}}'\left(1+C\ln\dot{\varepsilon}^{p}\right)\tag{4.65}$$

即此时系数 C 的量纲为时间 T 的倒数。此时式 (4.38) 可以写为

$$D=f\left(L,d,R,\psi;\rho_{\mathrm{p}},\rho_{\mathrm{t}},\sigma_{\mathrm{t}}',C;V_{0}\right)\tag{4.66}$$

类似地，我们可以给出以下无量纲函数表达式：

$$\frac{D}{d}=f\left(\frac{L}{d},\frac{R}{d},\psi;\frac{\rho_{\mathrm{p}}}{\rho_{\mathrm{t}}};\frac{\rho_{\mathrm{p}}V_{0}^{2}}{\sigma_{\mathrm{t}}'},\frac{Cd}{V_{0}}\right)\tag{4.67}$$

设缩比模型与原型中杆弹直径之比为

$$\gamma=\frac{(d)_{m}}{(d)_{p}}\tag{4.68}$$

则此时该问题的相似律为

$$\begin{cases}\gamma_{L}=\gamma\\\gamma_{R}=\gamma\\\gamma_{\psi}=\gamma\\\gamma_{\rho_{\mathrm{p}}}=\gamma_{\rho_{\mathrm{t}}}\\\gamma_{\rho_{\mathrm{p}}}\gamma_{V_{0}}^{2}=\gamma_{\sigma_{\mathrm{t}}'}\\\gamma_{C}\gamma=\gamma_{V_{0}}\end{cases}\tag{4.69}$$

设缩比模型与原型中弹靶材料对应相同，即

$$\begin{cases}\gamma_{\rho_{\mathrm{p}}}=1=\gamma_{\rho_{\mathrm{t}}}\\ \gamma_{\sigma'_{\mathrm{t}}}=1\\ \gamma_{C}=1\end{cases} \tag{4.70}$$

若缩比模型与原型满足几何相似，即

$$\begin{cases}\gamma_{L}=\gamma\\ \gamma_{R}=\gamma\\ \gamma_{\psi}=\gamma\end{cases} \tag{4.71}$$

此时缩比与原型满足相似条件的必要条件还需要：

$$\begin{cases}\gamma_{V_0}=1\\ \gamma_{V_0}=\gamma\end{cases} \tag{4.72}$$

上式表明缩比模型与原型即使同时满足几何相似和材料相似，也不满足物理相似条件；也就是说，该问题并不满足几何相似律或广义的几何相似律。

综上分析可以看出，当考虑靶板材料屈服应力的应变率强化效应时，刚性杆弹垂直侵彻金属靶板的临界贯穿厚度问题并不满足几何相似律，此时利用缩比模型进行试验所给出的定量函数关系与原型并不一致。然而，一般金属材料塑性应变率强化系数很小，在一定范围内其对该问题函数关系的影响较小，在某种程度上可以忽略，因此，利用缩比模型对原型问题进行定量分析是相对准确的；但如果需要给出更加准确的函数关系，就有必要对缩比模型所给出的关系进行校正。

例 4.3 变形长杆弹高速侵彻金属靶板问题的缩比模型试验分析

由于杆弹长径比对于其侵彻能力有较大的影响，特别是对于坚硬目标 (如坦克装甲、坚硬金属外墙或高强混凝土工事) 而言，在一定范围内增大长径比能有效地提高其侵彻效率，因此，长杆弹成了攻坚弹体的最主要形式之一。广义上的长杆弹非常常见，例如常用的钉子、针头等都属于这一范畴，军事上就更多了，最典型的例如穿甲弹 (armor piercer projectile，AP，如图 4.10 所示)、破甲弹 (high explosive anti-tank cartridge，HEAT)、钻地弹 (earth penetrator，EP) 等等。

对于此类长杆弹而言，最大程度上提高侵彻效率是其最终的目标，因此研究长杆弹的侵彻能力具有重要的军事意义；反之，通过研究长杆弹对靶板的侵彻行为从而分析靶板的抗侵彻行为，对于提高装甲的防护能力有着重要的参考价值。

长杆弹对靶板的侵彻行为根据入射速度的不同可以分为三种情况 [22,23]：

(1) 入射速度很小，此时弹体与靶板撞击时，在弹靶材料中应力峰值始终小于其屈服强度，也就是说弹靶材料始终处于弹性状态。

图 4.10　尾翼稳定脱壳穿甲弹 (简称 APFSDS)

(2) 入射速度逐渐增大，使得弹靶撞击时，弹体材料中产生的应力大于其屈服强度而产生塑性变形 (一般来讲，撞击时由于靶板材料撞击区域周边材料的反作用，靶板的变形强度会远高于其屈服强度，因而，如弹靶强度相近，弹体通常明显更容易达到变形条件)，此时弹头部分出现 "蘑菇状" 变形。

(3) 入射速度继续增大，使得靶板材料中的应力也超过其强度，此时弹体对靶板进行了有效的侵彻。

在长杆弹接触并高速撞击靶板的表面瞬间 (通常称为开坑阶段)，在其接触面上瞬间会产生一个强平面冲击波同时向弹体和靶体传播，紧接着在弹体和靶板的表面反射系列稀疏波，这些波对入射波进行了干扰和扭曲，使得材料内部应力状态极其复杂。假设接触面的移动速度 (也就是侵彻速度，而非入射速度) 相对于靶板的弹性波速来讲为亚声速，则冲击波类似于半球形爆炸波以远超过界面移动的速度向前方传播，此时弹靶材料中应力波也从简单波转变为双波 (塑性波紧随着弹性波传播)，随着这些应力波的不断传播与反射，更多的塑性波在此过程中产生，直到弹靶材料中的应力波逐渐稳定，此时侵彻进入第二阶段，也就是相对稳定阶段 (可称之为准稳定阶段)，此时界面的移动速度 (侵彻速度 u) 接近一个常数值。需要说明的是，本节所分析的侵彻问题中弹体的入射速度即在此速度范围内，对应的侵彻速度明显小于材料声速；事实上，当前军事装备中绝大多数侵彻弹体其终点速度皆属于此速度范围；在这个速度区间内，长杆弹高速侵彻 90%以上的侵彻深度是在准稳定侵彻过程实现的。

同例 4.2 中分析，在长杆弹的高速侵彻行为中，弹体和靶板材料的弹性常数即弹体和靶板材料的杨氏模量和泊松比可以忽略不计；设靶板为半无限延性金属靶板，则靶板的尺寸可以不予考虑。因此我们可以给出可变形长杆弹垂直侵彻半无限金属靶板的最终侵彻深度 P：

$$P = f\left(L, d, R, \psi; \rho_{\mathrm{p}}, \sigma_{\mathrm{p}}, \rho_{\mathrm{t}}, \sigma_{\mathrm{t}}; V_0\right) \tag{4.73}$$

在长杆弹对靶板的垂直侵彻过程中，弹体的头部形状对侵彻过程有一定的影响 [24,25]。然而，具体到头部形状对侵彻行为的影响程度及机制，许多学者看法并不一致，甚至大相径庭。部分学者等认为弹头形状对弹体侵彻效率的影响非常大，并经过计算表明几种头部形状不同的弹体侵彻效率相差数倍；而有些研究表明头部形状虽然对侵彻效率有一定的影响，但主要是影响其开坑阶段，且不同头部形状弹体的侵彻深度相差不超过 10%。事实上，弹体头部形状对侵彻行为的影响应与弹体及靶板的强度相关，不同学者研究结论不同主要是因为他们研究的靶板不同，对常规金属杆弹 (如穿甲弹和破甲弹等) 高速侵彻半无限金属靶板而言，弹体头部形状对归一化侵彻深度的影响可以忽略不计。事实上，当前典型的长杆弹如穿甲弹其头部锥形并不一定起着侵彻作用，很多情况下其只是一个低密度风帽，起着优化长杆弹的气动性能的作用 [26]；因此对于高速侵彻的长杆弹而言，上式可以简化为

$$P = f\left(L, d; \rho_{\mathrm{p}}, \sigma_{\mathrm{p}}, \rho_{\mathrm{t}}, \sigma_{\mathrm{t}}; V_0\right) \tag{4.74}$$

上式中 8 个变量，包含 1 个因变量和 7 个自变量；其量纲幂次指数如表 4.7 所示。

表 4.7 长杆弹高速垂直侵彻半无限金属靶板最终侵彻深度问题中变量的量纲幂次指数

物理量	P	L	d	ρ_{p}	σ_{p}	ρ_{t}	σ_{t}	V_0
M	0	0	0	1	1	1	1	0
L	1	1	1	−3	−1	−3	−1	1
T	0	0	0	0	−2	0	−2	−1

该问题涉及的基本量纲有 3 个；参考上例分析，我们选取杆弹密度ρ_{p}、杆弹长度 L 和初始入射速度 V_0 这 3 个自变量为参考物理量；对表 4.7 进行排序，可以得到表 4.8。

表 4.8 长杆弹高速垂直侵彻半无限金属靶板最终侵彻深度问题中变量的量纲幂次指数 (排序后)

物理量	ρ_{p}	L	V_0	d	σ_{p}	ρ_{t}	σ_{t}	P
M	1	0	0	0	1	1	1	0
L	−3	1	1	1	−1	−3	−1	1
T	0	0	−1	0	−2	0	−2	0

对表 4.8 进行行变换，即可得到表 4.9。

表 4.9 长杆弹高速垂直侵彻半无限金属靶板最终侵彻深度问题中变量的量纲幂次指数 (行变换后)

物理量	ρ_{p}	L	V_0	d	σ_{p}	ρ_{t}	σ_{t}	P
ρ_{p}	1	0	0	0	1	1	1	0
L	0	1	0	1	0	0	0	1
V_0	0	0	1	0	2	0	2	0

根据 Π 定理和量纲分析的性质，可以给出 5 个无量纲量：

$$\left\{\begin{array}{l}
\Pi_1 = \dfrac{d}{L} \\
\Pi_2 = \dfrac{\sigma_{\mathrm{p}}}{\rho_{\mathrm{p}} V_0^2} \\
\Pi_3 = \dfrac{\rho_{\mathrm{t}}}{\rho_{\mathrm{p}}} \\
\Pi_4 = \dfrac{\sigma_{\mathrm{t}}}{\rho_{\mathrm{p}} V_0^2} \\
\Pi = \dfrac{P}{L}
\end{array}\right. \tag{4.75}$$

因此，式 (4.74) 可写为无量纲函数表达式：

$$\frac{P}{L}=f\left(\frac{d}{L};\frac{\sigma_{\mathrm{p}}}{\rho_{\mathrm{p}}V_0^2},\frac{\rho_{\mathrm{t}}}{\rho_{\mathrm{p}}},\frac{\sigma_{\mathrm{t}}}{\rho_{\mathrm{p}}V_0^2}\right) \tag{4.76}$$

根据第 3 章中相关知识，对上式中无量纲自变量进行整理，可有

$$\frac{P}{L}=f\left(\frac{d}{L};\frac{\sigma_{\mathrm{p}}}{\sigma_{\mathrm{t}}},\frac{\rho_{\mathrm{t}}}{\rho_{\mathrm{p}}};\frac{\sigma_{\mathrm{t}}}{\rho_{\mathrm{p}}V_0^2}\right) \tag{4.77}$$

式中有 1 个几何无量纲自变量、2 个材料无量纲自变量和 1 个物理无量纲自变量。同上例，根据惯例以及侵彻深度与自变量之间的联系，上式可写为

$$\frac{P}{L}=f\left(\frac{L}{d};\frac{\sigma_{\mathrm{p}}}{\sigma_{\mathrm{t}}},\frac{\rho_{\mathrm{p}}}{\rho_{\mathrm{t}}};\frac{\rho_{\mathrm{p}}V_0^2}{\sigma_{\mathrm{t}}}\right) \tag{4.78}$$

上式即为长杆弹高速垂直侵彻半无限靶板最终侵彻深度的无量纲函数表达式。式中无量纲因变量为单位长度弹体对应的最终侵彻深度，在终点效应学中一般称之为侵彻效率，严格来讲该无量纲量应称为无量纲侵彻深度或归一化侵彻深度，当弹靶材料密度相等时，该无量纲量即为侵彻效率；右端函数内第一个无量纲量为长杆弹的长径比，它是长杆弹设计中一个重要的因素。

设缩比模型与原型中长杆弹直径之比为

$$\gamma=\frac{(d)_m}{(d)_p} \tag{4.79}$$

则缩比模型与原型满足相似条件的充要条件为

$$\left\{\begin{array}{l}\left(\dfrac{L}{d}\right)_m=\left(\dfrac{L}{d}\right)_p\\\left(\dfrac{\sigma_{\mathrm{p}}}{\sigma_{\mathrm{t}}}\right)_m=\left(\dfrac{\sigma_{\mathrm{p}}}{\sigma_{\mathrm{t}}}\right)_p\\\left(\dfrac{\rho_{\mathrm{p}}}{\rho_{\mathrm{t}}}\right)_m=\left(\dfrac{\rho_{\mathrm{p}}}{\rho_{\mathrm{t}}}\right)_p\\\left(\dfrac{\rho_{\mathrm{p}}V_0^2}{\sigma_{\mathrm{t}}}\right)_m=\left(\dfrac{\rho_{\mathrm{p}}V_0^2}{\sigma_{\mathrm{t}}}\right)_p\end{array}\right. \tag{4.80}$$

因此，该问题的相似律为

$$\left\{\begin{array}{l}\gamma_L=\gamma\\\gamma_{\sigma_{\mathrm{p}}}=\gamma_{\sigma_{\mathrm{t}}}\\\gamma_{\rho_{\mathrm{p}}}=\gamma_{\rho_{\mathrm{t}}}\\\gamma_{\rho_{\mathrm{p}}}\gamma_{V_0}^2=\gamma_{\sigma_{\mathrm{t}}}\end{array}\right. \tag{4.81}$$

对于金属材料，其屈服应力为

$$\sigma = \sigma_s + p \tag{4.82}$$

式中，σ_s 表示偏应力；p 表示静水压力。类似例 4.2，假设材料的本构模型为 Johnson-Cook 本构模型，即

$$\sigma_s = [A + B(\varepsilon^p)^n]\left(1 + C\ln\dot{\varepsilon}^{p^*}\right)\left[1 - \left(\frac{T - T_r}{T_m - T_r}\right)^m\right] \tag{4.83}$$

也可写为

$$\sigma_s = [A + B(\varepsilon^p)^n](1 + C\ln\dot{\varepsilon}^p)\left[1 - \left(\frac{T - T_r}{T_m - T_r}\right)^m\right] \tag{4.84}$$

令

$$\sigma_s' = [A + B(\varepsilon^p)^n]\left[1 - \left(\frac{T - T_r}{T_m - T_r}\right)^m\right] \tag{4.85}$$

则式 (4.84) 可简写为

$$\sigma_s = \sigma_s' \cdot (1 + C\ln\dot{\varepsilon}^p) \tag{4.86}$$

式中，常数 C 为应变率强化因子，这里它是一个有量纲量，其量纲为时间 T。

而典型金属材料的静水压力可表示为

$$p = p(S, C_0) \tag{4.87}$$

式中，S 和 C_0 是冲击波波阵面参数，通过此两个参数可给出其状态方程。

因此，式 (4.78) 弹体和靶板材料的屈服应力并不是常量，而是

$$\begin{cases} \sigma_t = \sigma_t(A_t, B_t, n_t, T_{mt}, m_t, c_t; C_t; S_t, C_{0t}) \\ \sigma_p = \sigma_p(A_p, B_p, n_p, T_{mp}, m_p, c_p; C_p; S_p, C_{0p}) \end{cases} \tag{4.88}$$

式中，c 表示材料的比热，T_m 为金属材料的熔化温度；下标 t 表示靶板材料对应的参数，下标 p 表示长杆弹材料对应的参数。上式也可以简写为

$$\begin{cases} \sigma_t = \sigma_t(\sigma_t'; C_t; p_t) \\ \sigma_p = \sigma_p(\sigma_p'; C_p; p_p) \end{cases} \tag{4.89}$$

参考例 4.2，该问题的相似律式 (4.81) 可进一步近似为

$$\begin{cases} \gamma_L = \gamma \\ \gamma_{\sigma_p'} = \gamma_{\sigma_t'} \\ \gamma_{C_p}\gamma = \gamma_{V_0} \\ \gamma_{C_t}\gamma = \gamma_{V_0} \\ \gamma_{p_p} = \gamma_{p_t} \\ \gamma_{\rho_p} = \gamma_{\rho_t} \\ \gamma_{\rho_p}\gamma_{V_0}^2 = \gamma_{\sigma_t'} \end{cases} \tag{4.90}$$

若缩比模型与原型满足几何相似，即

$$\gamma_L = \gamma \tag{4.91}$$

设缩比模型与原型中弹靶材料对应相同，即

$$\begin{cases} \gamma_{\rho_{\mathrm{p}}} = 1 = \gamma_{\rho_{\mathrm{t}}} \\ \gamma_{\sigma'_{\mathrm{p}}} = 1 = \gamma_{\sigma'_{\mathrm{t}}} \\ \gamma_{C_{\mathrm{p}}} = 1 = \gamma_{C_{\mathrm{t}}} \\ \gamma_{p_{\mathrm{p}}} = \gamma_{p_{\mathrm{t}}} \end{cases} \tag{4.92}$$

此时缩比与原型满足相似条件的必要条件还需要

$$\begin{cases} \gamma = 1 \\ \gamma_{V_0} = 1 \end{cases} \tag{4.93}$$

上式表明缩比模型与原型即使同时满足几何相似和材料相似，也不满足物理相似条件；也就是说，该问题并不满足几何相似律或广义的几何相似律。

综上分析可以看出，当考虑长杆弹材料和靶板材料屈服应力的应变率强化效应时，该问题并不满足几何相似律，此时利用缩比模型进行试验所给出的定量函数关系与原型并不一致。然而，一般金属材料塑性应变率强化系数很小，在一定范围内其对该问题函数关系的影响较小，在某种程度上可以忽略，因此，利用缩比模型对原型问题进行定量分析是相对准确的；但如果需要给出更加准确的函数关系，就有必要对缩比模型所给出的关系进行校正。

图 4.11 为不同速度或不同速度区间内不同尺寸长杆弹垂直侵彻半无限金属靶板的试验结果 [27]。其中 (a) 图为不同尺寸钨杆弹分别以 1.5km/s 和 2.5km/s 的入射速度垂直侵彻半无限铝靶板的试验结果，图中显示在两个速度下弹体尺寸分别从长度 30mm 增加到 75mm 再增加到 150mm，尺寸变化高达 5 倍，但在材料相似和几何相似条件下

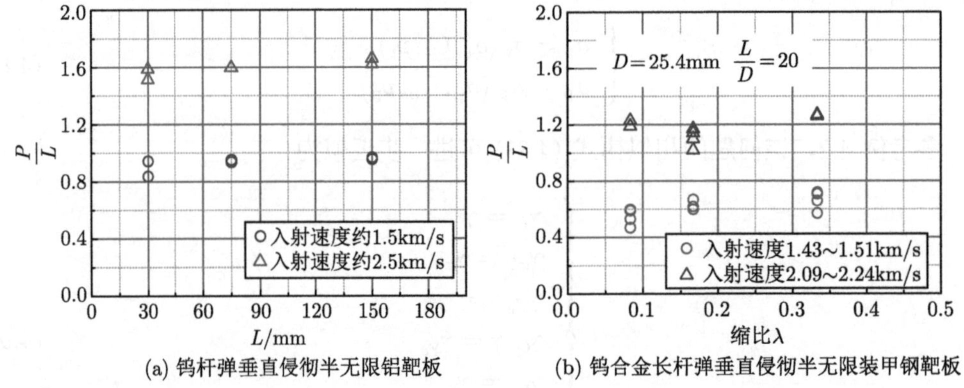

(a) 钨杆弹垂直侵彻半无限铝靶板　　(b) 钨合金长杆弹垂直侵彻半无限装甲钢靶板

图 4.11　几何与材料相似的不同尺寸或缩比长杆弹垂直侵彻半无限金属靶板相似律

相同入射速度所得到的无量纲侵彻深度基本一致；图 (b) 中试验结果为钨合金长杆弹垂直侵彻半无限装甲钢靶板的无量纲侵彻深度，试验中杆弹的长径比均为 20，从图中也可以看出在满足几何相似和材料相似的基础上，相同或相近的入射速度所得到的无量纲侵彻深度基本一致或相近。这说明了常规金属长杆弹垂直侵彻半无限延性金属靶板近似满足几何相似律。

图 4.12 为 C110W1 长杆弹垂直侵彻两种半无限合金钢靶板的试验结果 [27]，两组试验中杆弹的长径比皆为 10，弹体的长度分别为 25mm、43mm 和 54mm 三种尺寸，入射速度在约 0.5km/s 到 3.5km/s 范围内，从图 (a) 和图 (b) 所示试验结果可以看出，不同尺寸时杆弹的无量纲侵彻深度与入射速度之间的关系基本一致，这说明在试验范围内长杆弹对半无限金属靶板的垂直侵彻深度问题近似满足几何相似律。

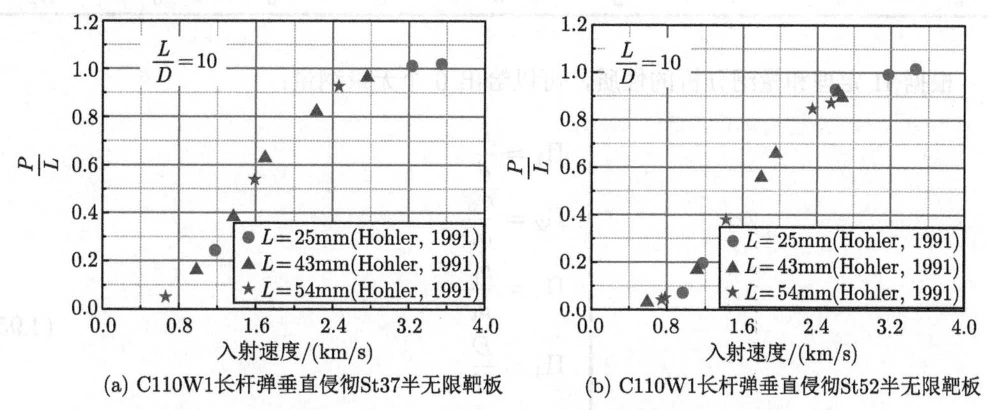

图 4.12 不同速度下长杆弹无量纲侵彻深度问题的近似几何相似律

事实上，当前常规长杆弹武器的出膛速度或着靶速度基本皆在这个速度范围内，因此，对穿甲长杆弹侵彻深度问题而言，我们可以利用缩比模型开展试验从而给出相对准确的原型相关定量结论。

若我们考虑有限厚金属靶板斜侵彻情况，如求临界贯穿速度 V_l 问题，其分析方法同上，函数表达式可写为

$$V_l = f\left(L, d; \rho_p, \sigma_p, \rho_t, \sigma_t; D, \theta\right) \tag{4.94}$$

上式中 9 个变量，包含 1 个因变量、1 个无量纲自变量和 7 个有量纲自变量；此 8 个有量纲物理量的量纲幂次指数如表 4.10 所示。

表 4.10 长杆弹高速斜侵彻半无限金属靶板临界贯穿速度问题中变量的量纲幂次指数

物理量	V_l	L	d	ρ_p	σ_p	ρ_t	σ_t	D
M	0	0	0	1	1	1	1	0
L	1	1	1	−3	−1	−3	−1	1
T	−1	0	0	0	−2	0	−2	0

该问题涉及的基本量纲有 3 个；参考上例分析，我们选取杆弹密度ρ_p、杆弹直径 d 和靶板屈服应力 σ_t 这 3 个自变量为参考物理量；对表 4.10 进行排序，可以得到表 4.11。

表 4.11 长杆弹高速斜侵彻半无限金属靶板临界贯穿速度问题中变量的量纲幂次指数 (排序后)

物理量	ρ_p	d	σ_t	L	σ_p	ρ_t	D	V_l
M	1	0	1	0	1	1	0	0
L	−3	1	−1	1	−1	−3	1	1
T	0	0	−2	0	−2	0	0	−1

对表 4.11 进行行变换，即可得到表 4.12。

表 4.12 长杆弹高速斜侵彻半无限金属靶板临界贯穿速度问题中变量的量纲幂次指数 (行变换后)

物理量	ρ_p	d	σ_t	L	σ_p	ρ_t	D	V_l
ρ_p	1	0	0	0	0	1	0	−1/2
d	0	1	0	1	0	0	1	0
σ_t	0	0	1	0	1	0	0	1/2

根据 Π 定理和量纲分析的性质，可以给出 6 个无量纲量：

$$\begin{cases} \Pi_1 = \dfrac{L}{d} \\ \Pi_2 = \dfrac{\sigma_p}{\sigma_t} \\ \Pi_3 = \dfrac{\rho_p}{\rho_t} \\ \Pi_4 = \dfrac{D}{d} \\ \Pi_5 = \theta \\ \Pi = \dfrac{V_l}{\sqrt{\sigma_t/\rho_p}} \end{cases} \tag{4.95}$$

因此，式 (4.84) 可写为无量纲函数表达式：

$$\frac{V_l}{\sqrt{\sigma_t/\rho_p}} = f\left(\frac{L}{d}; \frac{\sigma_p}{\sigma_t}, \frac{\rho_p}{\rho_t}, \frac{D}{d}, \theta\right) \tag{4.96}$$

同本例以上侵彻深度问题的分析，金属材料采用 Johnson-Cook 本构模型，如不考虑材料强度的应变率强化效应，该问题满足几何相似律，即在满足几何相似条件和材料相似条件时，缩比模型所得到的无量纲因变量值与原型中的近似对应相等。而且 Killian 的试验 [28] 也表明这种假设是合理准确的；对于特定的入射角度，如果不同尺寸模型中弹体和靶板材料对应相同、长杆弹的长径比也相同，同以上侵彻深度问题分析可知，若不考虑弹靶材料强度的应变率强化效应，则上式中右端函数内除了第四个无量纲自变量之外其他无量纲自变量皆是特定的，于是上式可以写为函数：

$$\frac{V_l}{\sqrt{\sigma_t/\rho_p}} = f\left(\frac{D}{d}\right) \tag{4.97}$$

当然，无量纲因变量中分母此时也是特定量，因此上式也可以写为有量纲形式：

$$V_1 = f\left(\frac{D}{d}\right) \tag{4.98}$$

式中，右端函数内无量纲自变量为靶板厚度与弹体直径之比，可简称为靶板无量纲厚度。Killian 等 [28] 的试验结果也表明对比弹靶材料对应相同时，尺寸不同但几何相似的长杆弹斜侵彻金属靶板临界贯穿速度与靶板的无量纲厚度满足基本一致的函数关系，如图 4.13 所示。

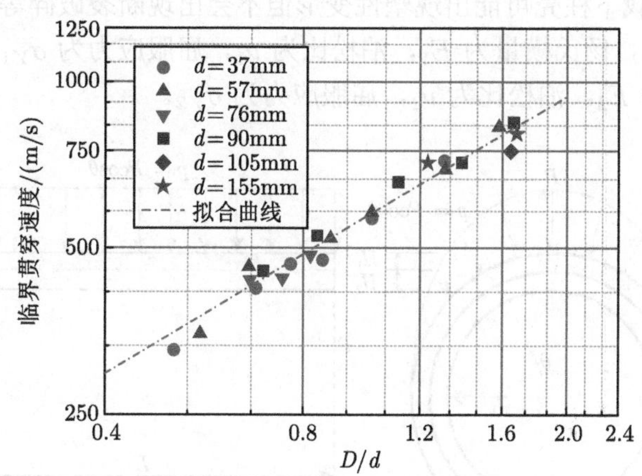

图 4.13 不同尺寸长杆弹斜侵彻装甲钢靶板的临界贯穿速度问题 (入射角 30°)

图 4.13 中靶板为均质装甲钢靶板，入射角为 30°，弹体的直径分别为 37mm、57mm、76mm、90mm、105mm 和 155mm。从图中可以看出，不同尺寸长杆弹对应的临界贯穿速度与靶板的无量纲厚度满足基本一致的幂次函数关系，不同尺寸长杆弹侵彻时相同或相近的无量纲靶板厚度对应的临界贯穿速度基本一致或非常相近。

综合本例中以上两个问题可以看出，对长杆弹侵彻金属靶板的若干问题而言，我们可以忽略弹靶材料强度的应变率效应，此时这类问题满足几何相似律，也就是说我们可以利用缩比模型来定量研究原型中的对应规律和函数关系；然而，需要注意的是，该问题是建立在刚性侵彻假设基础上的，因此缩比模型与原型侵彻行为皆需要满足这一前提；而且，当缩比尺度过大时，也会衍生一些问题，因此我们一般控制缩比尺寸在合理范围内，这个范围需要对特定问题通过初步理论分析或调研甚至是开展少量原型试验验证来得到。

例 4.4 脉冲冲击荷载下复合柱壳最大应力和应变问题的缩比模型试验分析

复合柱壳结构是一种常用的工程结构，在大型油气存贮工程、水下航行器、航空航天飞行器和各类导弹等弹药武器外部防护结构中被广泛应用。其在强冲击荷载下出现变形甚至破坏，严重影响结构的安全性与正常功能；然而，无论是水下航行器还是航空航天飞行器，进行全尺寸试验是非常困难的，严格来讲，进行大量的原型试验是不科学和不现实的；因此进行缩比试验是当前此类试验研究的最常用最科学的手段。

如图 4.14 所示，现有一个复合柱壳结构 [29]，其内径为 R，长度为 L；两层柱壳紧密结合且皆为金属材料，其厚度分别为 H_1 和 H_2，柱壳受到一个强度为 P 的脉冲压缩载荷，其脉冲载荷施加在柱壳的一侧，其分布函数为

$$p = P\cos\theta \tag{4.99}$$

设该荷载相对于柱壳而言近似为平面荷载，即在整个柱壳长度上受力状态近似一致。假设在冲击荷载下柱壳可能出现塑性变形但不会出现断裂破碎等破坏行为；设最外侧材料的密度为 ρ_1，杨氏模量为 E_1，泊松比为 ν_1，屈服应力为 σ_{Y1}；内侧材料的密度为 ρ_2，杨氏模量为 E_2，泊松比为 ν_2，屈服应力为 σ_{Y2}。

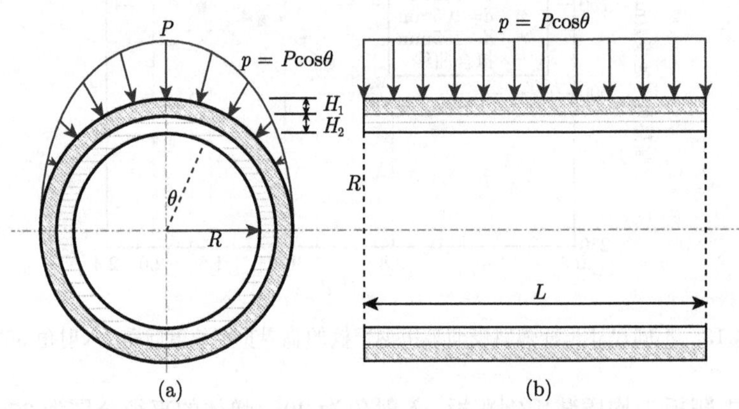

图 4.14　复合柱壳结构及其加载脉冲示意图

则我们可以给出柱壳在脉冲荷载下最大应变和应力的函数表达式：

$$\begin{cases} \varepsilon_m = f\left(L, R, H_1, H_2; \rho_1, E_1, \nu_1, \sigma_{Y1}; \rho_2, E_2, \nu_2, \sigma_{Y2}; P\right) \\ \sigma_m = g\left(L, R, H_1, H_2; \rho_1, E_1, \nu_1, \sigma_{Y1}; \rho_2, E_2, \nu_2, \sigma_{Y2}; P\right) \end{cases} \tag{4.100}$$

该问题中复合柱壳结构受到的载荷为脉冲载荷，如图 4.15 所示，一般爆炸或光、热冲击脉冲载荷为左图所示倒指数型函数，常简化为图 4.15(b) 三角形函数。

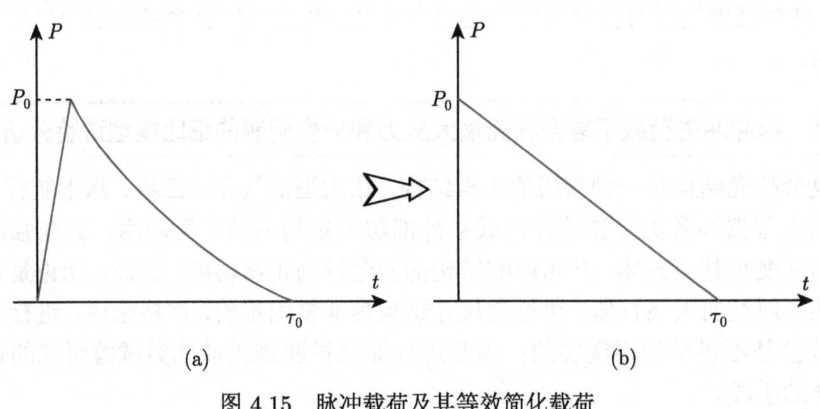

图 4.15　脉冲载荷及其等效简化载荷

无论是倒指数型关系还是三角函数关系，脉冲载荷压力皆可表示为

$$P = P(P_0, \tau_0) \tag{4.101}$$

将上式代入式 (4.100)，即可得到

$$\begin{cases} \varepsilon_m = f(L, R, H_1, H_2; \rho_1, E_1, \nu_1, \sigma_{Y1}; \rho_2, E_2, \nu_2, \sigma_{Y2}; P_0, \tau_0) \\ \sigma_m = g(L, R, H_1, H_2; \rho_1, E_1, \nu_1, \sigma_{Y1}; \rho_2, E_2, \nu_2, \sigma_{Y2}; P_0, \tau_0) \end{cases} \tag{4.102}$$

当柱壳的长度 L 远大于其内径 R，且加载脉冲时间 τ_0 相对较小，则该问题可以简化为平面应变问题，即柱壳的长度 L 可以不予考虑，上式即可简化为

$$\begin{cases} \varepsilon_m = f(R, H_1, H_2; \rho_1, E_1, \nu_1, \sigma_{Y1}; \rho_2, E_2, \nu_2, \sigma_{Y2}; P_0, \tau_0) \\ \sigma_m = g(R, H_1, H_2; \rho_1, E_1, \nu_1, \sigma_{Y1}; \rho_2, E_2, \nu_2, \sigma_{Y2}; P_0, \tau_0) \end{cases} \tag{4.103}$$

上式中共有 15 个变量，其中因变量 2 个、自变量 13 个；且 15 个变量中存在 2 个无量纲自变量和 1 个无量纲因变量，其他 11 个自变量和 1 个因变量的量纲幂次指数如表 4.13 所示。

表 4.13 复合柱壳结构在脉冲加载下的峰值应力应变问题中变量的量纲幂次指数

物理量	σ_m	R	H_1	H_2	ρ_1	E_1	σ_{Y1}	ρ_2	E_2	σ_{Y2}	P_0	τ_0
M	1	0	0	0	1	1	1	1	1	1	1	0
L	−1	1	1	1	−3	−1	−1	−3	−1	−1	−1	0
T	−2	0	0	0	0	−2	−2	0	−2	−2	−2	1

该问题涉及的基本量纲有 3 个；对该问题进行初步分析可知，加载条件必是该问题的核心影响因素，考虑选择量纲幂次形式简单的主要物理量这一原则，我们选取加载脉冲峰值压力 P_0、复合柱壳内径 R 和加载时间τ_0 这 3 个自变量为参考物理量，对表 4.13 进行排序，得到表 4.14。

表 4.14 复合柱壳结构在脉冲加载下的峰值应力应变问题中变量的量纲幂次指数 (排序后)

物理量	P_0	R	τ_0	H_1	H_2	ρ_1	E_1	σ_{Y1}	ρ_2	E_2	σ_{Y2}	σ_m
M	1	0	0	0	0	1	1	1	1	1	1	1
L	−1	1	0	1	1	−3	−1	−1	−3	−1	−1	−1
T	−2	0	1	0	0	0	−2	−2	0	−2	−2	−2

对表 4.14 进行行变换，即可得到表 4.15。

表 4.15 复合柱壳结构在脉冲加载下的峰值应力应变问题中变量的量纲幂次指数 (行变换后)

物理量	P_0	R	τ_0	H_1	H_2	ρ_1	E_1	σ_{Y1}	ρ_2	E_2	σ_{Y2}	σ_m
P_0	1	0	0	0	0	1	1	1	1	1	1	1
R	0	1	0	1	1	−2	0	0	−2	0	0	0
τ_0	0	0	1	0	0	2	0	0	2	0	0	0

根据 Π 定理和量纲分析的性质，该问题中给出 12 个无量纲量：

$$\begin{cases}\Pi_1=\dfrac{H_1}{R}\\ \Pi_2=\dfrac{H_2}{R}\end{cases},\quad \begin{cases}\Pi_3=\dfrac{\rho_1 R^2}{P_0\tau_0^2}\\ \Pi_4=\dfrac{E_1}{P_0}\\ \Pi_5=\dfrac{\sigma_{Y1}}{P_0}\\ \Pi_6=\nu_1\end{cases},\quad \begin{cases}\Pi_7=\dfrac{\rho_2 R^2}{P_0\tau_0^2}\\ \Pi_8=\dfrac{E_2}{P_0}\\ \Pi_9=\dfrac{\sigma_{Y2}}{P_0}\\ \Pi_{10}=\nu_2\end{cases},\quad \begin{cases}\Pi_\sigma=\dfrac{\sigma_m}{P_0}\\ \Pi_\varepsilon=\varepsilon_m\end{cases} \tag{4.104}$$

因此，式 (4.103) 可写为无量纲函数表达式：

$$\begin{cases}\varepsilon_m=f\left(\dfrac{H_1}{R},\dfrac{H_2}{R};\dfrac{\rho_1 R^2}{P_0\tau_0^2},\dfrac{E_1}{P_0},\nu_1,\dfrac{\sigma_{Y1}}{P_0};\dfrac{\rho_2 R^2}{P_0\tau_0^2},\dfrac{E_2}{P_0},\nu_2,\dfrac{\sigma_{Y2}}{P_0}\right)\\ \dfrac{\sigma_m}{P_0}=g\left(\dfrac{H_1}{R},\dfrac{H_2}{R};\dfrac{\rho_1 R^2}{P_0\tau_0^2},\dfrac{E_1}{P_0},\nu_1,\dfrac{\sigma_{Y1}}{P_0};\dfrac{\rho_2 R^2}{P_0\tau_0^2},\dfrac{E_2}{P_0},\nu_2,\dfrac{\sigma_{Y2}}{P_0}\right)\end{cases} \tag{4.105}$$

若加载脉冲强度较小，使得柱壳只产生弹性变形，此时上式即可简化为

$$\begin{cases}\varepsilon_m=f\left(\dfrac{H_1}{R},\dfrac{H_2}{R};\dfrac{\rho_1 R^2}{P_0\tau_0^2},\dfrac{E_1}{P_0},\nu_1;\dfrac{\rho_2 R^2}{P_0\tau_0^2},\dfrac{E_2}{P_0},\nu_2\right)\\ \dfrac{\sigma_m}{P_0}=g\left(\dfrac{H_1}{R},\dfrac{H_2}{R};\dfrac{\rho_1 R^2}{P_0\tau_0^2},\dfrac{E_1}{P_0},\nu_1;\dfrac{\rho_2 R^2}{P_0\tau_0^2},\dfrac{E_2}{P_0},\nu_2\right)\end{cases} \tag{4.106}$$

按照第 2 章中所述无量纲自变量的分类方法，上式可以整理为

$$\begin{cases}\varepsilon_m=f\left(\dfrac{H_1}{R},\dfrac{H_2}{R};\nu_1,\nu_2;\dfrac{\rho_1 R^2}{P_0\tau_0^2},\dfrac{E_1}{P_0},\dfrac{\rho_2 R^2}{P_0\tau_0^2},\dfrac{E_2}{P_0}\right)\\ \dfrac{\sigma_m}{P_0}=g\left(\dfrac{H_1}{R},\dfrac{H_2}{R};\nu_1,\nu_2;\dfrac{\rho_1 R^2}{P_0\tau_0^2},\dfrac{E_1}{P_0},\dfrac{\rho_2 R^2}{P_0\tau_0^2},\dfrac{E_2}{P_0}\right)\end{cases} \tag{4.107}$$

上式中无量纲自变量中物理无量纲量有 4 个，容易发现，它们可以进一步整合给出更多的材料无量纲量，即

$$\begin{cases}\varepsilon_m=f\left(\dfrac{H_1}{R},\dfrac{H_2}{R};\nu_1,\nu_2,\dfrac{\rho_2}{\rho_1},\dfrac{E_2}{E_1};\dfrac{\rho_1 R^2}{P_0\tau_0^2},\dfrac{E_1}{P_0}\right)\\ \dfrac{\sigma_m}{P_0}=g\left(\dfrac{H_1}{R},\dfrac{H_2}{R};\nu_1,\nu_2,\dfrac{\rho_2}{\rho_1},\dfrac{E_2}{E_1};\dfrac{\rho_1 R^2}{P_0\tau_0^2},\dfrac{E_1}{P_0}\right)\end{cases} \tag{4.108}$$

考虑到最大应变和最大应力应与加载强度呈正比关系，上式可写为

$$\begin{cases}\varepsilon_m=f\left(\dfrac{H_1}{R},\dfrac{H_2}{R};\nu_1,\nu_2,\dfrac{\rho_2}{\rho_1},\dfrac{E_2}{E_1};\dfrac{P_0\tau_0^2}{\rho_1 R^2},\dfrac{P_0}{E_1}\right)\\ \dfrac{\sigma_m}{P_0}=g\left(\dfrac{H_1}{R},\dfrac{H_2}{R};\nu_1,\nu_2,\dfrac{\rho_2}{\rho_1},\dfrac{E_2}{E_1};\dfrac{P_0\tau_0^2}{\rho_1 R^2},\dfrac{P_0}{E_1}\right)\end{cases} \tag{4.109}$$

如参考原型设计一个缩比模型，则其与原型满足相似的充要条件为

$$\left\{\begin{array}{l}\left(\dfrac{H_1}{R}\right)_m=\left(\dfrac{H_1}{R}\right)_p\\\left(\dfrac{H_2}{R}\right)_m=\left(\dfrac{H_2}{R}\right)_p\end{array}\right.,\quad\left\{\begin{array}{l}(\nu_1)_m=(\nu_1)_p\\(\nu_2)_m=(\nu_2)_p\\\left(\dfrac{\rho_2}{\rho_1}\right)_m=\left(\dfrac{\rho_2}{\rho_1}\right)_p\\\left(\dfrac{E_2}{E_1}\right)_m=\left(\dfrac{E_2}{E_1}\right)_p\end{array}\right.,\quad\left\{\begin{array}{l}\left(\dfrac{P_0\tau_0^2}{\rho_1 R^2}\right)_m=\left(\dfrac{P_0\tau_0^2}{\rho_1 R^2}\right)_p\\\left(\dfrac{P_0}{E_1}\right)_m=\left(\dfrac{P_0}{E_1}\right)_p\end{array}\right. \tag{4.110}$$

设缩比模型与原型中柱壳内径几何缩比为

$$\gamma=\frac{(R)_m}{(R)_p} \tag{4.111}$$

则该问题的相似律为

$$\left\{\begin{array}{l}\gamma_{H_1}=\gamma_{H_2}=\gamma\\\gamma_{\nu_1}=\gamma_{\nu_2}=1\\\gamma_{\rho_1}=\gamma_{\rho_2}\\\gamma_{E_1}=\gamma_{E_2}=\gamma_{P_0}\\\gamma_{P_0}\gamma_{\tau_0}^2=\gamma_{\rho_1}\gamma^2\end{array}\right. \tag{4.112}$$

当我们假设缩比模型与原型满足几何相似条件，则上式可简化为

$$\left\{\begin{array}{l}\gamma_{\nu_1}=\gamma_{\nu_2}=1\\\gamma_{\rho_1}=\gamma_{\rho_2}\\\gamma_{E_1}=\gamma_{E_2}=\gamma_{P_0}\\\gamma_{P_0}\gamma_{\tau_0}^2=\gamma_{\rho_1}\gamma^2\end{array}\right. \tag{4.113}$$

如缩比模型与原型进一步满足材料相似，上式可以进一步简化为

$$\left\{\begin{array}{l}\gamma_{E_1}=\gamma_{E_2}=\gamma_{P_0}\\\gamma_{P_0}\gamma_{\tau_0}^2=\gamma_{\rho_1}\gamma^2\end{array}\right. \tag{4.114}$$

特别地，当缩比模型中复合柱壳的两种材料与原型中对应相同，上式即为

$$\left\{\begin{array}{l}\gamma_{P_0}=1\\\gamma_{\tau_0}=\gamma\end{array}\right. \tag{4.115}$$

上式表明，该问题满足广义的几何相似律。在我们设计该问题的相似缩比模型时，必须在满足几何相似和材料相同的基础上，还需要满足缩比模型与原型脉冲加载的峰值应力保持相等，但加载脉冲形状相同且加载时长按照几何缩比进行缩小。

考虑脉冲强度足够大的情况时，即材料塑性变形较大而弹性变形可忽略不计，此时式 (4.105) 可简化为

$$\begin{cases} \varepsilon_m = f\left(\dfrac{H_1}{R}, \dfrac{H_2}{R}; \dfrac{\rho_1 R^2}{P_0\tau_0^2}, \dfrac{\sigma_{Y1}}{P_0}; \dfrac{\rho_2 R^2}{P_0\tau_0^2}, \dfrac{\sigma_{Y2}}{P_0}\right) \\ \dfrac{\sigma_m}{P_0} = g\left(\dfrac{H_1}{R}, \dfrac{H_2}{R}; \dfrac{\rho_1 R^2}{P_0\tau_0^2}, \dfrac{\sigma_{Y1}}{P_0}; \dfrac{\rho_2 R^2}{P_0\tau_0^2}, \dfrac{\sigma_{Y2}}{P_0}\right) \end{cases} \tag{4.116}$$

同上整理优化后，有

$$\begin{cases} \varepsilon_m = f\left(\dfrac{H_1}{R}, \dfrac{H_2}{R}; \dfrac{\sigma_{Y2}}{\sigma_{Y1}}, \dfrac{\rho_2}{\rho_1}; \dfrac{P_0\tau_0^2}{\rho_1 R^2}, \dfrac{P_0}{\sigma_{Y1}}\right) \\ \dfrac{\sigma_m}{P_0} = g\left(\dfrac{H_1}{R}, \dfrac{H_2}{R}; \dfrac{\sigma_{Y2}}{\sigma_{Y1}}, \dfrac{\rho_2}{\rho_1}; \dfrac{P_0\tau_0^2}{\rho_1 R^2}, \dfrac{P_0}{\sigma_{Y1}}\right) \end{cases} \tag{4.117}$$

设缩比模型与原型中柱壳内径几何缩比为

$$\gamma = \frac{(R)_m}{(R)_p} \tag{4.118}$$

则该问题的相似律为

$$\begin{cases} \gamma_{H_1} = \gamma_{H_2} = \gamma \\ \gamma_{\sigma_{Y1}} = \gamma_{\sigma_{Y2}} = \gamma_{P_0} \\ \gamma_{\rho_1} = \gamma_{\rho_2} \\ \gamma_{P_0}\gamma_{\tau_0}^2 = \gamma_{\rho_1}\gamma^2 \end{cases} \tag{4.119}$$

当我们假设缩比模型与原型满足几何相似条件，则上式可简化为

$$\begin{cases} \gamma_{\sigma_{Y1}} = \gamma_{\sigma_{Y2}} = \gamma_{P_0} \\ \gamma_{\rho_1} = \gamma_{\rho_2} \\ \gamma_{P_0}\gamma_{\tau_0}^2 = \gamma_{\rho_1}\gamma^2 \end{cases} \tag{4.120}$$

如不考虑材料强度的应变率效应，且缩比模型与原型满足材料相似条件，上式即可进一步简化为

$$\begin{cases} \gamma_{\sigma_{Y1}} = \gamma_{\sigma_{Y2}} = \gamma_{P_0} \\ \gamma_{P_0}\gamma_{\tau_0}^2 = \gamma_{\rho_1}\gamma^2 \end{cases} \tag{4.121}$$

特别地，当缩比模型中的材料与原型中对应相同时，则有

$$\begin{cases} \gamma_{P_0} = 1 \\ \gamma_{\tau_0} = \gamma \end{cases} \tag{4.122}$$

上式与式 (4.115) 相同。这表明，如不考虑材料屈服应力的应变率效应时，强脉冲大变形情况下该问题也满足广义的几何相似律；当考虑缩比模型中的材料与原型中的对应相同时，该情况下的相似律与弹性小变形下完全相同。

4.1.3 几何相似、尺寸效应与缩比模型的设计

对杆弹侵彻金属靶板问题而言，由于金属材料的均质性且其材料强度的应变率效应可以忽略，因此在一定范围内，该问题近似满足几何相似律；也即是说，当缩比模型尺寸缩比在合理范围内，我们可以利用缩比模型的相关规律研究原型中对应问题。然而，当弹靶材料存在明显的应变率强化效应时，则需要进行适当的校正；而且，若靶板材料并不是类似金属的均质材料，则问题将变得相对复杂。例如防护工事中最常用的工程材料混凝土，其抗杆弹侵彻的相关研究由于试验成本问题，大多是使用缩比模型来完成的；而且，与攻击金属靶板的杆弹不同，侵彻混凝土靶板或工事的杆弹尺寸范围非常大，因此混凝土材料或结构抗侵彻问题的相似律问题对于相关问题的研究具有重要的理论和实用意义。

例 4.5 杆弹高速侵彻混凝土靶板问题的缩比模型试验分析

研究表明，当杆弹高速侵彻混凝土靶板的入射速度小于 1000m/s 时，弹体在整个侵彻过程中呈现近似刚性侵彻行为，弹体材料的塑性变形可以忽略不计，而弹体头部主要变形是弹与混凝土的磨蚀造成的。因此可以参考例 4.2 中对应分析，参考式 (4.44)，可以给出其无量纲表达式为

$$\frac{D}{d} = f\left(\frac{L}{d}, \frac{R}{d}, \psi; \frac{\rho_{\mathrm{p}}}{\rho_{\mathrm{t}}}; \frac{\rho_{\mathrm{p}} V_0^2}{\sigma_{\mathrm{t}}}\right) \tag{4.123}$$

当缩比模型与原型中弹靶材料对应相同，且满足几何相似条件，则

$$\begin{cases} \left(\dfrac{L}{d}\right)_m = \left(\dfrac{L}{d}\right)_p \\ \left(\dfrac{R}{d}\right)_m = \left(\dfrac{R}{d}\right)_p \\ (\psi)_m = (\psi)_p \\ \left(\dfrac{\rho_{\mathrm{p}}}{\rho_{\mathrm{t}}}\right)_m = \left(\dfrac{\rho_{\mathrm{p}}}{\rho_{\mathrm{t}}}\right)_p \end{cases} \tag{4.124}$$

若缩比模型与原型中弹体皆为垂直侵彻半无限混凝土靶板，且入射速度相等，则也有

$$\left(\rho_{\mathrm{p}} V_0^2\right)_m = \left(\rho_{\mathrm{p}} V_0^2\right)_p \tag{4.125}$$

因此，缩比模型与原型满足物理相似条件的一个必要条件是

$$(\sigma_{\mathrm{t}})_m = (\sigma_{\mathrm{t}})_p \tag{4.126}$$

然而，与半无限金属靶板不同，半无限混凝土靶板的材料自身结构和特征，使得上式成立的条件较为复杂。

首先，混凝土材料是一种类岩石材料，由于其加工制备工艺和自身特点具有明显的尺寸效应，即随着混凝土试件或靶板尺寸的增大，其整体强度呈现减小的趋势。因此，随着尺寸的减小，缩比模型对应的强度会大于原型中大块掩体或工事的材料强度：

$$(\sigma_{\mathrm{t}})_m > (\sigma_{\mathrm{t}})_p \tag{4.127}$$

因此，二战中美军的一些试验结果显示，由于尺寸效应，混凝土抗侵彻问题并不满足几何相似律 [30]。

其次，靶板材料强度是指与弹体接触部分的强度，而混凝土是由砂浆材料与粗骨料混合而成，严格来讲，其本身是一个宏观结构；当弹体直径远大于粗骨料的平均尺寸时，弹体侵彻过程中砂浆与很多粗骨料的混合结构一起起着阻碍作用，此时可以将混凝土视为一种材料。然而，在缩比模型中，若杆弹的直径缩比到与混凝土中粗骨料尺寸接近甚至小于后者，由于粗骨料一般为花岗岩，其强度远大于砂浆材料的强度，因此此时杆弹撞击到粗骨料与撞击到砂浆上或撞击到两者之间时相比，其所受到的阻力差异较大；严格来讲，这也是一种尺寸效应，即杆弹垂直侵彻混凝土靶板的尺寸效应。

以上两个问题整体来讲皆是说明混凝土靶板的尺寸效应对其抗侵彻性能的影响，其中混凝土整体尺寸的影响随着工艺的改进可以被控制在一定范围内，再辅以校正来克服；而第二个问题只能通过将混凝土视为砂浆与粗骨料混合而成的一种复合材料，在设计缩比试验过程中将粗骨料也按照缩比比例进行缩比，设粗骨料的统计等效平均尺寸为 δ，则参考式 (4.123) 并将临界贯穿厚度改变为最终侵彻深度，即有

$$\frac{P}{d} = f\left(\frac{L}{d}, \frac{R}{d}, \psi, \frac{\delta}{d}; \frac{\rho_{\mathrm{p}}}{\rho_{\mathrm{t}}}; \frac{\rho_{\mathrm{p}} V_0^2}{\sigma_{\mathrm{t}}}\right) \tag{4.128}$$

当缩比模型与原型中杆弹的长径比和头部形状对应一致，无量纲粗骨料统计等效平均尺寸也对应相等；缩比模型与原型中砂浆和粗骨料对应相同，即对不同尺寸的缩比模型与原型而言，上式中右端函数内前 5 个无量纲自变量为特定值，此时即可写为

$$\frac{P}{d} = f\left(\frac{\rho_{\mathrm{p}} V_0^2}{\sigma_{\mathrm{t}}}\right) \tag{4.129}$$

Reichenbach 的试验 [31] 表明，对于 4 种不同尺寸的模型而言，混凝土中粗骨料也按照弹体缩比比例进行缩比，混凝土无量纲侵彻深度与弹体的入射速度之间的函数关系非常接近，如图 4.16 所示。

从图 4.16 可以看出，这四种弹体直径分别为 12.7mm、37mm、76mm 和 155mm，尺寸变化超过 10 倍，当它们满足几何相似和材料相似等条件时，其无量纲侵彻深度与入射速度之间的关系近似一致。考虑到上图中相同尺寸弹体在相同入射速度下无量纲侵彻深度数据的离散性，我们可以近似认为不同弹体直径侵彻深度问题满足几何相似律，特别是在入射速度低于 600m/s 时，相同入射速度下，不同弹体直径对应的无量纲侵彻深度基本相同。

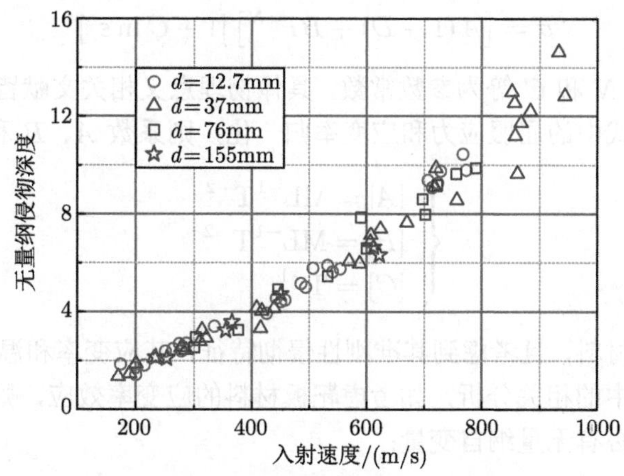

图 4.16 不同尺寸长杆弹侵彻混凝土的无量纲侵彻深度与入射速度 [31]

从式 (4.129) 可以看出，无量纲侵彻深度与弹体的入射动能之间满足某种函数关系，如将上图中的横坐标转换为弹体的入射动能密度，即以上函数关系可写为以下有量纲形式：

$$\frac{P}{d}=f\left(\frac{1}{2}\rho_{\mathrm{p}}V_0^2\right) \tag{4.130}$$

此时，图 4.16 中的试验数据可以整理为图 4.17 所示结果。

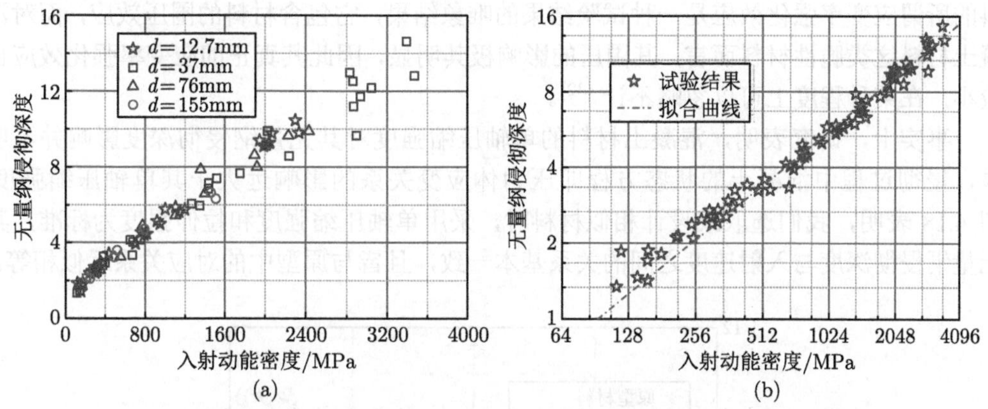

图 4.17 不同尺寸长杆弹侵彻混凝土的无量纲侵彻深度与入射动能密度

图 4.17(a)(b) 横坐标数值代表的意义相同，只是刻度形式不同而已；从图中也可以看出，不同直径杆弹的无量纲侵彻深度与入射动能密度满足基本一致的定量函数关系。

对比图 4.16 和图 4.17 可以发现：首先，杆弹对混凝土的侵彻深度近似满足几何相似律，其前提条件是混凝土中粗骨料也按照缩比进行放大或缩小；其次，在入射速度小于约 600m/s、无量纲侵彻深度约小于 4 时，无量纲侵彻深度与入射速度之间满足近似的线性正比关系，此阶段基本处于开坑阶段；最后，随着入射速度的继续增大，从约 600m/s 增大到约 1000m/s 时，无量纲侵彻深度与入射速度之间满足幂函数关系。

假设混凝土材料本构模型选取 HJC 本构，即

$$\sigma = \left[A\left(1-D\right)+BP^{*N}\right]\left[1+C\ln\varepsilon^{*}\right] \tag{4.131}$$

式中，系数 A、B、N 和 C 等为参数常数，具体物理意义相关文献皆有描述，在此不另作说明。若不将上式中的屈服应力和应变率归一化，则系数 A、B 和 C 的量纲分别为

$$\begin{cases}[A]=\mathrm{ML^{-1}T^{-2}}\\ [B]=\mathrm{ML^{-1}T^{-2}}\\ [C]=\mathrm{T^{-1}}\end{cases} \tag{4.132}$$

弹体作为金属材料，且考虑到其准刚性侵彻特征，其应变率和温度效应可以忽略不计；参考以上两例中的相关分析，如考虑靶板材料的应变率效应，则在式 (4.128) 的无量纲函数表达式中必有无量纲自变量：

$$\Pi' = \frac{Cd}{V_0} \tag{4.133}$$

此时缩比模型与原型并不满足几何相似律。而且，许多研究皆表明，混凝土类脆性材料具有明显的应变率强化效应，因此按照这一结论，理论上混凝土抗侵彻问题并不满足几何相似律，即利用缩比模型 (粗骨料也按照比例缩小或放大) 定量地研究原型中的最终侵彻深度规律问题是不准确的，此时需要进行必要的校正。然而，从图 4.16 和图 4.17 可以明显看出，此问题基本满足几何相似律，这表明混凝土材料的应变率强化效应影响并没有当前许多论文中所研究的那么明显，事实上，作者的前期分析也表明，混凝土材料的所谓应变率强化效应是一种试验结果的唯象结果，它包含材料的围压效应，而对混凝土材料这类脆性材料而言，其围压的影响极其明显，因此其真正的应变率强化效应也较小，在某种程度上可以忽略不计 [32]。

事实上，研究表明，混凝土材料的单轴压缩强度对其无量纲侵彻深度影响并不明显，侵彻过程中混凝土的状态方程即压力体应变关系的影响远大于其单轴压缩强度；图 4.18 表明，我们选取或设计相似材料时，采用单轴压缩强度和拉伸强度为标准，其无量纲侵彻深度与入射速度之间的关系基本一致，且皆与原型中的对应关系近似相等。

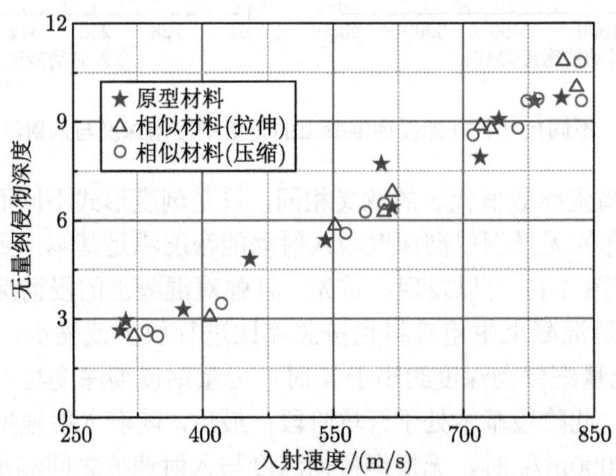

图 4.18　相似材料对应的无量纲侵彻深度 [33]

综上分析，由于混凝土材料的真实应变率强化效应并不非常大且单轴强度的影响较小，因此其抗侵彻问题也基本满足几何相似律；因此，我们可以利用缩比模型来研究原型中的侵彻规律问题。

4.2 爆炸波传播问题相似律与试验结果分析

爆炸是一种高能量密度物质在极短时间由于核反应/化学反应/相变/能量转换进行能量释放而产生高压、高温及冲击波的一种现象。爆炸本身是一种极其复杂的一种反应过程，同时其产生的反应物质状态变化、冲击波在介质中的传播皆是非常复杂的演化过程。当前利用解析方法给出其相关准确的解是不现实的，同时，利用原型试验在很多时候也是有局限的；就像钱学森先生在 20 世纪 80 年代初所说："由于爆炸力学要处理的问题远比经典的固体力学或流体力学要复杂，似乎不宜一下子想从力学基本原理出发，构筑爆炸力学理论。近期还是靠小尺寸模型试验，但要用比较严格的无量纲分析，从实验结果总结出经验规律。这也是过去半个多世纪行之有效的力学研究方法。"[3] 虽然又过了近半个世纪，但这种思路还是爆炸力学问题的主要研究思路。

4.2.1 核爆问题量纲分析与试验结果分析

爆炸源产生爆炸现象后，会向四周传播冲击波，冲击波的传播伴随着介质压力的瞬间增高，同时介质的质点速度也瞬间增大。这里以在无限空气介质中强点源爆炸问题为例，如核爆炸 (此时可以不考虑爆炸反应产物的相关参数与演化过程，问题从而得到了简化)，求爆炸冲击波波阵面的传播球面半径。假设核弹的特征尺寸为 r，爆炸时瞬间释放的能量为 E；空气介质中初始压力为 p_0，初始密度为 ρ_0；设爆炸冲击波在无限空气介质中以球面形状传播，从而不考虑冲击波在不同物质界面上的反射和相互作用问题；假设空气介质中状态变化满足多方气体定律，其绝热指数为 γ；求在 t 时刻爆炸球面冲击波的半径 R；如图 4.19 所示。

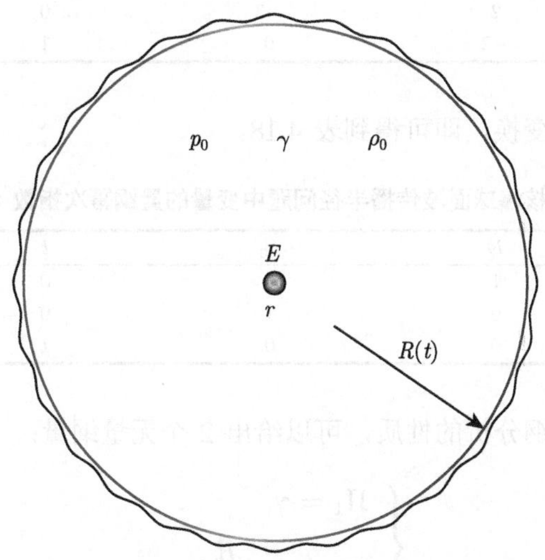

图 4.19 核爆冲击波波阵面球面半径

可以看出其中重力对问题的分析过程与结论没有明显的影响，因此重力加速度可以不予考虑；因此，该物理问题可以表达为

$$R = f\left(r, E; \rho_0, p_0, \gamma; t\right) \tag{4.134}$$

进一步假设爆炸释能是在一个远小于波阵面半径的范围内完成，此时核弹的特征尺寸 r 可以忽略不计；其次，对于核爆产生的高压而言，根据气体动力学，波阵面后方的气体压力远大于前方未扰动区的压力，因此，空气介质中的初始压力 p_0 也可以不予考虑；此时，上式可以简化为

$$R = f\left(E; \rho_0, \gamma; t\right) \tag{4.135}$$

在这个问题中，核爆能量可以近似认为皆转化为机械能，因此，我们可以将之视为纯力学问题，此时能量对应的量纲也是一个衍生量纲。因此该问题中 5 个物理量有 3 个基本量纲，对应独立的参考物理量 3 个，而且，从上式右端函数内自变量的特征可以看出，自变量 γ 为无量纲量，因此该问题中有量纲物理量只有 4 个，包含 1 个有量纲因变量和 3 个有量纲自变量，其量纲幂次指数如表 4.16 所示。

表 4.16　核爆球面波传播半径问题中变量的量纲幂次指数

物理量	R	E	ρ_0	t
M	0	1	1	0
L	1	2	−3	0
T	0	−2	0	1

以表 4.16 可以看出，本问题中参考物理量只有一种组合形式，即能量 E、密度ρ_0 和时间 t。对表 4.16 进行排序可以得到表 4.17。

表 4.17　核爆球面波传播半径问题中变量的量纲幂次指数 (排序后)

物理量	E	ρ_0	t	R
M	1	1	0	0
L	2	−3	0	1
T	−2	0	1	0

对表 4.17 进行行变换，即可得到表 4.18。

表 4.18　核爆球面波传播半径问题中变量的量纲幂次指数 (行变换后)

物理量	E	ρ_0	t	R
E	1	0	0	1/5
ρ_0	0	1	0	−1/5
t	0	0	1	2/5

根据 Π 定理和量纲分析的性质，可以给出 2 个无量纲量：

$$\begin{cases} \Pi_1 = \gamma \\ \Pi = \dfrac{R}{\left(Et^2/\rho_0\right)^{1/5}} \end{cases} \tag{4.136}$$

因此，式 (4.135) 可写为无量纲函数表达式：

$$\frac{R}{\left(Et^2/\rho_0\right)^{1/5}} = f(\gamma) \tag{4.137}$$

令上式中无量纲因变量为无量纲波阵面传播半径：

$$\bar{R} = \frac{R}{\left(Et^2/\rho_0\right)^{1/5}} \tag{4.138}$$

则式 (4.137) 可简写为

$$\bar{R} = f(\gamma) \tag{4.139}$$

因此，缩比模型与原型满足物理相似条件的唯一条件为

$$(\gamma)_m = (\gamma)_p \tag{4.140}$$

即如缩比模型与原型的试验在同一介质同一条件下完成，则缩比模型与原型必满足相似条件。因而，核爆波阵面传播半径问题满足材料相似律，即只要爆炸传播介质相同，则缩比模型与原型中对应的无量纲波阵面传播半径对应相等：

$$\left(\bar{R}\right)_m = \left(\bar{R}\right)_p \Leftrightarrow \left[\frac{R}{\left(Et^2/\rho_0\right)^{1/5}}\right]_m = \left[\frac{R}{\left(Et^2/\rho_0\right)^{1/5}}\right]_p \tag{4.141}$$

由于传播介质相同，因此其初始密度也必然对应相等，上式可以进一步写为

$$\left(\bar{R}\right)_m = \left(\bar{R}\right)_p \Leftrightarrow \left[\frac{R}{\left(Et^2\right)^{1/5}}\right]_m = \left[\frac{R}{\left(Et^2\right)^{1/5}}\right]_p \tag{4.142}$$

需要注意的是，以上分析是基于释放能量足够大，以至于可以忽略空气压力和爆炸区尺寸。设缩比模型与原型中爆炸释能当量缩比比例为

$$\lambda_E = \frac{(E)_m}{(E)_p} \tag{4.143}$$

由式 (4.142) 可知，此时球形波阵面的半径缩比为

$$\lambda_R = \frac{(R)_m}{(R)_p} = \frac{\left[\left(Et^2\right)^{1/5}\right]_m}{\left[\left(Et^2\right)^{1/5}\right]_p} = \lambda_E^{1/5}\lambda_t^{2/5} \tag{4.144}$$

从式 (4.144) 中可以看出，同一时刻冲击波球形波阵面半径与当量的 1/5 次幂呈正比关系。

1) 核爆问题量纲分析与核爆当量的估算问题

式 (4.137) 可以写为

$$R = f(\gamma) \cdot \left(\frac{Et^2}{\rho_0}\right)^{1/5} \tag{4.145}$$

式中，由于自变量 γ 为气体状态方程材料常数，因此函数 $f(\gamma)$ 也是一个与材料相关的常数，可记为 K_γ，即

$$R = K_\gamma \cdot \left(\frac{Et^2}{\rho_0}\right)^{1/5} \tag{4.146}$$

对于空气介质而言，一般取 γ=1.4，Taylor[34,35] 根据流场中相关理论求出：

$$K_\gamma = 1.033 \tag{4.147}$$

此时，式 (4.146) 可以具体写为

$$R = 1.033 \cdot \left(\frac{Et^2}{\rho_0}\right)^{1/5} \tag{4.148}$$

或

$$R = \left[1.033 \cdot \left(\frac{E}{\rho_0}\right)^{1/5}\right] \cdot t^{2/5} \tag{4.149}$$

对特定当量的核爆而言，右端中括号内的组合项为常数，此时，上式显示球面冲击波波阵面的半径与时间的 2/5 次幂呈线性正比关系：

$$R = \kappa \cdot t^{2/5} \tag{4.150}$$

其中

$$\kappa = 1.033 \cdot \left(\frac{E}{\rho_0}\right)^{1/5} \tag{4.151}$$

将式 (4.150) 写为对数形式即可以得到几个参数数值之间的线性方程：

$$\ln R = \ln \kappa + \frac{2}{5}\ln t \tag{4.152}$$

式中，

$$\ln \kappa = \ln 1.033 + \frac{1}{5}\ln E - \frac{1}{5}\ln \rho_0 \tag{4.153}$$

在标准条件下，空气的密度ρ_0 为 1.29kg/m^3，因此，上式可以具体给出：

$$\ln \kappa = \frac{1}{5}\ln E - 0.01846 \tag{4.154}$$

1945 年美军在新墨西哥州 Trinity 核试验场开展了核爆试验，并在几年后公布了其核爆照片，如图 4.20 所示。

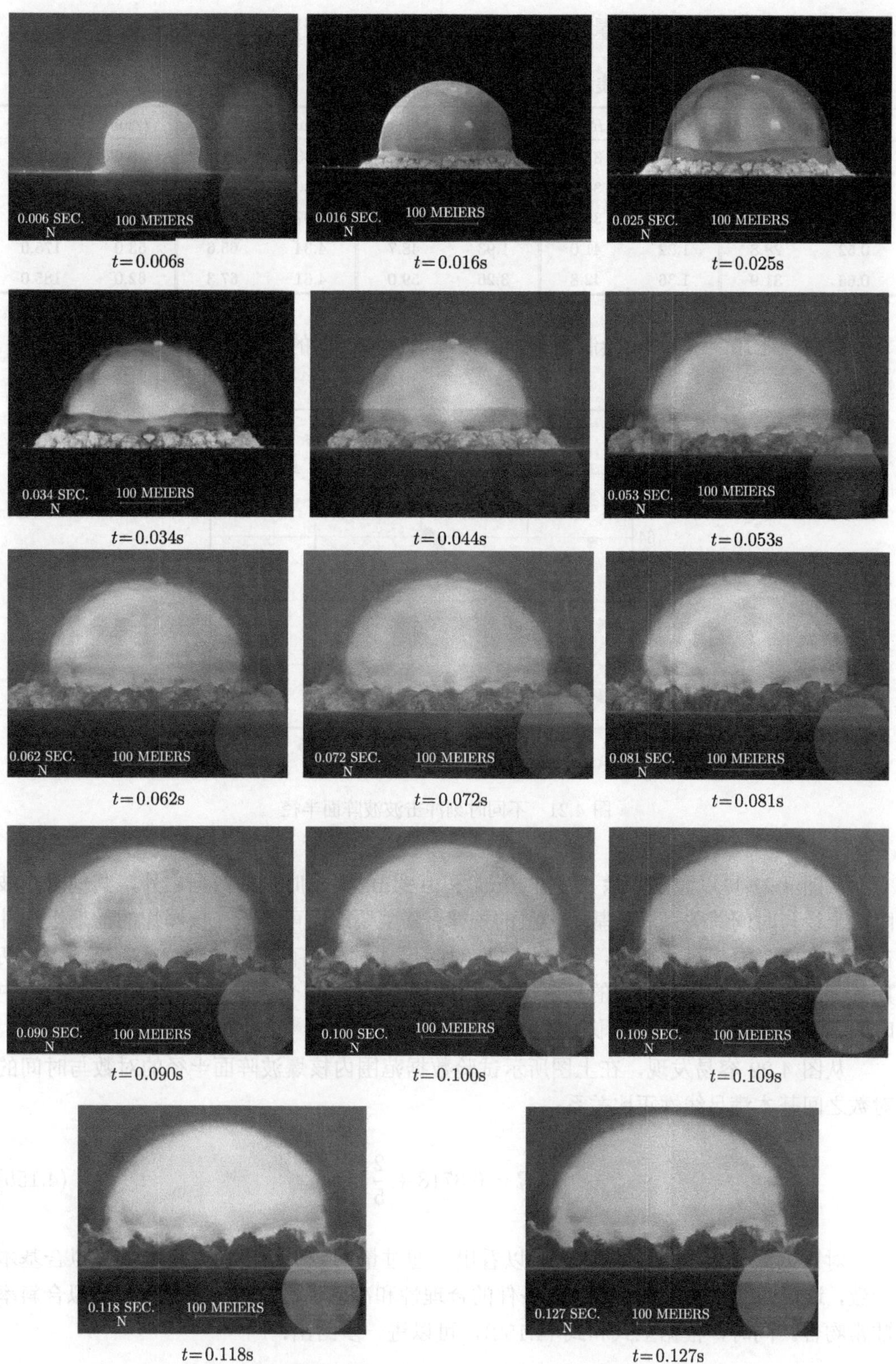

图 4.20 美军公布的 1945 年 Trinity 核爆部分图片 [36]

根据以上照片，可以测量在不同时刻球面半径，如表 4.19 所示。

表 4.19　不同时刻核爆球面半径 [36]

t/ms	R/m	t/ms	R/m	t/ms	R/m	t/ms	R/m	t/ms	R/m
0.10	11.1	0.8	34.2	1.50	44.4	3.53	61.1	15.0	106.5
0.24	19.9	0.94	36.3	1.65	46.0	3.80	62.9	25.0	130.0
0.38	25.4	1.08	38.9	1.79	46.9	4.07	64.3	34.0	145.0
0.52	28.8	1.22	41.0	1.93	48.7	4.34	65.6	53.0	175.0
0.66	31.9	1.36	42.8	3.26	59.0	4.61	67.3	62.0	185.0

根据表 4.19，我们可以绘制出不同时刻冲击波波阵面的半径数据点，如图 4.21 所示。

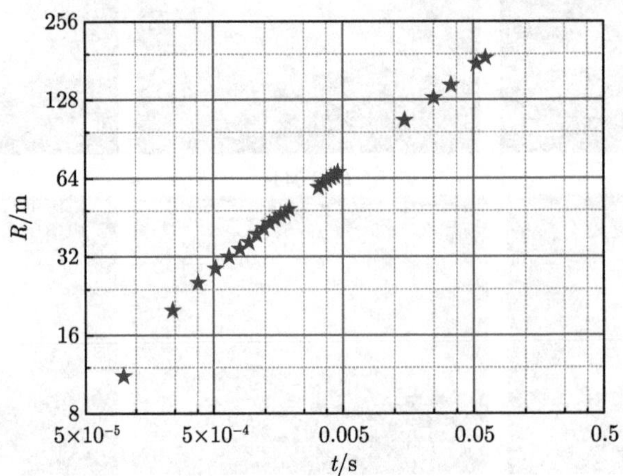

图 4.21　不同时刻冲击波波阵面半径

从图 4.21 可以看出，除了在 0.10ms 和 0.24ms 两个时刻的数据之外，其他时刻波阵面半径与时间的关系满足基本一致的规律；其主要原因可能是在核爆炸的前期爆炸冲击波波阵面半径相对小得多，使得此时核对的尺寸对结果有一定的影响。考虑到爆炸初期核爆近爆心区域场域问题的复杂性，我们暂不考虑这 2 个数据点，对其他试验数据中时间和波阵面半径数据皆求取对数，即可得到图 4.22。

从图 4.22 容易发现，在上图所示试验数据范围内核爆波阵面半径的对数与时间的对数之间基本满足线性正比关系：

$$\ln R = 6.3718 + \frac{2}{5}\ln t \tag{4.155}$$

对比上式和式 (4.152)，我们可以看出，通过量纲分析给出的方程与试验拟合基本一致，这说明了量纲分析及其假设条件的合理性和准确性，其理论斜率与试验拟合斜率非常吻合。同时，根据上式和式 (4.152)，可以进一步给出：

$$\ln \kappa = 6.3718 \tag{4.156}$$

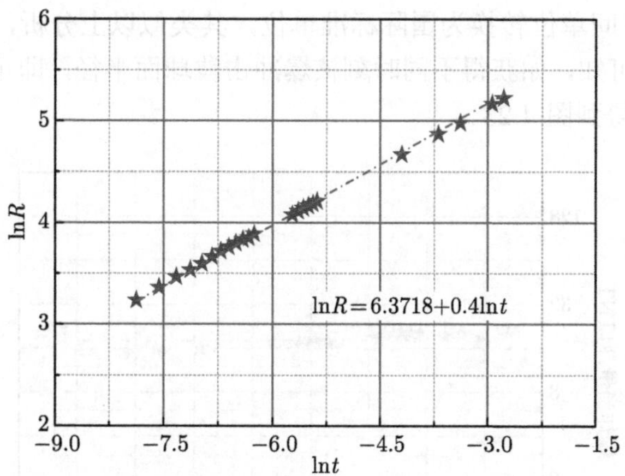

图 4.22 不同时刻冲击波波阵面半径之间的幂次关系

将上式代入式 (4.154)，即可以得到

$$\ln E = 31.9512 \Rightarrow E = 7.52 \times 10^3\,(J) \tag{4.157}$$

如以 TNT 爆炸释放能量为参考单位 (1ktTNT=4.168×10^{12}J)，则可以给出此核弹的当量约为 1.80 万 t。利用以上方法 Taylor 在 1950 年给出了其估算结果 [34,35]，认为此次核爆当量约为 1.7 万 t TNT；与实际约 2.0~2.1 万 t 当量非常接近。

另一种更加简单的方法也可以给出相对准确的释放能量当量值。从式 (4.146) 我们可以给出：

$$E = \frac{\rho_0}{t^2}\left(\frac{R}{K_\gamma}\right)^5 = \frac{\rho_0}{K_\gamma^5} \cdot \frac{R^5}{t^2} \tag{4.158}$$

将空气的密度和材料系数值代入上式，可得到

$$E = 1.0967 \cdot \frac{R^5}{t^2} \tag{4.159}$$

如令

$$R_t^* = \frac{R^5}{t^2 \times 10^{12}} \tag{4.160}$$

和

$$\bar{E} = \frac{E}{E_{\mathrm{TNT}}} \tag{4.161}$$

式中

$$E_{\mathrm{TNT}} = 4.168 \times 10^{12}\mathrm{J} \tag{4.162}$$

表示 1000t TNT 炸药爆炸释能。

此时，式 (4.159) 即可写为

$$\bar{E} = 0.263 \cdot R_t^* \tag{4.163}$$

将表 4.19 中时间单位转换为国际标准单位，其类似以上分析，暂不考虑前两个时刻的数据；从上式可知，如获得不同时刻核爆冲击波球面半径，即可以估算出核爆所释放出的能量，从而得到图 4.23。

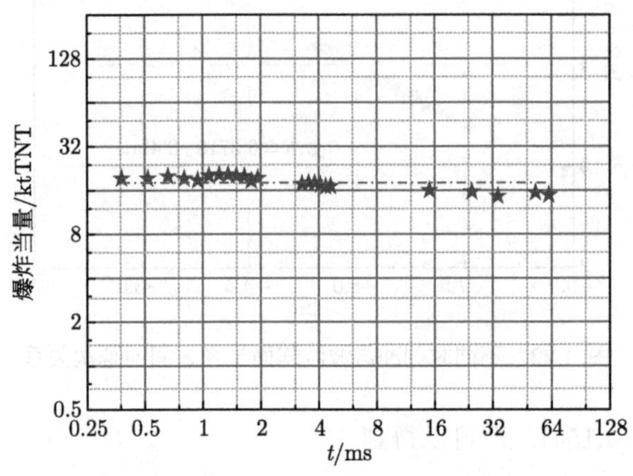

图 4.23　释放能量试验计算值及其平均值

对图 4.23 中的数据求算术平均值，即可估算出此核弹的当量约为 1.81 万 t，该值与实际约 2.0~2.1 万 t 当量比较接近。

2) 核爆流场问题

同理，我们可以给出 t 时刻核爆冲击波过后波阵面后方后距离爆心 l 处流场参数压力 p、瞬时密度 ρ 和瞬时质点速度 v 分别为

$$\begin{cases} p = f\left(E;\rho_0,\gamma;t,l\right) \\ \rho = g\left(E;\rho_0,\gamma;t,l\right), \qquad l \leqslant R \\ v = h\left(E;\rho_0,\gamma;t,l\right) \end{cases} \tag{4.164}$$

式中，材料状态方程指数 γ 为无量纲量。分别取爆炸时瞬间释放的能量 E、空气的初始密度ρ_0 和时间 t 为参考物理量，排序后各物理量的量纲幂次指数如表 4.20 所示。

表 4.20　核爆冲击波波阵面后方流场问题中变量的量纲幂次指数 (排序后)

物理量	E	ρ_0	t	l	p	ρ	v
M	1	1	0	0	1	1	0
L	2	−3	0	1	−1	−3	1
T	−2	0	1	0	−2	0	−1

对表 4.20 进行行变换，可以得到表 4.21。

表 4.21　核爆冲击波波阵面后方流场问题中变量的量纲幂次指数 (行变换后)

物理量	E	ρ_0	t	l	p	ρ	v
E	1	0	0	1/5	2/5	0	1/5
ρ_0	0	1	0	−1/5	3/5	1	−1/5
t	0	0	1	2/5	−6/5	0	−3/5

根据 II 定理，可以给出无量纲表达式：

$$\begin{cases}\dfrac{p}{E^{2/5}\rho_0^{3/5}t^{-6/5}}=f\left(\gamma,\dfrac{l}{E^{1/5}\rho_0^{-1/5}t^{2/5}}\right)\\ \dfrac{\rho}{\rho_0}=g\left(\gamma,\dfrac{l}{E^{1/5}\rho_0^{-1/5}t^{2/5}}\right)\\ \dfrac{v}{E^{1/5}\rho_0^{-1/5}t^{-3/5}}=h\left(\gamma,\dfrac{l}{E^{1/5}\rho_0^{-1/5}t^{2/5}}\right)\end{cases}\tag{4.165}$$

整理后有

$$\begin{cases}\dfrac{p}{E^{2/5}\rho_0^{3/5}t^{-6/5}}=f\left[\gamma,\dfrac{l}{(E/\rho_0)^{1/5}t^{2/5}}\right]\\ \dfrac{\rho}{\rho_0}=g\left[\gamma,\dfrac{l}{(E/\rho_0)^{1/5}t^{2/5}}\right]\\ \dfrac{v}{(E/\rho_0)^{1/5}t^{-3/5}}=h\left[\gamma,\dfrac{l}{(E/\rho_0)^{1/5}t^{2/5}}\right]\end{cases}\tag{4.166}$$

由式 (4.145) 可以得到

$$\left(\frac{Et^2}{\rho_0}\right)^{1/5}=\frac{R}{f(\gamma)}=f'(\gamma)\cdot R\tag{4.167}$$

将上式代入式 (4.166)，即有

$$\begin{cases}\dfrac{p}{E^{2/5}\rho_0^{3/5}t^{-6/5}}=f\left(\gamma,\dfrac{l}{R}\right)\\ \dfrac{\rho}{\rho_0}=g\left(\gamma,\dfrac{l}{R}\right)\\ \dfrac{v}{R/t}=h\left(\gamma,\dfrac{l}{R}\right)\end{cases}\tag{4.168}$$

需要再次说明的是，上式中函数 $f()$ 与式 (4.166) 中并不一定相同，只是表示函数关系。上式中第一式可以进一步简化为

$$\frac{p}{E^{2/5}\rho_0^{-2/5}t^{4/5}\rho_0 t^{-2}}=f\left(\gamma,\frac{l}{R}\right)\Rightarrow\frac{p}{\rho_0(R/t)^2}=f\left(\gamma,\frac{l}{R}\right)\tag{4.169}$$

容易知道，对于空气介质而言，其声速可以写为

$$C=\sqrt{\frac{\gamma p_0}{\rho_0}}\Rightarrow\rho_0=\frac{\gamma p_0}{C^2}\tag{4.170}$$

将上式代入式 (4.169)，即有

$$\frac{p}{p_0}\frac{C^2}{(R/t)^2}=f\left(\gamma,\frac{l}{R}\right)\Rightarrow\frac{p}{p_0}=\left(\frac{R/t}{C}\right)^2\cdot f\left(\gamma,\frac{l}{R}\right) \tag{4.171}$$

上式中右端第一项物理意义较明显,表示波阵面平均传播速度与空气中声速之比的平方。

式 (4.168) 中第二式左端物理意义是空气介质的压缩比，该式即表示不同距离处气体介质体积压缩比的变化函数；式 (4.168) 中第三式则表示介质质点速度与波阵面平均传播速度、气体介质的性质之间的函数关系。如定义无量纲量：

$$\begin{cases}\bar{p}=\dfrac{p}{p_0}\\ \bar{\rho}=\dfrac{\rho}{\rho_0}\\ \bar{v}=\dfrac{v}{R/t}\\ \bar{l}=\dfrac{l}{R}\end{cases} \tag{4.172}$$

则式 (4.168) 可以简写为

$$\begin{cases}\bar{p}=\left(\dfrac{R/t}{C}\right)^2\cdot f\left(\gamma,\bar{l}\right)\\ \bar{\rho}=g\left(\gamma,\bar{l}\right)\\ \bar{v}=h\left(\gamma,\bar{l}\right)\end{cases} \tag{4.173}$$

对于特定的传播空气介质，指数 γ 是常值，此时上式也可以进一步简化为

$$\begin{cases}\bar{p}=\left(\dfrac{R/t}{C}\right)^2\cdot f\left(\bar{l}\right)\\ \bar{\rho}=g\left(\bar{l}\right)\\ \bar{v}=h\left(\bar{l}\right)\end{cases} \tag{4.174}$$

上式的意义是，将式 (4.164) 中多个自变量简化为一个变量 $\bar{l}$，这在很大程度上简化了理论推导中微分方程的推导和求解，此方面知识在下一章量纲分析与理论推导部分中再做详述。

4.2.2 爆炸波在空气中的传播问题量纲分析与试验结果分析

含能材料的爆炸及其在流体介质中的传播是一个非常复杂的过程，同时也是爆炸力学中一个非常重要的议题。含能材料如炸药在空气中爆炸后，会产生系列强激波，并向四周传播。炸药爆炸瞬间，其内部会产生爆轰波；之后产生的强应力脉冲和高温高压气态产物对周围介质做功，在此近场区域，其应力场、温度场等极其复杂，涉及问题很多，是一个交叉学科问题；在距离爆炸源一定区域外，爆炸所产生的冲击波会相对稳定地传播，此时材料或结构的冲击响应即是爆炸力学的重要研究对象之一，也是本小节的研究对象。

炸药在完全反应后，会对周围介质做功，对介质质点速度瞬态加速并产生高压；一般而言，爆炸冲击波的波形如图 4.24 所示，图中 p_m^* 为冲击波压力峰值，p、p_0 和 p^* 分别表示空气的绝对压力、初始压力和超压，且

$$p^* = p - p_0 \tag{4.175}$$

炸药爆炸后周边空气中的压力会在极短的时间内超压达到压力峰值 p_m^*，然后呈近似指数函数的特征衰减到 0，在空气中其超压还会继续下降到负值，如图 4.24(a) 所示；我们称超压为正的区间为正压区、超压为负的区间为负压区，由于压力上升沿时间极短，在很多情况下，我们忽略此一阶段，只考虑衰减阶段，如图 4.24(b) 所示。

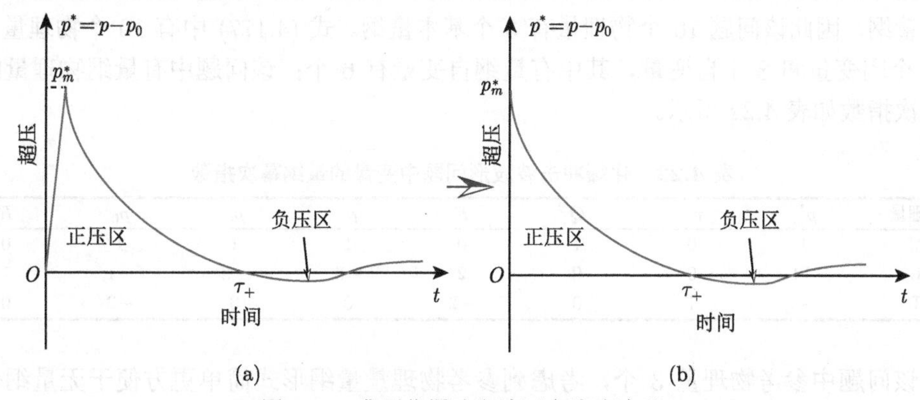

图 4.24 典型化爆冲击波压力脉冲波形

一般认为，化爆冲击波的破坏性能主要决定于正压区的特性。简单来讲，冲击波对结构和材料的破坏主要有两个因素起着关键作用：超压峰值和冲量，我们在防护工程的设计中也是从这两点出发，即减小超压峰值和减小正压作用冲量。从上图中容易看出，其冲量为

$$I = \int_0^{\tau_+} p^*(t)\,\mathrm{d}t \tag{4.176}$$

从中可以看出，正压作用时间 τ_+ 也是一个关键参数。

1) 空气中炸药爆炸超压与作用时间问题

炸药的装药形状一般有球形、柱形和其他形状三类，而爆炸力学的研究对象皆为与爆心距离远大于炸药尺寸区域的爆炸冲击效应问题，因此，炸药包形状的影响可以不予考虑；事实上，其形状对于量纲分析的结果没有本质上的影响；本节中我们暂不考虑炸药尺寸和形状的影响。如图 4.25 所示，设炸药爆炸产物满足多方指数状态方程，其指数为 γ_e；炸药的装药密度为 ρ_e、装药量为 Q，单位质量炸药所释放出的化学能为 E；设周围空气的初始密度为 ρ_a；可以认为爆炸冲击波的传播是一个绝热过程，传播过程中空气的绝热系数为 γ_a；由此，我们可以给出距离爆源 R 处冲击波超压脉冲峰值 p_m^* 及其正压作用时间 τ_+ 分别为

$$\begin{cases} p_m^* = f(Q, E, \rho_e, \gamma_e; \rho_a, p_0, \gamma_a; R) \\ \tau_+ = g(Q, E, \rho_e, \gamma_e; \rho_a, p_0, \gamma_a; R) \end{cases} \tag{4.177}$$

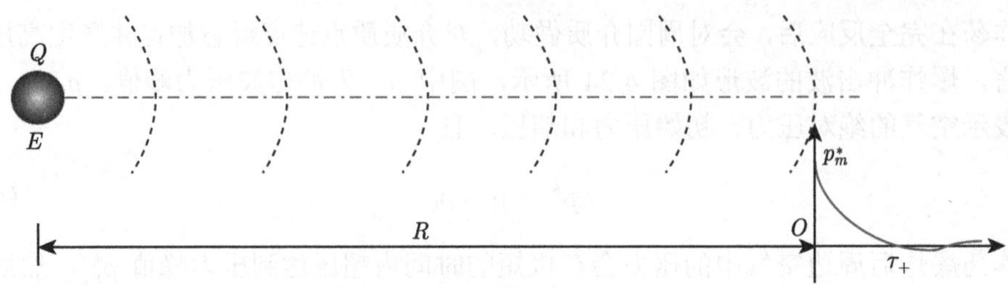

图 4.25 距离爆炸源 R 处冲击波波形

在这个问题中，炸药爆炸能量可以近似认为皆转化为机械能或以某个近似固定的比例转化为机械能，因此，我们可以将之视为纯力学问题，此时能量对应的量纲也是一个衍生量纲，因此该问题 10 个物理量有 3 个基本量纲。式 (4.177) 中有 10 个物理量，包含 2 个因变量和 8 个自变量，其中有量纲自变量有 6 个；该问题中有量纲物理量的量纲幂次指数如表 4.22 所示。

表 4.22 化爆冲击波波形问题中变量的量纲幂次指数

物理量	p_m^*	τ_+	Q	E	ρ_e	ρ_a	p_0	R
M	1	0	1	0	1	1	1	0
L	−1	0	0	2	−3	−3	−1	1
T	−2	1	0	−2	0	0	−2	0

该问题中参考物理量 3 个，考虑到参考物理量量纲形式简单更方便于无量纲化过程这一特点，这里我们分别取装药量 Q、爆源距离 R 和单位质量炸药所释放出的化学能 E 为参考物理量，对表 4.22 进行排序，可以得到表 4.23。

表 4.23 化爆冲击波波形问题中变量的量纲幂次指数 (排序后)

物理量	Q	R	E	ρ_e	ρ_a	p_0	p_m^*	τ_+
M	1	0	0	1	1	1	1	0
L	0	1	2	−3	−3	−1	−1	0
T	0	0	−2	0	0	−2	−2	1

对表 4.23 进行行变换，可以得到表 4.24。

表 4.24 化爆冲击波波形问题中变量的量纲幂次指数 (行变换后)

物理量	Q	R	E	ρ_e	ρ_a	p_0	p_m^*	τ_+
Q	1	0	0	1	1	1	1	0
R	0	1	0	−3	−3	−3	−3	1
E	0	0	1	0	0	1	1	−1/2

根据 Π 定理和量纲分析的性质，可以给出该问题的无量纲表达式:

$$\left\{\begin{array}{l}\dfrac{p_m^* R^3}{QE}=f\left(\dfrac{\rho_e R^3}{Q},\gamma_e,\dfrac{\rho_a R^3}{Q},\gamma_a;\dfrac{p_0 R^3}{QE}\right)\\[2ex]\dfrac{\tau_+\sqrt{E}}{R}=g\left(\dfrac{\rho_e R^3}{Q},\gamma_e,\dfrac{\rho_a R^3}{Q},\gamma_a;\dfrac{p_0 R^3}{QE}\right)\end{array}\right. \tag{4.178}$$

上式中 5 个无量纲自变量包含 2 个材料无量纲量和 3 个物理无量纲量，按照第 3 章对无量纲自变量进行组合，可以得到

$$\begin{cases} \dfrac{p_m^*}{p_0} = f\left(\dfrac{\rho_a}{\rho_e}, \gamma_e, \gamma_a; \dfrac{\rho_e R^3}{Q}, \dfrac{p_0 R^3}{QE}\right) \\ \dfrac{\tau_+}{R/\sqrt{E}} = g\left(\dfrac{\rho_a}{\rho_e}, \gamma_e, \gamma_a; \dfrac{\rho_e R^3}{Q}, \dfrac{p_0 R^3}{QE}\right) \end{cases} \tag{4.179}$$

上式 5 个自变量中有 3 个材料无量纲量和 2 个物理无量纲量，不存在几何无量纲量，因此在忽略炸药的尺寸前提下，该问题的相似问题并不涉及几何相似条件。定义无量纲因变量：

$$\bar{p} = \frac{p_m^*}{p_0} \tag{4.180}$$

表示相对超压峰值，即相对于环境大气压的商。定义无量纲因变量：

$$\bar{\tau}_+ = \frac{\tau_+}{R/\sqrt{E}} \tag{4.181}$$

为无量纲爆炸冲击波正压脉冲加载时间。定义无量纲自变量：

$$\bar{\rho}_a = \frac{\rho_a}{\rho_e} \tag{4.182}$$

为爆炸冲击波传播气体介质的相对密度；由于气体的密度远小于炸药材料的密度，因此该无量纲量常可以忽略，此时式 (4.179) 即可简化为

$$\begin{cases} \bar{p} = f\left(\gamma_e, \gamma_a; \dfrac{\rho_e R^3}{Q}, \dfrac{p_0 R^3}{QE}\right) \\ \bar{\tau}_+ = g\left(\gamma_e, \gamma_a; \dfrac{\rho_e R^3}{Q}, \dfrac{p_0 R^3}{QE}\right) \end{cases} \tag{4.183}$$

设缩比模型与原型中炸药质量缩比为

$$\gamma_Q = \frac{(Q)_m}{(Q)_p} \tag{4.184}$$

则该问题的相似律为

$$\begin{cases} \gamma_{\gamma_e} = \gamma_{\gamma_a} = 1 \\ \gamma_{\rho_e}\gamma_R^3 = \gamma_Q \\ \gamma_{p_0}\gamma_R^3 = \gamma_Q\gamma_E \end{cases} \tag{4.185}$$

即

$$\begin{cases} \gamma_{\gamma_e} = \gamma_{\gamma_a} = 1 \\ \gamma_{\rho_e}\gamma_R^3 = \gamma_Q \\ \gamma_{\rho_e}\gamma_E = \gamma_{p_0} \end{cases} \tag{4.186}$$

若缩比模型与原型试验中使用相同的炸药，且处于相同的大气环境，此时相似律即简化为

$$\gamma_R^3 = \gamma_Q \tag{4.187}$$

上式的物理意义是，此时缩比试验中冲击波传播测量半径应与装药量的立方根呈线性关系缩小，或装药量必须与离开爆源中心距离的立方呈正比关系地缩小或放大；这是爆炸缩比试验中常用的相似律。

上式也可以写为

$$\gamma_{\bar{R}} = 1 \tag{4.188}$$

式中

$$\bar{R} = \frac{R}{Q^{1/3}} \tag{4.189}$$

为爆炸冲击波相对半径，它是爆炸问题中一个常用的有量纲量；其内在的物理意义表示爆炸能量以球形向四周传播，因此其能量衰减与直径的立方成正比。事实上，根据式 (4.183) 中第三个无量纲自变量可有

$$\frac{\rho_e R^3}{Q} \to \frac{R}{\sqrt[3]{Q/\rho_e}} \tag{4.190}$$

其中，分母即为炸药体积的立方根，所以将炸药等效为球形，该分母即表示炸药的等效半径 r_e，即

$$\sqrt[3]{Q/\rho_e} \leftrightarrow r_e \Rightarrow \bar{R}^* = \frac{R}{\sqrt[3]{Q/\rho_e}} \leftrightarrow \frac{R}{r_e} \tag{4.191}$$

因此，式 (4.183) 中第三个无量纲量即为爆炸冲击波传播无量纲半径。只是由于炸药的半径远远小于该问题中爆炸冲击波测量或传播半径，炸药的形状对爆炸冲击问题的分析影响可以忽略不计，因此在工程实际中为了方便，利用式 (4.189) 这一有量纲相对量来代替上式所示无量纲量。

当缩比模型与原型满足相似条件时，此时必有

$$\begin{cases} \left(\dfrac{p_m^*}{p_0}\right)_m = \left(\dfrac{p_m^*}{p_0}\right)_p \\ \left(\dfrac{\tau_+}{R/\sqrt{E}}\right)_m = \left(\dfrac{\tau_+}{R/\sqrt{E}}\right)_p \end{cases} \tag{4.192}$$

即

$$\begin{cases} \gamma_{p_m^*} = \gamma_{p_0} \\ \gamma_{\tau_+} = \dfrac{\gamma_R}{\sqrt{\gamma_E}} \end{cases} \tag{4.193}$$

结合上式和相似律式 (4.186)，即有

$$\begin{cases} \gamma_{p_m^*} = \gamma_{\rho_e}\gamma_E \\ \gamma_{\tau_+} = \dfrac{\gamma_R}{\sqrt{\gamma_E}} \end{cases} \tag{4.194}$$

若缩比模型与原型满足材料对应相同，上式即简化为

$$\begin{cases} \gamma_{p_m^*} = 1 \\ \gamma_{\tau_+} = \gamma_R \end{cases} \tag{4.195}$$

上式表明，当缩比模型与原型满足相似律且材料对应相同时，两个模型中冲击波超压峰值相等，但正压作用时间缩比与几何缩比比例相等。

当我们考虑特定炸药在特定大气环境中的爆炸问题时，大气的绝热系数和炸药状态方程指数即为常量，此时，式 (4.183) 即可写为

$$\begin{cases} \bar{p} = f\left[\bar{R}\rho_{\mathrm{e}}^{1/3}, \bar{R}\left(\dfrac{p_0}{E}\right)^{1/3}\right] \\ \bar{\tau}_+ = g\left[\bar{R}\rho_{\mathrm{e}}^{1/3}, \bar{R}\left(\dfrac{p_0}{E}\right)^{1/3}\right] \end{cases} \tag{4.196}$$

或

$$\begin{cases} \dfrac{p_m^*}{p_0} = f\left[\bar{R}\rho_{\mathrm{e}}^{1/3}, \bar{R}\left(\dfrac{p_0}{E}\right)^{1/3}\right] \\ \dfrac{\tau_+}{R/\sqrt{E}} = g\left[\bar{R}\rho_{\mathrm{e}}^{1/3}, \bar{R}\left(\dfrac{p_0}{E}\right)^{1/3}\right] \end{cases} \tag{4.197}$$

考虑到对特定炸药而言，单位质量炸药的释能和装药密度也可以视为常量，上式即可进一步简化为

$$\begin{cases} \dfrac{p_m^*}{p_0} = f\left(\bar{R}, \bar{R}{p_0}^{1/3}\right) \\ \dfrac{\tau_+}{R} = g\left(\bar{R}, \bar{R}{p_0}^{1/3}\right) \end{cases} \tag{4.198}$$

同时，由于处于相同的大气介质中，因此，初始大气压也可以视为常量，即有

$$\begin{cases} p_m^* = f\left(\bar{R}\right) \\ \dfrac{\tau_+}{R} = g\left(\bar{R}\right) \end{cases} \tag{4.199}$$

当我们研究距离爆炸源不同距离时的冲击波超压与作用时间时，一般不把距离 R 放入因变量；根据量纲分析的性质，上式可写为

$$\begin{cases} p_m^* = f\left(\bar{R}\right) \\ \dfrac{\tau_+}{Q^{1/3}} = g\left(\bar{R}\right) \end{cases} \tag{4.200}$$

或

$$\begin{cases} p_m^* = f\left(\dfrac{R}{Q^{1/3}}\right) \\ \dfrac{\tau_+}{Q^{1/3}} = g\left(\dfrac{R}{Q^{1/3}}\right) \end{cases} \tag{4.201}$$

需要说明的是，式 (4.198)~ 式 (4.201) 中因变量和自变量不再全为无量纲量。式 (4.201) 是爆炸力学和工程爆破问题中常用的函数形式，利用上式对不同装药量 (1kg、1.8kg、2kg、4kg、10kg、20kg、30kg、35kg、60kg 和 114kg)[37−39] 炸药爆炸产生的冲击波脉冲峰值超压试验数据进行整理，可以得到图 4.26。

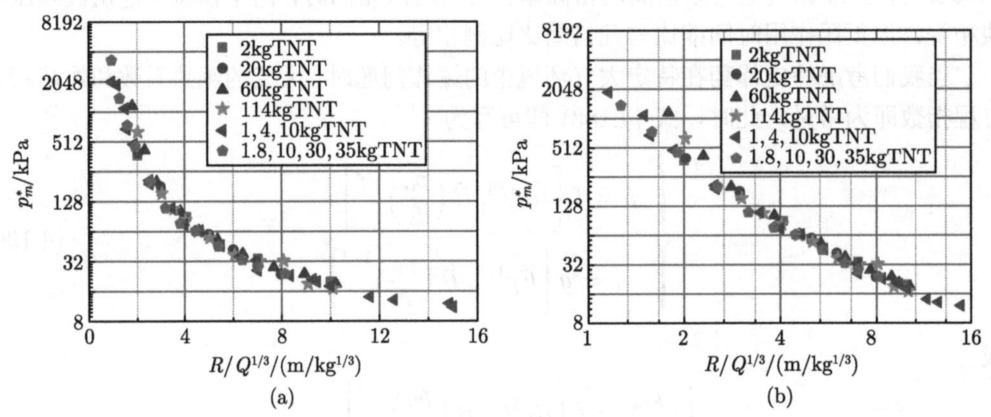

图 4.26 不同相对距离时超压峰值试验结果

需要指出的是，图中数据虽然引用自文献，但由于个别数据明显有误，因此已做修改；另外，有的文献中时间单位和压力单位明显不正确，对于冲量单位和数据也可以看出这一点，因此也一并修改。从图 4.26 可以发现，虽然装药量的数值相差 50 倍以上，但其相对距离与超压峰值满足近似一致的函数关系，试验数据的规律性非常明显，在大部分区域呈现重合的现象。图 4.26 中两个小图只是横坐标形式不同，其他一致；由图 4.26 我们通过数值方法可以很容易给出其唯象的经验拟合表达式。

进行指数函数或幂次函数拟合时，容易造成函数两端量纲不一致的情况，若采用国际标准单位的不会造成结果错误，但如果采用其他单位体系，这种有量纲的函数表达式便容易给出不正确的结论。假设试验在标准大气压下进行，1 个标准大气压约 101kPa，且 TNT 炸药密度约为 1.65g/cm^3，对上图中数据进行整理，可以得到图 4.27。

利用图 4.27 的数据进行拟合，可以给出不同相对距离时的相对超压峰值，而且由于因变量和自变量均为无量纲量，因此所给出的半经验工程拟合表达式可以适用于任何单位体系。对图 4.27 中的横坐标与纵坐标均取对数，可以得到图 4.28。

图 4.28 中纵坐标为无量纲相对超压峰值的对数、横坐标为无量纲相对距离的对数，对该图进行拟合，可以给出：

$$\ln \bar{p} = 0.323 \left(\ln \bar{R}^*\right)^2 - 4.528 \ln \bar{R}^* + 12.517 \tag{4.202}$$

对比上式和图 4.28 可以看出，该曲线在试验范围内能够很好地定量表征试验结果；而且，由于式中的变量为无量纲量，因此该式适用于任何单位体系。当然，上式只是针对装药密度为 1.65g/cm^3 的 TNT 炸药在 1 个标准大气压下的试验结果，对于其他炸药和气体环境根据以上分析方法也可以给出对应的经验表达式。

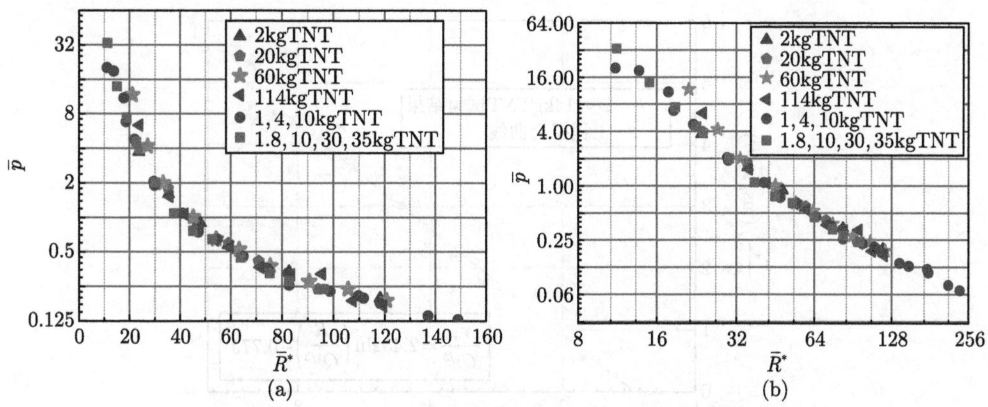

图 4.27 不同无量纲相对距离时相对超压峰值试验结果

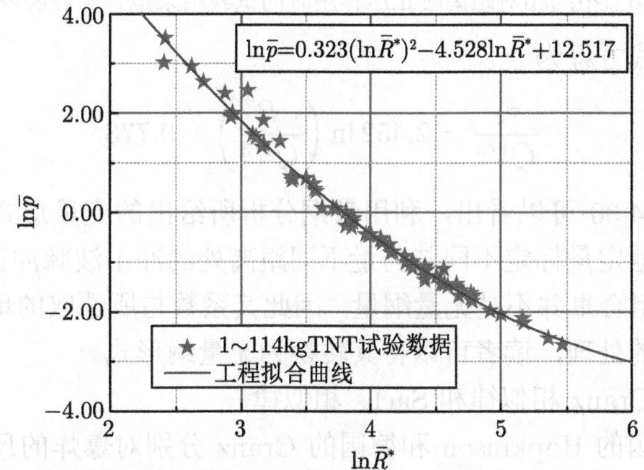

图 4.28 不同无量纲相对距离时相对超压峰值试验结果拟合与经验表达式

类似地，对于不同装药量 (2kg、20kg、60kg 和 114kg) 爆炸在不同地点产生冲击波脉冲正压时间试验数据进行整理，可以得到图 4.29。

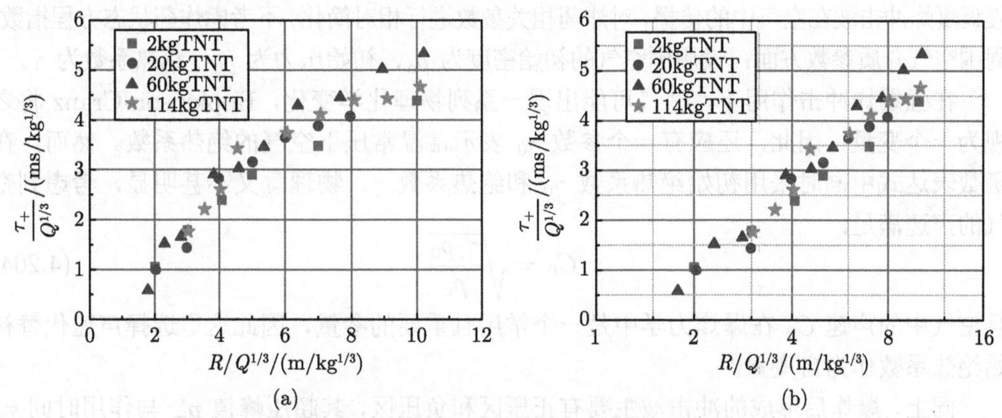

图 4.29 不同相对距离时相对正压作用时间试验结果

从图 4.29 也可以看出，虽然炸药质量相差 50 多倍，但它们之间满足近似的函数关系，对其进行拟合，可以得到图 4.30。

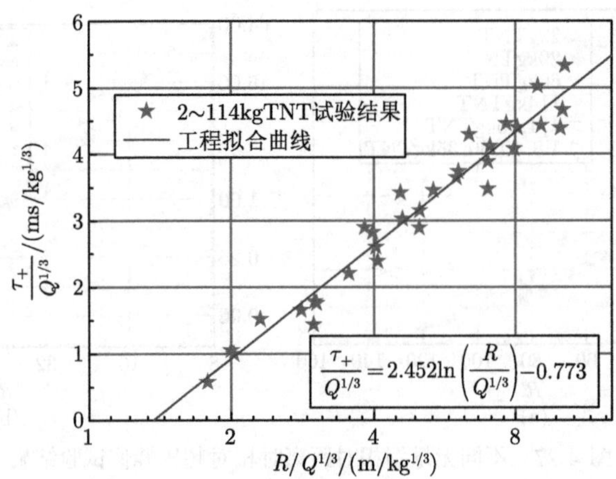

图 4.30　不同相对距离时正压作用时间试验结果拟合与经验表达式

其工程拟合曲线方程为

$$\frac{\tau_+}{Q^{1/3}}=2.452\ln\left(\frac{R}{Q^{1/3}}\right)-0.773 \tag{4.203}$$

对比上式和图 4.30 可以看出，利用量纲分析所给出的变量形式进而拟合出的工程拟合曲线能够较好地定量标定不同装药量不同距离处的冲击波脉冲正压作用时间。需要注意的是，上式中组合量并不是无量纲量，因此其系数与所选取的单位体系相关，同上相对脉冲超压峰值的处理，读者可以将其转换为无量纲形式。

2) Hopkinson-Cranz 相似律和 Sachs 相似律

一战期间，英国的 Hopkinson 和德国的 Cranz 分别对爆炸的尺度律进行讨论；由于当时对爆炸力学相关研究尚不够深入且量纲分析理论体系构架也不完善，我们在此基础上稍作修改 (如不考虑炸药尺寸与形状等)，姑且仍称之为 Hopkinson-Cranz 相似律。

同上，我们不考虑炸药的尺寸，毕竟这对一定距离外爆炸冲击波传播的影响可以忽略。炸药参数方面：设炸药装药量为 Q，装药密度为 ρ_e，单位质量炸药所释放出的化学能为 E，强调爆炸冲击波在空气中的传播，对炸药相关参数进行相对简化，不考虑炸药状态方程指数。周围空气介质参数方面：设周围空气的初始密度为 ρ_a，初始压力为 p_0，绝热系数为 γ。

在强爆炸冲击作用下，空气可能出现一系列物理化学变化，Hopkinson-Cranz 将之视为一个变量，因此，还应有一个参数 γ_0 表示常温常压下空气的绝热系数。然而，在函数表达式中同时采用初始绝热系数 γ_0 和绝热系数 γ，物理意义不甚明显，考虑到空气的声速满足：

$$C_0=\sqrt{\frac{\gamma_0 p_0}{\rho_a}} \tag{4.204}$$

且空气中的声速 C_0 在爆炸力学中是一个常用且重要的参量，因此这里选择声速代替初始绝热系数作为自变量。

同上，爆炸后形成的冲击波主要有正压区和负压区，其超压峰值 p_m^* 与作用时间 τ_+ 是冲击波压力脉冲毁伤能力的两个关键参数。另外，冲击波波速 D、空气中波阵面后方质点速度 U 也是爆炸冲击波的重要参数。根据以上参数，我们可以分别给出距离爆源 R 处这些物理量的函数表达式：

$$\begin{cases} p_m^* = f_1(Q, \rho_e, E; \rho_a, p_0, C_0, \gamma; R) \\ \tau_+ = f_2(Q, \rho_e, E; \rho_a, p_0, C_0, \gamma; R) \\ D = f_3(Q, \rho_e, E; \rho_a, p_0, C_0, \gamma; R) \\ U = f_4(Q, \rho_e, E; \rho_a, p_0, C_0, \gamma; R) \end{cases} \tag{4.205}$$

在这个问题中，炸药爆炸能量可以近似认为皆转化为机械能，因此，我们可以将之视为纯力学问题，此时能量对应的量纲也是一个衍生量纲。因此该问题中 12 个物理量有 3 个基本量纲，包含 11 个有量纲量和 1 个无量纲量，其中 11 个有量纲量对应的量纲幂次指数如表 4.25 所示。

表 4.25 Hopkinson-Cranz 问题中变量的量纲幂次指数

物理量	p_m^*	τ_+	D	U	Q	ρ_e	E	ρ_a	p_0	C_0	R
M	1	0	0	0	1	1	0	1	1	0	0
L	−1	0	1	1	0	−3	2	−3	−1	1	1
T	−2	1	−1	−1	0	0	−2	0	−2	−1	0

该问题对应独立的参考物理量 3 个，为简化量纲分析过程，这里我们分别取装药量 Q、爆源距离 R 和空气中的初始声速 C_0 这 3 个量纲形式简单的主要影响因素为参考物理量，对表 4.25 进行排序，即可得到表 4.26。

表 4.26 Hopkinson-Cranz 问题中变量的量纲幂次指数 (排序后)

物理量	Q	R	C_0	ρ_e	E	ρ_a	p_0	p_m^*	τ_+	D	U
M	1	0	0	1	0	1	1	1	0	0	0
L	0	1	1	−3	2	−3	−1	−1	0	1	1
T	0	0	−1	0	−2	0	−2	−2	1	−1	−1

对表 4.26 进行行变换，可以得到表 4.27。

表 4.27 Hopkinson-Cranz 问题中变量的量纲幂次指数 (行变换后)

物理量	Q	R	C_0	ρ_e	E	ρ_a	p_0	p_m^*	τ_+	D	U
Q	1	0	0	1	0	1	1	1	0	0	0
R	0	1	0	−3	0	−3	−3	−3	1	0	0
C_0	0	0	1	0	2	0	2	2	−1	1	1

根据 Π 定理，可以给出 9 个无量纲物理量：

$$\begin{cases} \Pi_1 = \dfrac{\rho_e}{(Q/R^3)} \\ \Pi_2 = \dfrac{E}{C_0^2} \\ \Pi_3 = \dfrac{\rho_a}{(Q/R^3)} \\ \Pi_4 = \dfrac{p_0}{(Q/R^3)\,C_0^2} \\ \Pi_5 = \gamma \end{cases}, \begin{cases} \Pi_{p_m^*} = \dfrac{p_m^*}{(Q/R^3)\,C_0^2} \\ \Pi_{\tau_+} = \dfrac{\tau_+ C_0}{R} \\ \Pi_D = \dfrac{D}{C_0} \\ \Pi_U = \dfrac{U}{C_0} \end{cases} \tag{4.206}$$

此时，式 (4.205) 可以写为无量纲表达式：

$$
\begin{cases}
\dfrac{p_m^*}{(Q/R^3)\,C_0^2} = f_1\left[\dfrac{\rho_e}{Q/R^3}, \dfrac{E}{C_0^2}, \dfrac{\rho_a}{Q/R^3}, \dfrac{p_0}{(Q/R^3)\,C_0^2}, \gamma\right] \\
\dfrac{\tau_+}{R/C_0} = f_2\left[\dfrac{\rho_e}{Q/R^3}, \dfrac{E}{C_0^2}, \dfrac{\rho_a}{Q/R^3}, \dfrac{p_0}{(Q/R^3)\,C_0^2}, \gamma\right] \\
\dfrac{D}{C_0} = f_3\left[\dfrac{\rho_e}{Q/R^3}, \dfrac{E}{C_0^2}, \dfrac{\rho_a}{Q/R^3}, \dfrac{p_0}{(Q/R^3)\,C_0^2}, \gamma\right] \\
\dfrac{U}{C_0} = f_4\left[\dfrac{\rho_e}{Q/R^3}, \dfrac{E}{C_0^2}, \dfrac{\rho_a}{Q/R^3}, \dfrac{p_0}{(Q/R^3)\,C_0^2}, \gamma\right]
\end{cases}
$$

当然，根据式 (4.204) 上式也可以写成

$$
\begin{cases}
\dfrac{p_m^*}{(QE/R^3)} = f_1\left(\dfrac{\rho_e}{Q/R^3}, \dfrac{E}{C_0^2}, \dfrac{p_0}{QE/R^3}, \gamma_0, \gamma\right) \\
\dfrac{\tau_+}{R/\sqrt{E}} = f_2\left(\dfrac{\rho_e}{Q/R^3}, \dfrac{E}{C_0^2}, \dfrac{p_0}{QE/R^3}, \gamma_0, \gamma\right) \\
\dfrac{D}{\sqrt{E}} = f_3\left(\dfrac{\rho_e}{Q/R^3}, \dfrac{E}{C_0^2}, \dfrac{p_0}{QE/R^3}, \gamma_0, \gamma\right) \\
\dfrac{U}{\sqrt{E}} = f_4\left(\dfrac{\rho_e}{Q/R^3}, \dfrac{E}{C_0^2}, \dfrac{p_0}{QE/R^3}, \gamma_0, \gamma\right)
\end{cases}
\tag{4.207}
$$

事实上，空气的绝热系数也是初始系数、压力和温度的函数，量纲分析如不考虑瞬态过程的具体变化过程，只考虑输入和输出问题，可以近似认为

$$
\gamma = \gamma\left(\gamma_0, Q, E, \rho_e, R, p_0\right) \tag{4.208}
$$

因此，式 (4.207) 可以简化写为

$$
\begin{cases}
\dfrac{p_m^*}{(QE/R^3)} = f_1\left(\dfrac{\rho_e}{Q/R^3}, \dfrac{E}{C_0^2}, \dfrac{p_0}{QE/R^3}, \gamma_0\right) \\
\dfrac{\tau_+}{R/\sqrt{E}} = f_2\left(\dfrac{\rho_e}{Q/R^3}, \dfrac{E}{C_0^2}, \dfrac{p_0}{QE/R^3}, \gamma_0\right) \\
\dfrac{D}{\sqrt{E}} = f_3\left(\dfrac{\rho_e}{Q/R^3}, \dfrac{E}{C_0^2}, \dfrac{p_0}{QE/R^3}, \gamma_0\right) \\
\dfrac{U}{\sqrt{E}} = f_4\left(\dfrac{\rho_e}{Q/R^3}, \dfrac{E}{C_0^2}, \dfrac{p_0}{QE/R^3}, \gamma_0\right)
\end{cases}
\tag{4.209}
$$

或

$$\begin{cases} \dfrac{p_m^*}{(Q/R^3)\,C_0^2} = f_1\left[\dfrac{\rho_\mathrm{e}}{Q/R^3}, \dfrac{E}{C_0^2}, \dfrac{\rho_\mathrm{a}}{Q/R^3}, \dfrac{p_0}{(Q/R^3)\,C_0^2}\right] \\ \dfrac{\tau_+}{R/C_0} = f_2\left[\dfrac{\rho_\mathrm{e}}{Q/R^3}, \dfrac{E}{C_0^2}, \dfrac{\rho_\mathrm{a}}{Q/R^3}, \dfrac{p_0}{(Q/R^3)\,C_0^2}\right] \\ \dfrac{D}{C_0} = f_3\left[\dfrac{\rho_\mathrm{e}}{Q/R^3}, \dfrac{E}{C_0^2}, \dfrac{\rho_\mathrm{a}}{Q/R^3}, \dfrac{p_0}{(Q/R^3)\,C_0^2}\right] \\ \dfrac{U}{C_0} = f_4\left[\dfrac{\rho_\mathrm{e}}{Q/R^3}, \dfrac{E}{C_0^2}, \dfrac{\rho_\mathrm{a}}{Q/R^3}, \dfrac{p_0}{(Q/R^3)\,C_0^2}\right] \end{cases} \tag{4.210}$$

方程组 (4.209) 第一式中因变量结合其中的第三个无量纲自变量、方程组 (4.210) 第一式中因变量结合其中的第四个无量纲自变量，利用量纲分析的性质，均可以得到

$$\left.\begin{aligned} \frac{p_m^*}{(QE/R^3)} &\to \frac{p_m^*}{(QE/R^3)}\Big/\frac{p_0}{QE/R^3} \\ \frac{p_m^*}{(Q/R^3)\,C_0^2} &\to \frac{p_m^*}{(Q/R^3)\,C_0^2}\Big/\frac{p_0}{(Q/R^3)\,C_0^2} \end{aligned}\right\} \to \bar{p} = \frac{p_m^*}{p_0} \tag{4.211}$$

表示冲击波相对超压峰值。

由于

$$\bar{\tau}_+ = \frac{\tau_+}{R/C_0} \tag{4.212}$$

中分母表示以空气声速传播从爆炸中心到测量点的时间，因此，相对于方程组 (4.209) 第二式中因变量，方程组 (4.210) 第二式中因变量的物理意义更加直观。

类似地，可以发现

$$\begin{cases} \bar{D} = \dfrac{D}{C_0} \\ \bar{U} = \dfrac{U}{C_0} \end{cases} \tag{4.213}$$

表示冲击波和粒子速度相对于声速的相对速度，物理意义更加明显。

综上分析，我们认为选用声速 C_0 作为无量纲表达式中一个变量，对应无量纲函数表达式的物理意义则更加明显；而对比式 (4.209) 和式 (4.210) 又可以发现选用空气的初始绝热系数则无量纲函数形式则更为简单，因此其本身就是空气材料的一个无量纲物理量；而且，从式 (4.211) 可知空气的初始压力也应作为无量纲函数表达式中的一个量，则对应的无量纲因变量物理意义明显。综合考虑这一情况，并结合式 (4.204)，我们认为从量纲分析角度上看，应结合式 (4.209) 和式 (4.210) 的形式，消去空气的初始密度，则给出的无量纲函数表达式更加直观合理，即有

$$\begin{cases} \dfrac{p_m^*}{p_0} = f_1\left[\dfrac{\rho_e}{Q/R^3}, \dfrac{E}{C_0^2}, \dfrac{\gamma_0 p_0}{(Q/R^3)\,C_0^2}, \dfrac{p_0}{(Q/R^3)\,C_0^2}\right] \\ \dfrac{\tau_+}{R/C_0} = f_2\left[\dfrac{\rho_e}{Q/R^3}, \dfrac{E}{C_0^2}, \dfrac{\gamma_0 p_0}{(Q/R^3)\,C_0^2}, \dfrac{p_0}{(Q/R^3)\,C_0^2}\right] \\ \dfrac{D}{C_0} = f_3\left[\dfrac{\rho_e}{Q/R^3}, \dfrac{E}{C_0^2}, \dfrac{\gamma_0 p_0}{(Q/R^3)\,C_0^2}, \dfrac{p_0}{(Q/R^3)\,C_0^2}\right] \\ \dfrac{U}{C_0} = f_4\left[\dfrac{\rho_e}{Q/R^3}, \dfrac{E}{C_0^2}, \dfrac{\gamma_0 p_0}{(Q/R^3)\,C_0^2}, \dfrac{p_0}{(Q/R^3)\,C_0^2}\right] \end{cases} \tag{4.214}$$

对应地，参考式 (4.190) 和式 (4.191) 即可知，若将炸药等效为球形，上式中第一个无量纲自变量分母即表示炸药的等效半径 r_e，即有

$$\frac{\rho_e R^3}{Q} \to \frac{R}{\sqrt[3]{Q/\rho_e}} = \frac{R}{r_e} \tag{4.215}$$

即表示爆炸冲击波传播无量纲半径或距离。

式 (4.214) 中第二个无量纲自变量物理意义不明显，将其与第四个无量纲自变量进行组合，根据量纲分析的性质，可以得到

$$\begin{aligned} &\frac{E}{C_0^2} \to \frac{E}{C_0^2}\Big/\frac{p_0}{(Q/R^3)\,C_0^2} \\ &= \frac{E}{p_0}\frac{Q}{R^3} \to \frac{p_0}{E}\frac{R^3}{Q} \to \left(\frac{p_0}{E}\right)^{1/3}\frac{R}{Q^{1/3}} = \left(\frac{p_0}{E}\right)^{1/3}\bar{R} \end{aligned} \tag{4.216}$$

式中

$$\bar{R} = \frac{R}{Q^{1/3}} \tag{4.217}$$

为与爆炸中心的相对距离。

式 (4.214) 中第三个无量纲自变量与第四个无量纲自变量根据量纲分析的性质，可以得到

$$\frac{\gamma_0 p_0}{(Q/R^3)\,C_0^2} \to \frac{\gamma_0 p_0}{(Q/R^3)\,C_0^2}\Big/\frac{p_0}{(Q/R^3)\,C_0^2} = \gamma_0 \tag{4.218}$$

且式 (4.214) 中第四个无量纲自变量可写为

$$\frac{p_0}{(Q/R^3)\,C_0^2} = \frac{p_0}{C_0^2}\frac{R^3}{Q} \to \left(\frac{p_0}{C_0^2}\right)^{1/3}\frac{R}{Q^{1/3}} = \left(\frac{p_0}{C_0^2}\right)^{1/3}\bar{R} \tag{4.219}$$

因此，式 (4.214) 可进一步写为

$$
\left\{
\begin{aligned}
\bar{p} &= f_1\left[\rho_{\mathrm{e}}^{1/3}\bar{R}, \left(\frac{p_0}{E}\right)^{1/3}\bar{R}, \gamma_0, \left(\frac{p_0}{C_0^2}\right)^{1/3}\bar{R}\right] \\
\bar{\tau}_+ &= f_2\left[\rho_{\mathrm{e}}^{1/3}\bar{R}, \left(\frac{p_0}{E}\right)^{1/3}\bar{R}, \gamma_0, \left(\frac{p_0}{C_0^2}\right)^{1/3}\bar{R}\right] \\
\bar{D} &= f_3\left[\rho_{\mathrm{e}}^{1/3}\bar{R}, \left(\frac{p_0}{E}\right)^{1/3}\bar{R}, \gamma_0, \left(\frac{p_0}{C_0^2}\right)^{1/3}\bar{R}\right] \\
\bar{U} &= f_4\left[\rho_{\mathrm{e}}^{1/3}\bar{R}, \left(\frac{p_0}{E}\right)^{1/3}\bar{R}, \gamma_0, \left(\frac{p_0}{C_0^2}\right)^{1/3}\bar{R}\right]
\end{aligned}
\right.
\tag{4.220}
$$

根据量纲分析的性质，我们可以从上式的无量纲自变量中尽可能地提取材料无量纲量；需要说明的是，根据式 (4.204) 可知：

$$
p_0 = \frac{\rho_{\mathrm{a}} C_0^2}{\gamma_0} \tag{4.221}
$$

式 (4.221) 中右端的 3 个变量均为空气材料的材料参数，因此我们也可以视空气的初始压力为空气的材料参数，根据量纲分析的性质，式 (4.220) 中自变量需要进一步整合，即可得到

$$
\left\{
\begin{aligned}
\bar{p} &= f_1\left[\left(\frac{\rho_{\mathrm{e}}E}{p_0}\right)^{1/3}, \left(\frac{E}{C_0^2}\right)^{1/3}, \gamma_0; \left(\frac{p_0}{C_0^2}\right)^{1/3}\bar{R}\right] \\
\bar{\tau}_+ &= f_2\left[\left(\frac{\rho_{\mathrm{e}}E}{p_0}\right)^{1/3}, \left(\frac{E}{C_0^2}\right)^{1/3}, \gamma_0; \left(\frac{p_0}{C_0^2}\right)^{1/3}\bar{R}\right] \\
\bar{D} &= f_3\left[\left(\frac{\rho_{\mathrm{e}}E}{p_0}\right)^{1/3}, \left(\frac{E}{C_0^2}\right)^{1/3}, \gamma_0; \left(\frac{p_0}{C_0^2}\right)^{1/3}\bar{R}\right] \\
\bar{U} &= f_4\left[\left(\frac{\rho_{\mathrm{e}}E}{p_0}\right)^{1/3}, \left(\frac{E}{C_0^2}\right)^{1/3}, \gamma_0; \left(\frac{p_0}{C_0^2}\right)^{1/3}\bar{R}\right]
\end{aligned}
\right.
\tag{4.222}
$$

简化后有

$$
\left\{
\begin{aligned}
\bar{p} &= f_1\left[\frac{\rho_{\mathrm{e}}E}{p_0}, \frac{E}{C_0^2}, \gamma_0; \left(\frac{p_0}{C_0^2}\right)^{1/3}\bar{R}\right] \\
\bar{\tau}_+ &= f_2\left[\frac{\rho_{\mathrm{e}}E}{p_0}, \frac{E}{C_0^2}, \gamma_0; \left(\frac{p_0}{C_0^2}\right)^{1/3}\bar{R}\right] \\
\bar{D} &= f_3\left[\frac{\rho_{\mathrm{e}}E}{p_0}, \frac{E}{C_0^2}, \gamma_0; \left(\frac{p_0}{C_0^2}\right)^{1/3}\bar{R}\right] \\
\bar{U} &= f_4\left[\frac{\rho_{\mathrm{e}}E}{p_0}, \frac{E}{C_0^2}, \gamma_0; \left(\frac{p_0}{C_0^2}\right)^{1/3}\bar{R}\right]
\end{aligned}
\right.
\tag{4.223}
$$

上式表明，该问题中无量纲函数表达式有 3 个材料无量纲量和 1 个物理无量纲量。设计一个相似的缩比模型，其充要条件为

$$
\begin{cases}
\left(\dfrac{\rho_{\mathrm{e}}E}{p_0}\right)_m=\left(\dfrac{\rho_{\mathrm{e}}E}{p_0}\right)_p \\
\left(\dfrac{E}{C_0^2}\right)_m=\left(\dfrac{E}{C_0^2}\right)_p \\
(\gamma_0)_m=(\gamma_0)_p \\
\left[\left(\dfrac{p_0}{C_0^2}\right)^{1/3}\bar{R}\right]_m=\left[\left(\dfrac{p_0}{C_0^2}\right)^{1/3}\bar{R}\right]_p
\end{cases}
\tag{4.224}
$$

设缩比模型与原型中炸药质量缩比为

$$
\gamma_Q=\frac{(Q)_m}{(Q)_p}
\tag{4.225}
$$

则该问题的相似律为

$$
\begin{cases}
\gamma_{\rho_{\mathrm{e}}}\gamma_E=\gamma_{p_0} \\
\gamma_E=\gamma_{C_0}^2 \\
\gamma_{\gamma_0}=1 \\
\gamma_{p_0}\gamma_R^3=\gamma_Q\gamma_{C_0}^2
\end{cases}
\tag{4.226}
$$

即

$$
\begin{cases}
\gamma_{\rho_{\mathrm{e}}}\gamma_E=\gamma_{p_0} \\
\gamma_E=\gamma_{C_0}^2 \\
\gamma_{\gamma_0}=1 \\
\gamma_{\rho_{\mathrm{e}}}\gamma_R^3=\gamma_Q
\end{cases}
\tag{4.227}
$$

若缩比模型与原型试验中使用相同的炸药，且处于相同的大气环境中，即满足材料相似条件，此时相似律即简化为

$$
\gamma_R^3=\gamma_Q
\tag{4.228}
$$

上式的物理意义是，此时缩比试验中冲击波传播测量半径应与装药量的立方根呈线性关系缩小，或装药量必须与离开爆源中心距离的立方呈正比关系地缩小或放大。

当缩比模型与原型满足相似条件时，此时必有

$$
\begin{cases}
\left(\dfrac{p_m^*}{p_0}\right)_m=\left(\dfrac{p_m^*}{p_0}\right)_p \\
\left(\dfrac{\tau_+}{R/C_0}\right)_m=\left(\dfrac{\tau_+}{R/C_0}\right)_p \\
\left(\dfrac{D}{C_0}\right)_m=\left(\dfrac{D}{C_0}\right)_p \\
\left(\dfrac{U}{C_0}\right)_m=\left(\dfrac{U}{C_0}\right)_p
\end{cases}
\tag{4.229}
$$

若缩比模型与原型满足材料对应相同条件，上式即简化为

$$\begin{cases} (p_m^*)_m = (p_m^*)_p \\ \left(\dfrac{\tau_+}{R}\right)_m = \left(\dfrac{\tau_+}{R}\right)_p \\ (D)_m = (D)_p \\ (U)_m = (U)_p \end{cases} \tag{4.230}$$

即

$$\begin{cases} \gamma_{p_m^*} = 1 \\ \gamma_{\tau_+} = \gamma_R \\ \gamma_D = 1 \\ \gamma_U = 1 \end{cases} \tag{4.231}$$

上式表明，当缩比模型与原型满足相似律且材料对应相同时，两个模型中冲击波超压峰值、冲击波波速和波阵面粒子速度对应相等，但正压作用时间缩比与几何缩比比例相等。

通常，我们考虑特定炸药在特定大气环境中爆炸问题时，可将空气参数和炸药材料参数视为常量，此时，式 (4.223) 即可写为

$$\begin{cases} \bar{p} = f_1(\bar{R}) \\ \bar{\tau}_+ = f_2(\bar{R}) \\ \bar{D} = f_3(\bar{R}) \\ \bar{U} = f_4(\bar{R}) \end{cases} \tag{4.232}$$

或

$$\begin{cases} p_m^* = f_1\left(\dfrac{R}{Q^{1/3}}\right) \\ \tau_+ = R \cdot f_2\left(\dfrac{R}{Q^{1/3}}\right) \\ D = f_3\left(\dfrac{R}{Q^{1/3}}\right) \\ U = f_4\left(\dfrac{R}{Q^{1/3}}\right) \end{cases} \tag{4.233}$$

上两式中因变量和自变量并非都是无量纲量，但其形式简单，容易给出相对准确的经验表达式，因此，在爆炸问题的工程实际中，上式是一个常用的形式。式 (4.233) 表明，在不考虑外界空气的影响，即缩比与原型试验处于同一个空气环境中时，超压峰值压力 p_m^*、正压作用时间 τ_+、冲击波波速 D 和波阵面后方质点速度 U 皆是相对距离的函数。

从防护角度和爆炸的毁伤角度看，工程上爆炸冲击波毁伤威力评估中常用的两个主

要因素为超压峰值 p_m^* 和冲量 i，参考图 4.24，冲量 i 可以表示为

$$i=\int_0^{\tau_+} p^*(t)\,\mathrm{d}t \tag{4.234}$$

从上式可以看出，这两个主要因素也可以表示为峰值超压 p_m^* 和正压作用时间 τ_+；两种说法本质上是相同的。从上式可知，冲量 i 的量纲为 $\mathrm{ML^{-1}T^{-1}}$。

同上，距离爆炸中心 R 处爆炸冲击波冲量 i 可以表示为

$$i=g(Q,\rho_{\mathrm{e}},E;\rho_{\mathrm{a}},p_0,c_0,\gamma;R) \tag{4.235}$$

同样选取装药量 Q、距离 R 和空气中的初始声速 C_0 作为参考物理量，则上式中物理量对应的量纲幂次指数如表 4.28 所示。

表 4.28 Hopkinson-Cranz 冲量问题中变量的量纲幂次指数 (排序后)

物理量	Q	R	C_0	ρ_{e}	E	ρ_{a}	p_0	i
M	1	0	0	1	0	1	1	1
L	0	1	1	−3	2	−3	−1	−1
T	0	0	−1	0	−2	0	−2	−1

对表 4.28 进行行变换，可以得到表 4.29。

表 4.29 Hopkinson-Cranz 冲量问题中变量的量纲幂次指数 (行变换后)

物理量	Q	R	C_0	ρ_{e}	E	ρ_{a}	p_0	i
Q	1	0	0	1	0	1	1	1
R	0	1	0	−3	0	−3	−3	−2
C_0	0	0	1	0	2	0	2	1

根据 Π 定理，可以给出无量纲因变量为

$$\Pi_i=\frac{iR^2}{QC_0} \tag{4.236}$$

从上分析，参考式 (4.223)，我们也可以给出：

$$\frac{iR^2}{QC_0}=g\left[\frac{\rho_{\mathrm{e}}E}{p_0},\frac{E}{C_0^2},\gamma_0;\left(\frac{p_0}{C_0^2}\right)^{1/3}\bar{R}\right] \tag{4.237}$$

上式中无量纲因变量物理意义不是非常明显，根据量纲分析的性质，可以转换为

$$\frac{iR^2}{QC_0}\to\frac{iR^2}{QC_0}\Big/\left[\left(\frac{p_0}{C_0^2}\right)^{2/3}\frac{R^2}{Q^{2/3}}\right]=\frac{iC_0^{1/3}}{Q^{1/3}p_0^{2/3}}\to\frac{iC_0^{1/3}}{Q^{1/3}p_0^{2/3}}=\frac{i}{Q^{1/3}}\left(\frac{C_0}{p_0^2}\right)^{1/3} \tag{4.238}$$

此时，即有

$$\begin{cases}\dfrac{p_m^*}{p_0}=f\left[\dfrac{\rho_{\mathrm{e}}E}{p_0},\dfrac{E}{C_0^2},\gamma_0;\left(\dfrac{p_0}{C_0^2}\right)^{1/3}\bar{R}\right]\\[2ex]\dfrac{i}{Q^{1/3}}\left(\dfrac{C_0}{p_0^2}\right)^{1/3}=g\left[\dfrac{\rho_{\mathrm{e}}E}{p_0},\dfrac{E}{C_0^2},\gamma_0;\left(\dfrac{p_0}{C_0^2}\right)^{1/3}\bar{R}\right]\end{cases} \tag{4.239}$$

由于式 (4.239) 中自变量与式 (4.223) 中相同，且问题本身并没有发生改变，只是因变量出现了变化，因此，上式所对应的相似律相同。当满足材料相似条件且在相同的空气环境时，其相似律即为

$$\gamma_R^3 = \gamma_Q \tag{4.240}$$

此时有

$$\left\{\begin{array}{l}\left(\dfrac{p_m^*}{p_0}\right)_m = \left(\dfrac{p_m^*}{p_0}\right)_p \\ \left[\dfrac{i}{Q^{1/3}}\left(\dfrac{C_0}{p_0^2}\right)^{1/3}\right]_m = \left[\dfrac{i}{Q^{1/3}}\left(\dfrac{C_0}{p_0^2}\right)^{1/3}\right]_p\end{array}\right. \tag{4.241}$$

即

$$\left\{\begin{array}{l}\gamma_{p_m^*} = 1 \\ \gamma_i = \gamma_R\end{array}\right. \tag{4.242}$$

上式表明，当缩比模型与原型满足相似律且材料对应相同时，两个模型中冲击波超压峰值对应相等，但冲量缩比与几何缩比比例相等。

同理，对于特定的炸药并在特定空气环境中，式 (4.239) 可以简化为

$$\left\{\begin{array}{l}p_m^* = f\left(\bar{R}\right) \\ \dfrac{i}{Q^{1/3}} = g\left(\bar{R}\right)\end{array}\right. \tag{4.243}$$

试验和理论 [40] 也说明了这一点，如图 4.31 所示；从图中可以看出，不同炸弹尺寸、不同装药量，冲击波超压峰值压力 p_m^*、正压冲量与相对距离 $\bar{R}$ 有着近似一致的函数关系。

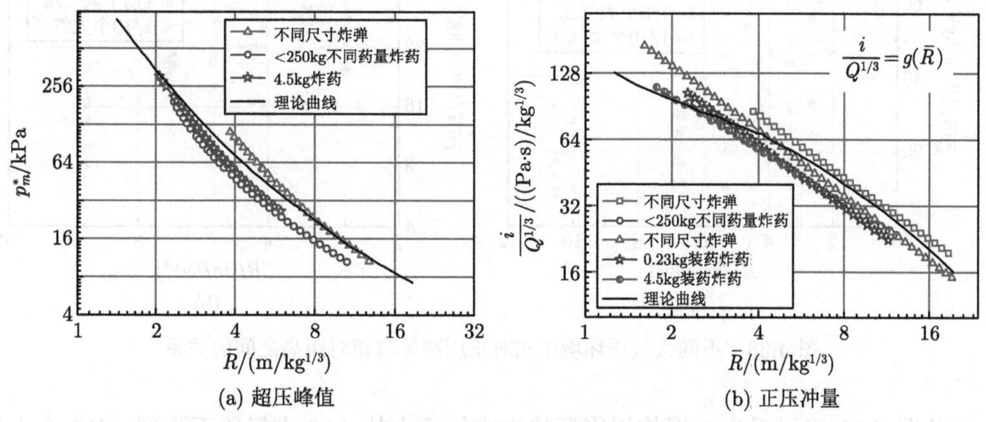

(a) 超压峰值 (b) 正压冲量

图 4.31 超压峰值、正压冲量与相对距离之间的联系 [40]

对不同 TNT 装药量 (2kg、20kg、60kg 和 114kg) 的试验结果进行整理，得到图 4.32。从图中更容易看出，虽然装药量增加了 50 多倍，但其相对正压冲量与相对距离近似满足相同的函数关系，其规律性非常明显。

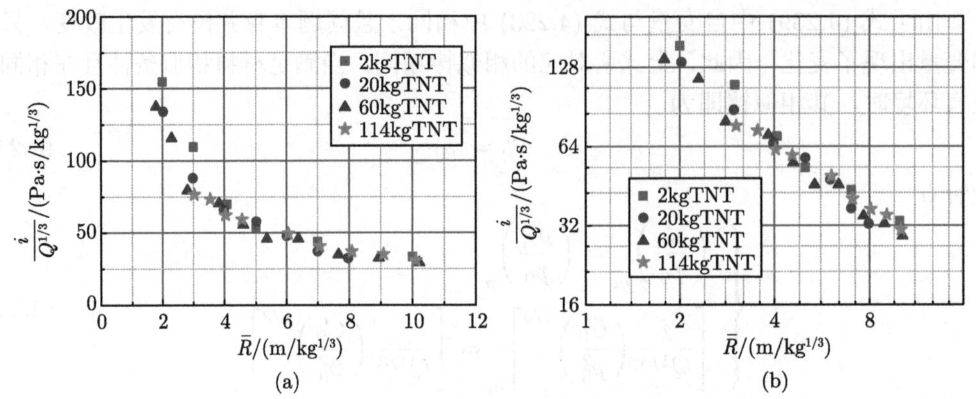

图 4.32 不同相对距离时相对正压冲量试验结果

这些说明在特定的空气环境中，炸药爆炸冲击波传播满足 Hopkinson-Cranz 相似关系。事实上，该相似关系与上小节所推导的结果并没有本质区别。以上所推导出的相似关系由于形式简单、相对准确，因而在工程上得到了广泛的应用。

3) Sachs 相似律

Hopkinson-Cranz 相似律形式简单、应用广泛，在常规工程分析中足够准确；从其假设可以看出，其相似律成立的条件即为缩比模型与原型处于同一个大气环境中，从而可以忽略大气压或将其视为常量。当试验处于不同纬度或不同地域，此时大气压相差较大，大气压的影响可能不能忽视；Dewey 与 Sperrazza[41,42] 等研究表明，大气压对爆炸冲击波相对正压冲量有一定的影响，如图 4.33 所示。

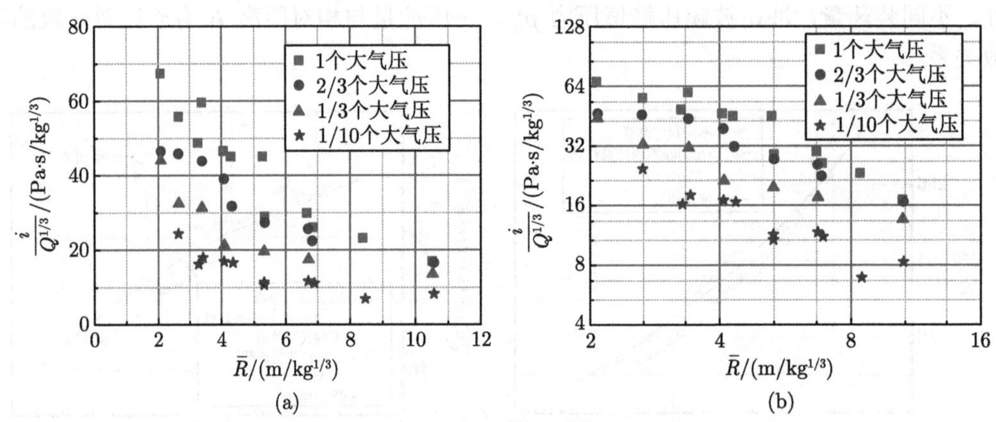

图 4.33 不同大气压环境中相对正压冲量与相对距离之间的关系

从图 4.33 可以看出，爆炸周围环境中空气压力从 1 个大气压下降到 1/10 个大气压的 4 种情况中：相对正压冲量与相对距离皆呈相似的变化趋势；但相同相对距离条件下，随着大气压的减小，其相对正压冲量逐渐减小。因而，大气压对于爆炸冲击波的影响在某些情况下应予以考虑。

对特定的炸药而言，炸药的装药密度 ρ_e 与单位质量炸药的释能 E 可以视为常量，

则式 (4.239) 可以简化为

$$\begin{cases} \dfrac{p_m^*}{p_0} = f\left[\gamma_0; \left(\dfrac{p_0}{C_0^2}\right)^{1/3} \bar{R}\right] \\ \dfrac{i}{Q^{1/3}}\left(\dfrac{C_0}{p_0^2}\right)^{1/3} = g\left[\gamma_0; \left(\dfrac{p_0}{C_0^2}\right)^{1/3} \bar{R}\right] \end{cases} \tag{4.244}$$

若我们假设空气的绝热指数 γ_0 和初始声速 C_0 为常量，即忽略其影响，则上式可以进一步简化为无量纲形式：

$$\begin{cases} \dfrac{p_m^*}{p_0} = f\left[\left(\dfrac{p_0}{C_0^2}\right)^{1/3} \bar{R}\right] \\ \dfrac{i}{Q^{1/3}}\left(\dfrac{C_0}{p_0^2}\right)^{1/3} = g\left[\left(\dfrac{p_0}{C_0^2}\right)^{1/3} \bar{R}\right] \end{cases} \tag{4.245}$$

或有量纲形式：

$$\begin{cases} \dfrac{p_m^*}{p_0} = f\left(p_0^{1/3}\bar{R}\right) \\ \dfrac{i}{Q^{1/3}p_0^{2/3}} = g\left(p_0^{1/3}\bar{R}\right) \end{cases} \tag{4.246}$$

上式即为爆炸冲击波传播的 Sachs 相似律。需要再次强调的是，以上方程组中的自变量和冲量组合量皆为有量纲量。利用上式对图 4.33 中数据进行整理 [42]，即可以得到图 4.34。

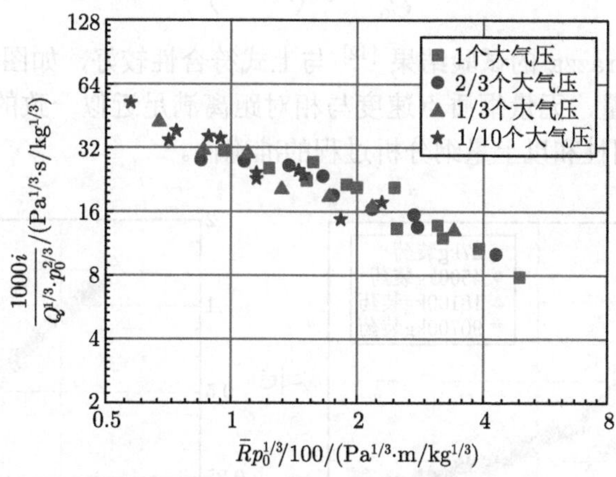

图 4.34 不同大气压环境中相对正压冲量与相对距离之间的 Sachs 关系

上图和式 (4.246) 显示，不同大气压下校正后的相对正压冲量与校正后的相对距离近似满足相同的函数关系。对比上图和图 4.33 可以看出，考虑大气压的影响后，不同大气压条件下爆炸冲击波传播的相似律问题更加普适，规律性更加明显。

类似地，对不同大气压环境下无量纲超压峰值与考虑大气压的相对距离之间的关系进行分析 [42]，得到图 4.35。

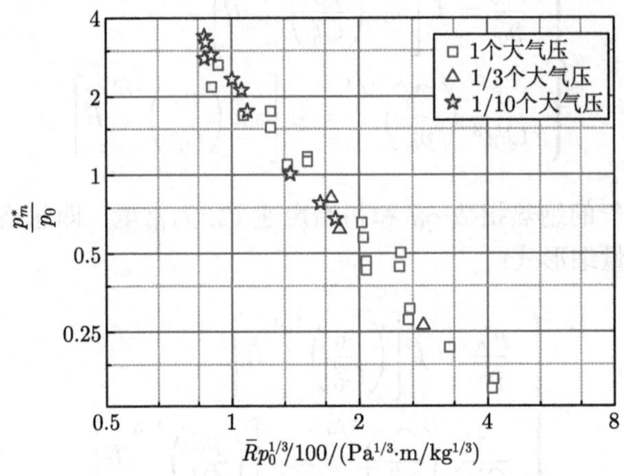

图 4.35　不同大气压环境中无量纲超压峰值与相对距离之间的 Sachs 关系

从图 4.35 中可以看出，考虑爆炸环境大气压力后，不同大气压条件下爆炸冲击波的传播无量纲超压峰值与相对距离之间满足近似一致的函数关系。

同理，我们也可以给出波阵面后方质点速度简化后的无量纲函数表达式为

$$\frac{U}{C_0}=f\left[\left(\frac{p_0}{C_0^2}\right)^{1/3}\bar{R}\right]\tag{4.247}$$

可以进一步简化为以下形式：

$$\frac{U}{C_0}=f\left(p_0^{1/3}\bar{R}\right)\tag{4.248}$$

Dewey 和 Sperrazza 的试验结果 [42] 与上式符合性较好，如图 4.36 所示。从数十千克到近百吨装药量，无量纲质点速度与相对距离满足近似一致的规律，这也说明了 Sachs 相似律的适用性和以上量纲分析过程的准确性。

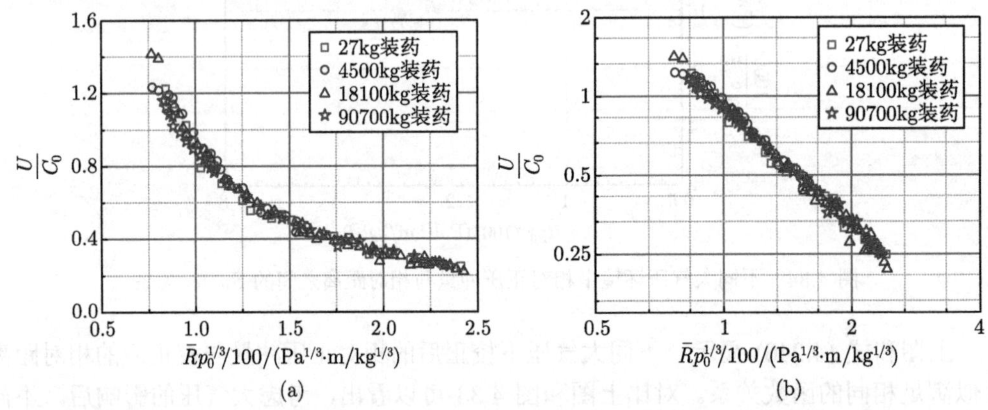

图 4.36　不同装药量波阵面后方无量纲质点速度与相对距离之间的 Sachs 关系

4.2.3 非理想爆炸波传播问题量纲分析与试验结果分析

以上问题中我们假设炸药爆炸状态为理想状态，即爆炸是瞬间完成，且假设其是点爆，特别是空气中的爆炸问题，几何参数只有一个距离变量 R，可以近似为一维问题；然而，在很多实际问题中，爆炸条件并不是如此理想。

在 4.2.2 节中，我们通过量纲分析和试验结果研究，给出了当爆炸波在距离 R 处冲击波正压脉冲参量满足：

$$\left\{\begin{array}{l}\dfrac{p_m^*}{p_0}=f\left[\dfrac{\rho_{\mathrm{e}}E}{p_0},\dfrac{E}{C_0^2},\gamma_0;\left(\dfrac{p_0}{C_0^2}\right)^{1/3}\dfrac{R}{Q^{1/3}}\right]\\ \dfrac{i}{Q^{1/3}}\left(\dfrac{C_0}{p_0^2}\right)^{1/3}=g\left[\dfrac{\rho_{\mathrm{e}}E}{p_0},\dfrac{E}{C_0^2},\gamma_0;\left(\dfrac{p_0}{C_0^2}\right)^{1/3}\dfrac{R}{Q^{1/3}}\right]\end{array}\right. \tag{4.249}$$

利用量纲分析的性质，上式也可以写为

$$\left\{\begin{array}{l}\dfrac{p_m^*}{p_0}=f\left[\dfrac{\rho_{\mathrm{e}}E}{p_0},\dfrac{E}{C_0^2},\gamma_0;\dfrac{Rp_0^{1/3}}{(QE)^{1/3}}\right]\\ \dfrac{i}{(QE)^{1/3}}\dfrac{C_0}{p_0^{2/3}}=g\left[\dfrac{\rho_{\mathrm{e}}E}{p_0},\dfrac{E}{C_0^2},\gamma_0;\dfrac{Rp_0^{1/3}}{(QE)^{1/3}}\right]\end{array}\right. \tag{4.250}$$

对特别爆炸源与特定空气环境而言，上式可以简化为

$$\left\{\begin{array}{l}\dfrac{p_m^*}{p_0}=f\left[\dfrac{Rp_0^{1/3}}{(QE)^{1/3}}\right]\\ \dfrac{i}{(QE)^{1/3}p_0^{2/3}}=g\left[\dfrac{Rp_0^{1/3}}{(QE)^{1/3}}\right]\end{array}\right. \tag{4.251}$$

上式中第二个因变量并非无量纲量。若定义：

$$W=QE \tag{4.252}$$

为炸药所释放的能量，此时，爆炸源能量为 W 时自由空气域中理想爆炸峰值压力及其正压冲量的函数关系式 (4.251) 可简化为

$$\left\{\begin{array}{l}\dfrac{p_m^*}{p_0}=f\left(\dfrac{Rp_0^{1/3}}{W^{1/3}}\right)\\ \dfrac{i}{W^{1/3}p_0^{2/3}}=g\left(\dfrac{Rp_0^{1/3}}{W^{1/3}}\right)\end{array}\right. \tag{4.253}$$

1) 非理想爆炸传播问题的量纲分析

式 (4.253) 对于高能爆炸源爆炸后产生的冲击波传播问题足够准确和实用，诸多试验结果也证明了这一点。若爆炸源并不是理想的高能炸药，而是具有一定尺寸和形状、

体积的爆炸源，此时，爆炸源的相关参数也需要考虑 [12]。设爆炸源的形状与尺寸可以用一系列无量纲尺寸来标定，如 $l_1, l_2, \cdots$；这里统一用 l_i 表示。此时，上式即可写为

$$\begin{cases} \dfrac{p_m^*}{p_0} = f\left(\dfrac{Rp_0^{1/3}}{W^{1/3}}, l_i\right) \\ \dfrac{i}{W^{1/3}p_0^{2/3}} = g\left(\dfrac{Rp_0^{1/3}}{W^{1/3}}, l_i\right) \end{cases} \tag{4.254}$$

对很多工业事故而言，其爆炸源相对复杂，很多情况下爆炸源内部物理力学参数对冲击波传播演化过程有一定的影响。如假设爆炸源内部的压力为 p_e、声速为 C_e、爆炸源气体比热系数为 γ_e，周围环境空气中的声速和初始压力为 C_0 和 p_0。不考虑空气绝热指数的变化即视之为常量，此时距离爆炸源 R 处冲击波的 2 个主要参量可表达为

$$\begin{cases} p_m^* = f\left(p_\mathrm{e}, C_\mathrm{e}, \gamma_\mathrm{e}, l_i; p_0, C_0, W; R\right) \\ i = g\left(p_\mathrm{e}, C_\mathrm{e}, \gamma_\mathrm{e}, l_i; p_0, C_0, W; R\right) \end{cases} \tag{4.255}$$

而且，在一些工业爆炸事故中，爆炸源的爆炸行为并不是瞬时完成，而是在一段不可忽视的时间内完成的，此时能量释放率 $\dot{W}$ 也需要考虑，此时有

$$\begin{cases} p_m^* = f\left(p_\mathrm{e}, C_\mathrm{e}, \gamma_\mathrm{e}, l_i; p_0, C_0, W, \dot{W}; R\right) \\ i = g\left(p_\mathrm{e}, C_\mathrm{e}, \gamma_\mathrm{e}, l_i; p_0, C_0, W, \dot{W}; R\right) \end{cases} \tag{4.256}$$

容易看出，上式共有 2 个因变量和 9 个自变量，自变量中有 1 个无量纲量和 8 个有量纲量 (这里我们视 l_i 为一个几何量，由于它们具有相同性质与量纲，虽然它们可能包含多个具体的几何量，但在量纲分析过程中我们将之视为一个量，本质上是科学准确的)，同上，该问题可以简化为纯力学问题，即只有 3 个基本量纲。这 10 个有量纲量的量纲幂次指数如表 4.30 所示。

表 4.30　非理想爆炸问题中变量的量纲幂次指数

物理量	p_e	C_e	l_i	p_0	C_0	W	$\dot{W}$	R	p_m^*	i
M	1	0	0	1	0	1	1	0	1	1
L	−1	1	1	−1	1	2	2	1	−1	−1
T	−2	−1	0	−2	−1	−2	−3	0	−2	−1

为简化量纲分析过程，我们在考虑其物理意义的前提下选取初始大气压力 p_0、传播半径 R 和大气声速 C_0 这 3 个形式简单的自变量为参考物理量，对表 4.30 进行排序，即可得到表 4.31。

表 4.31　非理想爆炸问题中变量的量纲幂次指数 (排序后)

物理量	p_0	R	C_0	p_e	C_e	l_i	W	$\dot{W}$	p_m^*	i
M	1	0	0	1	0	0	1	1	1	1
L	−1	1	1	−1	1	1	2	2	−1	−1
T	−2	0	−1	−2	−1	0	−2	−3	−2	−1

对表 4.31 进行行变换，可以得到表 4.32。

表 4.32 非理想爆炸问题中变量的量纲幂次指数 (行变换后)

物理量	p_0	R	C_0	p_e	C_e	l_i	W	$\dot{W}$	p_m^*	i
p_0	1	0	0	1	0	0	1	1	1	1
R	0	1	0	0	0	1	3	2	0	1
C_0	0	0	1	0	1	0	0	1	0	−1

根据 Π 定理和式 (4.256)，可以给出无量纲表达式：

$$
\left\{\begin{aligned}
\frac{p_m^*}{p_0} &= f\left(\frac{p_e}{p_0}, \frac{C_e}{C_0}, \gamma_e, \frac{l_i}{R}; \frac{W}{p_0 R^3}, \frac{\dot{W}}{p_0 R^2 C_0}\right) \\
\frac{i}{p_0 R / C_0} &= g\left(\frac{p_e}{p_0}, \frac{C_e}{C_0}, \gamma_e, \frac{l_i}{R}; \frac{W}{p_0 R^3}, \frac{\dot{W}}{p_0 R^2 C_0}\right)
\end{aligned}\right. \tag{4.257}
$$

参考式 (4.254)，根据量纲分析的性质，上式可转换为

$$
\left\{\begin{aligned}
\frac{p_m^*}{p_0} &= f\left(\frac{p_e}{p_0}, \frac{C_e}{C_0}, \gamma_e, \frac{l_i}{R}; \frac{R p_0^{1/3}}{W^{1/3}}, \frac{\dot{W}}{W^{2/3} p_0^{1/3} C_0}\right) \\
\frac{i}{W^{1/3} p_0^{2/3} / C_0} &= g\left(\frac{p_e}{p_0}, \frac{C_e}{C_0}, \gamma_e, \frac{l_i}{R}; \frac{R p_0^{1/3}}{W^{1/3}}, \frac{\dot{W}}{W^{2/3} p_0^{1/3} C_0}\right)
\end{aligned}\right. \tag{4.258}
$$

令

$$
\left\{\begin{aligned}
\bar{p} &= \frac{p_m^*}{p_0} \\
\bar{i} &= \frac{i}{W^{1/3} p_0^{2/3} / C_0}
\end{aligned}\right. \tag{4.259}
$$

分别表示无量纲峰值超压和无量纲正压冲量。并令

$$
\bar{R}^* = \frac{R p_0^{1/3}}{W^{1/3}} \tag{4.260}
$$

表示无量纲间距，该无量纲量是爆炸波在空气中传播的关键参数。且令

$$
\left\{\begin{aligned}
\bar{p}_e &= \frac{p_e}{p_0} \\
\bar{C}_e &= \frac{C_e}{C_0}
\end{aligned}\right. \tag{4.261}
$$

分别表示爆炸源内气体的相对超压和相对声速。这两个无量纲自变量和无量纲量 γ_e 代表爆炸源的物理力学性能。再令

$$
\bar{\dot{W}} \equiv \frac{\dot{W}}{W^{2/3} \cdot p_0^{1/3} \cdot C_0} \tag{4.262}
$$

表示无量纲能量释放率。

式 (4.258) 中，定义爆炸源的无量纲尺寸为

$$\bar{l}_i = \frac{l_i}{R} \tag{4.263}$$

本质上并没有问题，然而距离爆炸源的半径 R 是一个变量，这使得该几何无量纲自变量的意义变得不明显，我们可以将其拆分为 2 个无量纲量：

$$\begin{cases} \bar{l}_i = \dfrac{l_i}{l^*} \\ \bar{l}^* = \dfrac{l^*}{R} \end{cases} \tag{4.264}$$

式中，l^* 表示爆炸源的某个特征尺寸；2 个无量纲量则分别表示爆炸源的几何形状与无量纲几何尺寸。

因此，式 (4.258) 可以简写为

$$\begin{cases} \bar{p} = f\left(\bar{p}_{\rm e}, \bar{C}_{\rm e}, \gamma_{\rm e}, \bar{l}_i, \bar{l}^*; \bar{R}^*, \bar{\dot{W}}\right) \\ \bar{i} = g\left(\bar{p}_{\rm e}, \bar{C}_{\rm e}, \gamma_{\rm e}, \bar{l}_i, \bar{l}^*; \bar{R}^*, \bar{\dot{W}}\right) \end{cases} \tag{4.265}$$

设缩比模型与原型中爆炸源爆炸性质一致，且爆炸源的几何尺寸缩比为

$$\gamma = \frac{(l^*)_m}{(l^*)_p} \tag{4.266}$$

则缩比模型与原型满足相似条件的充要条件为

$$\begin{cases} \left(\bar{l}_i\right)_m = \left(\bar{l}_i\right)_p \\ \left(\bar{l}^*\right)_m = \left(\bar{l}^*\right)_p \end{cases}, \begin{cases} (\bar{p}_{\rm e})_m = (\bar{p}_{\rm e})_p \\ \left(\bar{C}_{\rm e}\right)_m = \left(\bar{C}_{\rm e}\right)_p \\ (\gamma_{\rm e})_m = (\gamma_{\rm e})_p \end{cases}, \begin{cases} \left(\bar{R}^*\right)_m = \left(\bar{R}^*\right)_p \\ \left(\bar{\dot{W}}\right)_m = \left(\bar{\dot{W}}\right)_p \end{cases} \tag{4.267}$$

即该问题的相似律为

$$\begin{cases} \gamma_{l_i} = \gamma_{l^*} = \gamma_R \\ \gamma_{p_{\rm e}} = \gamma_{p_0} \\ \gamma_{C_{\rm e}} = \gamma_{C_0} \\ \gamma_{\gamma_{\rm e}} = 1 \\ \gamma_R \gamma_{p_0}^{1/3} = \gamma_W^{1/3} \\ \gamma_{\dot{W}} = \gamma_W^{2/3} \gamma_{p_0}^{1/3} \gamma_{C_0} \end{cases} \tag{4.268}$$

若缩比模型与原型中爆炸源的形状一致或相近，即满足或近似满足几何相似律，此时恒有

$$\gamma_{l_i} \equiv \gamma_{l^*} = \gamma \tag{4.269}$$

再考虑缩比模型与原型爆炸效应均处于相同或基本相同的大气环境中，即有

$$\begin{cases} \gamma_{p_0} \equiv 1 \\ \gamma_{C_0} \equiv 1 \end{cases} \tag{4.270}$$

则根据相似律中几何相似条件和材料相似条件，此种情况下缩比模型与原型还需要满足：

$$\gamma_R = \gamma \tag{4.271}$$

即随着爆炸源尺寸的缩小或放大，爆炸冲击波 m 测量距离 R 也随之按照相同比例变化；即爆炸源与爆炸冲击波测量系统需要同时满足几何相似条件以及

$$\begin{cases} \gamma_{p_e} = 1 \\ \gamma_{C_e} = 1 \\ \gamma_{\gamma_e} = 1 \end{cases} \tag{4.272}$$

即缩比模型与原型中爆炸源的特征物理参量如密度、声速和指数对应相同，即爆炸源也需要满足材料相似。

由以上分析可知，当缩比模型与原型中爆炸源和爆炸冲击波效应整体系统满足几何相似和材料相似时，该问题的相似律为

$$\begin{cases} \gamma_W = \gamma^3 \\ \gamma_{\dot{W}} = \gamma^2 \end{cases} \tag{4.273}$$

即爆炸源的能量应按照尺寸的立方进行缩比，爆炸源能量释放率按照尺寸的平方进行缩比。

若缩比模型与原型满足相似条件，此时必有

$$\begin{cases} \left(\dfrac{p_m^*}{p_0}\right)_m = \left(\dfrac{p_m^*}{p_0}\right)_p \\ \left(\dfrac{i}{W^{1/3}p_0^{2/3}/C_0}\right)_m = \left(\dfrac{i}{W^{1/3}p_0^{2/3}/C_0}\right)_p \end{cases} \tag{4.274}$$

在满足几何相似和材料相似的前提下，上式即表明：

$$\begin{cases} \gamma_{p_m^*} = 1 \\ \gamma_i = \gamma_W^{1/3} \end{cases} \tag{4.275}$$

结合上式和式 (4.273) 即可进一步给出：

$$\begin{cases} \gamma_{p_m^*} = 1 \\ \gamma_i = \gamma \end{cases} \tag{4.276}$$

即此时缩比模型与原型中爆炸冲击波峰值超压相等，正压冲量按照尺寸进行缩比。

2) 枪或炮口爆炸波传播问题

枪或炮内发射药爆炸后，一部分机械能用于发射炮弹或子弹而转化为弹体的动能，另一部分机械能产生一个瞬态压力载荷并从枪或炮口传播至空气域中，如图 4.37 所示；这就类似在枪或炮口处产生一个能量源，该能量源在瞬间释能，从而产生了一个瞬态压力脉冲。对于高速大口径枪或炮而言，这种瞬态压力脉冲强度一般较大，很有可能对炮口周边结构或人员产生损伤，本部分参考文献 [11] 和 [12]，利用量纲分析方法对试验结果进行分析，研究枪或炮口邻近区域压力或冲量的分布规律。

图 4.37　枪或炮口瞬态压力脉冲示意图

与炸药在空气域或土壤介质中的爆炸不同，枪或炮口形成的瞬态压力脉冲并不是向四周等量输出，而是具有方向性的，其在平行于枪或炮管的方向存在一定的初始速度，因此该方向上的爆炸波传播与垂直于该方向传播演化过程一般并不相同；此时需要考虑两个方向上的间距：平行于枪或炮管方向与枪或炮口的轴向距离 l_{a} 和垂直于该方向上的径向距离 l_{e}。

设枪或炮的发射药的总能量为 E，弹丸或炮弹的质量和出膛初速度分别为 M 和 V_0，可以近似给出枪或炮口等效冲击能量 W 为

$$W = \eta\left(E - \frac{1}{2}MV_0^2\right) \tag{4.277}$$

式中，η 表示效率系数，其值一般小于 1。

如定义：

$$W^* = \frac{W}{\eta} \tag{4.278}$$

则式 (4.277) 可以写为

$$W^* = E - \frac{1}{2}MV_0^2 \tag{4.279}$$

容易知道，弹丸或炮弹的质量 M 与其内膛截面积 S 成正比，即

$$M \propto S \Rightarrow M \propto d^2 \tag{4.280}$$

式中，d 为枪/炮膛的内径。而且其弹丸和炮弹的出膛初始 V_0 应与发射药能量 E、质量 M、膛内径 d 和膛长度 L 密切相关，即

$$V_0 = V(E, M, d, L) \tag{4.281}$$

而且，我们可以认为效率系数 η 也与发射剂特性及以上参数相关。因此，根据式 (4.277) 和以上分析，我们可以给出函数关系：

$$W = W(E, d, L) \tag{4.282}$$

参考本节以上爆炸冲击波的相关分析，可知在平行于发射方向上并与枪/炮口轴向距离 l_{a} 且垂直于该方向上的径向距离 l_{e} 处冲击波的峰值超压和正压冲量可以表示为

$$\begin{cases} p_m = p(l_{\mathrm{a}}, l_{\mathrm{e}}; E, d, L) \\ i = i(l_{\mathrm{a}}, l_{\mathrm{e}}, E; d, L) \end{cases} \tag{4.283}$$

从上式中各物理量的量纲容易看出，整个问题有 3 个基本量纲，而自变量中只能找到 2 个量纲独立的物理量，因此，应该还缺少自变量。综合分析该问题的本质，我们可以选取空气中的声速 C_0 为一个自变量，上式即为

$$\begin{cases} p_m = p(l_{\mathrm{a}}, l_{\mathrm{e}}; E, d, L; C_0) \\ i = i(l_{\mathrm{a}}, l_{\mathrm{e}}; E, d, L; C_0) \end{cases} \tag{4.284}$$

上式中自变量的量纲形式比较简单，参考物理量选取能量 E、空气中的声速 C_0 和其他长度量中的任意一个即可，这里我们选取枪/炮膛的内径 d 为另一个参考物理量。排序后的物理量量纲幂次指数如表 4.33 所示。

表 4.33 枪或炮口爆炸波传播问题中变量的量纲幂次指数 (排序后)

物理量	E	d	C_0	l_{a}	l_{e}	L	p_m	i
M	1	0	0	0	0	0	1	1
L	2	1	1	1	1	1	−1	−1
T	−2	0	−1	0	0	0	−2	−1

对表 4.33 进行行变换，可以得到表 4.34。

表 4.34 枪或炮口爆炸波传播问题中变量的量纲幂次指数 (行变换后)

物理量	E	d	C_0	l_{a}	l_{e}	L	p_m	i
E	1	0	0	0	0	0	1	1
d	0	1	0	1	1	1	−3	−2
C_0	0	0	1	0	0	0	0	−1

根据 Π 定理，结合式 (4.284) 形式，可以给出无量纲表达式:

$$\begin{cases} \dfrac{p_m d^3}{E} = p\left(\dfrac{l_{\mathrm{a}}}{d}, \dfrac{l_{\mathrm{e}}}{d}, \dfrac{L}{d}\right) \\ \dfrac{iC_0 d^2}{E} = i\left(\dfrac{l_{\mathrm{a}}}{d}, \dfrac{l_{\mathrm{e}}}{d}, \dfrac{L}{d}\right) \end{cases} \tag{4.285}$$

从上式可以明显看出，在以上假设的基础上该问题的三个无量纲自变量均为几何无量纲量；其中 L 为枪/炮膛长度，其属于严格意义上的几何量；而枪/炮口轴向距离 l_{a} 与垂直于该方向上的径向距离 l_{e} 并不是严格意义上的几何尺寸，但如果我们将枪/炮与测量或毁伤的空气域整体视为一个系统，则此两个量也是系统中的几何尺寸量。

设缩比模型与原型的几何缩比为

$$\gamma = \frac{(d)_m}{(d)_p} \tag{4.286}$$

则该问题的相似律为

$$\begin{cases} \left(\dfrac{L}{d}\right)_m = \left(\dfrac{L}{d}\right)_p \\ \left(\dfrac{l_{\parallel}}{d}\right)_m = \left(\dfrac{l_{\parallel}}{d}\right)_p \\ \left(\dfrac{l_{\perp}}{d}\right)_m = \left(\dfrac{l_{\perp}}{d}\right)_p \end{cases} \Rightarrow \gamma_L = \gamma_{l_{\mathrm{a}}} = \gamma_{l_{\mathrm{e}}} = \gamma \tag{4.287}$$

也就是说该问题满足严格的几何相似律。

对同一个问题而言，若缩比模型与原型满足相似条件，则必有

$$\begin{cases} \left(\dfrac{p_m d^3}{E}\right)_m = \left(\dfrac{p_m d^3}{E}\right)_p \\ \left(\dfrac{iC_0 d^2}{E}\right)_m = \left(\dfrac{iC_0 d^2}{E}\right)_p \end{cases} \tag{4.288}$$

即

$$\begin{cases} \gamma_{p_m} = \dfrac{\gamma_E}{\gamma^3} \\ \gamma_i = \dfrac{\gamma_E}{\gamma_{C_0}\gamma^2} \end{cases} \tag{4.289}$$

若缩比模型与原型中所使用的发射药相同，且效率系数等也完全相同，弹体的装药量应也满足几何相似条件，则可知

$$\gamma_E = \gamma^3 \tag{4.290}$$

因此式 (4.289) 可以进一步简化为

$$\begin{cases} \gamma_{p_m} = 1 \\ \gamma_i = \dfrac{\gamma}{\gamma_{C_0}} \end{cases} \tag{4.291}$$

若再进一步假设空气介质相同，则上式可以写为

$$\begin{cases} \gamma_{p_m} = 1 \\ \gamma_i = \gamma \end{cases} \tag{4.292}$$

上式的物理意义是，对于枪/炮与空气介质体系而言，若缩比模型与原型满足几何与材料相似，则两个模型中峰值压力相等，正压冲量则按照几何缩比缩小或放大。

一般而言，由于缩比模型和原型试验皆在空气介质中完成，可以近似认为所处的空气介质相同，则 C_0 可以视为一个常量，此时式 (4.285) 常可以写为

$$\begin{cases} \dfrac{p_m d^3}{E} = p\left(\dfrac{l_\mathrm{a}}{d}, \dfrac{l_\mathrm{e}}{d}, \dfrac{L}{d}\right) \\ \dfrac{id^2}{E} = i\left(\dfrac{l_\mathrm{a}}{d}, \dfrac{l_\mathrm{e}}{d}, \dfrac{L}{d}\right) \end{cases} \tag{4.293}$$

需要说明的是，此时方程组 (4.293) 第二式中的因变量不再是无量纲量了。

我们可以注意到，上式中 d^3 是表征体积的量，然而，对枪/炮管内的体积而言，其理论上应为 d^2L，此时上式中第一式可以近似写为

$$\frac{p_m d^2 L}{E} = p\left(\frac{l_\mathrm{a}}{d}, \frac{l_\mathrm{e}}{d}, \frac{L}{d}\right) \tag{4.294}$$

式中，因变量分子即表示超压在枪/炮膛内运动所做的功，此时其物理意义就显得比较明显。

当我们分析枪/炮口处垂直于管方向的径向方向峰值压力或正压冲量时，此时

$$l_\mathrm{a} \equiv 0 \tag{4.295}$$

式 (4.294) 即可简化为

$$\frac{p_m d^2 L}{E} = p\left(\frac{l_\mathrm{e}}{d}, \frac{L}{d}\right) \tag{4.296}$$

若考虑枪/炮管长度与内径之比接近时的情况，上式可以进一步近似为

$$\frac{p_m d^2 L}{E} = p\left(\frac{l_\mathrm{e}}{d}\right) \tag{4.297}$$

利用上式所给出的自变量和因变量，对不同口径枪/炮口对应的测试结果进行整理[43,44]，可以得到图 4.38。从图中可以看出，不同口径的枪/炮口的无量纲峰值压力与无量纲径向距离满足近似一致的函数关系。

结合上式对图 4.38 所示的试验结果进行拟合，可以给出其拟合曲线方程为

$$\frac{p_m d^2 L}{E} = 0.032\left(\frac{l_\mathrm{e}}{d}\right)^{-1.443} \tag{4.298}$$

从图 4.39(a) 容易看出，几种不同口径典型枪/炮口径向距离上的压力近似满足上式所示函数关系。

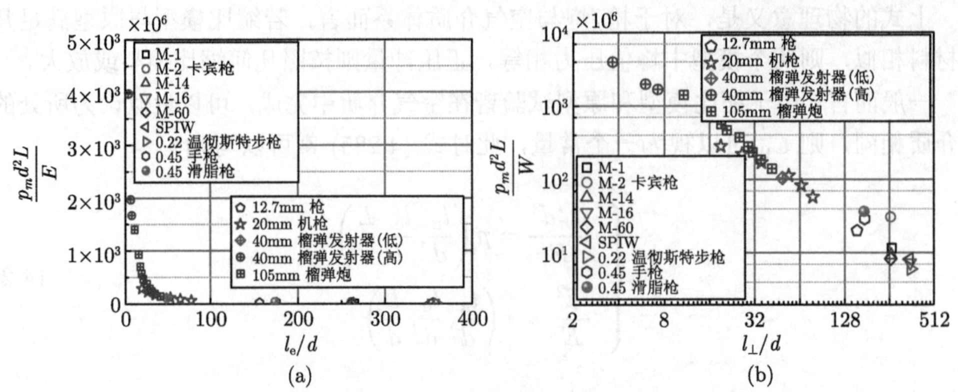

图 4.38　枪或炮口无量纲径向距离上无量纲峰值压力值

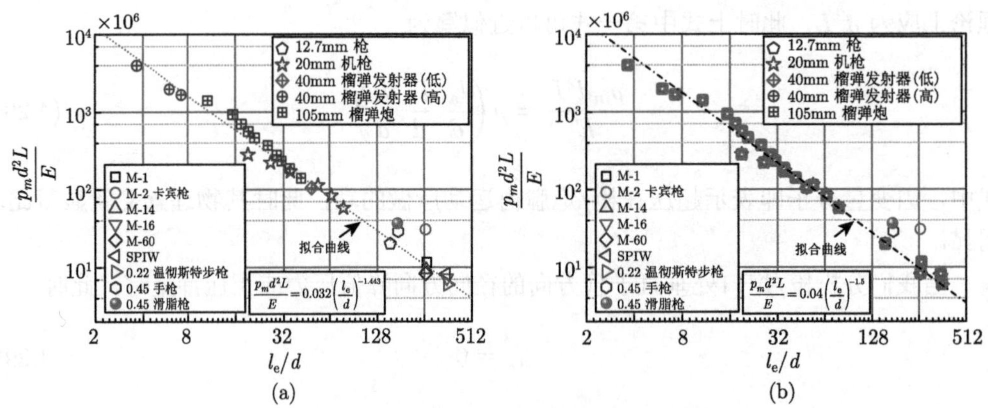

图 4.39　枪或炮口无量纲径向距离上无量纲峰值压力值拟合曲线

只是在工程上，式 (4.298) 的系数相对复杂，可以适当简化得到：

$$\frac{p_m d^2 L}{E}=0.04\left(\frac{l_e}{d}\right)^{-1.5} \tag{4.299}$$

从图 4.39(b) 可以看出，式 (4.299) 也能够足够准确地表达不同口径典型枪/炮膛口径向方向上的压力。可以进一步整理得到

$$p_m=\frac{0.04E}{l_e^{3/2}d^{1/2}L} \tag{4.300}$$

从图 4.39 中可以看出，在枪/炮口径向方向上随着径向无量纲间距对数值的增大，枪/炮口无量纲峰值压力的对数呈近似线性递减；这个结论与空气中爆炸波的传播过程中峰值压力的演化特征基本相同。

类似地，对于枪/炮口径向平面上不同间距处的正压冲量而言，根据式 (4.293) 也可以得到

$$\frac{id^2}{E}=i\left(\frac{l_e}{d},\frac{L}{d}\right) \tag{4.301}$$

若假设枪/炮口处径向无量纲间距与管长对正压冲量的影响相互解耦，即有

$$\frac{id^2}{E}=i\left(\frac{l_e}{d},\frac{L}{d}\right)=f\left(\frac{l_e}{d}\right)\cdot g\left(\frac{L}{d}\right) \tag{4.302}$$

利用上式所给出的自变量和因变量，对不同口径枪/炮膛口对应的测试结果进行整理 [43,44]，可以得到图 4.40。

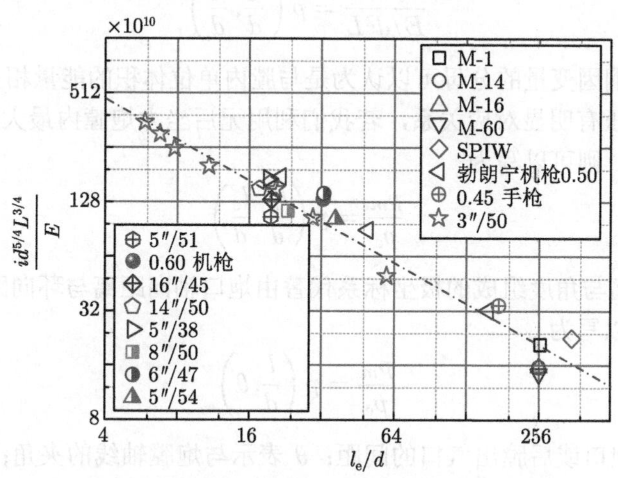

图 4.40 枪或炮口无量纲垂直距离上正压冲量值

对试验数据的分析表明，对于不同管长和不同口径的枪/炮膛口径向平面上的正压冲量而言，皆近似满足：

$$\frac{id^{5/4}L^{3/4}}{E}=i'\left(\frac{l_e}{d}\right) \tag{4.303}$$

参考式 (4.302) 所示形式，上式也可以写为

$$\frac{id^2}{E}=\left(\frac{d}{L}\right)^{3/4}i'\left(\frac{l_e}{d}\right) \tag{4.304}$$

即式 (4.302) 中，

$$g\left(\frac{L}{d}\right)=\left(\frac{L}{d}\right)^{-3/4} \tag{4.305}$$

对比图 4.40 和式 (4.304) 可以看出，利用量纲分析结果对试验数据进行整理与拟合，给出的拟合形式简单且相对准确。

3) 无后坐力炮炮口与后膛冲击波峰值压力问题

Baker 等 [45,46] 对无后坐力炮的相关问题也开展了大量总结性研究，并分析了炮口和后膛不同方向和间距上无量纲峰值超压的演化规律。根据式 (4.294) 可知：

$$\frac{p_m d^2 L}{E}=p\left(\frac{l_a}{d},\frac{l_e}{d},\frac{L}{d}\right) \tag{4.306}$$

从 2) 中的分析与试验数据可以看出，炮的长度与内径之比对无量纲峰值超压的影响相对较小，可以忽略，则上式可写为

$$\frac{p_m d^2 L}{E} = p\left(\frac{l_\mathrm{a}}{d}, \frac{l_\mathrm{e}}{d}\right) \tag{4.307}$$

或

$$\frac{p_m}{E/d^2 L} = p\left(\frac{l_\mathrm{a}}{d}, \frac{l_\mathrm{e}}{d}\right) \tag{4.308}$$

上式中无量纲因变量的分母可以认为是与膛内单位体积的能量相关的量，其物理意义与膛内平均超压有明显对应关系，若我们利用无后坐力炮膛内最大超压 p_c 代替上式的等效平均压力，则可以写为

$$\frac{p_m}{p_\mathrm{c}} = p\left(\frac{l_\mathrm{a}}{d}, \frac{l_\mathrm{e}}{d}\right) \tag{4.309}$$

而且，如利用距离与角度组成的极坐标系代替由炮口轴向距离与环向距离组成的直角坐标系，上式也可以写为

$$\frac{p_m}{p_\mathrm{c}} = p\left(\frac{l}{d}, \theta\right) \tag{4.310}$$

式中，l 表示与炮口或后膛出气口的间距；θ 表示与炮膛轴线的夹角；上两式本质上是一致的。

根据上式，若考虑无后坐力炮炮口与后膛出口处垂直炮管轴线方向上不同环向间距点的峰值超压，则有

$$\frac{p_m}{p_\mathrm{c}} = p\left(\frac{l}{d}\right) \tag{4.311}$$

利用上式，对试验结果 [45,46] 进行整理，可以得到图 4.41。

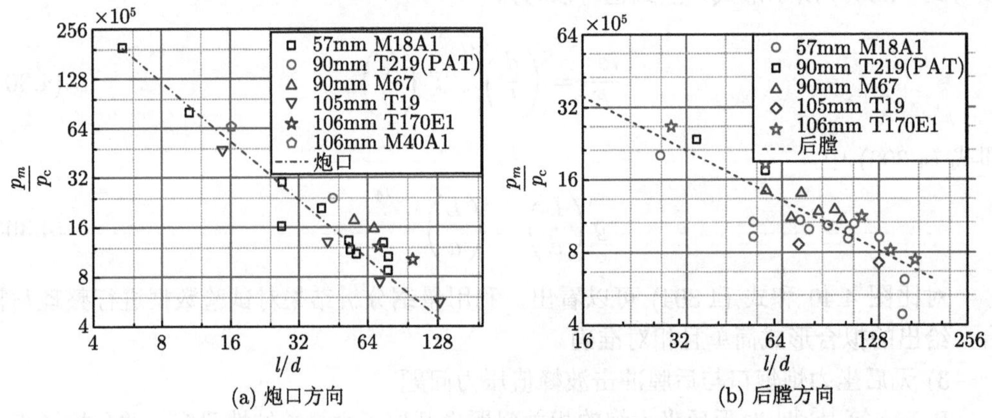

图 4.41　无后坐力炮炮口和后膛出口处垂直方向上相对峰值超压的分布规律

从图 4.41 容易看出，上式的关系对于不同口径和不同型号的无后坐力炮皆是近似成立的。相比之下，炮口处的峰值超压应明显大于后膛出口处的超压；在垂直方向上其

衰减的速度比后者快。两处对应的相对峰值超压的对数与其垂直间距的对数呈线性反比关系。

同理，利用上式，对无后坐力炮炮膛出口自由域与炮管轴线夹角 θ 为 0°(平行) 方向上不同间距处相对峰值超压值试验结果 [45,46] 进行整理，可以得到图 4.42。

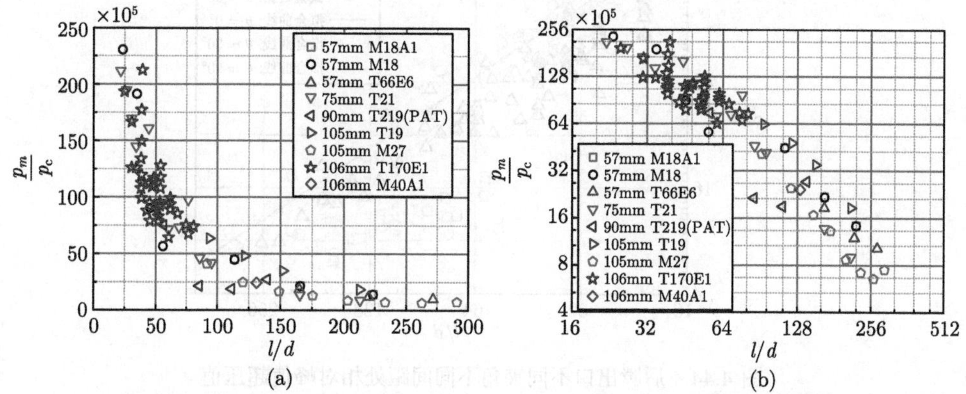

图 4.42 无后坐力炮后膛出口处轴线方向上相对峰值超压的分布规律

对无后坐力炮炮膛出口自由域与炮管轴线夹角 θ 为 30° 方向上不同间距处相对峰值超压值试验结果 [45,46] 进行整理，可以得到图 4.43。

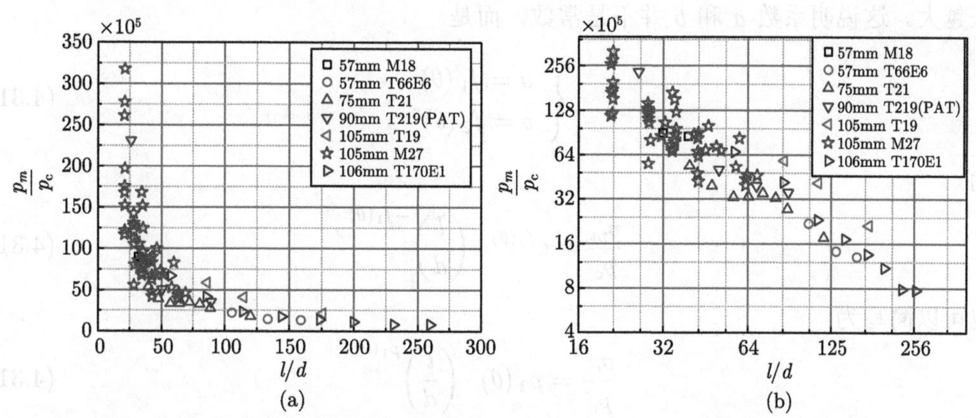

图 4.43 无后坐力炮后膛出口处轴线夹角 30° 方向上相对峰值超压的分布规律

从图 4.41、图 4.42 和图 4.43 可以看出，后膛炮口外不同角度上无量纲间距与无量纲峰值压力之间皆成相近的函数关系。对以上三种不同角度方向上的数据进行组合，可以得到图 4.44。从图中数据可以看出，对不同夹角而言，不同型号和口径的无后坐力炮后膛自由域中相对峰值超压的对数与无量纲间距的对数皆近似满足线性反比关系：

$$\ln\frac{p_m}{p_c}=-a\ln\frac{l}{d}+b \tag{4.312}$$

即

$$\frac{p_m}{p_c}=e^b\cdot\left(\frac{l}{d}\right)^{-a} \tag{4.313}$$

式中，a 和 b 为某待定无量纲系数。

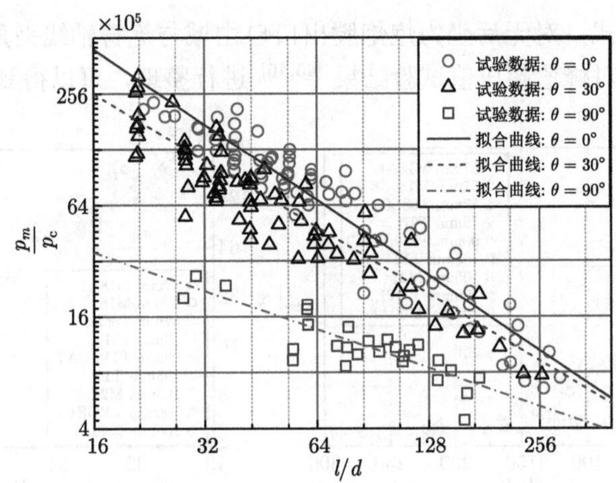

图 4.44 后膛出口不同夹角不同间距处相对峰值超压值

从图 4.44 中的拟合曲线容易发现，枪或炮口/后膛口处的压力脉冲传播规律存在方向性，不同方向上的相对峰值超压随着间距的增大而减小，但其趋势并不相同，一般情况下，与炮管夹角越小，其衰减速度越大；在相同间距时，与炮管夹角越小，其相对超压越大。这说明系数 a 和 b 并不是常数，而是

$$\left\{\begin{array}{l} a = f_1(\theta) \\ b = f_2(\theta) \end{array}\right. \tag{4.314}$$

即

$$\frac{p_m}{p_c} = \mathrm{e}^{f_2(\theta)} \cdot \left(\frac{l}{d}\right)^{-f_1(\theta)} \tag{4.315}$$

也可以简写为

$$\frac{p_m}{p_c} = p_2(\theta) \cdot \left(\frac{l}{d}\right)^{p_1(\theta)} \tag{4.316}$$

式中

$$\left\{\begin{array}{l} p_1(\theta) = -f_1(\theta) \\ p_2(\theta) = \mathrm{e}^{f_2(\theta)} \end{array}\right. \tag{4.317}$$

同理，对无后坐力炮炮口外自由域与炮管轴线夹角 θ 分别为 5°、30°、45 ° 和 90° 方向上不同间距处相对峰值超压值试验结果 [45,46] 进行整理，可以得到图 4.45。从图中可以看出，相同夹角下，不同间距处峰值超压也满足式 (4.311) 所示函数关系，只是不同夹角下该函数关系中的系数有所变化。

对比图 4.45 与图 4.44 不难发现，炮口外自由域冲击波峰值超压与间距的关系受到夹角的影响远小于后膛出口，考虑到上图中数据的离散性，我们可以近似假设炮口方向冲击波向外传播是类似于点爆炸呈半球形向前方传播。

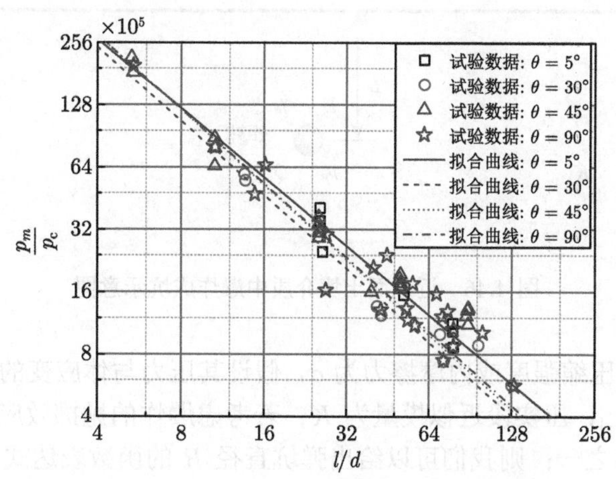

图 4.45 炮口不同夹角不同间距处相对峰值超压值

4.3 岩土介质中爆炸冲击问题相似律与试验结果分析

土壤是地表最常见的物质之一。当前，随着科技的发展，新材料层出不穷，但土壤仍然是使用最广泛的天然工程材料之一；这里的土壤包含普通土壤、黏土、沙土等。土壤中的爆炸问题一直是爆炸力学中的研究难点，至今尚有太多问题没有解决，甚至大多数核心理论问题皆没有解决。研究土壤介质中的爆炸问题，并给出其科学准确的相似关系，进而开展缩比模型试验，是当前研究土壤中爆炸问题及其防护工程设计中最重要的手段之一。

与常规材料不同，土壤是一个多相介质，其本质上是颗粒材料堆积而成的一种介质，颗粒材料之间可能只是相互压缩或摩擦，也可能有一定的黏结力。事实上，土壤是一系列具有类似形状介质的统称，其介质中颗粒之间存在空隙，而空隙中可能是空气、水或更小尺度的土壤介质与空气的复合介质。因此，在高强度压缩荷载作用下，土壤首先出现空隙压缩和坍塌行为，其次会出现内摩擦行为，而在大多数情况下，其颗粒可以视为不可压缩刚性材料。因而，从严格意义上讲，土壤并不是一种材料，也不存在内在所谓的“本构关系”；除非土壤中颗粒粒径极小，颗粒之间接触良好且稳定，这种土壤即为黏土，可以视为一种材料，且存在内在的“本构关系”。

4.3.1 土壤介质中爆炸成坑问题量纲分析与试验结果分析

在大体积土壤介质中，爆炸后必然形成空腔或空隙；特别是当爆炸点距离地面较近时，爆炸冲击波会将浮土向四周高速抛掷从而形成弹坑。此时，土壤介质中的爆炸问题就尤为复杂，涉及瞬态冲击效应、重力效应、土壤介质的多相耦合力学特性等问题。

对近地面土壤介质中爆炸问题而言，弹坑的形状尺寸主要影响因素有炸药的相关参数、土壤的相关参数和爆炸力学相关参数。如忽略炸药的尺寸与形状，并设炸药爆炸产物满足多方指数状态方程，其指数为γ_e；炸药的装药密度为ρ_e、装药量为 Q，单位质量炸药所释放出的化学能为 E；炸药的埋深为 L；土壤的密度为ρ_s；如图 4.46 所示。

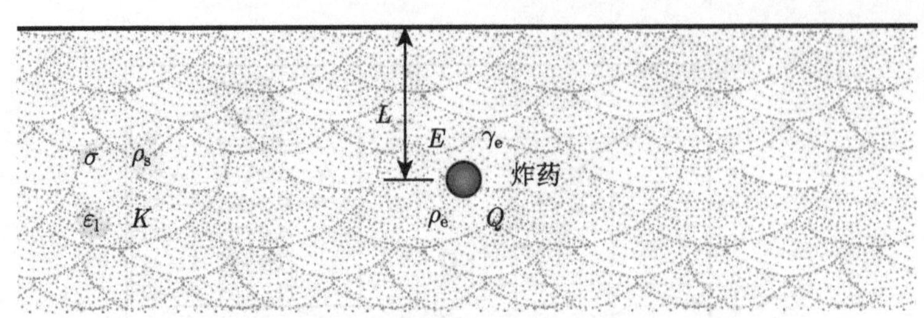

图 4.46　近地面土壤介质中爆炸成坑示意图

设土壤的单轴压缩强度或内摩擦力为 σ，假设其压力与体应变的状态方程关系满足双线性，锁应变为ε_1，压实段近似模量为 K；若考虑爆炸的抛掷效应，此时其重力加速度 g 也是主要因素之一；则我们可以给出弹坑直径 R 的函数表达式：

$$R = f\left(L; Q, \rho_e, E, \gamma_e; \rho_s, \sigma, \varepsilon_1, K; g\right) \tag{4.318}$$

在这个问题中，炸药爆炸能量也可以近似认为皆转化为机械能，因此，我们可以将之视为纯力学问题，此时能量对应的量纲也是一个衍生量纲。因此该问题中 11 个物理量有 3 个基本量纲，其中有量纲物理量 9 个、无量纲物理量 2 个，9 个有量纲物理量的量纲幂次指数如表 4.35 所示。

表 4.35　近地面土壤介质中爆炸成坑问题中变量的量纲幂次指数

物理量	R	L	Q	ρ_e	E	ρ_s	σ	K	g
M	0	0	1	1	0	1	1	1	0
L	1	1	0	−3	2	−3	−1	−1	1
T	0	0	0	0	−2	0	−2	−2	−2

从表 4.35 可以看出，从量纲的形式来看，可以选取装药量 Q、埋深 L 和单位质量炸药所释放出的化学能 E 这 3 个自变量为参考物理量，从而使得量纲分析的过程更为简单；对表 4.35 进行排序可以得到表 4.36。

表 4.36　近地面土壤介质中爆炸成坑问题中变量的量纲幂次指数 (排序后)

物理量	Q	L	E	ρ_e	ρ_s	σ	K	g	R
M	1	0	0	1	1	1	1	0	0
L	0	1	2	−3	−3	−1	−1	1	1
T	0	0	−2	0	0	−2	−2	−2	0

对表 4.36 进行行变换，可以得到表 4.37。

表 4.37　近地面土壤介质中爆炸成坑问题中变量的量纲幂次指数 (行变换后)

物理量	Q	L	E	ρ_e	ρ_s	σ	K	g	R
Q	1	0	0	1	1	1	1	0	0
L	0	1	0	−3	−3	−3	−3	−1	1
E	0	0	1	0	0	1	1	1	0

根据 Π 定理和表 4.37，可以得到 7 个无量纲自变量和 1 个无量纲因变量：

$$\begin{cases}\Pi_1=\dfrac{\rho_e}{Q/L^3}\\ \Pi_2=\gamma_e\end{cases},\quad\begin{cases}\Pi_3=\dfrac{\rho_s}{Q/L^3}\\ \Pi_4=\dfrac{\sigma}{QE/L^3}\\ \Pi_5=\varepsilon_1\\ \Pi_6=\dfrac{K}{QE/L^3}\end{cases},\quad \Pi_7=\frac{g}{E/L},\Pi=\frac{R}{L} \tag{4.319}$$

根据式 (4.318)，可以给出无量纲表达式

$$\frac{R}{L}=f\left(\frac{\rho_e}{Q/L^3},\gamma_e;\frac{\rho_s}{Q/L^3},\frac{\sigma}{QE/L^3},\varepsilon_1,\frac{K}{QE/L^3};\frac{g}{E/L}\right) \tag{4.320}$$

由于该问题中只有一个几何自变量，因此上式中并不可能给出几何无量纲自变量；按照第 2 章量纲分析的性质，对上式进行整理，给出尽可能多的材料无量纲自变量，即有

$$\frac{R}{L}=f\left(\frac{\rho_e}{\rho_s},\gamma_e,\frac{\rho_s}{\sigma/E},\varepsilon_1,\frac{K}{\sigma};\frac{\sigma}{QE/L^3},\frac{g}{E/L}\right) \tag{4.321}$$

若炸药为常规的 TNT，或采取工程上常用的方法，我们将炸药能量等参数以常规 TNT 炸药为参考进行等效处理，即

$$QE=Q_{\mathrm{TNT}}E_0 \tag{4.322}$$

式中，Q_{TNT} 表示等效 TNT 当量；E_0 表示单位 TNT 炸药所产生的机械能，该物理量可以近似为一个常量。

此时，式 (4.321) 中炸药的材料参数即可以视为常数，可简化为

$$\frac{R}{L}=f\left(\frac{\rho_s}{\sigma/E_0},\varepsilon_1,\frac{K}{\sigma};\frac{\sigma}{Q_{\mathrm{TNT}}E_0/L^3},\frac{g}{E_0/L}\right)$$

设土壤的基础矿物质密度相近，其锁应变理论上与土壤的孔隙率密切相关，因此可以将之视为土壤密度的函数；即上式可以近似简化为

$$\frac{R}{L}=f\left(\frac{\rho_s}{\sigma/E_0},\frac{K}{\sigma};\frac{\sigma}{Q_{\mathrm{TNT}}E_0/L^3},\frac{g}{E_0/L}\right) \tag{4.323}$$

考虑该问题的一个缩比模型，其中炸药与原型中的炸药相同或皆为 TNT 炸药，埋深与原型中对应几何缩比为

$$\gamma=\frac{(L)_m}{(L)_p} \tag{4.324}$$

则两个模型满足物理相似的充要条件即为

$$\begin{cases}\left(\dfrac{\rho_s}{\sigma/E_0}\right)_m=\left(\dfrac{\rho_s}{\sigma/E_0}\right)_p\\\left(\dfrac{K}{\sigma}\right)_m=\left(\dfrac{K}{\sigma}\right)_p\\\left(\dfrac{\sigma}{Q_{\mathrm{TNT}}E_0/L^3}\right)_m=\left(\dfrac{\sigma}{Q_{\mathrm{TNT}}E_0/L^3}\right)_p\\\left(\dfrac{g}{E_0/L}\right)_m=\left(\dfrac{g}{E_0/L}\right)_p\end{cases}\tag{4.325}$$

即该问题的相似律为

$$\begin{cases}\gamma_{\rho_s}=\gamma_\sigma/\gamma_{E_0}=\gamma_\sigma\\\gamma_K=\gamma_\sigma\\\gamma_\sigma=\dfrac{\gamma_{Q_{\mathrm{TNT}}}\gamma_{E_0}}{\gamma^3}=\dfrac{\gamma_{Q_{\mathrm{TNT}}}}{\gamma^3}\\\gamma_g=\dfrac{\gamma_{E_0}}{\gamma}=\dfrac{1}{\gamma}\end{cases}\tag{4.326}$$

若炸药尺寸也按照尺寸缩比，则必有

$$\gamma_\sigma=\frac{\gamma_{Q_{\mathrm{TNT}}}\gamma_{E_0}}{\gamma^3}=\frac{\gamma_{Q_{\mathrm{TNT}}}}{\gamma^3}=1\tag{4.327}$$

此时相似律就简化为

$$\begin{cases}\gamma_{\rho_s}=\gamma_K=\gamma_\sigma=1\\\gamma_g=\dfrac{1}{\gamma}\end{cases}\tag{4.328}$$

上式的物理意义很明确，当缩比模型与原型满足几何相似且炸药材料相同，则两者满足物理相似的充要条件是土壤材料满足相似条件且重力加速度按照几何缩比的倒数放大或缩小。

从以上相似律分析可以看出，土壤中浅埋爆炸抛掷成坑问题在自然条件下并不满足严格的几何相似律：首先，土壤类材料的力学性能一般具有明显的尺度效应，缩比较大时相同的土壤材料其力学性能相差也较明显；其次，也是最重要的，在自然条件下我们无法做到随意将重力加速度减小或放大。然而，土壤中爆炸问题除少量原型试验外，一般均为材料缩比模型试验，而且由于土壤材料力学性能很难按照缩比关系进行较大的改变，即很难找到或制备力学参数皆能按照相似关系成倍放大或缩小的类土壤材料，因此，我们一般控制材料相似，即：或者利用原型中相同的土壤材料、控制缩比比例，以减少土壤材料力学性能的尺度效应；或者当缩比比例相对较大时，采用一定的技术手段对材料进行适当改性，尽可能使得材料相似。根据以上相似律分析结果，理论上可以采用以下两种方案进行：其一，利用离心机等设备改变重力加速度；其二，在自然环境中开展试验，利用少量的原型试验和其他手段，对试验结果进行校正。

式 (4.323) 中函数内第一个无量纲自变量表示土壤密度的影响，对该问题进行初步分析可知，密度对该问题的影响主要有两个方面：土壤抛掷惯性效应对成坑尺寸的影响和炸药上覆土壤重力对成坑尺寸的影响。综合分析这 4 个无量纲自变量的组成，可以判断该自变量表征土壤的抛掷惯性效应，因此该无量纲自变量可以进一步写为

$$\frac{\rho_s}{\sigma/E_0}=\frac{\rho_s LR^2}{\sigma LR^2/E_0} \tag{4.329}$$

由于其中 R 为因变量，根据量纲分析的性质，上式可以写为

$$\frac{\rho_s}{\sigma/E_0}=\frac{\rho_s LR^2}{\sigma LR^2/E_0}\rightarrow\frac{\rho_s L^3}{\sigma L^3/E_0} \tag{4.330}$$

上式中分母包含土壤的单轴压缩强度或内摩擦力、土壤体积和单位 TNT 炸药所产生的机械能，物理意义不明显，可以根据量纲分析的性质进行组合变换：

$$\frac{\rho_s L^3}{\sigma L^3/E_0}\rightarrow\frac{\rho_s L^3}{\sigma L^3/E_0}\cdot\frac{\sigma}{Q_{\mathrm{TNT}}E_0/L^3}=\frac{\rho_s L^3}{Q_{\mathrm{TNT}}} \tag{4.331}$$

式 (4.323) 中函数内第四个无量纲自变量表征上覆土壤重力的影响，同理可以写为

$$\frac{g}{E_0/L}\rightarrow\frac{g}{E_0/L}\frac{\rho_s L^3}{Q_{\mathrm{TNT}}}=\frac{\rho_s gL^3}{E_0 Q_{\mathrm{TNT}}/L}=\frac{\rho_s gL^4}{Q_{\mathrm{TNT}}E_0} \tag{4.332}$$

因而，式 (4.323) 即可写为

$$\frac{R}{L}=f\left(\frac{\rho_s L^3}{Q_{\mathrm{TNT}}},\frac{K}{\sigma};\frac{\sigma L^3}{Q_{\mathrm{TNT}}E_0},\frac{\rho_s gL^4}{Q_{\mathrm{TNT}}E_0}\right) \tag{4.333}$$

对于近地面爆炸而言，弹坑形状与尺寸主要是由于爆炸产生的高压将其上覆土壤抛掷而出形成的，因而，与深地下爆炸形成空腔的原理不同，此时土壤压实段状态方程参数可以忽略。此时上式中第二个无量纲自变量可以不予考虑，即有

$$\frac{R}{L}=f\left(\frac{\rho_s L^3}{Q_{\mathrm{TNT}}},\frac{\sigma L^3}{Q_{\mathrm{TNT}}E_0},\frac{\rho_s gL^4}{Q_{\mathrm{TNT}}E_0}\right) \tag{4.334}$$

对于大当量爆炸问题，不同土壤单轴压缩强度或内摩擦力相对爆炸产生的压力而言小得多，且对于特定的土壤而言，土壤材料的物理力学参数可以是常量，因此上式所示函数关系可以写为以下有量纲形式：

$$\frac{R}{L}=f\left(\frac{L^3}{Q_{\mathrm{TNT}}},\frac{L^3}{Q_{\mathrm{TNT}}},\frac{gL^4}{Q_{\mathrm{TNT}}}\right) \tag{4.335}$$

若试验在自然环境中开展，则上式可以进一步简化：

$$\frac{R}{L}=f\left(\frac{L^3}{Q_{\mathrm{TNT}}},\frac{L^3}{Q_{\mathrm{TNT}}},\frac{L^4}{Q_{\mathrm{TNT}}}\right) \tag{4.336}$$

即

$$\frac{R}{L}=f\left(\frac{L}{Q_{\mathrm{TNT}}^{1/3}},\frac{L}{Q_{\mathrm{TNT}}^{1/4}}\right) \tag{4.337}$$

需要强调说明的是，此时上式右端函数中的变量就不是无量纲量了。

参考式 (4.334) 可知，上式中两个自变量分别表示：爆炸产生的能量在土壤抛掷过程中克服土壤内部内摩擦力和惯性效应因素、爆炸产生能量克服上覆土壤重力因素；即右端第一个自变量表征两个方面的影响因素。从上式容易看出，满足几何相似和材料相似的前提下，如果同时考虑土壤材料力学性能与重力作用，在自然环境中，并不能够找到与原型相似的缩比模型。上式意味着：在满足材料相似的基础上，如果同时考虑近地面爆炸开坑问题中惯性效应和上覆土壤的重力的话，该问题并不满足严格的几何相似律。

若假设爆炸成坑过程中，由于埋深相对较小，重力的影响远小于土壤运动惯性的影响，此时上式中右端函数内第二个自变量可以忽略不计 [47,48]，此时无量纲成坑半径的函数关系可以写为

$$\frac{R}{L}=f\left(\frac{L}{Q_{\mathrm{TNT}}^{1/3}}\right) \tag{4.338}$$

利用上式对试验结果 [49] 进行整理，可以给出图 4.47。从图中可以看出，在该爆炸问题中，从 116kgTNT 当量到 90718tTNT 当量，虽然跨度很大 (相差约 6 个量级)，但其无量纲成坑半径与埋深之间的关系近似一致，也就是说，式 (4.338) 所示近似关系在一定程度上是合理的。

对比图 4.47 中不同当量的数据可以看出：首先，整体来看，忽略重力的影响后小当量的爆炸成坑直径值皆高于大当量的爆炸成坑半径，也就是说，利用小当量的爆炸问题预测大当量的成坑直径，所给出的值偏大；其次，随着相对埋深的增大，不同当量的爆炸成坑无量纲半径相差逐渐增大，这说明随着埋深的增大，上覆土壤的重力影响愈加明显。

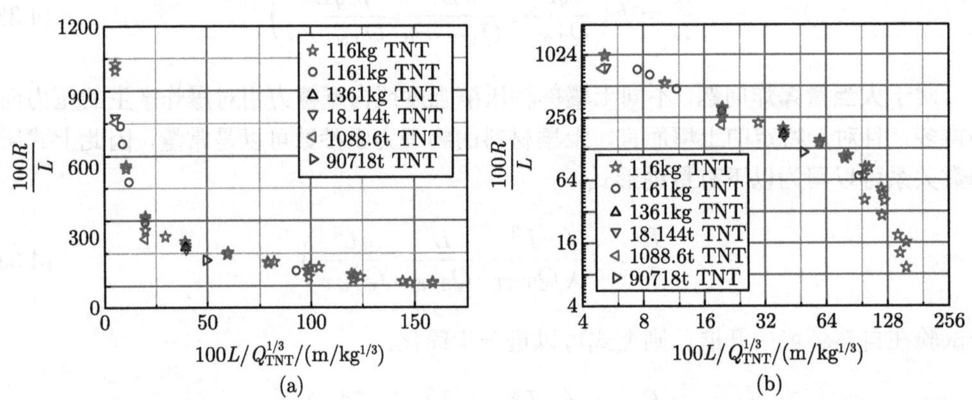

图 4.47　不考虑土壤力学性能与惯性效应时近地面土壤介质中爆炸成坑半径与埋深关系

若认为爆炸成坑直径的主要影响因素为上覆土壤的重力，其惯性效应和土壤材料内摩擦力可以不予考虑 [50,51]，则式 (4.337) 可以简化为

$$\frac{R}{L}=f\left(\frac{L}{Q_{\mathrm{TNT}}^{1/4}}\right) \tag{4.339}$$

利用上式对以上试验数据进行整理，可以得到图 4.48。

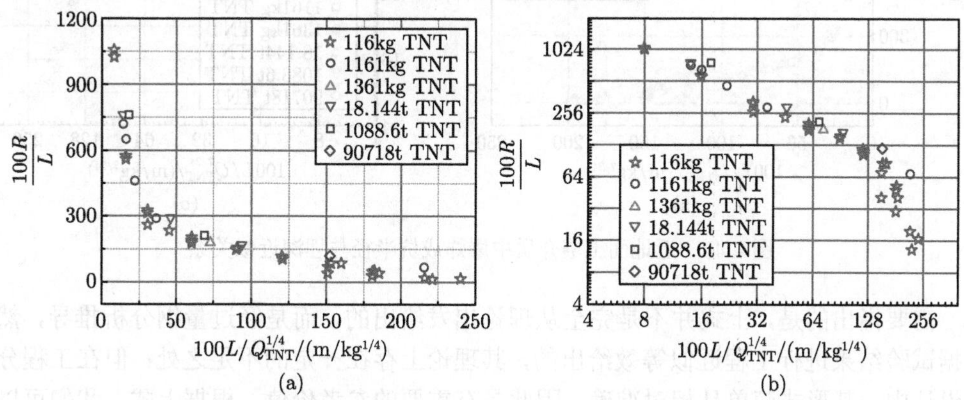

图 4.48　不考虑上覆土壤重力时近地面土壤介质中爆炸成坑半径与埋深关系

从图 4.48 可以看出，与图 4.47 正好相反，只考虑上覆土壤重力的影响，小当量爆炸对应的无量纲成坑半径偏小，也就是说，利用小当量爆炸模拟大当量爆炸成坑半径，所给出的值比原型值偏小。

对比图 4.47 与图 4.48 我们可以看出，虽然两个近似模型皆有少许偏差，但考虑到其当量跨过 5 个量级，因此，整体来讲足够准确。我们希望找出一个近似的模型，能够更准确地拟合土壤爆炸成坑定量关系，对几何相似律进行校正，以期近似给出一个能够相对准确且满足几何相似律的函数关系。考虑到以上所分析的两个近似模型的偏差特征，我们可以给出校正后的近似关系：

$$\frac{R}{L}=f\left(\frac{L}{Q_{\mathrm{TNT}}^{1/3}},\frac{L}{Q_{\mathrm{TNT}}^{1/4}}\right)\sim f\left(\frac{L}{Q_{\mathrm{TNT}}^{\alpha}}\right) \tag{4.340}$$

其中

$$\frac{1}{4}<\alpha<\frac{1}{3} \tag{4.341}$$

如近似取平均值

$$\alpha=\frac{1/3+1/4}{2}=\frac{7}{24} \tag{4.342}$$

即

$$\frac{R}{L}=f\left(\frac{L}{Q_{\mathrm{TNT}}^{7/24}}\right) \tag{4.343}$$

利用以上函数关系对试验数据进一步处理，可以得到图 4.49。从图中可以看出，此时不同当量 TNT 爆炸时无量纲成坑半径与等效深度之间均满足近似一致的函数关系。

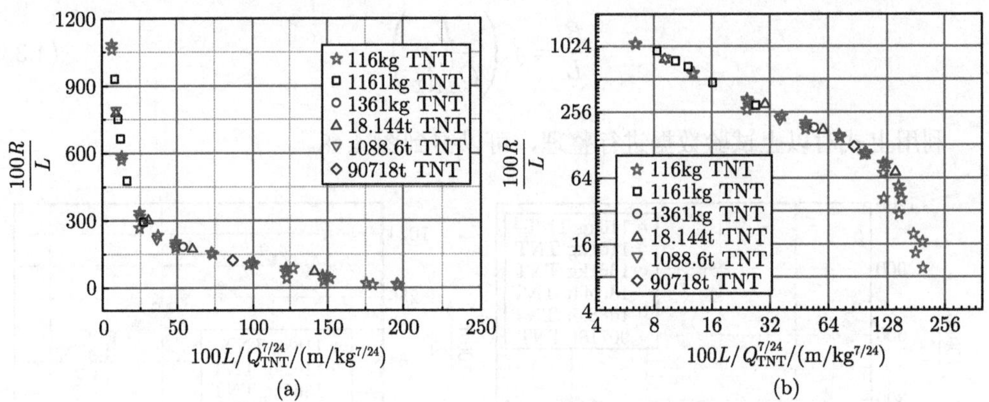

图 4.49 近地面土壤介质中爆炸成坑半径与埋深近似关系

需要指出的是，上式并不是完全从理论出发给出的，而是经过量纲分析推导，然后依据试验结果进行工程近似等效给出的，其理论上存在一定的不足之处；但在工程分析和设计中，其形式简单且相对准确，因此具有重要的参考价值。根据上式，我们可以给出该问题的简化相似律。

设缩比模型与原型的几何缩比为

$$\gamma = \frac{(L)_m}{(L)_p} \tag{4.344}$$

且两个模型中炸药与土壤材料相同，同时试验皆在自然环境中开展，则该问题的相似律可以简化为

$$\left(\frac{L}{Q_{\text{TNT}}^{7/24}}\right)_m = \left(\frac{L}{Q_{\text{TNT}}^{7/24}}\right)_p \tag{4.345}$$

即该问题的相似律为

$$\gamma_{Q_{\text{TNT}}} = \gamma^{24/7} \tag{4.346}$$

1) 重力加速度的影响分析

根据以上理论与试验结果的对比分析可知，量纲分析简化过程中的假设基本合理；不过以上的结论中函数中自变量并不是无量纲量，物理意义不明显。根据式 (4.334)，有

$$\frac{R}{L} = f\left(\frac{\rho_s^{1/3} L}{Q_{\text{TNT}}^{1/3}}, \frac{\sigma^{1/3} L}{Q_{\text{TNT}}^{1/3} E_0^{1/3}}, \frac{\rho_s^{1/4} g^{1/4} L}{Q_{\text{TNT}}^{1/4} E_0^{1/4}}\right) \tag{4.347}$$

相关研究表明，对于土壤中的爆炸而言，其惯性效应的影响相对于克服土壤内摩擦力和上覆土层重力因素而言小得多，因此，上式可以进一步简化为

$$\frac{R}{L} = f\left(\frac{\sigma^{1/3} L}{Q_{\text{TNT}}^{1/3} E_0^{1/3}}, \frac{\rho_s^{1/4} g^{1/4} L}{Q_{\text{TNT}}^{1/4} E_0^{1/4}}\right) \tag{4.348}$$

考虑到式 (4.342) 中我们取装药量系数的平均数作为工程近似表达式中的系数 [52]，可以对无量纲表达式 (4.334) 进行整理，有

$$\frac{R}{L}=f\left(\frac{\sigma^{1/3}L}{Q_{\mathrm{TNT}}^{1/3}E_0^{1/3}},\frac{\rho_{\mathrm{s}}^{1/4}g^{1/4}L}{Q_{\mathrm{TNT}}^{1/4}E_0^{1/4}}\right)\to f\left(\frac{\sigma^{1/3}L}{Q_{\mathrm{TNT}}^{1/3}E_0^{1/3}}\cdot\frac{\rho_{\mathrm{s}}^{1/4}g^{1/4}L}{Q_{\mathrm{TNT}}^{1/4}E_0^{1/4}}\right) \tag{4.349}$$

即

$$\frac{R}{L}=f\left(\frac{\sigma^{1/3}\rho_{\mathrm{s}}^{1/4}g^{1/4}L^2}{Q_{\mathrm{TNT}}^{7/12}E_0^{7/12}}\right)\to f\left(\frac{\sigma^{1/6}\rho_{\mathrm{s}}^{1/8}g^{1/8}L}{Q_{\mathrm{TNT}}^{7/24}E_0^{7/24}}\right) \tag{4.350}$$

也可写为

$$\frac{R}{L}=f\left(\frac{\sigma^{1/6}\rho_{\mathrm{s}}^{1/8}}{E_0^{7/24}}\cdot g^{1/8}\cdot\frac{L}{Q_{\mathrm{TNT}}^{7/24}}\right) \tag{4.351}$$

当土壤材料特定且炸药材料为 TNT 或其他特定材料时，上式可以简化为

$$\frac{R}{L}=f\left(\frac{g^{1/8}L}{Q_{\mathrm{TNT}}^{7/24}}\right) \tag{4.352}$$

Johnson 等 [53] 开展了相同装药量情况下不同重力加速度条件土壤中爆炸试验的研究，此时上式中的装药量可视为常量，即上式可简化为

$$\frac{R}{L}=f\left(g^{1/8}L\right) \tag{4.353}$$

对试验结果进行整理，可以得到图 4.50。

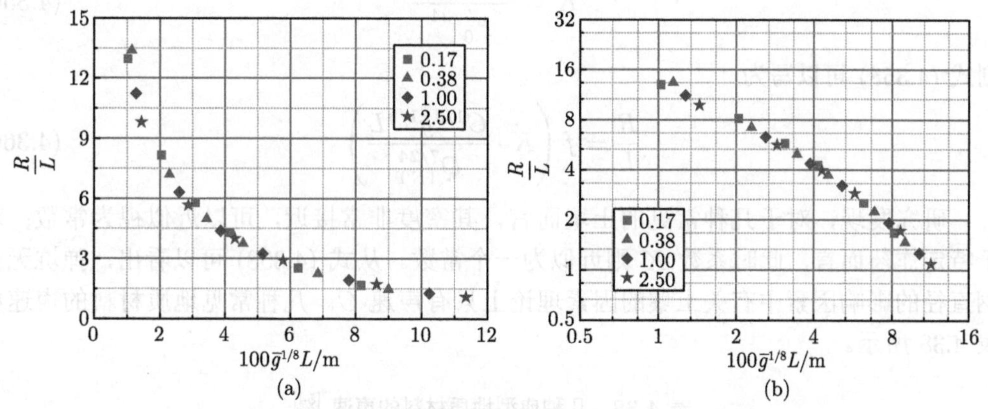

图 4.50 近地面土壤介质中爆炸成坑半径与重力加速度之间的关系

从图 4.50 可以看出，不同条件下无量纲成坑半径与重力加速度组合成明显的函数关系，其中

$$\bar{g}=\frac{g}{g_0},g_0\doteq 9.80\mathrm{m/s^2} \tag{4.354}$$

表示相对加速度；式 (4.353) 也可以写为

$$\frac{R}{L}=f\left(\bar{g}^{1/8}L\right) \tag{4.355}$$

同理，式 (4.351) 也可以写为

$$\frac{R}{L}=f\left(\frac{\rho_{\mathrm{s}}^{1/8}g_0^{1/8}\sigma^{1/6}}{E_0^{7/24}}\cdot\frac{\bar{g}^{1/8}L}{Q_{\mathrm{TNT}}^{7/24}}\right) \tag{4.356}$$

上式和以上分析表明，浅埋炸药爆炸成坑半径问题中土壤的力学性能与上覆土壤的重力皆为主要影响因素，无论忽略重力的影响还是力学性能的影响，皆会导致预测结果的偏差。

2) 土壤材料声速的影响分析

研究表明，利用应力 σ 来表征土壤材料力学性能不合理，例如，对于干砂而言，其值接近于 0，从而导致式 (4.356) 所给出的结果明显不合理；学者 Baker 等 [11,12] 认为，对于此类爆炸问题而言，利用量纲相同的波动力学参数$\rho_{\mathrm{s}}C^2$ 代替本构中应力强度 σ 更为合适，两者的量纲一致；其中 C 表示土壤中的声速。此时，式 (4.356) 可以进一步写为

$$\frac{R}{L}=f\left[\frac{\rho_{\mathrm{s}}^{1/8}g_0^{1/8}\left(\rho_{\mathrm{s}}C^2\right)^{1/6}}{E_0^{7/24}}\cdot\frac{\bar{g}^{1/8}L}{Q_{\mathrm{TNT}}^{7/24}}\right] \tag{4.357}$$

简化后即有

$$\frac{R}{L}=f\left(\frac{\rho_{\mathrm{s}}^{7/24}g_0^{1/8}C^{1/3}}{E_0^{7/24}}\cdot\frac{\bar{g}^{1/8}L}{Q_{\mathrm{TNT}}^{7/24}}\right) \tag{4.358}$$

如令

$$K=\frac{\rho_{\mathrm{s}}^{7/24}g_0^{1/8}}{E_0^{7/24}} \tag{4.359}$$

则式 (4.358) 可以写为

$$\frac{R}{L}=f\left(K\cdot\frac{C^{1/3}\bar{g}^{1/8}L}{Q_{\mathrm{TNT}}^{7/24}}\right) \tag{4.360}$$

研究发现，对于几种常见的土壤而言，其密度非常接近，可以近似视为常数；对于特定炸药而言，此时系数 K 则近似为一个常数。从式 (4.358) 可以看出，弹坑无量纲直径的影响因素中有关土壤的因素理论上只有声速 C。几种常见地质材料的声速如表 4.38 所示。

表 4.38 几种典型地质材料的声速 [54]

材料类型	C/(m/s)	$C^{1/3}$ 平均值
松散干土	200～1000	8.48
黏土和湿土	800～1900	11.04
砂岩	900～4300	13.73
花岗岩	2400～4600	15.21
石灰岩	2100～6400	16.22

从表 4.38 可以看出，不同种类的土壤和岩石中声速相差较大；干土和湿土的声速也相差一倍左右。Sager 等 [54] 利用上式对 5 种土壤材料中近地面爆炸爆坑尺寸问题相关试验结果进行了总结，如图 4.51 所示。

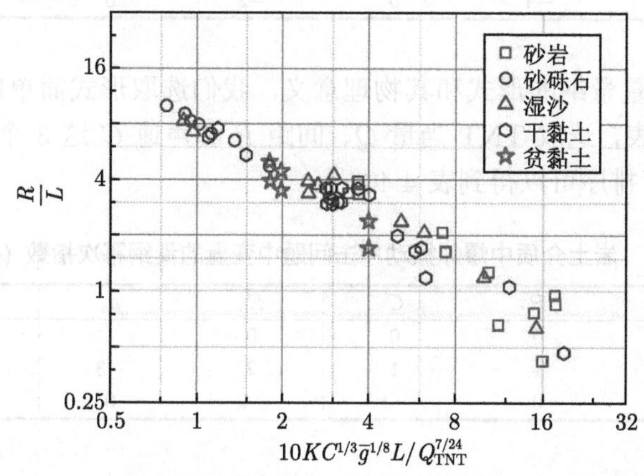

图 4.51 近地面土壤介质中爆炸成坑无量纲半径相似关系

图中 5 种材料：砂岩的密度近似为 2.19g/cm^3，材料声速为 1520m/s；砂砾石的密度为 1.35g/cm^3，材料声速为 910m/s；湿沙的密度为 1.61g/cm^3，材料声速为 460m/s；干黏土的密度为 1.44g/cm^3，材料声速为 910m/s；贫黏土的密度为 1.70g/cm^3，材料声速为 340m/s。从图 4.51 可以看出，对于土壤材料而言，利用$\rho_{\rm s}C^2$ 代替 σ 是合理准确的。

4.3.2 岩土介质中爆炸地冲击问题量纲分析与试验结果分析

上小节对近地面土壤中的爆炸成坑半径问题进行了初步分析。事实上，土壤中的炸药爆炸除了能够形成大尺寸爆坑之外，引起的振动冲击与地震具有类似的地冲击特征，所造成的振动与冲击对地下结构的毁伤破坏问题也是不可忽视的，本节即针对此问题进行量纲分析，并对试验结果进行分析总结。

我们以岩土介质中质点最大径向位移 $U_{\rm m}$ 和径向峰值速度 $V_{\rm p}$ 两个关键参数来表征爆炸波在土壤介质的传播过程中对地下结构的毁伤破坏能力。同上节，我们将所用炸药均等效为不同当量的 TNT 炸药，设单位质量 TNT 炸药所释放出的化学能为 E_0，炸药装药的 TNT 当量为 Q；土壤的密度为 $\rho_{\rm s}$，声速 (P 波波速) 为 C，且不考虑土壤材料的其他本构参数和断裂强度等，假设可以利用此两个参数及其组合来表征其力学性能；测量点与爆心的间距为 R；试验表明，近地面岩土内爆炸冲击效应与其埋深无明显的内在联系，因此，埋深因素在此不予考虑。

因而，质点最大径向位移 $U_{\rm m}$ 和径向峰值速度 $V_{\rm p}$ 可以表示为

$$\left\{\begin{array}{l} U_{\rm m}=f\left(Q,E_0;\rho_{\rm s},C;R\right) \\ V_{\rm p}=g\left(Q,E_0;\rho_{\rm s},C;R\right) \end{array}\right. \tag{4.361}$$

上式中 7 个物理量包含 5 个自变量和 2 个因变量，其量纲幂次指数如表 4.39 所示。

表 4.39 岩土介质中爆炸振动冲击问题中变量的量纲幂次指数

物理量	U_{m}	V_{p}	Q	E_0	ρ_{s}	C	R
M	0	0	1	0	1	0	0
L	1	1	0	2	−3	1	1
T	0	−1	0	−2	0	−1	0

综合考虑自变量量纲的形式和其物理意义，我们选取形式简单的 3 个自变量为参考物理量；根据上表，选取 TNT 当量 Q、间距 R 和声速 C 这 3 个物理量为参考物理量，对表 4.39 进行排序可以得到表 4.40。

表 4.40 岩土介质中爆炸振动冲击问题中变量的量纲幂次指数 (排序后)

物理量	Q	R	C	E_0	ρ_{s}	U_{m}	V_{p}
M	1	0	0	0	1	0	0
L	0	1	1	2	−3	1	1
T	0	0	−1	−2	0	0	−1

对表 4.40 进行行变换，可以得到表 4.41。

表 4.41 岩土介质中爆炸振动冲击问题中变量的量纲幂次指数 (行变换后)

物理量	Q	R	C	E_0	ρ_{s}	U_{m}	V_{p}
Q	1	0	0	0	1	0	0
R	0	1	0	0	−3	1	0
C	0	0	1	2	0	0	1

根据 Π 定理，可以给出 4 个无量纲物理量：

$$\begin{cases}\Pi_1 = \dfrac{E_0}{C^2} \\ \Pi_2 = \dfrac{\rho_{\mathrm{s}} R^3}{Q}\end{cases}, \quad \begin{cases}\Pi = \dfrac{U_{\mathrm{m}}}{R} \\ \Pi' = \dfrac{V_{\mathrm{p}}}{C}\end{cases} \tag{4.362}$$

此时，式 (4.362) 可以写为无量纲函数表达形式：

$$\begin{cases}\dfrac{U_{\mathrm{m}}}{R} = f\left(\dfrac{E_0}{C^2}, \dfrac{\rho_{\mathrm{s}} R^3}{Q}\right) \\ \dfrac{V_{\mathrm{p}}}{C} = g\left(\dfrac{E_0}{C^2}, \dfrac{\rho_{\mathrm{s}} R^3}{Q}\right)\end{cases} \tag{4.363}$$

考虑到此问题中 TNT 当量 Q 与单位质量 TNT 炸药所释放出的化学能 E_0 以乘积的形式出现，上式可以进一步简化为

$$\begin{cases}\dfrac{U_{\mathrm{m}}}{R} = f\left(\dfrac{QE_0}{\rho_{\mathrm{s}} C^2 R^3}\right) \\ \dfrac{V_{\mathrm{p}}}{C} = g\left(\dfrac{QE_0}{\rho_{\mathrm{s}} C^2 R^3}\right)\end{cases} \tag{4.364}$$

Westine 开展了粉质黏土内装有 0.01~0.45kg 炸药爆炸时质点最大位移与径向峰值速度的研究 [11,12,55]，试验中炸药装药方式为耦合装药，即炸药与土壤紧密接触；利用上式进行整理，得到图 4.52。

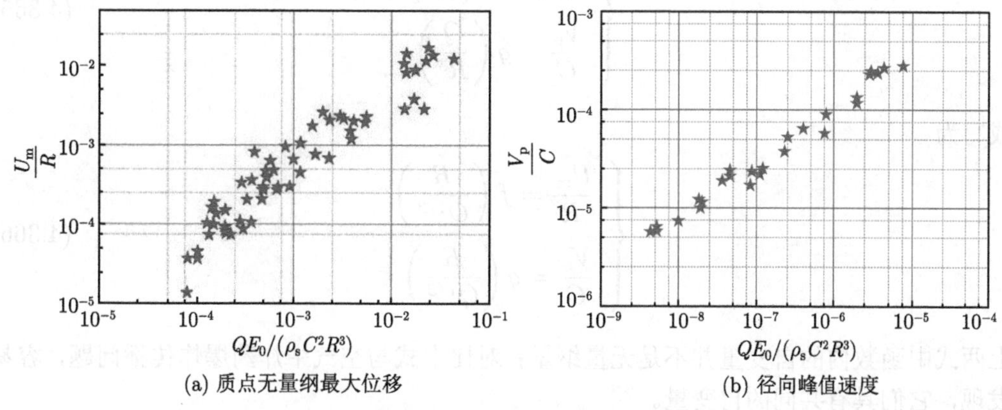

(a) 质点无量纲最大位移 (b) 径向峰值速度

图 4.52 粉质黏土内爆炸产生的振动问题

从图 4.52 可以看出，不同当量炸药爆炸在粉质黏土中产生的质点最大位移和径向峰值速度整体上满足式 (4.364) 所示函数关系，但试验数据相对分散；这种离散性大的特征在岩土材料相关试验结果中常常出现，而且图 4.52 试验中粉质黏土湿度不尽相同，因此，试验结果分散是合理的。

Murphey[56] 和 Westine[55] 对盐岩中炸药爆炸所产生的质点最大位移和径向峰值速度开展了试验与分析。试验中炸药装药量分别为 91kg、227kg 和 455kg，对炸药耦合装药爆炸作用下的试验结果利用上式进行整理，可以得到图 4.53。

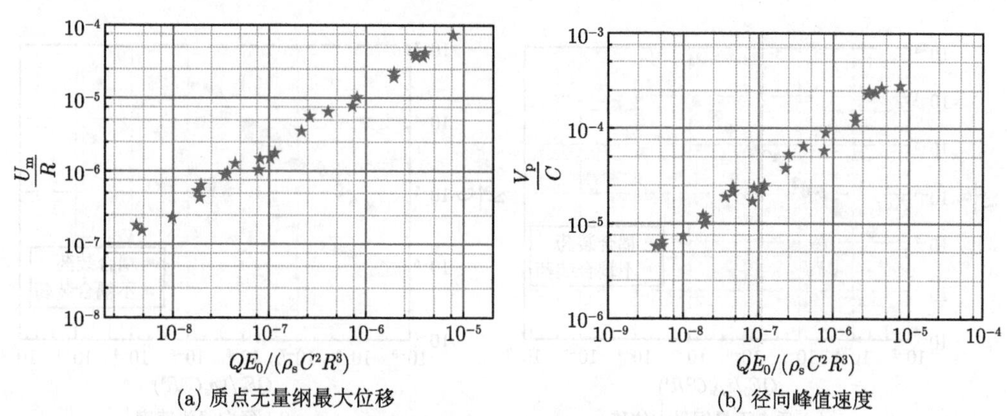

(a) 质点无量纲最大位移 (b) 径向峰值速度

图 4.53 盐岩内爆炸产生的振动问题 (耦合装药)

从图 4.53 可以看出，盐岩中炸药耦合装药爆炸产生质点无量纲最大位移和无量纲峰值速度等因变量与无量纲装药量之间满足某种明显的函数关系；而且，与图 4.52 中粉质黏土中耦合装药爆炸产生的地冲击相比，盐岩中的试验结果明显收敛且规律性良好。

从图 4.52 和图 4.53 可以看出，对粉质黏土或盐岩而言，此时式 (4.364) 是相对合理准确的；若不考虑其量纲特征，由于对特定材料而言，组合$\rho_s C^2$也是特定的，此时式(4.364) 也可以简化为

$$\begin{cases} \dfrac{U_m}{R} = f\left(\dfrac{Q}{R^3}\right) \\ \dfrac{V_p}{C} = g\left(\dfrac{Q}{R^3}\right) \end{cases} \tag{4.365}$$

或写为

$$\begin{cases} \dfrac{U_m}{R} = f\left(\dfrac{R}{Q^{1/3}}\right) \\ \dfrac{V_p}{C} = g\left(\dfrac{R}{Q^{1/3}}\right) \end{cases} \tag{4.366}$$

上两式中函数内的自变量并不是无量纲量；对比上式与空气中炸药爆炸传播问题，容易发现，它们具有共同的自变量。

需要说明的是，以上试验中炸药与岩土是紧密接触的，即该爆炸问题属于耦合装药爆炸问题；对非耦合装药问题而言，其分析思路相似但结果并不一定相同。如图 4.54 所示，不耦合装药时，炸药与岩盐内壁的间距为 1.83~4.57m[56]；从图中可以看出，相同装药量时，非耦合装药爆炸造成的地冲击振动质点最大位移与径向峰值速度皆明显小于耦合装药时对应的值，其主要原因是非耦合装药爆炸时加载在盐岩内壁的冲击波峰值与波形和耦合装药爆炸时的情况不同，而且前者的冲击波峰值明显小于后者。而且，由于非耦合装药爆炸时炸药与冲击波传播介质中存在空隙，空隙材料可能为空气或其他介质；因此，非耦合装药爆炸时情况更为复杂，在此不做讨论，只分析耦合装药爆炸时的相关问题。

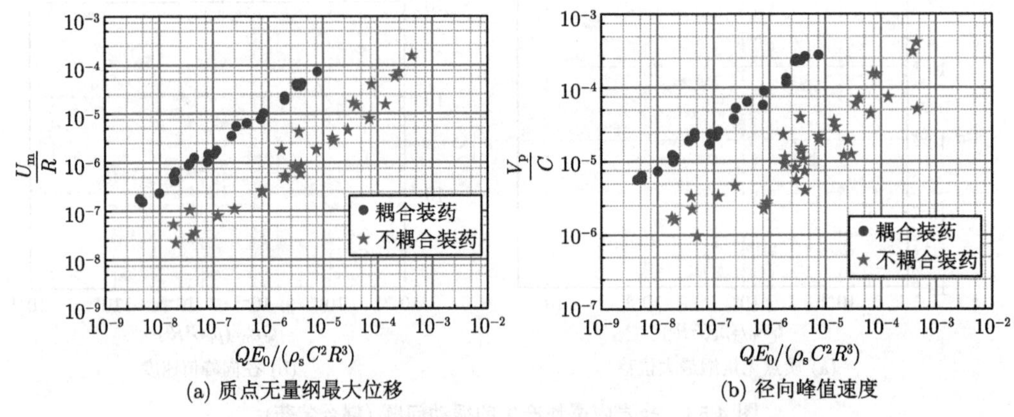

(a) 质点无量纲最大位移　　(b) 径向峰值速度

图 4.54　耦合装药与不耦合装药时盐岩内爆炸产生的振动问题

对比以上粉质黏土中耦合装药爆炸与盐岩中耦合装药爆炸所产生的振动问题，我们可以发现：无论是质点最大位移还是径向峰值速度，两者随无量纲装药量增大而变化的趋势虽然相近，但两种介质中的振动函数明显不同、有明显的差异，如图 4.55 所示。

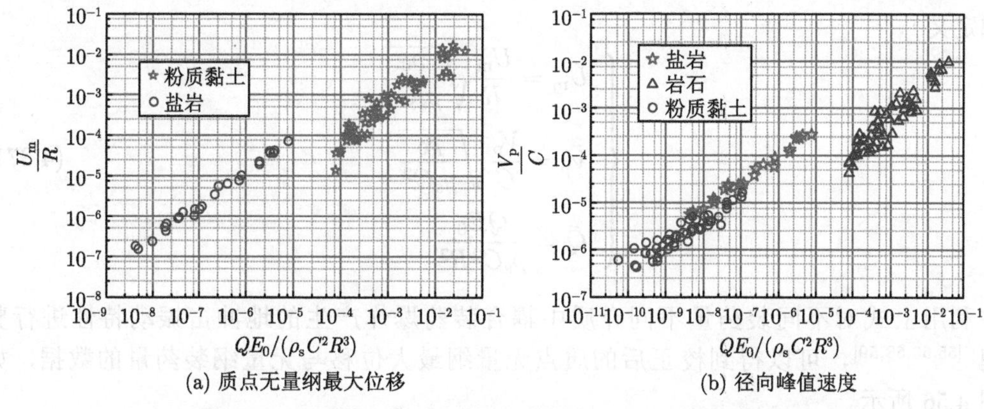

(a) 质点无量纲最大位移　　(b) 径向峰值速度

图 4.55　不同岩土介质内爆炸产生的振动问题 (耦合装药)

从图 4.55 可以看出，盐岩和某种其他岩石 [57] 中炸药耦合装药爆炸所给出的结果非常接近；而无论是质点无量纲最大位移还是无量纲径向峰值速度，在岩石与土壤中传播时其与无量纲装药量之间的函数关系存在明显差别。这说明传播介质物理力学性能不仅在无量纲装药量中出现，还应该以其他自变量的形式对此函数关系有影响。而本问题的分析中，与爆炸应力波传播介质物理力学性能相关的参数只有密度ρ_s 和声速 C，而且一般以乘积$\rho_s C^2$ 的形式 (从应力波理论可知，该量表征材料的某个弹性参数，对线弹性材料而言，其即为材料的弹性模量) 出现。$\rho_s C^2$ 的量纲与应力和压力一致，为了构成一个无量纲数，我们另外选取一个压力量纲的量，如大气压 p_0，此时质点最大径向位移 U_m 和径向峰值速度 V_p 可以表示为

$$\left\{\begin{array}{l} U_m = f(Q, E_0; \rho_s, C; R, p_0) \\ V_p = g(Q, E_0; \rho_s, C; R, p_0) \end{array}\right. \tag{4.367}$$

同理，我们可以给出无量纲函数表达式：

$$\left\{\begin{array}{l} \dfrac{U_m}{R} = f\left(\dfrac{QE_0}{\rho_s C^2 R^3}, \dfrac{p_0}{\rho_s C^2}\right) \\ \dfrac{V_p}{C} = g\left(\dfrac{QE_0}{\rho_s C^2 R^3}, \dfrac{p_0}{\rho_s C^2}\right) \end{array}\right. \tag{4.368}$$

从图 4.52 和图 4.53 可以看出，对于特定的介质而言，无量纲最大质点位移或无量纲质点峰值速度与无量纲装药量之间呈良好的函数关系；因而，我们可以将上式进一步简化为

$$\left\{\begin{array}{l} \dfrac{U_m}{R} = f_1\left(\dfrac{QE_0}{\rho_s C^2 R^3}\right) f_2\left(\dfrac{p_0}{\rho_s C^2}\right) \\ \dfrac{V_p}{C} = g_1\left(\dfrac{QE_0}{\rho_s C^2 R^3}\right) g_2\left(\dfrac{p_0}{\rho_s C^2}\right) \end{array}\right. \tag{4.369}$$

Westine[55] 根据试验结果给出了如下具体形式：

$$\left\{\begin{array}{l} \dfrac{U_m}{R}\sqrt{\dfrac{p_0}{\rho_s C^2}} = f\left(\dfrac{QE_0}{\rho_s C^2 R^3}\right) \\ \dfrac{V_p}{C}\sqrt{\dfrac{p_0}{\rho_s C^2}} = g\left(\dfrac{QE_0}{\rho_s C^2 R^3}\right) \end{array}\right. \tag{4.370}$$

如定义

$$\begin{cases} \bar{U}_{\mathrm{m}} = \dfrac{U_{\mathrm{m}}}{R}\sqrt{\dfrac{p_0}{\rho_{\mathrm{s}}C^2}} \\ \bar{V}_{\mathrm{p}} = \dfrac{V_{\mathrm{p}}}{C}\sqrt{\dfrac{p_0}{\rho_{\mathrm{s}}C^2}} \\ \bar{Q} = \dfrac{QE_0}{\rho_{\mathrm{s}}C^2R^3} \end{cases} \tag{4.371}$$

并利用上式对不同装药量不同介质中耦合装药爆炸产生的地冲击振动特性进行整理 [55,56,58,59]，可以得到校正后的质点无量纲最大位移与无量纲装药量的数据，如图 4.56 所示。

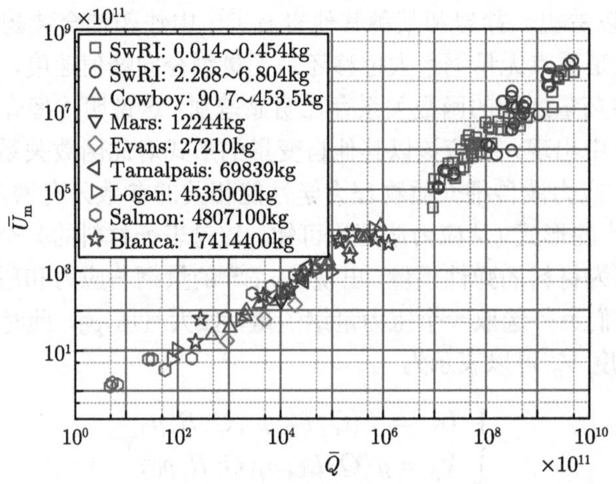

图 4.56 不同介质中不同无量纲装药量耦合爆炸产生的质点无量纲最大位移数据

图 4.56 中炸药装药量或当量从 0.014 变化到 17414400kg，其能量相差超过 9 个数量级，而且介质也不尽相同，但利用式 (4.371) 进行整理后，它们基本满足一致的函数关系。Westine 等 [55] 利用上式函数形式对上图进行拟合，得到了图 4.57；图中拟合曲线对应的函数表达式为

$$\bar{U}_{\mathrm{m}} = \frac{0.04143\bar{Q}^{1.105}}{\tan h^{1.5}\left(18.24\bar{Q}^{0.2367}\right)} \tag{4.372}$$

需要说明的是，图 4.56 和图 4.57 中试验点对应的横坐标和纵坐标并不是其无量纲装药量和质点无量纲最大位移的数值，而是它们乘以 10^{11} 后的值；图 4.58 和图 4.59 类似，不另作说明。

类似地，利用式 (4.370) 和式 (4.371) 对试验结果进行分析，得到校正后的无量纲径向峰值速度与无量纲装药量的数据，如图 4.58 所示。

图 4.58 中各试验中最小装药量为 0.014kg、最大装药量为 4807100kg，相差 3 亿倍以上，但它们却满足非常相近的函数关系甚至可以利用统一的函数关系进行近似表征，如图 4.59 所示。

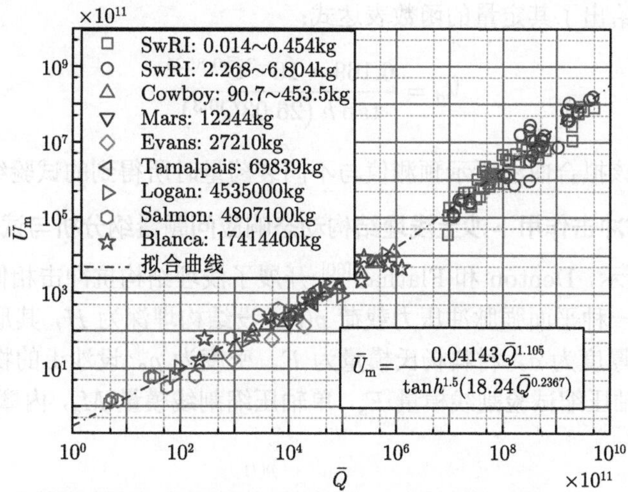

图 4.57 质点无量纲最大位移试验数据与拟合曲线

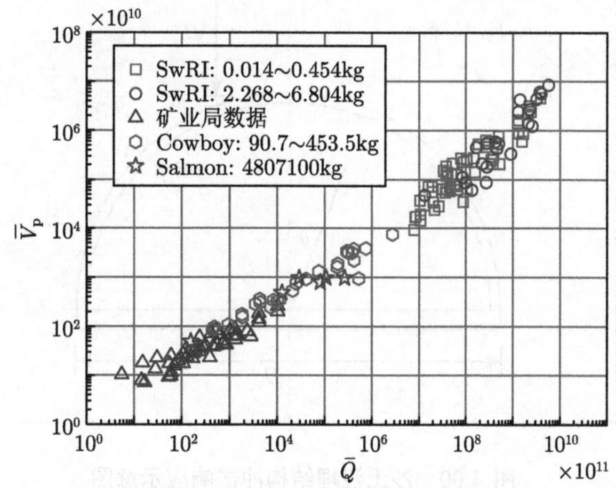

图 4.58 不同介质中不同无量纲装药量耦合爆炸产生无量纲质点峰值速度

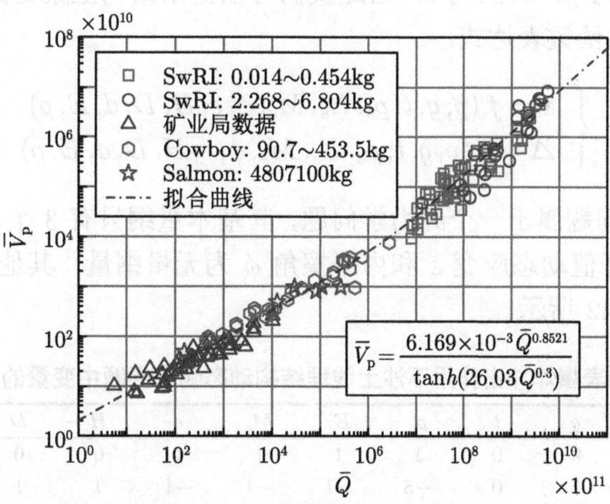

图 4.59 无量纲径向峰值速度试验数据与拟合曲线

Westine[55] 给出了其定量的函数表达式：

$$\bar{V}_{\mathrm{p}}=\frac{6.169\times 10^{-3}\bar{Q}^{0.8521}}{\tan h\left(26.03\bar{Q}^{0.3}\right)} \tag{4.373}$$

从图中可以看出该拟合曲线所示预测值与不同装药量时所得到的试验结果非常相近。

4.3.3 地表爆炸冲击作用下沙土浅埋结构动态响应问题量纲分析与试验结果分析

如图 4.60 所示，Denton 和 Flathau[60] 开展了浅埋结构抗冲击相似试验研究。研究中沙土表面承受一种平面强脉冲压力载荷 $p(t)$；设结构埋深为 H，其形状为半圆形拱结构，直径为 D，厚度为 d，材料杨氏模量为 E，密度为 ρ。设沙土的物理力学性能参数为：密度 ρ_{s}，三轴压缩试验割线模量 E_{s}，单轴压缩割线模量 M_{s}，内摩擦角 ϕ 和截距 c。

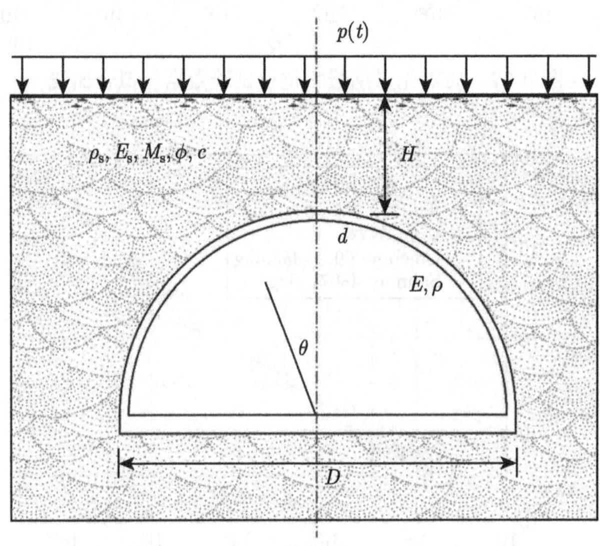

图 4.60 沙土浅埋结构冲击响应示意图

设重力加速度为 g，时间为 t。由此我们可以给出结构上某处的峰值动态应变 ε 和峰值动态挠度 Δ 的函数表达式：

$$\begin{cases}\varepsilon=f\left(p,g,t;\rho_{\mathrm{s}},E_{\mathrm{s}},M_{\mathrm{s}},\phi,c;H,D,d,E,\rho\right)\\ \Delta=g\left(p,g,t;\rho_{\mathrm{s}},E_{\mathrm{s}},M_{\mathrm{s}},\phi,c;H,D,d,E,\rho\right)\end{cases} \tag{4.374}$$

容易看出，该问题属于一个纯力学问题，其基本量纲只有 3 个。上式中 2 个因变量和 13 个自变量中峰值动态应变 ε 和内摩擦角 ϕ 为无量纲量，其他 13 个有量纲量的量纲幂次指数如表 4.42 所示。

表 4.42 地表爆炸冲击作用下沙土浅埋结构动态响应问题中变量的量纲幂次指数

物理量	Δ	p	g	t	ρ_{s}	E_{s}	M_{s}	c	H	D	d	E	ρ
M	0	1	0	0	1	1	1	1	0	0	0	1	1
L	1	−1	1	0	−3	−1	−1	−1	1	1	1	−1	−3
T	0	−2	−2	1	0	−2	−2	−2	0	0	0	−2	0

从表 4.42 可以看出，参考物理量组合有很多种，这里选取量纲形式较简单的组合材料密度 ρ、直径 D 和时间 t 这 3 个自变量参考物理量，对表 4.42 进行排序可以得到表 4.43。

表 4.43 地表爆炸冲击作用下沙土浅埋结构动态响应问题中变量的量纲幂次指数 (排序后)

物理量	ρ	D	t	p	g	ρ_s	E_s	M_s	c	H	d	E	Δ
M	1	0	0	1	0	1	1	1	1	0	0	1	0
L	−3	1	0	−1	1	−3	−1	−1	−1	1	1	−1	1
T	0	0	1	−2	−2	0	−2	−2	−2	0	0	−2	0

对表 4.43 进行行变换，可以得到表 4.44。

表 4.44 地表爆炸冲击作用下沙土浅埋结构动态响应问题中变量的量纲幂次指数 (行变换后)

物理量	ρ	D	t	p	g	ρ_s	E_s	M_s	c	H	d	E	Δ
ρ	1	0	0	1	0	1	1	1	1	0	0	1	0
D	0	1	0	2	1	0	2	2	2	1	1	2	1
t	0	0	1	−2	−2	0	−2	−2	−2	0	0	−2	0

根据 Π 定理，由式 (4.374) 可以给出无量纲函数表达式：

$$\left\{\begin{aligned} &\varepsilon = f\left(\frac{pt^2}{\rho D^2},\frac{gt^2}{D},\frac{\rho_s}{\rho},\frac{E_s t^2}{\rho D^2},\frac{M_s t^2}{\rho D^2},\phi,\frac{ct^2}{\rho D^2},\frac{H}{D},\frac{d}{D},\frac{Et^2}{\rho D^2}\right)\\ &\frac{\Delta}{D} = g\left(\frac{pt^2}{\rho D^2},\frac{gt^2}{D},\frac{\rho_s}{\rho},\frac{E_s t^2}{\rho D^2},\frac{M_s t^2}{\rho D^2},\phi,\frac{ct^2}{\rho D^2},\frac{H}{D},\frac{d}{D},\frac{Et^2}{\rho D^2}\right)\end{aligned}\right. \tag{4.375}$$

利用第 3 章知识，对上式进行整理排序，即有

$$\left\{\begin{aligned} &\varepsilon = f\left(\frac{H}{D},\frac{d}{D};\frac{\rho_s}{\rho},\phi;\frac{pt^2}{\rho D^2},\frac{gt^2}{D},\frac{E_s t^2}{\rho D^2},\frac{M_s t^2}{\rho D^2},\frac{ct^2}{\rho D^2},\frac{Et^2}{\rho D^2}\right)\\ &\frac{\Delta}{D} = g\left(\frac{H}{D},\frac{d}{D};\frac{\rho_s}{\rho},\phi;\frac{pt^2}{\rho D^2},\frac{gt^2}{D},\frac{E_s t^2}{\rho D^2},\frac{M_s t^2}{\rho D^2},\frac{ct^2}{\rho D^2},\frac{Et^2}{\rho D^2}\right)\end{aligned}\right. \tag{4.376}$$

上式中几何无量纲自变量有 2 个，材料无量纲自变量也有 2 个，物理无量纲自变量有 6 个；利用第 3 章量纲分析的相关方法，对上式中的无量纲自变量进行组合，尽可能给出最多的几何无量纲自变量和材料无量纲自变量，即可以得到

$$\left\{\begin{aligned} &\varepsilon = f\left(\frac{H}{D},\frac{d}{D};\frac{\rho_s}{\rho},\phi,\frac{E_s}{E},\frac{M_s}{E},\frac{c}{E};\frac{p}{E},\frac{gt^2}{D},\frac{Et^2}{\rho D^2}\right)\\ &\frac{\Delta}{D} = g\left(\frac{H}{D},\frac{d}{D};\frac{\rho_s}{\rho},\phi,\frac{E_s}{E},\frac{M_s}{E},\frac{c}{E};\frac{p}{E},\frac{gt^2}{D},\frac{Et^2}{\rho D^2}\right)\end{aligned}\right. \tag{4.377}$$

式中，材料无量纲自变量增加为 5 个，物理无量纲量减少为 3 个。而式中有 2 个物理自变量皆有时间项，考虑到时间 t 是本问题中一个变化量，我们尽可能减少包含时间 t 的自变量数量，即可得到

$$\begin{cases} \varepsilon = f\left(\dfrac{H}{D}, \dfrac{d}{D}; \dfrac{\rho_s}{\rho}, \phi, \dfrac{E_s}{E}, \dfrac{M_s}{E}, \dfrac{c}{E}; \dfrac{p}{E}, \dfrac{\rho g D}{E}, \dfrac{Et^2}{\rho D^2}\right) \\ \dfrac{\Delta}{D} = g\left(\dfrac{H}{D}, \dfrac{d}{D}; \dfrac{\rho_s}{\rho}, \phi, \dfrac{E_s}{E}, \dfrac{M_s}{E}, \dfrac{c}{E}; \dfrac{p}{E}, \dfrac{\rho g D}{E}, \dfrac{Et^2}{\rho D^2}\right) \end{cases} \tag{4.378}$$

根据应力波理论 [7] 可知

$$C = \sqrt{\frac{E}{\rho}} \tag{4.379}$$

表示拱结构材料的弹性声速，式 (4.378) 可以进一步整理为

$$\begin{cases} \varepsilon = f\left(\dfrac{H}{D}, \dfrac{d}{D}; \dfrac{\rho_s}{\rho}, \phi, \dfrac{E_s}{E}, \dfrac{M_s}{E}, \dfrac{c}{E}; \dfrac{p}{E}, \dfrac{\rho g D}{E}, \dfrac{t}{D/C}\right) \\ \dfrac{\Delta}{D} = g\left(\dfrac{H}{D}, \dfrac{d}{D}; \dfrac{\rho_s}{\rho}, \phi, \dfrac{E_s}{E}, \dfrac{M_s}{E}, \dfrac{c}{E}; \dfrac{p}{E}, \dfrac{\rho g D}{E}, \dfrac{t}{D/C}\right) \end{cases} \tag{4.380}$$

然而，上式中最后一个无量纲自变量分母表示弹性波在直径方向上的传播时间，对本问题进行初步分析可知，该自变量的物理意义不甚明确。利用量纲分析的性质，对式 (4.378) 中最后一个无量纲自变量进行整理，可以得到

$$\frac{Et^2}{\rho D^2} \to \frac{Et^2}{\rho D^2} \cdot \frac{E_s}{E} \Big/ \frac{\rho_s}{\rho} = \frac{E_s t^2}{\rho_s D^2} \to \frac{t}{D}\sqrt{\frac{E_s}{\rho_s}} \to \frac{t}{D}\sqrt{\frac{E_s}{\rho_s}} \Big/ \frac{H}{D} \to \frac{t}{H/C_s} \tag{4.381}$$

式中

$$C_s = \sqrt{\frac{E_s}{\rho_s}} \tag{4.382}$$

表示地下结构上覆沙土中的弹性声速。式 (4.381) 中分母

$$\tau = \frac{H}{C_s} \tag{4.383}$$

表示弹性应变信号从地表传播到拱形结构上方所需要的时间。因此，式 (4.381) 可以进一步简化，定义

$$\bar{t} = \frac{t}{\tau} \tag{4.384}$$

表示无量纲传播时间。

同理，式 (4.380) 中倒数第二个无量纲自变量的物理意义也不明确，对问题进行初步分析可知，该项应该表征上覆沙土自身重力对地下结构的影响造成的应变或挠度，因此，该项也需要进行组合整理，有

$$\frac{\rho g D}{E} \to \frac{\rho g D}{E} \cdot \frac{\rho_s}{\rho} \cdot \frac{H}{D} = \frac{\rho_s g H}{E} \tag{4.385}$$

因而，式 (4.380) 应写为以下无量纲函数形式：

$$\left\{\begin{array}{l}\varepsilon=f\left(\dfrac{H}{D},\dfrac{d}{D};\dfrac{\rho_{\mathrm{s}}}{\rho},\phi,\dfrac{E_{\mathrm{s}}}{E},\dfrac{M_{\mathrm{s}}}{E},\dfrac{c}{E};\dfrac{p}{E},\dfrac{\rho_{\mathrm{s}}gH}{E},\bar{t}\right)\\ \dfrac{\Delta}{D}=g\left(\dfrac{H}{D},\dfrac{d}{D};\dfrac{\rho_{\mathrm{s}}}{\rho},\phi,\dfrac{E_{\mathrm{s}}}{E},\dfrac{M_{\mathrm{s}}}{E},\dfrac{c}{E};\dfrac{p}{E},\dfrac{\rho_{\mathrm{s}}gH}{E},\bar{t}\right)\end{array}\right. \tag{4.386}$$

若设计一个缩比模型，其结构形式和应力加载形式与原型一致，拱形结构直径缩比为

$$\gamma=\frac{(D)_m}{(D)_p} \tag{4.387}$$

根据量纲分析的内涵和相似理论可知，缩比模型与原型满足物理相似的充要条件为

$$\left\{\begin{array}{l}\left(\dfrac{H}{D}\right)_m=\left(\dfrac{H}{D}\right)_p\\ \left(\dfrac{d}{D}\right)_m=\left(\dfrac{d}{D}\right)_p\end{array}\right.,\quad \left\{\begin{array}{l}\left(\dfrac{\rho_{\mathrm{s}}}{\rho}\right)_m=\left(\dfrac{\rho_{\mathrm{s}}}{\rho}\right)_p\\ (\phi)_m=(\phi)_p\\ \left(\dfrac{E_{\mathrm{s}}}{E}\right)_m=\left(\dfrac{E_{\mathrm{s}}}{E}\right)_p\\ \left(\dfrac{M_{\mathrm{s}}}{E}\right)_m=\left(\dfrac{M_{\mathrm{s}}}{E}\right)_p\\ \left(\dfrac{c}{E}\right)_m=\left(\dfrac{c}{E}\right)_p\end{array}\right.,\quad \left\{\begin{array}{l}\left(\dfrac{p}{E}\right)_m=\left(\dfrac{p}{E}\right)_p\\ \left(\dfrac{\rho_{\mathrm{s}}gH}{E}\right)_m=\left(\dfrac{\rho_{\mathrm{s}}gH}{E}\right)_p\\ (\bar{t})_m=(\bar{t})_p\end{array}\right. \tag{4.388}$$

因此，该问题的相似律即为

$$\left\{\begin{array}{l}\gamma_H=\gamma_d=\gamma\\ \gamma_{\rho_{\mathrm{s}}}=\gamma_\rho\\ \gamma_\phi=1\\ \gamma_{E_{\mathrm{s}}}=\gamma_{M_{\mathrm{s}}}=\gamma_c=\gamma_p=\gamma_E\\ \gamma_{\rho_{\mathrm{s}}}\gamma_g\gamma_H=\gamma_E\\ \gamma_t=\dfrac{\gamma_H\sqrt{\gamma_{\rho_{\mathrm{s}}}}}{\sqrt{\gamma_{E_{\mathrm{s}}}}}\end{array}\right. \tag{4.389}$$

简化后有

$$\left\{\begin{array}{l}\gamma_H=\gamma_d=\gamma\\ \gamma_{\rho_{\mathrm{s}}}=\gamma_\rho\\ \gamma_\phi=1\\ \gamma_{E_{\mathrm{s}}}=\gamma_{M_{\mathrm{s}}}=\gamma_c=\gamma_p=\gamma_E=\gamma_{\rho_{\mathrm{s}}}\gamma_g\gamma\\ \gamma_t\sqrt{\gamma_g}=\sqrt{\gamma}\end{array}\right. \tag{4.390}$$

当缩比模型与原型中沙土介质和结构材料相同，且不考虑沙土材料和结构材料力学

性能的尺寸效应时，上式即可进一步简化为

$$\begin{cases} \gamma_H = \gamma_d = \gamma \\ \gamma_p = \gamma_g \gamma = 1 \\ \gamma_t \sqrt{\gamma_g} = \sqrt{\gamma} \end{cases} \tag{4.391}$$

如再考虑缩比模型与原型满足几何相似条件，上式即可得到

$$\begin{cases} \gamma_p = 1 \\ \gamma_t = \gamma \\ \gamma_g = 1/\gamma \end{cases} \tag{4.392}$$

从上式可以看出，若需要缩比模型与原型满足物理相似条件，加载条件和环境条件必须满足：其一，重力加速度按照缩比比例的反比缩小或放大；其二，加载脉冲峰值压力对应相等但加载时间按照缩比比例进行放大或缩小，如图 4.61 所示，它意味着在纵向超压坐标不变的前提下，横向时间坐标为原来的 γ 倍。第一个条件意味着缩比模型必须在不同重力加速度环境进行，若缩比模型与原型皆在自然环境中进行，则两者不满足相似条件；如加上地表爆炸产生的压力影响远大于上覆岩土的重力影响，我们可以忽略重力的影响，此时式 (4.386) 可以简化为

$$\begin{cases} \varepsilon = f\left(\dfrac{H}{D}, \dfrac{d}{D}; \dfrac{\rho_{\mathrm{s}}}{\rho}, \phi, \dfrac{E_{\mathrm{s}}}{E}, \dfrac{M_{\mathrm{s}}}{E}, \dfrac{c}{E}; \dfrac{p}{E}, \bar{t}\right) \\ \dfrac{\varDelta}{D} = g\left(\dfrac{H}{D}, \dfrac{d}{D}; \dfrac{\rho_{\mathrm{s}}}{\rho}, \phi, \dfrac{E_{\mathrm{s}}}{E}, \dfrac{M_{\mathrm{s}}}{E}, \dfrac{c}{E}; \dfrac{p}{E}, \bar{t}\right) \end{cases} \tag{4.393}$$

该问题即满足广义的几何相似律。

若考虑特定的岩土和地下结构材料或性能相近的材料，上式即可简化为

$$\begin{cases} \varepsilon = f\left(\dfrac{H}{D}, \dfrac{d}{D}; \dfrac{p}{E}, \bar{t}\right) \\ \dfrac{\varDelta}{D} = g\left(\dfrac{H}{D}, \dfrac{d}{D}; \dfrac{p}{E}, \bar{t}\right) \end{cases} \tag{4.394}$$

若不同模型满足几何相似条件或者考虑某种特定几何比例的问题，则可进一步简化为

$$\begin{cases} \varepsilon = f\left(\dfrac{p}{E}, \bar{t}\right) \\ \dfrac{\varDelta}{D} = g\left(\dfrac{p}{E}, \bar{t}\right) \end{cases} \tag{4.395}$$

上式表明，地表爆炸冲击作用下，若不考虑结构上覆岩土的重力影响，结构的应变和变形挠度是加载脉冲的函数。一般爆炸的冲击波波形类似，可以假设该问题中地表冲击波形特定，如图 4.61 所示。

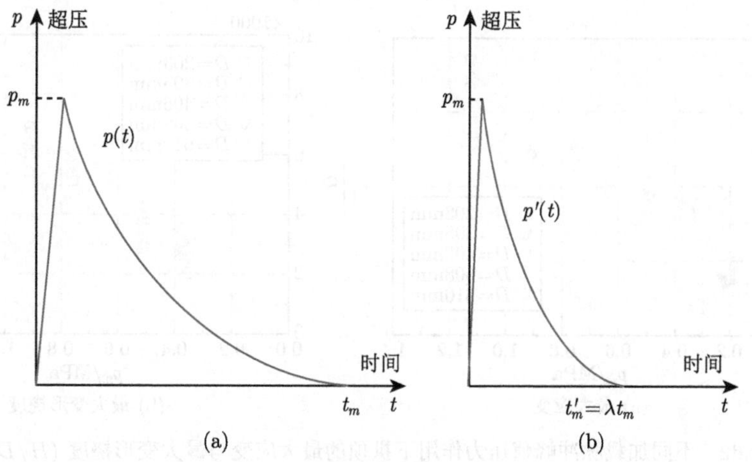

图 4.61　相似加载条件示意图

此时我们可以利用峰值压力 p_m 和作用时间 t_m 两个量来表征爆炸冲击荷载。基于上式，我们可以给出地下结构的最大应变 ε_m 和最大变形挠度 $\varDelta_m$ 为

$$\left\{\begin{array}{l}\varepsilon_m=f\left(\dfrac{p_m}{E},\dfrac{t_m}{H/C_{\mathrm{s}}}\right)\\[2ex]\dfrac{\varDelta_m}{D}=g\left(\dfrac{p_m}{E},\dfrac{t_m}{H/C_{\mathrm{s}}}\right)\end{array}\right. \tag{4.396}$$

考虑到材料是特定的，因此上式可以简写为

$$\left\{\begin{array}{l}\varepsilon_m=f\left(p_m,\dfrac{t_m}{H}\right)\\[2ex]\dfrac{\varDelta_m}{D}=g\left(p_m,\dfrac{t_m}{H}\right)\end{array}\right. \tag{4.397}$$

上式中函数内两个自变量并不是无量纲量。

当缩比模型与原型满足相似条件时，必有

$$\left\{\begin{array}{l}(\varepsilon_m)_m=(\varepsilon_m)_p\Rightarrow\lambda_{\varepsilon_m}=1\\[1ex]\left(\dfrac{\varDelta_m}{D}\right)_m=\left(\dfrac{\varDelta_m}{D}\right)_p\Rightarrow\lambda_{\varDelta_m}=\lambda\end{array}\right. \tag{4.398}$$

Tener 等学者 [61] 对 5 种不同尺寸但满足几何和材料相似的结构进行试验研究，地下拱形结构直径 D 分别为 203mm、305mm、406mm、508mm 和 610mm，拱的长度是直径的 2 倍，当结构上覆厚度与结构直径之比为 1 时，结构的最大应变、最大变形挠度与加载峰值压力满足相近的函数关系，如图 4.62 所示。

从图 4.62 可以看出，满足几何相似和材料相似条件的不同尺寸模型中，拱顶最大应变和无量纲最大变形挠度这两个无量纲因变量与加载脉冲峰值压力之间满足对应相近的函数关系；这也说明，对拱顶的最大应变和最大变形挠度而言，加载脉冲时间并不是一个敏感的自变量。

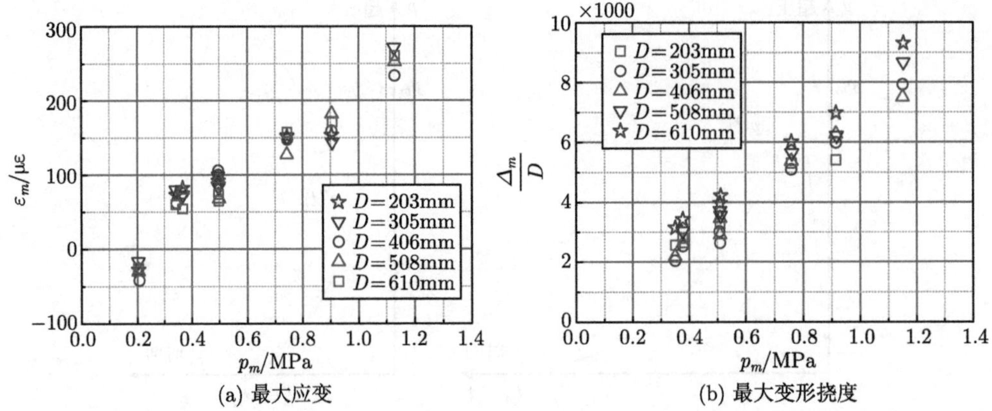

(a) 最大应变 (b) 最大变形挠度

图 4.62 不同加载脉冲峰值压力作用下拱顶的最大应变与最大变形挠度 $(H/D = 1)$

当结构上覆厚度与结构直径之比为 2 时，也是如此，如图 4.63 所示。

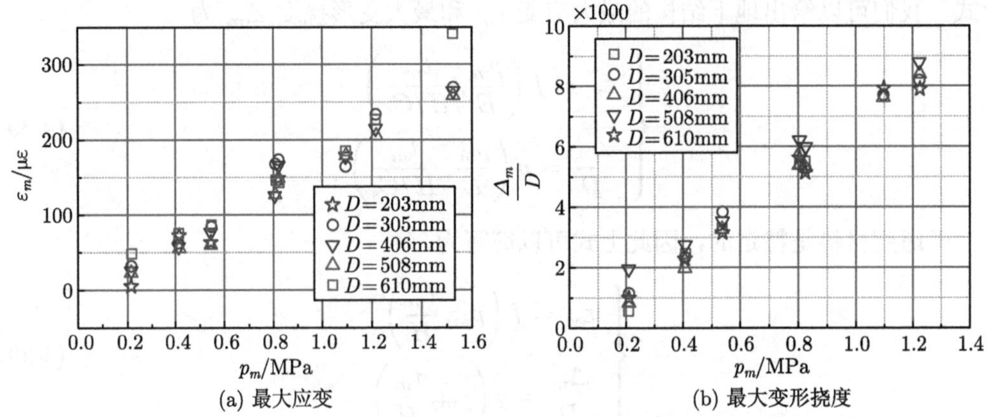

(a) 最大应变 (b) 最大变形挠度

图 4.63 不同加载脉冲峰值压力作用下拱顶的最大应变与最大变形挠度 $(H/D = 2)$

图 4.62 与图 4.63 中不同尺寸模型满足近似相同的函数关系表明，对地表爆炸引起的地下结构拱顶最大应变和最大变形挠度问题而言，以上的量纲分析和假设是合理的，结合试验结果和量纲分析结果，可以近似给出：

$$\begin{cases} \varepsilon_m = f(p_m) \\ \dfrac{\Delta_m}{D} = g(p_m) \end{cases} \tag{4.399}$$

4.4 撞击侵彻问题相似律与试验结果分析

在第 3 章和本章 4.1 节中，我们对一些典型的侵彻问题进行了量纲分析和试验结果分析，结果表明长杆弹对混凝土靶板和金属靶板的侵彻近似满足广义的几何相似律。而我们发现，利用量纲分析结果对此类侵彻问题试验结果数据进行整理能够给出相对简单且准确的函数表达式 [62,63]。

4.4.1 超高速侵彻半无限金属靶板问题量纲分析与试验结果分析

同例 4.3 中分析，在长杆弹的高速侵彻行为中，弹体和靶板材料的弹性常数即弹体和靶板材料的杨氏模量和泊松比可以忽略不计；设靶板为半无限延性金属靶板，因此靶板的尺寸可以不予考虑。因此长杆弹垂直侵彻半无限金属靶板的最终侵彻深度 P 可表达为

$$P = f\left(L, d, R, \psi; \rho_{\mathrm{p}}, \sigma_{\mathrm{p}}, \rho_{\mathrm{t}}, \sigma_{\mathrm{t}}; V_0\right) \tag{4.400}$$

在圆截面长杆弹垂直侵彻半无限靶板的高速侵彻问题中，弹体头部形状可以不予考虑；在超高速侵彻过程中，弹体头部速度、尾部速度及其变形呈现明显的线性特征 [64]，即该过程是一个类似稳定的过程，如图 4.64 所示。

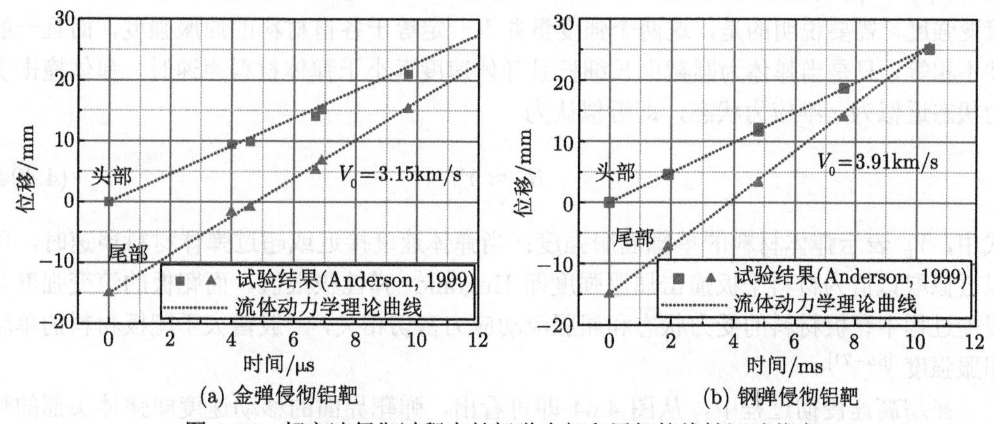

图 4.64 超高速侵彻过程中长杆弹头部和尾部的线性运动状态

基于侵彻流体动力学模型，Alekseevskii 和 Tate 等 [65−67] 建立了等截面平头长杆弹对半无限金属靶板的垂直侵彻平衡方程，如图 4.65 所示。

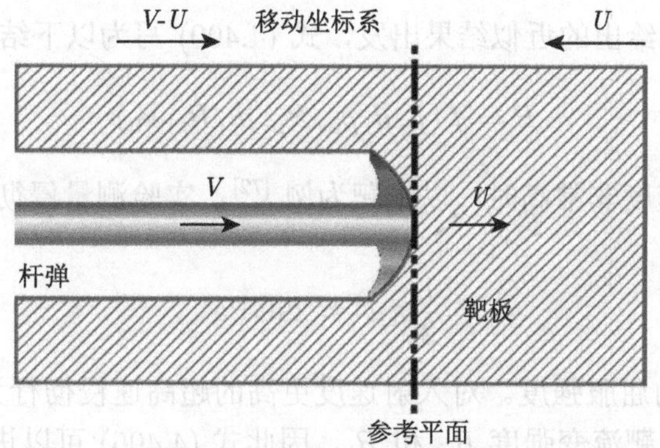

图 4.65 长杆弹准稳定高速侵彻过程中平衡态示意图

设侵彻过程中弹体尾部速度为 v、侵彻速度 (弹坑界截面移动速度) 为 u；从图 4.64 可以看出，此两个速度量并不是常量，而是变量，即

$$\begin{cases} v = v\left(t\right) \\ u = u\left(t\right) \end{cases} \tag{4.401}$$

仅在初始时刻有初始条件：

$$\begin{cases} V_0 = v(0) \\ U_0 = u(0) \end{cases} \tag{4.402}$$

此时弹靶界面两端的压力分别为

$$\begin{cases} p_{\mathrm{p}} = \dfrac{1}{2}\rho_{\mathrm{p}}(v-u)^2 + R_{\mathrm{p}} \\ p_{\mathrm{t}} = \dfrac{1}{2}\rho_{\mathrm{t}}u^2 + R_{\mathrm{t}} \end{cases} \tag{4.403}$$

式中，ρ_{p} 和 ρ_{t} 分别表示弹体和靶板材料的初始密度；R_{p} 和 R_{t} 分别表示弹体和靶板的流变强度，需要说明的是，这两个强度量并不一定等于各自材料的屈服强度，而且一般并不相等，只是当弹体为圆截面长细杆且弹体速度远小于弹体材料声速时，弹体撞击受力状态近似为一维应力状态，即近似认为

$$R_{\mathrm{p}} \approx Y_{\mathrm{p}} \tag{4.404}$$

式中，Y_{p} 表示弹体材料的单轴屈服强度；当弹体速度接近或超过弹体材料声速时，可以近似取该值为材料平板撞击屈服强度即 Hugoniot 弹性极限值。而靶板的流变强度与侵彻过程中靶板材料的受力状态和屈服流动应力密切相关，一般皆大于靶板材料的单轴屈服强度 [68−71]。

在超高速侵彻过程中，从图 4.64 即可看出，弹靶界面的移动速度即弹体头部的移动速度基本恒定，并没有明显的加速或加速特征，因此，我们可以视为压力平衡态，即有

$$p_{\mathrm{p}} \equiv p_{\mathrm{t}} \Rightarrow \frac{1}{2}\rho_{\mathrm{p}}(v-u)^2 + R_{\mathrm{p}} = \frac{1}{2}\rho_{\mathrm{t}}u^2 + R_{\mathrm{t}} \tag{4.405}$$

因此，从理论分析所给出的近似结果出发，式 (4.400) 写为以下结果更容易分析：

$$P = f(L, d, \rho_{\mathrm{p}}, R_{\mathrm{p}}, \rho_{\mathrm{t}}, R_{\mathrm{t}}; V_0) \tag{4.406}$$

当弹体的入射速度非常高时，以钢靶为例 [72]，实验测量侵彻速度为 2.7km/s，因此界面处的压力为

$$\frac{1}{2}\rho_{\mathrm{t}}u^2 \approx 29\mathrm{GPa} \tag{4.407}$$

此值远大于材料钢的屈服强度。对入射速度更高的超高速侵彻行为而言，该值会更大，此时我们可以忽略弹靶流变强度 R_{p} 和 R_{t}。因此式 (4.406) 可以进一步写为

$$P = f(L, d, \rho_{\mathrm{p}}, \rho_{\mathrm{t}}; V_0) \tag{4.408}$$

当弹体超高速撞击半无限金属靶板时，弹体截面上的受力近似为平面应变状态，此时弹体的直径对侵彻主要过程的影响可以忽略不计，上式即可进一步简化为

$$P = f(L, \rho_{\mathrm{p}}, \rho_{\mathrm{t}}; V_0) \tag{4.409}$$

容易看出，该问题属于一个纯力学问题，其基本量纲只有 3 个。上式中 5 个物理量的量纲幂次指数如表 4.45 所示。

表 4.45 长杆弹超高速正侵彻半无限金属靶板问题中变量的量纲幂次指数

物理量	P	L	ρ_p	ρ_t	V_0
M	0	0	1	1	0
L	1	1	−3	−3	1
T	0	0	0	0	−1

我们选取形式简单的 3 个自变量为参考物理量，如靶板材料的密度ρ_t、弹体的长度 L 和弹体的入射速度 V_0。对表 4.45 进行排序，可以得到表 4.46。

表 4.46 长杆弹超高速正侵彻半无限金属靶板问题中变量的量纲幂次指数 (排序后)

物理量	ρ_t	L	V_0	ρ_p	P
M	1	0	0	1	0
L	−3	1	1	−3	1
T	0	0	−1	0	0

对表 4.46 进行行变换，即可得到表 4.47。

表 4.47 长杆弹超高速正侵彻半无限金属靶板问题中变量的量纲幂次指数 (行变换后)

物理量	ρ_t	L	V_0	ρ_p	P
ρ_t	1	0	0	1	0
L	0	1	0	0	1
V_0	0	0	1	0	0

根据 Π 定理可以给出该问题中的无量纲量：

$$\begin{cases} \Pi_1 = \dfrac{\rho_p}{\rho_t} \\ \Pi = \dfrac{P}{L} \end{cases} \tag{4.410}$$

因此，式 (4.409) 可以写为无量纲函数表达式：

$$\frac{P}{L} = f\left(\frac{\rho_p}{\rho_t}\right) \tag{4.411}$$

事实上，根据流体动力学方程，我们也可以得到长杆弹对半无限金属靶板的超高速垂直侵彻的解析解为

$$\frac{P}{L} = \sqrt{\frac{\rho_p}{\rho_t}} \tag{4.412}$$

对比上两式，我们可以看出量纲分析的结果与理论解析解非常接近。上式中无量纲因变量称为无量纲侵彻深度，其代表长杆弹稳定侵彻半无限靶板最终深度的流体动力学极限。上式表明，从准稳态侵彻理论来讲，对长杆弹超高速侵彻行为而言，影响其最终

侵彻深度的只有弹靶材料密度比和杆弹长度；因此，仅仅从侵彻深度角度考虑，杆弹的长度和材料密度是影响长杆弹垂直最终侵彻深度的两个最关键的决定因素。

如图 4.66 所示，在长杆弹高速正侵彻半无限金属靶板问题中，随着入射速度的增大，弹体的无量纲最终侵彻深度逐渐接近上式所示流体动力学极限 [27,73,74]，而且随着入射速度的继续增大 (所造成的侵彻速度明显小于靶板材料中的声速)，弹体的无量纲最终侵彻深度不再明显增大而是皆在流体动力学极限附近。

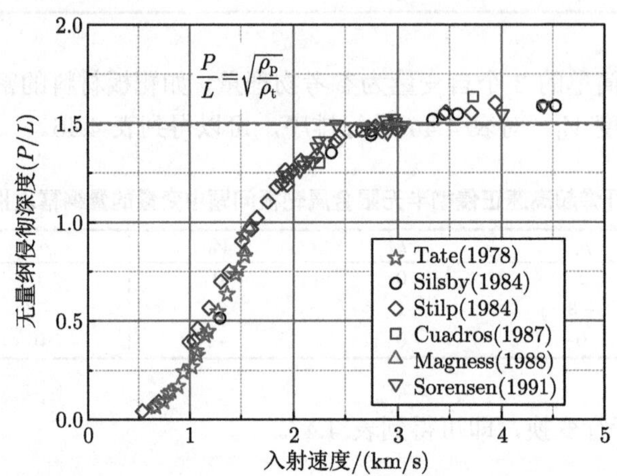

图 4.66　不同入射速度钨合金长杆弹垂直侵彻半无限装甲钢靶板无量纲侵彻深度 [73,74]

式 (4.412) 表示在高速侵彻速度区间，长杆弹的最终侵彻深度极限近似为

$$P_{\text{limit}} = L \cdot \sqrt{\frac{\rho_{\text{p}}}{\rho_{\text{t}}}} \tag{4.413}$$

为了表征长杆弹的侵彻能力，我们定义长杆弹的侵彻效率为

$$\bar{P} = \frac{P}{P_{\text{limit}}} \tag{4.414}$$

或

$$\bar{P} = \frac{P}{L} \Big/ \sqrt{\frac{\rho_{\text{p}}}{\rho_{\text{t}}}} \tag{4.415}$$

当前与长杆弹超高速侵彻现象最接近的工程问题即为射流侵彻问题 [75,76]，图 4.67 所示为破甲弹中药型罩形态，其在后方高能炸药的爆炸驱动下会形成一道超高速金属射流；该超高速射流对靶板的侵彻类似长杆弹的超高速侵彻行为。

与长杆弹不同的是，聚能射流中质点的速度并不是完全相同的，其在运动方向上的速度是递减变化的；如图 4.68 所示，其中射流头部速度最大、尾部速度最小。设聚能装药炸药的装药量为 Q，单位质量炸药转换的机械能为 E，药型罩材料的塑性流动应力为 σ_Y。结合图 4.67 所示药型罩几何尺寸，可以给出射流成型长度 L、最大速度 $v_{\max}$ 和最小速度 $v_{\min}$ 的函数表达式：

$$\begin{cases} v_{\max} = f\left(H, D, T, Q, E, \sigma_Y\right) \\ v_{\min} = g\left(H, D, T, Q, E, \sigma_Y\right) \\ L = h\left(H, D, T, Q, E, \sigma_Y\right) \end{cases} \tag{4.416}$$

上式中 9 个物理量的量纲幂次指数如表 4.48 所示。

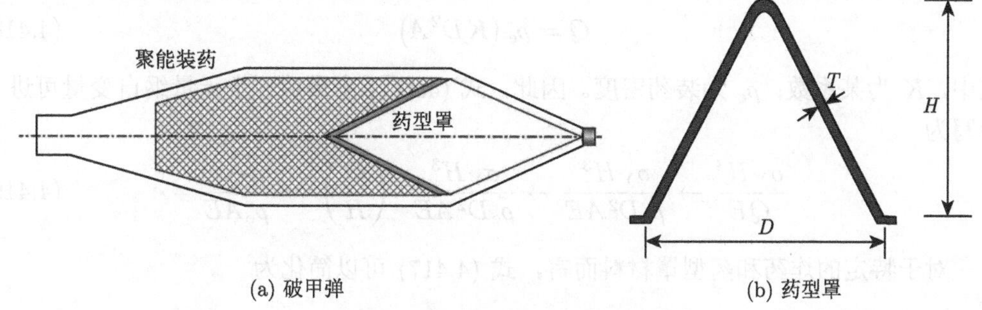

图 4.67 破甲弹与药型罩示意图

表 4.48 射流侵彻质点速度问题中变量的量纲幂次指数

物理量	$v_{\max}$	$v_{\min}$	L	H	D	T	Q	E	σ_Y
M	0	0	0	0	0	0	1	0	1
L	1	1	1	1	1	1	0	2	−1
T	−1	−1	0	0	0	0	0	−2	−2

我们选取装药量 Q、药型罩高度 H 和单位质量炸药爆炸产生的机械能 E 这 3 个形式简单的自变量为参考物理量，对表 4.48 进行排序，可以得到表 4.49。

表 4.49 射流侵彻质点速度问题中变量的量纲幂次指数 (排序后)

物理量	Q	H	E	D	T	σ_Y	$v_{\max}$	$v_{\min}$	L
M	1	0	0	0	0	1	0	0	0
L	0	1	2	1	1	−1	1	1	1
T	0	0	−2	0	0	−2	−1	−1	0

对表 4.49 进行行变换，即可得到表 4.50。

表 4.50 射流侵彻质点速度问题中变量的量纲幂次指数 (行变换后)

物理量	Q	H	E	D	T	σ_Y	$v_{\max}$	$v_{\min}$	L
Q	1	0	0	0	0	1	0	0	0
H	0	1	0	1	1	−3	0	0	1
E	0	0	1	0	0	1	1/2	1/2	0

根据 Π 定理，式 (4.416) 可以写为无量纲函数表达式：

$$\begin{cases} \dfrac{v_{\max}}{\sqrt{E}} = f\left(\dfrac{D}{H}, \dfrac{T}{H}; \dfrac{\sigma_Y H^3}{QE}\right) \\ \dfrac{v_{\min}}{\sqrt{E}} = g\left(\dfrac{D}{H}, \dfrac{T}{H}; \dfrac{\sigma_Y H^3}{QE}\right) \\ \dfrac{L}{H} = h\left(\dfrac{D}{H}, \dfrac{T}{H}; \dfrac{\sigma_Y H^3}{QE}\right) \end{cases} \tag{4.417}$$

如不同尺寸聚能装药形状与形式完全相同，如图 4.67 所示，装药药柱高度为 A，则炸药装药量可简单表示为

$$Q=\rho_{\mathrm{e}}\left(KD^2A\right) \tag{4.418}$$

式中，K 为某系数；ρ_{e} 为装药密度。因此，式 (4.417) 中最后一个无量纲自变量可进一步写为

$$\frac{\sigma_Y H^3}{QE}\to\frac{\sigma_Y H^3}{\rho_{\mathrm{e}}D^2AE}\to\frac{\sigma_Y H^3}{\rho_{\mathrm{e}}D^2AE}\cdot\left(\frac{D}{H}\right)^3=\frac{\sigma_Y D}{\rho_{\mathrm{e}}AE} \tag{4.419}$$

对于特定的炸药和药型罩材料而言，式 (4.417) 可以简化为

$$\begin{cases}\dfrac{v_{\max}}{\sqrt{E}}=f\left(\dfrac{D}{H},\dfrac{T}{H};\dfrac{D}{A}\right)\\ \dfrac{v_{\min}}{\sqrt{E}}=g\left(\dfrac{D}{H},\dfrac{T}{H};\dfrac{D}{A}\right)\\ \dfrac{L}{H}=h\left(\dfrac{D}{H},\dfrac{T}{H};\dfrac{D}{A}\right)\end{cases}$$

从上式可以看出，射流成型问题满足严格的几何相似律 [77]。从图 4.68[78] 也可以看出这一结论的准确性。图中射流近似长度为 L，质点距离射流前端的距离为 l。

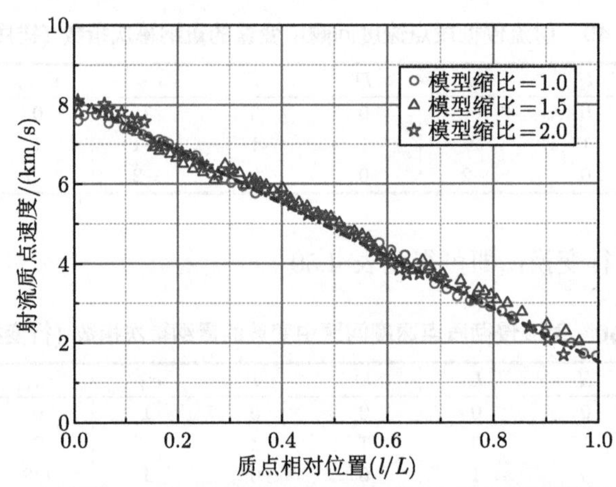

图 4.68　射流中不同相对位置质点的瞬时速度

从图 4.68 中可以看出，从射流头部到尾部其质点速度呈近似线性地递减。而且，即使对于特定材料而言，聚能装药特征与装药量、药型罩的尺寸和厚度不仅对射流速度有影响，而且对射流成型形状如长度、连续性或射流直径变化、质点速度梯度等皆具有明显的影响；因此，射流对半无限金属靶板的侵彻影响因素不仅包含弹靶材料密度，也包含装药特征尺寸、药型罩的锥角、尺寸与厚度。图 4.68 中的三组数据 [78] 表明，射流中质点速度满足几何相似律；其中，药型罩形状如图 4.67 所示，三组研究中药型罩满足几何相似条件，原型中药型罩圆锥直径约为 48.0mm、高度约为 56.8mm、厚度约为

1.78mm，另外两个模型的缩比分别为 1.5 和 2.0。从图 4.68 可以看出，当装药特征与尺寸也按照比例放大或缩小时，不同尺寸药型罩射流成型速度分布特征基本一致，即满足严格的几何相似律。

类似地，与长杆弹超高速准稳定侵彻行为中弹体速度和侵彻速度近似恒定的特征不同，金属射流侵彻过程中射流速度与侵彻速度也呈递减的趋势，对应的侵彻深度呈抛物线规律递增。

从图 4.69 也可以看出，射流的侵彻速度与侵彻深度时程曲线近似满足严格的几何相似律。

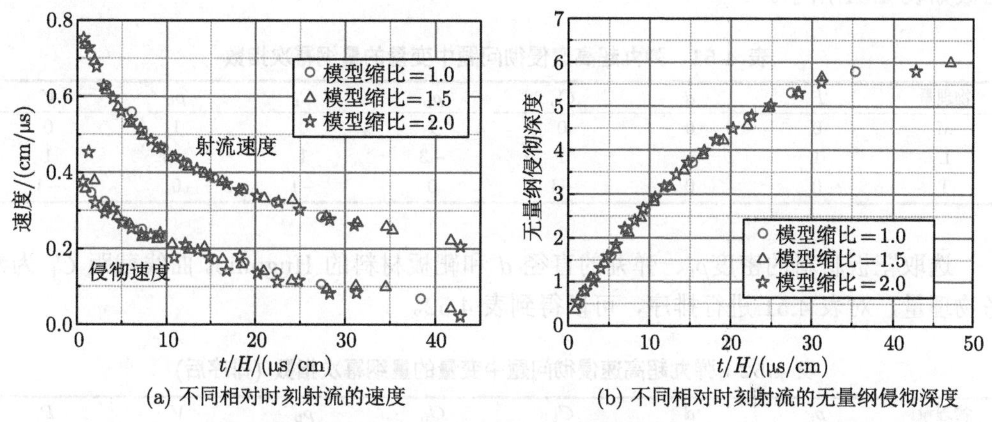

图 4.69 射流侵彻行为的几何相似性

当弹体的入射速度继续增大，使得所造成的侵彻速度接近弹靶材料的声速甚至高于其声速，此时弹体对靶板的侵彻行为已不满足经典的流体动力学假设。以球形金属弹丸超高速侵彻半无限金属靶板为例，如图 4.70 所示。

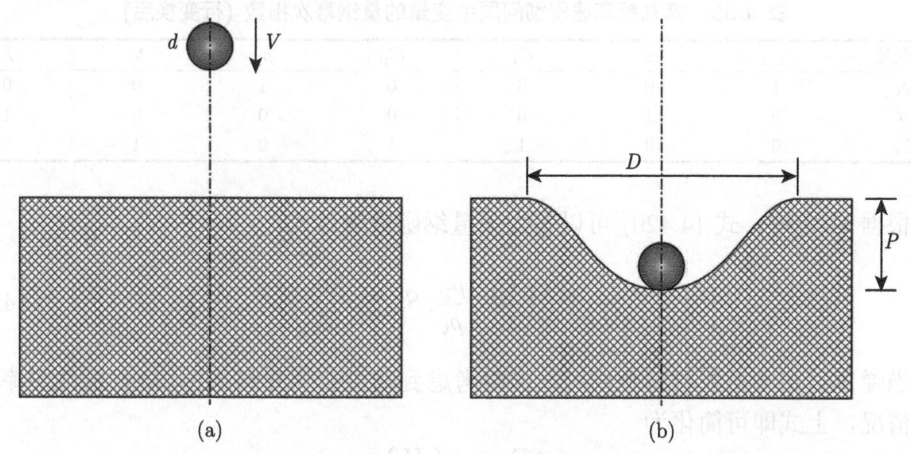

图 4.70 球形金属弹丸超高速侵彻半无限金属靶板成坑示意图

需要说明的是，图 4.70 只是示意图，弹丸超高速侵彻半无限金属靶板后皆会变形。在超高速撞击和侵彻行为中，弹靶材料的弹性参数与塑性屈服强度远小于冲击瞬间所产生的压力，因此，可以认为此问题中材料的状态方程是表征材料性能的主要因素，这里利用弹靶材料的线性冲击绝热方程即 Hugoniot 曲线代表材料的状态方程。设弹丸材料的直径为 d、密度为 ρ_{p}、Hugoniot 曲线截距为 C_{p}、Hugoniot 曲线斜率为 S_{p}，靶板材料的密度为 ρ_{t}、Hugoniot 曲线截距为 C_{t}、Hugoniot 曲线斜率为 S_{t}，弹丸的初始入射速度为 V；我们可以根据以上自变量给出侵彻深度的函数表达式：

$$P = f\left(d, C_{\mathrm{p}}, S_{\mathrm{p}}, \rho_{\mathrm{p}}; C_{\mathrm{t}}, S_{\mathrm{t}}, \rho_{\mathrm{t}}; V\right) \tag{4.420}$$

上式 9 个物理量中有 2 个无量纲量和 7 个有量纲量，这 7 个有量纲物理量的量纲幂次指数如表 4.51 所示。

表 4.51　弹丸超高速侵彻问题中变量的量纲幂次指数

物理量	P	d	C_{p}	ρ_{p}	C_{t}	ρ_{t}	V
M	0	0	0	1	0	1	0
L	1	1	1	−3	1	−3	1
T	0	0	−1	0	−1	0	−1

选取靶板材料的密度ρ_{t}、弹丸的直径 d 和靶板材料的 Hugoniot 曲线截距 C_{t} 为参考物理量，对表 4.51 进行排序，可以得到表 4.52。

表 4.52　弹丸超高速侵彻问题中变量的量纲幂次指数 (排序后)

物理量	ρ_{t}	d	C_{t}	C_{p}	ρ_{p}	V	P
M	1	0	0	0	1	0	0
L	−3	1	1	1	−3	1	1
T	0	0	−1	−1	0	−1	0

对表 4.52 进行行变换，即可得到表 4.53。

表 4.53　弹丸超高速侵彻问题中变量的量纲幂次指数 (行变换后)

物理量	ρ_{t}	d	C_{t}	C_{p}	ρ_{p}	V	P
ρ_{t}	1	0	0	0	1	0	0
d	0	1	0	0	0	0	1
C_{t}	0	0	1	1	0	1	0

根据 Π 定理，式 (4.420) 可以写为无量纲函数表达式：

$$\frac{P}{d} = f\left(\frac{C_{\mathrm{p}}}{C_{\mathrm{t}}}, \frac{\rho_{\mathrm{p}}}{\rho_{\mathrm{t}}}, S_{\mathrm{p}}, S_{\mathrm{t}}; \frac{V}{C_{\mathrm{t}}}\right) \tag{4.421}$$

当弹体材料与靶板材料相同时，同时考虑到常规金属材料 Hugoniot 曲线斜率相近这一情况，上式即可简化为

$$\frac{P}{d} = f\left(\frac{V}{C_{\mathrm{t}}}\right) \tag{4.422}$$

上式中无量纲自变量即为入射速度对应的 Mach 数。上式表明：对弹靶材料相同的情况而言，不同材料弹丸超高速侵彻半无限相同材料靶板的最终侵彻深度只是相对入射速度的

函数。利用铅弹丸和铜弹丸分别开展不同速度下超高速侵彻半无限铅靶板和铜靶板的试验 [79]，运用上式对试验结果进行处理和分析，得到图 4.71；其中铅的 Hugoniot 曲线截距即材料声速为 1227m/s，铜的 Hugoniot 曲线截距即材料声速为 3557m/s。

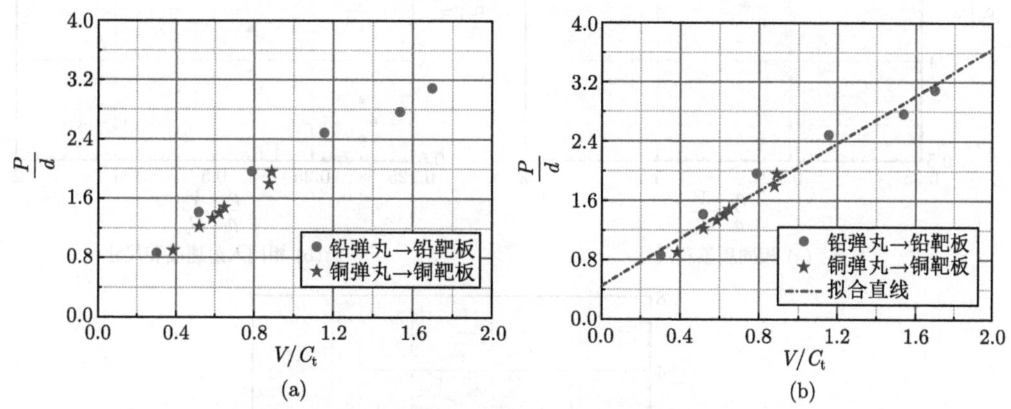

图 4.71 球形金属弹丸超高速侵彻相同材料靶板的最终侵彻深度与入射 Mach 数

从图 4.71 可以看出，不同材料的球形弹丸超高速侵彻相同材料靶板的无量纲最终侵彻深度与相对入射速度之间满足近似一致的线性关系；这验证了量纲分析结果式 (4.422) 的准确性。

当弹丸材料与靶板材料并不相同时，同理忽略常规金属材料 Hugoniot 曲线斜率的影响后，式 (4.421) 可写为

$$\frac{P}{d}=f\left(\frac{C_{\mathrm{p}}}{C_{\mathrm{t}}},\frac{\rho_{\mathrm{p}}}{\rho_{\mathrm{t}}},\frac{V}{C_{\mathrm{t}}}\right) \tag{4.423}$$

Summers 等 [79] 开展了不同材料弹丸超高速侵彻半无限铅靶板或铜靶板的系列试验，同上，铅的 Hugoniot 曲线截距即材料声速为 1227m/s，铜的 Hugoniot 曲线截距即材料声速为 3557m/s。试验中弹丸材料不同，分别为镁、铝、钢、铜、铅和钨，通过对试验结果的分析，Summers 等 [79] 认为无量纲侵彻深度与声速比无关，即上式简化为

$$\frac{P}{d}=f\left(\frac{\rho_{\mathrm{p}}}{\rho_{\mathrm{t}}},\frac{V}{C_{\mathrm{t}}}\right) \tag{4.424}$$

而且，其研究认为上式中两个无量纲量之间以乘积的形式出现，即有

$$\frac{P}{d}=f\left(\frac{\rho_{\mathrm{p}}}{\rho_{\mathrm{t}}}\cdot\frac{V}{C_{\mathrm{t}}}\right) \tag{4.425}$$

然后，Summers 等 [79] 利用上式对多种情况下的试验数据进行整理。第一组试验中，选取质量相同且尺寸相同的弹丸超高速侵彻此两种靶板，结果见图 4.72(a)；第二组试验中弹丸选取相同尺寸的且保持入射速度相同，结果见图 4.72(b)；第三组试验中弹丸质量相同且入射速度相同，结果见图 4.72(c)。

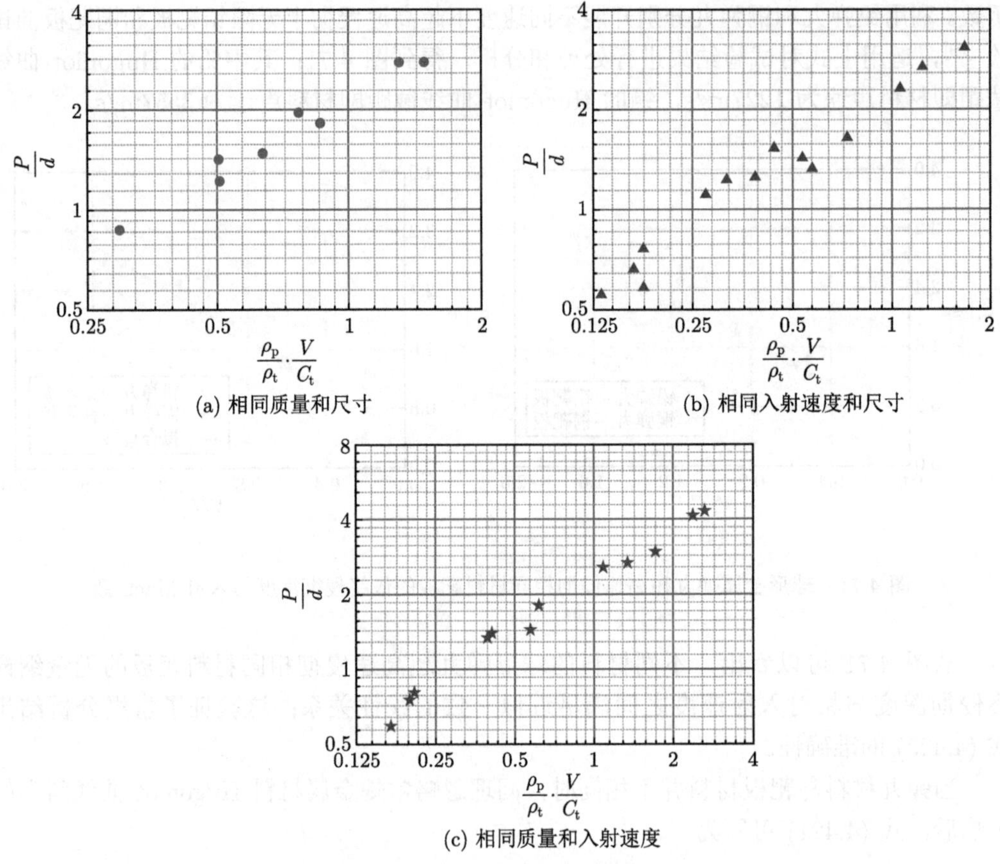

图 4.72　三组弹丸超高速侵彻试验结果整理

从图 4.72 可以看出，这三种不同情况下试验结果利用式 (4.425) 整理后，皆满足某种幂函数关系，对三种情况的试验数据进行整合，即可得到图 4.73。

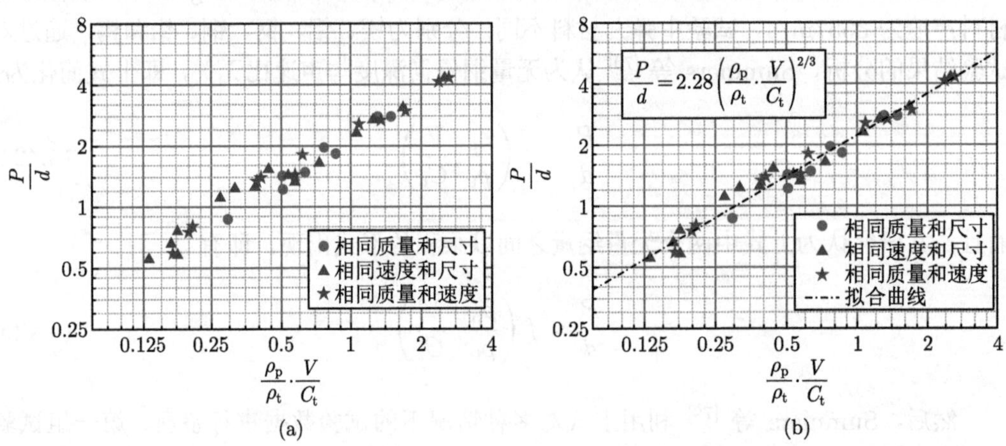

图 4.73　不同情况弹丸超高速侵彻试验结果与函数

从图 4.73 可以看出，不同情况下弹丸超高速侵彻行为满足近似一致的幂函数关系，

对试验结果进行整理后拟合，可以得到

$$\frac{P}{d} = 2.28\left(\frac{\rho_{\rm p}}{\rho_{\rm t}} \cdot \frac{V}{C_{\rm t}}\right)^{2/3} \tag{4.426}$$

4.4.2 长杆弹高速侵彻金属靶板问题量纲分析与试验结果分析

对于长杆弹高速侵彻半无限靶板而言，当入射速度虽然高但所造成的撞击压力与材料的流变强度在同一个量级或比较接近，则此时弹靶材料的强度会对侵彻行为有明显的影响，此时的流体动力学理论预测值与实际值有明显的差别 [23]，如图 4.66 和图 4.74 所示。

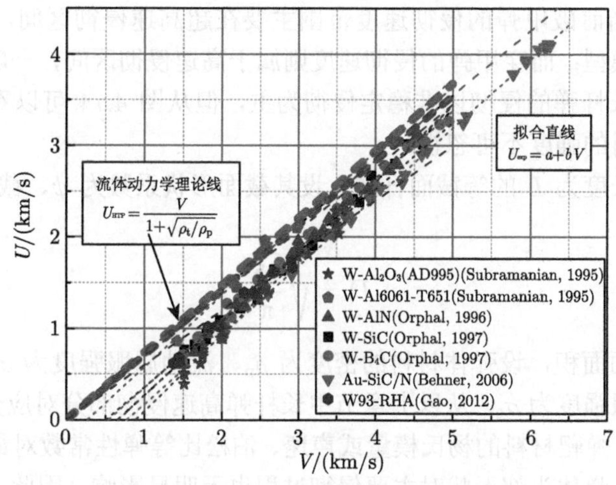

图 4.74 球形金属弹丸超高速侵彻成坑示意图

从图 4.74 可以看出，在入射速度在约 1.5~5.0km/s 范围内，弹体的侵彻速度 U 与弹体速度 V 之间满足线性关系：

$$U = a + bV \tag{4.427}$$

式中，a 和 b 为特定常数，它们与弹靶材料相关，几种典型弹靶材料时的取值见表 4.54。

表 4.54 长杆弹侵彻准稳定过程中的线性常数 [80]

弹体材料	靶板材料	a	b	速度范围/(km/s)
W	B_4C	−0.406	0.757	1.5~5.0
W	SiC-B	−0.510	0.781	1.5~4.6
Au	SiC-N	−0.584	0.755	2.0~6.2
W	AlN	−0.524	0.792	1.5~4.5
W	Al_2O_3(AD995)	−0.742	0.836	1.5~3.5
W	Al6061-T651	−0.211	0.788	1.5~4.2
W93	RHA	−0.365	0.723	1.5~3.0
Al6061-T6	RHA	−0.454	0.423	3.0~8.0
RHA	WHA	−0.264	0.424	2.0~8.0
WHA	RHA	−0.153	0.628	2.0~4.5
Al6061-T6	WHA	−0.476	0.335	3.0~8.0

假设长杆弹高速侵彻半无限金属靶板时弹体长度消耗殆尽后停止，此时可以计算出无量纲最终侵彻深度为

$$\frac{P}{L}=\frac{Ut}{L}=\frac{U}{L}\frac{L}{V-U}=\frac{U}{V-U}=\frac{a+bV}{-a+(1-b)V} \tag{4.428}$$

当入射速度非常大时，上式即简化为

$$\frac{P}{L}=\frac{a+bV}{-a+(1-b)V}\approx\frac{b}{1-b} \tag{4.429}$$

上式即为流体动力学理论计算结果。

一般而言，当前破甲弹的侵彻速度范围主要在超高速侵彻区间，其侵彻理论主要参考流体动力学模型；而穿甲弹的侵彻速度则属于高速侵彻区间，一般在 1.5~3.0km/s 内，此速度区间长杆弹的侵彻以准稳定侵彻为主，但从图 4.74 可以看出，此时弹靶材料特别是靶板材料的强度不可忽视。

如考虑一个长度为 L 的等截面杆弹，设其截面形状系数为 ψ、截面等效直径为 D，则

$$D=\sqrt{\frac{4S}{\pi}} \tag{4.430}$$

式中，S 表示截面面积，设弹体材料的密度为 ρ_{p}、流动屈服强度为 σ_{p}，靶板材料的密度为 ρ_{t}、流动屈服强度为 σ_{t}。从以上章节中长杆弹高速侵彻部分对应分析可以看出，对于高速侵彻而言，弹靶材料的杨氏模量或声速、泊松比等弹性常数对最终侵彻深度的影响可以忽略不计，弹体头部形状对主要侵彻过程也无明显影响，因此，我们可以给出入射速度为 V 时杆弹的最终侵彻深度函数表达式：

$$P=f\left(\sigma_{\mathrm{p}},\sigma_{\mathrm{t}},\rho_{\mathrm{p}},\rho_{\mathrm{t}},D,L,V,\Psi\right) \tag{4.431}$$

一般而言，杆弹的截面形状为圆形，但许多研究表明非圆截面长杆弹在许多方面有一定的优越性 [81]。首先从材料力学的角度可知非圆形截面杆相对圆形截面杆具有更高的抗弯刚度，且能够实现无空隙排列从而提高装填数量；其次，在空气动力学方面，有些异型截面长杆弹具有较小的阻力特性和较好的飞行稳定性。从侵彻性能上看，在相同入射速度、相同入射条件和相同长度等条件下，等截面积正三角形杆弹侵彻效率相对于方形截面和圆形截面杆弹皆有所提高 [82–85]，如图 4.75(a) 中试验结果所示，图中杆弹长径比为 20，弹体材料为 93W，靶板为一种高氮钢。而在 93W 杆弹垂直侵彻半无限装甲钢靶板试验中，当长径比为 8 时，十字星形杆弹无量纲侵彻深度明显高于另外两种截面的杆弹相同速度下的深度，而且，此种情况下，方形截面杆弹无量纲侵彻深度大于对应的三角形截面杆弹侵彻深度，如图 4.75(b) 所示。

与此同时，我们也开展了长径比为 15 的 45# 钢杆弹侵彻 45# 钢厚靶板的试验研究，试验中弹体的长度、截面积、材料均相同，截面形状分别为圆形、正三角形、方形、带旋转刻槽圆形和 2 种十字星形等 6 种，试验结果如图 4.76 所示。

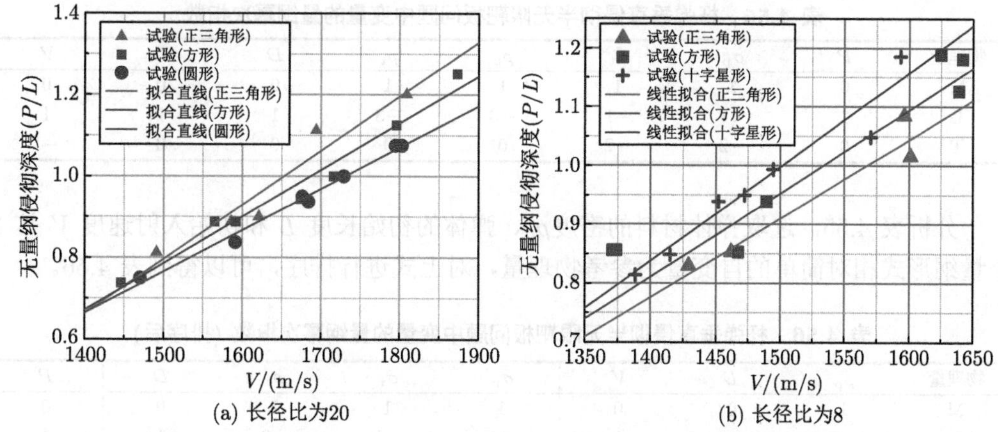

图 4.75 不同截面形状 93W 杆弹垂直侵彻两种靶板试验与拟合结果

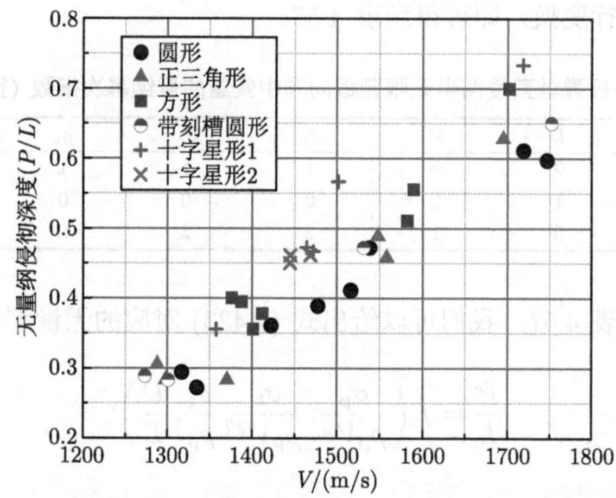

图 4.76 6 种不同截面杆弹垂直侵彻半无限钢靶板的无量纲侵彻深度

从图 4.76 可以看出，杆弹的截面形状确实对其最终侵彻深度有着一定的影响，而且这种影响与材料的长径比、弹靶材料相关；但结果也显示，对同一种杆弹侵彻金属靶板而言，截面形状对最终侵彻深度的影响有限，而且增益系数基本确定。再考虑到当前杆弹中截面形状基本为圆形，其他形状相对较少；在保证分析结论的准确性同时，我们适当简化问题的分析，上式可以简化为

$$P = \Psi(\varPsi) \cdot f\left(\sigma_{\mathrm{p}}, \sigma_{\mathrm{t}}, \rho_{\mathrm{p}}, \rho_{\mathrm{t}}, D, L, V\right) \tag{4.432}$$

式中，$\Psi(\varPsi)$ 表示与截面形状相关的常数，可设定圆截面时该值为 1；即对圆截面而言，上式可以简化为

$$P = f\left(\sigma_{\mathrm{p}}, \sigma_{\mathrm{t}}, \rho_{\mathrm{p}}, \rho_{\mathrm{t}}, D, L, V\right) \tag{4.433}$$

上式共有 8 个物理量，含 1 个因变量和 7 个自变量，且皆为有量纲物理量，其量纲幂次指数如表 4.55 所示。

表 4.55 杆弹垂直侵彻半无限靶板问题中变量的量纲幂次指数

物理量	P	σ_p	σ_t	ρ_p	ρ_t	D	L	V
M	0	1	1	1	1	0	0	0
L	1	−1	−1	−3	−3	1	1	1
T	0	−2	−2	0	0	0	0	−1

分析表 4.55，选取弹体材料的密度ρ_p、弹体的初始长度 L 和初始入射速度 V 这 3 个量纲形式相对简单的自变量为参考物理量，对上式进行排序，可以得到表 4.56。

表 4.56 杆弹垂直侵彻半无限靶板问题中变量的量纲幂次指数 (排序后)

物理量	ρ_p	L	V	σ_p	σ_t	ρ_t	D	P
M	1	0	0	1	1	1	0	0
L	−3	1	1	−1	−1	−3	1	1
T	0	0	−1	−2	−2	0	0	0

对表 4.56 进行行变换，即可得到表 4.57。

表 4.57 杆弹垂直侵彻半无限靶板问题中变量的量纲幂次指数 (行变换后)

物理量	ρ_p	L	V	σ_p	σ_t	ρ_t	D	P
ρ_p	1	0	0	1	1	1	0	0
L	0	1	0	0	0	0	1	1
V	0	0	1	2	2	0	0	0

根据 Π 定理和表 4.57，我们可以给出式 (4.433) 对应的无量纲函数表达式为

$$\frac{P}{L}=f\left(\frac{\sigma_p}{\rho_p V^2},\frac{\sigma_t}{\rho_p V^2},\frac{\rho_t}{\rho_p},\frac{D}{L}\right) \tag{4.434}$$

或

$$\frac{P}{L}=f\left(\frac{D}{L};\frac{\rho_t}{\rho_p};\frac{\sigma_p}{\rho_p V^2},\frac{\sigma_t}{\rho_p V^2}\right) \tag{4.435}$$

根据量纲分析的性质，我们对上式中的两个无量纲自变量进行组合可以给出另外一个材料无量纲量，即有

$$\frac{P}{L}=f\left(\frac{D}{L};\frac{\rho_t}{\rho_p},\frac{\sigma_p}{\sigma_t};\frac{\sigma_t}{\rho_p V^2}\right) \tag{4.436}$$

根据终点效应学中的惯例，上式也可以写为

$$\frac{P}{L}=f\left(\frac{L}{D};\frac{\rho_p}{\rho_t},\frac{\sigma_p}{\sigma_t};\frac{\rho_p V^2}{\sigma_t}\right) \tag{4.437}$$

根据 4.4.1 节中的分析可知，对于杆弹的高速侵彻行为而言，其流体动力学解即极限侵彻深度为

$$P_{\text{limit}}=L\cdot\sqrt{\frac{\rho_p}{\rho_t}} \tag{4.438}$$

因此，一般定义

$$\bar{P} = \frac{P}{P_{\text{limit}}} = \frac{P}{L} \Big/ \sqrt{\frac{\rho_{\text{p}}}{\rho_{\text{t}}}} \tag{4.439}$$

为侵彻效率。

根据量纲分析的形状，式 (4.437) 可写为

$$\frac{P}{L} \Big/ \sqrt{\frac{\rho_{\text{p}}}{\rho_{\text{t}}}} = f\left(\frac{L}{D}; \frac{\rho_{\text{p}}}{\rho_{\text{t}}}, \frac{\sigma_{\text{p}}}{\sigma_{\text{t}}}; \frac{\rho_{\text{p}} V^2}{\sigma_{\text{t}}}\right) \tag{4.440}$$

或

$$\bar{P} = f\left(\frac{L}{D}; \frac{\rho_{\text{p}}}{\rho_{\text{t}}}, \frac{\sigma_{\text{p}}}{\sigma_{\text{t}}}; \frac{\rho_{\text{p}} V^2}{\sigma_{\text{t}}}\right) \tag{4.441}$$

从上式可以看出，杆弹高速正侵彻半无限金属靶板侵彻效应的主要影响因素有 4 个：弹体的长径比、弹靶材料的密度比、弹靶材料的强度比和弹体的无量纲入射动能。

设杆弹垂直侵彻半无限金属靶板问题中缩比模型与原型对应几何性状相似，且其尺寸缩比为

$$\gamma = \frac{(D)_m}{(D)_p} \tag{4.442}$$

则该问题的相似律即为

$$\left\{\begin{aligned} &\gamma_L = \frac{(L)_m}{(L)_p} = \gamma \\ &\gamma_{\rho_{\text{p}}} = \frac{(\rho_{\text{p}})_m}{(\rho_{\text{p}})_p} = \frac{(\rho_{\text{t}})_m}{(\rho_{\text{t}})_p} = \gamma_{\rho_{\text{t}}} \\ &\gamma_{\sigma_{\text{p}}} = \frac{(\sigma_{\text{p}})_m}{(\sigma_{\text{p}})_p} = \frac{(\sigma_{\text{t}})_m}{(\sigma_{\text{t}})_p} = \gamma_{\sigma_{\text{t}}} \\ &\gamma_{\rho_{\text{p}V^2}} = \frac{(\rho_{\text{p}} V^2)_m}{(\rho_{\text{p}} V^2)_p} = \frac{(\sigma_{\text{t}})_m}{(\sigma_{\text{t}})_p} = \gamma_{\sigma_{\text{t}}} \end{aligned}\right. \tag{4.443}$$

简化后即有

$$\left\{\begin{aligned} &\gamma_L = \gamma \\ &\gamma_{\rho_{\text{p}}} = \gamma_{\rho_{\text{t}}} \\ &\gamma_{\sigma_{\text{p}}} = \gamma_{\sigma_{\text{t}}} \\ &\gamma_{\rho_{\text{p}}} \gamma_V^2 = \gamma_{\sigma_{\text{t}}} \end{aligned}\right. \tag{4.444}$$

若缩比模型中杆弹与原型中的杆弹几何形状完全相似，该问题的相似律即为

$$\left\{\begin{aligned} &\gamma_{\rho_{\text{p}}} = \gamma_{\rho_{\text{t}}} \\ &\gamma_{\sigma_{\text{p}}} = \gamma_{\sigma_{\text{t}}} \\ &\gamma_{\rho_{\text{p}}} \gamma_V^2 = \gamma_{\sigma_{\text{t}}} \end{aligned}\right. \tag{4.445}$$

进一步假设缩比模型与原型满足对应材料相同，此时该问题的相似律进一步简化为

$$\begin{cases} \gamma_{\sigma_{\rm p}} = \gamma_{\sigma_{\rm t}} \\ \gamma_V = \sqrt{\gamma_{\sigma_{\rm t}}} \end{cases} \tag{4.446}$$

需要说明的是，虽然缩比模型与原型弹靶材料对应相同，其并不表示

$$\begin{cases} \gamma_{\sigma_{\rm p}} \equiv 1 \\ \gamma_{\sigma_{\rm t}} \equiv 1 \end{cases} \tag{4.447}$$

因为缩比模型与原型中尺寸进行缩比了，但材料声速等并没有改变，而且考虑到材料强度的率效应，材料弹靶材料的屈服流动强度并不对应相等；只是由于金属材料强度的率效应并不明显，由试验结果研究可以近似认为上式成立，其结果相对准确，因此此时该问题的相似律为

$$\gamma_V = 1 \tag{4.448}$$

上式表明，杆弹特别是长杆弹垂直侵彻半无限金属靶板问题满足严格的几何相似律 [86]。不过，需要补充说明的是，由于当前杆弹材料和靶板材料并不一定是均质材料，可能是复合材料也可能是复合结构；或者，当前新型材料的屈服流动强度或断裂准则有着不可忽视的尺度效应，此时杆弹对半无限金属靶板的侵彻问题并不一定满足严格的几何相似律。

1) 长径比对杆弹侵彻效率的影响试验结果分析

对于杆弹特别是长杆弹而言，其长径比对侵彻效率有一定的影响 [87]；在长杆弹的优化设计研究中，长径比的优化是一个重要部分 [88−91]。对于特定的弹靶材料，式 (4.441) 中两个材料无量纲自变量可视为常量，此时式 (4.441) 即可简化为

$$\bar{P} = f\left(\frac{L}{D}, \frac{\rho_{\rm p} V^2}{\sigma_{\rm t}}\right) \tag{4.449}$$

或进一步写为有量纲形式：

$$\bar{P} = f\left(\frac{L}{D}, V\right) \tag{4.450}$$

Woolsey、Leonard 和 Anderson 等对 X21C 和 X27C 两种材料杆弹垂直侵彻半无限 RHA 靶板开展研究 [27,92,93]，其中杆弹的长径比分别为 10 和 15；试验结果如图 4.77 所示。从图中容易发现，在这两种情况下，随着长径比的增大，相同入射速度条件下长杆弹的侵彻效率逐渐减小，此两者情况下皆是如此。

需要强调的是，上图并不是表示在长径比 10~15 区间内，长径比越大侵彻性能就越差；事实上，正好相反，在当前长杆弹侵彻问题中所涉及的长径比范围内，长径比越大其侵彻性能越好，只是其他原因使得长径比受限。以图 4.77 中所示问题为例，弹靶材料分别为钨合金和 RHA，同上分析，由于该问题满足严格的几何相似律，我们可以认为不同试验中弹体的直径相同；相同速度条件下：

$$\frac{\bar{P}_{L/D=10}}{\bar{P}_{L/D=15}} = \lambda > 1 \tag{4.451}$$

根据侵彻效率的定义有

$$\frac{P_{L/D=10}}{P_{L/D=15}} = \lambda\frac{10D}{15D} = \frac{2}{3}\lambda \tag{4.452}$$

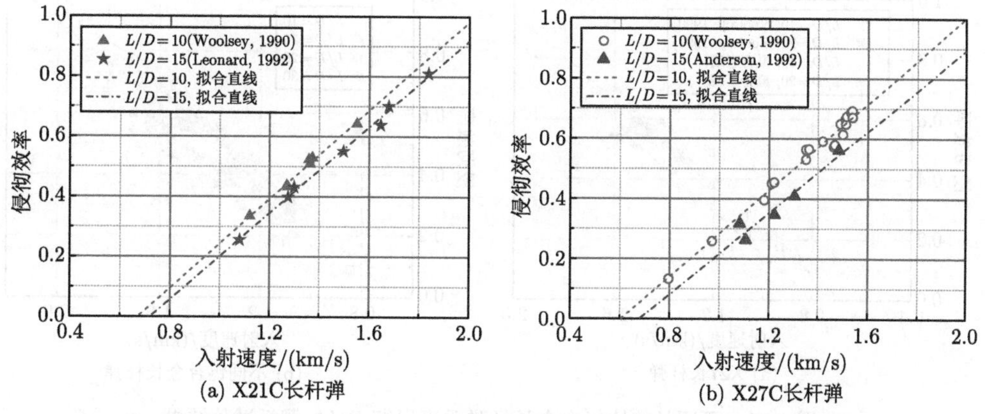

图 4.77 长径比分别为 10 和 15 的两种不同长杆钨合金弹侵彻 RHA 靶板试验结果

而一般式 (4.451) 所给出的侵彻效率之比虽然大于 1，但一般皆小于 3/2，因此一般情况下：

$$\frac{P_{\mathrm{L/D=10}}}{P_{\mathrm{L/D=15}}} < 1 \tag{4.453}$$

试验表明，再继续增加杆弹的长径比，其规律也是如此，如图 4.78 所示，两种不同材料的 X27X 和 X9C 钨合金杆弹垂直侵彻半无限 RHA 靶板，杆弹的长径比分别为 10、15 和 30，最大值是最小值的 3 倍，试验结果 [89,94] 显示，随着入射速度的增大，不同长径比是杆弹侵彻效率与入射速度之间满足相似的函数关系；但相同入射速度条件下，随着长径比的增大，侵彻效率逐渐减小，只是这种侵彻效率随着长径比增加而减小的趋势逐渐减缓。

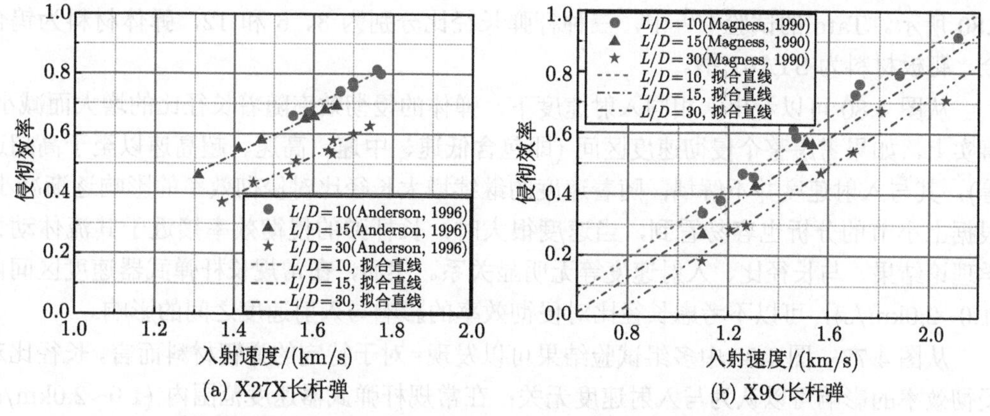

图 4.78 长径比分别为 10、15 和 30 的两种不同长杆钨合金弹侵彻 RHA 靶板试验结果

对比以上不同长径比时钨合金长杆弹垂直侵彻半无限 RHA 靶板的试验及拟合直线结果 [27]，不难发现：侵彻效率与长径比有着明显的联系，然而，对特定的弹靶材料而言，不同长径比时侵彻效率与入射速度之间呈近似线性正比函数关系，如图 4.79 所示。

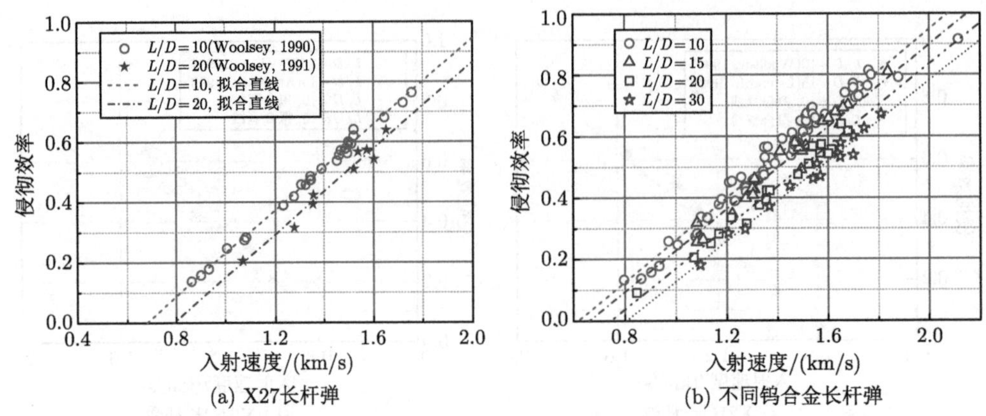

图 4.79　不同长径比钨合金长杆弹垂直侵彻 RHA 靶板试验结果

也就是说，在此高速侵彻速度区间，我们可以假设长径比对侵彻效率的影响与入射速度是无关的；在此假设基础上，式 (4.450) 即可更具体地写为

$$\bar{P} = \Gamma\left(\frac{L}{D}\right) \cdot f(V) \tag{4.454}$$

式中，函数

$$\Gamma = \Gamma\left(\frac{L}{D}\right) \tag{4.455}$$

表示其他条件不变的前提下杆弹的长径比对侵彻效率的影响。

事实上，不仅是长径比大于 10 的长杆弹侵彻具有此规律，长径比小于 10 的短杆弹在常规高速 (1.0~2.0km/s) 区间，长径比对侵彻效率的影响也是具有此特征的，如图 4.80 所示。Tate 的试验 [27] 中，三种杆弹长径比分别为 3、6 和 12，弹体材料为钨合金，靶板材料为 STA61 钢。

从图 4.80 可以看出，相同入射速度下，弹体的侵彻效率随着长径比的增大而减小。事实上，如果考虑整个侵彻速度区间 (即包含低速、中速、高速、超高速以至于高超速等)，其与入射速度并不解耦；随着速度的继续增大长径比对侵彻效率的影响逐渐减小，根据上小节的分析也容易看到，当速度很大时，长杆弹的侵彻效率接近于其流体动力学理论结果，与长径比、入射速度等无明显关系。然而，在常规长杆弹武器速度区间内 (1.0~2.0km/s)，可以不考虑长径比对侵彻效率的影响与入射速度之间的影响。

从图 4.77~ 图 4.80 中多组试验结果可以发现：对于特定的弹靶材料而言，长径比对侵彻效率的影响可以认为与入射速度无关；在常规杆弹武器速度范围内 (1.0~2.0km/s) 侵彻效率随着长径比的增大而减小。Anderson[89] 通过总结试验数据和数值仿真结果给出钨合金垂直侵彻 RHA 靶板经验表达式：

$$\frac{P}{L}=-0.209+1.044\frac{V}{V_0}-0.194\ln\left(\frac{L}{D}\right) \tag{4.456}$$

式中，V_0 =1.0km/s 为参考速度；该式形式简单，其认为对于不同速度而言，长径比对于无量纲侵彻深度的影响是固定的，因此将长径比的影响项作为一个独立量与速度的影响项线性叠加。

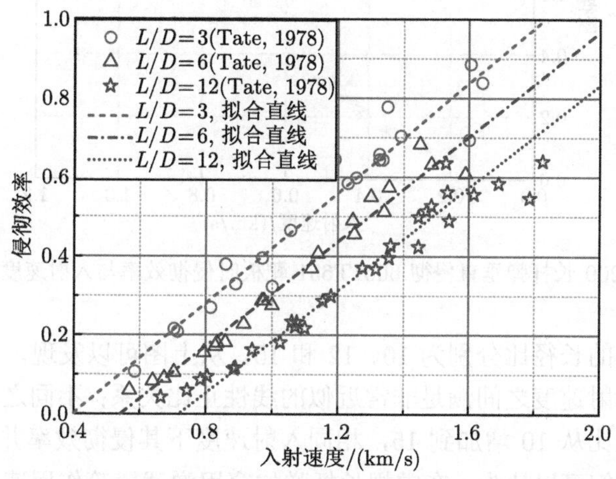

图 4.80 三种不同长径比短杆弹侵彻效率与入射速度之间的关系

然而，长径比对杆弹侵彻效率的影响并不是对于所有情况都如此明显，以 Hohler 所做的两种不同材料的长杆弹垂直侵彻 HzB,A 靶板为例 [27]，两种长杆弹材料分别为 Marag 和 35CrNiMo，长径比从 10~32；如图 4.81 所示。

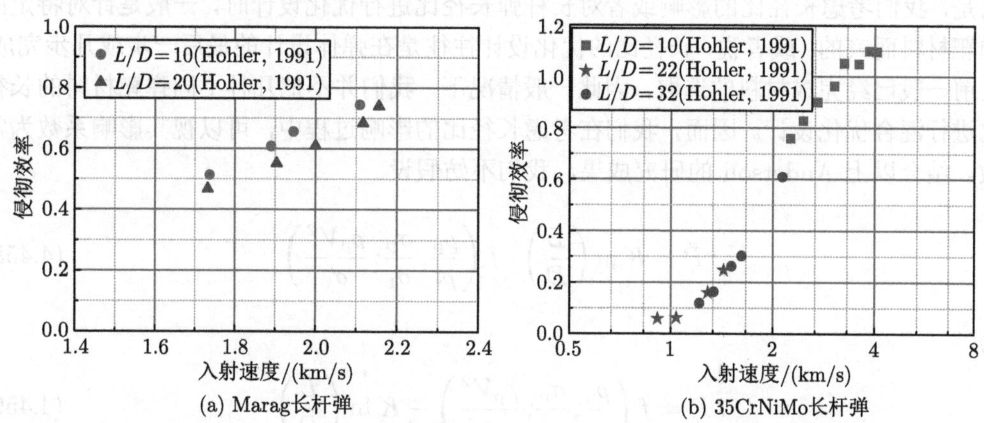

图 4.81 两种不同材料长杆弹垂直侵彻 HzB,A 靶板时长径比对侵彻效率的影响

可以看出在试验入射速度范围内，长径比的变化在一定程度上能够影响长杆弹的侵彻效率，但其影响远小于以上钨合金长杆弹垂直侵彻 RHA 靶板时的情况。又如不同长

径比的 T200 长杆弹垂直侵彻半无限 6061T651 靶板侵彻效率与入射速度之间关系的试验结果 [27]，如图 4.82 所示。

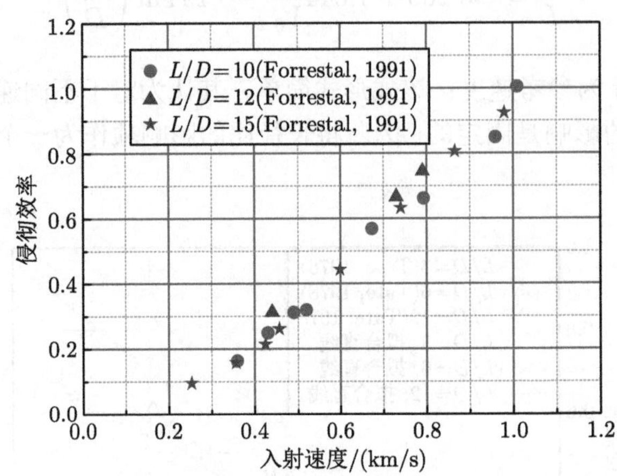

图 4.82　T200 长杆弹垂直侵彻 6061T651 靶板时侵彻效率与入射速度之间的关系

试验中长杆弹的长径比分别为 10、12 和 15，从上图可以发现，不同长径比时长杆弹的侵彻效率与入射速度之间满足非常近似的线性正比关系；不同之处在于，该项试验中，长杆弹的长径比从 10 增加到 15，相同入射速度下其侵彻效率并没有明显的变化。

综上所述，我们可以认为：在常规长杆弹如穿甲弹武器等作用速度范围内，长径比对长杆弹侵彻效率的影响可以近似假设与入射速度无关，但其明显与弹靶材料性能相关，即

$$\Gamma=\Gamma\left(\frac{L}{D},\frac{\rho_{\mathrm{p}}}{\rho_{\mathrm{t}}},\frac{\sigma_{\mathrm{p}}}{\sigma_{\mathrm{t}}}\right) \tag{4.457}$$

只是，我们考虑长径比的影响或者对长杆弹长径比进行优化设计时，一般是针对特定的弹靶材料而言的；或者说，长径比的优化设计往往是在弹体设计的最后一步或几步完成，之前一般已经完成材料的选取，因此一般情况下，我们并不把几种不同弹靶材料的长径比进行混合优化设计。因而，我们在考虑长径比的影响过程中，可以视其影响系数为常数。结合以上 Anderson 的研究成果，我们不妨假设

$$\bar{P}=K\ln\left(\frac{L}{D}\right)\cdot f\left(\frac{\rho_{\mathrm{p}}}{\rho_{\mathrm{t}}},\frac{\sigma_{\mathrm{p}}}{\sigma_{\mathrm{t}}};\frac{\rho_{\mathrm{p}}V^2}{\sigma_{\mathrm{t}}}\right) \tag{4.458}$$

或

$$\bar{P}=f\left(\frac{\rho_{\mathrm{p}}}{\rho_{\mathrm{t}}},\frac{\sigma_{\mathrm{p}}}{\sigma_{\mathrm{t}}};\frac{\rho_{\mathrm{p}}V^2}{\sigma_{\mathrm{t}}}\right)-K\ln\left(\frac{L}{D}\right) \tag{4.459}$$

式中，K 表示一个与弹靶材料相关的常数。考虑到以上试验结果中，高速侵彻速度区间内，对特定弹靶材料的长杆弹垂直侵彻行为而言，不同长径比时侵彻效率与入射速度关系曲线几乎满足平行的特征，因此选取式 (4.459) 作为长径比的影响函数更为准确合理。

根据以上函数关系，可以剥离长径比的影响即对长径比进行归一化处理，如图 4.83 所示。对以上长径比分别为 3、6 和 12 的杆弹侵彻效率和长径比分别为 10、15、20 和 30 的长杆弹侵彻效率数据进行分析，利用上式进行长径比归一化处理。

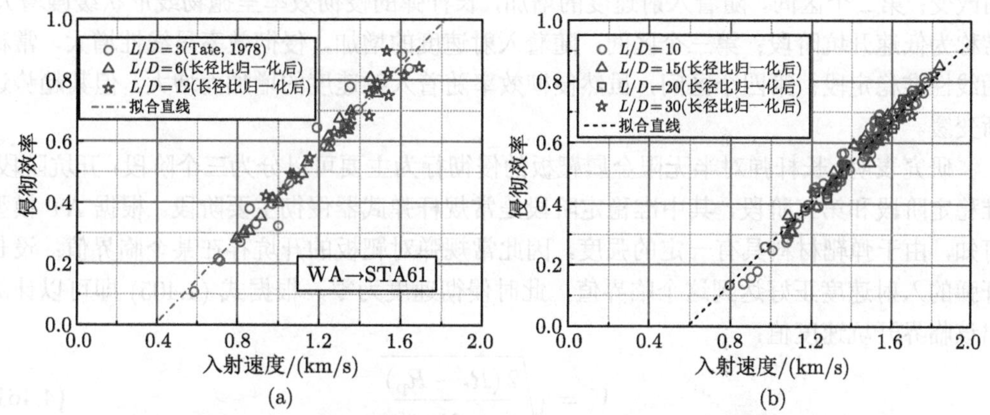

图 4.83 长杆弹侵彻最终侵彻效率中长径比的归一化处理

从图 4.83 中可以看出，此时侵彻效率与入射速度之间满足近似一致的函数关系；这说明以上长径比影响的近似解耦方程是相对准确的。

2) 入射速度对杆弹侵彻效率的影响试验结果分析

在超高速侵彻阶段，长杆弹垂直侵彻半无限金属靶板过程中，弹体的入射速度并不是最终侵彻深度的主要影响因素，如图 4.84 所示钨合金长杆弹垂直侵彻半无限 RHA 靶板 [23]，当入射速度大于约 2.6km/s 时，随着入射速度的继续增大，其最终侵彻深度并没有明显线性增大，此时只有弹靶密度与杆长度是最终侵彻深度的主要因素。然而，当入射速度小于约 2.6km/s 时，长杆弹的最终侵彻侵彻深度与入射密度有着明显且直接的广义正比关系。根据式 (4.441) 可知，对于特定的弹靶材料和弹体长径比而言，有

$$\bar{P} = f(V) \tag{4.460}$$

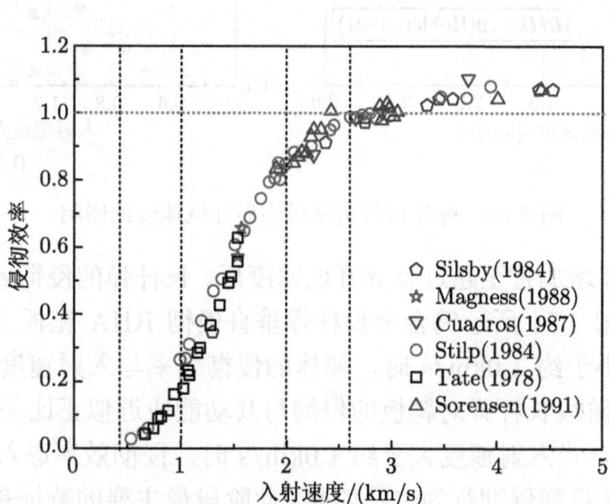

图 4.84 不同入射速度钨合金长杆弹侵彻 RHA 靶板试验结果

从图 4.84 可以发现，上式所示函数关系在不同速度领域具有不同特征，在入射速度低于 2.6km/s 时，长杆弹的侵彻效率与入射速度的函数关系分为 4 个区间：第一个区间，当入射速度小于临界开坑速度时，侵彻效率基本为 0，并不随着入射速度的增大而改变；第二个区间，随着入射速度的增加，长杆弹的侵彻效率呈抛物线形状缓慢增大，常称为低速开坑阶段；第三个区间，随着入射速度的增加，侵彻效率呈线性增大，常称为线性准稳定段；第四个区间，虽然侵彻效率随着入射速度的增加而增大，但其趋势逐渐变缓。

研究表明，长杆弹对半无限金属靶板的侵彻行为主要可以分为三个阶段：开坑阶段、准稳定阶段和第三阶段，其中准稳定阶段是常规杆弹武器侵彻主要阶段。根据 AT 模型可知，由于弹靶材料具有一定的强度，因此常规弹对靶板的开坑存在某个临界值；设长杆弹的入射速度正好达到这个临界值，此时侵彻速度为零，根据式 (4.405) 即可以计算出该临界开坑速度值：

$$V_{\mathrm{t}}=\sqrt{\frac{2\left(R_{\mathrm{t}}-R_{\mathrm{p}}\right)}{\rho_{\mathrm{p}}}} \tag{4.461}$$

上式说明，临界开坑速度的存在主要是靶板存在一定的强度造成的。靶板的流变强度越大，该临界开坑速度就越大，弹体材料的密度越大临界开坑速度就越小。如图 4.85 所示，在图 (a) 中长杆合金钢弹与长杆钨合金弹垂直侵彻半无限合金钢靶板时，由于前者弹体材料密度相对较小，因此其临界开坑速度明显偏大；图 (b) 中长杆弹材料分别为金、锡、铝和镁，其密度逐渐减小，从图中可以看出，其临界开坑速度也逐渐增大。

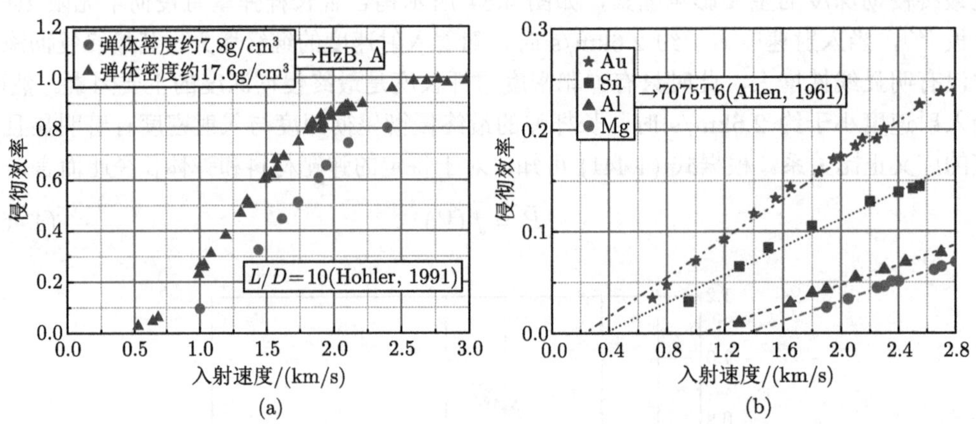

图 4.85　弹体材料密度对临界开坑速度的影响

当入射速度继续增加直至超过临界开坑速度后，长杆弹的侵彻效率大于零即能够有效地侵入靶板；以图 4.84 所示钨合金长杆弹垂直侵彻 RHA 靶板为例，当入射速度大于临界开坑速度但小于约 1.0km/s 时，弹体的侵彻效率与入射速度呈抛物线正比关系，如图 4.86 所示；此阶段长杆弹对靶板的侵彻与其动能成近似正比关系。

如图 4.84 所示，当入射速度大于约 1.0km/s 时，侵彻效率进入线性阶段；事实上，对于其他金属材料长杆弹侵彻行为也是如此，此阶段最主要的特征是长杆弹的垂直侵彻效率与入射速度基本呈线性正比关系，其侵彻行为呈准稳态特征，如图 4.87 所示。

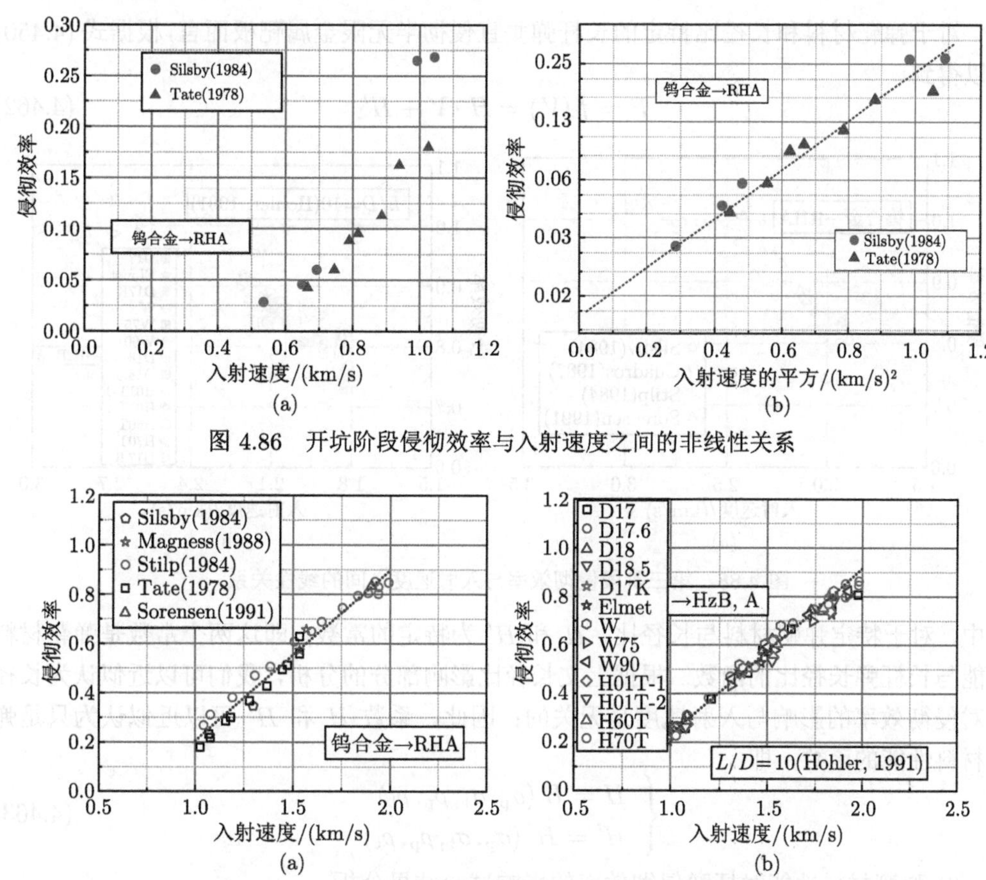

图 4.86 开坑阶段侵彻效率与入射速度之间的非线性关系

图 4.87 准稳定阶段侵彻效率与入射速度之间的线性关系

图 4.87(a) 为不同钨合金长杆弹垂直侵彻半无限 RHA 靶板的侵彻效率与入射速度之间的线性关系，图 4.87(b) 为不同钨合金长杆弹垂直侵彻 HzB 合金钢靶板侵彻效率与入射速度之间的线性关系。从图中可以看出，钨合金长杆弹垂直侵彻半无限合金钢靶板的线性准稳定入射速度分为约为 1.0km/s~1.9km/s。需要说明的是，从上小节中长径比对侵彻效率的影响分析结果可知，随着长径比的增大，相同入射速度下长杆弹的侵彻效率会逐渐减小，因此，对于实际穿甲弹而言，其长径比大于上图中对应的长径比 10，因此，其准稳定入射速度范围一般应在约 1.2~2.0km/s 区间，当然对于不同材料的杆弹和靶板，这个区间会不同；然而，该入射速度区间正好是当前长杆穿甲弹的工作速度范围，因为长杆弹准稳定侵彻阶段的研究是过去很长一段时间内此方面的研究重点。

当入射速度继续增大时，侵彻效率与入射速度之间的关系又进入非线性阶段；与开坑阶段不同，侵彻效率随入射速度增加而增大的趋势逐渐减小，如图 4.88 所示。

研究表明，长杆弹垂直侵彻准稳定过程中，弹体动能的损失以质量损失为主，速度损失相对较少；而在准稳定侵彻后弹体的质量或长度已经很小了，此时弹体的速度和动能更快地消耗，从而使侵彻效率的增大变得缓慢。事实上，当前常规长杆弹武器的入射速度基本皆在准稳定侵彻阶段的速度范围之内，本小节长杆弹的高速侵彻部分正是考虑这一速度区间的侵彻问题，即侵彻效率与入射速度呈线性正比关系的部分。

对于弹靶材料和长径比特定的长杆弹垂直侵彻半无限金属靶板而言，根据式 (4.450) 可以得到

$$\bar{P} = f(V) = H \cdot V + H' \tag{4.462}$$

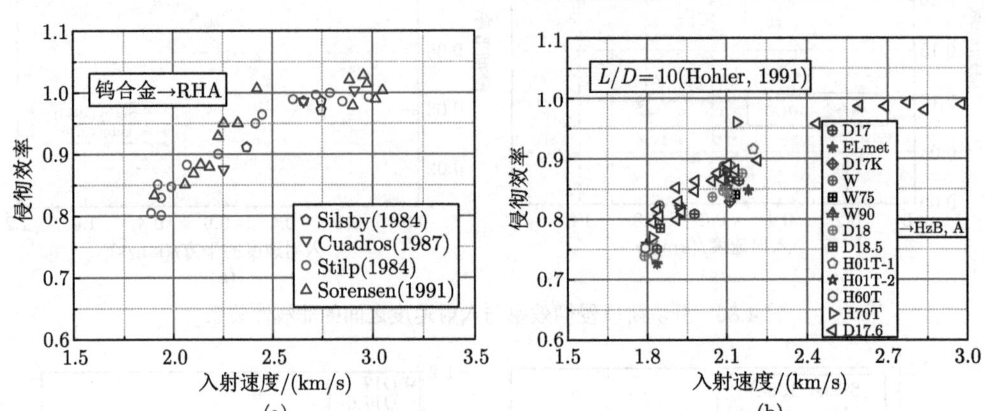

图 4.88　第三阶段侵彻效率与入射速度之间的线性关系

式中，对于特定弹靶材料与长径比，H 和 H' 为特定的常数；即这两个常数是弹靶材料性能与长杆弹长径比的函数。根据上文长径比影响部分的分析，我们可以近似认为长径比对侵彻效率的影响与入射速度是无关的；因此，系数 H 和 H' 可以近似认为只是弹靶材料性能的函数，即

$$\begin{cases} H = H(\sigma_{\mathrm{p}}, \sigma_{\mathrm{t}}, \rho_{\mathrm{p}}, \rho_{\mathrm{t}}) \\ H' = H'(\sigma_{\mathrm{p}}, \sigma_{\mathrm{t}}, \rho_{\mathrm{p}}, \rho_{\mathrm{t}}) \end{cases} \tag{4.463}$$

3) 弹靶材料性能对杆弹侵彻效率的影响试验结果分析

从以上长径比对长杆弹垂直侵彻半无限金属靶板的分析来看，长径比的影响可以用以下形式来分析与校正：

$$\begin{cases} \bar{P} = f\left(\dfrac{\rho_{\mathrm{p}}}{\rho_{\mathrm{t}}}, \dfrac{\sigma_{\mathrm{p}}}{\sigma_{\mathrm{t}}}; \dfrac{\rho_{\mathrm{p}} V^2}{\sigma_{\mathrm{t}}}\right) - K \ln\left(\dfrac{L}{D}\right) \\ K = K(\sigma_{\mathrm{p}}, \sigma_{\mathrm{t}}, \rho_{\mathrm{p}}, \rho_{\mathrm{t}}) \end{cases} \tag{4.464}$$

同时，在长杆弹高速准稳定侵彻阶段，入射速度对侵彻效率的影响也可以写为

$$\begin{cases} \bar{P} = f(V) = H \cdot V + H' \\ H = H(\sigma_{\mathrm{p}}, \sigma_{\mathrm{t}}, \rho_{\mathrm{p}}, \rho_{\mathrm{t}}) \\ H' = H'(\sigma_{\mathrm{p}}, \sigma_{\mathrm{t}}, \rho_{\mathrm{p}}, \rho_{\mathrm{t}}) \end{cases} \tag{4.465}$$

从上两式可以明显看出，长杆弹高速正侵彻半无限金属靶板的侵彻效率与弹靶材料强度有着明显的函数关系 [95]。从式 (4.461) 所示临界开坑速度的表达式也可以看出，长杆弹侵彻的临界开坑速度与弹靶材料强度也直接相关；这些皆说明，弹靶材料强度是长杆弹侵彻行为的主要影响因素之一，对于高速准稳定侵彻阶段也是如此 [96−99]。

Andonson 的研究表明 [64] 弹体强度的变化能够影响其侵彻效率；随着弹体强度的增大，相同入射速度下，弹体的侵彻效率也逐渐增大，如图 4.89 所示；同时，结合式 (4.461) 可知，随着弹体强度的增大，临界开坑速度会减小。

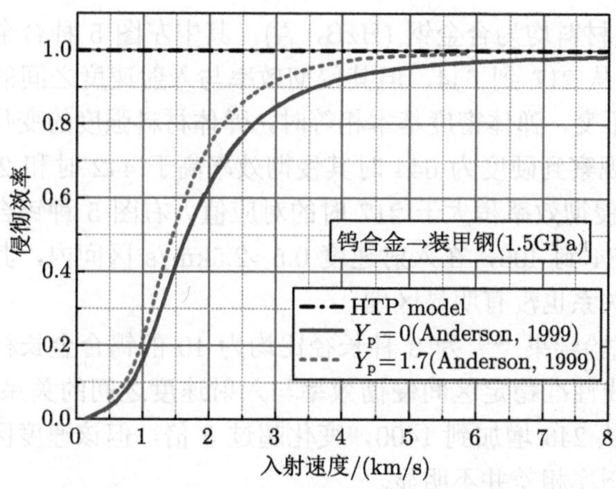

图 4.89 杆弹强度对侵彻效率的影响

当然，上图只是一个极端情况，高速侵彻行为中，一般长杆弹所用材料不可能强度为 0。一般而言，对长杆弹甚至杆弹而言，靶板的流变强度远大于弹体的流变强度：

$$R_{\mathrm{t}} \gg R_{\mathrm{p}} \tag{4.466}$$

而且考虑到高速侵彻过程中弹体材料的受力特征，我们可以近似认为

$$R_{\mathrm{p}} \approx \sigma_{\mathrm{p}} \tag{4.467}$$

此时，式 (4.461) 可以近似写为

$$V_{\mathrm{t}} = \sqrt{\frac{2\left(R_{\mathrm{t}} - \sigma_{\mathrm{p}}\right)}{\rho_{\mathrm{p}}}} \tag{4.468}$$

事实上，对于性能相近的金属杆弹而言，弹体材料的强度对侵彻效率的影响并不明显，如图 4.90 所示 [27]。

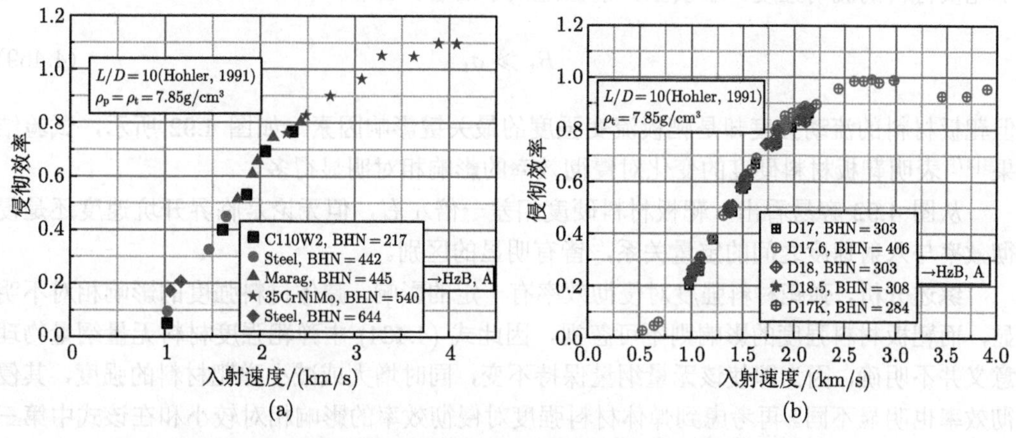

图 4.90 性能相近不同硬度的弹体侵彻效率与入射速度之间的关系

图 4.90 中靶板材料均为合金钢 (HzB，A)，其中左图 5 种合金钢长杆弹长径比均为 10，其硬度分别从 217 到 644，但其侵彻效率与入射速度之间的定量函数关系基本相同；这说明靶板不变，弹体密度基本相等时，弹体材料强度的变化对侵彻效率影响并不明显；只是可以观察到硬度为 644 时其侵彻效率高于 442 时和 217 时的对应值，布氏硬度 442 的弹体侵彻效率稍大于 217 时的对应值。右图 5 种钨合金长杆弹长径比均为 10，其硬度从 284 到 406，在入射速度 0.5~2.5km/s 区间内，其侵彻效率与入射速度之间的定量函数关系也没有明显区别。

图 4.91 所示试验结果 [27] 为 8 种长径比均为 10 的钨合金长杆弹垂直侵彻合金钢 (HzB，A) 靶板的线性准稳定区间侵彻效率与入射速度之间的关系，从图中可以发现，虽然钨合金的硬度从 246 增加到 1400，变化超过 5 倍，但该速度区间侵彻效率与入射速度之间线性关系斜率相差并不明显。

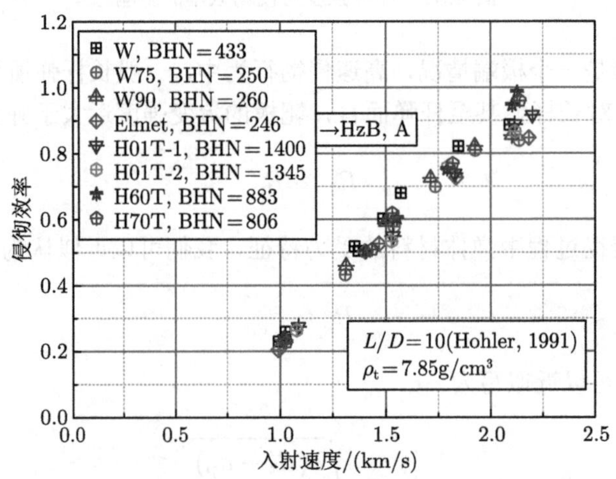

图 4.91 性能相近的弹体材料硬度对侵彻效率的影响

相对而言，靶板强度的影响则更为明显。由式 (4.466) 可知，靶板的流变强度是长杆弹侵彻临界开坑速度的两个主要影响因素之一；需要说明的是，靶板流变强度并不等于靶板材料的流动强度，事实上，前者远大于后者，即

$$R_{\mathrm{t}} \gg \sigma_{\mathrm{t}} \tag{4.469}$$

但靶板材料的流动强度却是靶板流变强度的最关键影响因素。如图 4.92 所示，试验结果 [27] 表明靶板材料硬度的变化对侵彻效率的影响相对明显得多。

从图 4.92 容易看出，靶板材料硬度相差一倍左右，但无论是临界开坑速度还是侵彻效率与入射速度之间的定量关系，皆有明显的区别。

综述分析，弹靶材料强度对侵彻效率有一定的影响，弹体材料强度的影响相对不明显，而靶板材料强度的影响则不可忽视，因此式 (4.464) 中弹靶强度材料无量纲量物理意义并不明确，因为即使该无量纲量保持不变，同时增大或减小弹靶材料的强度，其侵彻效率也明显不同。再考虑到弹体材料强度对侵彻效率的影响相对较小和在该式中第三个物理无量纲量中也存在靶板材料的流动强度，因而，在对第三个无量纲量进行进一步

处理并忽略该式中第二个无量纲自变量，即有

$$\bar{P} = f\left(\frac{\rho_{\rm p}}{\rho_{\rm t}}, \frac{\rho_{\rm p}V^2}{R_{\rm t}^*}\right) - K\ln\left(\frac{L}{D}\right) \tag{4.470}$$

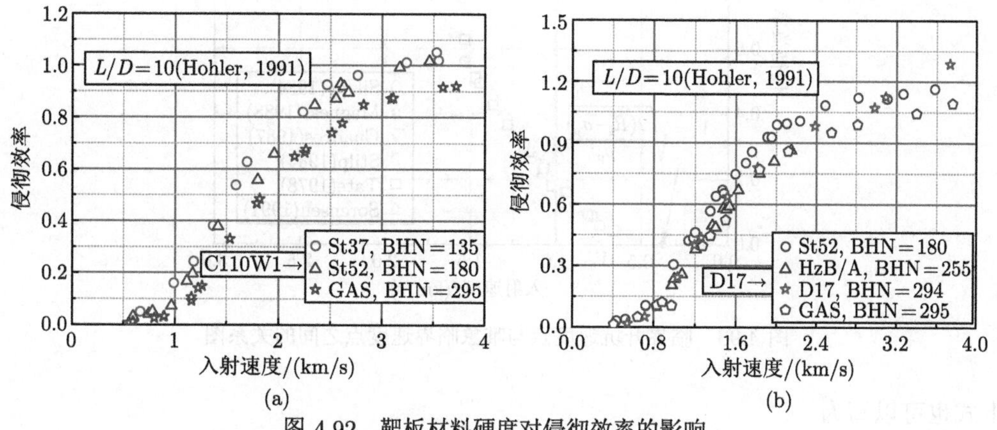

图 4.92 靶板材料硬度对侵彻效率的影响

参考长杆弹的临界开坑速度定义，上式中

$$R_{\rm t}^* = R_{\rm t} - \sigma_{\rm p} \tag{4.471}$$

对当前常规长杆弹武器而言，其入射速度基本皆在侵彻效率线性增长阶段，因此我们可以重点研究这一范围内的入射速度与侵彻效率之间的函数关系。结合以上分析可以得到，入射速度在线性准稳定侵彻速度区间内，侵彻效率可以表示为

$$\bar{P} = f\left(\frac{\rho_{\rm p}}{\rho_{\rm t}}, \sqrt{\frac{\rho_{\rm p}}{R_{\rm t}^*}}V\right) - K\ln\left(\frac{L}{D}\right) \tag{4.472}$$

以钨合金长杆弹垂直侵彻半无限 RHA 靶板为例，如图 4.93 所示，虽然临界开坑速度物理意义非常明确，但对于线性高速侵彻阶段而言，临界开坑速度点并不能直接应用。

从图中可以看出，线性段反向延长线与横坐标轴交点对应的临界速度

$$V_{\rm t}^* > V_{\rm t} \tag{4.473}$$

若从工程上对其进行唯象标定，设

$$V_{\rm t}^* = \kappa V_{\rm t} \tag{4.474}$$

式中，κ 表示某个系数，一般大于 1；不同弹靶材料该系数可能稍有不同；即

$$V_{\rm t}^* = \kappa\sqrt{\frac{2R_{\rm t}^*}{\rho_{\rm p}}} \tag{4.475}$$

定义一个无量纲速度量：

$$V^* = \frac{V}{V_{\rm t}^*} = V\Bigg/\left(\kappa\sqrt{\frac{2R_{\rm t}^*}{\rho_{\rm p}}}\right) \tag{4.476}$$

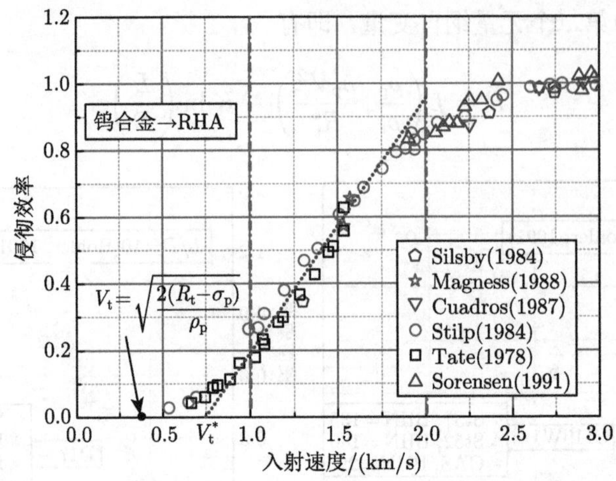

图 4.93 临界开坑速度点与唯象临界速度点之间的关系图

上式也可以写为

$$V^*=\frac{\sqrt{\rho_p}V}{\kappa\sqrt{2R_t^*}} \tag{4.477}$$

对比上式和侵彻效率的无量纲函数表达式 (4.470)，容易看出，上式所定义的无量纲量即为式 (4.470) 中函数内的第二个无量纲自变量的具体形式；即式 (4.470) 可进一步写为

$$\bar{P}=f\left(\frac{\rho_p}{\rho_t},V^*\right)-K\ln\left(\frac{L}{D}\right) \tag{4.478}$$

对于特定弹靶材料和长径比而言，其密度比是常数，上式即可写为

$$\bar{P}=f\left(V^*\right) \tag{4.479}$$

利用上式对不同钨合金长杆弹垂直侵彻半无限靶板侵彻效率试验数据进行整理，可以得到图 4.94。

从图 4.94 中两类十余组试验结果中可以看出，对于特定的弹靶材料与长径比而言，上式可以进一步写为

$$\bar{P}=\lambda\left(V^*-1\right) \tag{4.480}$$

式中，

$$\lambda=\lambda\left(\sigma_p,\sigma_t,\rho_p,\rho_t\right) \tag{4.481}$$

对于特定的弹靶材料而言，其值为常数。

如再令

$$\bar{V}=V^*-1 \tag{4.482}$$

则式 (4.480) 可写为

$$\bar{P}=\lambda V^* \tag{4.483}$$

利用上式对图 4.94 所示试验结果进行整理，可以得到图 4.95。对比图中的拟合直线和试验数据，可以看出，上式能够相对准确地表征长杆弹高速侵彻线性区间侵彻效率与入射速度之间的函数关系。

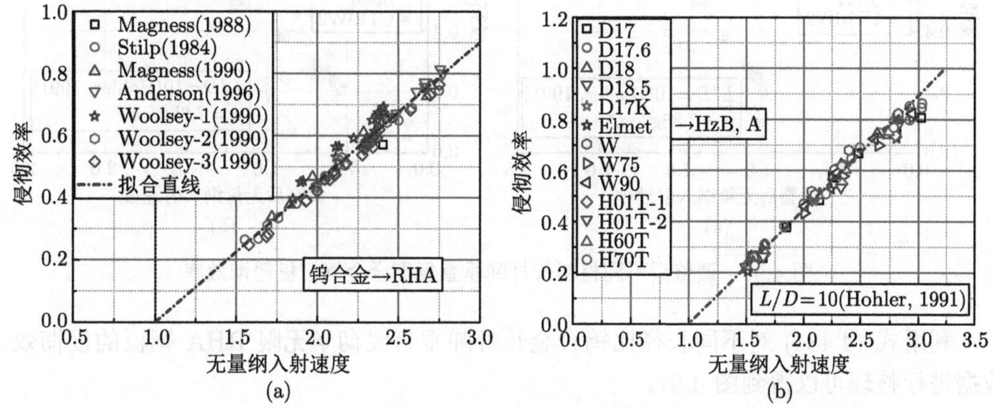

图 4.94 钨合金长杆弹垂直侵彻两种合金钢靶板侵彻效率与无量纲入射速度

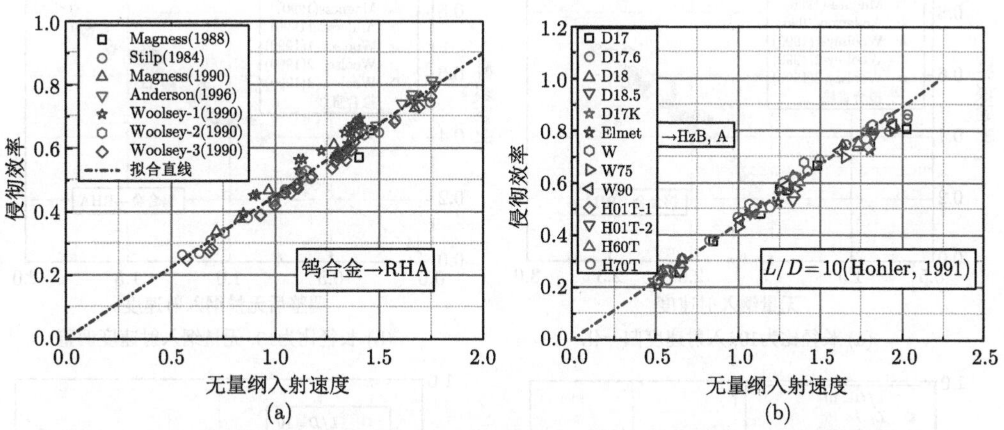

图 4.95 调整后钨合金长杆弹垂直侵彻两种合金钢靶板侵彻效率与无量纲入射速度

考虑不同长杆弹材料密度时，利用上式对钨合金和合金钢长杆弹侵彻合金钢靶板的试验结果进行整理，可以得到图 4.96。

从图 4.96 可以看出，对于不同弹靶材料特别是密度而言，斜率 λ 并不相同；但对于特定弹靶材料而言，上式是合理准确的。在考虑不同长径比时，上式可以进一步写为

$$\bar{P} = \lambda V^* - K \ln\left(\frac{L}{D}\right) \tag{4.484}$$

式中，

$$\begin{cases} \lambda = \lambda(\sigma_{\mathrm{p}}, \sigma_{\mathrm{t}}, \rho_{\mathrm{p}}, \rho_{\mathrm{t}}) \\ K = K(\sigma_{\mathrm{p}}, \sigma_{\mathrm{t}}, \rho_{\mathrm{p}}, \rho_{\mathrm{t}}) \end{cases} \tag{4.485}$$

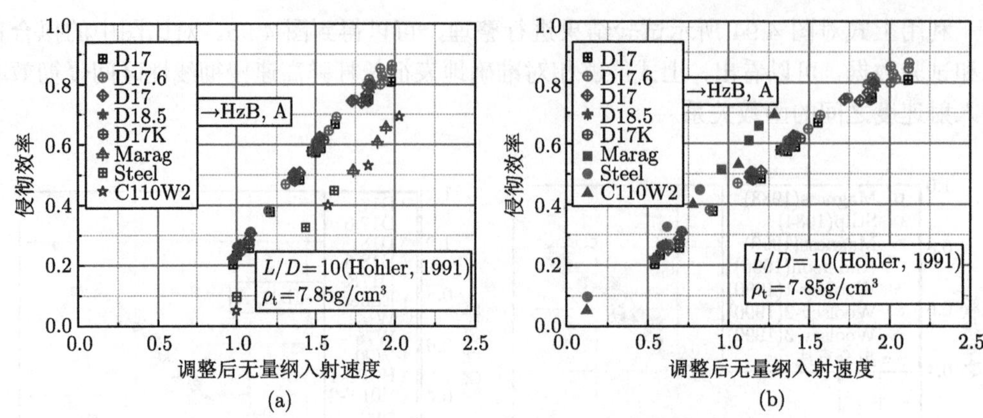

图 4.96　调整后不同材料长杆弹垂直侵彻合金钢靶板侵彻效率

利用式 (4.484) 对不同长径比钨合金长杆弹垂直侵彻半无限 RHA 靶板的侵彻效率数据进行整理可以得到图 4.97。

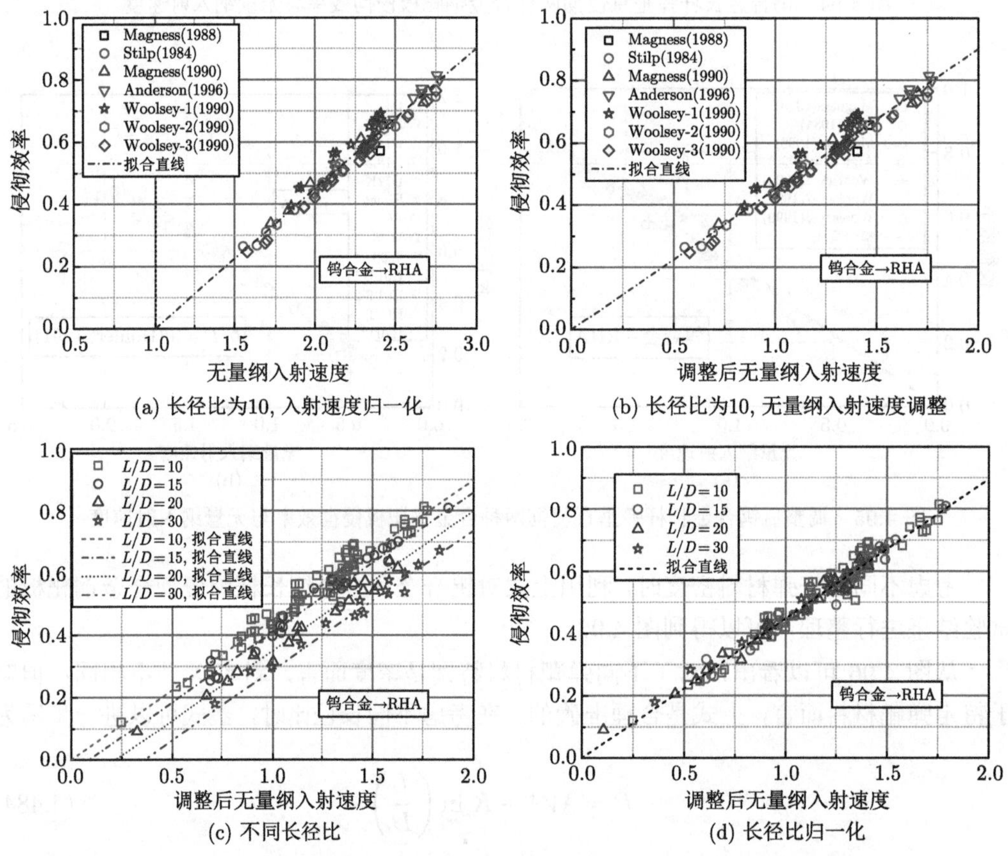

(a) 长径比为10, 入射速度归一化　　(b) 长径比为10, 无量纲入射速度调整

(c) 不同长径比　　(d) 长径比归一化

图 4.97　不同长径比钨合金长杆弹垂直侵彻半无限 RHA 靶板的侵彻效率

首先，我们以长径比为 10 的长杆弹侵彻效率试验数据为参考，将原始数据中入射速度按照式 (4.477) 进行无量纲化；其次，利用式 (4.782) 对所有数据进行平移；再次，

其他长径比的数据按照相同的表达式和方法进行无量纲化和平移；最后，利用长径比校正函数表达式进行调整即可得到不同长径比时的侵彻效率。图 4.97 说明了式 (4.484) 和式 (4.485) 对于长杆弹垂直侵彻效率数据归一化处理的有效性和准确性。

4.4.3 短杆弹侵彻半无限金属靶板问题量纲分析与试验结果分析

从以上分析可以看出，对长杆弹垂直侵彻半无限金属靶板而言，其主要侵彻阶段为准稳定侵彻行为 [100]，且存在流体动力学极限；而短杆弹特别是长径比很小的短杆弹或弹丸的高速侵彻行为却明显不同，如图 4.98 所示。从图中可以看出，短杆弹的侵彻并没有明显的分段行为，也没有明显的流体动力学极限。

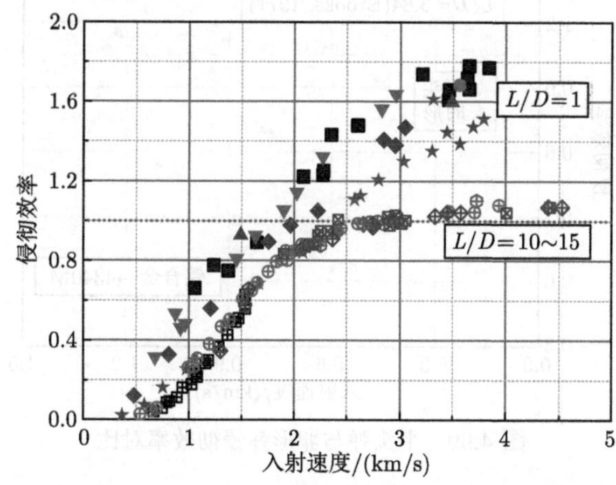

图 4.98 长径比为 1 的短杆弹与长杆弹侵彻效率特征的区别

参考长杆弹高速侵彻半无限靶板时侵彻深度函数关系，我们也可以给出函数表达式：

$$P = f(\sigma_p, \sigma_t, \rho_p, \rho_t, D, L, V, \Psi) \tag{4.486}$$

式中各变量符号的物理意义同本节前述说明。对于短杆弹而言，一般截面皆为圆形，因此上式可简化为

$$P = f(\sigma_p, \sigma_t, \rho_p, \rho_t, D, L, V) \tag{4.487}$$

然而，与长杆弹相比，当前短杆弹的速度范围更大，即使不考虑 4.4.1 节中的超高速侵彻问题，短杆弹侵彻问题涉及的入射速度从数十米每秒到数千米每秒，尤其是在入射速度小于 1500m/s 甚至 1000m/s 时，短杆弹的头部形状对于侵彻效率有着比较明显的影响。从 4.4.2 节的分析可知，长杆弹弹体头部形状对其侵彻效率影响有限，长径比越大，其影响就越小，其主要原因是长杆弹侵彻主要侵彻深度贡献于准稳定阶段，而一般金属长杆弹高速侵彻准稳定过程中，弹体头部基本为“蘑菇头”形，不同弹体头部形状只能够影响开坑阶段。而对于短杆弹而言，其准稳定侵彻行为并不明显，而且当前短杆弹武器入射速度范围比较大，在低速入射时，若靶板强度较低，其弹体侵彻过程中会出现类似刚体侵彻行为；因此，短杆弹侵彻问题中弹体头部形状需要考虑。

如图 4.99 所示，长径比均为 3.84 的钨合金短杆弹垂直侵彻 4340 钢试验 [27] 中，入射速度约为 600~1300m/s。试验中，非平头弹的长径比是一种等效长径比，其直径 D 是主体部分的直径，与平头弹一致，为保证等长度时其动能相同，其等效长度定义如下：

$$L=\frac{4m_{\mathrm{p}}/\rho_{\mathrm{p}}}{\pi D^2} \tag{4.488}$$

式中，m_{p} 和ρ_{p} 分别表示弹体的质量和密度。如此就能够保证直径相同且长径比相同的弹体质量相等，从而实现相同直径的弹体在相同动能条件下对比。

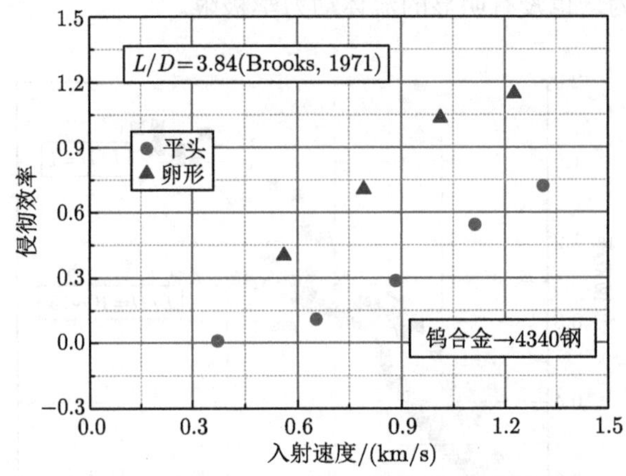

图 4.99　平头弹与卵形弹侵彻效率对比

从图 4.99 可以看出，相同长径比条件下，入射速度在 0.5~1.3km/s 范围内，相同速度 (动能相等) 条件下，卵形头部形状钨合金短杆弹对半无限 4340 钢靶板的侵彻效率明显大于对应平头弹的侵彻效率。图中还显示：首先，对于平头弹而言，当入射速度小于约 0.6km/s 时侵彻效率随入射速度的增加速率明显低于 0.6~1.3km/s 范围内的增加速率；其次，对于两种头部形状，在 0.6~1.0km/s 区间内，侵彻效率与入射速度均呈现线性正比关系；再次，随着入射速度的继续增大 (1.0~1.3km/s)，平头弹的侵彻效率与入射速度仍保持原有的线性关系，而卵形弹的侵彻效率与入射速度之间的递增关系逐渐趋缓。

类似研究皆表明，中高速短杆弹侵彻行为中，弹体头部形状对侵彻效率的影响不可忽略；而且，即使头部形状相同，其具体参数不同侵彻效率也存在较大差别。如图 4.100 所示侵彻试验结果 [27]，试验中短杆弹为长径比等于 4 的钢弹，其头部形状也相同均为圆锥形，锥体顶角角度从 10° 增加到 90°，即由尖锐逐渐变钝；尖头弹的长径比的计算同上，利用等效长度来确定，以确保相同入射速度和相关直径弹体动能相同。试验中入射速度在约 600~800m/s，靶板为厚 65-S 铝板。

从图 4.100 可以看出，锥角为 10° 的短杆弹侵彻效率与入射速度之间的关系与锥角大于 30° 对应的函数关系有着较大的差别，而且不同锥角时相同入射速度下对应的侵彻效率也不尽相同甚至有着较大差别；当弹头锥角大于 40° 时，锥角对侵彻效率的影响并不明显。

综上分析，我们可以认为短杆弹侵彻问题中，头部形状应予以考虑，设头部形状可以利用无量纲系数 Φ 表征，则式 (4.487) 可以进一步写为

$$P = f\left(\sigma_{\mathrm{p}}, \sigma_{\mathrm{t}}, \rho_{\mathrm{p}}, \rho_{\mathrm{t}}, D, L, V, \Phi\right)$$

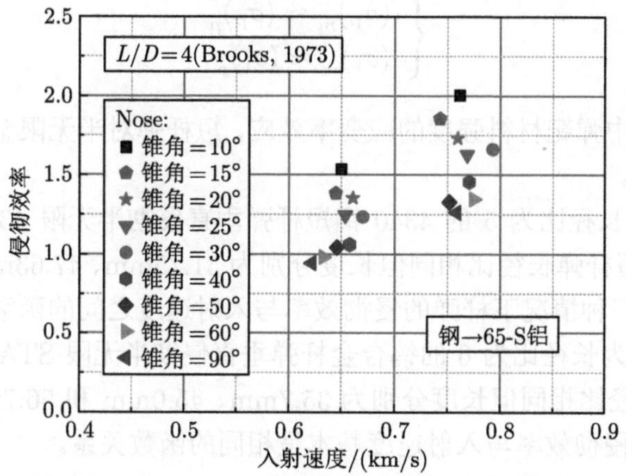

图 4.100　不同顶角圆锥形短杆弹侵彻效率对比

参考长杆弹高速侵彻问题中长径比对侵彻效率的影响相关内容，我们也可以假设

$$P = \Phi(\Phi) \cdot f\left(\sigma_{\mathrm{p}}, \sigma_{\mathrm{t}}, \rho_{\mathrm{p}}, \rho_{\mathrm{t}}, D, L, V\right) \tag{4.489}$$

将头部影响进行独立分析以简化问题的分析，之后只需研究相同头部形状时短杆弹侵彻效率问题，此时，上式即可简化为

$$P = f\left(\sigma_{\mathrm{p}}, \sigma_{\mathrm{t}}, \rho_{\mathrm{p}}, \rho_{\mathrm{t}}, D, L, V\right) \tag{4.490}$$

同长杆弹高速侵彻半无限金属靶板相关内容，对上式进行量纲分析，可以得到

$$\frac{P}{L} = f\left(\frac{L}{D}; \frac{\rho_{\mathrm{p}}}{\rho_{\mathrm{t}}}, \frac{\sigma_{\mathrm{p}}}{\sigma_{\mathrm{t}}}; \frac{\rho_{\mathrm{p}} V^2}{\sigma_{\mathrm{t}}}\right) \tag{4.491}$$

参考长杆弹侵彻行为，我们这里也定义最终侵彻深度的无量纲量

$$\bar{P} = \frac{P}{L} \Big/ \sqrt{\frac{\rho_{\mathrm{p}}}{\rho_{\mathrm{t}}}} \tag{4.492}$$

为侵彻效率，其准确性和适用性后文再做分析。此时，式 (4.491) 可进一步写为

$$\bar{P} = f\left(\frac{L}{D}; \frac{\rho_{\mathrm{p}}}{\rho_{\mathrm{t}}}, \frac{\sigma_{\mathrm{p}}}{\sigma_{\mathrm{t}}}; \frac{\rho_{\mathrm{p}} V^2}{\sigma_{\mathrm{t}}}\right) \tag{4.493}$$

对于金属材料而言，其流动应力一般可以写为

$$\sigma = f\left(\varepsilon^p, \dot{\varepsilon}^p\right) \tag{4.494}$$

当缩比模型与原型满足几何相似时，侵彻过程中塑性应变基本相等，但其塑性应变率并不相等；因此即使弹靶材料与几何尺寸、形状满足相似的条件，其流动应力也不一定满足相等的条件；值得庆幸的是，金属材料的应变率效应相对较小，而且诸多研究表明，金属弹体垂直半无限金属靶板近似满足几何相似律，因此，我们可以认为：

$$\begin{cases} (\sigma_{\mathrm{p}})_m \approx (\sigma_{\mathrm{p}})_p \\ (\sigma_{\mathrm{t}})_m \approx (\sigma_{\mathrm{t}})_p \end{cases} \tag{4.495}$$

即若忽略侵彻过程中弹靶材料强度的应变率效应，短杆弹对半无限金属靶板的侵彻满足严格的几何相似律。

图 4.101(a) 是长径比为 5 的 4340 钢短杆弹垂直侵彻半无限 4340 钢靶板的侵彻效率试验结果 [101]，短杆弹长径比相同但长度分别为 31.75mm、47.63mm 和 63.50mm，从图中可以看出，此三种情况下杆弹的侵彻效率与入射速度之间的函数关系并没有明显的差异；图 4.101(b) 为长径比为 6 的钨合金杆弹垂直侵彻半无限 STA61 靶板侵彻效率试验结果，短杆弹长径比相同但长度分别为 35.7mm、45.0mm 和 56.7mm，从图中也可以看出此三种情况下侵彻效率与入射速度基本呈相同的函数关系。

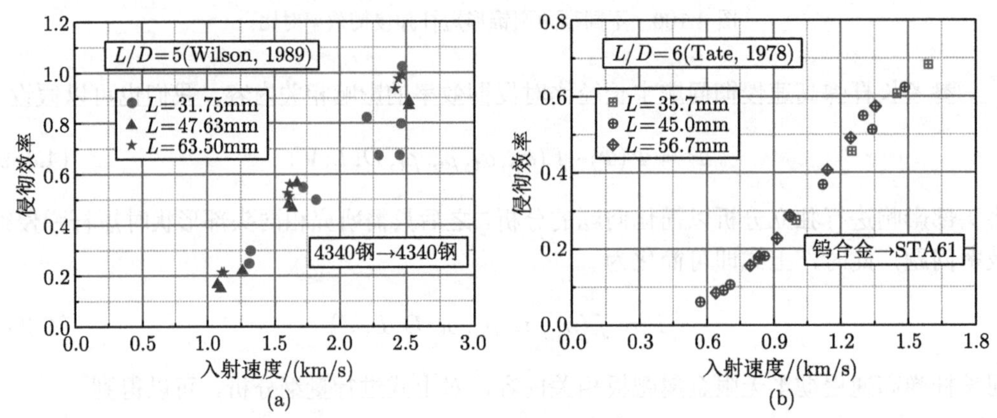

图 4.101 两组试验中短杆弹侵彻效率的几何相似性

对长径比更小的弹丸侵彻行为而言，其侵彻效率也基本满足几何相似律。如图 4.102 所示，左图中钨合金杆弹的长径比均为 3，杆弹的长度分别为 22.6mm 和 28.3mm，侵彻试验结果 [27] 表明，此两组试验所给出的侵彻效率与入射速度之间的函数关系基本一致；右图中合金钢杆弹长径比仅为 1，长度分别为 5.5mm、9.2mm 和 12.0mm，试验结果 [27] 也显示，不同尺寸杆弹侵彻效率与入射速度之间函数关系并没有明显区别。

图 4.101 与图 4.102 中长径比从 1 到 6 的侵彻试验结果均表明，以上的量纲分析结果和假设是合理且相对准确的，短杆弹垂直侵彻半无限金属靶板的侵彻效率基本满足严格的几何相似律。

1) 长径比对短杆弹侵彻效率的影响试验结果分析

与长杆弹侵彻类似，长径比对于短杆弹侵彻的影响也不可忽视，如图 4.103 所示。图 4.103 为 5 种不同材料弹体和靶板侵彻试验结果 [27]，试验中弹体长径比从 1 增加到 15。

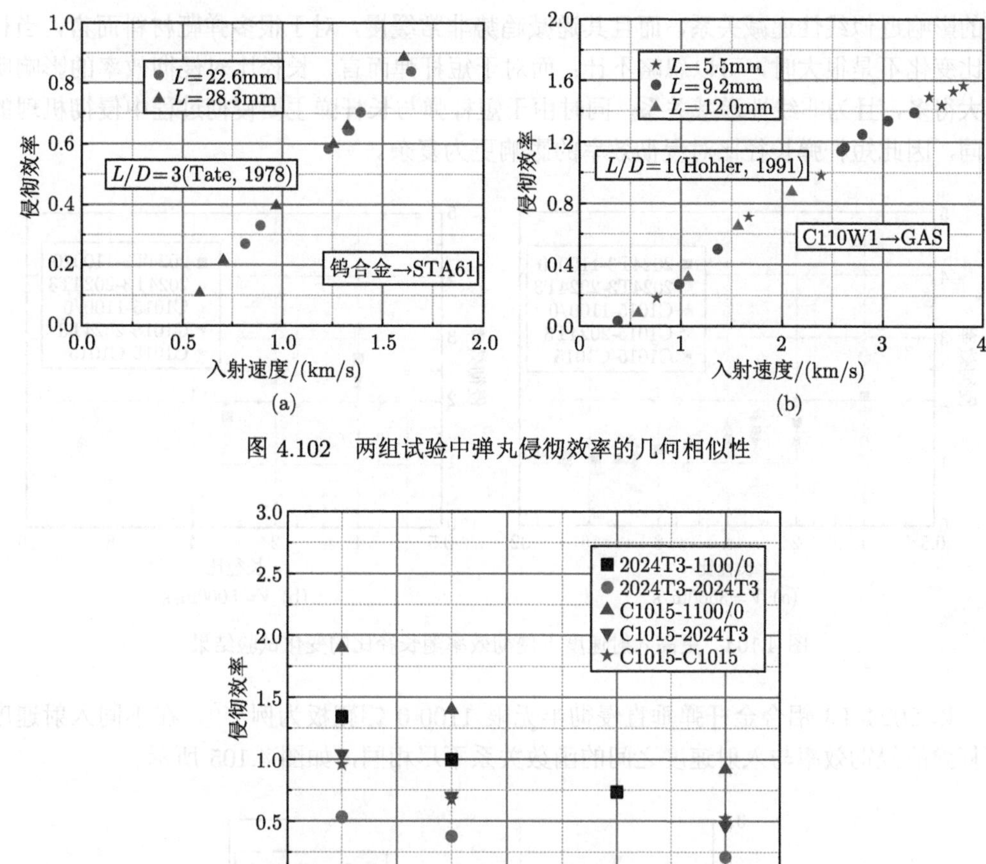

图 4.102　两组试验中弹丸侵彻效率的几何相似性

图 4.103　侵彻效率随长径比的变化试验结果 ($V = 1500\text{m/s}$)

从图 4.103 可以看出，5 种不同弹靶材料侵彻效率与长径比皆有类似的函数关系：首先，随着长径比的增大，侵彻效率逐渐降低，对于入射速度为 1500m/s，侵彻效率随着长径比的增加而减小的趋势逐渐减小，当长径比大于某个值时，侵彻效率与长径比呈近似线性递减关系。以 2024T3 铝合金杆弹侵彻 2024T3 铝合金靶板为例，当长径比小于约 8 时，侵彻效率随着长径比的增大呈明显非线性特征减小趋势；其他四组试验规律类似。其次，虽然不同弹靶材料侵彻效率与长径比的变化特征类似，但其变化定量关系稍有不同。

当入射速度提高到 3500m/s 和 5000m/s 时，这 5 组弹靶材料的侵彻效率随长径比变化的试验结果 [27] 如图 4.104 所示。

图 4.104 中试验结果显示，在不同入射速度条件下，侵彻效率与长径比皆满足类似的规律。以 2024T3 铝合金杆弹垂直侵彻半无限 2024T3 铝合金靶板为例，对比图 4.104 中不同入射速度时的情况，可以看出：首先，不同入射速度侵彻效率随长径比增大的变化趋势相似；其次，随着入射速度的增加，侵彻效率随长径比增大而减小的趋势由非线性转换为准线性递减的转折点从约 8 到约 4。因而，对于长杆弹而言，长径比对侵彻效

率的影响近似线性递减关系，而且其递减趋势非常缓慢，对于很多弹靶材料而言，当长径比变化不是很大时，可以忽略不计；而对于短杆弹而言，长径比对侵彻效率的影响明显大得多，且为非线性递减关系，同时由于短杆弹与长杆弹主要侵彻过程中侵彻机理的不同，因此短杆弹长径比对侵彻效率的影响更为复杂。

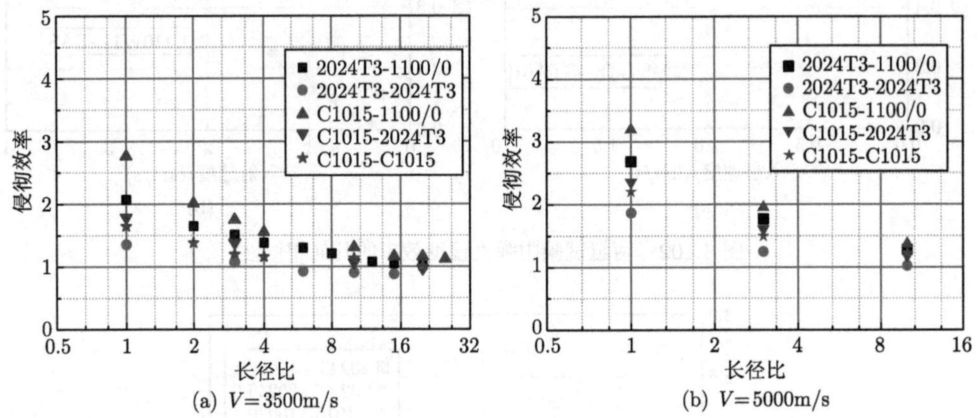

图 4.104　更高入射速度下侵彻效率随长径比的变化试验结果

以 2024-T3 铝合金杆弹垂直侵彻半无限 1100-0 铝靶板为例 [27]，在不同入射速度下杆弹的侵彻效率与入射速度之间的函数关系不尽相同，如图 4.105 所示。

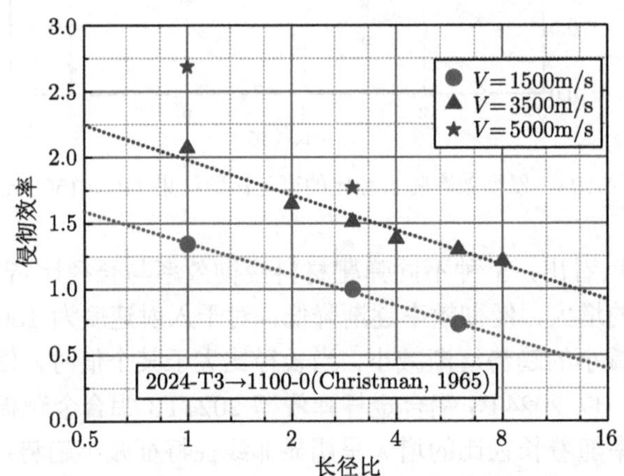

图 4.105　不同入射速度时侵彻效率与长径比之间的关系

当入射速度达到 5000m/s 时，这 5 种弹靶组合短杆弹侵彻效率随长径比增大而减小的趋势明显高于 1500m/s 和 3500m/s 时的情况。而当入射速度为 1500m/s 和 3500m/s 时对应的试验数据中侵彻效率与长径比的对数近似满足线性关系，即

$$\bar{P} = -A\ln\left(\frac{L}{D}\right) + B \tag{4.496}$$

式中，A 和 B 表示两个拟合系数，对于不同弹靶材料而言，其值不尽相同，如图 4.106

所示。

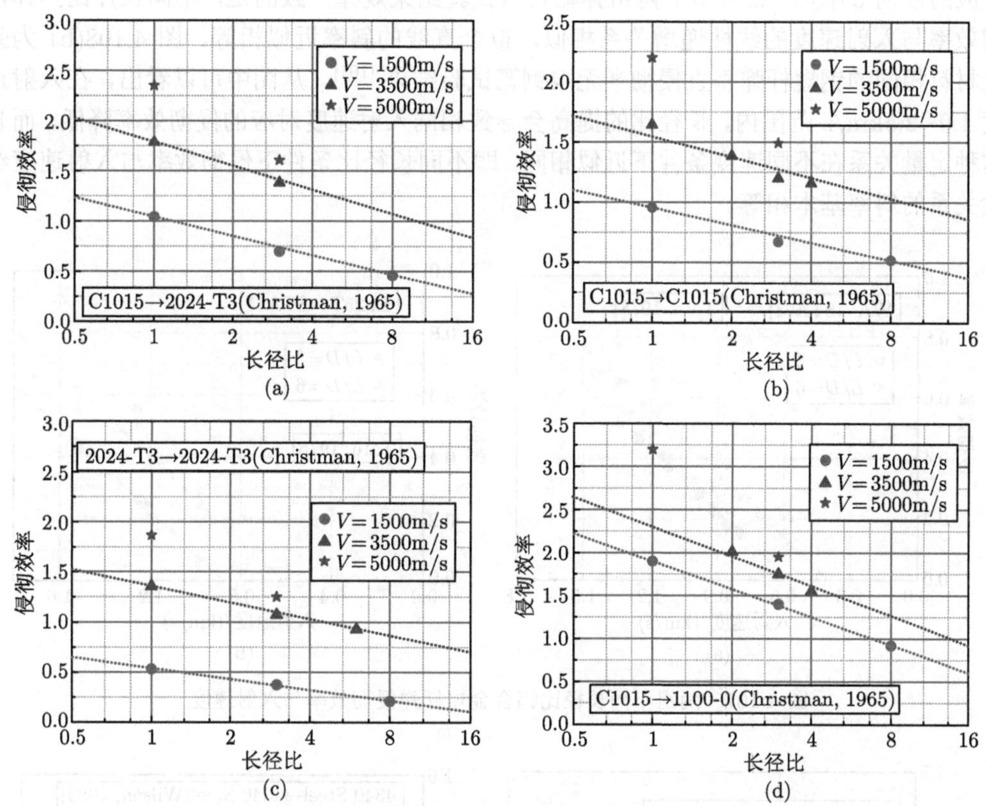

图 4.106 四种不同弹靶材料不同入射速度时侵彻效率与长径比之间的关系

图 4.106 中 C1015 钢的布氏硬度为 110、2024-T3 铝合金的布氏硬度为 125，两者硬度相近，1100-0 铝合金的布氏硬度为 25。从上图可以明显看出，不同弹靶材料侵彻效应与入射速度之间均近似满足式 (4.496) 所示线性关系，相同弹体材料时，靶板材料不同，以上拟合系数不同；相同靶板材料时，弹体材料不同，拟合系数也不同。对于相同弹靶材料，入射速度为 1500m/s 时的线性关系与入射速度为 3500m/s 时的对应关系斜率非常接近，只是常数项参数 B 有所差别。考虑到短杆弹武器侵彻的主要应用对象当前的应用速度大多在 3500m/s 以下，因此我们可以认为，当前常用的短杆弹长径比对侵彻效率的影响规律主要由弹靶材料性能决定，入射速度的影响只是影响规律函数中的常数项。

利用钨合金短杆弹和 En25T 短杆弹垂直侵彻半无限 STA61 靶板，短杆弹的长径比分别为 3 和 6，试验结果 [27] 如图 4.107 所示。

图 4.107 中，弹体材料密度高于或等于靶板材料密度，硬度相近或弹体材料高于靶板材料。从图中可以看出，不同长径比时，小长径比的侵彻效率均大于大长径比对应的侵彻效率，但在不同长径比时，侵彻效率随速度增大而增加的趋势基本相同。

图 4.108(a) 为铝合金短杆弹垂直侵彻半无限合金钢靶板的试验结果 [27]。与图 4.107 不同的是，该试验中弹体材料的密度远小于靶板材料的密度，而且弹体的强度也低于靶

板的强度；但从图中试验结果也可以看出，小长径比杆弹的侵彻效率大于大长径比杆弹对应的侵彻效率，与图 4.107 两组弹靶材料试验结果规律一致的是，不同长径比弹体侵彻效率与入射速度的线性递增关系相似，拟合直线的斜率近似相等。图 4.108(b) 为弹靶材料相同的钢短杆弹垂直侵彻半无限钢靶试验结果 [101]，从图中可以看出，在入射速度 1.0~2.5km/s 范围内，长径比的提高会导致相同入射速度对应的侵彻效率降低，而且这种定量关系在不同速度条件下近似相同，即不同长径比条件下侵彻效率与入射速度线性关系的斜率基本相等。

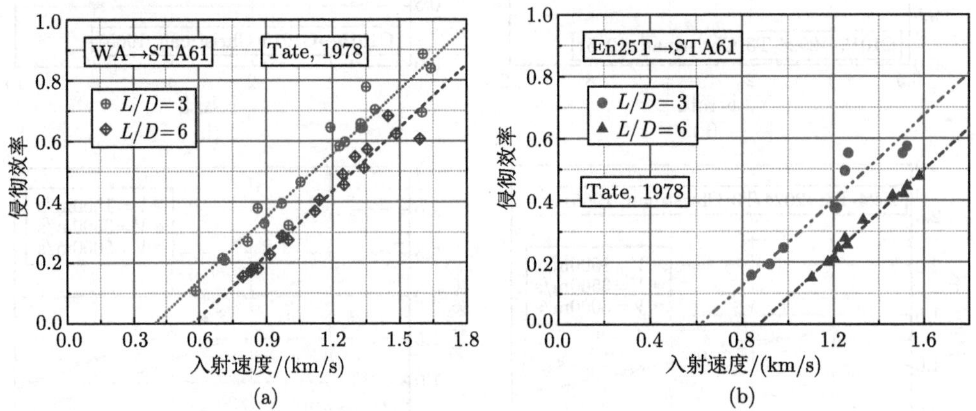

图 4.107　两组不同长径比钨合金短杆弹侵彻效率与入射速度

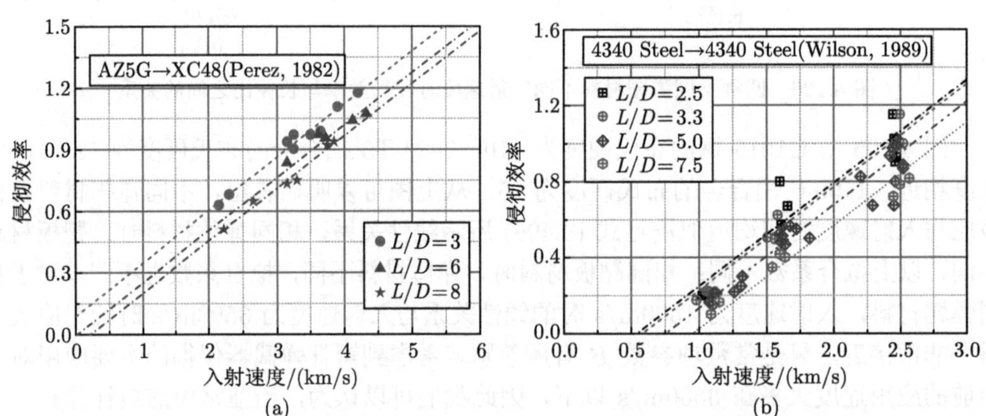

图 4.108　两组不同长径比短杆弹侵彻效率与入射速度

综合以上分析结果，我们可以近似地认为：首先，相比于长杆弹侵彻金属靶板的侵彻行为，长径比对于短杆弹的侵彻效率影响更为明显，且不可忽视，对于相同弹靶材料和相同入射速度条件，侵彻效率与长径比的对数呈近似线性递减关系；其次，长径比对短杆弹的影响与入射速度关系可以忽略；再次，长径比对侵彻效率的影响明显与弹靶材料性能相关；最后，与弹体头部形状的影响不同的是，长径比的变化并不影响侵彻效率与入射速度之间的变化趋势关系，而只是影响临界开坑速度。

因此，对于短杆弹垂直侵彻半无限金属靶板而言，参考长杆弹侵彻规律，在常规武

器速度范围之内，侵彻效率 (4.493) 可以近似写为

$$\bar{P} = f\left(\frac{\rho_{\mathrm{p}}}{\rho_{\mathrm{t}}}, \frac{\sigma_{\mathrm{p}}}{\sigma_{\mathrm{t}}}; \frac{\rho_{\mathrm{p}} V^2}{\sigma_{\mathrm{t}}}\right) - K_{L/D} \ln\left(\frac{L}{D}\right) \tag{4.497}$$

式中，

$$K_{L/D} = g\left(\frac{\sigma_{\mathrm{p}}}{\sigma_{\mathrm{t}}}\right) \tag{4.498}$$

一般对于特定的弹靶材料而言，其值基本能够确定。

同长杆弹侵彻相关内容，我们也以某个特定的长径比为基准，对于特定弹靶材料和入射速度而言，其他长径比对应的侵彻效率可以利用上式所给出的长径比校正系数进行处理，如可以以长径比等于 1 时的情况为基准，此种长径比情况下上式可以简化为

$$\bar{P} = f\left(\frac{\rho_{\mathrm{p}}}{\rho_{\mathrm{t}}}, \frac{\sigma_{\mathrm{p}}}{\sigma_{\mathrm{t}}}; \frac{\rho_{\mathrm{p}} V^2}{\sigma_{\mathrm{t}}}\right) \tag{4.499}$$

其他长径比皆利用以上校正系数在上式的基础上进行简化计算即可。当然，基准长径比的选取并不是固定的，要视所分析的问题而定；例如，如果我们考虑问题所涉及的短杆弹长径比一般在 3~6 区间，且大多为 5，那么我们可以选取长径比 5 为参考长径比；依次类推。此时，式 (4.497) 就可以进一步写为：

$$\bar{P} = f\left(\frac{\rho_{\mathrm{p}}}{\rho_{\mathrm{t}}}, \frac{\sigma_{\mathrm{p}}}{\sigma_{\mathrm{t}}}; \frac{\rho_{\mathrm{p}} V^2}{\sigma_{\mathrm{t}}}\right) - K_{L/D} \ln\left[\frac{L}{D} \Big/ \left(\frac{L}{D}\right)_{\mathrm{r}}\right] \tag{4.500}$$

式中，$(L/D)_{\mathrm{r}}$ 表示参考长径比，上式中右端第一项函数即表示长径比为参考值时侵彻效率的函数表达式。后文无特殊说明，我们就不讨论长径比的影响，认为其对应的长径比即为参考长径比值，以简化分析过程。

根据以上试验与分析结果，我们认为对于一般弹靶材料而言，长径比小于 8 的杆弹侵彻半无限靶板的侵彻行为与长杆弹有较明显的区别，其侵彻机理也有很大差别；本节针对长径比小于 8 的短杆弹或弹丸垂直侵彻半无限靶板的侵彻问题进行分析。

2) 入射速度对短杆弹侵彻效率的影响试验结果分析

无论是上节长杆弹的侵彻规律还是前面短杆弹侵彻的相关试验结果，均显示在主要侵彻速度区间，侵彻效率随着入射速度的增加呈明显增加的趋势。诸多研究表明，短杆弹入射速度是影响其侵彻效率的最主要因素之一。

对于长杆弹而言，在主要侵彻速度区间 (以准稳定侵彻行为为主要其侵彻过程)，准稳定侵彻过程中，弹体速度基本保持不变，弹体动能损失以长度 (即质量) 的形式呈现，侵彻入射与入射速度呈线性正比关系，而且此关系与入射速度、长径比和弹体头部形状无关，只与弹靶材料性能相关，因此当其他因素相同时侵彻效率与入射速度之间的关系较为简单。而对于短杆弹而言，侵彻机理与长杆弹的准稳定侵彻机理完全不同；然而，以长径比为 1 的杆弹为例，试验结果表明，在短杆弹武器常规速度区间，其对半无限金属靶板的侵彻效率与入射速度之间也呈现线性正比关系，如图 4.109 所示。

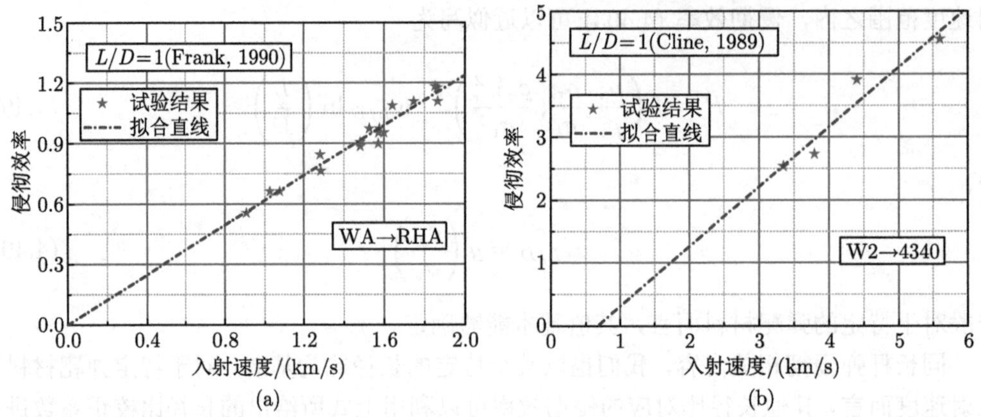

图 4.109　长径比为 1 短杆弹垂直侵彻半无限合金钢靶板侵彻效率与入射速度的线性关系

图 4.109 为长径比为 1 的两种钨合金短杆弹垂直侵彻半无限合金钢靶板的试验结果 [27]，从图中容易看出，在速度为 900~2000m/s 和约 3000~5500m/s 区间，弹体的侵彻效率与入射速度之间均呈现线性正比关系，相对于长杆弹的侵彻行为而言，该速度区间明显大了很多；而且，从图 4.109 的两图中均可以看出，最大侵彻效率均明显大于长杆弹的流体动力学极限 1.0，而且，随着入射速度的增大，呈相同线性正比关系穿过流体动力学极限，也就是说，流体动力学极限对其毫无影响，这进一步说明短杆弹的侵彻机理与长杆弹的不同。

当然，并不是对于所有长径比短杆弹而言皆是如此，图 4.110(a) 为长径比均为 3 的铝和钢短杆弹垂直侵彻对应相同靶板时的侵彻效率试验结果 [27]，试验中杆弹的入射速度在 250~4200m/s 区间，从图中可以看出：首先，随着入射速度的增加，杆弹的侵彻效率逐渐增大；其次，两组试验结果中，在入射速度小于约 1500m/s 时，侵彻效率与入射速度之间近似满足线性正比关系，而入射速度大于约 1500m/s 时，侵彻效率与入射速度之间虽然也满足近似的线性关系，但与入射速度 1500m/s 之前的明显不同。考虑常规短杆弹高速侵彻速度范围一般皆在 1500m/s 以内 (不考虑 3000m/s 以上的超高

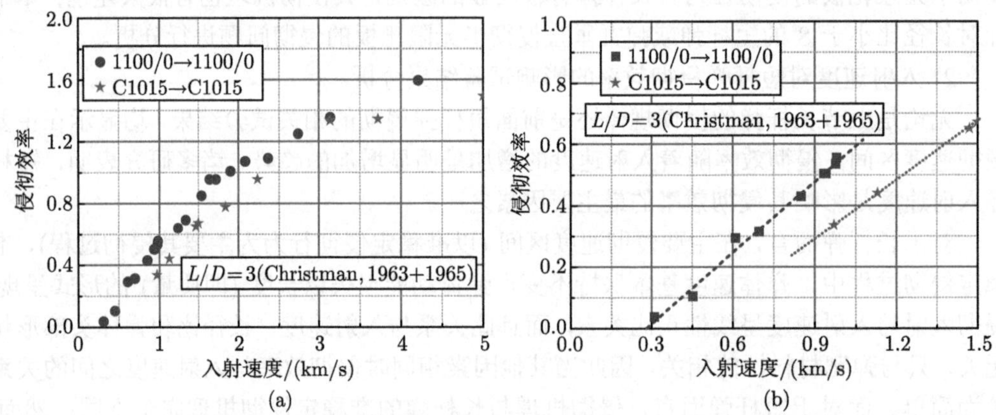

图 4.110　长径比为 3 的短杆弹垂直侵彻效率与入射速度的关系

速侵彻问题，这部分在 4.4.1 节中已做初步分析)，对于特定的长径比、头部形状和弹靶材料而言，我们可以近似认为在此速度区间短杆弹的侵彻效率与入射速度近似满足正比关系：

$$\bar{P} \propto V \tag{4.501}$$

如图 4.110(b) 所示。

以上侵彻效率与入射速度之间的线性正比关系不仅对于短杆平头弹试验近似适用，对于非平头短杆弹也是如此；如图 4.111 所示，(a) 图为长径比 3~4 的钨合金短杆弹侵彻两种不同合金钢靶板的试验结果 [27]，其头部形状为锥角为 30° 的圆锥形；(b) 图为长径比为 5.34 的半球形头部短杆弹侵彻效率与入射速度之间的关系 [27]。从图中也可以看出，此两种头部形状时，短杆弹的侵彻效率与入射速度满足良好的线性正比关系。

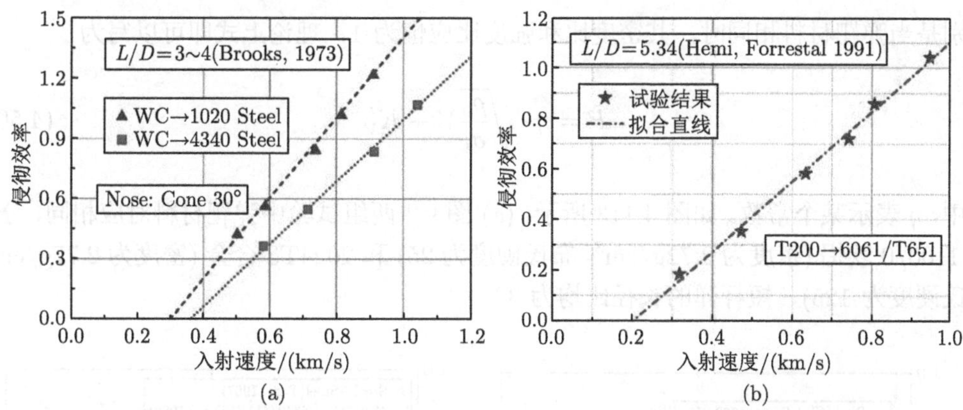

图 4.111 圆锥形和半球形头部形状短杆弹垂直侵彻效率与入射速度的关系

图 4.112 所示为长径比为 3.84 的不同短杆弹垂直侵彻半无限 4340 钢靶板的侵彻效率试验结果 [27]。

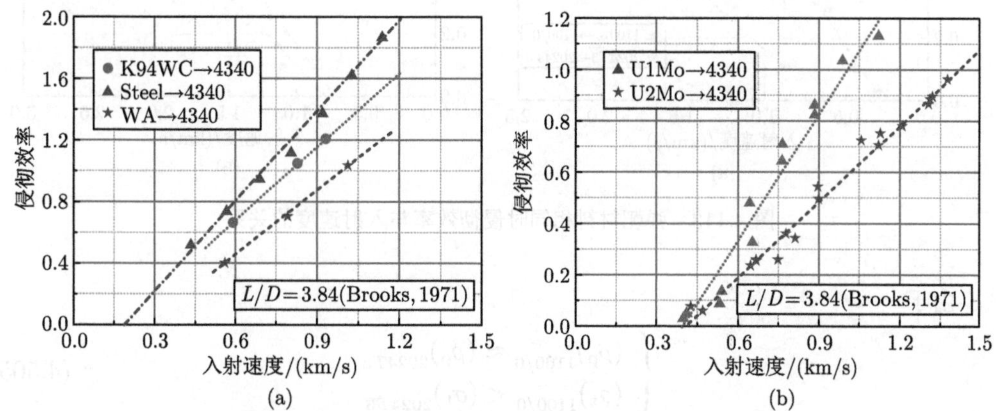

图 4.112 卵形头部形状短杆弹垂直侵彻效率与入射速度的关系

从图 4.112 也可以看出，在入射速度处于约 400~1200m/s 区间内，短杆弹侵彻效率与入射速度满足近似的线性正比关系。

综上分析，短杆弹长径比从 1 到 8，虽然长径比变化很大，但在常规短杆弹武器入射速度范围即小于约 1500m/s 速度区间，侵彻效率与入射速度之间均近似满足线性正比关系；这在某种程度上说明对于所有长径比短杆弹而言，侵彻效率与入射速度满足近似的线性正比关系，即

$$\bar{P} = K_V V + K_V' \tag{4.502}$$

式中，K_V 和 K_V' 皆为特定系数。结合上小节长径比对短杆弹垂直侵彻半无限金属靶板的研究结论，我们可以近似认为该系数与长径比无关。因此，结合上式形式，式 (4.490) 可以写为

$$\bar{P} = f\left(\frac{\rho_{\mathrm{p}}}{\rho_{\mathrm{t}}}, \frac{\sigma_{\mathrm{p}}}{\sigma_{\mathrm{t}}}\right) \cdot \sqrt{\frac{\rho_{\mathrm{p}}}{\sigma_{\mathrm{t}}}} V + K_V' \tag{4.503}$$

特别是当弹靶材料相同时，其密度比和强度比应恒为 1，理论上式即可以写为

$$\bar{P} = \eta \cdot \sqrt{\frac{\rho_{\mathrm{p}}}{\sigma_{\mathrm{t}}}} V + K_V' \tag{4.504}$$

式中，η 表示某个常数。如图 4.113 所示，(a) 图 [27] 两组试验中弹靶材料对应相同，分别为 1100/0 软铝 (密度为 2.72g/cm^3，布氏硬度为 25) 和 2024T3 合金 (密度为 2.77g/cm^3，布氏硬度为 125)，短杆弹的长径比均为 3。

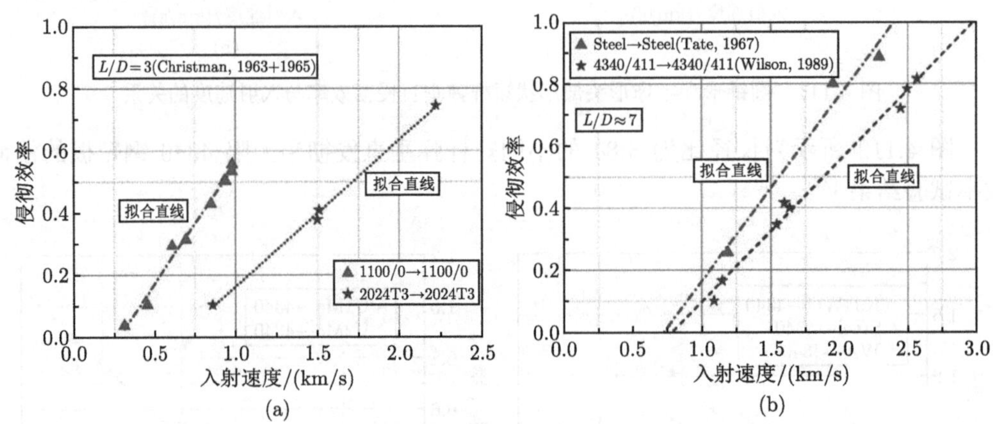

图 4.113　弹靶材料相同时侵彻效率与入射速度的关系

由于

$$\begin{cases} (\rho_{\mathrm{p}})_{1100/0} \approx (\rho_{\mathrm{p}})_{2024T3} \\ (\sigma_{\mathrm{t}})_{1100/0} < (\sigma_{\mathrm{t}})_{2024T3} \end{cases} \tag{4.505}$$

因此有

$$\left(\sqrt{\frac{\rho_{\mathrm{p}}}{\sigma_{\mathrm{t}}}}\right)_{1100/0} > \left(\sqrt{\frac{\rho_{\mathrm{p}}}{\sigma_{\mathrm{t}}}}\right)_{2024T3} \tag{4.506}$$

也即是说，根据式 (4.504) 可以给出，1100/0 杆弹垂直侵彻半无限 1100/0 靶板的侵彻效率与入射速度之间的线性关系斜率大于 2024T3 杆弹垂直侵彻半无限 2024T3 靶板的对应斜率。

同理，图 4.113(b) 两组试验 [27] 中弹靶材料也对应相同，分别为钢短杆弹垂直侵彻同种钢靶板和 4340 装甲钢短杆弹垂直侵彻半无限 4340 合金钢半无限靶板；两组试验中短杆弹长径比约为 7，入射速度约为 750~2600m/s，从图中可以看出：前者拟合直线的斜率明显高于后者，结合式 (4.504)，即有

$$\left(\sqrt{\frac{\rho_\mathrm{p}}{\sigma_\mathrm{t}}}\right)_\mathrm{steel} > \left(\sqrt{\frac{\rho_\mathrm{p}}{\sigma_\mathrm{t}}}\right)_{4340} \tag{4.507}$$

考虑到两组试验中弹靶材料均为合金钢，其密度近似相同，上式即表明：

$$(\sigma_\mathrm{t})_\mathrm{steel} < (\sigma_\mathrm{t})_{4340} \tag{4.508}$$

事实上，此两组试验中，上式是成立的。这些皆说明基于短杆弹垂直侵彻半无限靶板问题量纲分析基础上给出的式 (4.504) 是合理科学的。

若短杆弹材料与靶板材料密度相同或可近似视为相等，则式 (4.503) 可以简化为

$$\bar{P} = f\left(\frac{\sigma_\mathrm{p}}{\sigma_\mathrm{t}}\right) \cdot \sqrt{\frac{\rho_\mathrm{p}}{\sigma_\mathrm{t}}} V + K'_V \tag{4.509}$$

如不考虑自变量的无量纲性质，对特定靶板材料和弹靶密度而言，上式可以进一步写为

$$\bar{P} = f(\sigma_\mathrm{p}) \cdot V + K'_V \tag{4.510}$$

也即是说，此时影响侵彻效率与入射速度之间的线性斜率只有短杆弹材料强度。如图 4.114 所示，(a) 图为软铝和两种铝合金短杆弹垂直侵彻半无限 1100/0 软铝靶板的侵彻效率与入射速度试验数据 [27]，三组试验中短杆弹长径比均为 3，入射速度在约 500~3000m/s 区间；(b) 图中两组试验 [27] 靶板均为 304 不锈钢材料，短杆弹材料分别为 C1015 合金钢和 304 不锈钢，长径比均为 3。

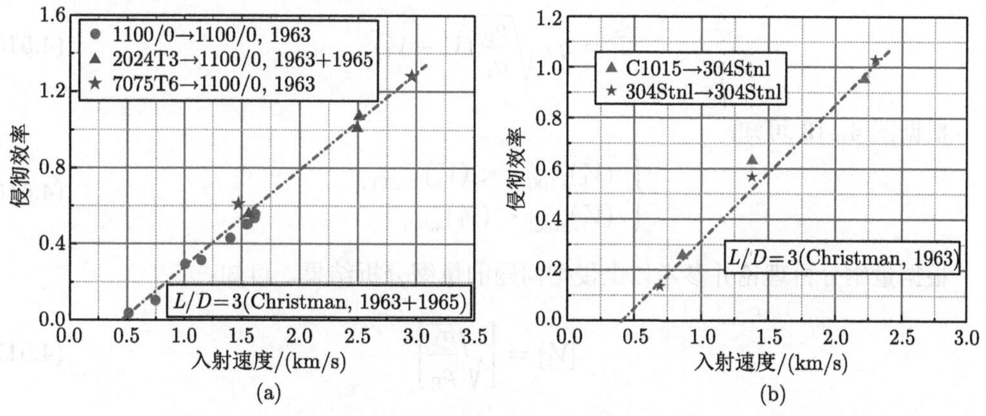

图 4.114 弹靶材料密度相同靶板相同不同短杆弹侵彻时侵彻效率与入射速度的关系

从图 4.114 中的试验结果可以看出，对于弹靶材料密度相等的情况，虽然短杆弹材料的强度有较大的变化，但侵彻效率与入射速度之间的关系拟合曲线的斜率变化并不明显，这说明当弹靶材料性能相近且密度相等时，弹体材料的强度对于该拟合直线的斜率影响较小甚至可以近似忽略不计。

上式中截距表示入射速度为 0 时的侵彻效率，从以上试验结果或对该问题进行初步的反向，容易判断该值应该小于 0，即

$$K_V' < 0 \tag{4.511}$$

由于侵彻效率不可能小于 0，因此该截距物理意义并不明显。事实上，参考 4.4.2 节中长杆弹中的对应分析和本节中的以上试验结果可知，该项表征侵彻开坑的临界入射能量，即入射动能达到某个特定值时，短杆弹垂直侵彻半无限靶板才可能开始满足式 (4.503) 的规律，该值对应上图中横坐标轴上的截距；我们可以定义该速度值为临界速度 V_{t}；严格来讲，以上常规入射速度范围内，短杆弹垂直侵彻半无限靶板的侵彻效率应写为

$$\bar{P} = \begin{cases} 0; & V < V_{\mathrm{t}} \\ f\left(\dfrac{\rho_{\mathrm{p}}}{\rho_{\mathrm{t}}}, \dfrac{\sigma_{\mathrm{p}}}{\sigma_{\mathrm{t}}}\right) \cdot \sqrt{\dfrac{\rho_{\mathrm{p}}}{\sigma_{\mathrm{t}}}} V + K_V'; & V \geqslant V_{\mathrm{t}} \end{cases} \tag{4.512}$$

因此，式 (4.503) 可以写为更为具体的形式：

$$\bar{P} = \begin{cases} 0; & V < V_{\mathrm{t}} \\ f\left(\dfrac{\rho_{\mathrm{p}}}{\rho_{\mathrm{t}}}, \dfrac{\sigma_{\mathrm{p}}}{\sigma_{\mathrm{t}}}\right) \cdot \sqrt{\dfrac{\rho_{\mathrm{p}}}{\sigma_{\mathrm{t}}}} (V - V_{\mathrm{t}}); & V \geqslant V_{\mathrm{t}} \end{cases} \tag{4.513}$$

如不考虑未有效开坑阶段，只分析有效侵彻阶段时侵彻效率与入射速度之间的关系，上式即可简化为

$$\bar{P} = f\left(\frac{\rho_{\mathrm{p}}}{\rho_{\mathrm{t}}}, \frac{\sigma_{\mathrm{p}}}{\sigma_{\mathrm{t}}}\right) \cdot \sqrt{\frac{\rho_{\mathrm{p}}}{\sigma_{\mathrm{t}}}} (V - V_{\mathrm{t}}) \tag{4.514}$$

同样，当弹靶材料相同时，上式即可进一步简化为

$$\bar{P} = \eta \cdot \sqrt{\frac{\rho_{\mathrm{p}}}{\sigma_{\mathrm{t}}}} (V - V_{\mathrm{t}}) \tag{4.515}$$

根据图 4.113 可知：

$$\begin{cases} (V_{\mathrm{t}})_{1100/0} < (V_{\mathrm{t}})_{2024\mathrm{T}3} \\ (V_{\mathrm{t}})_{\mathrm{steel}} < (V_{\mathrm{t}})_{4340} \end{cases} \tag{4.516}$$

根据量纲分析理论并参考以上侵彻问题的量纲分析结果，可知：

$$[V_{\mathrm{t}}] = \left[\sqrt{\frac{\sigma_{\mathrm{t}}}{\rho_{\mathrm{p}}}}\right] \tag{4.517}$$

对于弹靶材料相同且其他条件一致的情况而言，有

$$\begin{cases} (\rho_{\mathrm{p}})_{1100/0} \approx (\rho_{\mathrm{p}})_{2024\mathrm{T3}} \\ (\rho_{\mathrm{p}})_{\mathrm{steel}} \approx (\rho_{\mathrm{p}})_{4340} \end{cases} \tag{4.518}$$

结合上三式，我们可以给出：

$$\begin{cases} (\sigma_{\mathrm{t}})_{1100/0} < (\sigma_{\mathrm{t}})_{2024\mathrm{T3}} \\ (\sigma_{\mathrm{t}})_{\mathrm{steel}} < (\sigma_{\mathrm{t}})_{4340} \end{cases} \tag{4.519}$$

容易判断，上式与实际情况一致。

式 (4.514) 写为以下形式物理意义更加明显：

$$\bar{P} = \frac{f\left(\dfrac{\rho_{\mathrm{p}}}{\rho_{\mathrm{t}}}, \dfrac{\sigma_{\mathrm{p}}}{\sigma_{\mathrm{t}}}\right)}{\sqrt{\sigma_{\mathrm{t}}}} \cdot \left(\sqrt{\rho_{\mathrm{p}}}V - \sqrt{\rho_{\mathrm{p}}}V_{\mathrm{t}}\right) \tag{4.520}$$

式中右端括号内第二项表示临界入射动能的函数：

$$\sqrt{\rho_{\mathrm{p}}}V_{\mathrm{t}} = \sqrt{2E_{\mathrm{t}}} \tag{4.521}$$

式中

$$E_{\mathrm{t}} = \frac{1}{2}\rho_{\mathrm{p}}V_{\mathrm{t}}^2 \tag{4.522}$$

表示单位体积弹体的临界入射动能或临界开坑动能密度。临界开坑速度和临界开坑动能密度应是弹靶材料性能的函数，即

$$\begin{cases} E_{\mathrm{t}} = E_{\mathrm{t}}\left(\sigma_{\mathrm{p}}, \sigma_{\mathrm{t}}, \rho_{\mathrm{p}}, \rho_{\mathrm{t}}\right) \\ V_{\mathrm{t}} = V_{\mathrm{t}}\left(\sigma_{\mathrm{p}}, \sigma_{\mathrm{t}}, \rho_{\mathrm{p}}, \rho_{\mathrm{t}}\right) \end{cases} \tag{4.523}$$

如图 4.115 所示为两种长径比均为 3 的金属短杆弹垂直侵彻半无限金属靶板的试验结果 [27]。试验中两种材料分别为 2024T3 铝合金 (密度为 2.77g/cm^3，布氏硬度为 125) 和 C1015 钢 (密度为 7.83g/cm^3，布氏硬度为 110)；两种短杆弹均为平头弹，试验中分别取两种材料中的一种为弹体材料，另一种即为靶板材料。

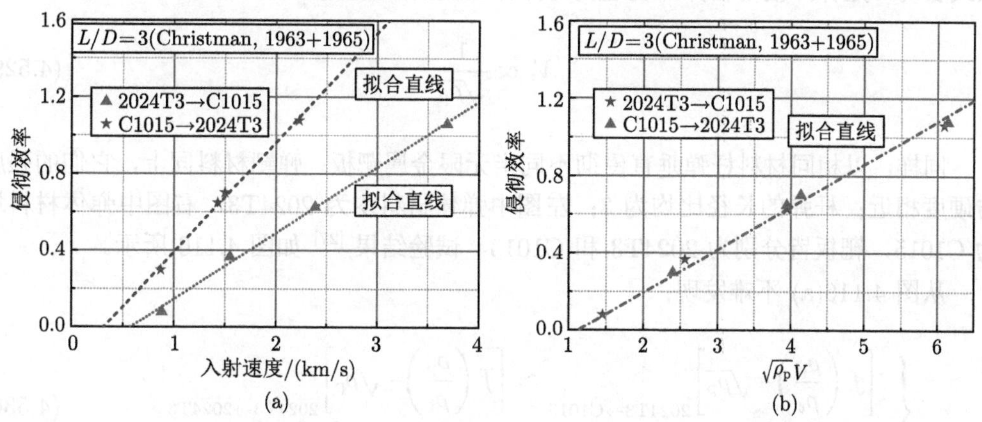

图 4.115 弹靶材料强度相近密度不同时侵彻效率与临界开坑速度

上图中弹靶材料强度相近，对比两者侵彻行为时，我们可以将其视为常量，此时，式 (4.514) 可以简化为

$$\bar{P} = f\left(\frac{\rho_{\rm p}}{\rho_{\rm t}}\right) \cdot \sqrt{\rho_{\rm p}}\,(V - V_{\rm t}) \tag{4.524}$$

从图 4.115(a) 不难发现：

$$\begin{cases} \left[f\left(\dfrac{\rho_{\rm p}}{\rho_{\rm t}}\right) \cdot \sqrt{\rho_{\rm p}}\right]_{\rm 2024T3\to C1015} < \left[f\left(\dfrac{\rho_{\rm p}}{\rho_{\rm t}}\right) \cdot \sqrt{\rho_{\rm p}}\right]_{\rm C1015\to 2024T3} \\ [V_{\rm t}]_{\rm 2024T3\to C1015} > [V_{\rm t}]_{\rm C1015\to 2024T3} \end{cases} \tag{4.525}$$

而从图 4.115(b) 可知：

$$\begin{cases} \left[f\left(\dfrac{\rho_{\rm p}}{\rho_{\rm t}}\right)\right]_{\rm 2024T3\to C1015} \approx \left[f\left(\dfrac{\rho_{\rm p}}{\rho_{\rm t}}\right)\right]_{\rm C1015\to 2024T3} \\ \left[\sqrt{\rho_{\rm p}}V_{\rm t}\right]_{\rm 2024T3\to C1015} \approx \left[\sqrt{\rho_{\rm p}}V_{\rm t}\right]_{\rm C1015\to 2024T3} \end{cases} \tag{4.526}$$

对比上两式，可以得到

$$\begin{cases} \left[\sqrt{\rho_{\rm p}}\right]_{\rm 2024T3\to C1015} < \left[\sqrt{\rho_{\rm p}}\right]_{\rm C1015\to 2024T3} \\ \dfrac{[V_{\rm t}]_{\rm 2024T3\to C1015}}{[V_{\rm t}]_{\rm C1015\to 2024T3}} \approx \dfrac{\left[\sqrt{\rho_{\rm p}}\right]_{\rm C1015\to 2024T3}}{\left[\sqrt{\rho_{\rm p}}\right]_{\rm 2024T3\to C1015}} \end{cases} \tag{4.527}$$

上述方程组中第一式明显恒成立，因此上式即等效为

$$\frac{[V_{\rm t}]_{\rm 2024T3\to C1015}}{[V_{\rm t}]_{\rm C1015\to 2024T3}} \approx \frac{\left[\sqrt{\rho_{\rm p}}\right]_{\rm C1015\to 2024T3}}{\left[\sqrt{\rho_{\rm p}}\right]_{\rm 2024T3\to C1015}} \tag{4.528}$$

该式表明，短杆弹侵彻临界开坑速度与弹体密度的开方成反比，即

$$V_{\rm t} \propto \frac{1}{\sqrt{\rho_{\rm p}}} \tag{4.529}$$

同样，以相同材料杆弹垂直侵彻不同半无限金属靶板，弹靶材料同上，它们的强度与硬度相近；杆弹的长径比均为 3；左图中弹体材料均为 2024T3，右图中弹体材料均为 C1015，靶板皆分别为 2024T3 和 C1015，试验结果 [27] 如图 4.116 所示。

从图 4.116(a) 不难发现：

$$\begin{cases} \left[f\left(\dfrac{\rho_{\rm p}}{\rho_{\rm t}}\right) \cdot \sqrt{\rho_{\rm p}}\right]_{\rm 2024T3\to C1015} \approx \left[f\left(\dfrac{\rho_{\rm p}}{\rho_{\rm t}}\right) \cdot \sqrt{\rho_{\rm p}}\right]_{\rm 2024T3\to 2024T3} \\ [V_{\rm t}]_{\rm 2024T3\to C1015} \approx [V_{\rm t}]_{\rm 2024T3\to 2024T3} \end{cases} \tag{4.530}$$

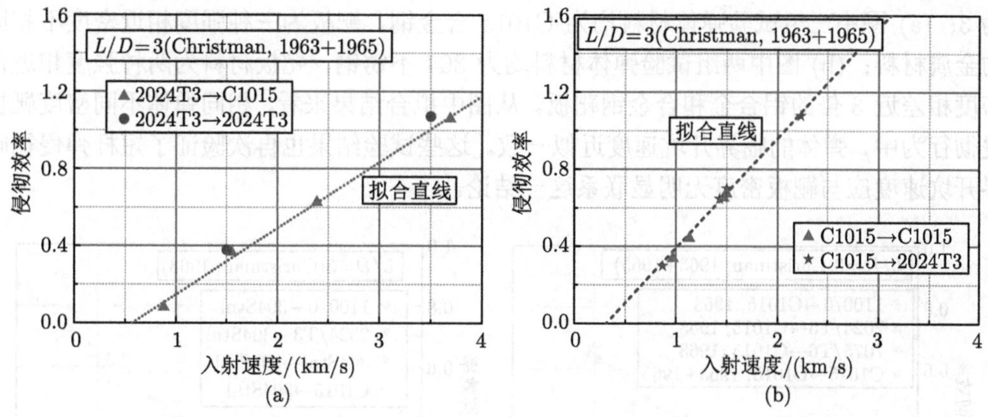

图 4.116 弹靶材料强度相近且弹体相同时侵彻效率与临界开坑速度

从图 4.116(b) 可知：

$$\begin{cases} \left[f\left(\dfrac{\rho_{\mathrm{p}}}{\rho_{\mathrm{t}}}\right)\cdot\sqrt{\rho_{\mathrm{p}}}\right]_{\mathrm{C1015\to C1015}} \approx \left[f\left(\dfrac{\rho_{\mathrm{p}}}{\rho_{\mathrm{t}}}\right)\cdot\sqrt{\rho_{\mathrm{p}}}\right]_{\mathrm{C1015\to 2024T3}} \\ [V_{\mathrm{t}}]_{\mathrm{C1015\to C1015}} \approx [V_{\mathrm{t}}]_{\mathrm{C1015\to 2024T3}} \end{cases} \tag{4.531}$$

由于

$$\begin{cases} \rho_{\mathrm{C1015}} > \rho_{\mathrm{2024T3}} \\ \sigma_{\mathrm{C1015}} \approx \sigma_{\mathrm{2024T3}} \end{cases} \tag{4.532}$$

对比上三式，可以看出，短杆弹垂直侵彻半无限金属靶板的临界开坑速度与靶板材料的密度几乎没有关联，也就是说式 (4.523) 中临界开坑速度函数形式可以简化为

$$V_{\mathrm{t}} = V_{\mathrm{t}}\left(\sigma_{\mathrm{p}}, \sigma_{\mathrm{t}}, \rho_{\mathrm{p}}\right) \tag{4.533}$$

且结合式 (4.529)，上式可以进一步具体写为

$$V_{\mathrm{t}} = \frac{V_{\mathrm{t}}\left(\sigma_{\mathrm{p}}, \sigma_{\mathrm{t}}\right)}{\sqrt{\rho_{\mathrm{p}}}} \tag{4.534}$$

图 4.117 所示为四种不同材料短杆弹垂直侵彻半无限钢靶板的试验结果 [27]。(a) 图中靶板为 C1015 合金钢，(b) 图中靶板为 304 不锈钢 (密度为 7.90g/cm^3，布氏硬度为 180)；弹体材料分别为 1100-0(密度为 2.72g/cm^3，布氏硬度为 25)、2024T3 合金 (密度为 2.77g/cm^3，布氏硬度为 125)、7075T6(密度为 2.80g/cm^3，布氏硬度为 175)、C1015 钢 (密度为 7.83g/cm^3，布氏硬度为 110) 和 304 不锈钢。

从图中可以看出，当靶板特定时，四种弹体密度虽然有的差别较大，但是临界开坑等效入射动能基本相同，这再次验证了上式的合理和相对准确性。

利用以上材料开展相同弹体材料、相同短杆弹长径比与头部形状的侵彻试验，试验结果 [27] 如图 4.118 所示。图中弹靶材料常数同上，两图中弹体皆为平头弹且长径比均为 3；(a) 图中三组试验弹体材料均为 C1015 合金钢，靶板为三种强度相近密度不相同的金属材料；(b) 图中两组试验弹体材料均为 304 不锈钢，靶板材料为两种强度相近但密度相差近 3 倍的铝合金和合金钢靶板。从图中拟合结果来看，相同弹体不同密度靶板侵彻行为中，弹体的临界开坑速度近似一致。这些试验结果也再次验证了短杆弹侵彻临界开坑速度应与靶板密度无明显联系这一结论。

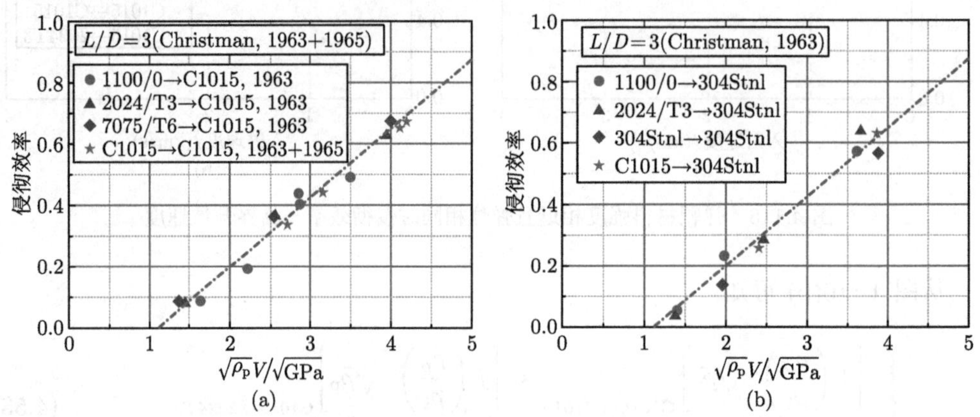

图 4.117 靶板相同不同弹体材料时侵彻效率与等效入射动能

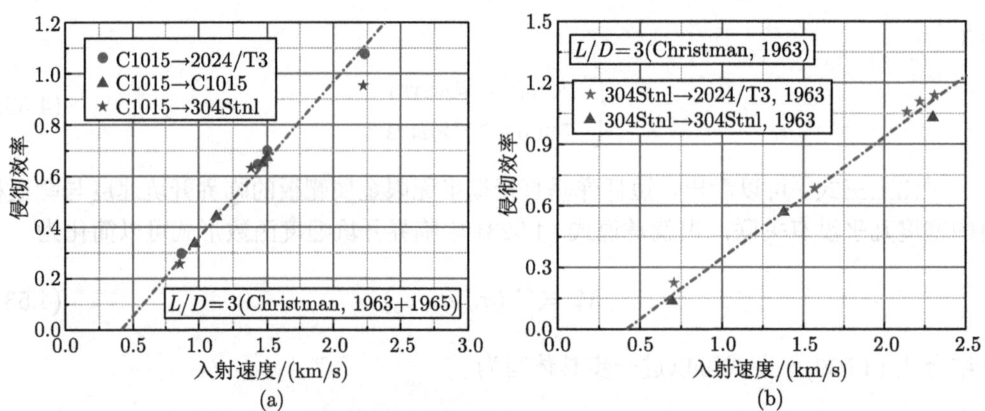

图 4.118 弹体相同不同靶板材料时侵彻效率与临界开坑速度

因此，根据试验结果可以验证式 (4.531) 是相对准确的，上式也可以写为

$$\sqrt{\rho_p}V_t = V_t(\sigma_p, \sigma_t) \tag{4.535}$$

而且，从图 4.147 中试验结果可以看出，短杆弹的临界开坑动能与靶板材料的强度并无明显正比或反比关系，即后者对前者的影响并不明显。从图中可以看出，弹体材料从 1100/0 软铝到 7075/T6 或 304 不锈钢，强度增加了数倍，但临界开坑动能几乎一致。图 4.114 中试验结果也验证了这一结论。事实上，参考长杆弹侵彻中的相关理论可知，影响临界开坑动能的应该是弹靶的流变强度 R_t 和 R_p，严格来讲，可以认为影响短杆弹临界开坑动能的应为

$$V_t(\sigma_p, \sigma_t) \doteq V_t(R_t - R_p) \tag{4.536}$$

而在短杆弹常规撞击速度范围内，一般可以认为

$$\begin{cases} R_{\mathrm{t}} = \delta \cdot \sigma_{\mathrm{t}} \gg \sigma_{\mathrm{t}} \\ R_{\mathrm{p}} \sim \sigma_{\mathrm{p}} \end{cases} \tag{4.537}$$

这使得对于一般金属杆弹侵彻金属靶板材料问题，绝大多数情况下都存在：

$$R_{\mathrm{t}} \gg R_{\mathrm{p}} \tag{4.538}$$

因此，从试验结果来看，弹体材料强度的影响就显得相对小得多，此时有

$$V_{\mathrm{t}} = V_{\mathrm{t}}\left(\sigma_{\mathrm{p}}, \sigma_{\mathrm{t}}\right) \doteq V_{\mathrm{t}}\left(\sigma_{\mathrm{t}}\right) \tag{4.539}$$

结合量纲分析，临界开坑速度即可具体写为

$$V_{\mathrm{t}} = \sqrt{\frac{R_{\mathrm{t}}}{\rho_{\mathrm{p}}}} = \lambda\sqrt{\frac{\sigma_{\mathrm{t}}}{\rho_{\mathrm{p}}}} \tag{4.540}$$

式中，λ 为某特定系数。如图 4.119 所示 8 组侵彻试验结果，长径比均为 3 的不同材料强度平头短杆弹垂直侵彻强度相近不同密度的靶板 [27]；试验中材料参数同上，弹体材料强度相差 5 倍以上，靶板材料密度相差 3 倍左右，但弹体的临界开坑动能近似一致；这也说明了上式的准确性。

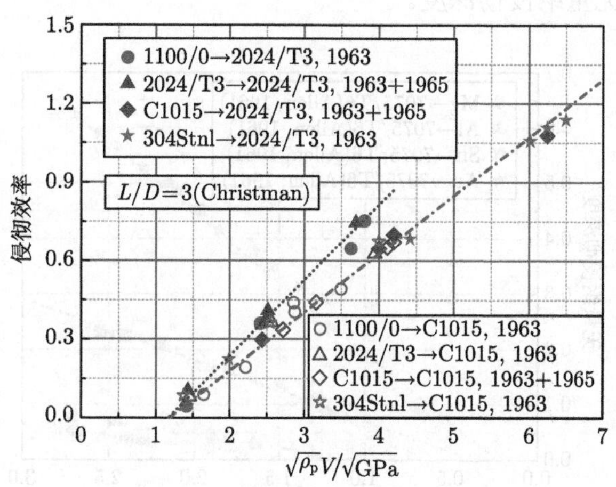

图 4.119 不同弹靶材料短杆弹垂直侵彻半无限金属靶板临界开坑动能

需要说明的是，与长杆弹武器的速度区间不同，短杆弹武器常规速度特别是枪弹入射速度基本小于 1200m/s，在此速度区间内，弹体的侵彻特征变化很大，可能主要侵彻过程以侵蚀变形行为为主，也可能是刚性侵彻，还有可能在较低速度时具有刚性侵彻特征而高速时则以侵蚀变形为主。不同的侵彻特征，其侵彻效率与入射速度之间关系存在明显差别；因此，我们对比分析时需要考虑主要侵彻特征。

将式 (4.540) 代入式 (4.514)，即可有

$$\bar{P}=f\left(\frac{\rho_{\mathrm{p}}}{\rho_{\mathrm{t}}},\frac{\sigma_{\mathrm{p}}}{\sigma_{\mathrm{t}}}\right)\cdot\sqrt{\frac{\rho_{\mathrm{p}}}{\sigma_{\mathrm{t}}}}\left(V-\lambda\sqrt{\frac{\sigma_{\mathrm{t}}}{\rho_{\mathrm{p}}}}\right)\tag{4.541}$$

上式可以简化写为

$$\bar{P}=f\left(\frac{\rho_{\mathrm{p}}}{\rho_{\mathrm{t}}},\frac{\sigma_{\mathrm{p}}}{\sigma_{\mathrm{t}}}\right)\cdot\left(\sqrt{\frac{\rho_{\mathrm{p}}}{R_{\mathrm{t}}}}V-1\right)\tag{4.542}$$

或

$$\bar{P}=f\left(\frac{\rho_{\mathrm{p}}}{\rho_{\mathrm{t}}},\frac{\sigma_{\mathrm{p}}}{\sigma_{\mathrm{t}}}\right)\cdot\left(\frac{V}{V_{\mathrm{t}}}-1\right)\tag{4.543}$$

可以定义一个无量纲入射速度：

$$V^{*}=\frac{V}{V_{\mathrm{t}}}\tag{4.544}$$

则式 (4.543) 可以写为更加简单的形式：

$$\bar{P}=f\left(\frac{\rho_{\mathrm{p}}}{\rho_{\mathrm{t}}},\frac{\sigma_{\mathrm{p}}}{\sigma_{\mathrm{t}}}\right)\cdot\left(V^{*}-1\right)\tag{4.545}$$

以镁、铝、锡和金四种软金属杆弹 (长径比约大于 7) 侵彻半无限 7075/T6 铝合金靶板行为为例 [102]，如图 4.120 所示，图中纵轴数据为杆弹以不同入射速度垂直侵彻半无限铝合金靶板的无量纲侵彻深度。

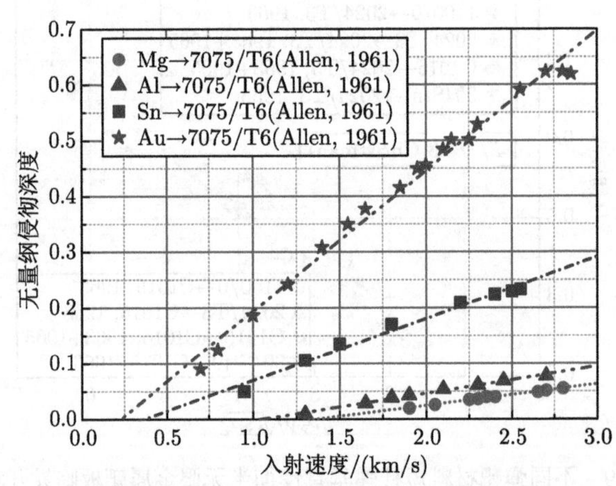

图 4.120　四种软金属杆弹侵彻半无限铝合金靶板的试验结果

从图 4.120 中可以看出，四种杆弹在入射速度约 0.7~2.5km/s 速度范围内，其无量纲侵彻深度与入射速度之间皆呈近似线性递增的关系，但其递增的速度差别较大。可以查询到金属镁的密度约为 $1.74\mathrm{g/cm^3}$、金属铝的密度约为 $2.70\mathrm{g/cm^3}$、金属锡的密度约为 $7.28\mathrm{g/cm^3}$、金属金的密度约为 $19.32\mathrm{g/cm^3}$，7075T6 铝合金的密度约为 $2.80\ \mathrm{g/cm^3}$；如对上图中纵坐标进一步处理，将其整理为侵彻效率，则可以得到图 4.121。

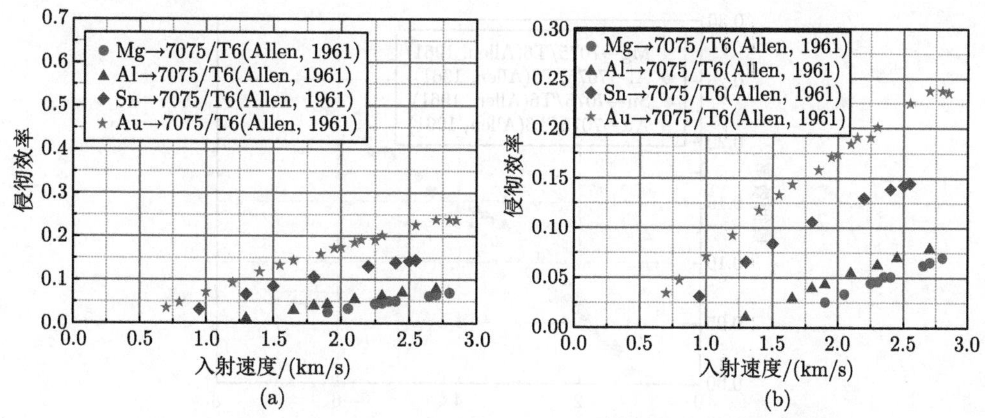

图 4.121　四种软金属杆弹侵彻半无限铝合金靶板的侵彻效率试验结果

图 4.121(a) 和 (b) 只是纵坐标轴刻度不同，其他相同；图 (a) 坐标轴与图 4.120 完全相同，以方便对比。由于此四组试验中，弹体密度相差较大，而弹体的临界开坑速度与密度的开方成反比，因而将上图中横坐标转化为临界开坑动能，即可得到图 4.122。

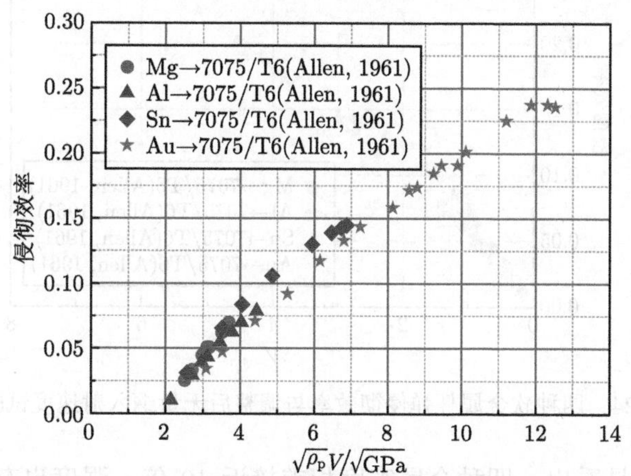

图 4.122　四种软金属杆弹侵彻效率与入射动能试验结果

从图 4.122 容易看出，此时对于该四种不同密度软金属材料杆弹而言，侵彻效率与入射动能之间的关系非常接近，其规律性非常明显。

根据式 (4.540) 可以得到

$$\sqrt{R_t} = \sqrt{\rho_p}V_t \tag{4.546}$$

根据图 4.122，我们可以估算出临界开坑速度对应的靶板流变强度的开方值约为 $1.82\sqrt{\text{GPa}}$。根据上式和式 (4.544) 可以计算出无量纲入射速度值；将图 4.122 横坐标替换为无量纲入射速度，即可得到图 4.123。

若继续定义一个调整或修正无量纲入射速度：

$$\bar{V} = V^* - 1 \tag{4.547}$$

对图 4.123 所示的试验数据进行整理，即可得到图 4.124。

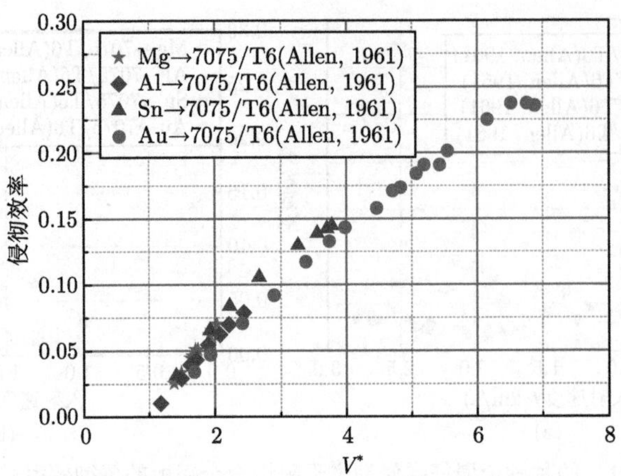

图 4.123　四种软金属杆弹侵彻效率与无量纲入射速度试验结果

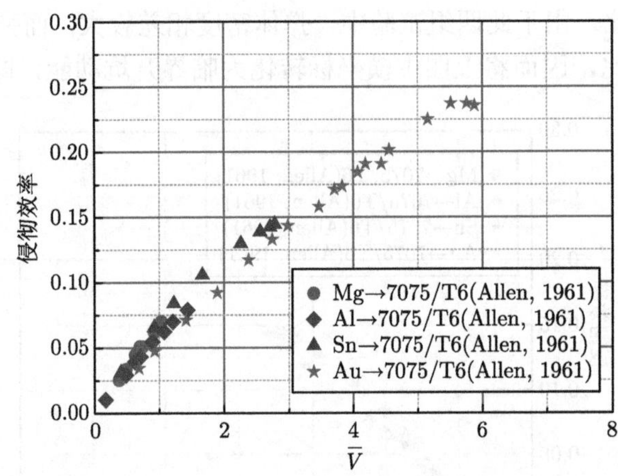

图 4.124　四种软金属杆弹侵彻效率与调整后无量纲入射速度试验结果

从图 4.124 容易看出，四种金属密度相差接近 10 倍，强度也有明显的差别；但在靶板相同的条件下，它们所对应的垂直侵彻效率与调整后的无量纲入射速度满足非常相近的函数关系：

$$\bar{P} = f\left(\frac{\rho_p}{\rho_t}, \frac{\sigma_p}{\sigma_t}\right)\bar{V} \tag{4.548}$$

综上分析，对于短杆弹垂直侵彻半无限金属靶板而言，在高速 (一般小于 1500m/s) 侵彻行为中近似满足以下函数关系：

$$\begin{cases} \bar{P} = f\left(\dfrac{\rho_p}{\rho_t}, \dfrac{\sigma_p}{\sigma_t}\right)\bar{V} \\ \bar{V} = \dfrac{V}{V_t} - 1 \\ V_t = \sqrt{\dfrac{R_t}{\rho_p}} = \lambda\sqrt{\dfrac{\sigma_t}{\rho_p}} \end{cases} \tag{4.549}$$

3) 弹靶材料性能对短杆弹侵彻效率的影响试验结果分析

上面我们在量纲分析的基础上，对临界开坑速度的影响因素及其影响规律进行了分析讨论。根据图 4.124 中规律可以看出，当靶板材料密度不变时，弹体密度变化达到 10 倍以上，但图中侵彻效率与调整后无量纲入射速度之间函数关系的斜率基本相近，这说明在材料较软的短杆弹垂直侵彻较硬金属靶板的情况下，弹体材料密度对侵彻效率与无量纲入射速度无明显影响，即在此种情况下，有

$$f\left(\frac{\rho_{\mathrm{p}}}{\rho_{\mathrm{t}}},\frac{\sigma_{\mathrm{p}}}{\sigma_{\mathrm{t}}}\right)\sim f\left(\rho_{\mathrm{t}},\frac{\sigma_{\mathrm{p}}}{\sigma_{\mathrm{t}}}\right) \tag{4.550}$$

利用式 (4.549) 对图 4.114、图 4.117 和图 4.119 等中 16 组试验结果进行整理 [27]，可以得到图 4.125。从图中相同长径比短杆平头弹侵彻试验结果也可以看出，虽然靶板的密度有较大变化，特别是 2024T3 与 C1015 材料强度相近，密度相差近 3 倍；但拟合直线的斜率基本一致；这也说明弹体材料的密度并不是图中斜率的主要影响因素。

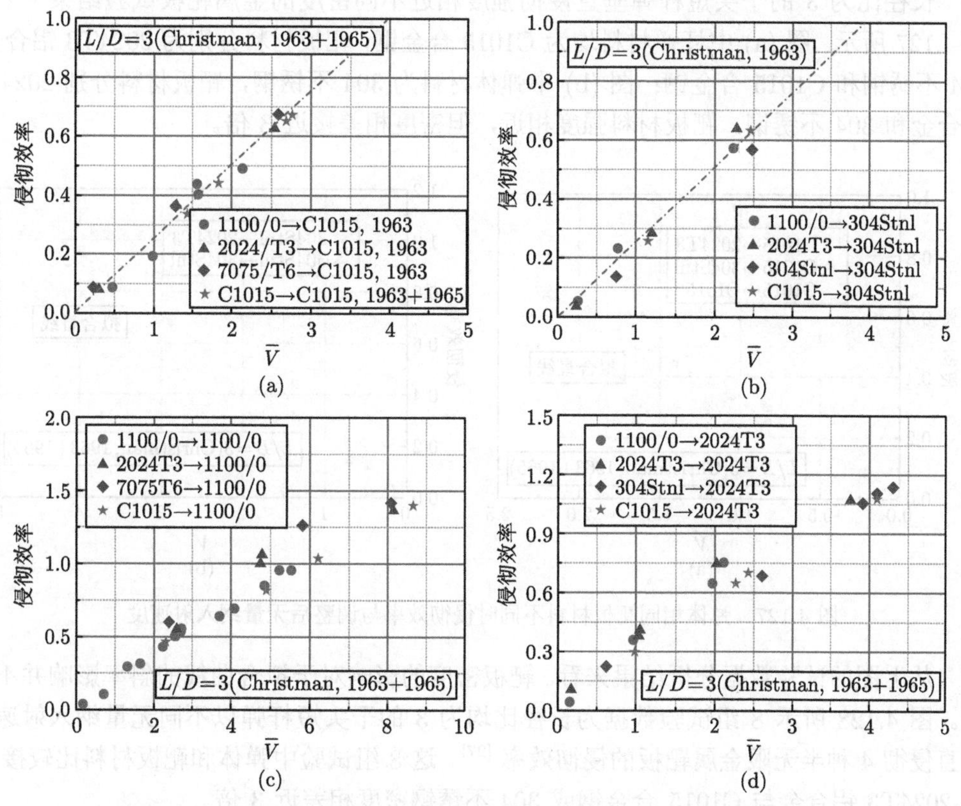

图 4.125 弹体相同不同靶板材料时侵彻效率与调整后无量纲入射速度

Tate 等开展了 En25T 合金钢和钨合金两种金属短杆弹垂直侵彻半无限 STA61 的试验 [27]，此两种短杆弹皆为平头弹且长径比皆为 3，两种金属的强度相近，但密度相差 2 倍以上 (图 4.126)。

从图 4.126 也可以看出，对于长径比为 3 的金属短杆弹而言，弹体材料密度对图 4.126 中侵彻效率线性关系斜率的影响并不明显。

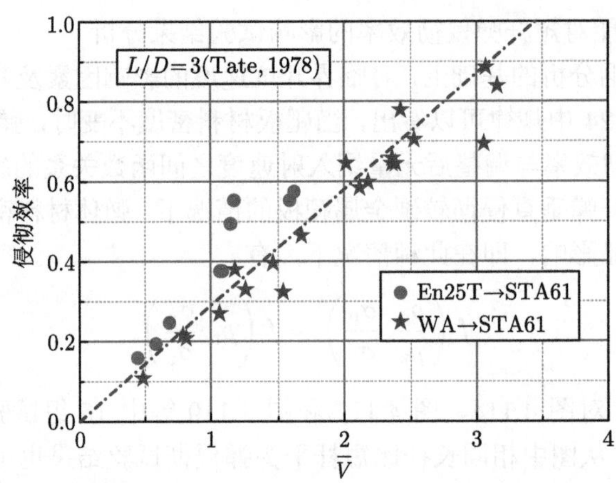

图 4.126　两种强度相近的金属短杆弹侵彻效率与调整后无量纲入射速度试验结果

长径比为 3 的平头短杆弹垂直侵彻强度相近不同密度的金属靶板试验结果 [27] 如图 4.127 所示。图 (a) 中杆弹材料均为 C1015 合金钢，靶板材料分别为 2024T3 铝合金、304 不锈钢和 C1015 合金钢；图 (b) 中弹体材料为 304 不锈钢，靶板材料分别 2024T3 铝合金和 304 不锈钢。靶板材料强度相近，但密度相差接近 3 倍。

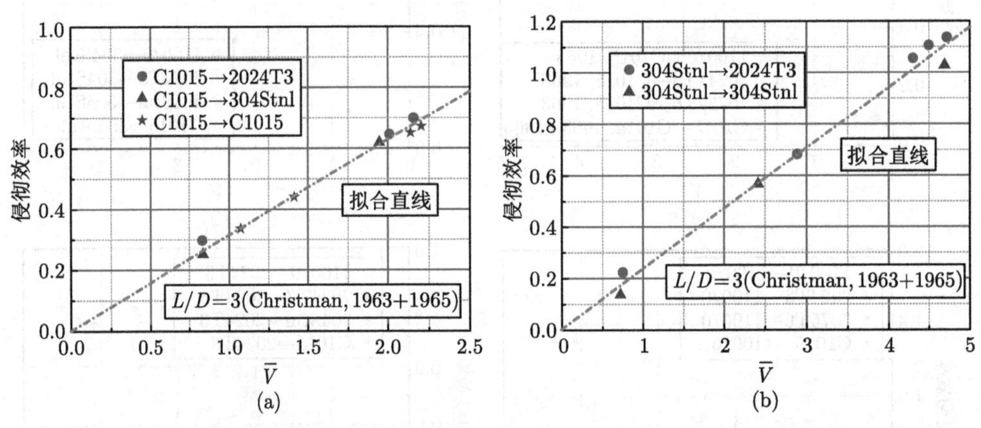

图 4.127　弹体相同靶板材料不同时侵彻效率与调整后无量纲入射速度

从上图的试验数据分析结果来看，靶板密度的影响对于拟合曲线的斜率影响并不明显。图 4.128 所示 8 组试验数据为长径比均为 3 的平头短杆弹以不同无量纲入射速度垂直侵彻 4 种半无限金属靶板的侵彻效率 [27]，这 8 组试验中弹体和靶板材料比较接近，但 2024T3 铝合金与 C1015 合金钢或 304 不锈钢密度相差近 3 倍。

从图 4.128 中可以看出，这 8 组试验中弹靶密度比相差近 9 倍，但不同试验结果中侵彻效率与调整后无量纲入射速度之间的拟线性关系非常接近。特别是，2024T3 短杆弹垂直侵彻 2024T3 靶板、C1015 短杆弹垂直侵彻 2024T3 靶板、C1015 短杆弹垂直侵彻 304 不锈钢和 C1015 短杆弹垂直侵彻 C1015 靶板这 4 组数据对应的线性拟合关系基本一致；2024T3 短杆弹垂直侵彻 304 不锈钢、2024T3 短杆弹垂直侵彻 C1015 靶板、304 不锈钢垂直侵彻 2024T3 靶板和 304 不锈钢垂直侵彻 304 靶板这 4 组数据对

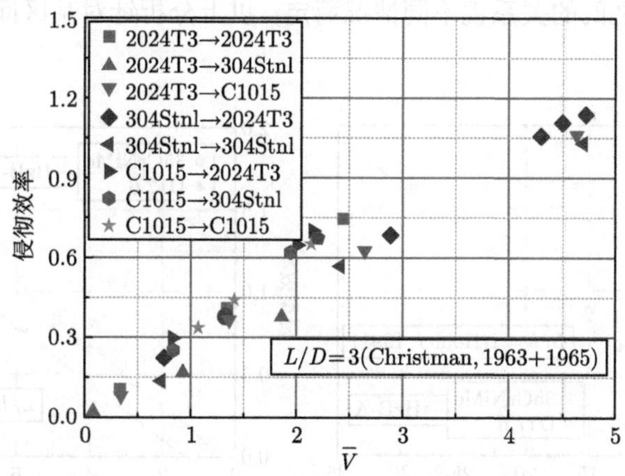

图 4.128 强度相近不同弹靶密度短杆弹侵彻效率与调整后无量纲入射速度试验结果

应的线性拟合关系也基本一致。而且，这两个大组试验斜率存在一定的差别，虽然说明弹靶材料与侵彻效率存在一定的联系，但与弹靶材料密度之比并没有明显规律性联系。这些数据说明，虽然弹靶材料密度比变化从约 1/3 到约 3 倍，但斜率变化并不明显，考虑到弹靶材料强度的影响，我们可以近似认为弹靶密度比对上图中的斜率并没有明显的规律性影响，即式 (4.548) 在以上试验条件范围内可以简化为

$$\bar{P} = f\left(\frac{\sigma_{\mathrm{p}}}{\sigma_{\mathrm{t}}}\right)\bar{V} \tag{4.551}$$

从图 4.117 可以看出，在该试验条件和速度范围区间内，弹体材料的流动强度对侵彻效率与无量纲入射速度之间关系的斜率并没有明显的影响；然而，从图 4.119 可以看出，弹体材料的流变强度与密度对于侵彻效率的斜率有一定的影响，而且该影响行为还与靶板的性质有一定的联系。从图 4.115(b)、图 4.116 和图 4.118 也可以看出，在这些试验所在的条件和速度区间，靶板材料的流动强度对侵彻效率与调整后无量纲侵彻速度关系的斜率也没有规律性明显的影响。

然而，需要说明的是，以上结论只是针对特定试验条件与速度范围成立，对于其他条件并不一定如此，本部分内容只是作者基于量纲分析的理论与方法对短杆弹垂直侵彻行为进行讨论，给读者提供一个分析方法，从而能更加熟悉并熟练地应用量纲分析方法，并不是专门研究短杆弹侵彻机理或规律，因此，所得结论是有条件的。例如，Hohler 等 [27] 对硬度不同密度不同的两种材料弹体侵彻相同靶板开展试验，试验结果如图 4.129 所示，试验中短杆弹皆为平头弹且长径比均为 1；靶板材料均为 HzB-A 钢 (密度为 7.85g/cm^3，布氏硬度为 255)，两种弹体材料分别为 35CrNiMo 合金钢 (密度为 7.85g/cm^3，布氏硬度为 540) 和 D17.6 钨合金 (密度为 17.6g/cm^3，布氏硬度为 406)。

从图 4.129(a) 可以看出，利用以上所给出的侵彻效率与调整后无量纲入射速度之间的函数关系对长径比为 1 的这两组试验结果进行拟合，两者斜率相差甚多，即弹体材料密度对斜率的影响非常大；而从图 4.129(b) 可以看出，侵彻效率与入射动能之间的函数关系中弹体材料密度对斜率的影响则不明显。这说明，不同情况下，侵彻效率与入射

速度、密度等参数之间的关系视不同情况而定；以上分析针对某区间特定情况而言，在此再次说明。

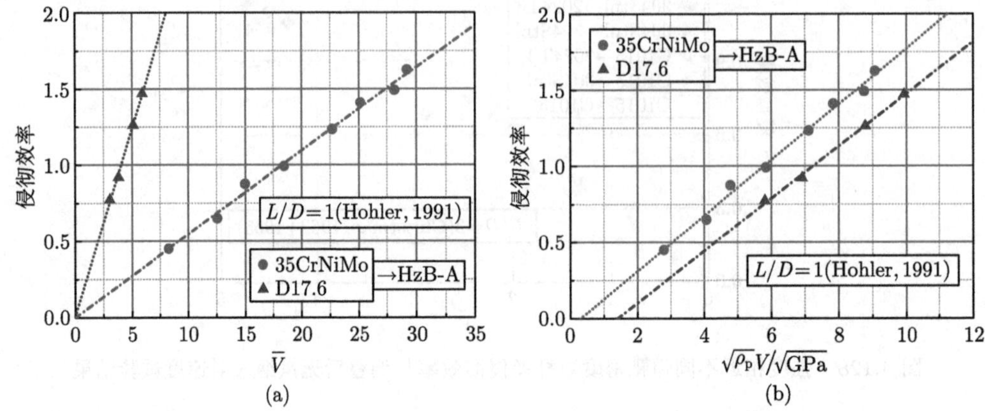

图 4.129　两种不同材料短杆弹垂直侵彻 HzB-A 靶板试验结果

Wilson[101] 开展长径比为 5 的平头短杆弹垂直侵彻半无限金属靶板试验，试验结果如图 4.130 所示。左图中两组试验弹体为两种不同硬度的 4340 装甲钢，其材料密度均为 7.85g/cm^3，布氏硬度分别为 249 和 411；靶板材料均为硬度为 249 的 4340 装甲钢。

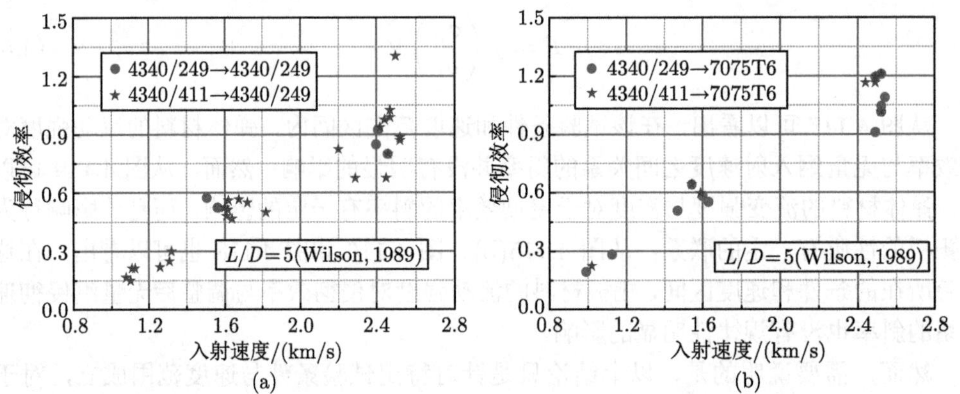

图 4.130　密度相同强度不同的短杆弹垂直侵彻相同靶板试验结果

从以上 4 组试验结果可以看出，靶板材料密度相同且靶板材料相同时，不同硬度弹体对应的侵彻效率与入射速度之间近似线性关系基本一致；这也说明弹体材料流动强度对侵彻效率的影响较小。

相同短杆弹垂直侵彻不同靶板的试验结果 [27] 如图 4.131 所示，图 (a) 中弹体均为 2024/T3，靶板分别为 1100/0 软铝、2024T3 铝合金、C1015 合金钢和 304 不锈钢，其强度不尽相同，最大相差近 3 倍；图 (b) 中弹体材料均为 304 不锈钢，靶板分别为 1100/0 软铝和 304 不锈钢。

从图 4.131 可以看出，虽然靶板材料流动强度相差 4 倍左右，但侵彻效率与调整后无量纲入射速度之间关系的斜率影响并不非常明显；不过整体来讲，靶板材料流动强度越大斜率越小。从图 4.132 所示试验结果也可以看出这一规律 [101]；图中 4 组试验短杆弹长径比均为 5，且皆为平头弹；图 (a) 中弹体材料为布氏硬度为 411 的 4340 装甲钢，靶板分别为布氏硬度为 249 的 4340 装甲钢和布氏硬度为 411 的 4340 装甲钢，两者密度近似一致；图 (b) 中弹体材料为布氏硬度为 249 的 4340 装甲钢材料，靶板分别为 2024T4 铝合金材料和 7075T6 超硬铝合金材料。需要说明的是，图 4.132 中横坐标为入射速度，而非调整后无量纲入射速度。从图中试验结果可以看出，靶板强度的增大会在某种程度上降低侵彻效率，但影响也有限。

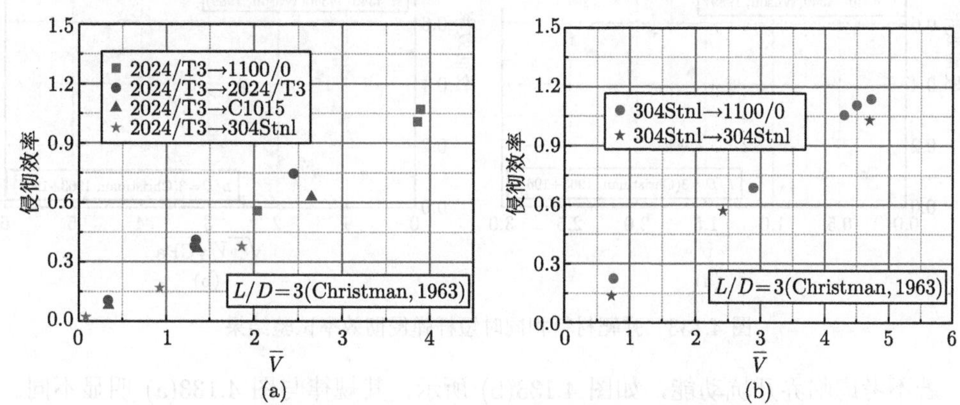

图 4.131　相同短杆弹垂直侵彻不同靶板试验结果

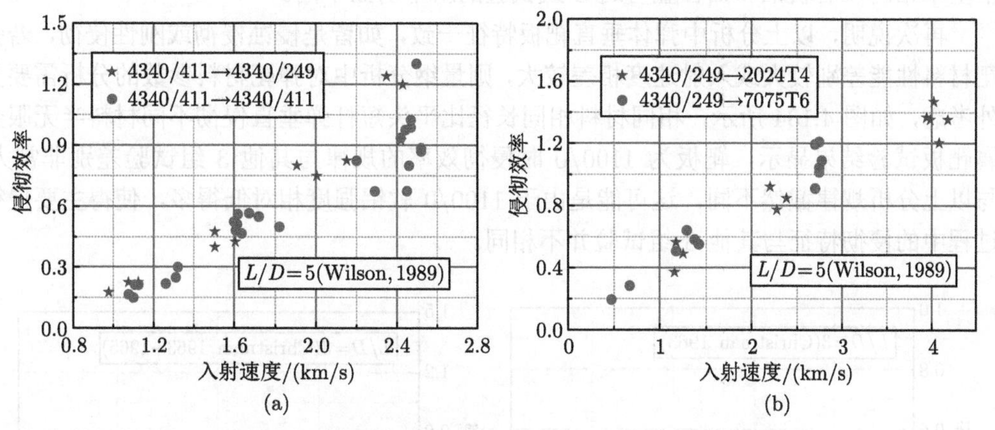

图 4.132　相同装甲钢短杆弹垂直侵彻不同靶板试验结果

当弹靶材料相同时，式 (4.551) 可以简化为

$$\bar{P} = \kappa \cdot \bar{V} \tag{4.552}$$

式中，κ 是与弹体头部形状、长径比和侵彻行为 (刚性侵彻、侵蚀侵彻或混合行为) 相关的常数。从试验结果 (Christman，1963+1965)[27] 可以看出，如图 4.133 所示，弹体的长径比均为 3，图中 5 组试验中弹靶材料均不相同，但同一组试验中弹靶材料相同；这 5 组试验中材料的强度最大相差近 6 倍。从图 4.133(a) 中可以看出，弹体材料相近

的试验结果中侵彻效率与调整后无量纲入射速度之间的关系非常接近，即使其密度相差近 3 倍，如图中弹靶材料为 2024T3 铝合金、C1015 合金钢和 304 不锈钢的试验结果；但弹靶材料强度存在较大差别时 (1100-0 和 4340 装甲钢)，图中近似线性关系的斜率相差较大。

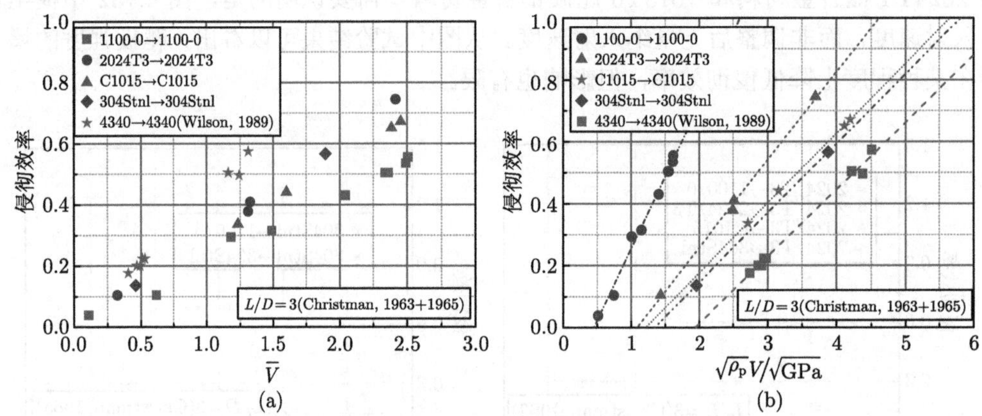

图 4.133 弹靶材料相同时短杆弹侵彻效率试验结果

若不考虑临界开坑动能，如图 4.133(b) 所示，其规律与图 4.133(a) 明显不同。从图中可以看出，不同强度的钢弹侵彻钢靶板侵彻效率与等效入射动能之间的线性关系斜率基本相同，而软铝和铝合金与这 3 组试验的斜率明显不同。

再次说明，以上分析中弹体垂直靶板特征一致，如皆是侵蚀侵彻或刚性侵彻，若弹靶材料性能差别较大或入射速度相差较大，则量纲分析中对弹靶材料参数的分析需要另外考虑，如图 4.134 所示，相同材料相同长径比平头短杆弹垂直侵彻不同材料半无限金属靶板试验结果显示，靶板为 1100/0 时侵彻效率的规律与其他 3 组试验差别非常大，与以上分析规律截然不同，这可能是由于 1100/0 软铝强度相对低得多，使得主要侵彻过程中的侵彻特征与其他 3 组试验并不相同。

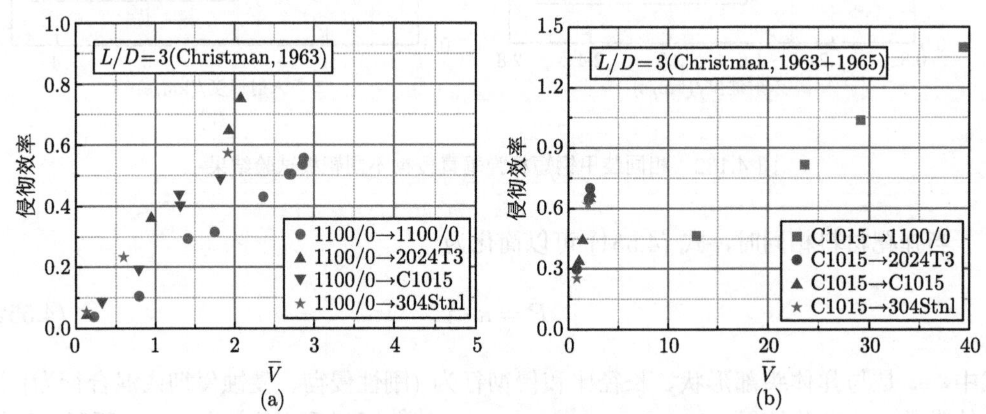

图 4.134 弹体材料相同时短杆弹侵彻效率试验结果

从以上分析可以看出，弹靶材料强度比并不能作为主要的无量纲自变量，基于以上

试验结果分析，根据侵彻力学中相关知识，可以认为弹靶流变强度比作为无量纲自变量更为合适，即

$$\overline{P} = f\left(\frac{R_{\mathrm{p}}}{R_{\mathrm{t}}}\right)\overline{V} \tag{4.553}$$

而研究表明，长杆弹弹体的流变强度：

$$R_{\mathrm{p}} \sim \sigma_{\mathrm{p}} \tag{4.554}$$

但对于短杆弹的高速侵彻行为而言，弹体的受力相对复杂，特别是对长径比很小的短杆弹，上式并不成立。而靶板的流变强度一般远大于靶板材料的流动强度，而且前者与后者呈广义的正比关系；严格来讲：

$$\begin{cases} R_{\mathrm{p}} = R_{\mathrm{p}}\left(\sigma_{\mathrm{p}}, \rho_{\mathrm{p}}, \sigma_{\mathrm{t}}, \rho_{\mathrm{t}}, V\right) \\ R_{\mathrm{t}} = R_{\mathrm{t}}\left(\sigma_{\mathrm{p}}, \rho_{\mathrm{p}}, \sigma_{\mathrm{t}}, \rho_{\mathrm{t}}, V\right) \end{cases}$$

也可进一步简化为

$$\begin{cases} R_{\mathrm{p}} = R_{\mathrm{p}}\left(\sigma_{\mathrm{p}}, \rho_{\mathrm{p}}, V\right) \\ R_{\mathrm{t}} = R_{\mathrm{t}}\left(\sigma_{\mathrm{t}}, \rho_{\mathrm{t}}, V\right) \end{cases} \tag{4.555}$$

因此，式 (4.553) 中弹靶流变强度比中也蕴含着弹靶材料密度。

第 5 章 量纲分析与理论推导

在上一章 4.2.1 节核爆流场分析中，Taylor 等通过定义无量纲压力、无量纲密度、无量纲速度和无量纲距离：

$$\bar{p}=\frac{p}{p_0},\quad \bar{\rho}=\frac{\rho}{\rho_0},\quad \bar{v}=\frac{v}{R/t},\quad \bar{l}=\frac{l}{R} \tag{5.1}$$

从而，给出简化版的函数表达式 [34,35]：

$$\begin{cases} \bar{p}=\left(\dfrac{R/t}{C}\right)^2\cdot f\left(\gamma,\bar{l}\right) \\ \bar{\rho}=g\left(\gamma,\bar{l}\right) \\ \bar{v}=h\left(\gamma,\bar{l}\right) \end{cases} \tag{5.2}$$

对核爆波阵面后方的压力、介质密度和质点速度而言，根据以上分析有

$$\begin{cases} \bar{p}'=\dfrac{\bar{p}}{\left(\dfrac{R/t}{C}\right)^2}=f\left(\gamma,\bar{l}\right) \\ \bar{\rho}=g\left(\gamma,\bar{l}\right) \\ \bar{v}=h\left(\gamma,\bar{l}\right) \end{cases} \tag{5.3}$$

其中相似准数有两个：

$$\begin{cases} \Pi_1=\gamma \\ \Pi_2=\bar{l}=\dfrac{l}{R} \end{cases} \tag{5.4}$$

同上，如缩比模型与原型的试验在同一介质同一条件下完成，第一个相似准数恒满足条件。当第二个相似准数也满足相等条件时：

$$(\Pi_2)_m=(\Pi_2)_p\Leftrightarrow\left(\frac{l}{R}\right)_m=\left(\frac{l}{R}\right)_p \tag{5.5}$$

将式 (4.167) 代入上式并考虑到以上所假设的介质初始密度相等条件，可以得到：

$$\left(\frac{l}{E^{1/5}t^{2/5}}\right)_m=\left(\frac{l}{E^{1/5}t^{2/5}}\right)_p \tag{5.6}$$

上式表明，对两个不同当量的爆炸问题而言，在满足本节以上推导的基本假设 (爆压足够大可以忽略空气的初始压力影响，波阵面尺寸远大于炸药尺寸的前提下)，缩比

模型与原型波阵面后方压力、密度和质点速度满足相似的必要条件有

$$\lambda_l = \frac{(l)_m}{(l)_p} = \lambda_R = \frac{\left(E^{1/5}t^{2/5}\right)_m}{\left(E^{1/5}t^{2/5}\right)_p} = \lambda_E^{1/5}\lambda_t^{2/5} \tag{5.7}$$

即如果在同一时刻时 $\lambda_t = 1$，随着释能当量的减小，测点到爆心的距离变化与当量缩比的 1/5 次幂呈正比关系。

在以上问题中，当缩比模型与原型中两个相似准数分别相等，则两个模型满足相似关系，此时有

$$\left\{\begin{array}{l} (\bar{p}')_m = (\bar{p}')_p \\ (\bar{\rho})_m = (\bar{\rho})_p \\ (\bar{v})_m = (\bar{v})_p \end{array}\right. \Rightarrow \left\{\begin{array}{l} \left[\dfrac{p}{(R/t)^2}\right]_m = \left[\dfrac{p}{(R/t)^2}\right]_p \\ (\rho)_m = (\rho)_p \\ \left(\dfrac{v}{R/t}\right)_m = \left(\dfrac{v}{R/t}\right)_p \end{array}\right. \tag{5.8}$$

这些物理量之间的缩比关系满足：

$$\left\{\begin{array}{l} \lambda_p = \dfrac{(p)_m}{(p)_p} = \dfrac{\left[(R/t)^2\right]_m}{\left[(R/t)^2\right]_p} = \dfrac{\lambda_R^2}{\lambda_t^2} = \dfrac{\lambda_E^{2/5}}{\lambda_t^{6/5}} \\ \lambda_\rho = \dfrac{(\rho)_m}{(\rho)_p} = 1 \\ \lambda_v = \dfrac{(v)_m}{(v)_p} = \dfrac{(R/t)_m}{(R/t)_p} = \dfrac{\lambda_R}{\lambda_t} = \dfrac{\lambda_E^{1/5}}{\lambda_t^{3/5}} \end{array}\right. \tag{5.9}$$

即，此时两个模型中测点处的空气介质密度相等。同理，如果在同一时刻时 $\lambda_t = 1$，此时测点处的压力缩比与释能当量的 2/5 次幂呈线性正比关系，质点速度缩比与释能当量的 1/5 次幂呈线性正比关系。

对于特定的传播空气介质，指数 γ 是常值，此时式 (5.2) 也可以进一步简化为

$$\left\{\begin{array}{l} \bar{p} = \left(\dfrac{R/t}{C}\right)^2 \cdot f\left(\bar{l}\right) \\ \bar{\rho} = g\left(\bar{l}\right) \\ \bar{v} = h\left(\bar{l}\right) \end{array}\right. \tag{5.10}$$

在 4.2.1 节中，根据量纲分析并结合试验结果，我们给出：

$$R \propto t^{2/5} \tag{5.11}$$

即

$$t \propto R^{5/2} \tag{5.12}$$

此时，有

$$\frac{R}{t} \propto t^{-3/2} \tag{5.13}$$

将式 (5.13) 代入式 (5.10)，Taylor 等 [34,35] 给出：

$$\begin{cases} \bar{p} = R^{-3} \cdot f_1 \\ \bar{\rho} = \varphi \\ v = R^{-3/2} \cdot \phi_1 \end{cases} \tag{5.14}$$

式中，f_1、φ 和 ϕ_1 分别表示函数关系，由式 (5.10) 可知，对某特定的 γ 而言它们皆是无量纲距离 $\bar{l}$ 的函数。

根据连续方程，可以得到

$$\frac{\partial \rho}{\partial t} + v\frac{\partial \rho}{\partial l} + \rho\left(\frac{\partial v}{\partial l} + \frac{2v}{l}\right) = 0 \tag{5.15}$$

根据式 (5.1)，上式可以写为

$$\frac{\partial \bar{\rho}}{\partial t} + v\frac{\partial \bar{\rho}}{\partial l} + \bar{\rho}\left(\frac{\partial v}{\partial l} + \frac{2v}{l}\right) = 0 \tag{5.16}$$

根据式 (5.14)，上式中第一项可写为

$$\frac{\partial \bar{\rho}}{\partial t} = \frac{\partial \varphi}{\partial t} = \frac{\mathrm{d}\varphi}{\mathrm{d}\bar{l}}\frac{\partial \bar{l}}{\partial t} = \varphi' \cdot \frac{\partial \bar{l}}{\partial t} \tag{5.17}$$

结合式 (5.1)，上式可以进一步写为

$$\frac{\partial \bar{\rho}}{\partial t} = -\varphi' \cdot \frac{l}{R^2}\frac{\partial R}{\partial t} \tag{5.18}$$

参考式 (5.11)，可令

$$R = A' t^{2/5} \tag{5.19}$$

对于特定空气介质中的特定爆炸行为而言，上式中系数 A' 为常数。

将上式代入式 (5.18)，即可得到

$$\frac{\partial \bar{\rho}}{\partial t} = -\varphi' \cdot \frac{l}{R^2}\frac{2}{5}A' t^{-3/5} = -\varphi' \cdot \frac{l}{R^2}\frac{2}{5}A'\left(\frac{R}{A'}\right)^{-3/2} = -\frac{2}{5}A'^{5/2}\varphi' R^{-5/2}\bar{l} \tag{5.20}$$

类似地，参考式 (5.14)，式 (5.16) 中第二项可写为

$$v\frac{\partial \bar{\rho}}{\partial l} = R^{-3/2} \cdot \phi_1 \frac{\partial \varphi}{\partial l} = R^{-3/2} \cdot \phi_1 \frac{d\varphi}{d\bar{l}}\frac{\partial \bar{l}}{\partial l} = R^{-5/2} \cdot \phi_1 \varphi' \tag{5.21}$$

同理，式 (5.16) 中第三项可写为

$$\bar{\rho}\left(\frac{\partial v}{\partial l}+\frac{2v}{l}\right)=\varphi R^{-3/2}\left(\frac{\partial \phi_1}{\partial l}+\frac{2\phi_1}{l}\right)=\varphi R^{-3/2}\left(\phi_1'\frac{\partial \bar{l}}{\partial l}+\frac{2\phi_1}{l}\right)$$
$$=\varphi R^{-5/2}\left(\phi_1'+\frac{2\phi_1}{\bar{l}}\right) \tag{5.22}$$

将式 (5.20)、式 (5.21) 和式 (5.22) 代入式 (5.16)，可以得到

$$-\frac{2}{5}A'^{5/2}\varphi'\bar{l}+\phi_1\varphi'+\varphi\left(\phi_1'+\frac{2\phi_1}{\bar{l}}\right)=0 \tag{5.23}$$

即

$$-\frac{2}{5}A'^{5/2}\varphi'\bar{l}+(\phi_1\varphi'+\varphi\phi_1')+\frac{2\varphi\cdot\phi_1}{\bar{l}}=0 \tag{5.24}$$

再令常数

$$A=\frac{2}{5}A'^{5/2} \tag{5.25}$$

则式 (5.24) 可以简写为

$$-A\varphi'\bar{l}+(\phi_1\varphi'+\varphi\phi_1')+\frac{2\varphi\cdot\phi_1}{\bar{l}}=0 \tag{5.26}$$

根据运动方程，可以得到

$$\frac{\partial v}{\partial t}+v\frac{\partial v}{\partial l}+\frac{1}{\rho}\frac{\partial p}{\partial l}=0 \tag{5.27}$$

将式 (5.1) 和式 (5.14) 代入上式，可以得到

$$\frac{\partial\left(R^{-3/2}\cdot\phi_1\right)}{\partial t}+R^{-3/2}\cdot\phi_1\frac{\partial\left(R^{-3/2}\cdot\phi_1\right)}{\partial\bar{l}}\frac{\partial\bar{l}}{\partial l}+\frac{p_0}{\rho_0}\frac{1}{\varphi}\frac{\partial\left(R^{-3}\cdot f_1\right)}{\partial\bar{l}}\frac{\partial\bar{l}}{\partial l}=0 \tag{5.28}$$

进一步简化有

$$\frac{\partial\left(R^{-3/2}\cdot\phi_1\right)}{\partial t}+R^{-5/2}\cdot\phi_1\frac{\partial\left(R^{-3/2}\cdot\phi_1\right)}{\partial\bar{l}}+\frac{p_0}{\rho_0}\frac{1}{\varphi R}\frac{\partial\left(R^{-3}\cdot f_1\right)}{\partial\bar{l}}=0 \tag{5.29}$$

考虑式 (5.19) 的函数形式，上式可以进一步写为

$$-\frac{3}{2}R^{-5/2}\frac{\mathrm{d}R}{\mathrm{d}t}\cdot\phi_1-R^{-3/2}\phi_1'\frac{l}{R^2}\frac{\mathrm{d}R}{\mathrm{d}t}+R^{-4}\cdot\phi_1\phi_1'+\frac{p_0}{\rho_0}\frac{R^{-4}}{\varphi}f_1'=0 \tag{5.30}$$

即

$$-\left(\frac{3}{2}\phi_1+\phi_1'\bar{l}\right)R^{-5/2}\frac{\mathrm{d}R}{\mathrm{d}t}+R^{-4}\cdot\phi_1\phi_1'+\frac{p_0}{\rho_0}\frac{R^{-4}}{\varphi}f_1'=0 \tag{5.31}$$

将式 (5.19) 代入上式，可以得到

$$-A'\frac{2}{5}\left(\frac{3}{2}\phi_1+\phi_1'\bar{l}\right)R^{-5/2}t^{-3/5}+R^{-4}\cdot\phi_1\phi_1'+\frac{p_0}{\rho_0}\frac{R^{-4}}{\varphi}f_1'=0 \tag{5.32}$$

上式也可以写为

$$-A'^{5/2}\frac{2}{5}\left(\frac{3}{2}\phi_1+\phi_1'\bar{l}\right)R^{-4}+R^{-4}\cdot\phi_1\phi_1'+\frac{p_0}{\rho_0}\frac{R^{-4}}{\varphi}f_1'=0 \tag{5.33}$$

即

$$-A'^{5/2}\frac{2}{5}\left(\frac{3}{2}\phi_1+\phi_1'\bar{l}\right)+\phi_1\phi_1'+\frac{p_0}{\rho_0}\frac{f_1'}{\varphi}=0 \tag{5.34}$$

考虑到式 (5.25)，上式可简写为

$$-A\left(\frac{3}{2}\phi_1+\phi_1'\bar{l}\right)+\phi_1\phi_1'+\frac{p_0}{\rho_0}\frac{f_1'}{\varphi}=0 \tag{5.35}$$

根据理想气体的状态方程，可以得到

$$\frac{\partial\left(p\cdot\rho^{-\gamma}\right)}{\partial t}+v\frac{\partial\left(p\cdot\rho^{-\gamma}\right)}{\partial l}=0 \tag{5.36}$$

将式 (5.1) 代入上式左端第一项和第二项，可以得到

$$\begin{cases}\dfrac{\partial\left(p\cdot\rho^{-\gamma}\right)}{\partial t}=\dfrac{\partial\left[\bar{p}p_0\cdot\left(\bar{\rho}\rho_0\right)^{-\gamma}\right]}{\partial t}=\dfrac{p_0}{\rho_0^{\gamma}}\dfrac{\partial\left(\bar{p}\cdot\bar{\rho}^{-\gamma}\right)}{\partial t}=\dfrac{p_0}{\rho_0^{\gamma}}\left(\dfrac{\partial\bar{p}}{\partial t}\cdot\bar{\rho}^{-\gamma}+\bar{p}\cdot\dfrac{\partial\bar{\rho}^{-\gamma}}{\partial t}\right)\\ v\dfrac{\partial\left(p\cdot\rho^{-\gamma}\right)}{\partial l}=v\dfrac{\partial\left[\bar{p}p_0\cdot\left(\bar{\rho}\rho_0\right)^{-\gamma}\right]}{\partial l}=\dfrac{p_0}{\rho_0^{\gamma}}v\dfrac{\partial\left(\bar{p}\cdot\bar{\rho}^{-\gamma}\right)}{\partial l}=\dfrac{p_0}{\rho_0^{\gamma}}v\left(\dfrac{\partial\bar{p}}{\partial l}\cdot\bar{\rho}^{-\gamma}+\bar{p}\cdot\dfrac{\partial\bar{\rho}^{-\gamma}}{\partial l}\right)\end{cases} \tag{5.37}$$

即

$$\begin{cases}\dfrac{\partial\left(p\cdot\rho^{-\gamma}\right)}{\partial t}=\dfrac{p_0}{\rho_0^{\gamma}\bar{\rho}^{\gamma}}\left(\dfrac{\partial\bar{p}}{\partial t}-\gamma\bar{p}\bar{\rho}^{-1}\cdot\dfrac{\partial\bar{\rho}}{\partial t}\right)\\ v\dfrac{\partial\left(p\cdot\rho^{-\gamma}\right)}{\partial l}=\dfrac{p_0}{\rho_0^{\gamma}\bar{\rho}^{\gamma}}v\left(\dfrac{\partial\bar{p}}{\partial l}-\gamma\bar{p}\bar{\rho}^{-1}\cdot\dfrac{\partial\bar{\rho}}{\partial l}\right)\end{cases} \tag{5.38}$$

将式 (5.14) 代入上式，可以得到

$$\begin{cases}\dfrac{\partial\left(p\cdot\rho^{-\gamma}\right)}{\partial t}=\dfrac{p_0}{\rho_0^{\gamma}\varphi^{\gamma}}\left[\dfrac{\partial\left(R^{-3}\cdot f_1\right)}{\partial t}-\gamma\left(R^{-3}\cdot f_1\right)\varphi^{-1}\cdot\dfrac{\partial\varphi}{\partial t}\right]\\ v\dfrac{\partial\left(p\cdot\rho^{-\gamma}\right)}{\partial l}=\dfrac{p_0}{\rho_0^{\gamma}\varphi^{\gamma}}\left(R^{-3/2}\cdot\phi_1\right)\left[\dfrac{\partial\left(R^{-3}\cdot f_1\right)}{\partial l}-\gamma\left(R^{-3}\cdot f_1\right)\varphi^{-1}\cdot\dfrac{\partial\varphi}{\partial l}\right]\end{cases} \tag{5.39}$$

即

$$\begin{cases} \dfrac{\partial\left(p\cdot\rho^{-\gamma}\right)}{\partial t}=\dfrac{p_0}{\rho_0^\gamma\varphi^\gamma}\left(R^{-3}\cdot\dfrac{\partial f_1}{\partial t}+\dfrac{\partial R^{-3}}{\partial t}\cdot f_1-\dfrac{\gamma f_1}{R^3\varphi}\cdot\dfrac{\partial\varphi}{\partial t}\right)\\ v\dfrac{\partial\left(p\cdot\rho^{-\gamma}\right)}{\partial l}=\dfrac{p_0R^{-3/2}\cdot\phi_1}{\rho_0^\gamma\varphi^\gamma}\left(R^{-3}\cdot\dfrac{\partial f_1}{\partial l}+\dfrac{\partial R^{-3}}{\partial l}\cdot f_1-\dfrac{\gamma f_1}{R^3\varphi}\cdot\dfrac{\partial\varphi}{\partial l}\right) \end{cases} \tag{5.40}$$

上式可以进一步简化为

$$\begin{cases} \dfrac{\partial\left(p\cdot\rho^{-\gamma}\right)}{\partial t}=\dfrac{p_0}{\rho_0^\gamma\varphi^\gamma}\left[-3R^{-4}\dfrac{\mathrm{d}R}{\mathrm{d}t}\cdot f_1+\left(\dfrac{f_1'}{R^3}-\dfrac{\gamma f_1\varphi'}{R^3\varphi}\right)\dfrac{\partial\bar{l}}{\partial t}\right]\\ v\dfrac{\partial\left(p\cdot\rho^{-\gamma}\right)}{\partial l}=\dfrac{p_0R^{-3/2}\cdot\phi_1}{\rho_0^\gamma\varphi^\gamma}\left(\dfrac{f_1'}{R^3}-\dfrac{\gamma f_1\varphi'}{R^3\varphi}\right)\dfrac{\partial\bar{l}}{\partial l} \end{cases} \tag{5.41}$$

将式 (5.1) 代入上式，可以得到

$$\begin{cases} \dfrac{\partial\left(p\cdot\rho^{-\gamma}\right)}{\partial t}=\dfrac{p_0}{\rho_0^\gamma\varphi^\gamma}\left[-\dfrac{3f_1}{R^4}-\dfrac{l}{R^2}\left(\dfrac{f_1'}{R^3}-\dfrac{\gamma f_1\varphi'}{R^3\varphi}\right)\right]\dfrac{\mathrm{d}R}{\mathrm{d}t}\\ v\dfrac{\partial\left(p\cdot\rho^{-\gamma}\right)}{\partial l}=\dfrac{p_0R^{-3/2}\cdot\phi_1}{R\rho_0^\gamma\varphi^\gamma}\left(\dfrac{f_1'}{R^3}-\dfrac{\gamma f_1\varphi'}{R^3\varphi}\right) \end{cases} \tag{5.42}$$

将式 (5.19) 代入上式，可以得到

$$\begin{cases} \dfrac{\partial\left(p\cdot\rho^{-\gamma}\right)}{\partial t}=\dfrac{A'p_0}{\rho_0^\gamma\varphi^\gamma}\dfrac{2}{5}\left[-\dfrac{3f_1}{R^4}-\dfrac{l}{R^2}\left(\dfrac{f_1'}{R^3}-\dfrac{\gamma f_1\varphi'}{R^3\varphi}\right)\right]t^{-3/5}\\ v\dfrac{\partial\left(p\cdot\rho^{-\gamma}\right)}{\partial l}=\dfrac{p_0R^{-3/2}\cdot\phi_1}{R\rho_0^\gamma\varphi^\gamma}\left(\dfrac{f_1'}{R^3}-\dfrac{\gamma f_1\varphi'}{R^3\varphi}\right) \end{cases} \tag{5.43}$$

即

$$\begin{cases} \dfrac{\partial\left(p\cdot\rho^{-\gamma}\right)}{\partial t}=\dfrac{A'^{5/2}p_0R^{-3/2}}{\rho_0^\gamma\varphi^\gamma}\dfrac{2}{5}\left[-\dfrac{3f_1}{R^4}-\dfrac{l}{R^2}\left(\dfrac{f_1'}{R^3}-\dfrac{\gamma f_1\varphi'}{R^3\varphi}\right)\right]\\ v\dfrac{\partial\left(p\cdot\rho^{-\gamma}\right)}{\partial l}=\dfrac{p_0R^{-3/2}\cdot\phi_1}{R\rho_0^\gamma\varphi^\gamma}\left(\dfrac{f_1'}{R^3}-\dfrac{\gamma f_1\varphi'}{R^3\varphi}\right) \end{cases} \tag{5.44}$$

把上式代入式 (5.36)，可以得到

$$A'^{5/2}\frac{2}{5}\left[-3f_1-\bar{l}\left(f_1'-\frac{\gamma f_1\varphi'}{\varphi}\right)\right]+\phi_1\left(f_1'-\frac{\gamma f_1\varphi'}{\varphi}\right)=0 \tag{5.45}$$

结合式 (5.25)，上式可写为

$$A\left[-3f_1-\bar{l}\left(f_1'-\frac{\gamma f_1\varphi'}{\varphi}\right)\right]+\phi_1\left(f_1'-\frac{\gamma f_1\varphi'}{\varphi}\right)=0 \tag{5.46}$$

即

$$A\left(3f_1+\bar{l}f_1'\right)-\phi_1f_1'+\left(-A\bar{l}+\phi_1\right)\frac{\gamma f_1\varphi'}{\varphi}=0 \tag{5.47}$$

从以上分析可知，此三个守恒方程简化后为

$$\begin{cases} -A\varphi'\bar{l}+(\phi_1\varphi'+\varphi\phi_1')+\dfrac{2\varphi\cdot\phi_1}{\bar{l}}=0 \\ -A\left(\dfrac{3}{2}\phi_1+\bar{l}\phi_1'\right)+\phi_1\phi_1'+\dfrac{p_0}{\rho_0}\dfrac{f_1'}{\varphi}=0 \\ A\left(3f_1+\bar{l}f_1'\right)+\gamma f_1\dfrac{\varphi'}{\varphi}\left(-\bar{l}A+\phi_1\right)-\phi_1 f_1'=0 \end{cases} \tag{5.48}$$

或

$$\begin{cases} \left(\phi_1-A\bar{l}\right)\dfrac{\varphi'}{\varphi}+\left(\phi_1'+\dfrac{2\phi_1}{\bar{l}}\right)=0 \\ -\dfrac{3}{2}A\phi_1+\left(\phi_1-A\bar{l}\right)\phi_1'+\dfrac{p_0}{\rho_0}\dfrac{f_1'}{\varphi}=0 \\ A\left(3f_1+\bar{l}f_1'\right)+\gamma f_1\dfrac{\varphi'}{\varphi}\left(\phi_1-\bar{l}A\right)-\phi_1 f_1'=0 \end{cases} \tag{5.49}$$

其中参数 f_1 和 ϕ_1 皆为有量纲量，根据式 (5.14) 可知，其量纲满足

$$\begin{cases} [f_1]=[R]^3 \\ [\phi_1]=[v][R]^{3/2}=[R]^{5/2}[t]^{-1} \end{cases} \tag{5.50}$$

结合式 (5.19) 和式 (5.25)，上式可以进一步写为

$$\begin{cases} [f_1]=[A']^3[t]^{6/5}=[A]^{6/5}[t]^{6/5} \\ [\phi_1]=[A']^{5/2}[t][t]^{-1}=[A] \end{cases} \tag{5.51}$$

上式中第一式存在一个变量 t，需要进一步分析，结合式 (4.173) 中第一式的形式，其中存在一个常量即声速 C，从该式可以得到

$$[R]=[C][t]\Rightarrow[t]=\frac{[R]}{[C]} \tag{5.52}$$

即

$$[R]=[A]^{2/5}[t]^{2/5}=[A]^{2/5}\frac{[R]^{2/5}}{[C]^{2/5}}\Rightarrow[R]^{3/5}=\frac{[A]^{2/5}}{[C]^{2/5}}\Rightarrow[R]^3=\frac{[A]^2}{[C]^2} \tag{5.53}$$

因此，式 (5.51) 也可以写为

$$\begin{cases} [f_1]=[R]^3=[A]^2/[C]^2 \\ [\phi_1]=[A] \end{cases} \tag{5.54}$$

参考上式形式，可以对式 (5.14) 中两个有量纲函数进行无量纲处理，设

$$\begin{cases} f=\dfrac{f_1}{A^2/C^2}=f_1\cdot C^2/A^2 \\ \phi=\dfrac{\phi_1}{A} \end{cases} \tag{5.55}$$

将上式代入式 (5.49)，即可得到

$$
\left\{\begin{array}{l}
(\phi-\bar{l})\dfrac{\varphi'}{\varphi}+\left(\phi'+\dfrac{2\phi}{\bar{l}}\right)=0\\
-\dfrac{3}{2}\phi C^2+(\phi-\bar{l})\,\phi' C^2+\dfrac{p_0}{\rho_0}\dfrac{f'}{\varphi}=0\\
(3f+\bar{l}f')+\gamma f\dfrac{\varphi'}{\varphi}(\phi-\bar{l})-\phi f'=0
\end{array}\right. \tag{5.56}
$$

将式 (4.170) 代入上式，上式即可简化为

$$
\left\{\begin{array}{l}
(\phi-\bar{l})\dfrac{\varphi'}{\varphi}+\left(\phi'+\dfrac{2\phi}{\bar{l}}\right)=0\\
-\dfrac{3}{2}\phi+(\phi-\bar{l})\,\phi'+\dfrac{1}{\gamma}\dfrac{f'}{\varphi}=0\\
(3f+\bar{l}f')+\gamma f\dfrac{\varphi'}{\varphi}(\phi-\bar{l})-\phi f'=0
\end{array}\right. \tag{5.57}
$$

根据上式中第二式可以得到

$$
\phi'=\frac{\dfrac{3}{2}\phi-\dfrac{1}{\gamma}\dfrac{f'}{\varphi}}{(\phi-\bar{l})} \tag{5.58}
$$

将上式代入式 (5.57) 中第一式，即有

$$
\varphi'=\frac{-\varphi\left(\dfrac{\dfrac{3}{2}\phi-\dfrac{1}{\gamma}\dfrac{f'}{\varphi}}{\phi-\bar{l}}+\dfrac{2\phi}{\bar{l}}\right)}{\phi-\bar{l}} \tag{5.59}
$$

将上式代入式 (5.57) 中第三式，即有

$$
\left[(\phi-\bar{l})^2-\frac{f}{\varphi}\right]f'=\left[\left(3+\frac{\gamma}{2}\right)\phi-3\bar{l}-\frac{2\gamma}{\bar{l}}\phi^2\right]f \tag{5.60}
$$

在特定条件下，通过已知的量 f、φ 和 ϕ，根据上式计算出 f'。将其代入式 (5.58) 和式 (5.59) 可以分别计算出 ϕ' 和 φ'，从而可以给出不同时间和位置的相关解；后续推导可参考相关文献 [34] 和 [35]。

以上分析过程中，我们可以看出，利用量纲分析理论与方法不仅能够简化函数形式，而且能够在很大程度上简化方程的形式及其推导过程；也就是说，量纲分析理论与方法也能够应用于理论推导包括微分方程等复杂形式理论问题的简化与推导。

5.1　几个典型问题中量纲分析对理论推导的简化

从前文的分析可以看出，利用量纲分析对理论推导与分析过程中的物理量进行无量纲处理，能够在一定程度上简化问题的分析过程。事实上，在问题分析过程中，基于量纲分析的结果，结合相关理论分析和合理的假设，从而给出相对科学准确的解，这也是一个行之有效的分析方法。

5.1.1　颗粒流中颗粒受力问题

现考虑一种水平放置的圆管中含颗粒流体的流动问题 [6]，设圆管的直径为 D；流体的密度为 ρ，水平方向上的流速为 v，黏性系数为 μ；假设流体中的颗粒近似为球形且粒径皆为 d，其密度为 $\rho_{\rm p}$，其水平方向上的运动速度为 $v_{\rm p}$；如图 5.1 所示。

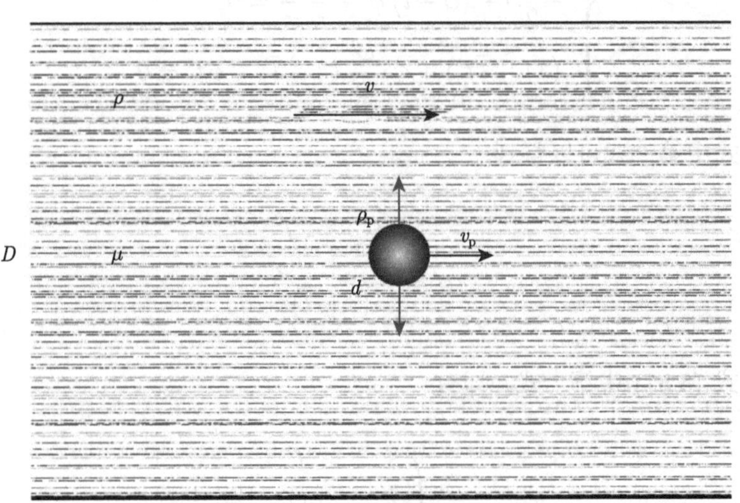

图 5.1　含颗粒流体运动时颗粒受力情况

此时颗粒所受的力主要有 4 个：流体对颗粒的推力或阻力 F、颗粒两端静压差造成的压力 $F_{\rm h}$、重力 G 和浮力 $F_{\rm b}$。

可以得到，垂直方向上所受合力即为重力与浮力的代数和：

$$\sum F_{\rm V}=G-F_{\rm b}=\frac{(\rho_{\rm p}-\rho)\,\pi d^3 g}{6} \tag{5.61}$$

水平方向所受合力为流体对颗粒的推力与压差造成的压力的代数和：

$$\sum F_{\rm H}=F+F_{\rm h} \tag{5.62}$$

根据例 3.20 管流中单位长度上的阻力 h 问题量纲分析可知，其无量纲方程为

$$h=\frac{\rho v^2}{D}f\left(Re,\bar{k}\right) \tag{5.63}$$

容易知道，颗粒球沿着流速方向两端表面上由于静压差受到的水平方向上的力 F_{h} 为

$$F_{\mathrm{h}} = h \cdot g\left(d^3\right) = \frac{\rho v^2}{D} f\left(Re, \bar{k}\right) \cdot g\left(d^3\right) = \frac{\rho v^2 d^3}{D} f\left(Re, \bar{k}\right) \tag{5.64}$$

当流体的流速 v 较小时，其 Reynolds 数足够小，流体呈层流状态流动，此时根据第 3 章管流中的层流分析可知，上式即可以简化为

$$F_{\mathrm{h}} = \frac{\rho v^2 d^3}{D} f\left(Re\right) = K_1 \frac{\rho v^2 d^3}{D} \cdot \frac{\mu}{\rho v^2 d^3} = K_1 \frac{\mu v d^2}{D} = K_1' \mu v d \tag{5.65}$$

式中，K_1 和 K_1' 分别表示待定常数。

对于流体对颗粒施加力的计算，也可以参考前面的分析，此问题中流体相对于颗粒的速度为 $v - v_{\mathrm{p}}$，当相对速度大于零时，施加力的方向与流速方向相同；反之亦然。此时，所施加的力 F 为

$$F = \frac{\mu^2}{\rho} \cdot f\left(Re\right) \tag{5.66}$$

式中，

$$Re = \frac{\rho\left(v - v_{\mathrm{p}}\right) d}{\mu} \tag{5.67}$$

通过简单的物理分析可知，当颗粒的速度远小于流体流速时，该作用力较大，颗粒加速运动；但其速度接近于流体速度时，Reynolds 数足够小，此时的惯性力影响可以忽略，即密度项可以消去，即式 (5.66) 可以简化为

$$F = \frac{\mu^2}{\rho} \cdot f\left(Re\right) = K_2 \cdot \frac{\mu^2}{\rho} \cdot \frac{\rho\left(v - v_{\mathrm{p}}\right) d}{\mu} = K_2 \mu\left(v - v_{\mathrm{p}}\right) d \tag{5.68}$$

式中，K_2 表示某一待定常数。

此时，流速方向上的合力即可以写为

$$\sum F_{\mathrm{H}} = F + F_{\mathrm{h}} = K_2 \mu\left(v - v_{\mathrm{p}}\right) d + K_1' \mu v d \tag{5.69}$$

当颗粒的速度达到恒定值从而水平匀速运动时，即

$$\sum F_{\mathrm{H}} = 0 \tag{5.70}$$

此时有

$$\frac{v - v_{\mathrm{p}}}{v} = -\frac{K_1'}{K_2} = K_3 \tag{5.71}$$

一般而言，颗粒速度应该与流体流速非常接近，即

$$\left|v - v_{\mathrm{p}}\right| \ll \left|v\right| \tag{5.72}$$

当颗粒数量足够多时，并假设其均匀分布，由能量守恒或 Bernoulli 方程可知，此时颗粒对于流体的动态状态有一定的影响。我们将颗粒与流体作为一个整体来研究，即

将其视为颗粒流，设此时混合流体的密度为 ρ'、黏性系数为 μ'，单位长度上的压差 Δh，根据第 3 章管流中层流问题的研究结论，有

$$\Delta h=\frac{\rho' v'^2}{D}f\left(Re',\bar{k}\right)=\frac{\rho' v'^2}{D}f\left(Re'\right)=\frac{v'}{D}\frac{\mu}{d}=K'\frac{\mu v'}{d^2} \tag{5.73}$$

即

$$v'=\frac{\Delta h d^2}{K'\mu} \tag{5.74}$$

我们可以认为

$$v\approx v_{\mathrm{p}}\approx v' \tag{5.75}$$

然而，对大多数相关实际问题而言，含颗粒流体的运动速度 v 都足够大，以至于其流动呈紊乱状态，由上面管流中的分析结论可知，此时 Reynolds 数的影响可以忽略不计，即

$$\Delta h=\frac{\rho' v'^2}{D}f\left(Re',\bar{k}\right)=\frac{\rho' v'^2}{D}f\left(\bar{k}\right) \tag{5.76}$$

即

$$v'=\sqrt{\frac{\Delta h D}{\rho\cdot f\left(\bar{k}\right)}} \tag{5.77}$$

以上计算给出了紊流时颗粒流水平的平均流速表达式，如果我们将颗粒与流体视为独立的两种介质来研究，此时颗粒的相对速度可以表达为

$$v-v_{\mathrm{p}}=f\left(v,\rho,\rho_{\mathrm{p}},d,D,\mu\right) \tag{5.78}$$

该问题中有 7 个物理量，且属于经典力学问题，其基本量纲有 3 个；物理量或物理量组合的量纲幂次指数如表 5.1 所示。

表 5.1　颗粒流颗粒相对速度问题中变量的量纲幂次指数

物理量	$v-v_{\mathrm{p}}$	v	ρ	ρ_{p}	d	D	μ
M	0	0	1	1	0	0	1
L	1	1	−3	−3	1	1	−1
T	−1	−1	0	0	0	0	−1

同样，我们可以从这 7 个物理量中选取 3 个独立物理量为参考物理量，这里我们取流体的密度 ρ、流体的速度 v 和流体黏性系数μ 这 3 个物理量为参考物理量。对表 5.1 进行排序，可以得到表 5.2。

表 5.2　颗粒流颗粒相对速度问题中变量的量纲幂次指数 (排序后)

物理量	ρ	v	μ	ρ_{p}	d	D	$v-v_{\mathrm{p}}$
M	1	0	1	1	0	0	0
L	−3	1	−1	−3	1	1	1
T	0	−1	−1	0	0	0	−1

对表 5.2 进行行变换，可以得到表 5.3。

表 5.3 颗粒流颗粒相对速度问题中变量的量纲幂次指数 (行变换后)

物理量	ρ	v	μ	ρ_{p}	d	D	$v-v_{\mathrm{p}}$
ρ	1	0	0	1	−1	−1	0
v	0	1	0	0	−1	−1	1
μ	0	0	1	0	1	1	0

根据 Π 定理和上表容易知道，最终表达式中无量纲量有 4 个，包含 1 个无量纲因变量和 3 个无量纲自变量：

$$\Pi = f\left(\Pi_1, \Pi_2, \Pi_3\right) \tag{5.79}$$

其中，有

$$\Pi = \frac{v-v_{\mathrm{p}}}{v} \tag{5.80}$$

和

$$\left\{\begin{array}{l}\Pi_1 = \dfrac{\rho_{\mathrm{p}}}{\rho} \\ \Pi_2 = \dfrac{\rho v d}{\mu} \\ \Pi_3 = \dfrac{\rho v D}{\mu}\end{array}\right. \tag{5.81}$$

对于紊流状态，可以知道上式中后两个无量纲量所代表的 Reynolds 数对于流速的影响可以忽略不计，因此，该问题的无量纲表达式可以简化为

$$\frac{v-v_{\mathrm{p}}}{v} = f\left(\frac{\rho_{\mathrm{p}}}{\rho}\right) \tag{5.82}$$

此时，我们也可以给出流体和颗粒的瞬时速度满足：

$$v \approx v_{\mathrm{p}} = K v' \tag{5.83}$$

式中，K 表示某一待定常数。

5.1.2 船舶行进时水波的传播问题

假设我们向静止的液体中垂直扔下一块小石子，此时水面会形成一个从中心向四周呈同心圆形状传播的微幅波，如图 5.2 所示。设液体的密度为 ρ、黏性系数为 μ、表面张力为 T，水深为 H。

容易知道，扰动后 t 时刻，波峰传播的位移即波峰与圆心的距离 r 为

$$r = f\left(\mu, \rho, g, T, H, t\right) \tag{5.84}$$

对于该问题而言，首先，液体的黏性系数不能解释此类现象，在此不予考虑；其次，对于微幅波而言，液体的表面张力也可以忽略；再次，我们假设水深足够大。此时，上式可以简化为

$$r = f\left(\rho, g, t\right) \tag{5.85}$$

图 5.2 小扰动下液面波的传播

以上问题是一个传统的流体力学问题，因此，4 个物理量有 3 个基本量纲，对应 3 个独立的参考物理量。此 4 个物理量的量纲幂次指数如表 5.4 所示。

表 5.4 小扰动液体自由表面波传播距离问题中变量的量纲幂次指数

物理量	ρ	g	t	r
M	1	0	0	0
L	−3	1	0	1
T	0	−2	1	0

对表 5.4 进行行变换，可以得到表 5.5。

表 5.5 小扰动液体自由表面波传播距离问题中变量的量纲幂次指数 (行变换后)

物理量	ρ	g	t	r
ρ	1	0	0	0
g	0	1	0	1
t	0	0	1	2

根据 Π 定理，式 (5.85) 可以写为无量纲形式：

$$\frac{r}{gt^2} = \text{const} = K \tag{5.86}$$

即

$$r = K \cdot gt^2 \tag{5.87}$$

式中，K 为某特定的系数。

上式表明，在这段时间内液体自由面波传播的距离与液体的密度无关，因此，我们只分析水波问题就能解释其他情况。下文仅对局部扰动下水波的传播问题进行分析。从上式中，还可以看出：水波传播位移与时间的平方呈线性正比关系，也就是说，传播的速度随着时间的推移而增大，因此，我们经常可以看到扔一块小石头到水中后，波离开中心距离越远波速向外移动的速度越快。

当然，扰动所激起的水波可能包含不同频率或波长的波，根据上节的分析可知，这些波的波速不尽相同，不同频率水波传播问题的不同对应在上式中的区别即为常数 K 值的不同。

以上扰动源是一个静止的点，现在我们考虑扰动是由一个匀速线性运动的源头激起的情况 [8,103]，如鸭子或船舶在水面匀速运动时水面的扰动。设物体沿着 X 轴负方向以匀速 U 运动，如图 5.3 所示。

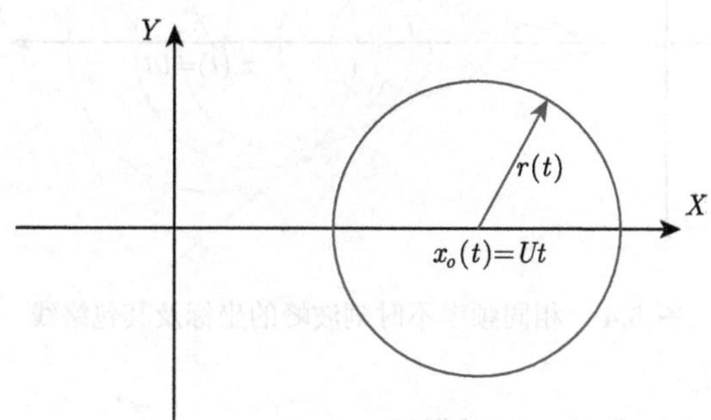

图 5.3 t 时刻波峰到达的位置

此时扰动圆心的坐标为 $(x_o(t), 0)$，如果我们站在移动的物体上观察，此时该圆心正好沿着 X 轴正方向以匀速 U 运动，如果以移动的物体为原点，即有

$$x_o(t) = Ut \tag{5.88}$$

此时，圆上的点坐标 (x, y) 满足方程：

$$\Phi \equiv [x - x_o(t)]^2 + y^2 - r^2(t) = 0 \tag{5.89}$$

将式 (5.87) 代入上式，有

$$\Phi \equiv [x - x_o(t)]^2 + y^2 - \left(K \cdot gt^2\right)^2 = 0 \tag{5.90}$$

对于不同时间而言，上式恒成立，即

$$\frac{\partial \Phi}{\partial t} = 0 \Rightarrow [x - x_o(t)]\left(\frac{\partial x}{\partial t} - U\right) + y\frac{\partial y}{\partial t} - 2(Kg)^2 t^3 = 0 \tag{5.91}$$

Spurk[104] 给出式 (5.90) 和式 (5.91) 两个方程联立的解：

$$\begin{cases} x = Ut \cdot \left[1 - 2\left(\dfrac{Kgt}{U}\right)^2\right] \\ y = \pm Kgt^2 \cdot \sqrt{1 - 4\left(\dfrac{Kgt}{U}\right)^2} \end{cases} \tag{5.92}$$

由上式可以看出，对于不同频率的波，由于 K 值不同，其坐标值也是不同的。对于同一频率的波而言，其坐标值是时间的函数，我们容易给出不同时间波峰的坐标曲线及其包络线，如图 5.4 所示。

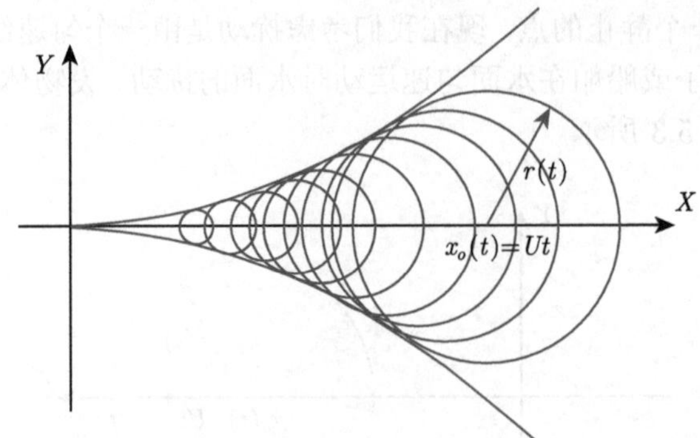

图 5.4 相同频率不时刻波峰的坐标及其包络线

式 (5.92) 分别对时间求导，可以得到

$$\begin{cases} \dfrac{\mathrm{d}x}{\mathrm{d}t} = U\cdot\left[1-6\left(\dfrac{Kgt}{U}\right)^2\right] \\ \left|\dfrac{\mathrm{d}y}{\mathrm{d}t}\right| = 2Kgt\cdot\left[1-6\left(\dfrac{Kgt}{U}\right)^2\right]\Big/\sqrt{1-4\left(\dfrac{Kgt}{U}\right)^2} \end{cases} \tag{5.93}$$

容易看出，当

$$1-6\left(\frac{Kgt}{U}\right)^2 = 0 \Rightarrow t = \frac{U}{\sqrt{6}Kg} \tag{5.94}$$

时，包络线的斜率达到最大值，此时

$$\begin{cases} x_{\mathrm{m}} = \dfrac{2}{3\sqrt{6}}\dfrac{U^2}{Kg} \\ y_{\mathrm{m}} = \pm\dfrac{1}{6\sqrt{3}}\dfrac{U^2}{Kg} \end{cases} \tag{5.95}$$

而对不同频率的水波而言，其波峰对应的圆半径、横坐标和纵坐标皆不一定相同。从式 (5.87) 可以看出，随着 K 值的减小，相同时刻其对应的半径值也就越小，我们把不同频率水波波峰包络线放在同一个坐标系中，即可以得到图 5.5 所示曲线。

根据式 (5.95) 我们可以得到，不同频率水波波峰迹线包络线的最大斜率为

$$\frac{\mathrm{d}y_{\mathrm{m}}}{\mathrm{d}x_{\mathrm{m}}} = \frac{\sqrt{2}}{4} \tag{5.96}$$

容易看出，其最大斜率竟然与船舶、鸭子等水面物体的匀速运动速度、重力加速度和水波频率无关，其角度容易计算出为 19.47°，这个角度我们常称为船舶的 Kelvin 角。也就是说，图 5.5 中包络线顶点的连线应该是两条与 X 轴夹角为 19.47° 的直线。我们在船舶行驶和鸭子游水中容易观察到 Kelvin 角，如图 5.6 所示。

对于船舶而言，根据式 (5.87) 可知，其波峰包络线和 Kelvin 角与流体的黏性系数、密度等无明显联系，但其扰动传播距离与重力加速度呈线性关系，但由于重力加速度的存在，一般很难进行缩比试验，然而，该问题对材料相似并没有要求，因此对缩比试验而言其必要性不大。

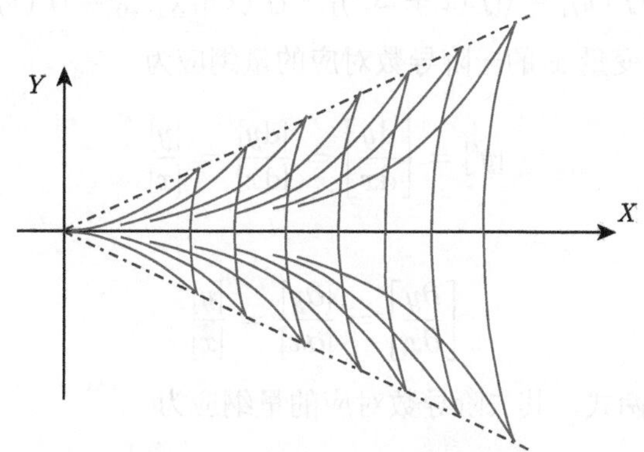

图 5.5　不同频率水波波峰包络线

图 5.6　船舶行驶和鸭子游水中的 Kelvin 角

5.2　典型扩散方程求解问题中的量纲分析

从以上分析可以看出，量纲分析不但可以简化问题的分析，给出更加科学合理且简单的函数形式，也能够融入理论推导过程中，从而简化理论分析的步骤。本节我们讨论如何利用量纲分析理论与方法对简单偏微分方程进行简化，从而给出简单易解的形式。

5.2.1　微分与导数的量纲幂次形式

根据微分的定义可知任何可微变量的微分可表示为

$$\mathrm{d}x = \langle \Delta x = (x + \Delta x) - x \rangle_{\Delta x \to 0} \tag{5.97}$$

或

$$\mathrm{d}f(x) = \langle f(x + \Delta x) - f(x) \rangle_{\Delta x \to 0} \tag{5.98}$$

由上两式结合量纲的运算法则可知，任何可微变量的量纲应与对应的变量相同，即

$$[\mathrm{d}x] = [\langle \Delta x = (x + \Delta x) - x \rangle_{\Delta x \to 0}] = \langle [\Delta x] = [(x + \Delta x)] - [x] \rangle_{\Delta x \to 0} = [x] \tag{5.99}$$

或

$$[\mathrm{d}f(x)] = \langle [f(x + \Delta x)] - [f(x)] \rangle_{\Delta x \to 0} = [f(x)] \tag{5.100}$$

因此函数 y 对自变量 x 的一阶导数对应的量纲应为

$$[y'] = \left[\frac{\mathrm{d}y}{\mathrm{d}x}\right] = \frac{[\mathrm{d}y]}{[\mathrm{d}x]} = \frac{[y]}{[x]} \tag{5.101}$$

或

$$\left[\frac{\partial y}{\partial x}\right] = \frac{[\partial y]}{[\partial x]} = \frac{[y]}{[x]} \tag{5.102}$$

类似地，基于上两式，其二阶导数对应的量纲应为

$$[y''] = \left[\frac{\mathrm{d}^2 y}{\mathrm{d}x^2}\right] = \frac{[\mathrm{d}y']}{[\mathrm{d}x]} = \frac{[y']}{[x]} = \frac{[y]/[x]}{[x]} = \frac{[y]}{[x]^2} \tag{5.103}$$

或

$$\left[\frac{\partial^2 y}{\partial x^2}\right] = \frac{[\partial y/\partial x]}{[\partial x]} = \frac{[y]/[x]}{[x]} = \frac{[y]}{[x]^2} \tag{5.104}$$

同理，我们可以推导出，其 n 阶导数对应的量纲应为

$$[y^{(n)}] = \left[\frac{\mathrm{d}^n y}{\mathrm{d}x^n}\right] = \frac{[y]}{[x]^n} \tag{5.105}$$

或

$$\left[\frac{\partial^n y}{\partial x^n}\right] = \frac{[y]}{[x]^n} \tag{5.106}$$

5.2.2 半无限介质中热传导问题即 Fourior 方程的相似解

考虑一个如图 5.7 所示半无限均质介质中的一维热传导问题 [36]，在初始 $t=0$ 时刻，介质内部质点温度均为 T_0，在 $t \geqslant 0$ 时，$x=0$ 表面突然施加一个恒温 T_∞；设介质材料的比热为 c，密度为 ρ，热传导系数为 k；求介质内部不同时刻不同质点处的瞬时温度 $T(x,t)$。

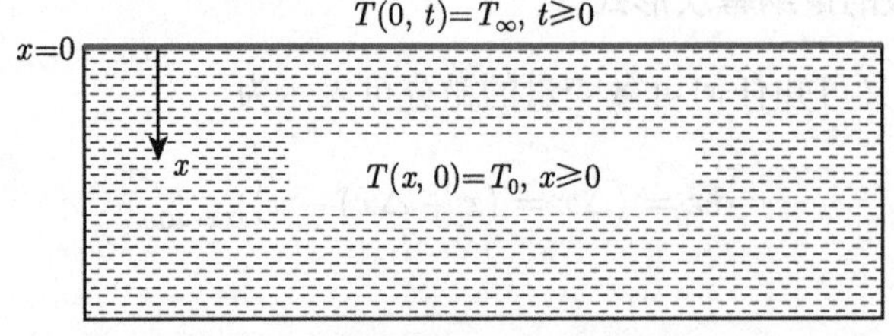

图 5.7 半无限介质中的热传导问题

由以上的条件可知该问题的初始与边界条件为

$$\begin{cases} T(x,0)=T_0,\ x\geqslant 0 \\ T(0,t)=T_\infty,\ t\geqslant 0 \end{cases} \tag{5.107}$$

该问题中瞬时温度满足典型的一维 Fourier 方程：

$$\frac{\partial T(x,t)}{\partial t}=\frac{k}{\rho c}\frac{\partial^2 T(x,t)}{\partial x^2} \tag{5.108}$$

从上式和问题的条件可知，不同时空质点的瞬时温度函数表达式可以写为

$$T=f(x,t,k,\rho,c,T_0,T_\infty) \tag{5.109}$$

上式有 8 个物理量，包含 1 个因变量和 7 个自变量，其量纲幂次指数如表 5.6 所示。

表 5.6 半无限介质中热传导 Fourior 方程求解问题中变量的量纲幂次指数

物理量	T	x	t	k	ρ	c	T_0	T_∞
M	0	0	0	0	1	−1	0	0
L	0	1	0	−1	−3	0	0	0
T	0	0	1	−1	0	0	0	0
Θ	1	0	0	−1	0	−1	1	1
Q	0	0	0	1	0	1	0	0

从式 (5.108) 容易看出，控制方程中介质材料的比热 c、密度 ρ 和热传导系数 k 应以组合

$$\kappa=\frac{k}{\rho c} \tag{5.110}$$

的形式出现，该组合的物理意义明显即表示热扩展系数。式 (5.108) 可以简化为

$$\frac{\partial T(x,t)}{\partial t}=\kappa\frac{\partial^2 T(x,t)}{\partial x^2} \tag{5.111}$$

式中，系数 κ 对特定问题而言，可视为常值。因此式 (5.111) 是一个典型的齐次线性二阶偏微分方程，该问题也可以视为是解齐次线性二阶偏微分方程 Fourier 方程的问题。因此温度 T 的函数表达式可简化为

$$T=f(x,t,\kappa,T_0,T_\infty) \tag{5.112}$$

由于热传导只有温差相关，因此上式可以进一步写为

$$T-T_0=f(x,t,\kappa,T_\infty-T_0) \tag{5.113}$$

上式将原有的 8 个物理量简化为 5 个物理量，对应的量纲幂次指数如表 5.7 所示。

表 5.7 半无限介质中热传导 Fourier 方程求解问题中变量的量纲幂次指数 (简化后)

物理量	$T-T_0$	x	t	κ	$T_\infty-T_0$
M	0	0	0	0	0
L	0	1	0	2	0
T	0	0	1	−1	0
Θ	1	0	0	0	1
Q	0	0	0	0	0

从表 5.7 可以看出，简化后的函数表达式中各物理量的量纲皆不包含质量的量纲 M 和热量的量纲 Q，表 5.7 整理为表 5.8。

表 5.8 半无限介质中热传导 Fourier 方程求解问题中变量的量纲幂次指数 (简化并整理后)

物理量	$T-T_0$	x	t	κ	$T_\infty-T_0$
L	0	1	0	2	0
T	0	0	1	−1	0
Θ	1	0	0	0	1

表 5.8 显示该问题包含 4 个基本量纲，因此，我们可以选取 3 个独立的自变量为参考物理量，这里选取量纲形式相对简单的自变量 x、时间 t 和温度差 $T_\infty-T_0$3 个物理量为参考物理量。对上表进行排序和行变换后即可得到表 5.9。

表 5.9 半无限介质中热传导 Fourier 方程求解问题中变量的量纲幂次指数 (排序并行变换后)

物理量	x	t	$T_\infty-T_0$	κ	$T-T_0$
x	1	0	0	2	0
t	0	1	0	−1	0
$T_\infty-T_0$	0	0	1	0	1

根据 Π 定理，结合表 5.9，可以给出该问题的 2 个无量纲物理量：

$$\begin{cases}\Pi=\dfrac{T-T_0}{T_\infty-T_0}\\ \Pi_1=\dfrac{\kappa t}{x^2}\end{cases}\tag{5.114}$$

上式中第二个无量纲量也可以写为

$$\Pi_1=\frac{\kappa t}{x^2}\rightarrow\sqrt{\frac{\kappa t}{x^2}}\rightarrow\frac{x}{\sqrt{\kappa t}}\tag{5.115}$$

因此，式 (5.113) 可以写为无量纲函数形式：

$$\frac{T-T_0}{T_\infty-T_0}=f\left(\frac{x}{\sqrt{\kappa t}}\right)\tag{5.116}$$

上式极大地简化了瞬时温度函数的形式，其说明瞬时温度中时间与空间坐标的影响因素只有一个组合量，参考相关文献 [8,36] 中的分析，为了简化无量纲分析后的方程求

解过程，上式不妨写为

$$\frac{T-T_0}{T_\infty-T_0}=f\left(\frac{x}{2\sqrt{\kappa t}}\right) \tag{5.117}$$

设

$$\begin{cases} T^*=\dfrac{T-T_0}{T_\infty-T_0} \\ x^*=\dfrac{x}{2\sqrt{\kappa t}} \end{cases} \tag{5.118}$$

则式 (5.117) 可简化为

$$T^*=f\left(x^*\right) \tag{5.119}$$

因此可以进一步得到

$$\frac{\partial T^*}{\partial t}=\frac{1}{T_\infty-T_0}\frac{\partial T}{\partial t}\Rightarrow\frac{\partial T}{\partial t}=\left(T_\infty-T_0\right)\frac{\partial T^*}{\partial t} \tag{5.120}$$

和

$$\frac{\partial T^*}{\partial x}=\frac{1}{T_\infty-T_0}\frac{\partial T}{\partial t}\Rightarrow\frac{\partial^2 T^*}{\partial x^2}=\frac{1}{T_\infty-T_0}\frac{\partial^2 T}{\partial t^2}\Rightarrow\frac{\partial^2 T}{\partial t^2}=\left(T_\infty-T_0\right)\frac{\partial^2 T^*}{\partial x^2} \tag{5.121}$$

此时，式 (5.111) 又可等效为

$$\frac{\partial T^*}{\partial t}=\kappa\frac{\partial^2 T^*}{\partial x^2} \tag{5.122}$$

根据式 (5.118) 和式 (5.119) 可以得到

$$\begin{cases} \dfrac{\partial T^*}{\partial t}=f'\dfrac{\partial x^*}{\partial t}=-f'\dfrac{x}{4\sqrt{\kappa t^3}} \\ \dfrac{\partial T^*}{\partial x}=\dfrac{f'}{2\sqrt{\kappa t}}\Rightarrow\dfrac{\partial^2 T^*}{\partial x^2}=\dfrac{f''}{4\kappa t} \end{cases} \tag{5.123}$$

将上式代入式 (5.122)，可以得到

$$-f'\frac{x}{4\sqrt{\kappa t^3}}=\kappa\frac{f''}{4\kappa t}\Rightarrow\kappa\frac{f''}{\kappa t}+f'\frac{x}{\sqrt{\kappa t^3}}=0 \tag{5.124}$$

简化后有

$$f''+2x^*f'=0 \tag{5.125}$$

上式明显是一个常微分方程，也就是说，通过以上的量纲分析，我们将半无限介质中热传导问题中的偏微分 Fourior 方程 (5.108) 简化为常微分方程 (5.125)；其通解形式为

$$T^*=f\left(x^*\right)=C_1\int_0^{x^*}\exp(-x^2)\mathrm{d}x+C_2 \tag{5.126}$$

式中，C_1 和 C_2 为积分待定常数。

结合式 (5.118) 和边界条件 (5.107)，可以给出

$$\begin{cases} T^*(0) = 1 \\ T^*(\infty) = 0 \end{cases} \tag{5.127}$$

将上式代入式 (5.126)，即可以解出：

$$\begin{cases} C_1 = -1 \Big/ \displaystyle\int_0^\infty \exp(-x^2)\mathrm{d}x = -\frac{2}{\sqrt{\pi}} \\ C_2 = 1 \end{cases} \tag{5.128}$$

因此，该问题的解可具体写为

$$T^* = 1 - \mathrm{erf}(x^*) \tag{5.129}$$

式中

$$\mathrm{erf}(x^*) = \frac{2}{\sqrt{\pi}} \int_0^{x^*} \exp(-x^2)\mathrm{d}x \tag{5.130}$$

是一个典型的误差方程 [105]。

根据上两式，我们即可给出半无限介质热传导过程中不同时空质点的瞬时温度。

5.2.3 平板上流体流动即 Rayleigh 问题的相似解

考虑一个平板上黏性流体流动问题 [106]，如图 5.8 所示，设有一个平板，其上为不可压缩黏性流体，在初始 $t = 0$ 时刻，平板和流体皆处于静止状态，即初始时刻 x 方向上流体的质点速度 u 为

$$u(y, 0) = 0 \tag{5.131}$$

设在此时刻平板突然加速到 U_0，之后以恒定速度 U_0 沿着 x 轴匀速运动。

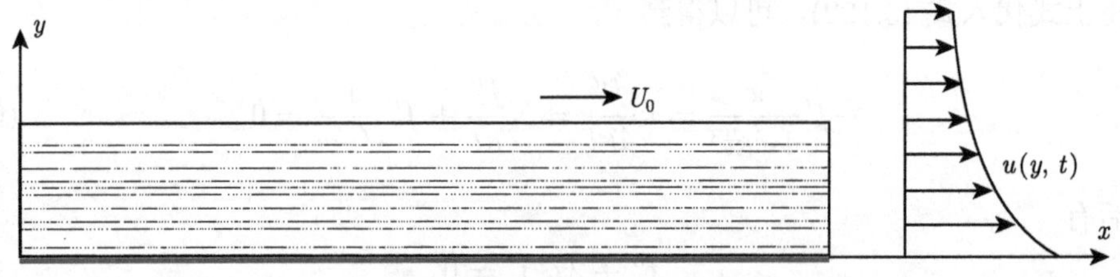

图 5.8 平板上黏性流体流动即 Rayleigh 问题

如不考虑平板与所接触流体之间的相对滑移和流体的重力影响，容易判断平板上流体的质点位移应是沿着 x 轴方向，且是坐标 y 和时间 t 的函数，如图 5.8 所示，即

$$u = u(y, t) \tag{5.132}$$

且有边界条件：

$$\begin{cases} u(0,t) = U_0, t > 0 \\ u(\infty,t) = 0 \end{cases} \tag{5.133}$$

根据牛顿第二定律，可以给出流体运动的运动方程：

$$\frac{\partial u}{\partial t} = \nu \frac{\partial^2 u}{\partial y^2} \tag{5.134}$$

式中，ν 为流体的运动黏度。

由上式，可以给出流体中质点的瞬时流速函数表达式为

$$u = f(y, t, \nu, U_0) \tag{5.135}$$

上式中 5 个物理量包含 1 个因变量和 4 个自变量，考虑到速度 U_0 只是一个恒值边界条件，与其他 3 个自变量并没有耦合关系，上式可进一步写为：

$$u = f(y, t, \nu) \cdot g(U_0) \tag{5.136}$$

进行初步分析，我们可知上式也可以更具体地写为

$$\frac{u}{U_0} = f(y, t, \nu) \tag{5.137}$$

此时，上式只有 3 个自变量。该问题并没有考虑热传导或热影响，因此是一个经典的力学问题，其潜在基本量纲只有 3 个；4 个物理量的量纲的幂次指数如表 5.10 所示。

表 5.10 平板上黏性流体流动即 Rayleigh 问题中变量的量纲幂次指数

物理量	u/U_0	y	t	ν
M	0	0	0	0
L	0	1	0	2
T	0	0	1	−1

从表 5.10 可以发现，这 4 个物理量基本量纲只有 2 个，因此对应的参考物理量也只有 2 个，这里取空间坐标 y 和时间 t 为参考物理量，对上表进行简化并整理，可以得到表 5.11。

表 5.11 平板上黏性流体流动即 Rayleigh 问题中变量的量纲幂次指数 (整理后)

物理量	y	t	ν	u/U_0
y	1	0	2	0
t	0	1	−1	0

根据 Π 定理，结合表 5.11，可以给出该问题的 2 个无量纲物理量：

$$\begin{cases} \Pi = \dfrac{u}{U_0} \\ \Pi_1 = \dfrac{\nu t}{y^2} \end{cases} \tag{5.138}$$

式中，第一个无量纲量表示 x 轴方向相对速度；第二个无量纲量物理意义并不明显，参考 5.2.2 节中对应内容，可以将其写为以下形式：

$$\Pi_1 = \frac{\nu t}{y^2} \to \frac{y^2}{\nu t} \to \frac{y}{2\sqrt{\nu t}} \tag{5.139}$$

即表示 y 方向的无量纲空间坐标。

此时，式 (5.137) 可写为无量纲形式：

$$\frac{u}{U_0} = f\left(\frac{y}{2\sqrt{\nu t}}\right) \tag{5.140}$$

令

$$\begin{cases} u^* = \dfrac{u}{U_0} \\ y^* = \dfrac{y}{2\sqrt{\nu t}} \end{cases} \tag{5.141}$$

式 (5.140) 即可写为

$$u^* = f\left(y^*\right) \tag{5.142}$$

根据上两式，可以得到

$$\begin{cases} \dfrac{\partial u^*}{\partial t} = \dfrac{1}{U_0}\dfrac{\partial u}{\partial t} \\ \dfrac{\partial u^*}{\partial y} = \dfrac{1}{U_0}\dfrac{\partial u}{\partial y} \Rightarrow \dfrac{\partial^2 u^*}{\partial y^2} = \dfrac{1}{U_0}\dfrac{\partial^2 u}{\partial y^2} \end{cases} \tag{5.143}$$

将上式代入式 (5.134) 即可有

$$\frac{\partial u^*}{\partial t} = \nu \frac{\partial^2 u^*}{\partial y^2} \tag{5.144}$$

根据式 (5.141) 和式 (5.142) 有

$$\begin{cases} \dfrac{\partial u^*}{\partial t} = -\dfrac{f'}{4}\dfrac{y}{t\sqrt{\nu t}} = -\dfrac{f'}{2}\dfrac{y^*}{t} \\ \dfrac{\partial u^*}{\partial y} = \dfrac{f'}{2\sqrt{\nu t}} \Rightarrow \dfrac{\partial^2 u^*}{\partial y^2} = \dfrac{f''}{4\nu t} \end{cases} \tag{5.145}$$

将上式代入式 (5.144)，即可得到

$$-\frac{f'}{2}\frac{y^*}{t} = \nu \frac{f''}{4\nu t} \Rightarrow \nu \frac{f''}{4\nu t} + \frac{f'}{2}\frac{y^*}{t} = 0 \tag{5.146}$$

简化后即有

$$f'' + 2y^* \cdot f' = 0 \tag{5.147}$$

对比式 (5.134) 和上式，可以发现，通过量纲分析，我们将偏微分方程简化为常微分方程，在很大程度上简化了求解析解的过程。参考 5.2.2 节中的对应常微分方程的求解，可以给出上式的通解为

$$u^* = f(y^*) = C_1 \int_0^{y^*} \exp(-y^2)\mathrm{d}y + C_2 \tag{5.148}$$

式中，C_1 和 C_2 为积分待定常数。

结合式 (5.118) 和边界条件 (5.107)，可以给出

$$\begin{cases} u^*(0) = 1 \\ u^*(\infty) = 0 \end{cases} \tag{5.149}$$

将上式代入式 (5.148)，即可以解出

$$\begin{cases} C_1 = -1 \Big/ \int_0^{\infty} \exp(-y^2)\mathrm{d}y = -\dfrac{2}{\sqrt{\pi}} \\ C_2 = 1 \end{cases} \tag{5.150}$$

因此，该问题的解可具体写为

$$u^* = 1 - \mathrm{erf}(y^*) \tag{5.151}$$

式中

$$\mathrm{erf}(y^*) = \frac{2}{\sqrt{\pi}} \int_0^{y^*} \exp(-y^2)\mathrm{d}y \tag{5.152}$$

即

$$u = U_0 \left[1 - \mathrm{erf}\left(\frac{y}{2\sqrt{\nu t}}\right)\right] \tag{5.153}$$

根据上两式，我们很容易即可给出不同时空流体质点在 x 轴方向上的瞬时速度。

5.2.4 热传导问题中典型扩散方程的相似解

考虑半无限介质中点源热量传播过程中温度的瞬时分布问题，一维简单条件、不同时空条件下质点的温度瞬时分布满足典型的扩散方程 [107]：

$$\rho c \frac{\partial T(x,t)}{\partial t} - k \frac{\partial T^2(x,t)}{\partial x^2} = Q\delta(x)\delta(t) \tag{5.154}$$

其初始条件和边界条件为

$$\begin{cases} x \in (-\infty, +\infty) \\ t \geqslant 0 \end{cases}, \begin{cases} T(x,0) = 0 \\ T(\pm\infty, t) \to 0 \end{cases} \tag{5.155}$$

对比 5.2.2 和 5.2.3 两小节，不难发现该问题更为普适，或者说前两个小节的方程是该问题扩散方程的特例。该问题的无量纲分析方法早期由 Bluman 等 (*Similarity*

Methods for Differential Equations (Applied Mathematical Sciences, 13 卷 2.3 节))[107] 进行讨论。根据式 (5.154)，容易给出温度的函数表达式：

$$T = f(\rho, c, x, t, k, Q) \tag{5.156}$$

该问题是一个经典的热力学问题，此 7 个物理量共有 5 个基本量纲，其量纲幂次指数如表 5.12 所示。

表 5.12 扩散方程的求解问题中变量的量纲幂次指数

物理量	ρ	c	T	x	t	k	Q
M	1	−1	0	0	0	0	0
L	−3	0	0	1	0	−1	−2
T	0	0	0	0	1	−1	0
Θ	0	−1	1	0	0	−1	0
Q	0	1	0	0	0	1	1

从式 (5.154) 可以看出，流体的密度 ρ 和比热 c 总是以乘积的形式出现，因此这两个变量的乘积 ρc 可以视为一个变量，即上式可以简化为

$$T = f(\rho c, x, t, k, Q) \tag{5.157}$$

此时，表 5.12 可以简化为表 5.13，从下表可以看出，由于流体的密度 ρ 和比热 c 的组合，该问题中基本量纲数量由 5 个简化为 4 个。

表 5.13 扩散方程的求解问题中变量的量纲幂次指数 (简化后)

物理量	ρc	T	x	t	k	Q
L	−3	0	1	0	−1	−2
T	0	0	0	1	−1	0
Θ	−1	1	0	0	−1	0
Q	1	0	0	0	1	1

从表 5.13 可以看出，该问题经过简化后只有 4 个基本量纲，因此可以选取 4 个自变量为参考物理量。这里我们分别选取坐标 x、时间 t、组合量 ρc 和单位面积上的热增量 Q 为参考物理量。对表 5.13 进行排序，可以得到表 5.14。

表 5.14 扩散方程的求解问题中变量的量纲幂次指数 (排序后)

物理量	x	t	ρc	Q	k	T
L	1	0	−3	−2	−1	0
T	0	1	0	0	−1	0
Θ	0	0	−1	0	−1	1
Q	0	0	1	1	1	0

对表 5.14 进行行变换，可以得到表 5.15。

表 5.15 扩散方程的求解问题中变量的量纲幂次指数 (行变换后)

物理量	x	t	ρc	Q	k	T
x	1	0	0	0	2	−1
t	0	1	0	0	−1	0
ρc	0	0	1	0	1	−1
Q	0	0	0	1	0	1

根据 Π 定理，结合表 5.15，可以给出该问题的 2 个无量纲物理量：

$$\begin{cases} \Pi = \dfrac{T}{Q/\rho c x} \\ \Pi_1 = \dfrac{kt}{\rho c x^2} \end{cases} \tag{5.158}$$

如令

$$\kappa = \frac{k}{\rho c} \tag{5.159}$$

则式 (5.158) 中无量纲自变量可以简化为

$$\Pi_1 = \kappa \frac{t}{x^2} \tag{5.160}$$

参考上两小节，如再定义一个无量纲量：

$$\lambda = \frac{x}{2\sqrt{\kappa t}} \tag{5.161}$$

则式 (5.160) 可进一步简化为

$$\Pi_1 = \frac{4}{\lambda^2} \tag{5.162}$$

同理，根据式 (5.158) 和式 (5.161)，可以得到，该问题无量纲因变量可进一步写为

$$\Pi = \frac{2T\rho c\lambda\sqrt{\kappa t}}{Q} \tag{5.163}$$

因此，式 (5.157) 可以写为以下无量纲函数形式：

$$\frac{2T\rho c\lambda\sqrt{\kappa t}}{Q} = f\left(\frac{4}{\lambda^2}\right) \tag{5.164}$$

即

$$T = \frac{Q}{2\rho c\lambda\sqrt{\kappa t}} f\left(\frac{4}{\lambda^2}\right) \tag{5.165}$$

上式也可以简化写为

$$T = \frac{Q}{\rho c\sqrt{\kappa t}} f(\lambda) \tag{5.166}$$

因此有

$$\frac{\partial T(x,t)}{\partial t}=\frac{Q}{\rho c\sqrt{\kappa}}\frac{\partial\left(f/\sqrt{t}\right)}{\partial t}=-\frac{1}{2}\frac{Q}{\rho c\sqrt{\kappa}}\left(t^{-2}f'\frac{x}{2\sqrt{\kappa}}+t^{-3/2}f\right)\tag{5.167}$$

和

$$\frac{\partial T(x,t)}{\partial x}=\frac{Q}{\rho c\sqrt{\kappa t}}\frac{\partial f}{\partial x}=\frac{Q}{2\rho c\kappa t}f'\tag{5.168}$$

$$\frac{\partial^2 T(x,t)}{\partial x^2}=\frac{Q}{4\rho c(\kappa t)^{3/2}}f''\tag{5.169}$$

将式 (5.167) 和式 (5.169) 代入偏微分方程式 (5.154)，即可有

$$f''+2\lambda f'+2f=-4\sqrt{\kappa}t^{3/2}\delta(x)\delta(t)\tag{5.170}$$

根据量纲一致性法则，从式 (5.154) 可知：

$$\begin{cases}[\delta(x)]=\mathrm{L}^{-1}\\ [\delta(t)]=\mathrm{T}^{-1}\end{cases}\tag{5.171}$$

如定义无量纲量：

$$\begin{cases}\delta^*(x)=x\cdot\delta(x)\\ \delta^*(t)=t\cdot\delta(t)\end{cases}\tag{5.172}$$

将上式代入式 (5.170)，即可得到

$$f''+2\lambda f'+2f=-4\sqrt{\kappa}t^{3/2}\frac{\delta^*(x)}{x}\frac{\delta^*(t)}{t}\tag{5.173}$$

简化后有

$$f''+2\lambda f'+2f=-4\frac{\sqrt{\kappa t}}{x}\delta^*(x)\delta^*(t)\tag{5.174}$$

即

$$f''+2\lambda f'+2f=-\frac{2\delta^*(x)\delta^*(t)}{\lambda}\tag{5.175}$$

根据以上量纲分析，成功将式 (5.154) 所示典型的扩散偏微分方程简化为上式所示常微分方程。根据式 (5.161) 可知，当

$$x\to\infty\quad\text{或}\quad t\to 0\tag{5.176}$$

时，有

$$\lambda\to\infty\tag{5.177}$$

因此，式 (5.155) 所示边界条件即可简化为

$$f(\pm\infty)\to 0\tag{5.178}$$

考虑当 $t > 0$ 时，无外部输入，即

$$\delta(t) = 0 \Rightarrow \delta^*(t) = 0 \tag{5.179}$$

则式 (5.175) 即可简化为

$$f'' + 2\lambda f' + 2f = 0 \tag{5.180}$$

以上方程的进一步求解可参考文献 *Similarity Methods for Differential Equations* (Applied Mathematical Sciences，13 卷)[107] 中 2.3 节和 2.4 节的详细推导，在此不再详述。

5.3 几类典型问题中偏微分方程求解过程的量纲分析

上一节中我们对典型扩散方程的求解进行了分析，结果表明，利用量纲分析方法对此类问题进行简化，可以将偏微分方程简化为常微分方程，很大程度上简化求解过程。本节对其他几类典型的偏微分方程求解问题的相似解进行讨论，通过量纲分析方法，简化推导过程，从而给出解析解。

5.3.1 平板上流体流动边界层问题即 Prandtl 边界层方程的相似解

考虑如图 5.9 所示以稳定初速 U_∞ 沿着 x 轴方向流动的流体在 $t = 0$ 时刻经过一个半无限平板 (或壁面等)，根据流体力学理论可知，此时平板表明会形成一层存在速度梯度的薄层，常称之为边界层，在此层内，黏性力与惯性力处于同一个量级，因此不可忽略。

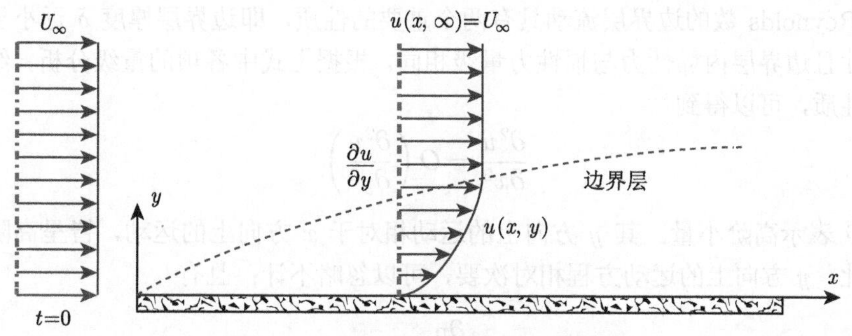

图 5.9 薄板上流体流动边界层问题

边界层理论首先由 Prandtl 在 1904 年提出，他发现在流体与物体接触的非常薄的界面区间，流体高 Reynolds 数流动产生的黏性力与惯性力接近，而不是远场时黏性力远小于惯性力时的情况。设流体质点速度在 x 方向上的分量为 u，在 y 方向上的分量为 v，根据该问题的边界条件可知，设不考虑平板与流体在接触面上的相对滑动，有

$$\begin{cases} u(x,0) = 0 \\ v(x,0) = 0 \end{cases} \tag{5.181}$$

在边界层外，有边界条件：

$$u\left(x,\infty\right)=U_\infty \tag{5.182}$$

且有初始条件：

$$u\left(0,y\right)=U_\infty \tag{5.183}$$

根据边界层流体流动中的质量守恒条件，即可给出该问题的连续方程：

$$\frac{\partial u}{\partial x}+\frac{\partial v}{\partial y}=0 \tag{5.184}$$

根据流体流动过程中的动量守恒条件，即可给出该问题的 N-S (Navier-Stokes) 方程。进一步假设边界层中流体的流动是稳定的，即

$$\begin{cases}\dfrac{\partial u}{\partial t}=0\\ \dfrac{\partial v}{\partial t}=0\end{cases} \tag{5.185}$$

如不考虑流体的体力，并假设流体不可压缩，则可以对 N-S 方程进行简化，从而给出边界层流体流动运动方程：

$$\begin{cases}u\dfrac{\partial u}{\partial x}+v\dfrac{\partial u}{\partial y}=-\dfrac{1}{\rho}\dfrac{\partial p}{\partial x}+\lambda\left(\dfrac{\partial^2 u}{\partial x^2}+\dfrac{\partial^2 u}{\partial y^2}\right)\\ u\dfrac{\partial v}{\partial x}+v\dfrac{\partial v}{\partial y}=-\dfrac{1}{\rho}\dfrac{\partial p}{\partial y}+\lambda\left(\dfrac{\partial^2 v}{\partial x^2}+\dfrac{\partial^2 v}{\partial y^2}\right)\end{cases} \tag{5.186}$$

式中，λ 为流体的运动黏度；p 为流体的压力。

大 Reynolds 数的边界层流动具有两个重要的性质，即边界层厚度 δ 远小于物体的特征尺寸且边界层内黏性力与惯性力量级相同。根据上式中各项的量级分析，结合此两个重要性质，可以得到

$$\frac{\partial^2 u}{\partial x^2}=O\left(\frac{\partial^2 u}{\partial y^2}\right) \tag{5.187}$$

式中，O 表示高阶小量。其 y 方向上的运动相对于 x 方向上的运动，皆呈高阶小量特征，因此，y 方向上的运动方程相对次要，可以忽略不计；且有

$$\frac{\partial p}{\partial y}\approx 0 \tag{5.188}$$

因此式 (5.186) 可以近似为

$$u\frac{\partial u}{\partial x}+v\frac{\partial u}{\partial y}=-\frac{1}{\rho}\frac{\partial p}{\partial x}+\lambda\frac{\partial^2 u}{\partial y^2} \tag{5.189}$$

考虑不可压缩流体沿着平板做稳态层流流动，由在同一个水平高度上 Bernoulli 方程可以推导出

$$\frac{\mathrm{d}p}{\mathrm{d}x}=0 \tag{5.190}$$

因此，平板上流体流动的 Prandtl 边界层方程组即可写为

$$\begin{cases} u\dfrac{\partial u}{\partial x}+v\dfrac{\partial u}{\partial y}=\lambda\dfrac{\partial^2 u}{\partial y^2} \\ \dfrac{\partial u}{\partial x}+\dfrac{\partial v}{\partial y}=0 \\ u(x,0)=0,\ v(x,0)=0 \\ u(x,\infty)=U_\infty,\ u(0,y)=U_\infty \end{cases} \tag{5.191}$$

从上式容易看出，边界层内流体质点速度可以表示为

$$\begin{cases} u=f(x,y,\lambda,U_\infty) \\ v=g(x,y,\lambda,U_\infty) \end{cases} \tag{5.192}$$

上式中 6 个物理量包含 2 个因变量和 4 个自变量，其量纲幂次指数如表 5.16 所示。

表 5.16 平板上流体流动边界层问题中变量的量纲幂次指数

物理量	u	v	x	y	λ	U_∞
M	0	0	0	0	0	0
L	1	1	1	1	2	1
T	−1	−1	0	0	−1	−1

从表 5.16 可以看出，当不考虑热相关影响，该问题是一个典型的纯力学问题，而且由于在 Prandtl 边界层问题分析过程中我们忽略体力的影响，因此这 6 个物理量的量纲中皆不包含质量量纲，表 5.16 可以进一步简化为表 5.17。

表 5.17 平板上流体流动边界层问题中变量的量纲幂次指数 (简化后)

物理量	u	v	x	y	λ	U_∞
L	1	1	1	1	2	1
T	−1	−1	0	0	−1	−1

如选取横坐标 x 和流体的初始速度 U_∞ 为参考物理量，表 5.17 整理后可以得到表 5.18。

表 5.18 平板上流体流动边界层问题中变量的量纲幂次指数 (整理后)

物理量	x	U_∞	y	λ	u	v
L	1	1	1	2	1	1
T	0	−1	0	−1	−1	−1

对表 5.18 进行行变换，可以得到表 5.19。

表 5.19 平板上流体流动边界层问题中变量的量纲幂次指数 (行变换后)

物理量	x	U_∞	y	λ	u	v
x	1	0	1	1	0	0
U_∞	0	1	0	1	1	1

根据 Π 定理，结合表 5.19，可以给出该问题的 4 个无量纲物理量：

$$\begin{cases} \Pi = \dfrac{u}{U_\infty} \\ \Pi' = \dfrac{v}{U_\infty} \end{cases}, \quad \begin{cases} \Pi_1 = \dfrac{y}{x} \\ \Pi_2 = \dfrac{\lambda}{xU_\infty} \end{cases} \tag{5.193}$$

此时，式 (5.192) 即可写为无量纲形式：

$$\begin{cases} \dfrac{u}{U_\infty} = f\left(\dfrac{y}{x}, \dfrac{\lambda}{xU_\infty}\right) \\ \dfrac{v}{U_\infty} = g\left(\dfrac{y}{x}, \dfrac{\lambda}{xU_\infty}\right) \end{cases} \tag{5.194}$$

上式中 2 个无量纲因变量物理意义比较明显，表征相对速度。不考虑体力和压力，并假设黏性力与惯性力成正比，且边界层上任何截面上流速分布是相似的，根据流体力学中边界层理论，上式中 2 个无量纲自变量可近似认为是以一种组合形式出现在影响因素中的，结合量纲分析的性质，即

$$\begin{cases} \Pi_1 = \dfrac{y}{x} \\ \Pi_2 = \dfrac{\lambda}{xU_\infty} \to \dfrac{xU_\infty}{\lambda} \to \sqrt{\dfrac{xU_\infty}{\lambda}} \end{cases} \to \frac{y}{x}\sqrt{\frac{xU_\infty}{\lambda}} = y\sqrt{\frac{U_\infty}{\lambda x}} \tag{5.195}$$

在此基础上，式 (5.194) 可以进一步简化为无量纲表达式：

$$\begin{cases} \dfrac{u}{U_\infty} = f\left(y\sqrt{\dfrac{U_\infty}{\lambda x}}\right) \\ \dfrac{v}{U_\infty} = g\left(y\sqrt{\dfrac{U_\infty}{\lambda x}}\right) \end{cases} \tag{5.196}$$

如令

$$\begin{cases} u^* = \dfrac{u}{U_\infty} \\ v^* = \dfrac{v}{U_\infty} \\ \gamma = y\sqrt{\dfrac{U_\infty}{\lambda x}} \end{cases} \tag{5.197}$$

即有

$$\begin{cases} u^* = f(\gamma) \\ v^* = g(\gamma) \end{cases} \tag{5.198}$$

根据连续方程，定义一个流函数 $\psi(x,y)$：

$$\begin{cases} u = \dfrac{\partial \psi}{\partial y} \\ v = -\dfrac{\partial \psi}{\partial x} \end{cases} \tag{5.199}$$

平板上流体流动的 Prandtl 边界层方程组即可写为

$$\begin{cases} \dfrac{\partial \psi}{\partial y}\dfrac{\partial^2 \psi}{\partial x \partial y} + \dfrac{\partial \psi}{\partial x}\dfrac{\partial^2 \psi}{\partial y^2} = \lambda \dfrac{\partial^3 \psi}{\partial y^3} \\ \dfrac{\partial \psi}{\partial y}(x,0) = 0, \dfrac{\partial \psi}{\partial x}(x,0) = 0 \\ \dfrac{\partial \psi}{\partial y}(x,\infty) = U_\infty, \dfrac{\partial \psi}{\partial y}(0,y) = U_\infty \end{cases} \tag{5.200}$$

根据量纲分析结果式 (5.196) 和式 (5.197)，可有

$$\psi = \sqrt{U_\infty \lambda x} f(\gamma) \tag{5.201}$$

根据上式，可得到

$$\begin{cases} \dfrac{\partial \psi}{\partial x} = \dfrac{1}{2}\sqrt{\dfrac{U_\infty \lambda}{x}}(f - \gamma f') \\ \dfrac{\partial \psi}{\partial y} = U_\infty f' \\ \dfrac{\partial^2 \psi}{\partial x \partial y} = -\dfrac{1}{2}\dfrac{U_\infty}{x}\gamma f'' \\ \dfrac{\partial^2 \psi}{\partial y^2} = U_\infty \sqrt{\dfrac{U_\infty}{\lambda x}} f'' \\ \dfrac{\partial^3 \psi}{\partial y^3} = \dfrac{U_\infty^2}{\lambda x} f''' \end{cases} \tag{5.202}$$

将上式代入 Prandtl 边界层方程组式 (5.200)，可有

$$2f''' + ff'' = 0 \tag{5.203}$$

和边界条件：

$$\begin{cases} f(0) = 0 \\ f'(0) = 0 \\ f'(\infty) = 1 \end{cases} \tag{5.204}$$

上两式对应的解析解读者可以参考流体力学相关推导，在此不做详述。从以上的分析可以看出，通过量纲分析，我们可以将复杂的 Prandtl 边界层偏微分方程组简化为以上常微分方程，很大程度上简化了方程组的解析过程。

5.3.2 竖直相对高温平板侧空气的自然对流方程的相似解

考虑一个竖直放置的足够大平板，如图 5.10 所示，设平板的温度均匀且近似为 T_{p}，周围环境中空气的温度为 T_0，且有

$$T_{\mathrm{p}} > T_0 \tag{5.205}$$

已知空气的初始密度为 ρ_0，瞬时密度为 ρ，运动黏度为λ。根据基本热力学知识可知，平板周围区域空气由于热传导升温，密度减小上升，从而产生一个竖直向上的气体流。定义平行于平板且向上的方向为 x 方向，垂直于平板方向为 y 方向。

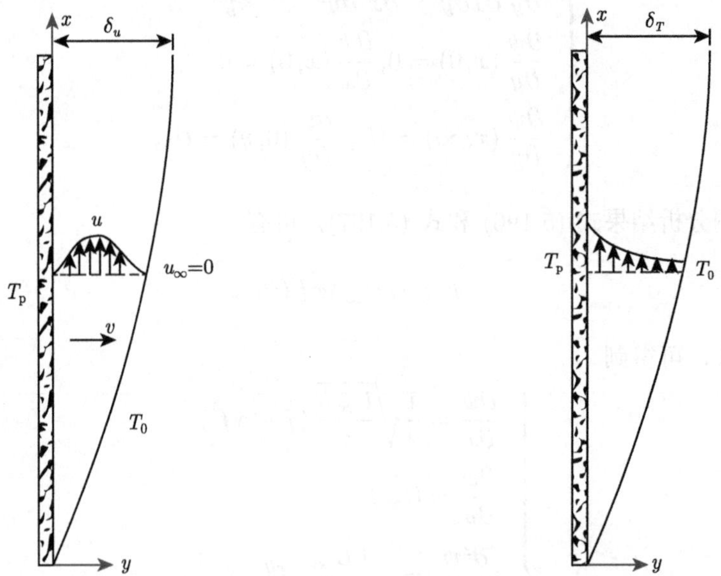

图 5.10 竖直高温平板薄板侧流体边界层流动 图 5.11 竖直高温平板薄板侧空气流动温度边界层

设边界层内空气流动在 x 方向上的速度分量为 u、在 y 方向上的速度分量为 v，根据边界层内空气流动的质量守恒条件，可以给出其运动的连续方程：

$$\frac{\partial u}{\partial x} + \frac{\partial v}{\partial y} = 0 \tag{5.206}$$

参考边界层理论，可以给出边界层空气流动在 x 方向和 y 方向上的动能守恒条件，通过量级分析并简化 [8,108,109]，可以给出边界层内空气流动的运动方程：

$$u\frac{\partial u}{\partial x} + v\frac{\partial u}{\partial y} = -\frac{1}{\rho_0}\frac{\partial p}{\partial x} + g\beta\left(T - T_0\right) + \lambda\frac{\partial^2 u}{\partial y^2} \tag{5.207}$$

和

$$\frac{\partial p}{\partial y} = 0 \tag{5.208}$$

式中

$$\beta = -\frac{1}{\rho_0}\left(\frac{\partial \rho}{\partial T}\right)_{\mathrm{p}} \tag{5.209}$$

表示空气的热膨胀系数，当空气为理想气体时，则有 [109]

$$\beta=-\frac{1}{T_0} \tag{5.210}$$

根据式 (5.208) 可知，空气的压力：

$$p=p(x) \tag{5.211}$$

参考图 5.11，根据能量守恒条件，结合边界层理论简化 [109]，可以给出能量方程：

$$u\frac{\partial T}{\partial x}+v\frac{\partial T}{\partial y}=\kappa\frac{\partial^2 T}{\partial y^2} \tag{5.212}$$

式中，κ 为空气的热扩展系数，具体定义参考 5.2.2 节中相同符号的物理意义。

根据式 (5.207)，我们可以给出不同质点 x 方向瞬时速度分量 u 和瞬时温度 T 的函数表达式：

$$\begin{cases} u=f(x,y,\lambda,\kappa,g,\beta,T_{\mathrm{p}},T_0,\rho_0,p) \\ T=g(x,y,\lambda,\kappa,g,\beta,T_{\mathrm{p}},T_0,\rho_0,p) \end{cases} \tag{5.213}$$

考虑到压力 p 也是温差产生的结果，即也为因变量，理论上，上式可写为

$$\begin{cases} u=f(x,y,\lambda,\kappa,g,\beta,T_{\mathrm{p}},T_0,\rho_0) \\ T=g(x,y,\lambda,\kappa,g,\beta,T_{\mathrm{p}},T_0,\rho_0) \end{cases} \tag{5.214}$$

初步分析可知，影响速度的主要因素之一为温差，影响瞬时温度的主要因素为温差和边界温度，因此可以定义温差为一个变量：

$$\Delta T=T_{\mathrm{p}}-T_0 \tag{5.215}$$

则式 (5.214) 可以进一步简化为

$$\begin{cases} u=f(x,y,\lambda,\kappa,g,\beta,\Delta T,\rho_0) \\ T-T_0=g(x,y,\lambda,\kappa,g,\beta,\Delta T,\rho_0) \end{cases} \tag{5.216}$$

而且，根据式 (5.207) 可以知道，上式中变量 g 和变量 β 总是以乘积 $g\beta$ 的形式出现，因此上式可以更进一步简化为

$$\begin{cases} u=f(x,y,\lambda,\kappa,g\beta,\Delta T,\rho_0) \\ T-T_0=g(x,y,\lambda,\kappa,g\beta,\Delta T,\rho_0) \end{cases} \tag{5.217}$$

上式中 9 个物理量或物理量组合包含 2 个因变量和 7 个自变量，由于考虑的是热力学问题，其基本量纲初步确定为 5 个，这 9 个物理量或物理量组合量纲幂次指数如表 5.20 所示。

表 5.20 竖直高温平板薄板侧流体边界层流动问题中变量的量纲幂次指数

物理量	u	$T-T_0$	x	y	λ	κ	$g\beta$	ΔT	ρ_0
M	0	0	0	0	0	0	0	0	1
L	1	0	1	1	2	2	1	0	−3
T	−1	0	0	0	−1	−1	−2	0	0
Θ	0	1	0	0	0	0	−1	1	0
Q	0	0	0	0	0	0	0	0	0

从上表可以看出：首先，该问题与热量的量纲无关，因此，热量并不是该问题的基本量纲；其次，上表中只有空气的初始密度含有质量量纲，而量纲因变量或因变量组合以及其他自变量皆不包含该基本量纲，根据量纲一致性法则可以判断，该问题中质点瞬时速度和瞬时温度与空气的初始密度无关。因此，式 (5.217) 可以进一步简化为

$$\begin{cases} u = f\left(x, y, \lambda, \kappa, g\beta, \Delta T_0\right) \\ T - T_0 = g\left(x, y, \lambda, \kappa, g\beta, \Delta T\right) \end{cases} \tag{5.218}$$

式 (5.207) 也可简化写为

$$u\frac{\partial u}{\partial x} + v\frac{\partial u}{\partial y} = g\beta\left(T - T_0\right) + \lambda\frac{\partial^2 u}{\partial y^2} \tag{5.219}$$

表 5.20 可以进一步简化为表 5.21。

表 5.21 竖直高温平板薄板侧流体边界层流动问题中变量的量纲幂次指数 (简化后)

物理量	u	$T-T_0$	x	y	λ	κ	$g\beta$	ΔT
L	1	0	1	1	2	2	1	0
T	−1	0	0	0	−1	−1	−2	0
Θ	0	1	0	0	0	0	−1	1

因此，该问题只有 3 个基本量纲，可以选取 3 个自变量作为参考物理量。综合考虑自变量量纲的复杂性和物理意义，选取质点 x 坐标、空气的运动黏度 λ 和温差 ΔT 3 个自变量为参考物理量；对表 5.21 进行整理，可以得到表 5.22。

表 5.22 竖直高温平板薄板侧流体边界层流动问题中变量的量纲幂次指数 (整理后)

物理量	x	λ	ΔT	y	κ	$g\beta$	u	$T-T_0$
L	1	2	0	1	2	1	1	0
T	0	−1	0	0	−1	−2	−1	0
Θ	0	0	1	0	0	−1	0	1

对表 5.22 进行行变换，可以得到表 5.23。

表 5.23 竖直高温平板薄板侧流体边界层流动问题中变量的量纲幂次指数 (行变换后)

物理量	x	λ	ΔT	y	κ	$g\beta$	u	$T-T_0$
x	1	0	0	1	0	−3	−1	0
λ	0	1	0	0	1	2	1	0
ΔT	0	0	1	0	0	−1	0	1

根据 Π 定理，结合表 5.23，可以给出该问题的 5 个无量纲物理量：

$$\left\{\begin{array}{l}\Pi=\dfrac{ux}{\lambda}\\\Pi'=\dfrac{T-T_0}{\Delta T}\end{array}\right.\qquad\left\{\begin{array}{l}\Pi_1=\dfrac{y}{x}\\\Pi_2=\dfrac{\kappa}{\lambda}\\\Pi_3=\dfrac{g\beta x^3\Delta T}{\lambda^2}\end{array}\right.\tag{5.220}$$

上式中第一个无量纲因变量物理意义并不明显，根据量纲分析的性质，该无量纲量需要与其他无量纲自变量进行组合。容易判断，其应与第三个无量纲自变量进行组合，参考文献 [8] 中的分析，该无量纲因变量可以写为

$$\Pi''=\frac{\Pi}{\sqrt{\Pi_3}}=\frac{ux}{\lambda}\Bigg/\sqrt{\frac{g\beta x^3\Delta T}{\lambda^2}}=\frac{u}{\sqrt{g\beta\Delta Tx}}\tag{5.221}$$

根据量纲分析的性质，式 (5.220) 中第二个无量纲自变量可以写为

$$\Pi_2=\frac{\kappa}{\lambda}\to\frac{\lambda}{\kappa}\tag{5.222}$$

其物理意义更加明显，即为典型的无量纲相似准数 Prandtl 数，常简写为 Pr 数。

根据理论近似分析 [8]，发现该问题中第一个无量纲自变量与第三个无量纲自变量以组合的形式影响因变量，该组合形式为

$$\Pi_1'=\Pi_1\cdot\Pi_3^{1/4}=\frac{y}{x}\left(\frac{g\beta x^3\Delta T}{\lambda^2}\right)^{1/4}=y\left(\frac{g\beta\Delta T}{x\lambda^2}\right)^{1/4}\tag{5.223}$$

为了简化后面微分方程的求解，式 (5.221) 和式 (5.223) 也可写为

$$\Pi''=\frac{u}{\sqrt{g\beta\Delta Tx}}\to\frac{u}{\sqrt{g\beta\Delta Tx/4}}\tag{5.224}$$

和

$$\Pi_1'=y\left(\frac{g\beta\Delta T}{x\lambda^2}\right)^{1/4}\to y\left(\frac{g\beta\Delta T}{4x\lambda^2}\right)^{1/4}\tag{5.225}$$

因此，该问题的 4 个无量纲自变量为

$$\left\{\begin{array}{l}\Pi=\dfrac{u}{\sqrt{g\beta\Delta Tx/4}}\\\Pi'=\dfrac{T-T_0}{\Delta T}\end{array}\right.,\left\{\begin{array}{l}\Pi_1=y\left(\dfrac{g\beta\Delta T}{4x\lambda^2}\right)^{1/4}\\\Pi_2=\dfrac{\lambda}{\kappa}=Pr\end{array}\right.\tag{5.226}$$

此时，式 (5.218) 即可写为无量纲形式：

$$\left\{\begin{array}{l}\dfrac{u}{\sqrt{g\beta\Delta Tx/4}}=f\left[y\left(\dfrac{g\beta\Delta T}{4x\lambda^2}\right)^{1/4},Pr\right]\\\dfrac{T-T_0}{\Delta T}=g\left[y\left(\dfrac{g\beta\Delta T}{4x\lambda^2}\right)^{1/4},Pr\right]\end{array}\right.\tag{5.227}$$

定义无量纲量：

$$\begin{cases} u^* = \dfrac{u}{\sqrt{g\beta\Delta T x/4}} \\ T^* = \dfrac{T - T_0}{\Delta T} \end{cases}, \quad \eta = y\left(\frac{g\beta\Delta T}{4x\lambda^2}\right)^{1/4} \tag{5.228}$$

则式 (5.227) 可以简写为

$$\begin{cases} u^* = f(\eta, Pr) \\ T^* = g(\eta, Pr) \end{cases} \tag{5.229}$$

根据该问题的连续方程，定义流函数 ψ：

$$\begin{cases} u = \dfrac{\partial\psi}{\partial y} \\ v = -\dfrac{\partial\psi}{\partial x} \end{cases} \tag{5.230}$$

结合式 (5.227)，即有

$$\psi = \left(\frac{g\beta\Delta T x^3\lambda^2}{4}\right)^{1/4} F(\eta, Pr) \tag{5.231}$$

式中

$$f(\eta, Pr) = \frac{\partial F(\eta, Pr)}{\partial\eta} \tag{5.232}$$

将式 (5.227) 和式 (5.231) 代入式 (5.219) 和式 (5.212)，可以得到方程 [8]：

$$F''' + 3FF'' - 2F' + g = 0 \tag{5.233}$$

和

$$g'' + 3PrFg' = 0 \tag{5.234}$$

此时边界条件为

$$\begin{cases} F = 0 \\ F' = 0 \\ g = 1 \end{cases}, \quad \eta = 0 \tag{5.235}$$

和

$$\begin{cases} F' = 0 \\ g = 0 \end{cases}, \quad \eta = \infty \tag{5.236}$$

从式 (5.233)～ 式 (5.236) 的分析可以看出，通过量纲分析，可将复杂的偏微分方程组简化为以上的常微分方程组。以上四式的解析解读者可参考相关文献，在此不做详述。

5.3.3 浮力层流问题的相似解

假设一个静止的空气域中，某局部水平地面相对高温或从水平烟囱口低速流出高温气体，由于热传导，邻近的空气密度减小，从而竖直向上流动，该问题即为浮力层流问题，如图 5.12 所示；具体描述可参考相关文献 [8] 和 [110]。这里我们考虑轴对称问题，即在水平层内流动流体的截面为圆截面。

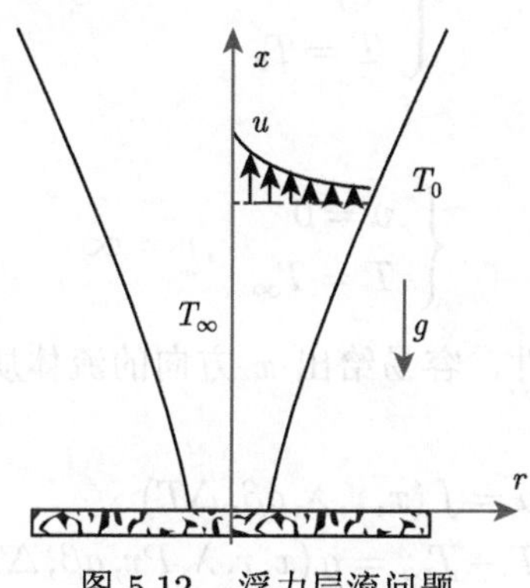

图 5.12 浮力层流问题

设区域中心热空气的温度为 T_c，外界空气的初始温度为 T_∞；设竖直向上为 x 轴正方向，水平向外为 r 轴正方向。设空气质点流速在 x 方向和 r 方向上的分量分别为 u 和 v。该问题的熵可表达为 [110]

$$H = 2\pi \int_0^\infty ur\left(T - T_\infty\right) \mathrm{d}r = \text{const} \tag{5.237}$$

根据质量守恒条件，可以给出连续方程：

$$\frac{\partial\left(ur\right)}{\partial x} + \frac{\partial\left(vr\right)}{\partial r} = 0 \tag{5.238}$$

根据动量守恒条件，给出运动方程：

$$u\frac{\partial u}{\partial x} + v\frac{\partial u}{\partial r} = g\beta\left(T - T_0\right) + \frac{\lambda}{r}\frac{\partial}{\partial r}\left(r\frac{\partial u}{\partial r}\right) \tag{5.239}$$

式中，g 表示重力加速度；β 表示空气的热膨胀系数；T 表示瞬时温度；λ 表示空气的运动黏度。

根据热平衡方程，可以给出方程 [8]：

$$u\frac{\partial T}{\partial x} + v\frac{\partial T}{\partial r} = \frac{\lambda}{Pr}\frac{1}{r}\frac{\partial}{\partial r}\left(r\frac{\partial T}{\partial r}\right) \tag{5.240}$$

式中，Pr 表示 Prandtl 数。

该问题对应的边界条件是

$$\begin{cases} v=0 \\ \dfrac{\partial u}{\partial r}=0 \\ \dfrac{\partial T}{\partial r}=0 \\ T=T_c \end{cases}, r=0 \tag{5.241}$$

和

$$\begin{cases} u=0 \\ T=T_\infty \end{cases}, r=\infty \tag{5.242}$$

根据以上方程和边界条件，容易给出 x 方向的流体质点速度与瞬时温度的函数表达式：

$$\begin{cases} u=f(x,r,\lambda,g\beta,\Delta T) \\ T-T_\infty=g(x,r,\lambda,Pr,g\beta,\Delta T) \end{cases} \tag{5.243}$$

式中

$$\Delta T=T_c-T_\infty \tag{5.244}$$

式 (5.243) 中 7 个有量纲物理量或物理量组合，包含 2 个因变量和 5 个有量纲自变量，其量纲的幂次指数如表 5.24 所示。

表 5.24 浮力层流问题中变量的量纲幂次指数

物理量	u	$T-T_0$	x	r	λ	$g\beta$	ΔT
L	1	0	1	1	2	1	0
T	−1	0	0	0	−1	−2	0
Θ	0	1	0	0	0	−1	1

参考 5.3.2 节中的对应分析，选取质点 x 坐标、空气的运动黏度λ 和温差 ΔT 3 个自变量为参考物理量；对表 5.24 进行整理，可以得到表 5.25。

表 5.25 浮力层流问题中变量的量纲幂次指数 (整理后)

物理量	x	λ	ΔT	r	$g\beta$	u	$T-T_0$
L	1	2	0	1	1	1	0
T	0	−1	0	0	−2	−1	0
Θ	0	0	1	0	−1	0	1

对表 5.25 进行行变换，可以得到表 5.26。

表 5.26 浮力层流问题中变量的量纲幂次指数 (行变换后)

物理量	x	λ	ΔT	r	$g\beta$	u	$T-T_0$
x	1	0	0	1	−3	−1	0
λ	0	1	0	0	2	1	0
ΔT	0	0	1	0	−1	0	1

根据 Π 定理，结合表 5.26，可以给出该问题的 4 个无量纲物理量：

$$\begin{cases}\Pi = \dfrac{ux}{\lambda} \\ \Pi' = \dfrac{T-T_\infty}{\Delta T}\end{cases}, \quad \begin{cases}\Pi_1 = \dfrac{r}{x} \\ \Pi_2 = \dfrac{g\beta x^3 \Delta T}{\lambda^2}\end{cases} \tag{5.245}$$

因此，式 (5.243) 可以写为无量纲表达式：

$$\begin{cases}\dfrac{ux}{\lambda} = f\left(\dfrac{r}{x}, \dfrac{g\beta x^3\Delta T}{\lambda^2}\right) \\ \dfrac{T-T_\infty}{\Delta T} = g\left(\dfrac{r}{x}, \dfrac{g\beta x^3\Delta T}{\lambda^2}, Pr\right)\end{cases} \tag{5.246}$$

分析 [8,110] 表明：

$$\Delta T \approx \frac{H}{\lambda x} \tag{5.247}$$

式中，熵 H 的量纲为

$$[H] = \mathrm{L}^3\mathrm{T}^{-1}\Theta \tag{5.248}$$

因此，第二个无量纲自变量也可以写为

$$\Pi_2 = \frac{g\beta x^2 H}{\lambda^3} \tag{5.249}$$

而且，分析 [8,110] 表明，浮力层流问题中组合量：

$$R \leftrightarrow \left(\frac{\lambda^3 x^2}{g\beta H}\right)^{1/4} \tag{5.250}$$

表征浮力射流某种特征半径。

同时，研究表明该问题中式 (5.246) 中无量纲自变量以组合的形式对流速与温度进行影响，即

$$\Pi_1' = \Pi_1^a \Pi_2^b \tag{5.251}$$

式中，a 和 b 为两个待定常数。

综合考虑式 (5.246) 中两个无量纲自变量的形式、式 (5.249) 和式 (5.250) 的形式，式 (5.251) 可以具体写为

$$\Pi_1' = \frac{r}{\sqrt{x}}\left(\frac{g\beta H}{\lambda^3}\right)^{1/4} \tag{5.252}$$

结合式 (5.250) 可知，式 (5.252)

$$\Pi_1' \leftrightarrow \frac{r}{R} \tag{5.253}$$

表征某种径向相对坐标。

同理，根据分析 [8,110]，存在一个特征速度 U，其满足：

$$U \leftrightarrow \sqrt{\frac{g\beta H}{\lambda}} \tag{5.254}$$

结合式 (5.254) 和式 (5.249)，式 (5.245) 中第一个无量纲因变量可以写为

$$\Pi = \frac{u}{\sqrt{\frac{g\beta H}{\lambda}}} \leftrightarrow \frac{u}{U} \tag{5.255}$$

具有更明显的物理意义。

因此，该问题的无量纲函数形式可以简化为

$$\begin{cases} \dfrac{ux}{\lambda} = f\left[\dfrac{r}{\sqrt{x}}\left(\dfrac{g\beta H}{\lambda^3}\right)^{1/4}\right] \\ \dfrac{T-T_\infty}{\Delta T} = g\left[\dfrac{r}{\sqrt{x}}\left(\dfrac{g\beta H}{\lambda^3}\right)^{1/4}\right] \end{cases} \tag{5.256}$$

如定义

$$\begin{cases} u^* = \dfrac{u}{\sqrt{g\beta H/\lambda}} \\ T^* = \dfrac{T-T_\infty}{\Delta T} \end{cases}, \eta = \frac{r}{\sqrt{x}}\left(\frac{g\beta H}{\lambda^3}\right)^{1/4} \tag{5.257}$$

则式 (5.256) 可以简写为

$$\begin{cases} u^* = f(\eta) \\ T^* = g(\eta) \end{cases} \tag{5.258}$$

定义一个流函数 ψ[108]，其满足关系：

$$ru = \frac{\partial \psi}{\partial r} \tag{5.259}$$

根据连续方程式 (5.238)，可以得到

$$rv = -\frac{\partial \psi}{\partial x} \tag{5.260}$$

根据式 (5.257) 和式 (5.258) 并结合相关分析，可以给出流函数的表达式为

$$\psi = \lambda x F(\eta) \tag{5.261}$$

将上式代入式 (5.259) 和式 (5.260)，分别可以得到

$$u = \sqrt{\frac{g\beta H}{\lambda}}\frac{F'}{\eta} \tag{5.262}$$

和

$$v=\frac{\lambda}{\sqrt{x}}\left(\frac{g\beta H}{\lambda^{3}}\right)^{1/4}\left(\frac{F'}{2}-\frac{F}{\eta}\right) \tag{5.263}$$

将式 (5.256)、式 (5.257) 和式 (5.262) 代入式 (5.237)，即可得到

$$H=2\pi\sqrt{\frac{g\beta H}{\lambda}}\Delta T\int_{0}^{\infty}\frac{F'(\eta)}{\eta}g(\eta)\,r\mathrm{d}r=2\pi\lambda x\Delta T\int_{0}^{\infty}F'(\eta)\,g(\eta)\,\mathrm{d}\eta \tag{5.264}$$

如令

$$\int_{0}^{\infty}F'(\eta)\,g(\eta)\,\mathrm{d}\eta=b \tag{5.265}$$

则有

$$\Delta T=\frac{1}{x}\frac{H}{2\pi\lambda b} \tag{5.266}$$

将式 (5.262)、式 (5.263) 和式 (5.266) 代入式 (5.239) 和式 (5.240)，分别可以得到

$$-\left(\frac{FF'}{\eta}\right)'=\left(F''-\frac{F'}{\eta}\right)'+\frac{\eta g}{2\pi b} \tag{5.267}$$

和

$$-Fg=\frac{1}{Pr}\eta g' \tag{5.268}$$

上两式中，g 表示函数 $g(\ )$，而不是重力加速度。

通过分析，我们将复杂的偏微分方程组简化为式 (5.267) 和式 (5.268) 组合而成的常微分方程组，简化了理论分析与推导过程。

第 6 章 量纲分析与理论/试验/数值仿真综合应用

第 4 章中我们重点讨论了量纲分析与试验分析之间的关系，利用实例分析了如何利用量纲分析理论与方法设计缩比相似模型、简化试验方案和工作量，并详细讨论了如何利用量纲分析理论和方法科学地处理试验结果，给出相对最接近理论的定量表达式或定量结论；结合实例，说明了量纲分析理论与方法在指导试验设计与数据分析方面起着不可或缺的作用。第 5 章重点讨论了量纲分析理论与方法在理论推导特别是某些强非线性自相似问题的求解过程中的作用，介绍了如何利用量纲分析理论与方法简化理论问题的分析过程，并将偏微分方程或方程组简化为常微分方程或方程组；说明了量纲分析理论与方法在理论分析中也起着非常重要的作用。然而，很多复杂的问题，我们无法完全通过试验或理论进行研究，甚至有些很难利用理论进行直接分析，完全利用试验也是不经济或不可行的，此时需要借助数值仿真方法开展研究；此时试验研究、理论分析与数值仿真之间的功能作用并不能简单地划分，需要互相验证和支撑，此时量纲分析理论与方法的作用则更加重要，它能最大限度地简化复杂问题的分析过程、充分融合此三种研究方法，从而给出最接近理论且准确的结论。而且，量纲分析与其他方法并不是相互独立的，而是相辅相成、相互融合；本章利用分离式 Hopkinson 压杆 (下文简称为 SHPB) 试验问题来简单介绍这一思路与方法。

6.1 SHPB 的试验原理

材料的动态力学性能和行为与准静态下不尽一致，在很多情况下甚至差别很大，研究材料及其结构在动态荷载下的动力学行为，材料的动态力学性能必不可少。材料的准静态力学性能的测试装置当前较为成熟，以压缩性能试验为例，随着技术的进步，动态试验平台也被生产和使用，然而，其试验范围有限，其测试材料应变率一般小于 100/s。对于更高应变率下材料的动态压缩行为试验而言，利用传统的压力试验系统很难实现：首先，应变率大意味着加载速率大，在很大的加载速率下利用液压系统实现，这是非常难的；其次，传统的压头质量很大，加载时间也长，在高速加载过程中的能量过大，其可操作性和安全性值得怀疑。理论上讲，随着加载速率的增加，材料屈服和破坏时间就较短，此时我们完全可以通过较短时间的加载实现材料的动态压缩试验，即通过脉冲加载实现材料的短时间动态加载。SHPB 装置即是利用这一原理实现材料动态加载过程的试验装置，也是当前国际应用最广泛的材料动态力学性能测试装置之一。早期 (1914 年) Hopkinson 发明这一装置的作用主要是利用波动力学理论测量爆炸或子弹射击杆弹时的应力时程曲线，后来 (1949 年) Kolsky 利用 Hopkinson 压杆产生脉冲压缩波特性设计出一套可以用于测量材料动态压缩行为的装置，即当前应用最广泛的分离式 Hopkinson 压杆装置 (简称 SHPB 装置)，如图 6.1 所示。

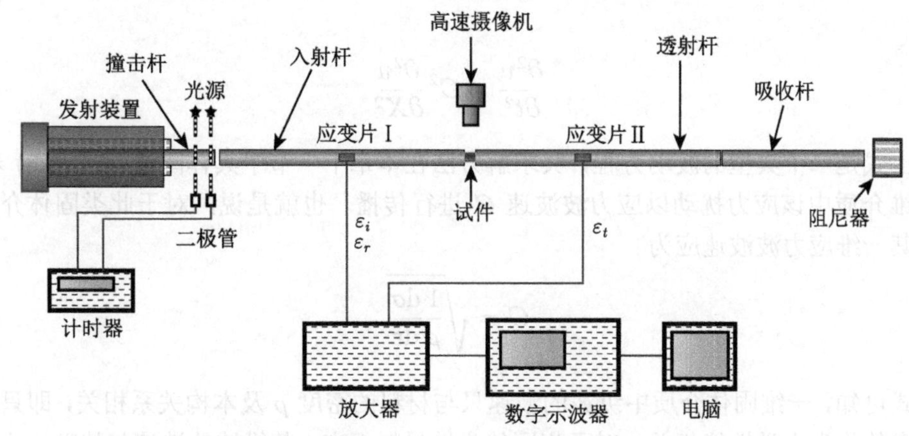

图 6.1 分离式 Hopkinson 压杆装置示意图

6.1.1 一维线弹性杆中应力波传播的守恒条件

所谓一维杆其实是一种理想情况，在应力扰动传播过程中，杆中的质点物理量只是轴向方向的 X 坐标和时间 t 的函数，当圆截面杆的长度和波长远大于杆的直径时，可以近似认为其满足一维杆假设。根据一维弹性杆中质点运动方程可以得到偏微分方程：

$$\rho\frac{\partial^2 u}{\partial t^2}=\frac{\partial \sigma}{\partial X} \tag{6.1}$$

如固体介质的本构方程为

$$\sigma=\sigma\left(\varepsilon\right) \tag{6.2}$$

即轴向应力 σ 只是轴向应变 ε 的函数，与温度、应变率等无关。根据上式，可以得到

$$\frac{\partial \sigma}{\partial X}=\frac{\mathrm{d}\sigma}{\mathrm{d}\varepsilon}\cdot\frac{\partial \varepsilon}{\partial X} \tag{6.3}$$

设某时刻质点 X 的位移为 u，根据几何方程，微元的应变 ε 可表达为

$$\varepsilon=\frac{u\left(X+\mathrm{d}X\right)-u}{\mathrm{d}X}=\frac{\partial u}{\partial X} \tag{6.4}$$

即

$$\frac{\partial \varepsilon}{\partial X}=\frac{\partial^2 u}{\partial X^2} \tag{6.5}$$

将式 (6.3) 和式 (6.5) 代入式 (6.1)，即可以得到

$$\frac{\partial^2 u}{\partial t^2}=\left(\frac{1}{\rho}\frac{\mathrm{d}\sigma}{\mathrm{d}\varepsilon}\right)\cdot\frac{\partial^2 u}{\partial X^2} \tag{6.6}$$

如令

$$C=\sqrt{\frac{1}{\rho}\frac{\mathrm{d}\sigma}{\mathrm{d}\varepsilon}} \tag{6.7}$$

则有

$$\frac{\partial^2 u}{\partial t^2} = C^2 \frac{\partial^2 u}{\partial X^2} \tag{6.8}$$

上式是一个典型的波动方程，其求解方法在本章下一节中具体阐述；式 (6.8) 表明，在一维介质中该应力扰动以应力波波速 C 进行传播。也就是说，对于此类固体介质而言，其一维应力波波速应为

$$C = \sqrt{\frac{1}{\rho}\frac{\mathrm{d}\sigma}{\mathrm{d}\varepsilon}} \tag{6.9}$$

从上式可知，一维固体介质中纵波的波速只与材料的密度 ρ 及本构关系相关，即只与介质本身的物理力学性能相关，对于相同的弹性材料而言，其纵波的波速与扰动大小、振动源的频率等无关。

特别地，对于线弹性材料而言，其本构关系满足 Hooke 定律，即

$$\sigma = E\varepsilon \tag{6.10}$$

式中，E 为材料的杨氏模量。此时，式 (6.9) 即可具体写为

$$C = \sqrt{\frac{E}{\rho}} \tag{6.11}$$

对于任意特定的线弹性材料而言，密度 ρ 和杨氏模量 E 是其材料常数，因此，其纵波的波速也是一个常数；我们由此可以认为纵波的波速也是材料本身的一个属性，一般称为材料的纵波声速。

根据应力波波阵面上的位移连续条件，可以给出关于质点位移的 Maxcell 方程：

$$\left.\left[\frac{\partial u}{\partial t}\right]\right|_X = -C\cdot\left.\left[\frac{\partial u}{\partial X}\right]\right|_t \tag{6.12}$$

即

$$[v] = -C\,[\varepsilon] \tag{6.13}$$

式中，符号 [ ] 表示波阵面紧后方的物理量减去紧前方的物理量，如

$$[\phi] \equiv \phi^- - \phi^+ \tag{6.14}$$

表示物理量 ϕ 由波阵面的紧前方跨至波阵面的紧后方时的跳跃量。当物理量 ϕ 在波阵面上连续时，$[\phi]=0$；当其在波阵面上间断时，$[\phi]\neq 0$，此时 $[\phi]$ 即是以物理量 ϕ 所表达的间断波强度。

同理，对于左行波而言，有

$$[v] = C\,[\varepsilon] \tag{6.15}$$

如同以上分析，对于一维杆中应力波的传播而言，其位移连续关系是质量守恒定律的体现；同时，在杆中介质的运动还需满足动量守恒条件。如选取无限小长度 δX 的微元分析，可以给出一维杆中微元的运动方程：

$$-\rho\delta X\frac{\mathrm{d}v}{\mathrm{d}t}=[\sigma]+\rho C[v] \tag{6.16}$$

式中，v 表示质点速度。容易看出，左端项相对于右端两项而言是高阶无穷小量，忽略无穷小量，即可以得到

$$0=[\sigma]+\rho C[v] \tag{6.17}$$

即

$$[\sigma]=-\rho C[v] \tag{6.18}$$

上式成立的物理基础是附着在一阶间断波波阵面上无限薄层的动量守恒条件，故称之为一阶间断波波阵面上的动量守恒条件或动力学相容条件。

同理，对于左行波而言，其动量守恒条件为

$$[\sigma]=\rho C[v] \tag{6.19}$$

6.1.2 一维线弹性杆中应力波在交界面上的透反射问题

如图 6.2 所示一维线弹性杆，杆中包含两种材料的介质或由两个不同介质一维杆同轴对接在一起且在整个传播过程中入射波为恒压缩应力脉冲 (两个杆始终保持紧密接触而不会分离)，设两种介质皆为线弹性材料，应力波为沿着轴线从介质 1 到介质 2 传播的纵波，两种材料的密度和弹性声速分别为 ρ_1、C_1、ρ_2 和 C_2。

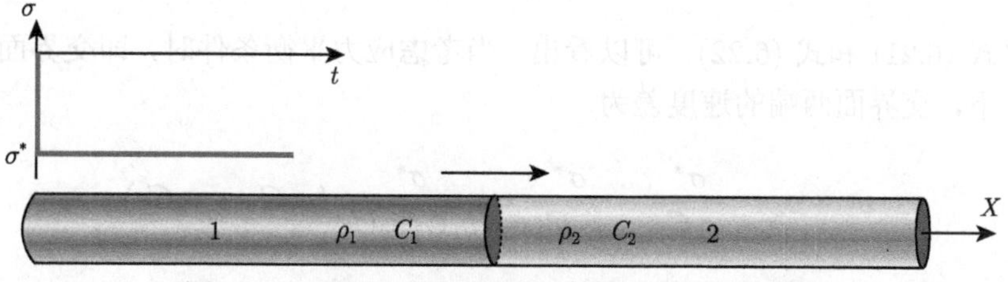

图 6.2 一维应力波在两种线弹性材料杆中的传播

设在初始 $t=0$ 时刻，杆左端施加了一个强度为 σ^* 的强间断压缩脉冲，此时会在杆介质 1 中产生一个右行线弹性纵波，其波速为 C_1，如物理平面图 6.3 中所示特征线 OA。

设初始时刻杆中的状态为 $0\,(\sigma_0,v_0)$，且设初始时刻杆材料处于自然静止状态，即

$$\begin{cases}\sigma_0=0\\ v_0=0\end{cases} \tag{6.20}$$

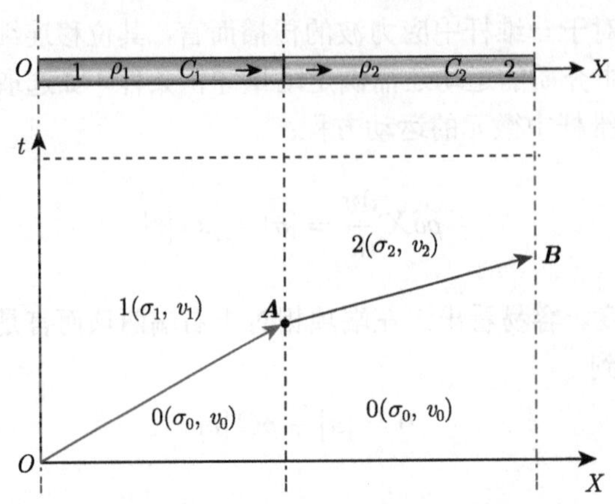

图 6.3　强间断波在两种介质中的传播物理平面图

设介质 1 中波阵面后方应力状态 $1(\sigma_1, v_1)$，根据波阵面上的动量守恒条件和初始条件即可以得到

$$\begin{cases} \sigma_1 = \sigma^* \\ v_1 = -\dfrac{\sigma^*}{\rho_1 C_1} \end{cases} \tag{6.21}$$

当应力波到达两个介质的交界点，即图 6.3 物理平面图中点 A 时，假设与同一种介质中应力传播相同，有且仅有一个右行应力波继续向介质 2 中传播，传播速度为 C_2，其特征线如图 6.3 所示直线 AB。设介质 2 中应力波传播波阵面后方介质状态为 $2(\sigma_2, v_2)$，则根据波阵面上动量守恒条件、界面上的应力平衡条件和初始条件即可得到

$$\begin{cases} \sigma_2 = \sigma^* \\ v_2 = -\dfrac{\sigma^*}{\rho_2 C_2} \end{cases} \tag{6.22}$$

对比式 (6.21) 和式 (6.22)，可以看出，当考虑应力平衡条件时，即交界面两端应力相等条件下，交界面两端的速度差为

$$v_1 - v_2 = \frac{\sigma^*}{\rho_2 C_2} - \frac{\sigma^*}{\rho_1 C_1} = \frac{\sigma^*}{\rho_1 C_1 \rho_2 C_2}(\rho_1 C_1 - \rho_2 C_2) \tag{6.23}$$

当 $\rho_1 C_1 = \rho_2 C_2$ 时，

$$v_1 - v_2 \equiv 0 \tag{6.24}$$

即交界面两端满足连续条件，以上假设是合理的；其物理意义是：当交界面两侧介质的波阻抗相等时，应力波从介质 1 到达交界面瞬间只会产生一个透射波继续向介质 2 中传播，而不会产生任何反射波。需要注意的是，这个条件是波阻抗相等，并不是要求介质 1 和介质 2 材料必须完全相同。

而当 $\rho_1 C_1 \neq \rho_2 C_2$ 时，

$$v_1 - v_2 = \rho_1 C_1 - \rho_2 C_2 \neq 0 \tag{6.25}$$

即表明交界面两端并不满足连续条件，这是不合理的，因此该问题条件已说明两种介质一直保持结合在一起的状态。而如果我们首先考虑连续条件，则有

$$\begin{cases} \sigma_2 - \sigma_0 = -\rho_2 C_2 (v_2 - v_0) \\ v_2 = v_1 = -\dfrac{\sigma^*}{\rho_1 C_1} \end{cases} \tag{6.26}$$

即有

$$\begin{cases} \sigma_2 = \dfrac{\rho_2 C_2}{\rho_1 C_1}\sigma^* \\ v_2 = -\dfrac{\sigma^*}{\rho_1 C_1} \end{cases} \tag{6.27}$$

此时，

$$\sigma_2 = \frac{\rho_2 C_2}{\rho_1 C_1}\sigma^* \neq \sigma_1 \tag{6.28}$$

即不满足应力平衡条件。换个角度看，就是从状态 1 到状态 2 存在一个应力或质点速度跳跃，或者说可能存在另一个波，而且由于此时介质 2 中不可能同时出现第二个透射波，因此，只可能在交界面处在传播一个右行透射波的同时向介质 1 中传播一个波，即反射波 AC。此时应力波传播的物理平面图如图 6.4 所示，设介质 1 中反射波波阵面后方介质状态为 $3(\sigma_3, v_3)$；根据交界面处的应力平衡条件和连续条件，可有

$$\begin{cases} \sigma_2 \equiv \sigma_3 \\ v_2 \equiv v_3 \end{cases} \tag{6.29}$$

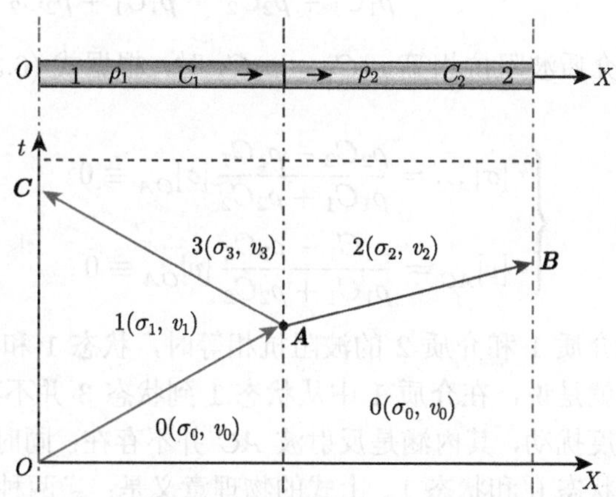

图 6.4 应力波在两种介质交界面上透反射物理平面图

此时，根据介质 1 中波阵面 $OA(0 \sim 1)$ 上的动量守恒条件和初始加载条件，可得到

$$\begin{cases} \sigma_1 = \sigma^* \\ v_1 = -\dfrac{\sigma^*}{\rho_1 C_1} \end{cases} \tag{6.30}$$

根据介质 2 中右行波波阵面 $AB(0\sim 2)$ 上的动量守恒条件和介质 1 中左行波波阵面 $AC(1\sim 3)$ 上的动量守恒条件，并结合上两式，可以计算出

$$\begin{cases} \sigma_3 = \sigma_2 = \dfrac{2\rho_2 C_2}{\rho_1 C_1 + \rho_2 C_2}\sigma^* \\ v_3 = v_2 = -\dfrac{2\sigma^*}{\rho_1 C_1 + \rho_2 C_2} \end{cases} \tag{6.31}$$

可以给出入射波 $OA(0\sim 1)$ 的应力强度和速度强度分别为

$$\begin{cases} [\sigma]_{OA} = \sigma_1 - \sigma_0 = \sigma^* \\ [v]_{OA} = v_1 - v_0 = -\dfrac{\sigma^*}{\rho_1 C_1} \end{cases} \tag{6.32}$$

反射波 $AC(1\sim 3)$ 的应力强度和速度强度分别为

$$\begin{cases} [\sigma]_{AC} = \sigma_3 - \sigma_1 = \dfrac{2\rho_2 C_2}{\rho_1 C_1 + \rho_2 C_2}\sigma^* - \sigma^* = \dfrac{\rho_2 C_2 - \rho_1 C_1}{\rho_1 C_1 + \rho_2 C_2}\sigma^* = \dfrac{\rho_2 C_2 - \rho_1 C_1}{\rho_1 C_1 + \rho_2 C_2}[\sigma]_{OA} \\ [v]_{AC} = v_3 - v_1 = -\dfrac{2\sigma^*}{\rho_1 C_1 + \rho_2 C_2} + \dfrac{\sigma^*}{\rho_1 C_1} = -\dfrac{\rho_1 C_1 - \rho_2 C_2}{\rho_1 C_1 + \rho_2 C_2}\dfrac{\sigma^*}{\rho_1 C_1} = \dfrac{\rho_1 C_1 - \rho_2 C_2}{\rho_1 C_1 + \rho_2 C_2}[v]_{OA} \end{cases} \tag{6.33}$$

透射波 $AB(1\sim 2)$ 的应力强度和速度强度分别为

$$\begin{cases} [\sigma]_{AB} = \sigma_2 - \sigma_0 = \dfrac{2\rho_2 C_2}{\rho_1 C_1 + \rho_2 C_2}\sigma^* = \dfrac{2\rho_2 C_2}{\rho_1 C_1 + \rho_2 C_2}[\sigma]_{OA} \\ [v]_{AB} = v_2 - \sigma_0 = -\dfrac{2\sigma^*}{\rho_1 C_1 + \rho_2 C_2} = \dfrac{2\rho_1 C_1}{\rho_1 C_1 + \rho_2 C_2}[v]_{OA} \end{cases} \tag{6.34}$$

特别地，当两种介质波阻抗相等 $\rho_1 C_1 = \rho_2 C_2$ 时，根据式 (6.33)，可以得到反射波强度为

$$\begin{cases} [\sigma]_{AC} = \dfrac{\rho_2 C_2 - \rho_1 C_1}{\rho_1 C_1 + \rho_2 C_2}[\sigma]_{OA} \equiv 0 \\ [v]_{AC} = \dfrac{\rho_1 C_1 - \rho_2 C_2}{\rho_1 C_1 + \rho_2 C_2}[v]_{OA} \equiv 0 \end{cases} \tag{6.35}$$

从上式可以看出，当介质 1 和介质 2 的波阻抗相等时，状态 1 和状态 3 的应力和质点速度量完全相等，也就是说，在介质 1 中从状态 1 到状态 3 并不存在跳跃，严格来讲，不存在应力和质点速度扰动，其内涵是反射波 AC 并不存在；同时，我们可以得到应力波前后方状态分别为状态 0 和状态 1。上式的物理意义是：当两种介质波阻抗匹配即波阻抗相等时，应力波到达交界面后有且仅有透射波继续传播，而不存在反射波；这个结论与上文中对应结论完全一致。其意味着：广义上讲，对应力波的传播而言，只要交界面两端介质波阻抗相等，我们可以将其视为一种材料。

定义一个无量纲参数波阻抗比：

$$k = \frac{\rho_2 C_2}{\rho_1 C_1} \tag{6.36}$$

此时以上的反射波和透射波强度分别为

$$\begin{cases} [\sigma]_{AC} = \dfrac{k-1}{k+1}[\sigma]_{OA} \\ [v]_{AC} = \dfrac{1-k}{k+1}[v]_{OA} \end{cases}, \quad \begin{cases} [\sigma]_{AB} = \dfrac{2k}{k+1}[\sigma]_{OA} \\ [v]_{AB} = \dfrac{2}{k+1}[v]_{OA} \end{cases} \tag{6.37}$$

1) 波阻抗比大于 1 时交界面的透反射问题

如果我们定义 F_σ、F_v、T_σ 和 T_v 别为应力反射系数、质点速度反射系数、应力透射系数和质点速度透射系数：

$$\begin{cases} F_\sigma = \dfrac{\sigma_2-\sigma_1}{\sigma_1-\sigma_0} \\ F_v = \dfrac{v_2-v_1}{v_1-v_0} \end{cases}, \quad \begin{cases} T_\sigma = \dfrac{\sigma_2-\sigma_0}{\sigma_1-\sigma_0} \\ T_v = \dfrac{v_2-v_0}{v_1-v_0} \end{cases} \tag{6.38}$$

则可根据式 (6.37) 分别求出其值：

$$\begin{cases} F_\sigma = \dfrac{k-1}{k+1} \\ F_v = -\dfrac{k-1}{k+1} \end{cases}, \quad \begin{cases} T_\sigma = \dfrac{2k}{k+1} \\ T_v = \dfrac{2}{k+1} \end{cases} \tag{6.39}$$

当 $k>1$ 时，可知：

$$\begin{cases} 0 < F_\sigma < 1 \\ F_v < 0 \end{cases}, \quad \begin{cases} 1 < T_\sigma \leqslant 2 \\ 0 < T_v < 1 \end{cases} \tag{6.40}$$

上式意味着：在一维杆中，如果应力波从低波阻抗介质传递到高波阻抗介质时，在两种材料介质的交界面会同时产生一个透射波和入射波；对于反射波而言，其应力与入射波同号而质点速度与入射波异号；其物理意义是：当入射波为压缩波时，反射波必为压缩波；入射波为拉伸波时，其反射波必为拉伸波；同时，反射发生后波阵面后方应力为

$$|\sigma_3| = \frac{2k}{k+1}|\sigma^*| > |\sigma^*| \quad \text{或} \quad \left|\frac{\sigma_3}{\sigma^*}\right| = \frac{2k}{k+1} > 1 \tag{6.41}$$

其值大于入射波强度，而且随着波阻抗比的增大而增加；事实上，这种现象在很多时候都能观察到。另一方面，反射波使得波阵面后方质点速度减小：

$$|v_3| = \frac{2}{k+1}|v_1| < |v_1| \quad \text{或} \quad \left|\frac{v_3}{v_1}\right| = \frac{2}{k+1} < 1 \tag{6.42}$$

而且，在一维杆中，如果应力波从低波阻抗介质传递到高波阻抗介质时，透射波强度值总是大于入射波强度但小于入射波强度值的 2 倍，且透射波与入射波永远同号，即当入射波为压缩波时，透射波必为压缩波；入射波为拉伸波时，其透射波必为拉伸波。而且，透射波波阵面后方质点速度与入射波后方质点速度同号，但其值小于后者。

当介质 2 的波阻抗远大于介质 1 的波阻抗时，可以视两种介质波阻抗比 k 为无穷大时，即此时介质 2 可视为刚壁 (即 $\rho_2 C_2 \to \infty$)，此类问题就转变成一种常用的特例：刚壁上的透反射问题，此时有

$$\begin{cases} F_\sigma = 1 \\ F_v = -1 \end{cases} \quad 和 \quad \begin{cases} T_\sigma = 2 \\ T_v = 0 \end{cases} \tag{6.43}$$

上式说明：对于应力而言，波在刚壁上反射后应力加倍、质点速度反号，也即是说，应力波在刚壁上反射时对质点速度而言，反射波可视为入射波的倒像，而对应力而言反射波可视为入射波的正像。

2) 波阻抗比小于 1 时交界面的透反射问题

当材料由“硬”介质到“软”介质传播即 $k < 1$ 时，从应力增量的角度上看，反射波 1~3 和入射波 0~1 方向相反，透射波 0~2 与入射波 0~1 方向一致；从质点速度增量的角度上，反射波 1~3 和入射波 0~1 方向一致，但会导致质点速度的正跳跃，透射波 0~2 与入射波 0~1 方向也是一致的。

同理可以得到

$$\begin{cases} -1 < F_\sigma < 0 \\ F_v > 0 \end{cases}, \quad \begin{cases} 0 < T_\sigma < 1 \\ 1 < T_v \leqslant 2 \end{cases} \tag{6.44}$$

上式的物理意义是：在一维杆中，如果应力波从高波阻抗介质传递到低波阻抗介质时，在两种材料介质的交界面会同时产生一个透射波和入射波；对于反射波而言，其应力与入射波异号而质点速度与入射波同号，即反射波使得介质 1 中质点速度进一步增大而应力却有所减小；对于透射波而言，其无论是应力还是质点速度都与入射波同号，而且透射波质点速度大于入射波，透射波使得介质 2 中产生应力且质点速度也增大。

特别地，当介质 2 波阻抗远小于介质 1 时，如介质 2 为空气或真空，此时波阻抗比 k 接近于 0 时，介质 2 可视为自由面，此类问题就转变成一种常用的特例：自由面上的透反射问题；此时有

$$\begin{cases} F_\sigma = -1 \\ F_v = 1 \end{cases} \quad 和 \quad \begin{cases} T_\sigma = 0 \\ T_v = 2 \end{cases} \tag{6.45}$$

上式说明：应力波在自由面上反射后质点速度加倍、应力反号，也即是说，波在自由面上反射时对应力而言，反射波可视为入射波的倒像，而对质点速度而言反射波可视为入射波的正像。

从以上分析可以看出：首先，无论是从应力还是质点速度角度来观察问题，也不管两种材料的波阻抗哪个大哪个小，透射波永远都是与入射波同号的；其次，当介质 2 的波阻抗比介质 1 的波阻抗大时，从应力增量角度观察问题入射波是与反射波同号的，而当介质 2 的波阻抗比介质 1 的波阻抗小时，从应力增量角度观察问题入射波则是与反射波异号的。需要说明的是，这里所得出的关于对透射波、反射波与入射波强度间符号关系的结论不仅适用于线弹性波，对一般的非线性材料也是适用的，只不过对非线性材

料而言，无论是冲击波还是连续波，材料的波阻抗都不再是常数而是与应力状态和波的强度有关的，同时透射波、反射波与入射波强度间的定量关系也将更加复杂。

式 (6.43) 和式 (6.45) 分别称为线弹性波在刚壁上和在自由面上反射时的“镜像法则”。尽管我们只给出了单加载强间断波的镜像法则，但是由于任意形状的应力波可以看成一系列增量波的累加，而线弹性波的相互作用是满足线性叠加原理的，故弹性波在刚壁上和自由面上反射的镜像法则对任何形状的波都是成立的；这使我们可以很方便地作出弹性波在刚壁或自由面上反射后所形成的合成应力波形或质点速度波形。

6.1.3 SHPB 的试验原理与数据处理基本方法

传统的分离式 Hopkinson 压杆装置由发射装置、撞击杆、入射杆、透射杆和吸收杆组成，试件置于入射杆和透射杆之间。需要注意的是，材料的应变率效应与结构惯性效应很难区分，甚至在某种意义上无法完全区分，这主要依赖于我们研究的尺度和要求；同时，应变率传播问题和材料的动态本构问题也是一个“狗咬尾巴”的问题，这些问题在很多相关文献中都讨论过，在此不做多述。在分析分离式 Hopkinson 压杆的试验原理和数据处理方法之前，我们对几个基本问题进行强调说明：首先，分离式 Hopkinson 压杆测试的对象是材料，因此我们必须保证测试的对象具有材料的特征，而不是结构特征明显，起码在测试尺度上测试对象以材料特征为主，这对金属材料而言一般都成立，但对复合材料包括混凝土类材料而言就不一定满足；其次，分离式 Hopkinson 压杆测试技术是建立在一维杆理论框架上发展的，因此我们力求最大限度地接近这一假设，也就是说，装置中应力波关键传播路径是在细长杆中完成，这就要求撞击杆、入射杆和透射杆的长径比足够大、杆身足够平直，而且，即使不考虑杆中应力波的弥散效应和测试应变片的宽度并假设一切测试手段都完美，同一个应变片测量入射波和反射波，为了得到准确的入射波和反射波信号，防止两波出现叠加问题，因此，入射杆长度必须大于撞击杆的 2 倍以上；再次，试验测试方法是基于弹性波理论之上的，因此我们必须保证撞击杆、入射杆和透射杆中无塑性变形，撞击杆的入射速度 v 与杆材料的单轴屈服强度 Y 满足关系

$$v < \frac{2Y}{\rho C} \tag{6.46}$$

且试件如果直接与入射杆、透射杆相接触，其屈服强度必须小于杆材料的单轴屈服强度。

如图 6.5 所示，当我们满足以上基本条件和两个基本假设 (杆中一维波 (平面波) 假设和试件中应力均匀假设) 的基础上，我们可以得到

$$\begin{cases} \sigma_{\mathrm{s}}(t) = \dfrac{\left[\sigma(X_2,t) + \sigma(X_1,t)\right]A}{2A_{\mathrm{s}}} \\ \dot{\varepsilon}_{\mathrm{s}}(t) = \dfrac{v(X_2,t) - v(X_1,t)}{l_{\mathrm{s}}} \end{cases} \tag{6.47}$$

式中，σ_{s} 和 $\dot{\varepsilon}_{\mathrm{s}}$ 代表试件所受的平均应力和平均应变率；σ 代表应力；v 代表质点速度；A 和 A_{s} 分别代表杆和试件的截面面积；l_{s} 代表试件的长度。

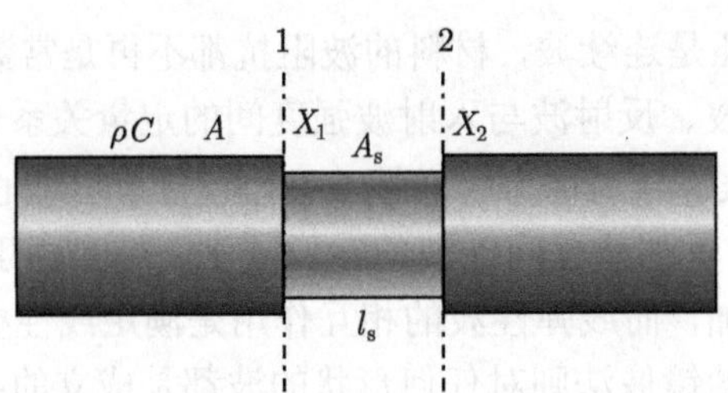

图 6.5　SHPB 试验中试件受力情况

根据交界面上应力波的透反射定律，我们可以给出：

$$
\begin{cases} \sigma(X_1,t)=\sigma_{\mathrm{I}}(X_1,t)+\sigma_{\mathrm{R}}(X_1,t) \\ \sigma(X_2,t)=\sigma_{\mathrm{T}}(X_2,t) \end{cases},\quad \begin{cases} v(X_1,t)=v_{\mathrm{I}}(X_1,t)+v_{\mathrm{R}}(X_1,t) \\ v(X_2,t)=v_{\mathrm{T}}(X_2,t) \end{cases} \tag{6.48}
$$

式中，σ_{I} 和 v_{I} 分别表示入射波应力和质点速度；σ_{R} 和 v_{R} 分别表示反射波应力和质点速度，σ_{T} 和 v_{T} 分别表示透射波应力和质点速度。将上式代入方程 (6.47) 中可有

$$
\begin{cases} \sigma_{\mathrm{s}}(t)=\dfrac{\left[\sigma_{\mathrm{T}}(X_2,t)+\sigma_{\mathrm{I}}(X_1,t)+\sigma_{\mathrm{R}}(X_1,t)\right]A}{2A_{\mathrm{s}}} \\ \dot{\varepsilon}_{\mathrm{s}}(t)=\dfrac{v_{\mathrm{T}}(X_2,t)-\left[v_{\mathrm{I}}(X_1,t)+v_{\mathrm{R}}(X_1,t)\right]}{l_{\mathrm{s}}} \end{cases} \tag{6.49}
$$

将应变率对时间求积分，即可得到

$$
\varepsilon_{\mathrm{s}}(t)=\int_0^t \dot{\varepsilon}_{\mathrm{s}}(t)\,\mathrm{d}t=\frac{1}{l_{\mathrm{s}}}\int_0^t \left[v_{\mathrm{T}}(X_2,t)-v_{\mathrm{I}}(X_1,t)-v_{\mathrm{R}}(X_1,t)\right]\mathrm{d}t \tag{6.50}
$$

理论上讲，当应力波跨过截面不同的交界面时，会在交界面两侧一定区间内产生应力波紊流，我们一般在距离交界面一定距离处进行测量，同时，由于分解入射波和反射波的需要，我们也需要将测量点放置于距离交界面一定距离的地方，如图 6.6 所示。假设其坐标分别为 X_{I} 和 X_{T}，图中应力波从界面 X_{I} 到界面 X_1 传播时间为 Δt_1，应力波从界面 X_2 到界面 X_{T} 的传播时间为 Δt_2，则有

$$
\begin{cases} \sigma_{\mathrm{I}}(X_1,t)=\sigma_{\mathrm{I}}(X_{\mathrm{I}},t-\Delta t_1) \\ \sigma_{\mathrm{R}}(X_1,t)=\sigma_{\mathrm{R}}(X_{\mathrm{I}},t+\Delta t_1) \\ \sigma_{\mathrm{T}}(X_2,t)=\sigma_{\mathrm{T}}(X_{\mathrm{T}},t+\Delta t_2) \end{cases} \tag{6.51}
$$

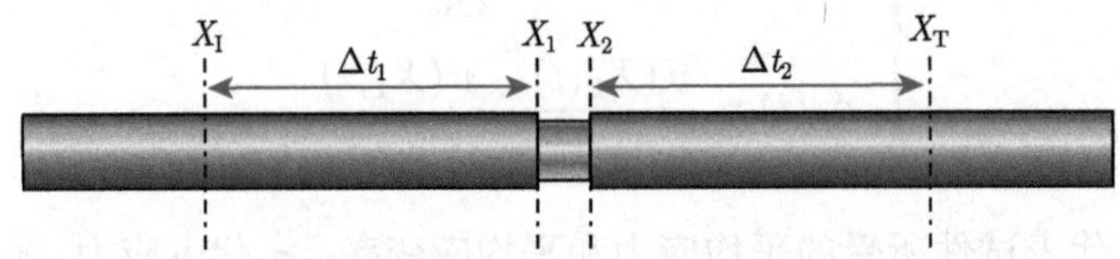

图 6.6　SHPB 试验中入射杆和透射波波形测量示意图

因此，我们可以得到试件的平均应力为

$$\sigma_{\mathrm{s}}(t)=\frac{A}{A_{\mathrm{s}}}\frac{\left[\sigma_{\mathrm{T}}\left(X_{\mathrm{T}},t+\Delta t_2\right)+\sigma_{\mathrm{I}}\left(X_{\mathrm{I}},t-\Delta t_1\right)+\sigma_{\mathrm{R}}\left(X_{\mathrm{I}},t+\Delta t_1\right)\right]}{2} \tag{6.52}$$

如果杆中任何时刻材料都处于弹性状态，杆材料为线弹性材料，杨氏模量为 E，则上式可写为

$$\sigma_{\mathrm{s}}(t)=\frac{EA}{2A_{\mathrm{s}}}\left[\varepsilon_{\mathrm{T}}\left(X_{\mathrm{T}},t+\Delta t_2\right)+\varepsilon_{\mathrm{I}}\left(X_{\mathrm{I}},t-\Delta t_1\right)+\varepsilon_{\mathrm{R}}\left(X_{\mathrm{I}},t+\Delta t_1\right)\right] \tag{6.53}$$

式中，ε_{T}、ε_{I} 和 ε_{R} 分别表示在界面 X_{T} 所测得的透射波引起的应变和界面 X_{I} 所测得的入射波引起的应变与反射波引起的应变。

同理，利用应力波波阵面上的连续方程

$$[v]=\mp C[\varepsilon] \tag{6.54}$$

代入式 (6.49)，即可以得到试件平均应变率与测点应变之间的关系：

$$\dot{\varepsilon}_{\mathrm{s}}(t)=\frac{C}{l_{\mathrm{s}}}\left[\varepsilon_{\mathrm{I}}\left(X_{\mathrm{I}},t-\Delta t_1\right)-\varepsilon_{\mathrm{T}}\left(X_{\mathrm{T}},t+\Delta t_2\right)-\varepsilon_{\mathrm{R}}\left(X_{\mathrm{I}},t+\Delta t_1\right)\right] \tag{6.55}$$

从以上分析结果可以看出，在杆中一维平面弹性波和试件中应力均匀两个基本假设的基础上，我们通过测量如图 6.6 所示入射杆和透射杆两界面对应的表面处的应变信号 $\varepsilon(t)$ 就可以计算出试件的平均应力、应变和应变率，从而获取某应变率下的应力应变关系；需要指出的是，在计算之前，由于三式中对应的时间参数不同需要在时间轴上进行平移对波，之后即可得到

$$\left\{\begin{aligned}
\sigma_{\mathrm{s}}(t')&=\frac{EA}{2A_{\mathrm{s}}}\left[\varepsilon_{\mathrm{T}}\left(X_{\mathrm{T}},t'\right)+\varepsilon_{\mathrm{I}}\left(X_{\mathrm{I}},t'\right)+\varepsilon_{\mathrm{R}}\left(X_{\mathrm{I}},t'\right)\right]\\
\varepsilon_{\mathrm{s}}(t')&=\frac{C}{l_{\mathrm{s}}}\int_0^t\left[\varepsilon_{\mathrm{I}}\left(X_{\mathrm{I}},t'\right)-\varepsilon_{\mathrm{T}}\left(X_{\mathrm{T}},t'\right)-\varepsilon_{\mathrm{R}}\left(X_{\mathrm{I}},t'\right)\right]\mathrm{d}t\\
\dot{\varepsilon}_{\mathrm{s}}(t')&=\frac{C}{l_{\mathrm{s}}}\left[\varepsilon_{\mathrm{I}}\left(X_{\mathrm{I}},t'\right)-\varepsilon_{\mathrm{T}}\left(X_{\mathrm{T}},t'\right)-\varepsilon_{\mathrm{R}}\left(X_{\mathrm{I}},t'\right)\right]
\end{aligned}\right. \tag{6.56}$$

上式即为 SHPB 装置试验数据处理的基本公式，常称之为三波法。

当试件为介质均匀性较好、声速较大的材料如金属材料，此时试件尺寸较小且试件达到应力均匀的时间很短，此时对于整个入射、反射和透射波形而言，绝大部分时间内试件应力达到了均匀，如此一来我们就可以认为：

$$\varepsilon_{\mathrm{I}}\left(X_{\mathrm{I}},t'\right)+\varepsilon_{\mathrm{R}}\left(X_{\mathrm{I}},t'\right)=\varepsilon_{\mathrm{T}}\left(X_{\mathrm{T}},t'\right) \tag{6.57}$$

此时式 (6.56) 就可以简化为

$$\begin{cases} \sigma_{\mathrm{s}}(t') = \dfrac{EA}{A_{\mathrm{s}}}\left[\varepsilon_{\mathrm{I}}(X_{\mathrm{I}},t') + \varepsilon_{\mathrm{R}}(X_{\mathrm{I}},t')\right] \\ \varepsilon_{\mathrm{s}}(t') = -\dfrac{2C}{l_{\mathrm{s}}}\displaystyle\int_0^t \varepsilon_{\mathrm{R}}(X_{\mathrm{I}},t')\,\mathrm{d}t \\ \dot{\varepsilon}_{\mathrm{s}}(t') = -\dfrac{2C}{l_{\mathrm{s}}}\varepsilon_{\mathrm{R}}(X_{\mathrm{I}},t') \end{cases} \tag{6.58}$$

上式即说明我们可以只通过入射杆上的应变片测量出入射应变波形和反射应变波形，从而可以计算出试件的压缩应变率以及在此应变率下试件的应力和应变，常称之为两波法。

同理，当我们测得的透射波信号较好，也可以利用式 (6.57) 对式 (6.58) 做进一步简化：

$$\begin{cases} \sigma_{\mathrm{s}}(t') = \dfrac{EA}{A_{\mathrm{s}}}\varepsilon_{\mathrm{T}}(X_{\mathrm{T}},t') \\ \varepsilon_{\mathrm{s}}(t') = -\dfrac{2C}{l_{\mathrm{s}}}\displaystyle\int_0^t \varepsilon_{\mathrm{R}}(X_{\mathrm{I}},t')\,\mathrm{d}t \\ \dot{\varepsilon}_{\mathrm{s}}(t') = -\dfrac{2C}{l_{\mathrm{s}}}\varepsilon_{\mathrm{R}}(X_{\mathrm{I}},t') \end{cases} \tag{6.59}$$

上式说明，我们也可以只通过测量入射杆中的反射应变波形和透射杆中的透射应变波形来计算出试件的加载应变率，并在此基础上求解出试件的应力应变关系，该方法也是另一种两波法。同时也可以看出决定试件应变率计算的量是反射应变波，而决定试件应力强度计算的量是透射应变波。

6.2 SHPB 试验中整形片的整形原理与相似律

从上一节的分析可以看出，当满足 6.1.3 小节所述基本条件和两个基本假设 (杆中一维波假设和试件中应力均匀假设) 时，我们可以得到

$$\begin{cases} \sigma_{\mathrm{s}} = \dfrac{EA}{2A_{\mathrm{s}}}(\varepsilon_{\mathrm{T}} + \varepsilon_{\mathrm{I}} + \varepsilon_{\mathrm{R}}) \\ \varepsilon_{\mathrm{s}} = \dfrac{C}{l_{\mathrm{s}}}\displaystyle\int_0^t (\varepsilon_{\mathrm{I}} - \varepsilon_{\mathrm{T}} - \varepsilon_{\mathrm{R}})\,\mathrm{d}t \\ \dot{\varepsilon}_{\mathrm{s}} = \dfrac{C}{l_{\mathrm{s}}}(\varepsilon_{\mathrm{I}} - \varepsilon_{\mathrm{T}} - \varepsilon_{\mathrm{R}}) \end{cases} \tag{6.60}$$

式中，σ_{s}、ε_{s} 和 $\dot{\varepsilon}_{\mathrm{s}}$ 分别代表试件所受的平均工程应力、平均工程应变和平均工程应变率；E 代表杆材料的杨氏模量；C 代表杆材料声速；ε_{T}、ε_{I} 和 ε_{R} 分别表示对波后透射波应变、入射波应变与反射波应变；A 和 A_{s} 分别代表杆和试件的截面面积；l_{s} 代表试件的长度。

6.2.1 典型 SHPB 试验入射波形及其量纲分析

对于常规分离式 Hopkinson 压杆而言，其入射波形理论上近似矩形波，如图 6.7 所示。图中曲线为 Φ14.5mm 分离式 Hopkinson 压杆原始波形。

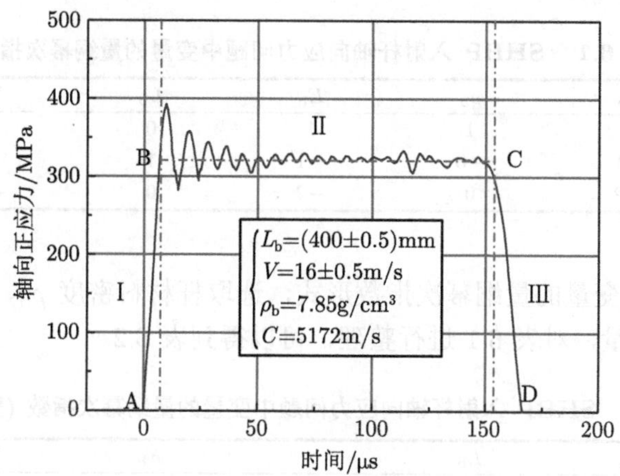

图 6.7　SHPB 试验典型入射波形

图中波浪线即为原始波形，其振荡的主要原因是杆并不能完全满足理想的一维杆假设，存在波形弥散及其在杆侧界面的透反射等现象。图中显示，撞击杆撞击入射杆主要分为三个阶段：第一个阶段皆为撞击加载阶段，此时入射杆中轴向应力从 0 线性增加到峰值应力区，与理论完全符合，见图中 I 区，该阶段我们也常称为上升沿阶段；第二个为恒应力加载阶段，此阶段入射杆中测量点处轴向正应力在某一个恒定值上下波动，排除装置与理想条件的差别导致的弥散效应等，从理论上讲该阶段测量点处的正应力应为一个特定值，从上图也可以看出该阶段是该应力波的主要阶段，见图中 Ⅱ 区；第三个阶段即线性卸载阶段，其测量点轴向应力从峰值线性减小到 0，与理论也完全符合，见图中 Ⅲ 区。

设 SHPB 装置杆材料密度为 ρ_b，材料杨氏模量和泊松比分别为 E_b 和 ν_b，由于传统 SHPB 装置试验的基本前提是杆中的应力波为线弹性波，因此不需考虑杆材料的屈服参数等；设杆直径为 D，撞击杆长度为 L_b，由于本小节重点研究入射波波形相关问题，不考虑反射波和透射波，因此无须考虑透射杆等参数，入射杆的长度也不需考虑。当撞击杆以速度 V 正撞击共轴入射杆时，入射杆中测量处轴向正应力的函数关系可以写为

$$\sigma_b = f\left(\rho_b; E_b, \nu_b; L_b, D; V, t\right) \tag{6.61}$$

根据 SHPB 装置的理论基础及其假设，应力波在杆中的传播可以近似为一维应力波的传播行为，上图中振荡问题也是由于直径和泊松比等参数的影响使得实际条件与理想条件存在偏差，而这种偏差我们一般通过对波形进行滤波等试验手段或数据处理手段进行消除或尽可能消除；因此，从理论上讲，杆直径 D 和杆材料泊松比 ν_b 不应列入主要影响因素。因而，上式可以简化为

$$\sigma_{\mathrm{b}}=f\left(\rho_{\mathrm{b}},E_{\mathrm{b}},L_{\mathrm{b}},V,t\right) \tag{6.62}$$

该问题中有 6 个物理量，作为一个典型的纯力学问题，其基本量纲有 3 个，这 6 个物理量的量纲幂次指数如表 6.1 所示。

表 6.1　SHBP 入射杆轴向应力问题中变量的量纲幂次指数

物理量	σ_{b}	ρ_{b}	E_{b}	L_{b}	V	t
M	1	1	1	0	0	0
L	−1	−3	−1	1	1	0
T	−2	0	−2	0	−1	1

从以上 5 个自变量的量纲幂次指数形式，选取杆材料密度 ρ_{b}、撞击杆长度 L_{b} 和时间 t 为参考物理量，对表 6.1 进行整理，可以得到表 6.2。

表 6.2　SHBP 入射杆轴向应力问题中变量的量纲幂次指数 (整理后)

物理量	ρ_{b}	L_{b}	t	E_{b}	V	σ_{b}
M	1	0	0	1	0	1
L	−3	1	0	−1	1	−1
T	0	0	1	−2	−1	−2

对表 6.2 进行行变换，可以得到表 6.3。

表 6.3　SHBP 入射杆轴向应力问题中变量的量纲幂次指数 (行变换后)

物理量	ρ_{b}	L_{b}	t	E_{b}	V	σ_{b}
ρ_{b}	1	0	0	1	0	1
L_{b}	0	1	0	2	1	2
t	0	0	1	−2	−1	−2

根据 Π 定理和表 6.3 容易知道，最终表达式中无量纲量有 3 个，包含 1 个无量纲因变量和 2 个无量纲自变量：

$$\left\{\begin{array}{l}\Pi=\dfrac{\sigma_{\mathrm{b}}t^{2}}{\rho_{\mathrm{b}}L_{\mathrm{b}}^{2}}\\[2ex]\Pi_{1}=\dfrac{E_{\mathrm{b}}t^{2}}{\rho_{\mathrm{b}}L_{\mathrm{b}}^{2}}\\[2ex]\Pi_{2}=\dfrac{Vt}{L_{\mathrm{b}}}\end{array}\right. \tag{6.63}$$

上式中 3 个无量纲量皆包含时间 t 这一变量，物理意义并不明显，需要进行进一步处理。上式中第一个无量纲自变量可以进一步写为

$$\Pi_{1}=\frac{E_{\mathrm{b}}t^{2}}{\rho_{\mathrm{b}}L_{\mathrm{b}}^{2}}\rightarrow\sqrt{\frac{E_{\mathrm{b}}}{\rho_{\mathrm{b}}}}\frac{t}{L_{\mathrm{b}}} \tag{6.64}$$

根据应力波理论可知，一维线弹性杆中的声速为

$$C_{\mathrm{b}}=\sqrt{\frac{E_{\mathrm{b}}}{\rho_{\mathrm{b}}}} \tag{6.65}$$

因此，式 (6.64) 等效为

$$\Pi_1=\frac{C_{\mathrm{b}}t}{L_{\mathrm{b}}}=\frac{t}{L_{\mathrm{b}}/C_{\mathrm{b}}} \tag{6.66}$$

式中，右端分式中分母表示弹性波在撞击杆中传播一次所需要的时间；因此上式即表示无量纲时间：

$$\bar{t}=\frac{t}{L_{\mathrm{b}}/C_{\mathrm{b}}} \tag{6.67}$$

由于两个无量纲自变量中第一个无量纲自变量包含时间 t 这个变量，因此第二个无量纲自变量可以根据量纲分析的性质消除变量 t，即可得到

$$\Pi_2'=\frac{\Pi_2}{\Pi_1}=\frac{Vt}{L_{\mathrm{b}}}\bigg/\frac{t}{L_{\mathrm{b}}/C_{\mathrm{b}}}=\frac{V}{C_{\mathrm{b}}} \tag{6.68}$$

表示无量纲撞击速度：

$$\bar{V}=\frac{V}{C_{\mathrm{b}}} \tag{6.69}$$

同理，式 (6.63) 中无量纲因变量物理意义也不明显，根据量纲分析的性质，结合式 (6.65)，可以进一步转换为

$$\Pi'=\frac{\Pi}{\Pi_2\Pi_2}=\frac{\sigma_{\mathrm{b}}t^2}{\rho_{\mathrm{b}}L_{\mathrm{b}}^2}\bigg/\left(\sqrt{\frac{E_{\mathrm{b}}}{\rho_{\mathrm{b}}}}\frac{t}{L_{\mathrm{b}}}\frac{Vt}{L_{\mathrm{b}}}\right)=\frac{\sigma_{\mathrm{b}}}{\rho_{\mathrm{b}}C_{\mathrm{b}}V} \tag{6.70}$$

根据应力波理论可知，两个同质一维弹性杆以相对速度 V 同轴撞击瞬时端面应力为

$$\sigma=\frac{1}{2}\rho_{\mathrm{b}}C_{\mathrm{b}}V \tag{6.71}$$

此时，式 (6.70) 可以进一步写为

$$\Pi=\frac{\sigma_{\mathrm{b}}}{\frac{1}{2}\rho_{\mathrm{b}}C_{\mathrm{b}}V} \tag{6.72}$$

该无量纲因变量即表示无量纲应力，可写为

$$\bar{\sigma}=\frac{\sigma_{\mathrm{b}}}{\frac{1}{2}\rho_{\mathrm{b}}C_{\mathrm{b}}V} \tag{6.73}$$

因此，式 (6.62) 可以写为以下无量纲函数形式：

$$\frac{\sigma_{\mathrm{b}}}{\dfrac{1}{2}\rho_{\mathrm{b}}C_{\mathrm{b}}V}=f\left(\frac{V}{C_{\mathrm{b}}},\frac{t}{L_{\mathrm{b}}/C_{\mathrm{b}}}\right) \tag{6.74}$$

或

$$\bar{\sigma}=f\left(\bar{V},\bar{t}\right) \tag{6.75}$$

利用以上无量纲转换方法对图 6.7 中所示试验入射波形进行无量纲化处理，可以得到图 6.8，从图中可以看出，在入射波形平台段有

$$\bar{\sigma}=\frac{\sigma_{\mathrm{b}}}{\dfrac{1}{2}\rho_{\mathrm{b}}C_{\mathrm{b}}V}\approx 1\Leftrightarrow \sigma_{\mathrm{b}}=\frac{1}{2}\rho_{\mathrm{b}}C_{\mathrm{b}}V \tag{6.76}$$

该试验结果与理论推导结果完全相符。同样，我们可以看出，入射波无量纲时间波长近似为 2，这也与应力波中理论推导结果完全相同。对比图 6.7 和图 6.8 可以看出，入射杆中无量纲轴向正应力时程曲线更具有物理意义；从下文的分析还可以看出，无量纲处理后的曲线具有原始曲线很难直接发现的特征，从无量纲曲线中更容易看出和分析其中所蕴含的物理意义。

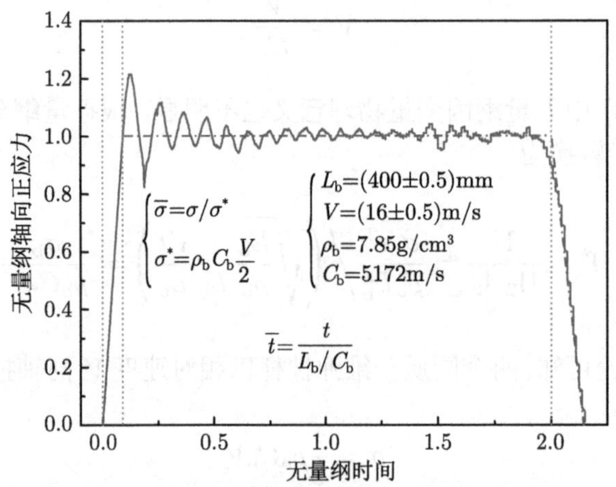

图 6.8 无整形片 SHPB 试验无量纲入射波形

1) 利用试验结果验证数值仿真模型

以 Φ14.5mm 口径 SHPB 杆为例，撞击杆和入射杆均为 45# 钢，其密度为 7.85g/cm^3，杨氏模量为 210GPa，可以计算出其一维杆中的弹性声速为 5172m/s，当撞击杆以约 16m/s 的速度同轴正撞击入射杆，入射杆中的试验波形与仿真波形如图 6.9 所示，图中横坐标和纵坐标分别表示无量纲时间和无量纲轴向正应力。

图 6.9 显示，仿真结果、理论分析结果与试验结果一致性好，这说明模型与参数合理且准确，仿真结果准确性高。

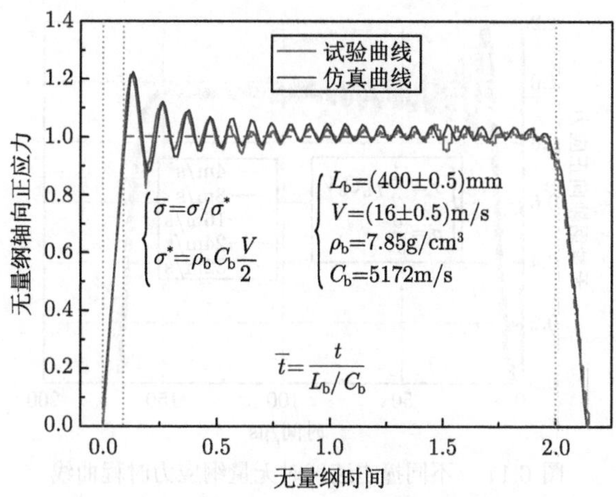

图 6.9　无整形片 SHPB 原始入射波形试验与仿真

2) 利用数值仿真模型拓展试验研究结论

同上，以 Φ14.5mm 口径 SHPB 杆为例，撞击杆和入射杆均为 45# 钢，其密度为 7.85g/cm^3，泊松比为 0.3，杨氏模量为 210GPa，可以计算出其一维杆中的弹性声速为 5172m/s，当撞击杆以约 16m/s 的速度同轴正撞击入射杆，利用以上通过验证的模型开展仿真计算。计算中撞击杆长度为 400mm，撞击速度分别 4m/s、6m/s、8m/s、10m/s、12m/s、14m/s、16m/s、18m/s、20m/s、22m/s、24m/s、26m/s、28m/s、30m/s 和 32m/s 15 个不同速度，仿真结果如图 6.10 所示。

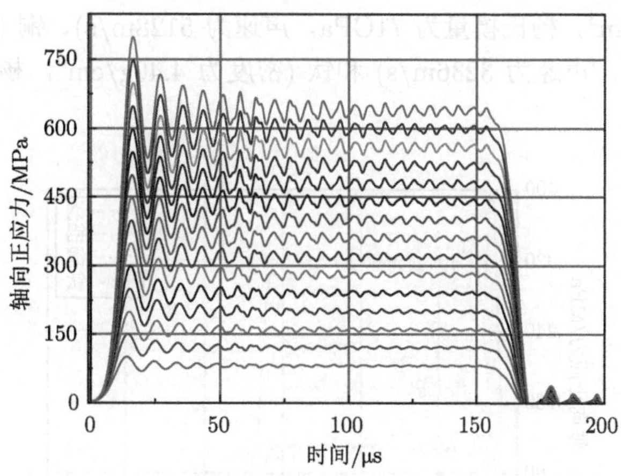

图 6.10　不同撞击速度时入射波杆中应力时程曲线

从图 6.10 可以看出，随着撞击速度的增大，入射波峰值应力逐渐增大，波长不变。根据应力波理论容易计算出撞击杆正撞击共轴入射杆时的应力峰值，容易计算出，对于此杆材，撞击速度为 4m/s、8m/s、16m/s、24m/s 和 32m/s 时对应的峰值应力分别约为 81MPa、162MPa、325MPa、487MPa 和 650MPa。利用式 (6.74) 对上图中部分曲线纵坐标即应力值进行无量纲化，可得到图 6.11。

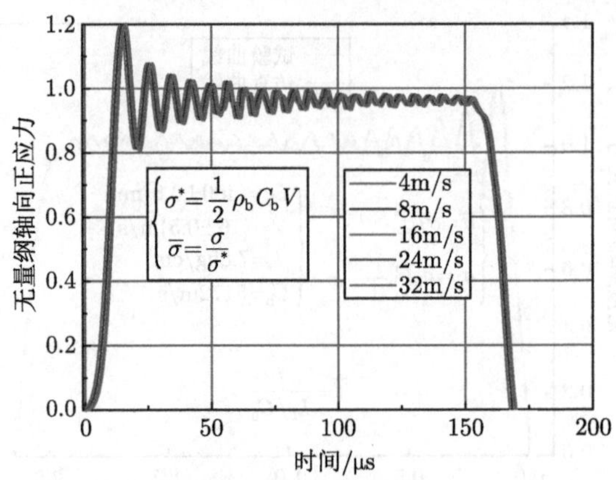

图 6.11　不同撞击速度时无量纲应力时程曲线

图 6.11 显示，长杆弹材料相同且撞击杆长度相同时，不同撞击速度时 (此处仅是分析速度的影响，不考虑速度过大导致杆中出现塑性变形现象，只将材料视为线弹性材料，不考虑其屈服行为)，入射杆中测量点处任意时刻对应的无量纲轴向正应力基本相同，而且不考虑波形振荡，将峰值压力取平均值，容易得到，该应力峰值平台无量纲正应力的值为 1，这与应力波理论分析结论完全一致。

上例中不同撞击速度时杆材料皆相同，即其密度和声速相同，当材料不同撞击速度相同时，我们也可以得到如上相同规律。图 6.12 所示为四种不同材料杆材，撞击杆以 16m/s 的速度正撞击共轴入射杆时入射杆内的应力时程曲线，其中撞击杆长度为 400mm，杆材料分别为钢 (密度为 7.85g/cm^3，杨氏模量为 210GPa，声速为 5172m/s)、铝 (密度为 2.70g/cm^3，杨氏模量为 71GPa，声速为 5128m/s)、铜 (密度为 8.50g/cm^3，杨氏模量为 89GPa，声速为 3236m/s) 和钛 (密度为 4.40g/cm^3，杨氏模量为 110GPa，声速为 5000m/s)。

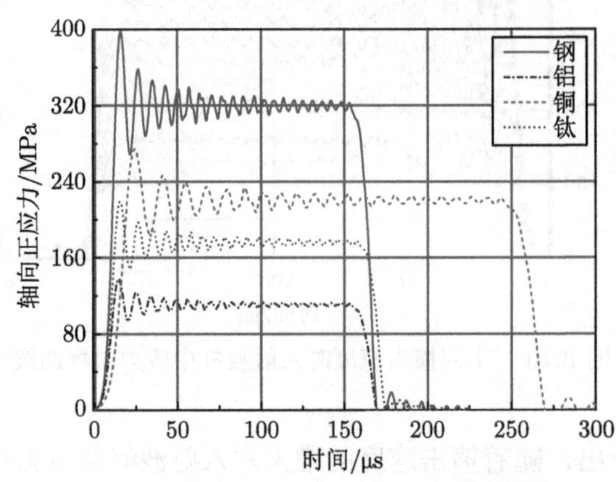

图 6.12　不同杆材料时入射波杆中应力时程曲线

从图 6.12 中可以看出，材料不同时，入射波波形相似，皆如上分析呈现三个阶段特征，皆为梯形且可近似为矩形波；其次，容易看出，此四个不同材料的杆以相同撞击速度撞击产生的入射波无论是波幅和波长皆不相同，其波幅应力平台值差别非常明显。同上，可以计算出当撞击杆的长度均为 400mm、撞击速度为 16m/s 时钢、铝、铜和钛四种材料对应的峰值应力分别约为 325MPa、111MPa、220MPa 和 176MPa。对纵坐标即应力值进行无量纲化后可以得到图 6.13。

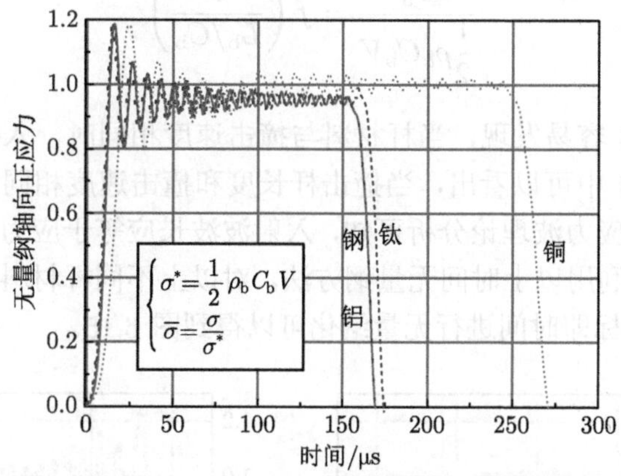

图 6.13　不同杆材料时无量纲应力时程曲线

从图 6.13 容易发现，轴向正应力无量纲化后，入射波形虽然仍存在一定的差别，但不同材料无量纲应力平台皆相同，且皆约为 1，这与理论计算结果完全一致。本例和上例无量纲化结果皆表明，利用以上方法对入射波轴向正应力进行无量纲化处理是科学准确的。

同上开展不同撞击杆长度的数值仿真，如图 6.14 所示。图中撞击杆有 125mm、150mm、175mm 到 500mm 等 16 个不同长度，杆材料为 45# 钢，撞击速度为 16m/s。

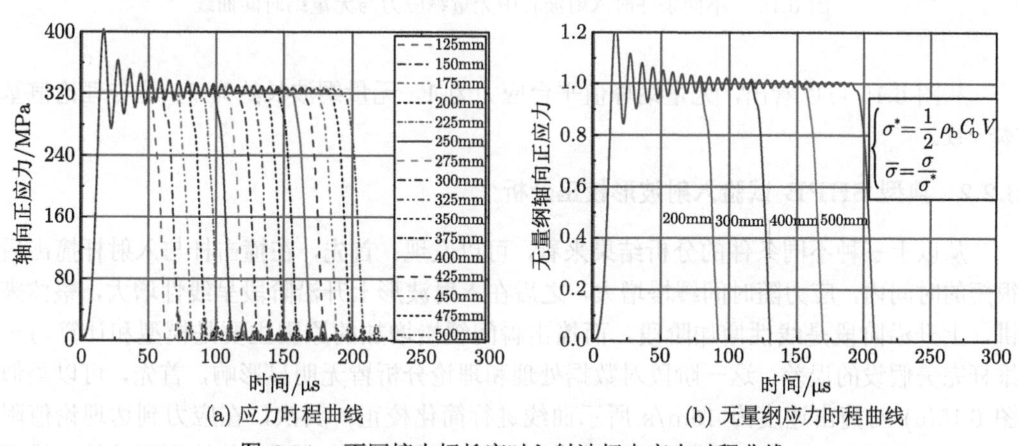

(a) 应力时程曲线　　(b) 无量纲应力时程曲线

图 6.14　不同撞击杆长度时入射波杆中应力时程曲线

图 6.14(a) 为入射杆中测点处轴向正应力时程曲线，图 (b) 为对 (a) 中 4 条不同撞击杆长度对应的轴向正应力进行无量纲化处理后的曲线。从两个小图可以看出，材料与撞击速度相同，撞击杆长度不同时，入射波的应力峰值平台和无量纲应力峰值平台对应

相同，也就是说撞击杆长度对入射波的轴向正应力值并无影响。结合该例和以上不同撞击速度、不同材料的仿真结果，我们可以看出，对应力进行无量纲化处理后，不同条件时入射杆中测量点无量纲轴向正应力只是时间的函数，与撞击速度无关，因此式 (6.74) 可以简化为

$$\frac{\sigma_{\mathrm{b}}}{\frac{1}{2}\rho_{\mathrm{b}}C_{\mathrm{b}}V}=f\left(\frac{t}{L_{\mathrm{b}}/C_{\mathrm{b}}}\right) \tag{6.77}$$

同时，从图 6.14 容易发现，当杆材料与撞击速度相同时，入射波波长与撞击杆长度成正比；从图 6.13 中可以看出，当撞击杆长度和撞击速度相同时，入射波波长与材料声速成反比。结合应力波理论分析可知，入射波波长应等于应力波在撞击杆中往返一次所需时间，因此，利用以上时间无量纲方法，对以上不同杆材料和不同撞击速度两种条件下入射波的横坐标即时间进行无量纲化可以得到图 6.15。

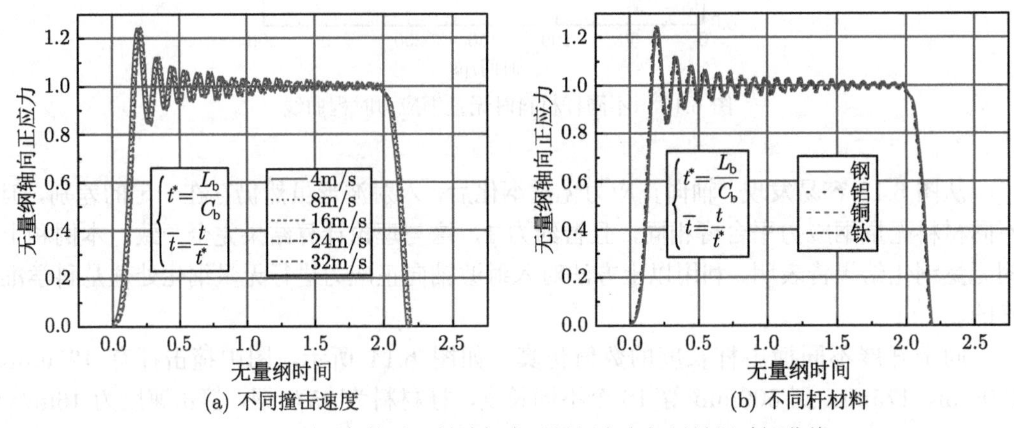

(a) 不同撞击速度　　(b) 不同杆材料

图 6.15 不同条件时入射波杆中无量纲应力与无量纲时间曲线

从图 6.15 可以看出，无量纲峰值平台应力为 1，无量纲波长约为 2，这与理论值基本一致。

6.2.2 典型 SHPB 试验入射波形校正分析

从以上三种不同条件的分析结果来看，可以发现：首先，在撞击杆与入射杆撞击后很短的时间内，应力随时间缓慢增大，之后在入射波形上升沿阶段呈线性增大，整体来讲，上升沿阶段是线性增加阶段，而撞击瞬间缓慢增加的原因主要是模型和计算与一维杆完美假设的误差，这一阶段对数据处理和理论分析皆无明显影响，首先，可以类似图 6.15(a) 对撞击速度为 16m/s 所示曲线进行简化校正；其次，在应力到达理论值附近呈现振荡现象，这主要是因为真实的杆均具有一定的直径而不可能达到理论的一维理想条件，皆存在弥散效应，我们也可以将其结合理论进行拟合并取平均值，如图 6.16 所示。

从图 6.16 可以看出，SHPB 装置仿真所给出的入射波可以等效为等腰梯形波，上升沿阶段时间远小于恒应力加载阶段，因此在某些情况下可以将之视为矩形波加载情况；

同时，我们也可以看出，除去卸载段，整个加载段的无量纲时间近似为 2，这与应力波理论推导出的结果完全一致。利用图 6.16 所示方法，对图 6.15 中不同撞击速度和不同材料两种情况的无量纲轴向正应力与无量纲时间即无量纲应力波曲线进行修正简化，即可以得到图 6.17。

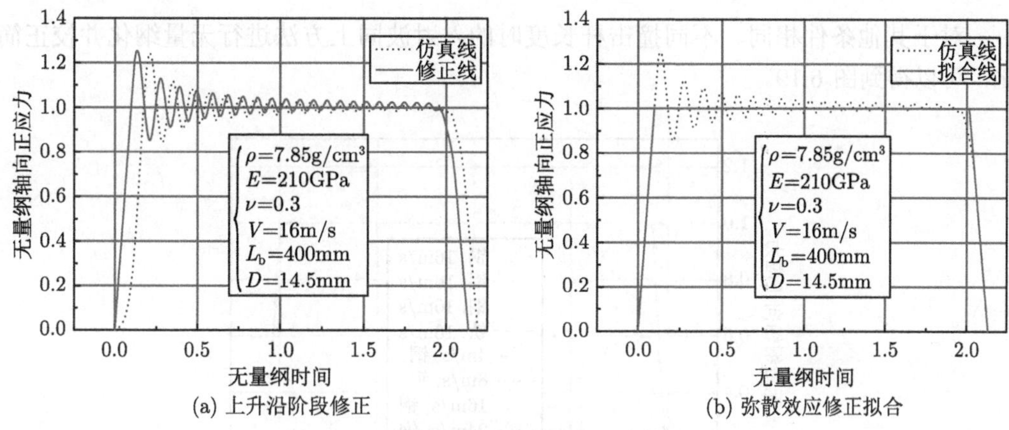

(a) 上升沿阶段修正 (b) 弥散效应修正拟合

图 6.16 无量纲应力波曲线修正与简化拟合

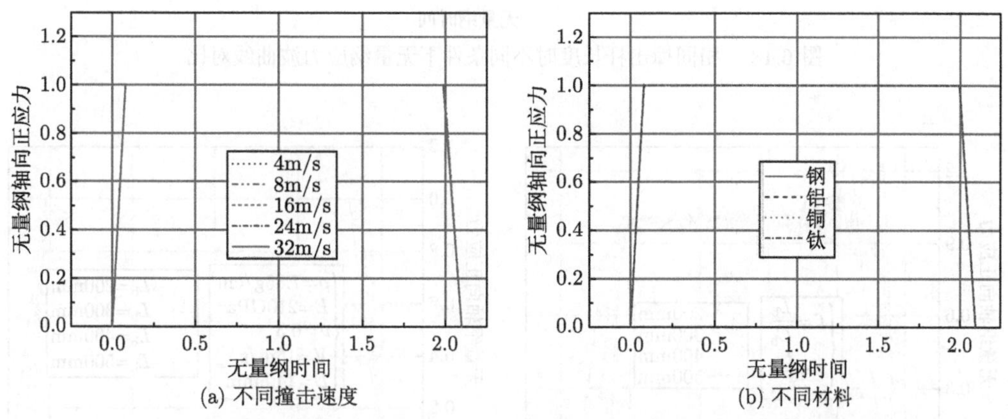

(a) 不同撞击速度 (b) 不同材料

图 6.17 不同入射速度和不同材料无量纲修正与简化无量纲应力波曲线

从图 6.17(a) 中可以看出，当相同材料和相同长度撞击杆以不同速度 (4~32m/s) 撞击入射杆时，其入射杆中校正后的无量纲应力波曲线基本一致，无论是上升沿段、平台段还是卸载段，皆是如此。

从图 6.17(b) 中也可以看出，对比密度、声速、杨氏模量等完全不同的四种材料，当其撞击速度相同和撞击杆长度相同时，其入射杆中校正后的无量纲应力波曲线也基本一致。

将图中不同材料和不同撞击速度时入射杆中应力波波形进行对比，可以得到图 6.18。从图中容易发现，不同材料相同撞击杆长度相同撞击速度时的曲线与不同撞击速度相同材料相同撞击杆长度时的曲线基本重合。

因此，我们可以认为，在杆材料的弹性范围内，相同撞击杆长度时，不同材料不同撞击速度条件下入射杆中的校正简化的应力波形基本一致，即相同时间对应的无量纲应力相等：

$$\bar{\sigma} = f(\bar{t}) \tag{6.78}$$

对于其他条件相同、不同撞击杆长度时的入射波同上方法进行无量纲化并校正简化，可以得到图 6.19。

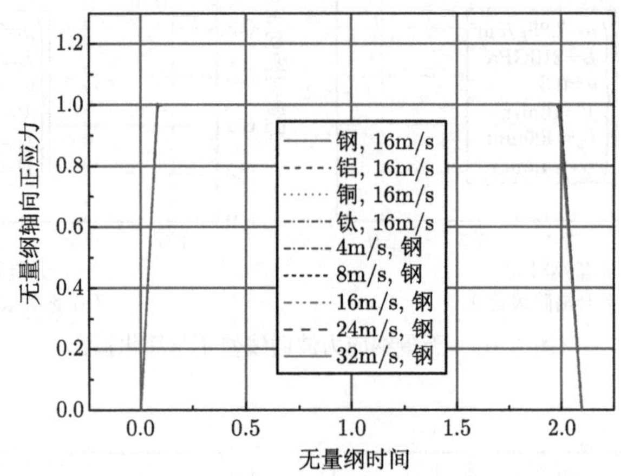

图 6.18　相同撞击杆长度时不同条件下无量纲应力波曲线对比

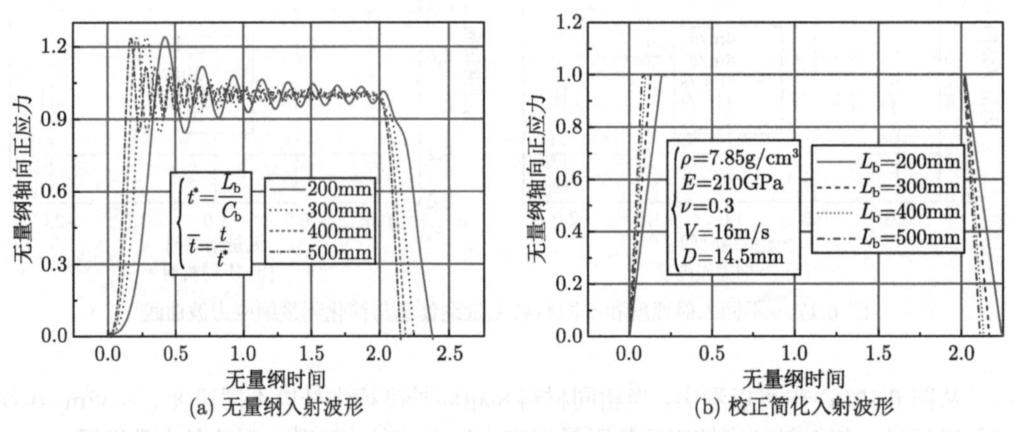

(a) 无量纲入射波形　　(b) 校正简化入射波形

图 6.19　不同撞击杆长度时无量纲入射波与校正简化后的入射波

从图 6.19 可以看出，当不同撞击杆长度时入射波进行以上无量纲化后，虽然上升沿和平台段的无量纲时间和也与理论一致约等于 2，但其上升沿的斜率和平台段起始点对应的无量纲时间却并不相同，如图 6.19(b) 所示。事实上，对于相同撞击速度和杆材料而言，不同撞击杆长度入射波上升沿段应力随时间增加而增大的趋势相同，如图 6.20 所示。

也就是说，相同时刻对应的应力基本一致，即如图 6.20 所示，此时在上升沿阶段，对于相同时刻：

$$\begin{cases} \sigma_t = \sigma'_t \\ \bar{\sigma}_t \neq \bar{\sigma}'_t \end{cases} \tag{6.79}$$

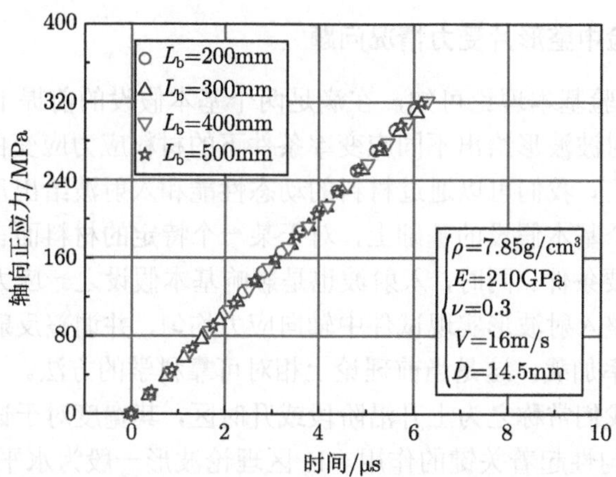

图 6.20 相同材料与撞击速度不同撞击杆长度时上升沿段

从以上多图可以看出，对于校正简化后入射杆中应力波而言，其主要包含三个阶段：上升沿阶段、平台段和卸载段，如不考虑卸载阶段 (对于 SHPB 装置而言，其试验中恒应变率和应力均匀等条件的调试、试验数据的整理等主要关注前两个阶段)，我们可以将参考时间写为

$$t^* = \frac{L_0}{C_\mathrm{b}} \tag{6.80}$$

式中，L_0 表示某参考长度，可以根据需要取某一特定值，如 100mm 或其他。此时无量纲时间可以写为

$$\bar{t} = \frac{t}{t^*} = \frac{C_\mathrm{b} \cdot t}{L_0} \tag{6.81}$$

令上升沿段到平台段的转折点对应的无量纲时间为 $\bar{t}_\mathrm{s}$，从图 6.17~ 图 6.20 可以看出，该时间值与撞击速度、材料和撞击杆长度基本无关。根据以上分析我们可以给出无整形片时，在不同撞击速度、撞击杆长度和不同材料条件下，入射杆中应力波上升沿阶段和平台段函数皆可写为

$$\bar{\sigma} = \begin{cases} K\bar{t}, \bar{t} < \bar{t}_\mathrm{s} \\ 1, \bar{t}_\mathrm{s} \leqslant \bar{t} \leqslant \bar{t}_\mathrm{e} \end{cases} \tag{6.82}$$

式中，K 为常数值，与撞击杆长度、材料与撞击速度无关。时间：

$$\bar{t}_\mathrm{e} = 2\frac{L_b}{L_0} \tag{6.83}$$

整体上看，在整个应力波加载和平台阶段，其可以写为以下简要形式：

$$\bar{\sigma} = \min(K\bar{t}, 1) \tag{6.84}$$

对于无整形片情况，我们一般视以上入射波为矩形波，其上升沿段经常被忽略，因此，此时我们可以认为对于不同条件，下式是科学合理且准确的：

$$\bar{\sigma} = f\left(\bar{t}\right) \tag{6.85}$$

6.2.3 SHPB 试验中整形片受力情况问题

根据 SHPB 试验基本理论可知，在满足两个基本假设的前提下，我们可以根据入射波、反射波和透射波波形给出不同应变率条件下的材料应力应变曲线；反之，对于某一个特定的材料而言，我们可以通过材料的动态性能和入射波给出反射波和透射波；也就是说，在满足两个基本假设的基础上，对于某一个特定的材料而言，入射波是决定反射波和透射波的充要条件。同时，入射波也是影响基本假设之一应力均匀性假设的关键因素。因此通过调整入射波形实现试件中轴向应力均匀，并调整反射波形与透射波形从而实现近似恒应变率加载，这是当前理论上相对可靠科学的方法。

图 6.7 中 I 区我们常称之为上升沿阶段或升时区，其宽度对于试件从加载到破坏过程中的轴向应力均匀性起着关键的作用。II 区理论波形一般为水平直线，而在试验中，为了调整反射波形，使得关键加载阶段处于恒应变率阶段，因此需要根据材料性能进行调整。而当前调整波形一般使用整形片技术来实现。一般来讲，整形片皆选择较软的材料，如黄铜、紫铜、铝、尼龙、橡胶等，这些材料在加载过程中的应力应变关系可以近似为理想弹塑性或线性硬化关系。

如图 6.21 所示，设入射杆自由静止，撞击杆速度为 V，其他参数同上；设杆的截面积为 $S_{\rm b}$，整形片截面积为 $S_{\rm s}$；假设整形片的膨胀变形轴向分布均匀，不考虑其中的应力波传播影响，整形片两端受力均匀；假设当撞击杆撞击到整形片瞬间，整形片两端应力瞬间上升至 Y。

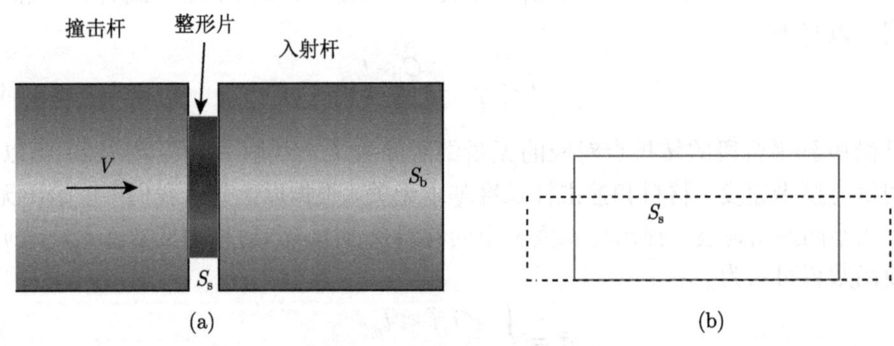

图 6.21 整形片的变形过程

此时撞击杆截面的应力和质点速度分别应为

$$\left\{\begin{array}{l}\sigma_{\rm b1} = \dfrac{S_{\rm s}}{S_{\rm b}}Y \\ v_{\rm b1} = V - \dfrac{YS_{\rm s}}{\rho_{\rm b}C_{\rm b}S_{\rm b}}\end{array}\right. \tag{6.86}$$

入射杆截面的应力和质点速度分别为

$$\begin{cases} \sigma_{\mathrm{b}2} = \dfrac{S_{\mathrm{s}}}{S_{\mathrm{b}}} Y \\ v_{\mathrm{b}2} = \dfrac{Y S_{\mathrm{s}}}{\rho_{\mathrm{b}} C_{\mathrm{b}} S_{\mathrm{b}}} \end{cases} \tag{6.87}$$

如令此时刻为初始时刻，则 $t=0$ 时整形片两端面的压力近似等于其平均应力：

$$\sigma_{\mathrm{s}}(0) = \sigma_{\mathrm{s}1}(0) = \sigma_{\mathrm{s}2}(0) = Y \tag{6.88}$$

整形片两端质点速度差即压缩速率为

$$\Delta v_{\mathrm{s}}(0) = \Delta v_{\mathrm{s}1}(0) - \Delta v_{\mathrm{s}2}(0) = v_{\mathrm{b}1} = V - \frac{2 Y S_{\mathrm{s}}}{\rho_{\mathrm{b}} C_{\mathrm{b}} S_{\mathrm{b}}} \tag{6.89}$$

同理，容易知道，在整形片压缩期间，整形片所承受轴向平均工程应力与压缩速率应为

$$\begin{cases} \sigma_{\mathrm{s}}(t) = \sigma_{Y}(t) \\ \Delta v_{\mathrm{s}}(t) = V - \dfrac{2 S_{\mathrm{s}} \sigma_{Y}(t)}{\rho_{\mathrm{b}} C_{\mathrm{b}} S_{\mathrm{b}}} \end{cases} \tag{6.90}$$

式中，$\sigma_{Y}(t)$ 表示 t 时刻对应整形片应变时材料的工程屈服应力，需要再次强调的是，上面的应力是工程应力，而非真应力。

根据上式，可有

$$\dot{\varepsilon}_{\mathrm{s}}(t) \cdot h = V - \frac{2 S_{\mathrm{s}} \sigma_{\mathrm{s}}(t)}{\rho_{\mathrm{b}} C_{\mathrm{b}} S_{\mathrm{b}}} \tag{6.91}$$

式中，$\dot{\varepsilon}_{\mathrm{s}}$ 表示整形片的轴向工程应变率。

若考虑

$$\sigma_{\mathrm{s}} = g(\varepsilon_{\mathrm{s}}) \tag{6.92}$$

或

$$\dot{\varepsilon}_{\mathrm{s}} = f(\dot{\sigma}_{\mathrm{s}}) \tag{6.93}$$

式 (6.91) 即可以分别写为微分方程形式：

$$\dot{\varepsilon}_{\mathrm{s}} \cdot h + \frac{2 S_{\mathrm{s}} g(\varepsilon_{\mathrm{s}})}{\rho_{\mathrm{b}} C_{\mathrm{b}} S_{\mathrm{b}}} - V = 0 \tag{6.94}$$

或

$$f(\dot{\sigma}_{\mathrm{s}}) \cdot h + \frac{2 S_{\mathrm{s}}}{\rho_{\mathrm{b}} C_{\mathrm{b}} S_{\mathrm{b}}} \sigma_{\mathrm{s}} - V = 0 \tag{6.95}$$

1) 整形片材料近似理想刚塑性材料

对于理想刚塑性材料而言，如图 6.22(a) 所示，此时其应力应变关系即为

$$\sigma_{\mathrm{t}} = Y \tag{6.96}$$

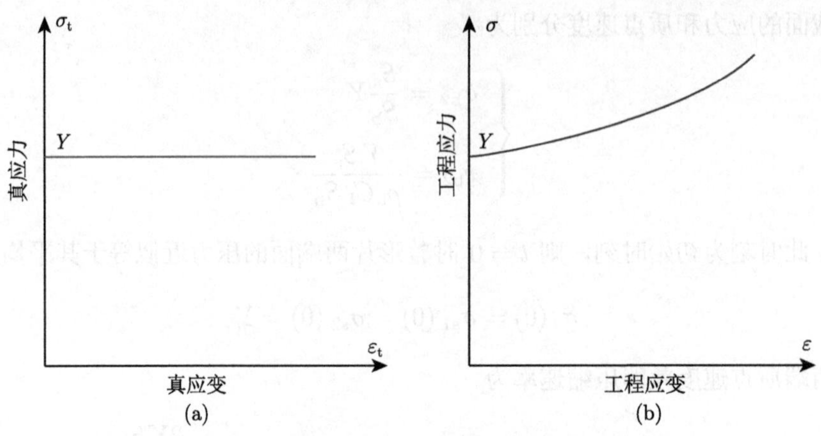

图 6.22　理想刚塑性材料压缩应力应变关系

对于单轴压缩而言，当体积不可压时，定义以压为正，真应力 σ_t、真应变 ε_t 与工程应力 σ、工程应变 ε 之间的关系有

$$\begin{cases} \sigma_t = \sigma(1-\varepsilon) \\ \varepsilon_t = -\ln(1-\varepsilon) \end{cases} \Leftrightarrow \begin{cases} \sigma = \dfrac{\sigma_t}{1-\varepsilon} \\ \varepsilon = 1 - e^{-\varepsilon_t} \end{cases} \tag{6.97}$$

因此，可以得出塑性阶段满足：

$$\sigma = \frac{Y}{1-\varepsilon} \Leftrightarrow \varepsilon = 1 - \frac{Y}{\sigma} \tag{6.98}$$

其对应的曲线如图 6.22(b) 所示。

将上式代入式 (6.94)，可得

$$\dot{\varepsilon} + \frac{k_1}{1-\varepsilon} - k_2 = 0 \tag{6.99}$$

式中

$$\begin{cases} k_1 = \dfrac{2S_s Y}{\rho_b C_b S_b h} \\ k_2 = \dfrac{V}{h} \end{cases} \tag{6.100}$$

由式 (6.99) 可以解得

$$1 - \varepsilon + \frac{k_1}{k_2}\ln\left[(1-\varepsilon) - \frac{k_1}{k_2}\right] = -k_2 t + k \tag{6.101}$$

式中，k 为待定常数，当 $t = 0$ 时，可以解得

$$k = 1 + \frac{k_1}{k_2}\ln\left(1 - \frac{k_1}{k_2}\right) \tag{6.102}$$

类似地，在此种特殊本构假设前提下，我们也可以给出其应力微分方程形式。由式 (6.98) 可以得到

$$\dot{\varepsilon}=\frac{Y}{\sigma^2}\dot{\sigma} \tag{6.103}$$

将上式代入式 (6.95)，即有

$$\dot{\sigma}+k_1\sigma^3-k_2\sigma^2=0 \tag{6.104}$$

式中

$$\begin{cases}k_1'=\dfrac{2S_{\rm s}}{Yh\rho_{\rm b}C_{\rm b}S_{\rm b}}\\ k_2'=\dfrac{V}{Yh}\end{cases} \tag{6.105}$$

由式 (6.104) 可以解得

$$\frac{1}{\sigma}+\frac{k_1}{k_2}\ln\left(\frac{k_2}{\sigma}-k_1\right)=-k_2t+k \tag{6.106}$$

式中，k 为待定常数，结合初始条件即当 $t=0$ 时 $\sigma=Y$，可以解得

$$k=\frac{1}{Y}+\frac{k_1}{k_2}\ln\left(\frac{k_2}{Y}-k_1\right) \tag{6.107}$$

代入式 (6.106) 后有

$$\frac{1}{\sigma}-\frac{1}{Y}+\frac{k_1}{k_2}\ln\left(\frac{\dfrac{1}{\sigma}-\dfrac{k_1}{k_2}}{\dfrac{1}{Y}-\dfrac{k_1}{k_2}}\right)=-k_2t \tag{6.108}$$

利用该模型我们进行理想刚塑性材料作为整形片的数值仿真计算，得到了整形片在冲击过程中厚度方向上工程应变的时程曲线，如图 6.23 所示。

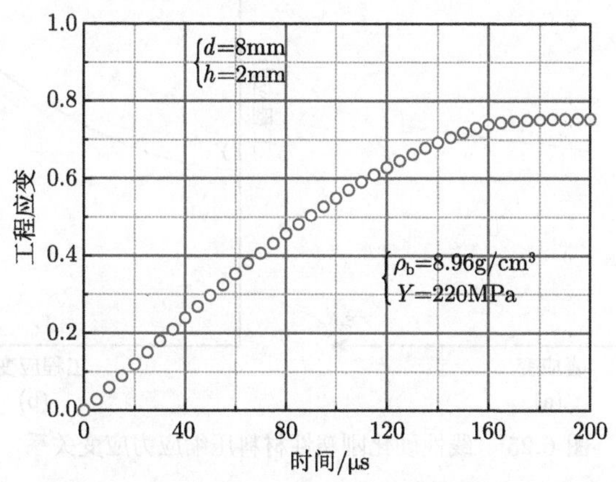

图 6.23 理想刚塑性紫铜整形片在冲击过程中厚度工程应变时程曲线

图 6.23 中整形片直径 8mm，设该材料的屈服强度为 220MPa。根据以上曲线和所分析弹塑性整形片工程应力与工程应变之间的关系，可以给出入射杆中入射波上升沿曲线，如图 6.24 所示。从图 6.24 可以看出，理论计算给出的曲线与仿真曲线在整形片压缩过程中即入射波上升阶段非常吻合。两者差别在于峰值工程应力不同，其主要原因是理论分析过程中工程应力和工程应变均假设整形片在整个压缩过程中均匀变形，事实上，在压缩后期整形片径向膨胀过大导致其超出撞击杆和入射杆直径，因此当其工程应力超过 220MPa 时，工程应力应该保持不变，见图 6.24 中水平虚线部分。经过校正，可以明显看出，在整个上升阶段，理论与仿真结果符合性较好。

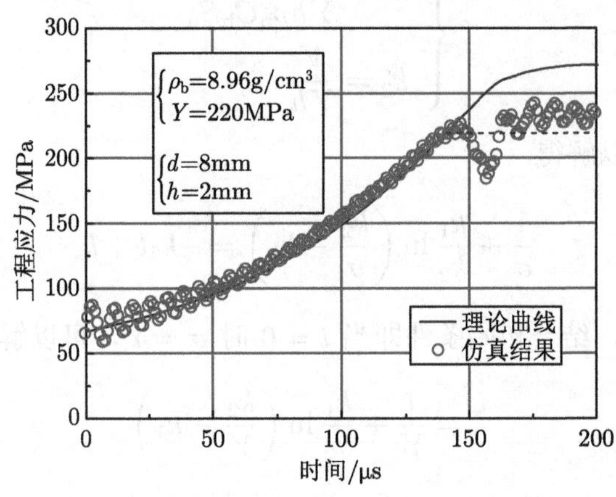

图 6.24　整形片为理想刚塑性紫铜时入射波上升沿理论与仿真曲线

2) 整形片材料近似线性硬化刚塑性材料

对于刚塑性线性硬化材料而言，如图 6.25(a) 所示，此时其应力应变关系即为

$$\sigma_{\mathrm{t}} = Y + E_{\mathrm{p}}\varepsilon_{\mathrm{t}} \tag{6.109}$$

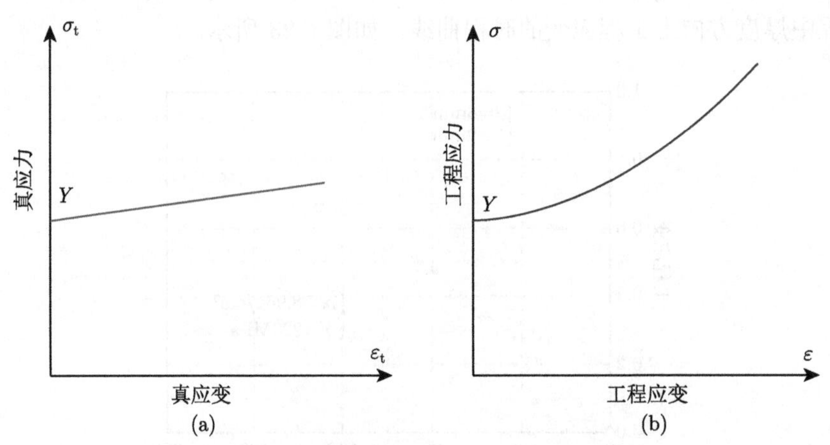

图 6.25　线性硬化刚塑性材料压缩应力应变关系

对于单轴压缩而言，当体积不可压时，定义以压为正，同样可以给出：

$$\sigma = \frac{Y}{1-\varepsilon} - E_{\mathrm{p}}\frac{\ln(1-\varepsilon)}{1-\varepsilon} \tag{6.110}$$

其对应的曲线如图 6.25(b) 所示。

将上式代入式 (6.94)，可得

$$\dot{\varepsilon} + \frac{k_1}{1-\varepsilon} - k_3\frac{\ln(1-\varepsilon)}{1-\varepsilon} - k_2 = 0 \tag{6.111}$$

式中

$$k_3 = \frac{2S_{\mathrm{s}}E_{\mathrm{p}}}{\rho_{\mathrm{b}}C_{\mathrm{b}}S_{\mathrm{b}}h} \tag{6.112}$$

其他参数同前。对比式 (6.111) 和式 (6.99) 容易看出，后者是前者当 $E_{\mathrm{p}} = 0$ 时的特例。

同上，以 Φ14.5mm 口径 SHPB 杆为例，撞击杆和入射杆均为 45# 钢，其密度为 7.85g/cm^3，杨氏模量为 210GPa，可以计算出其一维杆中的弹性声速为 5172m/s，当撞击杆以约 16m/s 的速度同轴正撞击入射杆，整形片厚度为 2mm，直径为 8mm，设整形片材料的屈服强度为 220MPa，并假设材料为线性硬化塑性材料，且塑性硬化模量为 300MPa。利用以上通过验证的模型开展仿真研究，并利用以上理论推导结果结合仿真计算中整形片的工程应变时程曲线，给出入射波上升阶段的仿真波形和理论波形，如图 6.26 所示。

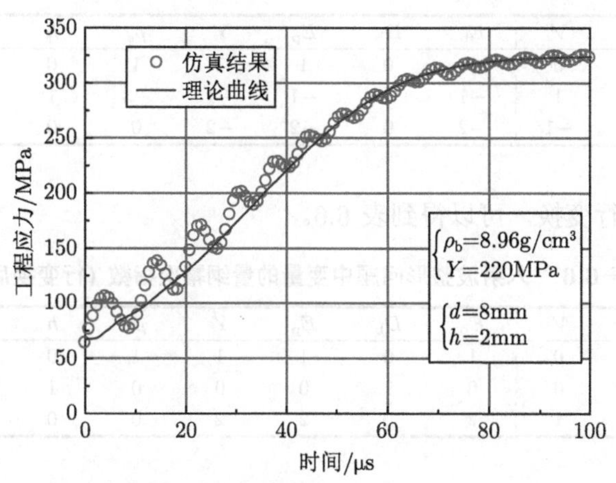

图 6.26　整形片为线性硬化塑性材料时入射波上升沿理论与仿真曲线

从图 6.26 看出，以上理论分析与仿真结果非常接近，结合仿真模型与试验的对比验证，可以认为以上理论分析结论科学且准确。

6.3　SHPB 整形片影响规律的无量纲结论

根据以上分析并对比试验结果，我们可以将整形片力学性能近似等效为刚塑性线性硬化模型，因此我们可以不考虑整形片的弹性参数如泊松比和杨氏模量。设整形片的塑

性硬化模量为 E_{p}，屈服强度为 Y，整形片的材料密度为 ρ_{s}；整形片一般为圆柱形，其厚度为 h，直径为 d。设 Hopkinson 压杆直径为 D_{b}，撞击杆长度为 L_{b}，撞击速度为 V，杆材料的密度为 ρ_{b}、杨氏模量为 E_{b}，泊松比为 ν_{b}；这里假设杆满足一维假设 (通过对原始波形滤波减小弥散效应的影响)，因此不考虑杆材料的泊松比。由此，我们可以给出不同撞击速度时入射杆中测量点处轴向正应力在不同时刻的应力：

$$\sigma = f\left(E_{\mathrm{b}}, \rho_{\mathrm{b}}, L_{\mathrm{b}}, D_{\mathrm{b}}; E_{\mathrm{p}}, Y, \rho_{\mathrm{s}}, h, d; V, t\right) \tag{6.113}$$

6.3.1 整形片波形整形几何相似律问题

该问题中有 12 个物理量，包含 1 个因变量和 11 个自变量。该问题是一个典型的纯力学问题，其基本量纲有 3 个；上式中各物理量的量纲幂次指数如表 6.4 所示。

表 6.4 入射波整形问题中变量的量纲幂次指数

物理量	σ	E_{b}	ρ_{b}	L_{b}	D_{b}	E_{p}	Y	ρ_{s}	h	d	V	t
M	1	1	1	0	0	1	1	1	0	0	0	0
L	−1	−1	−3	1	1	−1	−1	−3	1	1	1	0
T	−2	−2	0	0	0	−2	−2	0	0	0	−1	1

这里我们取杆的密度 ρ_{b}、撞击杆长度 L_{b} 和撞击速度 V 为参考物理量，对表 6.4 进行整理，可以得到表 6.5。

表 6.5 入射波整形问题中变量的量纲幂次指数 (排序后)

物理量	ρ_{b}	L_{b}	V	E_{b}	D_{b}	E_{p}	Y	ρ_{s}	h	d	t	σ
M	1	0	0	1	0	1	1	1	0	0	0	1
L	−3	1	1	−1	1	−1	−1	−3	1	1	0	−1
T	0	0	−1	−2	0	−2	−2	0	0	0	1	−2

对表 6.5 进行行变换，可以得到表 6.6。

表 6.6 入射波整形问题中变量的量纲幂次指数 (行变换后)

物理量	ρ_{b}	L_{b}	V	E_{b}	D_{b}	E_{p}	Y	ρ_{s}	h	d	t	σ
ρ_{b}	1	0	0	1	0	1	1	1	0	0	0	1
L_{b}	0	1	0	0	1	0	0	0	1	1	1	0
V	0	0	1	2	0	2	2	0	0	0	−1	2

根据 Π 定理和表 6.6 容易知道，最终表达式中无量纲量有 9 个，包含 1 个因无量纲因变量和 8 个无量纲自变量；则式 (6.113) 可写为无量纲形式：

$$\frac{\sigma}{\rho_{\mathrm{b}} V^2} = f\left(\frac{E_{\mathrm{b}}}{\rho_{\mathrm{b}} V^2}, \frac{D_{\mathrm{b}}}{L_{\mathrm{b}}}, \frac{E_{\mathrm{p}}}{\rho_{\mathrm{b}} V^2}, \frac{Y}{\rho_{\mathrm{b}} V^2}, \frac{\rho_{\mathrm{s}}}{\rho_{\mathrm{b}}}, \frac{h}{L_{\mathrm{b}}}, \frac{d}{L_{\mathrm{b}}}, \frac{t}{L_{\mathrm{b}}/V}\right) \tag{6.114}$$

已知一维弹性杆中声速 C_{b} 为

$$C_{\mathrm{b}} = \sqrt{\frac{E_{\mathrm{b}}}{\rho_{\mathrm{b}}}} \tag{6.115}$$

同以上无整形片时 SHPB 入射波应力函数无量纲化方法，式 (6.114) 可以整理为

$$\frac{\sigma}{\sigma^*}=f\left(\frac{V}{C_{\mathrm{b}}},\frac{L_{\mathrm{b}}}{D_{\mathrm{b}}},\frac{E_{\mathrm{p}}}{\sigma^*},\frac{Y}{\sigma^*},\frac{\rho_{\mathrm{s}}}{\rho_{\mathrm{b}}},\frac{h}{L},\frac{d}{D_{\mathrm{b}}},\frac{t}{t^*}\right) \tag{6.116}$$

式中

$$\begin{cases}\sigma^*=\dfrac{1}{2}\rho_{\mathrm{b}}C_{\mathrm{b}}V\\ t^*=\dfrac{L_{\mathrm{b}}}{C_{\mathrm{b}}}\end{cases} \tag{6.117}$$

如令

$$\begin{cases}\bar{\sigma}=\dfrac{\sigma}{\sigma^*}\\ \bar{t}=\dfrac{t}{t^*}\end{cases},\quad \begin{cases}\bar{L}_{\mathrm{b}}=\dfrac{L_{\mathrm{b}}}{D_{\mathrm{b}}}\\ \bar{h}=\dfrac{h}{L_{\mathrm{b}}}\\ \bar{d}=\dfrac{d}{D_{\mathrm{b}}}\end{cases} \tag{6.118}$$

则 (6.116) 可写为

$$\bar{\sigma}=f\left(\frac{V}{C_{\mathrm{b}}},\bar{L}_{\mathrm{b}},\frac{E_{\mathrm{p}}}{\sigma^*},\frac{Y}{\sigma^*},\frac{\rho_{\mathrm{s}}}{\rho_{\mathrm{b}}},\bar{h},\bar{d},\bar{t}\right) \tag{6.119}$$

从以上无整形片的相关分析可知，当不考虑整形片时，撞击杆的直径对滤波后的入射波形并无影响，而且当将入射波应力进行无量纲化后，无量纲应力与撞击速度并无明显联系；然而，这两个物理量对撞击动能有着明显的影响，因此考虑整形片时不能忽略，但应与整形片相关参数密切相关；即在上式中，如果将此两个物理量放在整形片参数的无量纲量中，上式中右端前两个无量纲量可以不予考虑。即有

$$\bar{\sigma}=f\left(\frac{E_{\mathrm{p}}}{\sigma^*},\frac{Y}{\sigma^*},\frac{\rho_{\mathrm{s}}}{\rho_{\mathrm{b}}},\bar{h},\bar{d},\bar{t}\right) \tag{6.120}$$

假设缩比模型中撞击杆和整形片与原型满足材料相似，即

$$\begin{cases}(E_{\mathrm{p}})_m\equiv(E_{\mathrm{p}})_p\\ (Y)_m\equiv(Y)_p\\ (\rho_{\mathrm{s}})_m\equiv(\rho_{\mathrm{s}})_p\\ (\rho_{\mathrm{b}})_m\equiv(\rho_{\mathrm{b}})_p\\ (C_{\mathrm{b}})_m\equiv(C_{\mathrm{b}})_p\end{cases} \tag{6.121}$$

设缩比模型与原型满足几何相似，即

$$\begin{cases}(\bar{h})_m=(\bar{h})_p\\ (\bar{d})_m=(\bar{d})_p\end{cases} \tag{6.122}$$

设缩比模型的几何缩比为

$$\lambda = \frac{(h)_m}{(h)_p} \tag{6.123}$$

则两个模型满足相似的另外两个必要条件为

$$\begin{cases} (V)_m = (V)_p \\ (t)_m = (t)_p \end{cases} \tag{6.124}$$

上式可以给出：

$$\begin{cases} \lambda_V = \dfrac{(V)_m}{(V)_p} = 1 \\ \lambda_t = \dfrac{(t)_m}{(t)_p} = \lambda \end{cases} \tag{6.125}$$

此时缩比模型与原型满足物理相似，有

$$\lambda_\sigma = \frac{(\sigma)_m}{(\sigma)_p} = \lambda_V = 1 \tag{6.126}$$

上述分析表明，考虑整形片影响的 SHPB 装置试验满足严格的几何相似律。

一般而言，整形片材料相对较软，如紫铜、黄铜、铝、尼龙、橡胶片等，下文我们以紫铜材料为例。SHPB 装置材料为 45# 钢，直径也为 14.5mm，撞击杆长度为 400mm；我们对紫铜材料整形片开展力学性能试验，给出整形片单轴压缩强度为 220MPa，杨氏模量为 124GPa(虽然在量纲分析中我们忽略整形片材料杨氏模量的影响，但在仿真中为了计算更准确还是考虑杨氏模量参数，从计算结果看，这对分析过程与结果基本无影响)，其密度为 8.96g/cm^3；设整形片直径为 8mm，厚度为 0.8mm。对试验数据进行拟合，给出其塑性硬化模量约为 150MPa。杆材参数同 6.2 节，试验曲线和仿真曲线如图 6.27 所示。

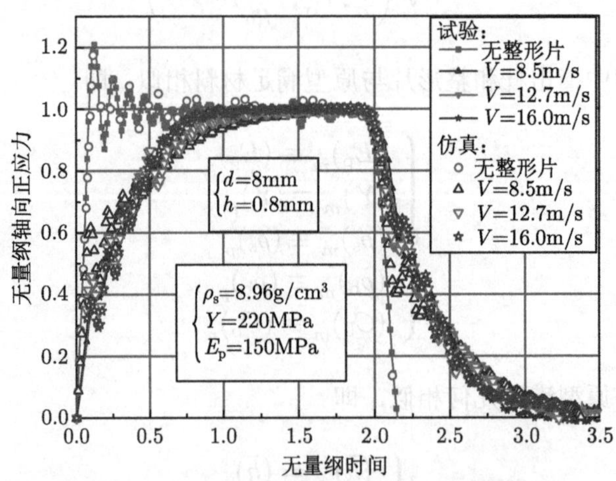

图 6.27 不同入射速度无量纲轴向正应力时程曲线

从图 6.27 可以看出，仿真与试验结果符合性较好，仿真分析曲线和试验所得曲线重复性较好；同时，由于整形片力学性能参数通过试验获取，因此，我们可以认为试验和仿真是准确可靠的。利用以上模型和参数开展不同条件下含整形片 SHPB 试验仿真研究。

为验证以上对 SHPB 试验中入射波的几何相似性，开展不同缩比的 SHPB 仿真计算。计算中杆材料和整形片材料分别为 45# 钢和紫铜，其材料模型与参数同上；原型中杆长度为 400mm、杆直径为 14.5mm，整形片厚度为 0.8mm、直径为 8mm，撞击速度为 16m/s；缩比模型与原型满足材料相似且撞击速度均为 16m/s。设几何缩比分别为 0.5、1.0、1.5、2.0 和 2.5，其入射波形相似性仿真结果如图 6.28 所示。

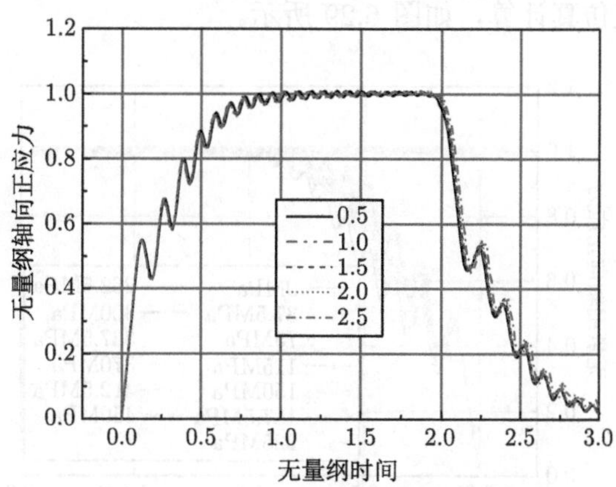

图 6.28　SHPB 入射波相似性仿真结果

图 6.28 显示，从缩比 0.5 到 2，当前满足材料相似且撞击速度相同时，入射杆中测量点无量纲轴向正应力与无量纲时间之间的对应关系即无量纲入射波形基本完全相同。这说明考虑整形片时 SHPB 试验满足严格的几何相似律，这与以上的理论分析结论完全一致。

6.3.2　整形片参数对波形整形的影响规律问题

式 (6.120) 右端函数中前 3 项代表整形片的材料性能，第 4~5 项为整形片尺寸参数。特别地，如果忽略整形片惯性和整形片材料密度的影响，即可以得到

$$\bar{\sigma} = f\left(\frac{E_{\mathrm{p}}}{\sigma^*}, \frac{Y}{\sigma^*}, \bar{h}, \bar{d}, \bar{t}\right) \tag{6.127}$$

对于入射波的整形问题，我们一般是对加载阶段的上升沿段和平台段进行整形调整，卸载阶段对波形整形基本没有影响，因此，下文中我们只关注上升沿段和平台段，忽略其卸载段。

1) 整形片材料塑性模量的影响

设杆材料为 45# 钢，其材料参数同上，杆直径为 14.5mm，撞击速度为 16m/s，撞击杆长度为 400mm；整形片直径为 8mm，厚度为 0.8mm，屈服强度为 220MPa，密度

为 8.96g/cm^3；此时，整形片无量纲厚度与无量纲直径为特定已知量，整形片无量纲屈服强度、撞击速度和撞击杆密度与声速也为特定已知量，此时，对于入射波而言，其变量只有塑性模量和无量纲时间两个，即上式可以简化为

$$\bar{\sigma} = f\left(\frac{E_{\mathrm{p}}}{\sigma^*}, \bar{t}\right) \tag{6.128}$$

考虑到撞击杆长度等其他参数相同，上式可以进一步写为如下有量纲的形式：

$$\sigma = f(E_{\mathrm{p}}, t) \tag{6.129}$$

利用以上模型和参数，开展塑性模量从 0MPa (即理想刚塑性材料) 到 450MPa 等 13 个不同值时的数值仿真计算，如图 6.29 所示。

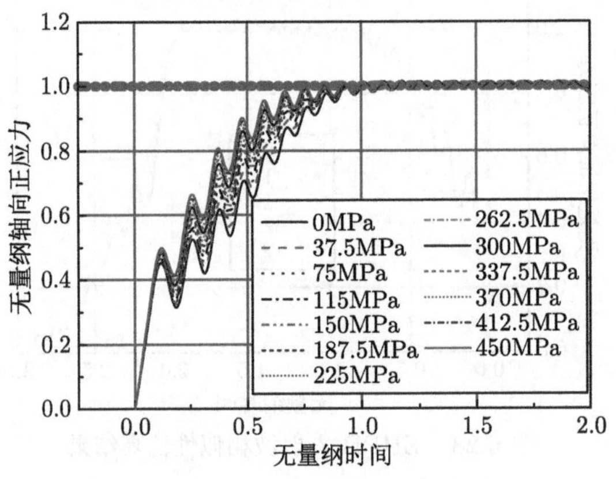

图 6.29　不同塑性模量入射波形

从图 6.29 可以看出，虽然塑性模量从 0MPa 增加到 450MPa，增加量很大，但整形片对上升沿阶段整形起点和终点的变化可以忽略，可以认为基本相同；随塑性模量增加而变化的只有上升沿坡形，即在此阶段，任意特定时刻其对应的应力随着塑性模量的增加而增大。图 6.30 是其中部分塑性模量对应入射波形整形后的曲线。

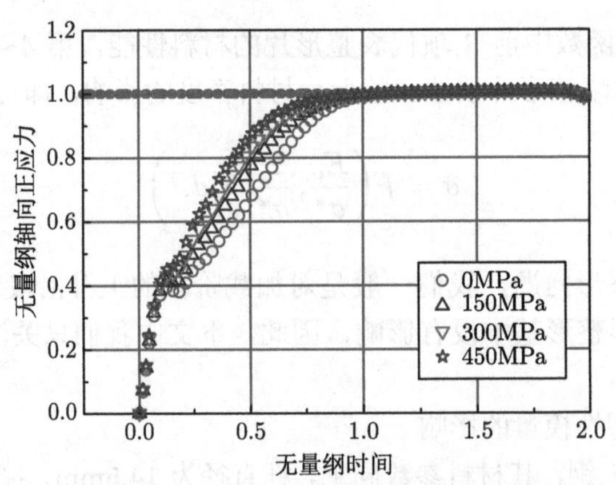

图 6.30　四种不同塑性模量入射波形

从图 6.30 中可以更加明显地发现，虽然塑性模量增加量较大，但入射波形变化却较少，只是塑性模量的增大使得上升沿更加“凸出”。考虑到一般整形片材料较软，其塑性模量变化也较小，因此在一些定性选择整形片的情况下，我们可以忽略整形片塑性模量对入射波整形的影响，只是在试验中整形片的选择上定性地知道，塑性模量增大会少量地增大上升沿的坡度，塑性模量减小其上升沿能够变得更加平缓。此时，式 (6.127) 可以简化为

$$\bar{\sigma}=f\left(\frac{Y}{\sigma^*},\bar{h},\bar{d},\bar{t}\right) \tag{6.130}$$

2) 整形片材料屈服强度的影响

设杆材料为 45# 钢，其材料参数同上，杆直径为 14.5mm，撞击杆长度为 400mm，撞击速度为 16m/s；整形片直径为 8mm，厚度为 0.8mm，塑性模量为 150MPa，密度为 8.96g/cm^3，此时式 (6.127) 自变量中三个无量纲量为特定值，即可简化为

$$\bar{\sigma}=f\left(\frac{Y}{\sigma^*},\bar{t}\right) \tag{6.131}$$

其最简化的有量纲形式为

$$\sigma=f\left(Y,t\right) \tag{6.132}$$

从上式可以看出，特定时刻影响入射杆中轴向正应力的唯一自变量为整形片材料的屈服强度，为此，假设整形片材料从 55MPa 逐渐增加到 660MPa，其入射波波形仿真结果如图 6.31 所示。

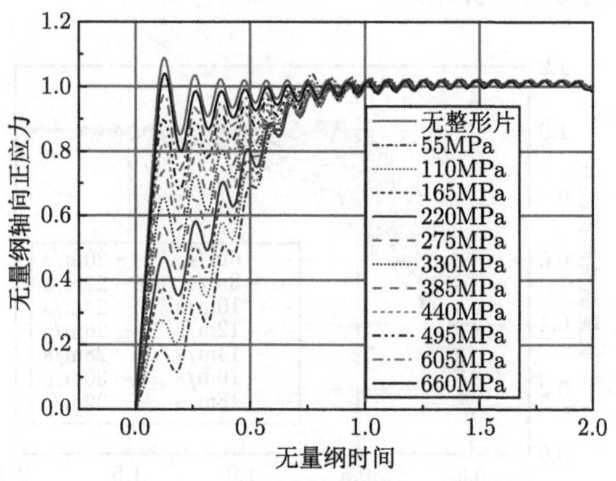

图 6.31　不同整形片屈服强度入射波波形

从图 6.31 可以看出，随着整形片屈服强度的变化，入射波上升沿阶段波形随之改变；且随着屈服强度的增大，入射波形逐渐接近无整形片时的入射波形。其中部分数据整理结果如图 6.32 所示。

图 6.32 中整形片材料同上，屈服强度从 110MPa、220MPa、330MPa、440MPa 增加到 660MPa，从图中容易发现，随着整形片屈服强度的增加，上升沿变缓的起点逐渐

增大，但上升沿阶段的终点并没有明显变缓。由此，我们可以认为，整形片屈服强度对入射波整形的影响主要是改变上升沿变缓的起点对应的应力值，对于终点并无明显影响。

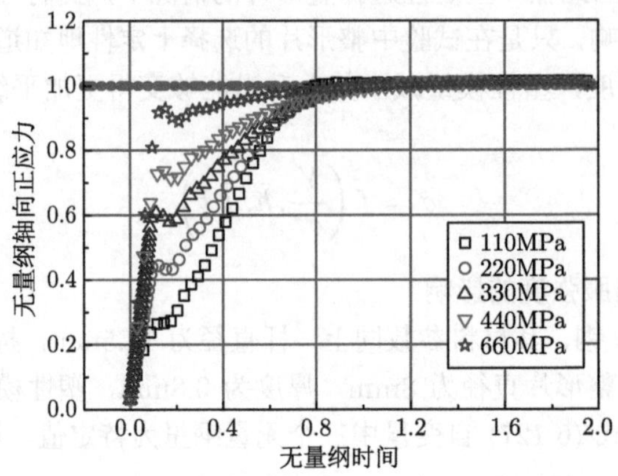

图 6.32　五种不同整形片屈服强度入射波波形

3) 撞击速度的影响

当杆材料、整形片尺寸与材料等参数完全相同，杆几何参数也完全相同时，撞击速度对入射波波形的影响函数为如下有量纲形式：

$$\sigma = f\left(V, t\right) \tag{6.133}$$

图 6.33 为 400mm 长的撞击杆以 6m/s、8m/s、10m/s 到 32m/s 等 14 个不同速度撞击时入射波波形数值仿真计算结果。

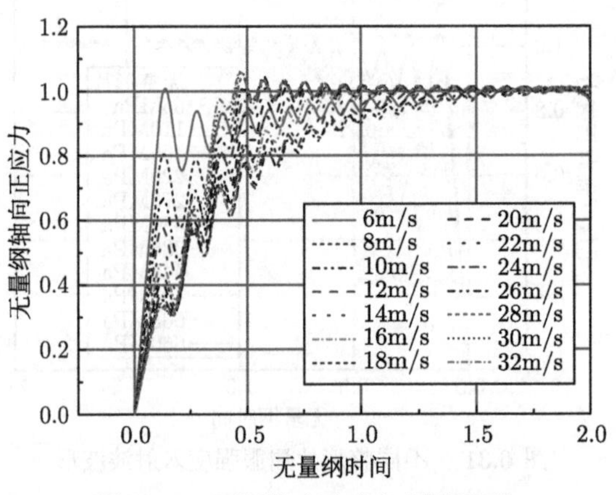

图 6.33　不同撞击速度入射波波形

从图 6.33 看出，不同撞击速度时无量纲入射波上升沿阶段呈现明显的变化，而且撞击速度的变化不仅影响上升沿变缓起点对应的无量纲应力，也影响上升沿阶段终点对应的无量纲时间值。考虑了无量纲应力中也包含速度的影响，我们给出应力与无量纲时间入射波波形图，如图 6.34 所示。

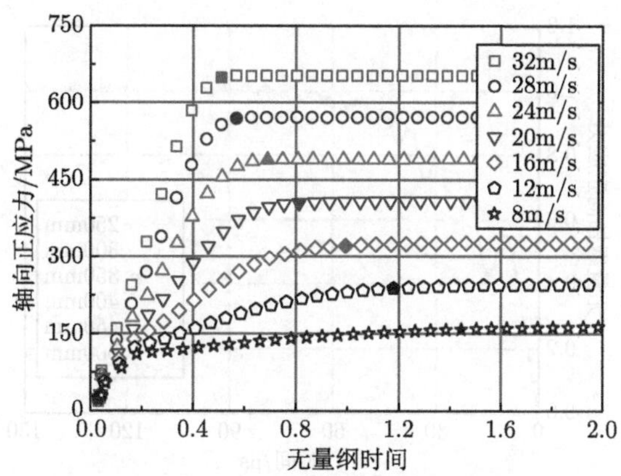

图 6.34 七种不同撞击速度入射波波形

从图 6.34 容易看出，撞击速度对上升沿变缓起点对应的应力并无明显影响，而对上升沿阶段终点特别是其对应的时间值有着明显的影响，随着撞击速度的增大，对应的终点时间逐渐减小。

4) 撞击杆长度的影响

当撞击杆长度不同而其他条件相同时，此时式 (6.127) 的自变量中 3 个无量纲量为特定值，即可简化为

$$\bar{\sigma} = f\left(\bar{h}, \bar{t}\right) \tag{6.134}$$

利用以上仿真模型与参数开展不同长度撞击杆以 16m/s 共轴正撞击入射杆的仿真计算，其中撞击杆长度从 100mm、125mm 增加到 500mm，仿真结果如图 6.35 和图 6.36 所示。

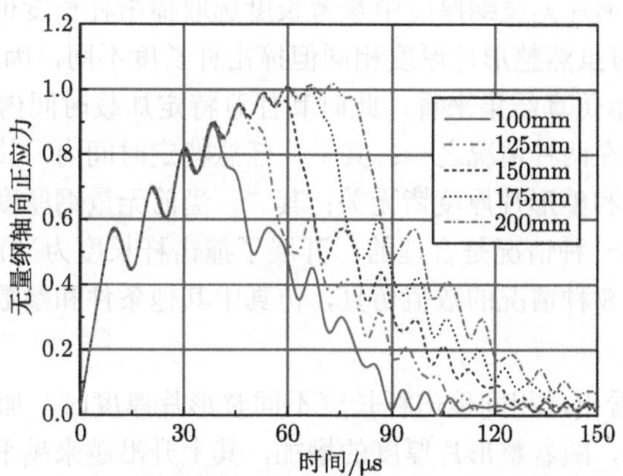

图 6.35 短撞击杆时不同撞击杆杆长度入射波波形

从图 6.35 容易发现，不同撞击杆长度其应力波上升沿阶段应力波波形基本重合，只是在 14.5mm 口径钢杆和撞击速度为 16m/s 的情况下，由于撞击杆动能不足，当撞击杆长度小于 200mm 时，入射波未到达理论应力峰值就开始卸载。从理论上看，当撞击速度提高或撞击杆直径增大，对于相同整形片而言，此临界撞击杆长度会减小。

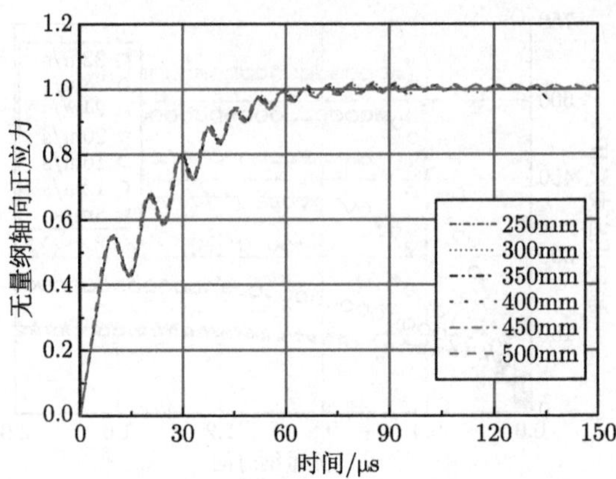

图 6.36　长撞击杆时不同撞击杆杆长度入射波波形

当撞击杆长度大于 200mm 时，从图 6.36 可以看出，整个上升沿阶段不同撞击杆长度仿真结果基本一致。结合该图和图 6.35 容易看出，当撞击杆动能足够大时，撞击杆长度对入射波上升沿的影响可以忽略，也就是说，撞击杆长度对于整形片整形影响可以忽略。此时，上式中无量纲时间应写为

$$\bar{t} = \frac{t}{t^*}, t^* = \frac{L_0}{C_{\mathrm{b}}} \tag{6.135}$$

即此时参考长度 L_0 并不能选用撞击杆长度这一变量，而是需要某一个特定的长度，如 400mm 等。

同样，上式中整形片无量纲厚度中参考长度选取撞击杆长度也不一定合理，因为从图 6.36 容易看出此时虽然整形片厚度相同但撞击杆长度不同，因此无量纲厚度也不同；然而，从图 6.36 所示仿真结果来看，此时其任意特定加载时间内对应的无量纲应力相同。这说明只可能存在两种情况之一：其一，任意特定时间内，其他条件相同时，无量纲应力与撞击杆长度和整形片厚度皆无关；其二，当前无量纲厚度中参考量不合理。为验证此两种情况中哪一种情况是合理的，开展了撞击杆长度为 400mm、整形片厚度从 0.2mm 到 1.6mm 共 8 种情况的数值仿真，仿真中其他条件和参数同上，仿真结果如图 6.37 所示。

从图 6.37 容易看出，相同撞击杆长度不同整形片厚度时，加载期间上升沿阶段的入射波波形明显不同，随着整形片厚度的增加，其上升沿越来越平缓。也就是说，按照以上无量纲整形片厚度的定义，任意特定时间不同无量纲整形片厚度对应的应力明显不同。

当我们改变整形片厚度的同时也改变撞击杆长度，其计算结果如图 6.38 所示。图中，整形片厚度同上分别为 0.2mm、0.4mm、0.6mm、0.8mm、1.0mm、1.2mm、1.4mm 和 1.6mm，这 8 种情况对应撞击杆长度分别为 100mm、200mm、300mm、400mm、500mm、600mm、700mm 和 800mm，因此这 8 种情况下无量纲整形片厚度均为 0.002。

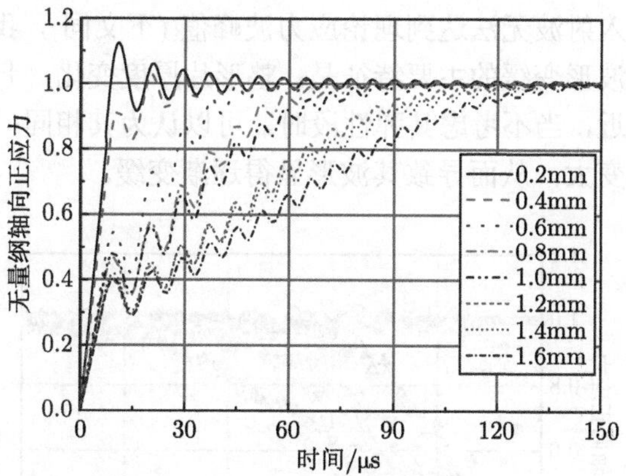

图 6.37 不同整形片厚度入射波波形

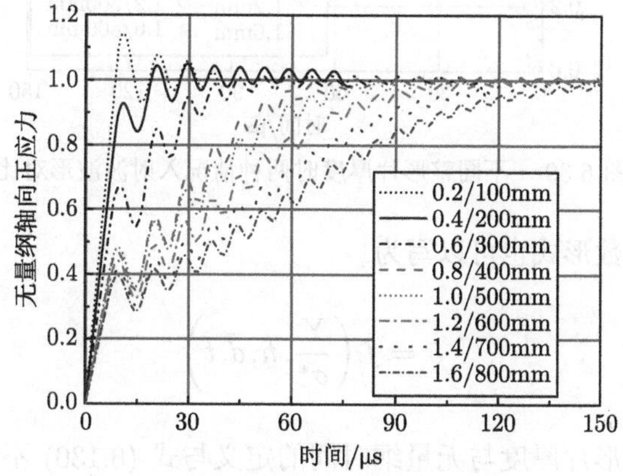

图 6.38 相同无量纲厚度时入射波波形

图 6.38 显示，即使无量纲厚度相同，任意特定时刻上升沿段应力随着整形片厚度的变化也呈现与图 6.37 类似的变化。计算结果表明，式 (6.134) 中两个无量纲自变量皆不变时，不同整形片厚度其无量纲应力值也不相同。

综合以上三图对应的仿真计算与分析结果，我们可以确定取撞击杆长度为参考长度不合理。对比撞击杆长度相同但整形片厚度不同、整形片厚度不同但无量纲整形片厚度相同这两种情况下的入射波上升沿段波形，我们可以得到图 6.39。

从图 6.39 容易看出，撞击杆长度不变和撞击杆长度随整形片厚度等比变化，其相同整形片厚度时入射波上升沿段的波形基本相同；这进一步说明撞击杆长度对入射波加载阶段波形的影响基本可以忽略不计。因此，综合理论初步分析，我们需要修改式 (6.134) 中无量纲整形片厚度的定义，类似无量纲时间中的修改，我们暂也以特定长度 L_0 为参考：

$$\bar{h} = \frac{h}{L_0} \tag{6.136}$$

从以上不同整形片厚度对入射波影响分析和计算结果也可以知道，整形片厚度的改变能够改变入射波上升沿阶段的波形，整体来讲，厚度越大上升沿阶段波形越缓；如不考虑整形片过厚导致入射波无法达到理论应力波峰值 (下文同)，我们可以发现，整形片厚度增大导致上升沿波形变缓的主要特征是：整形片厚度变化，上升沿波形变缓起点应力值和时间值基本相近，当不考虑其弹性段时，可以认为其相同；厚度增大时，上升沿终点对应的时间逐渐变大，从而导致其波形显得逐渐变缓。

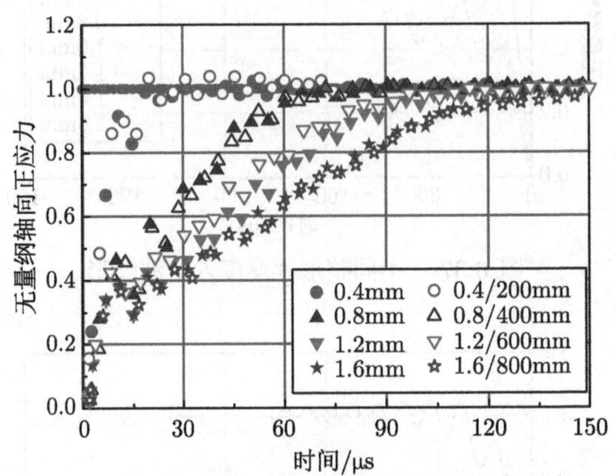

图 6.39　不同整形片厚度时两种情况入射波波形对比

此时，无量纲函数形式也可以写为

$$\bar{\sigma} = f\left(\frac{Y}{\sigma^*}, \bar{h}, \bar{d}, \bar{t}\right) \tag{6.137}$$

只是上式中无量纲整形片厚度与无量纲时间的定义与式 (6.130) 不同。

5) 整形片直径的影响

当整形片厚度相同和材料参数相同，撞击速度和杆材料也相同，任意特定时间内能够影响入射杆中测量点无量纲轴向正应力的主要因素只有整形片直径；即

$$\bar{\sigma} = f\left(\bar{d}, \bar{t}\right) \tag{6.138}$$

同上，杆直径为 14.5mm，杆材料同上，整形片材料参数同上，整形片厚度为 0.8mm，撞击速度为 16m/s，开展了不同整形片直径时入射波形的变化数值仿真计算，如图 6.40 所示。图中，整形片直径分别为 2mm、4mm、6mm、8mm、10mm 和 12mm。从图可以看出：首先，整形片直径对于入射波上升沿有着明显的影响；其次，随着整形片直径的减小，上升沿越来越平缓。同时，可以从图 6.40 观察到，与整形片厚度的影响不同，整形片直径的变化对上升沿段的终点并没有明显的影响，可以认为不同整形片直径其上升沿段终点基本不变，而其起始点对应的应力值随着整形片直径的增大而增大。其机理很简单，如不考虑整形片的杨氏模量即不考虑应力波在整形片中的传播问题，撞击对整形片产生的应力可以近似为

$$\sigma = \frac{\frac{1}{2}\rho_b C_b V}{\bar{d}^2} \tag{6.139}$$

因此，整形片屈服时，其在入射波上升沿点对应的无量纲屈服应力为

$$\bar{\sigma} = \frac{Y\bar{d}^2}{\frac{1}{2}\rho_b C_b V} \tag{6.140}$$

因此，对于相同屈服强度整形片而言，其上升沿段起始点的应力随着整形片直径的增大而增大。

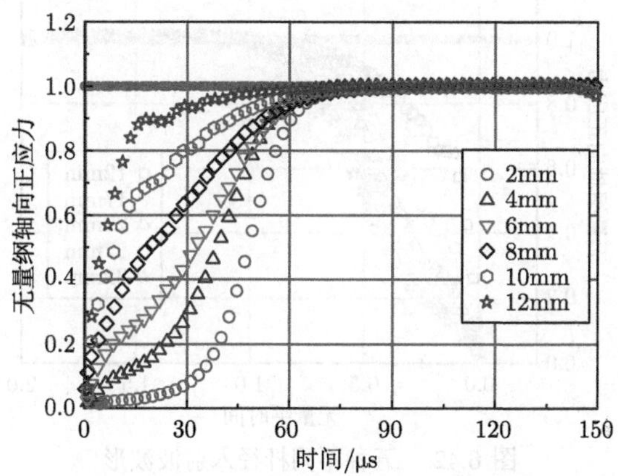

图 6.40　不同整形片直径时入射波波形

当整形片材料与几何参数完全相同，杆材料与长度也相同，只有杆直径发生变化，容易知道，此时无量纲整形片直径随着杆直径的增大而减小、随着杆直径的减小而增大。利用以上模型开展不同杆径时的数值仿真计算，结果如图 6.41 所示。

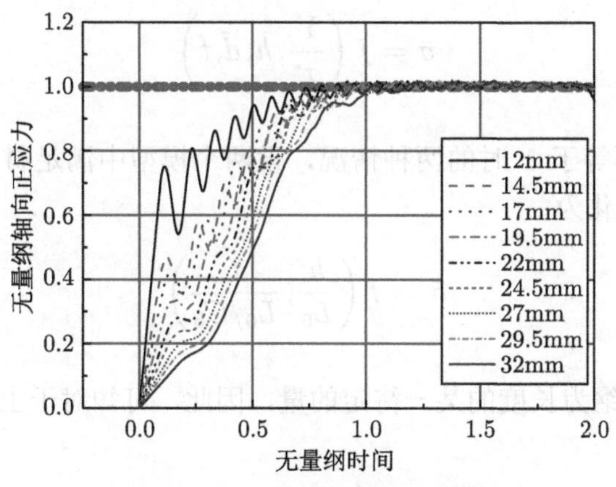

图 6.41　不同杆径入射波波形

图 6.41 中无量纲时间中参考长度选取 400mm。从图中可以看出，随着杆径的变化，上升沿波形发生明显的变化；而且，随着杆径的增加，上升沿变缓起始点逐渐减小。对上图中五种典型尺寸杆径入射波形进行滤波处理，可以得到图 6.42。

图 6.42 更加明显地显示：首先，杆径的变化并不影响上升沿阶段终点对应的无量纲应力和无量纲时间；其次，随着杆径的增大，变缓起始点对应的无量纲应力逐渐减小。

容易知道，对于无量纲整形片直径而言，当杆径不变时，整形片直径越大无量纲整形片直径越大，反之亦然；当整形片直径不变时，杆径越大无量纲整形片直径越小，反之亦然。因此，图 6.42 也显示随着无量纲整形片直径的增大，入射波上升沿变缓起始点对应的无量纲应力逐渐增大，而终点基本保持不变。这说明将无量纲整形片直径定义为整形片直径和杆径之比是合理的。

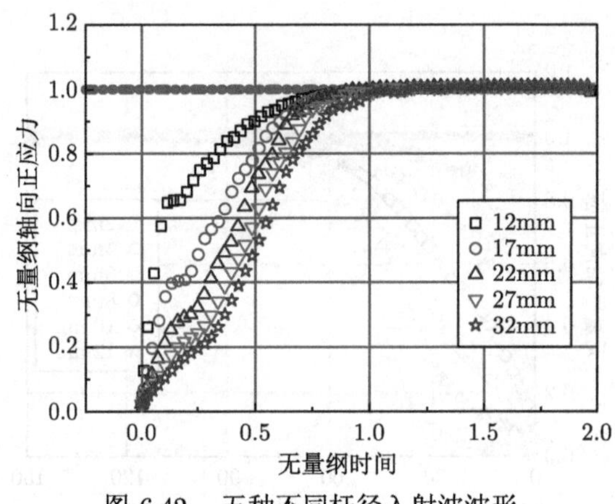

图 6.42　五种不同杆径入射波波形

6.3.3　整形片整形问题无量纲函数形式

以上的研究表明，考虑整形片时 SHPB 入射波加载阶段上升沿段的应力时程曲线无量纲函数形式应为

$$\bar{\sigma} = f\left(\frac{Y}{\sigma^*}, \bar{h}, \bar{d}, \bar{t}\right) \tag{6.141}$$

考虑几何缩比不等于 1 时的两种情况，设两个模型中满足材料相似且撞击速度相同，此时上式可以简化为

$$\bar{\sigma} = f\left(\frac{h}{L_0}, \frac{t}{L_0/C_{\mathrm{b}}}\right) \tag{6.142}$$

上式中 L_0 为量纲为长度的某一待定的量，因此，可知对于上升沿阶段任意特定时刻，由于

$$\frac{\lambda h}{L_0} \neq \frac{h}{L_0} \tag{6.143}$$

所以

$$\left[\bar{\sigma} = f\left(\frac{\lambda h}{L_0}\right)\right]_m \neq \left[\bar{\sigma} = f\left(\frac{h}{L_0}\right)\right]_p \tag{6.144}$$

而根据以上几何相似律可知：

$$\left[\bar{\sigma}=f\left(\frac{\lambda h}{L_0}\right)\right]_m=\left[\bar{\sigma}=f\left(\frac{h}{L_0}\right)\right]_p \tag{6.145}$$

对比式 (6.143) 和式 (6.145) 容易发现，两式结论矛盾，也就是说，式 (6.137) 中整形片无量纲厚度的定义并不准确。

如撞击杆长度不变，杆与整形片材料不变，杆径和整形片厚度、直径等比例放大或缩小，此时式 (6.141) 中所有无量纲自变量均保持不变。因此，根据该式可知，此类有条件的缩比模型与原型之间应该在任意特定的无量纲时间有

$$(\bar{\sigma})_m=(\bar{\sigma})_p \tag{6.146}$$

同上，我们通过以上仿真模型计算出结果，如图 6.43 所示。

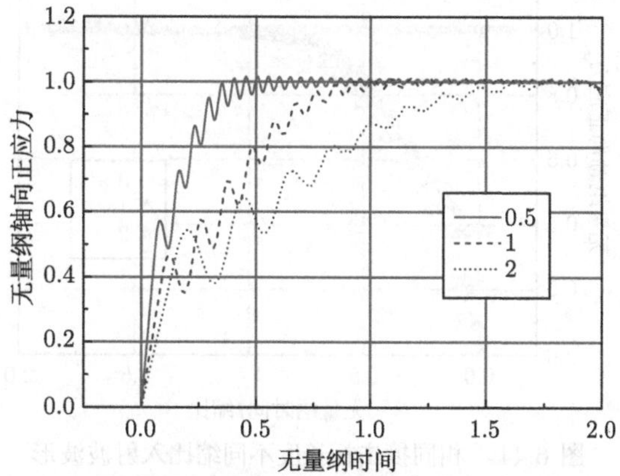

图 6.43 相同撞击杆长度不同缩比入射波波形

图 6.43 中除撞击杆长度之外，其他几何参数均按照同一比例放大或缩小，缩比分别为 0.5、1.0 和 2.0。从图容易发现对于任意特定无量纲时间，有

$$(\bar{\sigma})_m\neq(\bar{\sigma})_p \tag{6.147}$$

对比上两式也可以看出此种情况下理论与数值仿真结果相冲突：无量纲时间相同时，对应的无量纲应力并不相等，然而与此同时，无量纲时间不同时，对应的无量纲应力却相等。而从之前的各类分析可知理论推导和数值仿真模型与参数正确无误，因此，我们可以确定在以上定义的无量纲整形片厚度与无量纲时间虽然进行了一次校正，但还是不准确，需要进一步校正。

我们如果对上图所示结果横坐标即无量纲时间同时除以对应的缩比系数，可以得到图 6.44。图中显示，此时入射波形上升沿非常相近，考虑计算和滤波误差等因素，我们可以认为此时这三个不同缩比对应的入射波一致。也就是说：

$$f\left(\frac{\lambda h}{L_0},\frac{t}{L_0/C_{\mathrm{b}}}\right)=f\left(\frac{h}{L_0},\frac{\lambda t}{L_0/C_{\mathrm{b}}}\right) \tag{6.148}$$

上式意味着无量纲整形片厚度与无量纲时间存在一定的联系；另一方面以上无量纲分析过程中，引入一个长度量 L_0，从量纲分析的角度看，这会将问题复杂化，应该利用自变量中的某量或某组合量替代该量。综合以上分析和上式，我们认为无量纲整形片厚度与无量纲时间可以进行组合，利用无量纲整形片厚度替代该引入的量是合理的，即式 (6.141) 可简化为

$$\bar{\sigma} = f\left(\frac{Y}{\sigma^*}, \bar{d}, \bar{t}\right) \tag{6.149}$$

式中无量纲时间应为

$$\bar{t} = \frac{t}{h/C_{\mathrm{b}}} \tag{6.150}$$

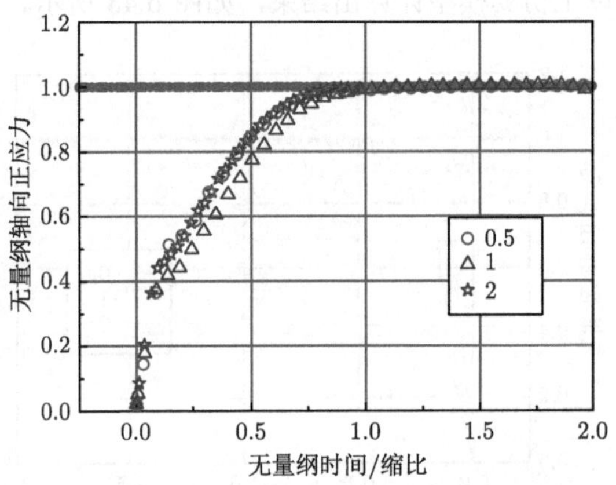

图 6.44 相同撞击杆长度不同缩比入射波波形

利用上两式对上文中不同整形片厚度时的计算结果进行整理，可以得到图 6.45。其中，杆材料与撞击杆材料同上，撞击杆长度为 400mm、直径为 14.5mm，整形片直径为 8mm。

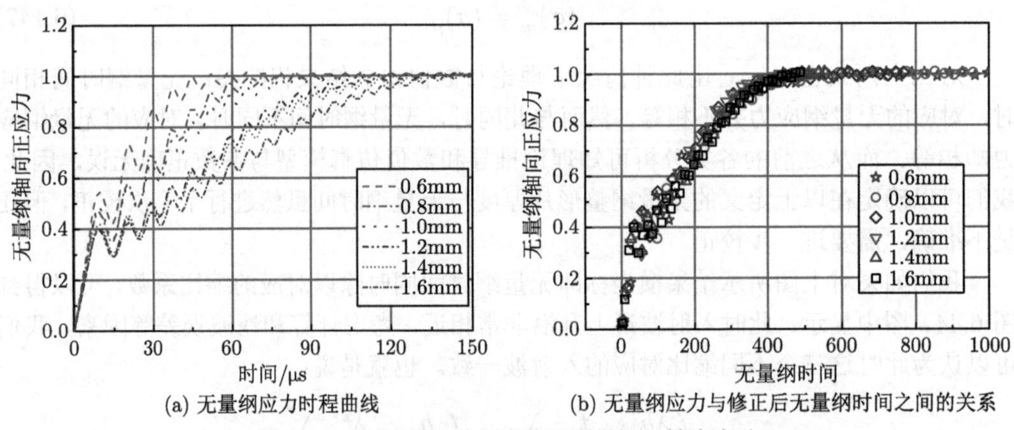

(a) 无量纲应力时程曲线 (b) 无量纲应力与修正后无量纲时间之间的关系

图 6.45 不同整形片厚度修正无量纲入射波波形

从图 6.45 容易看出，利用式 (6.150) 对无量纲时间进行修正后，其他条件相同时，不同整形片对应的入射波无量纲轴向正应力满足：

$$\bar{\sigma} = f\left(\frac{t}{h/C_{\mathrm{b}}}\right) \tag{6.151}$$

这说明式 (6.149) 和式 (6.150) 的无量纲化分析思路和结果是合理准确的。因此，式 (6.151) 可进一步写为

$$\bar{\sigma} = f\left(\frac{Y}{\sigma^*}, \bar{d}, \frac{t}{h/C_{\mathrm{b}}}\right) \tag{6.152}$$

从 6.3.2 节中不同参数对入射波上升沿的影响规律分析结果知道，整形片屈服强度和直径对入射波的影响类似，皆是影响上升沿变缓的起点。从 6.2 节整形片受力情况分析容易看出，对于整形片应变时程曲线和应力时程曲线而言，其系数一般以

$$\frac{k_1}{k_2} = \frac{k_1'}{k_2'} = \frac{YS_{\mathrm{s}}}{\dfrac{1}{2}\rho_{\mathrm{b}} C_{\mathrm{b}} V S_{\mathrm{b}}} \tag{6.153}$$

的整体形式出现，也就是说式 (6.152) 对应的应力增量中整形片无量纲直径总是与前项以乘积的形式出现，即整形片直径总是与其屈服强度组合出现。事实上，屈服强度与整形片面积的乘积皆为其受力，其物理意义非常明显，因此根据以上理论分析，式 (6.152) 应该可以简化为

$$\bar{\sigma} = f\left(\frac{Y\bar{d}^2}{\sigma^*}, \frac{t}{h/C_{\mathrm{b}}}\right) \tag{6.154}$$

上式中第一个无量纲自变量包含整形片屈服强度、直径和杆材料波阻抗与撞击速度，从 6.3.2 节的计算结果可以看出，对于特定的杆材料而言 (波阻抗不变)，整形片屈服强度、直径与撞击速度的变化都能够导致入射波上升沿阶段波形的明显变化，而且都能够直接影响上升沿变缓起点对应的无量纲应力值；也就是说该无量纲量的变化能够导致无量纲因变量的变化。如果上式成立或近似成立，必有当第一个无量纲自变量中三个参数发生变化但整体不变时，无量纲因变量保持不变或近似不变，起码入射波形上升沿阶段变缓起点对应的无量纲应力保持不变或近似不变。针对这一问题，当杆材料与几何参数、整形片厚度与塑性模量、撞击速度等参数保持不变，且整形片屈服强度与其直径平方的乘积保持不变时，开展整形片材料屈服强度和直径变化对入射波上升沿阶段波形影响规律的数值仿真分析，计算结果如图 6.46 所示。

图 6.46 中杆材料为 45# 钢，材料参数同上；整形片厚度为 0.8mm，塑性模量为 150MPa；杆直径为 14.5mm，撞击杆长度为 400mm，撞击速度为 16m/s。整形片直径从 4mm 逐渐增加到 12mm，对应的屈服强度从 880MPa 逐渐减小到 98MPa，屈服强度与直径平方的乘积基本保持不变。对比上文的分析结论，我们可以发现：首先，对比

图 6.46 和图 6.32，后者中屈服强度从 110MPa 增长到 660MPa，上升沿变缓起点对应的无量纲应力值变化非常明显，而图 6.46 中屈服强度从 98MPa 到 880MPa，起点变化并不非常明显；其次，对比图 6.46 和图 6.40，后者中整形片厚度从 0.2mm 增加到 1.6mm 时，起点应力值变化非常大，而图 6.46 中相同直径变化对应起点应力值却非常相近；再次，从上文中相关曲线可以看出，整形片直径越大，入射波上升沿的振荡就越大。我们对图 6.46 进行初步滤波处理，可以得到图 6.47。

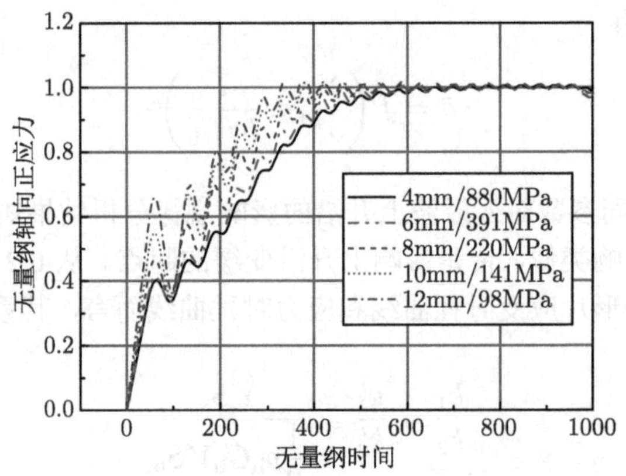

图 6.46　第一无量纲自变量相同时入射波上升沿原始波形

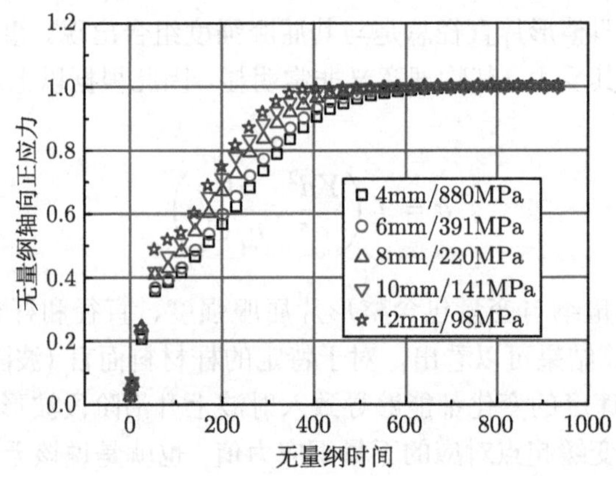

图 6.47　第一无量纲自变量相同时入射波上升沿滤波波形

从以上初步滤波后波形可以看出，虽然整形片材料屈服强度和直径变化很大，但其上升沿阶段变化起点对应的应力变化并不大；当直径较大时，随着直径的增大，入射波上升沿少量上移，其原因从 6.3.2 节中整形片材料塑性模量的变化对入射波上升沿的影响规律中可以找到。事实上，从 6.2 节整形片受力情况问题的分析可以看出，整形片的直径不仅与屈服强度总以乘积的形式出现，还与塑性模量以相同的乘积形式出现：

$$\frac{k_3}{k_2}=\frac{k_3'}{k_2'}=\frac{E_{\mathrm{p}}S_{\mathrm{s}}}{\dfrac{1}{2}\rho_{\mathrm{b}}C_{\mathrm{b}}VS_{\mathrm{b}}} \tag{6.155}$$

实际上如果考虑整形片塑性模量的影响，式 (6.154) 应写为

$$\bar{\sigma} = f\left(\frac{E_{\mathrm{p}}\bar{d}^2}{\sigma^*}, \frac{Y\bar{d}^2}{\sigma^*}, \frac{t}{h/C_{\mathrm{b}}}\right) \tag{6.156}$$

只是，6.3.2 节的分析显示，塑性模量对入射波整形影响较小，因而我们只从定性角度上分析，在函数中将此无量纲量忽略。从上式中可以看出，随着整形片直径的增大，其与塑性模量的乘积成二次方增大，两者的乘积从理论上等效于唯象塑性模量，其原理上与塑性模量的增大对入射波形的影响完全一致。从上小节中塑性模量对入射波形的影响分析结果可知，此时即使其他条件不变，入射波上升沿曲线段也呈一定的上移趋势。因此，图 6.47 中直径增大导致上升沿向上移动主要是由于直径增大不仅增大式 (6.156) 中第二个无量纲自变量，还等比例地增大式 (6.156) 中第一个无量纲自变量。此种差别有限，我们在试验中进行定性调整即可，因此，我们还是忽略上式中第一个无量纲自变量的影响。同时，图 6.47 与 6.2 节中相关分析显示，当整形片屈服强度与直径平方的乘积恒定时，其对应的无量纲轴向正应力近似相等，这表明将此两自变量以此形式整合是科学准确的。

式 (6.154) 中第一个自变量中还存在一个量，即参考应力量，如我们不考虑杆材料的影响 (事实上杆材料的影响也可类似分析，在此不予考虑)，该无量纲自变量还有一个自变量，即撞击速度。从 6.3.2 节中撞击速度对上升沿波形的影响规律可以看出，其不仅影响起点值还影响终点值，而整形片屈服强度和直径只影响起点值，此三个量的组合如果能够保证该无量纲量相同时，入射波形的起点相等或非常相近，我们可以认为该无量纲量的组合形式是准确的。为此，我们开展不同撞击速度但整形片屈服强度与撞击速度之比不变时的数值仿真，计算结果如图 6.48 所示。

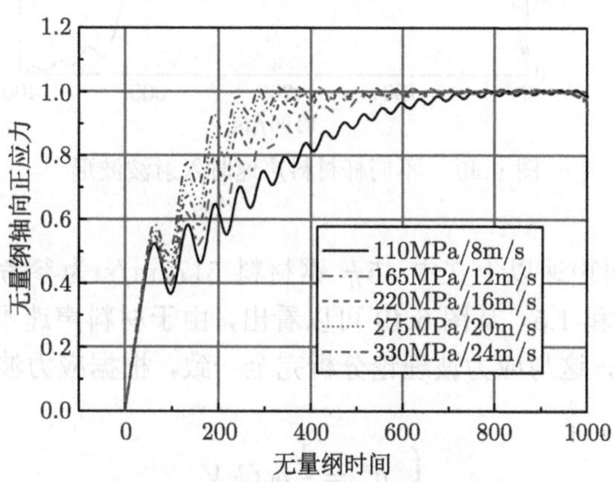

图 6.48 相同整形片屈服强度与撞击速度比时入射波上升沿原始波形

从图 6.48 可以看出，虽然整形片屈服强度从 110MPa 增加到 330MPa，撞击速度从 8m/s 增加到 24m/s，对比图 6.32 和图 6.33 中入射波上升沿变缓起点对应无量纲应力值的变化，图 6.48 中起点值在这几种情况下均非常接近，近似不变。这说明，对于起始点而言，此无量纲自变量的组合是准确的。同时，图 6.48 也说明，即使式 (6.154)

中第一个无量纲自变量不变，但其上升沿终点对应的无量纲时间差别较大。

从以上的分析可知，该无量纲自变量组合中无论是整形片屈服强度还是直径均不能够明显影响上升沿终点对应的无量纲时间，在该函数中能够影响图 6.48 中横坐标的只有式 (6.156) 中无量纲时间的定义。因此，图 6.48 说明无量纲时间应与撞击速度有关。上文中经过计算分析对无量纲时间进行了两次修正，最终得到式 (6.150) 所示形式，该形式在撞击速度不变时是合适准确的，但从形式上讲该无量纲时间的定义与撞击速度无关，这与图 6.48 显示规律不符。

从式 (6.150) 可以看出，无量纲时间组合中与撞击速度量纲一致的只有杆材料声速，而本节中第一小节中表明无量纲时间中考虑声速可以使得不同撞击杆长度、不同材料等情况下无量纲入射波波长一致，具有明显的物理意义；而在该式中分母物理意义并不明显，如果将其替换为撞击速度，在量纲上考虑是没有问题，但我们必须确定不考虑声速是否影响不同杆材料时的函数关系。为此利用以上模型开展不同声速下整形片整形问题的数值仿真分析，其中，杆几何参数同上，整形片的材料参数和几何参数同上，杆材料的密度不变，只是改变其杨氏模量从而改变其声速，撞击速度均为 16m/s，计算结果如图 6.49 所示。

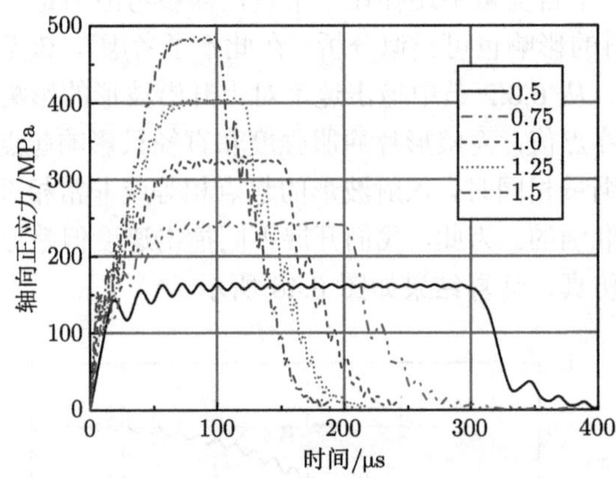

图 6.49 不同杆材料声速时入射波波形

图 6.49 中杆材料声速以上文中 45# 钢材料 5172m/s 为参考，其相对声速分别为 0.5、0.75、1.0、1.25 和 1.5。从图 6.49 可以看出，由于材料声速不同，入射波的峰值平台应力与波长均不同，这与应力波理论分析完全一致，根据应力波理论其峰值平台应力和波长分别为

$$\begin{cases} \sigma^* = \dfrac{1}{2}\rho_{\mathrm{b}} C_{\mathrm{b}} V \\ t^* = \dfrac{2L_{\mathrm{b}}}{C_{\mathrm{b}}} \end{cases} \tag{6.157}$$

其峰值平台应力随着声速的增大而增大，波长随声速的增大而减小。

如利用式 (6.157) 中第一式对图 6.49 中入射波应力进行无量纲化，并初步滤波即可得到图 6.50。

从图 6.50 可以看出，随着杆材料声速的增大，其入射波上升沿终点并没有明显变化，只是其变缓的起点对应无量纲应力随之减小。其原因主要是因为，杆材料声速增大导致式 (6.154) 中第一个无量纲自变量减小，其对入射波形上升沿的影响等效为提高整形片的屈服强度，从而导致其起点对应的无量纲应力值减小。最重要的是，图 6.50 表明杆材料声速对上升沿终点对应的时间并无明显影响，虽然其明显影响入射波波长，但对于波形整形而言，其主要对象是调整上升沿的波形，结合图 6.48 中的情况，我们可以将式 (6.154) 中的无量纲时间进一步修正为

$$\bar{t} = \frac{t}{h/V} \tag{6.158}$$

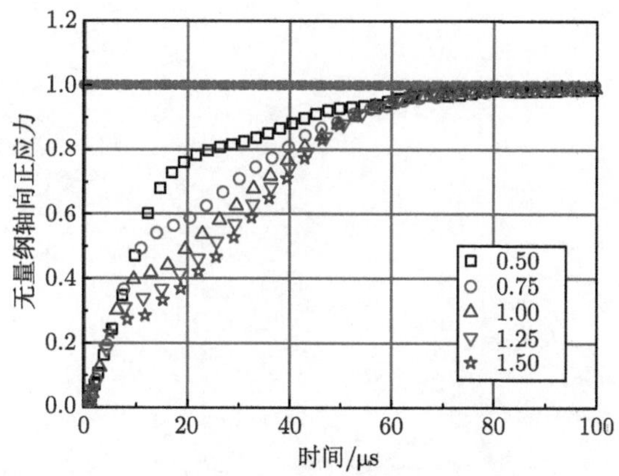

图 6.50　不同杆材料声速时无量纲入射波应力时程曲线

此时图 6.50 中不同撞击速度且第一个无量纲自变量相同时的计算结果可以整理为图 6.51。从图 6.51 可以看出，此时不同撞击速度下的无量纲入射波形基本重合；而且容易看到，对无量纲时间的修正并不影响前文中的相关分析结论。

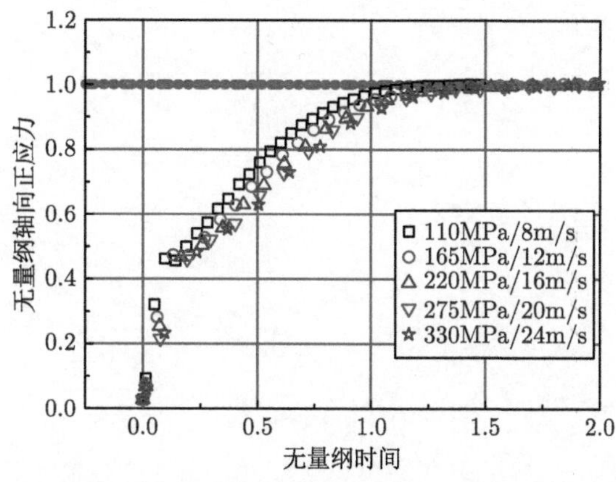

图 6.51　相同整形片屈服强度与撞击速度比时修正无量纲入射波波形

综上分析，我们可以认为分离式 Hopkinson 压杆试验中整形片对入射波的影响函数关系可写为以下无量纲形式：

$$\frac{\sigma}{\frac{1}{2}\rho_{\mathrm{b}}C_{\mathrm{b}}V}=f\left(\frac{Yd^2}{\dfrac{1}{2}\rho_{\mathrm{b}}C_{\mathrm{b}}D_{\mathrm{b}}^2V},\frac{t}{h/V}\right) \tag{6.159}$$

或

$$\frac{\sigma}{\rho_{\mathrm{b}}C_{\mathrm{b}}V}=f\left(\frac{Yd^2}{\rho_{\mathrm{b}}C_{\mathrm{b}}D_{\mathrm{b}}^2V},\frac{t}{h/V}\right) \tag{6.160}$$

参考文献

[1] 聂玉昕. 物理学词条: 物理量量纲 [M]//《中国大百科全书》总编委会. 中国大百科全书. 2 版. 北京: 中国大百科全书出版社, 2009: 464.

[2] MAXWELL J C. Treatise on Electricity and Magnetism[M]. Cambridge: Clarendon Press, 1871.

[3] 谈庆明. 量纲分析 [M]. 合肥: 中国科学技术大学出版社, 2005.

[4] BRAND L. The Pi theorem of dimensional analysis[J]. Archive for Rational Mechanics and Analysis, 1957, 1(1): 35-45.

[5] 高光发. 量纲分析基础 [M]. 北京: 科学出版社, 2020.

[6] GIBBINGS J C. Dimensional Analysis[M]. London: Springer, 2011.

[7] 高光发. 波动力学基础 [M]. 北京: 科学出版社, 2019.

[8] SIMON V, WEIGAND B, GOMAA H. Dimensional Analysis for Engineers[M]. London: Springer, 2017.

[9] SPURK J H, AKSEL N. Strömungslehre[M]. 8th ed. Berlin: Springer, 2010.

[10] BAKER W E, WESTINE P S. Modeling the blast response of structures using dissimilar materials[J]. AIAA Journal, 1969, 7(5): 951-959.

[11] BAKER W E, WESTINE P S, DODGE F T. Similarity Methods in Engineering Dynamics: Theory and Practice of Scale Modeling[M]. Rochelle Park: Hayden Book Co, 1973.

[12] BAKER W E, WESTINE P S, DODGE F T. Similarity methods in engineering dynamics: theory and practice of scale modeling[M]. 2nd revised ed. Amsterdam: Elsevier, 1991.

[13] NEVILL G E Jr. Similitude Studies of Re-Entry Vehicle Response to Impulsive Loading[R]. AFWL TDR 63-1, Kirtland Air Force Base, New Mexico, 1963.

[14] LANGNER C G, BAKER W E. A Modeling Handbook Including Experiments on Inelastic Deformations of Conical Shells[R]. AFWL TR-64-169, Kirtland Air Force Base, New Mexico, 1966.

[15] SZIRTES T. Applied dimensional analysis and modeling[M]. 2nd ed. Oxford: Butterworth-Heinemann, 2007.

[16] EZRA A A, PENNING F A. Development of scaling laws for explosive forming[J]. Experimental Mechanics, 1962, 2(8): 234-239.

[17] EZRA A A, ADAMS J E. The Explosive Forming of 10 Feet Diameter Aluminum Domes[C]// The First international Conference of the Center for High Energy Forming, Estes, Park, Colorado, 1967.

[18] 杜忠华, 高光发, 李伟兵. 撞击动力学 [M]. 北京: 北京理工大学出版社, 2017.

[19] 高光发, 李永池, 黄瑞源. 长杆弹侵彻半无限靶板的影响因素及其影响规律 [J]. 弹箭与制导学报, 2014, 34(3): 56-62.

[20] CURTIS C W. Perforation limits for nondeforming projectiles[R]. Frankford Arsenal Report Number R903, 1951.

[21] 李永池, 张永亮, 高光发. 连续介质力学基础及其应用 [M]. 合肥: 中国科学技术大学出版社, 2019.

[22] 高光发, 赵凯, 王焕然. 杆弹侵彻半无限延性靶板的特征、规律及其机理 [J]. 兵工学报, 2016(s2): 119-126.

[23] 高光发, 李永池, 沈玲燕, 等. 入射速度对长杆弹垂直侵彻行为的影响规律 [J]. 高压物理学报, 2012, 26(4): 449-454.

[24] ROSENBERG Z, DEKEL E. On the role of nose profile in long-rod penetration[J]. International Journal of Impact Engineering, 1999, 22(5): 551-557.

[25] WALKER J D, ANDERSON C E Jr. The influence of initial nose shape in eroding penetration[J]. International Journal of Impact Engineering, 1994, 15(2): 139-148.

[26] 高光发, 李永池, 黄瑞源, 等. 杆弹头部形状对侵彻行为的影响及其机制 [J]. 弹箭与制导学报, 2012, 32(6): 51-54.

[27] ANDERSON C E, MORRIS B L, LITTLEFIELD D L. A penentration mechanics database[R]. SwRI Report 3593/001, AD-A246351, Southwest Research Institute, San Antonio, TX, 1992.

[28] KILLIAN B R. An empirical analysis of the perforation of rolled and cast homogeneous armor by conventionally shaped kinetic energy projectiles of calibers 37mm through 155mm[R]. BRL Memorandum Report No. 1083, 1957.

[29] 赵凯, 高光发, 王肖钧. 柱壳结构抗冲击性能量纲分析与数值模拟研究 [J]. 振动与冲击, 2014, 33(11): 12-16.

[30] 彭永, 卢芳云, 方秦, 等. 弹体侵彻混凝土靶体的尺寸效应分析 [J]. 爆炸与冲击, 2019, 39(11): 55-65.

[31] REICHENBACH H. Forschungsbeitrage zum schutz gegen mechanische waffenwirkungen[C]. Int. Symp. Interaktion Konventioneller Munition mit Schutzbauten, Vol. Ⅲ, Mannheim March 1987.

[32] 高光发. 动态压缩下混凝土应变率效应压力与横向效应的影响与校正[J]. 北京理工大学学报, 2020, (2): 135-142.

[33] CANFIELD J A, CLATOR I G. Development of a scaling law and techniques to investigate penentration in concrete[R]. Naval Weapons Laboratory Report No. 2057, 1966.

[34] TAYLOR G I. The formation of a blast wave by a very intense explosion. I. Theoretical discussion[J]. Proceedings of the Royal Society of London. Series A, Mathematical and Physical Sciences, 1950, 201(1065): 159-174.

[35] TAYLOR G I. The formation of a blast wave by a very intense explosion. Ⅱ. The atomic explosion of 1945[J]. Proceedings of the Royal Society of London. Series A, Mathematical and Physical Sciences, 1950, 201(1065): 175-186.

[36] ZOHURI B. Dimensional Analysis Beyond the Pi Theorem[M]. Berlin: Springer, 2017.

[37] 张陶, 惠君明, 解立峰, 等. FAE 爆炸场超压与威力的实验研究 [J]. 爆炸与冲击, 2004, (2): 176-181.

[38] 仲倩, 王伯良, 黄菊, 等. TNT 空中爆炸超压的相似律 [J]. 火炸药学报, 2010, 33(4): 32-35.

[39] 张玉磊, 王胜强, 袁建飞, 等. 不同量级 TNT 爆炸冲击波参数相似律实验研究 [J]. 弹箭与制导学报, 2016, 36(6): 53-56.

[40] KENNEDY W D. Explosions and Explosives in Air[R]. Chapter 2, Part Ⅱ, Vol. I., Effects of impact and Explosions, Summary Technical Report of Div. 2, NDRC, Washington, D.C., AD 221-586, 1946.

[41] DEWEY J M. The air velocity in blast waves from TNT explosions[J]. Proceedings of the Royal Society, A, No. 279: 366-385, 1964.

[42] DEWEY J M, SPERRAZZA J. The Effect of Atmospheric Pressure and Temperature on Air Shock[R]. BRL Report No. 721, Aberdeen Proving Ground, Maryland, 1950.

[43] WESTINE P S. The blast field about the muzzle of guns[J]. The Shock and Vibration Bulletin, 1969, 39(6): 139-149.

[44] WESTINE P S. Modeling the Blast Fields Around Naval Guns and Conceptual Design of a Model Gun Blast Facility[R]. Final Technical Report No. 02-2643-01, Contract No. N0017869-C-0318, 1970.

[45] BAKER W E, WESTINE P S, BESSEY R L. Blast Fields About Rockets and Recoilless Rifles[R]. Final Technical Report, Contract No. DAAD05-70-C-0170, 1971.

[46] BAKER W E, COX P A, WESTINE P S, et al. Explosion Hazards and Evaluation[M]. Amsterdam: Elsevier, 1983.

[47] LAMPSON C W. Explosions in Earth[R]. Effects of Impact and Explosion: Vol. I, AD 221586, Washington D.C., 1946.

[48] MORREY C B. Underground Explosion Theory[R]. Operation Jangle, WT-369, Office of Technical Services, Department of Commerce, Washington D.C., 1952.

[49] CHABAI A J. On scaling dimensions of craters produced by buried explosives[J]. Journal of Geophysical Research, 1965, 70(20): 5075.

[50] HASKELL N A. Some Consideration on the modeling of Crater Phenomena in Earth[R]. Air Force Surv. Geophys. 67, TN-55-205, Air Force Cambridge Research Center, Bedford M.A., 1955.

[51] SEDOV L I, FRIEDMAN M, HOLT M, et al. Similarity and dimensional methods in mechanics[J]. Journal of Applied Mechanics, 1982, 28(1): 159.

[52] CHABAI J. Crater Scaling Laws for Desert Alluvium[R]. SC-4391(RR), Sandia Corporation, Albuquerque, New Mexico, 1959.

[53] JOHNSON S W, SMITH J A, FRANKLIN E G, et al. Gravity and Atmospheric Pressure Scaling Equations for Small Explosion Craters in Sand[R]. Air Force Institute of Technology, Wright-Patterson Air Force Base, Ohio, 1968.

[54] SAGER R A, DENZEL C W, TIFFANY W B. Cratering from High Explosive Charges, Compendium of Crater Data[R]. Technical Report No. 2-547, Report 1, U.S. Army Waterways Experiment Station, Vicksburg, MS, 1960.

[55] WESTINE P S. Ground shock from the detonation of buried explosives[J]. Journal of Terramechanics, 1978, 15(2): 69-79.

[56] MURPHEY B F. Particle motions near explosions in halite[J]. Journal of Geophysical Research, 1961, 66(3): 947-958.

[57] NICHOLLS H R, JOHNSON C F, DUVALL W I. Blasting vibrations and their effects on structures[R]. Final Report 1971, Denver Mining Research Center for Bureau of Mines, BuMines Report No. B 656, PB231, 1971.

[58] Anon. Analysis of ground motion and containment[R]. Roland F. Beers, Inc. report to Atomic Energy Commission on Tests in Tatum Salt Dome, Mississippi, Final Report VUF-1026, 30 November, 1965.

[59] ADAMS W M, PRESTON R G, FLANDERS P L, et al. Summary report of strongmotion measurements, underground nuclear detonations[J]. Journal of Geophysical Research, 1961, 66(3): 903-942.

[60] DENTON D R, FLATHAU W J. Model study of dynamically loaded arch structures[J]. Journal of the Engineering Mechanics Division, 1966, 92(3): 17-32.

[61] TENER R K. Model study of a buried arch subjected to dynamic loading[R]. Iowa State University Capstones, Teses and Dissertations: Retrospective Teses and Dissertations, 1964, 3892.

[62] FANO U. On the similarity principle in terminal ballistics[R]. Aberdeen Proving Grounds Ballistics Research Laboratories Report 592, December, 1945.

[63] MULLIN S A, ANDERSON C E, PLEKUTOWAKI A J, et al. Scale Model Penetration Experiments: Finite Thickness Steel Target[R]. SwRI Report 3593/003, 1995.

[64] ANDERSON C E, ORPHAL D L, FRANZEN R R, et al. On the hydrodynamic approximation for long-rod penetration[J]. International Journal of Impact Engineering, 1999, 22: 23-43.

[65] ALEKSEEVSKII V P. Penetration of a rod into a target at high velocity[J]. Fizika Goreniya i Vzryva, 1966, 2(2): 99-106.

[66] TATE A. A possible explanation for the hydrodynamic transition in high speed impact[J]. International Journal of Mechanical Sciences, 1977, 19(2): 121-123.

[67] TATE A. A theory for the deceleration of long rods after impact[J]. Journal of the Mechanics and Physics of Solids, 1967, 15(6): 387-399.

[68] TAYLOR G I. The use of flat-ended projectiles for determining dynamic yield stress. I. Theoretical consideration[J]. Proceedings of the Royal Society of London Series A, Mathematical and Physical Sciences, 1948, 194(1038): 288-299.

[69] HAWKYARD J B. A theory for the mushrooming of flat-ended projectiles impinging on a flat rigid anvil, using energy considerations[J]. International Journal of Mechanical Sciences, 1969, 11(3): 313-333.

[70] ANDERSON C E, WALKER J D, HAUVER G E. Target resistance for long-rod penetration into semi-infinite targets[J]. Nuclear Engineering and Design, 1992, 138(1): 93-104.

[71] ANDERSON C E, LITTLEFIELD D L, WALKER J D. Long-rod penetration, target resistance, and hypervelocity impact Author links open overlay panel[J]. International Journal of Impact Engineering, 1993, 14(1): 1-12.

[72] BIRKHOFF G, MCDOUGALL D P, PUGH E M, et al. Explosives with lined cavities[J]. Journal of Applied Physics, 1948, 19(6): 563-582.

[73] SUBRAMANIAN R, BLESS S J, CAZAMIAS J, et al. Reverse impact experiments against tungsten rods and results for aluminum penetration between 1. 5 and 4. 2 km/s[J]. International Journal of Impact Engineering, 1995, 17: 817-824.

[74] ORPHAL D L, ANDERSON C E. The dependence of penetration velocity on impact velocity[J]. International Journal of Impact Engineering, 2006, 33: 546-554.

[75] Pack D C, Evans W M. Penetration by High-Velocity ('Munroe') Jets: I[J]. Proceedings of the Physical Society. Section B, 1951, 64(4): 298-302.

[76] Evans W M, Pack D C. Penetration by High-Velocity ('Munroe') Jets: II[J]. Proceedings of the Physical Society. Section B, 1951, 64(4): 303-310.

[77] DI PERSIO R, SIMON J, MARTIN T H. A Study of Jets from Scaled Conical Shaped Charge Liners[R]. Ballistic Research Laboratories Report, Number 1298, 1960.

[78] PALMER E P, GROW R W, JOHNSON D K, et al. Cratering: Experiment and theory[C]. Hypervelocity Impact Fourth Symposium, 1960. 5. 26-28, 1 APGC-TR-60-39(I), 1960.

[79] SUMMERS J L, CHARTERS A C. High-Speed Impact of Metal Projectiles in Targets of Various Materials[C]//Proceedings of Third Symposium on Hypervelocity Impact, 1959: 101-110.

[80] ANDERSON C E, HOHLER V, WALKER J D, et al. Time-resolved penetration of long rods into steel targets[J]. International Journal of Impact Engineering, 1995, 16(1): 1-18.

[81] BLESS S J, LITTLEFIELD D L, ANDERSON C E, et al. The penetration of non-circular cross-section penetrators[C]//15th International Symposium on ballistics. Jerusalem, Israel:

IBS, 1995: 43-50.

[82] 杜忠华, 曾国强, 余春祥, 等. 异型侵彻体垂直侵彻半无限靶板实验研究 [J]. 弹道学报, 2008, 20(1): 19-21.

[83] 高光发, 李永池, 刘卫国, 等. 长杆弹截面形状对垂直侵彻深度的影响 [J]. 兵器材料科学与工程, 2011, 34(3): 9-12.

[84] 王晓东, 高光发, 杜忠华, 等. 异型截面弹芯垂直侵彻半无限靶板 [J]. 北京理工大学学报, 2018, 38(12): 5-10.

[85] 袁泰, 赵斌, 高光发, 等. 异形截面侵彻体垂直侵彻半无限金属靶试验研究 [J]. 振动与冲击, 2020, 39(22): 228-233.

[86] ROSENBERG Z, DEKEL E. Material similarities in long-rod penetration mechanics[J]. International Journal of Impact Engineering, 2001, 25 (4): 361-372.

[87] 高光发, 李永池, 黄瑞源, 等. 长径比对长杆弹垂直侵彻能力影响机制的研究 [J]. 高压物理学报, 2011, 25(4): 327-332.

[88] ROSENBERG Z, DEKEL E. The relation between the penetration capability of long rods and their length to diameter ratio[J]. International Journal of Impact Engineering, 1994, 15(2): 125-129.

[89] ANDERSON C E, WALKER J D, BLESS S J, et al. On the L/D effect for long-rod penetrators[J]. International Journal of Impact Engineering, 1996, 18(3): 247-264.

[90] ANDERSON C E, WALKER J D, BLESS S J, et al. On the velocity dependence of the L/D effect for long-rod penetrators[J]. International Journal of Impact Engineering, 1995, 17(1): 13-24.

[91] ANDERSON C E, LITTLEFIELD D L, BLAYLOCK N W. The Penetration Performance of Short L/D Projectiles[C]//AIP Conference Proceedings, 1994, 309: 1809-1812.

[92] LEONARD W, MAGNESS L Jr, KAPOOR D. Ballistic evaluation of thermo-mechanically processed tungsten[R]. BRL-TR-3326, USA Ballistic Research Laboratory, Aberdeen Proving Ground, MD, 1992.

[93] ANDERSON C E, MORRIS B L. The ballistic performance of confined Al_2O_3 ceramic tiles[J]. International Journal of Impact Engineering, 1992, 12(2): 167-187.

[94] MAGNESS L S, FARRAND T G. Deformation behavior and its relastionship to the penetration performance of high-density KE penentrator materials[C]//Army Scicence Conference, Durham, NC, 1990.

[95] ROSENBERG Z, DEKEL E. A computational study of the relations between material properties of longrod penetrators and their ballistic performance[J]. International Journal of Impact Engineering, 1998, 21(4): 283-296.

[96] GOOCH W A, BURKINS M S, WALTERS W P, et al. Target strength effect on penetration by shaped charge jets[J]. International Journal of Impact Engineering, 2001, 26: 243-248.

[97] ANDERSON C E, HOHLER V, WALKER J D, et al. The influence of projectile hardness on ballistic performance[J]. International Journal of Impact Engineering, 1999, 22: 619-632.

[98] WHIFFIN A C. The use of flat-ended projectiles for determining dynamic yield stress. II. Tests on various metallic materials[J]. Proceedings of the Royal Society, 1948, 194(1038): 300-322.

[99] ROSENBERG Z, DEKEL E. Further examination of long rod penetration: The role of penetrator strength at hypervelocity impacts[J]. International Journal of Impact Engineering, 2000, 24(1): 85-102.

[100] SORENSEN B R, KIMSEY K D, SILSBY G F, et al. High velocity penetration of steel targets[J]. International Journal of Impact Engineering, 1991, 11(1): 107-119.

[101] Anderson C E Jr, Morris B L Jr, Littlefield D L. A penetration mechanics database[R]. SwRI Report 3593/001, AD-A246351. Southwest Research Institute, San Antonio, TX, 1989.

[102] ALLEN W A, ROGERS J W. Penetration of a rod into a semi-infinite target[J]. Journal of the Franklin Institute, 1961, 272(4): 275-284.

[103] EPSHTEYN L A. Methods of the dimensional analysis and similarity theory in problems of ship hydromechanics[R]. Department of the Naval Intelligence Support Center, Washington D.C., 1977.

[104] SPURK J H. Dimensionsanalyse in der Strömungslehre[M]. Berlin: Springer, 1992.

[105] BRONSTEIN I N, SEMENDJAJEW K A. Taschenbuch der Mathematik[M]. Frankfurt: Verlag Harri Deutsch, 1981.

[106] HANSEN A G. Similarity Analysis of Boundary Value Problems in Engineering[M]. New Jersey: Prentice-Hall, 1964.

[107] BLUMAN G W, COLE J D. Similarity Methods for Differential Equations[M]. Berlin: Springer, 1974: 167-181.

[108] ECKERT E G R, DRAKE R M. Analysis of Heat and Mass Transfer[M]. New York: McGraw-Hill Inc., 1972.

[109] KAYS W M, CRAWFORD M E, WEIGAND B. Convective Heat and Mass Transfer[M]. New York: McGraw-Hill Inc., 2004.

[110] SCHLICHTING H. Boundary Layer Theory[M]. New York: McGraw-Hill Inc., 1979.